生 态 学 名 著 译 丛

# The Background of Ecology
## Concept and Theory

# 生态学背景
## ——概念与理论

Robert P. McIntosh　著

徐嵩龄　译

高等教育出版社·北京

图字：01-2013-0439号

## 图书在版编目（CIP）数据

生态学背景：概念与理论 /（美）罗伯特·麦金托什
（Robert P. McIntosh）著；徐嵩龄译． -- 北京：
高等教育出版社，2021. 7
书名原文：The Background of Ecology：Concept and Theory
ISBN 978-7-04-053793-2

Ⅰ.①生… Ⅱ.①罗… ②徐… Ⅲ.①生态学 Ⅳ. ① Q14

中国版本图书馆 CIP 数据核字（2020）第 038537 号

| | | | | | |
|---|---|---|---|---|---|
| 策划编辑 | 李冰祥　柳丽丽 | 责任编辑 | 柳丽丽　李冰祥 | 封面设计 | 张　楠 |
| 版式设计 | 王艳红 | 责任校对 | 窦丽娜 | 责任印制 | 赵义民 |

| | | | | |
|---|---|---|---|---|
| 出版发行 | 高等教育出版社 | 网　　址 | http://www.hep.edu.cn | |
| 社　　址 | 北京市西城区德外大街4号 | | http://www.hep.com.cn | |
| 邮政编码 | 100120 | 网上订购 | http://www.hepmall.com.cn | |
| 印　　刷 | 北京盛通印刷股份有限公司 | | http://www.hepmall.com | |
| 开　　本 | 787mm×1092mm 1/16 | | http://www.hepmall.cn | |
| 印　　张 | 27 | | | |
| 字　　数 | 470 千字 | 版　　次 | 2021 年 7 月第 1 版 | |
| 购书热线 | 010-58581118 | 印　　次 | 2021 年 7 月第 1 次印刷 | |
| 咨询电话 | 400-810-0598 | 定　　价 | 128.00元 | |

本书如有缺页、倒页、脱页等质量问题，请到所购图书销售部门联系调换
版权所有　侵权必究
物 料 号　53793-00
SHENGTAIXUE BEIJING——GAINIAN YU LILUN

# 著 者 简 介

罗伯特·麦金托什 (Robert P. McIntosh, 1920—2017), 美国现代生态学家, 圣母大学 (University of Notre Dame) 生物科学系教授, 1987 年起任荣休教授 (Professor Emeritus)。1942 年获劳伦斯学院 (Lawrence College) 生物学学士, 1948 年获威斯康星大学植物学硕士, 1950 年获威斯康星大学植物学博士。1950—1961 年, 历任明德学院 (Middlebury College)、瓦萨学院 (Vassar College) 和圣母大学助教, 1962—1966 年, 任圣母大学生物系副教授; 1967—1987 年, 任圣母大学生物学教授, 至 1987 年退休。此外, 他在 1977—1987 年, 兼任国家科学基金会生态学项目负责人, 1981—1984 年, 兼任美国生态学会秘书。自 20 世纪 60 年代至 80 年代, 在美国主要生态学学术刊物 *Ecology, Ecological Monographs, American Midland Naturalist* 中任编辑部成员、副编辑和编辑, 并且还在若干区域性大学学术机构中任主席或顾问。

麦金托什教授著作甚丰。他的学术兴趣, 早年是在植物生态学, 特别是植被生态学上, 他师从约翰·柯蒂斯 (John Curtis), 坚持格利森的 "个体论", 参与创建 "连续体" 和 "梯度分析" 理论。后来, 他更多地置身于对生态学概念和理论的历史学研究, 是英语世界中以生态学家身份从事生态学史研究的代表性人物之一。

# 译 者 前 言

　　罗伯特·麦金托什 (Robert P. McIntosh) 教授的《生态学背景——概念与理论》(*The Background of Ecology*: *Concept and Theory*) 是一本名著,在欧美生态学界很有特点和地位[1]。欧美生态学史研究者众,然而,由职业生态学家跨入生态学史领域,并不多见;其中如能有高见卓识,更是凤毛麟角。麦金托什应是这类"凤毛麟角"之一。加上他的植被生态学研究,麦金托什获得了首届"美国生物科学学会主席引证奖" (AIBS President's Citation Award[2])。

　　麦金托什的生态学史研究,一如其书名所示,与传统生态学史学家的不同之处在于:第一,他着眼于生态学理论与概念的历史辨析,而不是生态学人物和事件的历史考证。第二,他自己就是一个颇有成就的植物群落生态学家,并且或主持或参与多种美国主要生态学学刊 (如 *American Midland Naturalist, Ecological Monographs*) 的编辑工作,这一阅历使他对生态学理论和概念的选材与评述,更能全面、翔实和精准。第三,书中的评述始终贯穿着生态学领域的学术论争,使得本书阅读起来并不枯燥。更为有趣的是,由于麦金托什谙熟生态学界的学术轶闻,有些章节甚至使读者会因论争中不时出现的机敏的驳辩、智慧的幽默,甚至尖刻的揶揄而不禁莞尔。麦金托什本人亦是某些重大学术论辩中持戈的战士。这使他在阐述这些论题时,好恶或愤懑之情间或遣之笔端。即或失于精当,人们也不以为忤,因为它传输的是生动的、充满智慧的、鼓励锐意发现与创造精神的学术氛围。这是每个真正的学术工作者所向往的,只是在时下中国相当罕见了。

---

　　[1]《再访生态学:反思概念,推进科学》(*Ecology Revisited*: *Reflecting on Concepts, Advancing Science*, 2011) 是近 10 年国际生态学领域研讨概念和理论发展的极有影响的著作,它的 "作者简历" (Author Biography) 是这样介绍麦金托什和他的《生态学背景》的:"特别著名的是《生态学背景》,它属于最早对这一学科历史进行范围广阔评论的著作。直到今天,作者仍然是这一领域最受尊敬的学者之一" (第 424 页)。

　　[2] AIBS 是美国生物科学学会 (American Institute of Biological Sciences) 的简称。美国生物科学学会主席引证奖 (AIBS President's Citation Award) 是以该学会主席名义颁发的一项学术奖。它创设于 1998 年,用以奖励 "个人或团体在生物科学领域做出的值得称道的成就" (meritorious accomplishments by individuals or groups in the biological sciences)。此奖包括奖牌以及 AIBS 终身会员。引自 AIBS 网站。

本书是译者的第一本译作，恐怕也是唯一的译作。虽然翻译的初衷既出于当时中国生态学界对此类著作的渴求，也是出于译者对本书的喜爱。但翻译毕竟是与写作不同的另一回事。有人认为，与编书、写书相比，翻译更难。在一定意义上，这是对的，因为翻译最缺乏写作自由度。具体到本书的翻译，计有以下四"难"。

一"难"是术语繁杂。与理化科学相比，生物科学，尤其是生态科学，其起源与发展路径多样。在其演进过程中，产生的术语和概念众多，并历经不断淘汰与再造。为了辨析其含义，本书的翻译力求"专词专译"，以体现这些术语和概念的区隔。对于一些重要的生态学概念性术语的翻译，如 meta- 系列术语，可参考徐嵩龄的《概念性术语中译的方法学思考：以五组生态学概念簇为例》(中国科技术语，2020, 22(1): 38–47)。

二"难"是人名众多。撰写科学发展史，必然如此。对于起源于博物学的生态学，情况尤甚。其中相当多人名在中国并无辞典推荐的标准译法。这些人名的翻译，不仅应注意不同西语语境中的不同发音，而且需创造一种中文语境，使得英语中的单字人名——如 May (梅，英国著名数学种群生态学家)——易于辨识。我国学术界和出版界对于外语学术译著中的人名，需要重新思考并改变现今的处理方式。这里谨向出版社建议：对于这些论著，尤其是科学史类和以评述为主要内容的外语论著，其中的人名和参考文献众多，因此最好的做法是保持人名原样，不予翻译。最后附以"中外人名对照表"，并在原著基础上加以扩展，尽可能囊括书中出现的所有人名。这样做，既便于人名辨识，又有利于参考文献查寻与使用。

三"难"是与生态学概念和理论发展有关的外延性知识信息量极大。它们涉及观念、事件、人物、地点、学术团体、组织机构，等等，基本处于相关概念与理论的知识延长线上。在欧美，这些大多属于常识；但在我国，它们则需另加说明。值得注意的是，一、二、三"难"实质反映着科学史研究中的一个共性问题，即一门学科史的外延信息量往往大于学科本身的信息。对生态学的这些外延信息有所了解，无疑会增强本书的知识丰厚度，会激发读者的科学史兴趣，并获得更多的学术启迪。因此，本书对这些名词的处理基本采取中英文并存方式，以备查找；并且对其中绝大部分，采用在文中 (较为个别) 或页下 (较为普遍) "加注"的方式，做简要说明。其中，相当多的注文引自各类辞典，尤其是 Wikipedia，这里不逐一说明。如果引自其他文献，则会标出来源。由于这些注的数量远远超过原著注释，为了语言经济，这些注如在文中，则标记"译者"；如是页下注，并不标记为"译者注"，而是将原著的注释标记为"原著注"。

四"难"是原书作者的语言驾驭。麦金托什不是一般的英语作者，他有着极为丰富的英语学术期刊编辑经验，极为擅长写作。译者既会为他能在一个长句中集纳多重内容而叹服，也会为如何恰当处理这一长句的翻译而棘手、犯难。要以同样精炼的汉语译文比配原文长句，译者力所不逮；只能以分解方式，将它译为两句或多句，力保原意不失。自清末严复英著汉译以来，对翻译的定义有着多种既相似又有所区别的提法。然而，就翻译标准而言，严复的"信、达、雅"想来仍然是最精当的。"信"是任何翻译的底线，是必须确保的；"达"是本书力求的；"雅"则是本书的奢望。如果读者在阅读本书译文时，能够在原书幽默处会心一笑，笔者也就欣慰了。

此外，本书最后附上初译时的"译后记"，更名为"初译记"，同时加上这次的"再译记"。

这是笔者第二次着手本书的翻译，心中很是有一番感慨。20 多年前的 1992 年，那时原著刚面世 (1986 年) 不久，它的中文译本曾以《生态学概念和理论的发展》为题由中国科学技术出版社出版。那次翻译是得到剑桥大学出版社和麦金托什教授许可的。麦金托什教授应我的约请还为中译本题辞。然而，当我接到样书时，发现其纸张与装帧之简陋，几与那时大学教师的讲稿无异。我只能接受这一事实，并惴惴地按照国际行规将几本新书寄赠剑桥大学出版社和麦金托什教授，但他们一直未予回复。更为荒唐的是，此书竟不公开发行。一些读者不得不苦心寻踪，向我求购。要是剑桥大学出版社和麦金托什教授知道这一情况，他们的反应恐怕就不是"未予回复"了。这就是当时的中国学术界与出版界。我个人深感有负于他们。每有触及，就是心中之痛。感谢高等教育出版社这次以正式购买版权的方式重译本书，使我能有机会一偿宿债。这同时也是对现已去世的麦金托什教授的纪念。

我在本书前一版中译本的"译者前言"中写过：

> 翻译 McIntosh 教授的 *The Background of Ecology*：*Concept and Theory*，是为了填补我国生态学出版物中的一个空白。了解世界生态学 100 多年来概念和理论发展的历史，无疑可以为生态学研究人员的理论创造提供经验，提供借鉴，提供素材。登高才能望远，如果能站在当代生态学巨人的肩上，显然将会有利于认准生态学理论的前沿，而不至于在昏暗的阴影中摸索。译者谨愿本书能在这一方面为我国生态学工作者提供一级阶梯。

这是 1992 年时的期望，今天依然如此。

2020 年 5 月

# 著 者 前 言

    本书试图就生态学的起源、发展和现在的问题做全面说明。这可能是一件鲁莽的事，即使我仅将讨论限于下述范围内：生态学建立在希腊－罗马时代开始的博物学传统之上；它在 19 世纪后期的"生物学－博物学调查"和"自然保护运动"中，发展成一门科学，仅仅到 1960 年代，它才广泛地并往往以一种被曲解的形象，被一般公众所了解。人们一直把生态学视为多形态的；它为了适应生态学家所研究事物的巨大的可变性和复杂性，总是以多种多样的不同形式出现或存在。直至最近，生态学仍然没有引起科学史学家的兴趣。无论是对生态学的深入历史研究，还是有关生态学家的传记性著作，都为数极少。然而，本书的写作并不是为了适应这种需要，去对生态学以及它与环境事务的关系进行细致的分析，尽管生态学现在在很大程度上仍依赖于这些。本书的目的是试图对生态学的背景做出说明，并提出这种背景与作为一门科学的生态学的现代问题之间的联系。可以设想，如果生态学家，特别是青年生态学家，熟悉摆在他们和他们指导者面前并超越他们眼前利益之外的东西的话，那些现代生态学中明显存在的困难和冲突，将会解决得更好一些。生态学家应当从一位生态学家所说的"只顾眼前问题，不顾历史经验"的状况中解脱出来，这不只是因为有关过去问题的知识是有用的，而且因为对过去的无知会导致概念和理论上重复和最糟糕的混淆不清。或许，这样一种要求深化对现代问题的认识的愿望，影响了我对素材的选取，从而产生了本书在历史学家眼中的不足之处。

    由于本书篇幅和资料来源的限制，以及著者本人知识的局限性，本书所谈的生态学，大体上是所谓的英－美生态学。本书也提到了欧洲大陆方面的资料、影响和进展，它们主要是英、美生态学家引用到的那些内容。这样，如果说本书是对生态学的一个总体性评论，尚有失虚夸，最好把本书看成在阐明生态学和它的起源方面迈出了第一步。著者决不擅自认为，即使在他所论及的地理边界之内，他的看法已是定论。由于生态学是由植被、动物、淡水和海洋生态学中相当不同的传统发展起来的，所以本书的结构安排，在一定程度上是对比性的。它试图在那些相对来说彼此无关的领域中追踪它们的发展，并且，只要有可能，就弄清楚它们是平行的发展,还是敛聚到一起。这样做的目的,是要认识那些不同的生态学起源中发展起来的或所共同使用的一些方法、概念和理论的特征。本书无意于评述为数浩瀚的经验性生态学研究。

尽管本书并不严格地以年代为序,但有关章节仍大体上按年代论述。为了阐述不同时代生态学思想的联系,本书不时引证关于较早或较后事件及其评论的参考文献。第 1 章基本上是对生态学在成为一门结构严谨的科学之前,有关它的起源的各种思想的评论。第 2 章研究了自 1890 年代至 1915 年这一段生态学诞生过程,这一时期是以正规的生态学会的成立而告结束的。第 3、4、5 章追溯了生态学各种不同分支在 19 世纪和 20 世纪初期的状况,并且,讨论一直扩展到它们在 1950年代的进展。第 6、7 章论述了生态学的最新发展,其时间跨度从 19 世纪二三十年代直至现在。第 8 章研究生态学与 1900 年代自然保护运动的联系,以及生态学与 1960—1970 年代环境保护运动的联系。由于这些章节的主题有些重叠,所以叙述上的重复是不可避免的。

本书的论题,要求它应当全部依据已公开发表的资料。我努力引证和引用尽可能多的参考文献,它们包括:生态学家和其他人对生态学所做的评论,他们对生态学作为一门科学的看法,以及那些谈论生态学方法论和认识论问题而不是生态学经验性资料的文章。遗憾的是,一般很难获得范围广泛的传记资料或令人感兴趣的生态学家轶事逸闻,它们通常能使科学上的阐述变得生动。生态学家可以期待从本书和本书引用的文献中找到一些有用的材料,它们将有助于了解生态学的起源和性质,以及生态学与生物学的其他分支和与环境事务的关系。如果本书能使生态学家认同他们的先辈以及他们在生态学不同分支中的同辈,这将更好。如果历史学家、社会学家和科学哲学家从本书中找到一些研究的出发点,从而促使他们把原先的研究扩大到生态学的话,这对著者将是一个喜出望外的惠予。

罗伯特·麦金托什
于印第安纳圣母城

# 著 者 致 谢

本书文稿的完成非常有赖于我的同事罗纳德·海伦塔尔 (Ronald Hellenthal) 的无私协助,既由于他的评论,又由于他技巧地将多份草稿输入文字处理器,并在计算机磁盘中进行合成。维多利亚·哈曼 (Victoria S. Harman) 细致且熟练地完成文字输入工作;她既打印,又一丝不苟地校正早期文稿中的许多失误。劳拉·吉布森 (Laura Gibson) 专心致志地检查索引和引用的文献。文稿还非常得益于苏珊·卡朋特 (Susan Carpenter) 和斯蒂芬·卡朋特 (Stephen Carpenter) 在内容和编辑方面的意见;他们阅读了全部文稿,有些章节甚至不止一次。生态学研究生研讨会的成员们也阅读过早期文稿;他们通过各种各样的评论,所表现出的困惑与未表现出的怠倦,都激励文稿的改进。科学史学家,其中有知名的生态史学家,十分宽容地阅读并评论文稿的各章。他们中包括尤金·西塔迪诺 (Eugene Cittadino),弗兰克·埃戈顿 (Frank Egerton),莎伦·金斯兰 (Sharon Kingsland),马尔科姆·尼克尔森 (Malcolm Nicolson),弗朗西斯科·斯库多 (Francesco M. Scudo),菲利普·斯隆 (Philip Sloan) 和罗纳德·托比 (Ronald Tobey)。我相信,他们中没有一个人会支持本书表达的历史观,但是他们都帮助我避免一个生态学家在触碰科学史时所犯的某些错误。科学哲学家约翰·莱昂 (John Lyon) 和马克·萨戈夫 (Mark Sagoff),社会学家匡宗麟 (音译, Chung Lin Kwa) 和雅克兰·克莱默 (Jacqueline Cramer),阅读了有关章节,并提出颇有助益的评论。我非常感谢生态学家的同道之谊。他们中,有些是多年的朋友,有些从未谋面,都对某一章或某几章进行评论。尽管并非完全与我一致,并且他们之间也并非一致,但所有评论对我无一例外都是善意的批评性的。我要感谢阿伦 (T. F. H. Allen),德怀特·比林斯 (W. Dwight Billings),赫伯特·博尔曼 (F. Herbert Bormann),罗伯特·伯吉斯 (Robert L. Burgess),詹姆斯·卡拉汉 (James T. Callahan),格兰特·科坦 (Grant Cottam),保罗·戴顿 (Paul Dayton),弗朗西斯·埃文斯 (Francis Evans),彼得·格雷–史密斯 (Peter Greig-Smith),弗朗西斯·詹姆斯 (Frances James),吉恩·利肯斯 (Gene E. Likens),奥里·劳克斯 (Orie Loucks),布莱恩·莫斯 (Brian Moss),杰里·奥尔森 (Jerry Olson),罗伯特·奥尼尔 (Robert V. O'Neill),罗伯特·皮特 (Robert K. Peet),劳伦斯·斯鲁伯德金 (L. B. Slobodkin),弗·

史密斯 (F. E. Smith) 和詹姆斯·怀特 (James White)。在其他生态学家中，罗伯特·库克 (Robert E. Cook)，杰里·富兰克林 (Jerry Franklin)，罗伯特·麦凯布 (Robert A. McCabe)，弗兰克·皮特尔卡 (Frank A. Pitelka) 和厄尔·沃纳 (Earl Werner)，对一些特殊问询的回答，很有帮助。彼得·里奇 (Peter Rich) 和詹姆斯·麦克马洪 (James MacMahon) 阅读了最后文本，提醒其中尚存的缺失。无数其他人，以致不胜枚举，都给予重要的有助益的评论；它们经常是不经意地添加在我的生态学文档和授课中。这一著作能够在合理的时间内完成，得益于克罗维洛 (T. Crovello) 的善意安排，以及圣母大学同意我在 1982—1983 年间将部分时间用于这一工作。我要特别感激伯克斯 (J. H. B. Birks)，他邀请我着手本书的写作，并且在起草阶段就善意地阅读了全部内容。

罗伯特·麦金托什

# 目　　录

# 第 1 章 生态学的前身

早期的生态学, 有时被贬为完全不是一门科学, 而只是一种观点。人们用了近一个世纪的努力, 为复杂的自然现象建立了概念、方法和理论构架。即便如此, 能熟悉生态学的, 也只是为数不多的从事学术和应用研究的生物学家, 以及牧场、林业、渔业和狩猎区管理人员。这些人关注以种群和群落形式出现的生物与它们环境的关系, 信奉一个大体相同但并不完全一致的概念–方法体系, 共享着相关的专业协会、出版物和经费来源。1960 年代, 由于普遍醒悟到 "环境危机", 生态学突然置身于公众舞台, 并被广泛推崇为能够对人类 (以及其他生命体) 与环境的关系, 给予恰当的指导。尤其引人注目的是, 生态学成了一个口号, 甚至在高层政界亦是如此。西尔斯① (Paul B. Sears), 这位头脑清晰的生态学实践者和解释者, 那时甚至把生态学说成是 "一门颠覆性学科" (Sears 1964)。他认为, 生态学研究得出的对自然界的看法, 向一些西方社会广为接受的文化和经济设想提出质疑; 其中最主要的设想是, 人类文明——特别是高技术文化的文明——是高于和超越自然法则和制约的 (Dunlap 1980b)。

长期以来生态学家一直认为, 生态科学对洞悉人类社会很有价值。但是, 面对生态学突然赢得的声誉以及把它的范围扩大到包括环境问题的各个方面, 生态学家却缺乏准备。他们往往会把过去几十年中发展起来的、有根有据的思想和准则, 置之脑后。生态学与人们熟悉的建立在经典物理学之上的科学模式不同, 过去如此, 现在仍然如此。它研究的现象, 经常紧密触及人类感知能力的本质, 如美学、道

---

① 保罗·毕格罗·西尔斯 (Paul Bigelow Sears, 1891—1990), 美国生态学家, 作家。他先后在俄亥俄卫斯理大学获动物学学士 (1913) 和经济学学士 (1914), 在内布拉斯加大学获植物学硕士 (1915), 在芝加哥大学获植物学博士 (1922)。他早年关于俄亥俄州自然植被的系列论文很具创意。其中提出的 "见证树" (witness tree) 概念沿用至今。1930 年代的美国沙尘暴期间, 西尔斯的《沙漠在行进》(Deserts on the March), 是第一本向公众传播生态学原理的著作, 多次再版, 1988 年作为《保护经典丛书》(Conservation Classics) 再次印刷。同时, 他还率先研究花粉化石, 探索美国过去植被与气候关系的线索。1943 年, 他独立倡议出版《花粉分析通告》(Pollen Analysis Circular), 后改为《孢粉通告》(Pollen and Spore Circular), 以促进这一领域信息的自由交流, 其影响旁及欧洲, 并创造 "孢粉学" (palynology) 一词, 最终导致 "美国地层孢粉学家协会" (American Association of Stratigraphic Palynologists, 1967) 的诞生。

德、伦理学, 甚至在一些人心目中更为糟糕的是, 它还触及经济学。生态学从它的某些颂扬者那里受到的伤害, 多于来自它的批评者的。这些颂扬者往往错误地解释和过分夸大生态学的能力。生态学充其量不过是一门多形态学科。但是它的概念和方法, 却经常由于一些团体说成体现了他们所称道的有关环境的想法而受到伤害。那些由生态学家辛辛苦苦获得的大量知识, 尽管提供了关于环境危机的最好的证据, 并对处理这种危机给予了很有希望的指导, 但却常常被置之不理, 甚至被歪曲, 用以支持那些根本不能成立的 "生态学" 万能疗方。生态学过去不是, 现在仍然不是一门预测性学科。生态学家知道的东西, 远多于能唤起决策者注意、并对人类和其他生物的环境做出重大决定的东西。生态学一直存在的难题之一是, 它的起源和边界难以具体确定; 并且这一问题在近几年更加严重。一位生态学家无可奈何地写道, 生态学家做什么, 什么就是生态学。因此, 考察生态学家干些什么, 乃至在生态学命名前的 "雏形生态学家" (protoecologist, Voorhees 1983) 想些什么、干些什么, 可能会对诸如 "生态学是什么", "它从哪里来", 以及 "它可能成为什么" 等问题有更好的了解。

　　**"生态学"** 一词和 **"生物学"** 一起分享第一次朦胧出现在 19 世纪一篇论文上的殊荣。但它作为一门有着自身特质并受到尊重的学科的名称, 是逐渐地获得承认的。和生物学一样, 生态学包括范围广泛的现象, 它们自古以来在不同名目和不同自然哲学下进行探讨。**生物学**一词的创造, 归功于好几个人①。卡尔·弗里德里希·布尔达赫②(Karl Friedrich Burdach) 无可争辩地在 1800 年最早使用这一术语 (Baron 1966; Coleman 1977; Farber 1982)。拉马克 (Lamarck) 在 1802 年是这一术语的另一个最早使用者; 他相信, 这是关于活态生物的崭新理论。特雷维拉努斯③(Treviranus) 也在 1802 年使用这一术语; 他把生物学描述为 "有生命自然 (living nature) 的哲学" (Burdon-Sanderson 1893)。生态学同样被视为对生命和哲学

---

　　① "生物学" 一词的起源有多种说法, 这里再举一种。它作为希腊语 "*bios*" (生命) 与后缀 "*logia*" (研究) 的复合, 形成拉丁语的 "*biologia*", 最早出现在 1736 年瑞典科学家林奈的《植物学文献目录》一书中。第一次出现在德语是 1771 年对林奈著作的翻译。1797 年罗斯 (Theodor Georg August Roose) 在其著作《生命力教学指南》(*Grundzüge der Lehre van der Lebenskraft*) 的序言中, 1800 年布尔达赫 (Karl Friedrich Burdach) 从形态学、生理学和心理学角度研究人类时, 使用了这个词。德国医生、博物学家和雏形进化生物学家特雷维拉努斯 (Gottfried Reinhold Treviranus) 在其六卷本著作《生物学, 即有生命自然的哲学》(*Biologie, oder Philosophie der lebenden Natur*)(1802—1822) 中在现代意义上使用了这一概念。

　　② 卡尔·弗里德里希·布尔达赫 (Karl Friedrich Burdach, 1776—1847), 德国生理学家。他命名了纤维束 (arcuate fasciculus)。

　　③ 戈特弗里德·莱因霍尔德·特雷维拉努斯 (Gottfried Reinhold Treviranus, 1776—1837), 德国医生, 博物学家, 雏形进化生物学家 (proto-evolutionary biologist)。他在达尔文之前提出物种变异 (transmutation of species), 并将这一理念写入他的《生物学》(*Biologie*, 1802) 第一卷。1816 年他成为瑞典皇家科学院通讯院士。

的预兆。科尔曼 (Coleman 1977) 写道, 生物学花了一个世纪的时间, 从 "一个有前途的术语" 到 1900 年 "发展为一门朝气蓬勃的自主科学"。生态学, 从著名的德国动物学家恩斯特·海克尔[①] (Ernst Haeckel) 在 1866 年创造这一术语起, 进展缓慢, 直至约 1920 年才成为一门获得承认的生机勃勃的科学。生态学花了近一个世纪时间到 1960 年代才被专业界外的公众所熟悉, 但是, 对它作为一门自主和成熟的科学的怀疑, 一直延续至今 (McIntosh 1976, 1980a)。

一些科学史学家认为, 19 世纪的生物学明显不同于博物学, 而且比博物学更有意义; 甚至认为生物学排斥博物学 (Coleman 1977)。根据这一观点, 生物学全神贯注的是个体生物的功能方面; 并且, 按照科尔曼的说法, 它与 19 世纪的生理学, 本质上是同义词。可能令许多生物学家吃惊的是, 法布尔 (Farber 1982) 相信, 有必要促使科学史学家认识到, 博物学在 19 世纪并未凋零。事实上, 正如法布尔和大多数生物学家知道的那样, 19 世纪盛极一时的博物学不得不分为不同的学科, 以接纳大量的关于生物以及它们活动和分布的类型与特征的新信息。作为主要是博物学产物的达尔文进化论 (Darwinian evolutionary theory), 是 19 世纪生物学最主要的知识成就。法布尔明智地强调, 19 世纪生理学和博物学的发展, 以及它在 20 世纪生物学中的延续, 具有同等重要性。这一点, 对于由生理学和博物学融合而成的生态学来说, 肯定也是恰当的。

[3]

生物学和生态学中的术语学问题, 表现在对术语的各种各样的解释上。19 世纪后期的生物学, 已习惯于斯特佛所说的 "人为地约定俗成的" (Stauffer 1957) 用法。与 "生物学等同于生理学" 的观点不同, 科尔曼 (Coleman 1977) 认为, 生物学还包括 "现在属于生态学名下的内容"。生物学家对这一用法普遍表示不满 (Boerker 1916)。斯特佛 (Stauffer 1957) 说, 海克尔引入了**生态学**术语, 使它成为生物学有限含义的代称, 从而让**生物学**脱出身来, 更适合于作为一个包括各种形式的植物学和动物学的总术语。海克尔把生态学说成是生理学的一部分 (Smit 1967)。到 1891 年, 他感到有必要特别指出, "生物学和生态学这两个术语是不能互换的" (Haeckel 1891)。波登–桑德森[②] (J. S. Burdon-Sanderson) 在对英国科学促进会所做的主席

---

① 恩斯特·海克尔 (Ernst Haeckel, 1834—1919), 德国生物学家, 博物学家, 哲学家, 医生, 教授, 海洋生物学家, 艺术家。他发现和命名了数以千计的新物种, 绘制了所有生命形式的谱系树, 同时为生物学创造了一些新术语, 如: 人类起源 (anthropogeny), 生态学 (ecology), 门 (phylum), 种系发生 (phylogeny), 干细胞 (stem cell) 和原生生物 (protista) 等。他在宣传达尔文进化论的同时, 提出曾一度流行的 "重演论" (recapitulation theory), 即 "个体发生重演种系发生" (ontogeny recapitulates phylogeny)。海克尔著作甚巨, 超过 100 种, 其中包括著名的哲学论著《宇宙之谜》(*The Riddle of the Universe*, 1901)。

② 约翰·斯科特·波登–桑德森 (John Scott Burdon-Sanderson, 1828—1905), 英国生理学家, 爵士, 皇家学会会员 (Fellow of the Royal Society, FRS)。

致辞中 (Burdon-Sanderson 1893), 把生态学推举为生物学三个分支之一, 使之与生理学和形态学并列, 从而开创了生态学历史。他强调说, 生态学比起其他生物学分支, 更能表现出特雷维拉努斯所说的 "有生命自然的哲学"。

在海克尔和许多 19 世纪生物学家看来, 生态学只不过是生理学的一个分支。美国植物生态学的两个奠基者, 克莱门茨① (F. E. Clements) 和考勒斯② (H. C. Cowles), 可能出于学术政治的原因, 把生态学等同于生理学 (Cittadino 1980; McIntosh 1983a)。另一些早期的动物生态学家则把生态学说成是 "新博物学" (Adams 1917) 或 "科学博物学" (Elton 1927)。许多生态学家把他们的学科看成是传统博物学的拓展; 它强调对野外生物整体的研究。与之相对照的是强调 19 世纪生物学发展起来的实验室研究。一些新一代生态学家, 仍然不满意博物学在当代生态学中继续存在。他们认为, 这既造成毫无必要的复杂性, 又造成百分之百的非科学性 (Peters 1980)。另一些生态学家则断言, 正是生态学所研究的自然现象的极端复杂性, 才是生态学的本质; 并质疑按照 19 世纪机械的、还原论的科学传统来铸造生态学是否可行和令人满意 (Odum 1977)。

# 1.1　一门变了形的博物学

17 世纪和 18 世纪早期的博物学, 一直关注描述自然发生的现象。约翰 · 哈里斯 (John Harris) 在他的流行于 18 世纪早期的著作《专门术语辞典》(Lexicon Technicum)③中, 将博物学定义为:

> 博物学是对土地、水、空气中任何一种自然物 (如野兽、鸟、鱼、金属、矿物、化石等) 以及在物质世界中随时出现的现象 (如陨星等) 的描述。
>
> (Lyon and Sloan 1981: 2)

---

①弗雷德里克 · 爱德华 · 克莱门茨 (Frederic Edward Clements, 1874—1945), 美国早期植物生态学家, 植被演替研究的先驱。在植物生态学领域从思想到方法多有创发, 如样方法、数量研究、动态研究、古生态学等。其最大成果是植被演替理论, 包括: "植被单位" 概念、"超级有机体" 概念、"顶极" 概念。这些曾主导 20 世纪前半期的植被研究, 但在格利森 "个体论" 和惠特克 "梯度理论" 以及植被调查实践的挑战下, 逐渐让位于后者。但是, 克莱门茨的生态观并未消失, 对他的工作与思想的评价一直是动态的。此外, 克莱门茨的 "超级有机体论" 与格利森的 "个体论", 一直是生态哲学领域中 "整体论" 与 "还原论" 对战的重要样例。

②亨利 · 钱德勒 · 考勒斯 (Henry Chandler Cowles, 1869—1939), 美国植物学家, 生态学先驱, 芝加哥大学教授, 美国生态学会创始会员。他的博士论文主题是密歇根湖畔沙丘植物演替。沙丘生态演替与保护几乎成为他一生的事业。他注重哲学对生态学研究的指导作用, 一直活跃在研究和论争的前沿。

③一本关于艺术和科学的英语通用词典, 1704 年出版第一版。

培根①主义和亚里士多德②主义的传统博物学, 包括对单个自然事实的描述, 对这些事实进行系统分类, 以及由此产生的经验性法则。生态学在 19 世纪后期和 20 世纪早期的发展中, 由于它沉溺于观察、描述和对学科知识的归纳性处理, 而普遍受到批评。例如, V. M. 斯派尔汀 (Spalding 1903) 表达了一种极端归纳主义者的立场, 他说:

> 现在生态学研究者的真正主要的任务是, 充分、确切、完整和自始至终地查明与记录事实。他用不着告诉我们那些事实意味着什么。

其他的生态学家, 如 W. F. 甘伦③ (Ganong 1904), 认同对 "生态学是描述性的以及它只强调观察和事实" 的批评。他呼吁用一种实验研究加逻辑论证的新方法来取代 "把显著效应与主要的可能原因进行思辨性结合" 的方法。

一些科学史学家相信, 描述性博物学 (natural history) 已在 18 世纪转变为 "自然史" (history of nature) (Lyon and Sloan 1981)。在莱昂 (Lyon) 和斯龙 (Sloan) 看来, 这一转变开创了一种新的科学程式。它提供了不同于物理科学的另一种选择; 那种物理科学一度统治着 17 世纪和 18 世纪的科学, 并对 "19 世纪科学的哲学方向" 有着深刻的潜在影响。他们主张, 这一变了形的博物学, 是 "现代的进化生物学、 [5]

---

① 弗朗西斯·培根 (Francis Bacon, 1561—1626), 英国哲学家, 国务活动家, 科学家, 法学家, 演说家, 作家。他是经验主义之父。他主张, 只有归纳、推理和对自然界细致观察, 才能获得科学知识。最重要的是, 他认为; 科学家应采用一种怀疑和有规则的方法, 才不至于误导自己。培根归纳法的影响不大, 而怀疑论方法的重要性和可能性使培根成为科学方法之父。它标志着科学的修辞和理论框架的转折。即使去世后, 他作为经验主义哲学倡导者与科学方法实践者, 尤其在科学革命期间, 仍有着特别的影响力。当然, 实践中的细节仍是今天科学与方法论论争的中心。

② 亚里士多德 (Aristotle, 前 384— 前 322), 古希腊哲学家, 科学家。他与他的老师柏拉图一道, 被称为西方哲学之父。他的著作覆盖物理学、生物学、动物学、形而上学、逻辑学、伦理学、美学、诗歌、戏剧、修辞学、心理学、语言学和政治学。它们构成西方哲学的第一个全面体系。他 17 岁 (或 18 岁) 进入雅典的柏拉图书院 (Plato's Academy), 献身于柏拉图主义 (Platonism)。在柏拉图去世后不久 (前 347 年), 他 37 岁, 离开雅典, 先当亚历山大大帝的教师, 后回雅典创办学园 (Lyceum), 形成逍遥学派 (the Peripatetic), 走上一条有别于老师的思想之路。他转向经验主义 (empiricism), 注重实证研究 (empirical study), 认为人们的观念和全部知识最终应当基于感受 (perception)。亚里士多德天才地将两种看似矛盾的世界观, 即经验科学的自然主义 (naturalism) 与柏拉图的理性主义 (rationalism), 熔铸在一起, 形成西方 1000 余年来的知识传统。被他视为 "第一哲学" 的 "形而上学", 其核心是三个问题: (i) 什么是存在? (ii) 事物怎样持续存在, 又经历着怎样的变化? (iii) 这一世界怎样才能认识? 它们构成今天作为科学研究范式的三部曲, 即: 本体论、认识论和方法论。亚里士多德在生物学也多有建树。他识别了五种生物过程, 即: 代谢 (metabolism)、温度调节 (temperature regulation)、信息处理 (information processing)、胚胎发育 (embryogenesis) 以及遗传 (inheritance), 并给予定义。他通过观察与解剖, 命名了约 500 种生物, 包括鸟类、哺乳动物和鱼类。

③ 威廉·弗朗西斯·甘伦 (William Francis Ganong, 1864—1941), 加拿大植物学家, 历史学家, 制图师。

生物地理学和生态学的历史之根"。他们说，这个根，扎在"特性""过程""历史性""实在性"等属性中，并与"量化""机制""严格的演绎分析""数学抽象"等相对立。正是后者，表征着 17 世纪科学革命的属性。这样，博物学从仅仅对事实的描述，变成一系列具有自身特点的学科，有着与物理科学截然不同的方法论、本体论和认识论。这是 18 世纪哲学和科学领域中的一群杰出人物如布封① (Buffon)、赫顿② (Hutton) 和拉马克③ (Lamarck) 等自然科学家的工作成果。莱昂和斯龙认为，这一转变"在许多方面是和 17 世纪科学革命一样伟大的知识成就"。那种认为"生态学和它的主要伙伴 (进化生物学和生物地理学) 的起源与物理学范式不同"的观点，截然对立于现在广为流行的主张，即生态学如要获得作为一门有生命力的、演绎性的、数学化和理论化的科学所具有的成熟性，那么它必须服从 20 世纪在物理科学基础上建立起来的科学范式 (McIntosh 1976, 1980a; Cannon 1978; Rehbock 1983)。

莱昂和斯龙 (Lyon and Sloan 1981) 认为，从对自然的描述转变为把自然当作一个时间过程进行原真的历史理解，并且把自然解释为一个动态过程而不是一个静态的与时间无关的机制，这些是 18 世纪后期博物学的急剧变化倡导的。它突出体现于布封的工作。并非所有科学史学家都对布封在这一转变中的作用有一致看

① 布封 (Georges-Louis Leclerc, Comte de Buffon, 1707—1788)，晚年受封后称为乔治-路易·勒克莱尔·德·布封伯爵，法国博物学家，数学家，宇宙学家，百科全书派。他 27 岁 (1734 年) 因解决概率论中的布封投针 (Buffon's needle) 问题而进入法国科学院，1739 年被任命为巴黎皇家植物园园长，直至去世。1753 年受邀进入法兰西学术院。布封最大的知识成就是他的毕生巨著《博物学》(Histoire Naturelle)。他的工作影响了后两代博物学家，包括拉马克与居维叶 (Georges Cuvier) 这一对进化论的对立面。布封的物种演进观飘忽不定。当代生物进化研究者与生物哲学家恩斯特·迈尔 (Ernst Mayr) 认为：布封是 18 世纪下半叶博物学思想之父；他不是进化生物学家，但他是讨论大量进化问题的第一人；除了亚里士多德和达尔文，没有一个生物研究者能有布封那样的深远影响。
② 詹姆斯·赫顿 (James Hutton, 1726—1797)，苏格兰地质学家，医生，化工制造商，博物学家，实验农学家，爱丁堡皇家学会会员 (Fellow of the Royal Society of Edinburgh, FRSE)。赫顿学过数学、化学，在大学学过西方经典、医学，并在莱顿大学 (Leiden University) 获得医学博士学位。他在从事其家族农场管理时发展了对地质科学的兴趣。他提出地壳形成的火成说 (plutonism) 和均变说 (uniformitarianism)，被誉为"现代地质学之父"。
③ 让-巴蒂斯特·拉马克 (Jean-Baptiste Lamarck, 1744—1829)，法国博物学家。他年轻时是一名战士，因作战英勇而受奖。他先在植物学、后在动物学领域，均有重大建树。受到布封欣赏和推荐，1779 年成为法国科学院院士。1788 年在皇家植物园主管植物学。1793 年成为国家自然历史博物馆的动物学教授。他的三卷本《法国植物志》(1778, 1795, 1805)，《无脊椎动物系统》(1801) 和《动物哲学》(1809)，均堪称经典。他作为进化论先驱者永为后世怀念。他贡献了两条原则：用进废退 (use and disuse) 与获得性遗传 (inheritance of acquired characteristic)。前者曾被达尔文称为"次于自然选择的进化机制"，但它实际上是生理层次的现象，并非遗传层次的问题。后者虽一度被接受，却被现代遗传学拒绝。然而，随着表观遗传学 (epigenetics) 的出现和进展，获得性遗传又赢得新的生命力，并名之以"新拉马克主义" (neo-Lamarckism)。

法。奥德罗德 (Oldroyd 1980) 在论及林奈① (Linnaeus) 和布封的工作时写道,"尽管他们重视时间上的变化,但是并没有对地球的过去和它以前的生物进行历史探究"。引人注意的是,由莱昂和斯龙列举的用来识别 18 世纪后期新博物学的那些特性——"定性"对"量化","过程"对"机械论","实在性"对"演绎式抽象分析","历史解释"对"非历史解释"——实质上正是第二次世界大战后演变中的现代生态学讨论的核心问题。

科尔曼 (Coleman 1977: 160) 指出,19 世纪的生物学家对历史解释失去兴趣,他说: [6]

> 当生物学家专注于——甚至是更为热切地专注于——有机体的功能时,他们已把对历史解释理想的忠诚,转移到对生命过程的实验性研究而展现的前景上。

科尔曼在提出 19 世纪生物学家的那种"转移"时,已经预测到当代一些生态学家对历史解释的反感,以及反过来,另一些生态学家对生态学中还原论实验方式的反感。但是,科尔曼所说的差别,主要是指生物学家兴趣的分离,而不是转移 (Mayr 1982)。生态学中这种历史解释和非历史解释之间的区别,在最近的生态学讨论中,仍然明显。例如, R. C. 莱沃丁② (Lewontin 1969a) 认为,有两类生态学家: 一类是研究具有遍历性 (ergodic③)的现象,由于它们是不变的,因而不涉及历史考虑;另一类是研究随时间变化的现象,因而需要涉及历史思考。当代一些理论生态学家引进数学模型,像马尔可夫链 (Markov chain),它需要一个时不变假设,不考虑历史影响。传统生态学家一般设想,历史序列 (historical sequence) 是生态学的本质。考勒斯 (Cowles 1901) 写道: "一个植物群落 (plant society),不只是现在条件下的产物,

---

① 卡尔·林奈 (Carl Linnaeus, 1707—1778), 1761 年封爵后,称为卡尔·冯·林奈 (Carl von Linné)。瑞典植物学家,医生,动物学家。他为生物创造了现代命名系统,即双名法(binomial nomenclature),因而被称为"现代分类学之父"。其主要著作有:《自然系统》(*Systema Naturae*, 1735),《植物种志》(*Species Plantarum*, 1753),《植物哲学》(*Philosophia Botanica*, 1751)。林奈被视为现代生态学奠基者之一。

② 理查德·查尔斯·莱沃丁 (Richard Charles Lewontin, 1929—   ),美国进化生物学家,种群遗传学领域的领军人物。他在哥伦比亚大学成为杜布赞斯基 (Theodosius Dobzhansky) 的研究生,先后获统计学硕士 (1952),动物学博士 (1954)。后在哈佛大学任教。他率先将计算机模拟与蛋白质凝胶电泳技术应用于遗传变异和进化问题,对基因多态性的理解做出开创性贡献,与日本太田朋子 (Tomoko Ohta) 共获瑞典皇家科学院克拉福德奖 (Crafoord Prize, 2015)。他的科学哲学观与莱文斯 (R. Levins) 一致。他反对基因决定论,批评社会生物学 (sociobiology)。他辩证地解释生物与环境的关系,认为它们是相互塑造,而不是仅由环境塑造生物。他还对"整体–部分"关系,给予与众不同的辩证说明。

③ ergodic: 具有相当数量的统计上相同的样本,因此,每个样本都可以是整个群体的代表。——原著注。

同时亦与过去有关"。斯派尔汀 (Spalding 1903) 强调, 达尔文是生态学家的典范, 并指出 "他在表述一条法则时, 与其说是说明一种现在的反应, 不如说是说明一种习俗或一种历史"。"**遍历性**" (ergodic) 一词随着 1960 年代理论生态学的兴起而进入生态学辞典; 但即使那时, 使用起来也是相当谨慎的。生态学家面临的问题是: 在生态学现象中, 是否存在遍历性?

## 1.2  什么是生态学

当生态学在 20 世纪中叶既声名显赫又备受责难时, 它经常被一些关心环境或有关环境的意识形态搞得混乱不堪。对生态学之根或起源的种种不同的解释, 经常是基于对 "什么是生态学" 这一问题的不同看法。我把本章的标题选为中性词 **"前身"** (antecedent), 而不是 **根** (root) (Worster 1977)、**起源** (origin) 或 **历史** (history) (Klaauw 1936; Brewer 1960; Kormondy 1969; Egerton 1977b), 这是因为, 那些词都可能暗示某种直接联系, 而那种联系很少能得到证明。"前身" 一词在它的通常用法中, 只表示以前发生了什么, 并不表明那些过去发生的事物必然会导致后来出现的事物。科尔曼 (Coleman 1977) 提醒, 要当心那种将时间顺序等同于因果解释的陷阱。从事生态演替研究的学者很熟悉这一问题。过去和现在的生态学家以及最近的科学史学家, 对于历史联系, 或用生物学行话 "生态学发生史" (phylogeny of ecology), 根据不同的历史考据, 持有不同观点。

历史学家、哲学家和科学史评论者们仁慈地忽视 (生态学) 思想史达几十年 (哲学方面, 参看 Lindeman 1940, 这是一个罕见的短暂例外), 对它的深入研究是很有限的。科学史中, 即使是生物学史中, 最多是附带地提及。阿利等人 (Allee et al. 1949) 在《动物生态学原理》一书中的 "生态学历史" 部分, 首先对学者和哲学家中生态学知识的贫乏提出警告。由于生态学作为一门科学所具有的内禀的多形态性质; 由于 1960 年代和 1970 年代的环境危机导致生态学在公众意识中的地位急剧上升, 致使它的内容和能力被广泛地曲解; 由于缺乏对生态学历史的研究; 这些因素的结合, 使得对生态学之根或起源的看法存在着不同—— 甚至矛盾—— 的观点。这样, 我称为的 "**回顾性**生态学" (retrospective ecology) 面临着确认生态学之根的问题。借用植物学的比喻, 这纯粹是因为生态学是一个具有众多基干和分散根系的灌丛, 而不是一株具有易于确定的树干和根部的单株大树。库恩 ① (Kuhn 1970) 提出, 一个发展中的科学学科, 可能表现为几种不同的、没有共同起源的分支的融合。生态学恰恰符合这一模式。

　　生态学和生物学一样, 除了都起源于 19 世纪外, 还难以精确界定, 尽管它现在有着为数众多的定义。海克尔在 1870 年详细解释了他在 1866 年简明提出的这个词, 并将**生态学**定义如下:

> 我们把生态学理解为与自然界经济有关的知识, 即研究动物与它的无机和有机环境之间的全部关系, 此外, 还有它和与它有着直接或间接接触的动植物之间的友敌关系。总而言之, 生态学就是对达尔文所称的生存竞争状况的复杂的相互关系的研究。(转引自 Allee et al. 1949: 卷首扉页)

[8]

这一定义表现了动物学家和植物学家共同和一贯的倾向, 即把整个生态学不正确地分别归于动物和植物。海克尔对生态学与达尔文进化论之间关系的强调, 明显地体现在他 1866 年第一次引进这一名词的论著的标题② 上 (Haeckel 1866)。他用 19 世纪生理学的机械论模式说明这一联系:

> 这样, 进化论把生物之间的生活联系, 机械地解释成是那些有效原因的必然结果, 从而形成了生态学的一元论基础。(转引自 Stauffer 1957)

　　在生态学文献和教科书中, 海克尔的定义普遍被简化为对植物和动物与它们环境之间的相互关系的研究。有时, 在它上面也加上诸如 "**科学研究**" 或 "**在自然条件下**" 这样的修饰词语。这样的简明定义一般来说是够用了, 除非一个人要去探究不同生态学家在使用 "**环境**" "**科学的**" 和 "**自然的**" 等术语时的特殊含意。有一些定义更令人无从捉摸, 甚至 "奇特且有趣" (Egler 1982)。一本重要的普通生态学教科书写道: "现代生态学的构成, 取决于生态学家强调什么问题" (Smith 1980)。如果生态学的定义只限于生态学家, 那么事情或许易于处理。但生态学已经不再能 "摆脱极为流行的曲解性影响而发展" (Allee et al. 1949), 所以很难将生态学一词的使用局限于职业生态学家。我较为欣赏的一个定义是由精神病学家赫奇佩思

---

　　① 托马斯·塞缪尔·库恩 (Thomas Samuel Kuhn, 1922—1996), 美国物理学家, 历史学家, 科学哲学家。他求学哈佛大学, 1948 年获物理学博士, 后从事科学史和科学哲学研究。1962 年他在任加利福尼亚大学伯克利分校科学史教授期间出版《科学革命的结构》(*Structure of Scientific Revolutions*)。随之, 学术影响和声誉蜂起。他认为: 科学知识的进步, 不只是线性和连续方式的发展: 不同于 "常规科学" (normal science) 的研究结果逐步积累, 会使得常规科学陷入危机, 从而发生以 "范式转换" (paradigm shift) 为特点的科学革命。"范式转变" 观念风靡整个世界学术界, 并成为科学社会的习语。
　　② 这一题目可译为《普通生物形态学: 基于达尔文进化论的器官形成科学的共同特征》。

(Hedgpeth 1969) 提出的。他说:

> 生态学可以定义为生物因素、社会因素和历史因素的相互和内部冲突,
> 这些因素总是包围着一个人所在的家庭、学校、邻居, 以及许多互有重
> 叠的社会团体; 它们使人们认识到价值观、防卫和犯罪, 以及一个人自身
> 及其存在的含义。

考勒斯 (Cowles 1904) 曾经评论说: "现在没有一个人愿意定义和界定生态学"。C.
C. 亚当斯[1] (Adams 1913: 16) 也看到同样的困难, 他写道:

> 有许多层次和类型的工作在生态学的名下进行, 它们可能是生态学的, 也
> 可能不是。还有许多真正的生态学研究并未在生态学名下进行。因此,
> 研究者有必要透过这些各不相同的外表, 认识生态学本质上的特征。

[9]　　　生态学 "本质上的特征" 仍不清晰。生态学的定义随着研究兴趣领域的扩大
而激增。当动物种群成为研究焦点时, 生态学被直截了当地定义为对动物分布和
多度的研究 (Andrewartha and Birch 1954)。以后, 当生态系统变得引人注目时, 生
态学则成为对生态系统结构和功能的研究 (E. P. Odum 1971)。看来由于 1960 年代
生态学的高度普及, 几乎每个人都打算定义和界定生态学, 并且有的人已经这样
做了。他们试图说明 "生态学从何而来", 并试图回答生态学早期经常讨论的问题,
"生态学到底好在哪里"?

## 1.3　生物学家看生态学起源

　　一些生物学家和早期生态学家把传统博物学视为生态学的开端, 即使他们
存在着名称之争。兰克斯特 (Lankester 1889) 断言, 布封唤起了对 "生物生态学"
(bionomics[2]) 即生物之间相互关系的关注 (Chapman 1931)。"生物生态学" 这一术

---

　　[1] 查尔斯·克里斯多夫·亚当斯 (Charles Christopher Adams, 1873—1955), 美国动物学家。他
的工作领域是普通动物生态学和草原、森林、湖泊生态学。他在多所大学任教或在其博物馆或
试验站任职。1926 年, 他成为纽约州立博物馆馆长, 及至退休。他是美国博物馆协会和生态学会
的创始成员, 是美国博物学会、地理学会、历史学会和科学研究荣誉协会 (Sigma Xi) 的成员。其
著作有《动物生态学研究指南》(*Guide to the Study of Animal Ecology*, 1915),《森林和草原无脊
椎动物的生态学研究》(*An Ecological Study of Forest and Prairie Invertebrates*, 1915)。
　　[2] bionomics, 生态学的另一种表达方式。它译自法语 *Bionomie*; 在希腊语中, *bio* 指生命,
*nomie* 指规律。它在 1885—1890 年开始在英语中使用, 以后逐渐被 ecology 替代。

语, 和 "行为生态学" (ethology①) 一样, 都是 19 世纪最后十年为生态学这门新兴学科选择名称时进入生态学的。那时曾同时提出几个名称, 用来命名这一尚未正式成形的研究生物与它们环境的学科。这一事实表明, 这门新学科的诞生时机已经成熟。W. M. 惠勒 (Wheeler 1902) (后为美国生态学会第一任副主席) 更倾向于用 ethology (行为生态学) 而不是 œcology (生态学) 来命名这一新生的学科。他声称动物生态学 (zoological œcology) 是从亚里士多德开始的。他把普利尼② (Pliny) 和 19 世纪以前直至布封的一大批人物包括在生态学家之列。考勒斯 (Cowles 1904) 把狄奥佛拉斯塔③ (Theophrastus) 对红树林、它们的咸水生境和物种关系的认识, 以及他的植被景相的思想, 引证为生态学; 这些思想远远早于亚历山大·冯·洪堡 (Alexander von Humboldt) 在 19 世纪对这些概念的使用。H. S. 里德 (Reed 1905) 在他的或许是第一部生态学研究史的著作中主张, 生态学开始于 17 世纪的安德里亚斯·卡萨尔皮诺④ (Andreas Caesalpino), 并继之以林奈、斯普伦格尔 (C. K.

---

① 行为生态学 (ethology), 又称动物行为学, 是指对动物行为的科学和客观的研究, 一般注重在自然条件下的行为, 并将行为视为进化的适应性特征。行为主义 (behaviourism) 是指动物对刺激的可以量测的响应, 或是在实验环境中特征行为的响应, 它不强调进化的适应性。行为生态学是一个发展很快的领域。21 世纪初以来, 对动物的信息交流、情感、培育、性事等许多方面, 科学界曾经做过长时间思考, 并已重新检验, 从而开拓了神经行为学 (neuroethology) 这样的新领域。

② 盖·普利尼·塞昆杜斯 (Gaius Plinius Secundus), 又名老普利尼 (Pliny the Elder, 23—79)。古罗马作家, 博物学家, 自然哲学家, 同时还是罗马帝国的海军和陆军司令。他将大部分业余时间用于学习、写作和调查野外的自然和地理现象。他的百科全书式的作品《博物学》(*Natural History*), 成为其他所有百科全书的模板。

③ 狄奥佛拉斯塔 (Theophrastus, 约前 371— 约前 287), 希腊人, 亚里士多德逍遥学派的继承者。他在年轻时进入柏拉图书院。柏拉图去世后, 他追随亚里士多德。亚里士多德把自己的著述交给他, 并指定他为学园 (Lyceum) 的接班人。狄奥佛拉斯塔主持逍遥学派长达 36 年, 这是学派极为繁荣的时期。由于他在植物方面的著作而被推崇为植物学之父。其继任者为斯特拉图 (Strato of Lampsacus)。狄奥佛拉斯塔兴趣广泛, 从生物学、物理学, 到伦理和形而上学。他的两卷幸存的植物学著作,《植物调查》(*Enquiry into Plants*), 又称《植物史》(*Historia Plantarum*), 与《论植物起因》(*On the Causes of Plants*), 对文艺复兴时代的科学有着重大影响。

④ 安德里亚斯·卡萨尔皮诺 (Andreas Caesalpino, 1519—1603), 意大利医生, 哲学家, 植物学家, 曾任比萨植物园园长。他提出按照果实和种子对植物进行分类, 而不是字母或药用性质。他曾涉猎生理学, 推断血液循环是一种血液反复气化与凝固的 "化学循环" (chemical circulation), 而不是熟知的 "物理循环" (physical circulation)。

Sprengel) 关于花的结构和传粉的研究, 以及洪堡[1]关于植被的地理学研究。E. L. 格林[2] (Greene 1909), 这位古典植物学史研究中重要的美国学者, 进一步宣称, "自古以来, 每一个植物学家都是生态学家"。格林特别把狄奥佛拉斯塔引为群落生态学的始祖; 后者开列了群落和栖息地类型。格林还把特雷格斯[3] (Tragus) 说成是第一个个体生态学家 (autecologist) 和物候学家 (phenologist), 因为他认识到植物种群的生态学性质。N. 泰勒 (Taylor 1912) 考察了生态学的某些现代趋向; 即使在那时, 他也把生态学说成是 "一个使用得很多但却被可悲地误解了的词"。泰勒只把生态学追溯到 19 世纪初, 他 "并没有发现这一思想的或多或少虚构的先知先觉者"。C. E. 莫斯 (Moss 1913) 对那些把生态学与拉马克的进化论思想联系起来的人提出批评。他激烈地反对把德坎多勒[4] (A. P. deCandolle) 当作第一位生态学家, 因为这无视了洪堡、林奈和德·图尔纳弗[5] (de Tournefort)。他认为把达尔文说成是 "一个真正的最早的生态学家" 是一种 "夸张"。和惠勒相反, R. 拉曼利 (Ramaley 1940) 写道, 亚里士多德 "在生态学中很难占有一席之地"; 但拉曼利认为狄奥佛拉斯塔 "可以称得上是历史上第一位生态学家, 因为他非常明显地写到植物聚集在一起而形

[10]

---

① 亚历山大·冯·洪堡 (Alexander von Humboldt, 1769—1859), 普鲁士通才, 地理学家, 博物学家, 探险家。他一生的科学成就与著述, 无不与他遍历欧洲、南北美洲、中亚和俄罗斯西伯利亚的旅行有关。洪堡的著述囊括地理学、地质学、海洋学、生物学、植物学、气象学、矿物学。他通过定量方法发现, 植物生长和动植物分布是生物学、气象学、地质学联合作用的结果, 从而创立了植物地理学和生物地理学。他第一个发现大西洋两边的南美与非洲大陆曾经连在一起, 也第一个发现人类引发气候变化。他倡导长期系统地进行地球物理测量, 为现代地磁学和气象学监测奠定基础。洪堡最有影响的著作是 30 卷《1799—1804 年新大陆热带区域旅行记》。他的 5 卷本《宇宙》整合了不同学科分支的知识与文化, 提倡将宇宙视为相互作用的统一体的整体观。洪堡在科学界拥有极高声誉, 很多事物与现象以洪堡命名。洪堡基金会 (The Alexander von Humboldt Foundation) 是国际学术界著名的研究资助机构。

② 爱德华·李·格林 (Edward Lee Greene, 1843—1915), 美国植物学家, 著有《植物学史的里程碑》(*Landmarks of Botanical History*, 1909), 命名或描述了美国西部 4400 余种植物。

③ 特雷格斯 (Tragus) 是德国植物学家希罗宁姆斯·博克 (Hieronymus Bock) 的拉丁文名, 他又是内科医生与路德教牧师。在植物学领域, 他通过整理植物间的关系与相似性, 使中世纪植物学开始向现代科学世界观转变。

④ 奥古斯汀·皮拉摩斯·德坎多勒 (应为德·坎多勒, 本书翻译从原著。Augustin Pyramus De Candolle, 1778—1841), 瑞士植物学家。他创立了一个有别于林奈的植物分类系统, 在其后半个多世纪中取而代之。他对植物地理学、农学、古生物学、药用植物学和经济植物学贡献颇丰。他提出 "自然界战争" (Nature's war) 思想, 意指不同物种为了空间和资源而互相争斗, 从而促进达尔文 "自然选择" 思想的形成。他认识到, 并非同一进化祖先的多个物种有可能发展出相似特征, 后被称为 "类同" (analogy), 即 "趋同进化" (convergent evolution)。1832 年他发现植物叶片的 "生物钟" (biological clock) 现象, 尽管当时受到质疑, 但一个世纪后被实验证明。德坎多勒在植物科学界享有很高声誉。作为纪念, 植物学中有多个属以他命名。科学期刊 *Candollea* 专门发表系统植物学和植物分类学文章。

⑤ 约瑟夫·皮顿·德·图尔纳弗 (Joseph Pitton de Tournefort, 1656—1708), 法国植物学家, 他因首先清晰定义植物的 "属" (genus) 而知名。

成的群落, 以及植物之间、植物与它们无生命环境之间的关系"。阿利等人 (Allee et al. 1949) 评论说, 亚里士多德的工作尚不是生态学, "但的确构成了很好的博物学, …… 生态学就是从它的一部分中发展起来的"。他们都从 18 世纪林奈和布封的工作中, 看到生态学的 "现代" 内容的形成。G. E. 杜雷兹 (Du Reitz 1957) 引证, 林奈已认识到演替, 并产生了植物学文献中第一份真正的植被演替概貌。E. P. 奥德姆 (E. P. Odum 1964) 确认了生态学的多重起源。他说, 它们至今仍分散着, 几乎没有理论将它们联系到一起。安德鲁瓦萨和比奇 (Andrewartha and Birch 1973) 写道: "支配群落和生态系统的法则被彻底地讨论过, …… 并且在列欧穆① (Réaumur)、布封和海克尔的著作中, 有许多一致的看法。" 支配群落和生态系统的法则至今尚未确立。如果存在的话, 这或许会是一项重要成就。

　　许多早期生态学家和海克尔一起, 把生态学归功于达尔文及其提出的自然选择引起进化的思想。斯派尔汀 (Spalding 1903) 把达尔文描绘为 "生态学命名之前的伟大倡导者"。考勒斯 (Cowles 1904) 也表达了同一信念; 他说: "如果生态学在现代生物学中有一席之地, 那么可以肯定, 它的伟大任务之一是解开适应性之谜。" 对进化和适应性的关注, 是达尔文理论对环境重视的符合逻辑的推广。并且, 许多生态学家也强调了环境对生物的发育、分布和形态学的影响 (McIntosh 1976, 1980a)。

　　在当代生态学中, 进化与生态学的本质联系是很明显的。基斯特尔 (Kiester 1982) 提出, "一门关于进化生态学的科学, 会向生态学提供所需的理论帮助, 并促进科学的统一。" 奥里恩斯 (Orians 1980) 同样认为, 生态系统生态学得到了 "基本的进化论原理" 的帮助。这一设想也是 S. A. 福布斯② (Forbes 1880a) 对生态系统的 "先验性" (a priori) 研究方法的依据。博尔曼和利肯斯 (Bormann and Likens 1979a) 评论了一种逆向关系, 即 "生态系统演进理论正开始在进化研究中发挥主要作用"。当代生态学的一个重要方面是, 希望从物种的生活史特性中发展生态学理论。物种是进化论关注的关键实体; 物种形成是大多数进化理论的核心。尽管如此, 仍有生态学家提出, 物种并非约翰·哈珀 (John Harper) 假设的那样, 必定是

[11]

① 瑞尼·德·列欧穆 (René Antoine Ferchault de Réaumur, 1683—1757), 法国多面手科学家, 在数学、物理, 乃至工艺技术等领域均有建树, 因引入列氏温标 (Réaumur temperature scale, 将水的冰点与沸点分别定为列氏 0 度与 80 度) 而广为人知。他在博物学和昆虫学领域有杰出贡献。他的博物学成果主要汇集于 6 卷本巨著《昆虫史回忆录》(Mémoires pour servir à l'histoire des insectes), 并被视为动物行为学 (ethology) 的奠基者。他早年就已是法国科学院院士 (1708), 后期又陆续成为英国皇家学会会员 (1738) 和瑞典皇家科学院外籍院士 (1748)。

② 斯蒂芬·阿尔弗雷德·福布斯 (Stephen Alfred Forbes, 1844—1930), 美国生态学兴起时期的主导人物, 水生生态系统科学的创始人。他的论著罕见地表现出了野外观察与思想洞察力的融合, 是 "湖泊是一个微宇宙" 观念的提出者。他相信, 生态学对于人类福祉是根本性的。他对生态学理论的发展起着重要作用。美国国家科学院推崇他是 "美国生态科学的奠基者"。

生态功能单位 (Harper 1980)。其他生态学家已经寻找组织特性, 而不是种质差异。他们甚至采用生态实体的集聚型 "宏观" 变量, 作为生态学理论的基础。

无论怎样, 生态学不会与它的非常接近的孪生学科 "遗传学", 趋敛到一起。作为交叉学科的 "生态遗传学" 要等好多年以后才会出现。哈珀抱怨说, 生态学把进化论扔给了遗传学, 而理论遗传学的发展很少考虑生态学 (Harper 1967)。L. B. 斯鲁伯德金① (Slobodkin 1961) 希望, 许多问题的解决, 必须依靠 "现有的种群动力学、种群遗传学和种间竞争的理论扩展"。这一希望至今仍待实现。尽管威尔逊② (E. O. Wilson) 宣称, 生态学是自然选择经过 "死板的还原" 转化而成 (Wilson 1978), 但是, 把关注环境的生态学和关注变异的遗传学结合成一门统一的学科, 仍是对未来的一种期望。

## 1.4  历史学家看生态学起源

认真研究生态学的历史学家, 同样根据他们对生态学起源及其开创者的看法, 分成不同的阵营。R. C. 斯特佛 (Stauffer 1957) 是首先对此评论的历史学家之一, 他写道, "我们必须把查尔斯·达尔文的工作, 视为一个生机勃勃地激励着生态学不断发展的源泉"。然而, 沃齐默 (Vorzimmer 1965) 指出, "大多数生态学家把达尔文追溯为生态学之父, 这多少是有些令人啼笑皆非的", 因为达尔文并不看重他对生态学贡献的意义。利莫盖斯 (Limoges 1971) 认为, 在达尔文的自然观之前, 是不可能有生态学观点的; 生态学的出现是由于海克尔受到达尔文激励后才在 1866 年创造了这一名词。奥德罗德 (Oldroyd 1980) 最近也强调这一看法, 他说: "现代意义

[12]

---

① 劳伦斯·斯鲁伯德金 (Lawrence B. Slobodkin, 1928—2009), 美国生态学家, 极富创新思维。他在耶鲁大学生物系师从哈钦森, 1951 年获博士学位。他提出赤潮起源假说, 并且与海斯顿 (Nelson Hairston) 和史密斯 (Frederick Edward Smith) 合作, 发表著名 "HSS" 论文, 提出营养水平上的种群调节假说, "食草动物吃得很好, 而食肉动物通常很饿"。他以实验室生态系统建立数学模型, 研究基于能流输运的种群动力学。他的名著《动物种群的生长与调节》(*Growth and Regulation of Animal Populations*, 1962) 将种群动力学、种群遗传学和种间竞争结合起来并深入到进化层次。2005 年, 他被美国生态学会提名为 "杰出生态学家"。

② 爱德华·奥斯本·威尔逊 (Edward Osborne Wilson, 1929—   ), 美国生物学家, 理论家, 博物学家, 作家, 专长蚁学 (myrmecology)。他是世界上顶尖的蚂蚁研究专家。同时他开创社会生物学 (sociobiology) 研究, 首倡生物多样性保护。他倡导环境保护, 并将他的人文主义和自然神观念 (deist idea) 融注于宗教和伦理事务中。他的最大的生态学贡献是和罗伯特·麦克阿瑟 (Robert MacArthur) 合著《岛屿生物地理学理论》(*The Theory of Island Biogeography*, 1967); 这为自然保护区设计和斯蒂芬·哈贝尔 (Stephen Hubbell) 的生物多样性的统一中性理论 (unified neutral theory of biodiversity) 提供了基础。

上的生态学, 只有在达尔文理论建立后才有可能"。林恩·怀特 (Lynn White 1967) 写道, "生态学中新观念的定型" (大约在 1850 年), 得力于培根主义实践的广泛兴起。培根主义认为, 科学知识意味着征服自然的技术力量; 并且认为, 这一知识是 "我们自然环境理论与经验性研究方法的结盟"。怀特和许多讨论生态学问题的非科学家一样, 在他的评论中, 把生态学和一般环境影响混为一谈。他说, 14 世纪初建造的第一尊大炮, 由于把森林炸成碎片, 而 "影响了生态学"。托比 (Tobey 1976, 1981) 在他对植物生态学兴起的研究中, 对生态学与技术科学的关联, 做了详尽的发挥。

对环境以及人类与环境关系的兴趣, 渗透于神话、历史、文学和艺术之中。一个一直存在的问题是辨识生态学与这种无所不在的兴趣之间的联系。格拉肯 (Glacken) 发现, 18 世纪的结束, 带来了一个完全不同的人与自然关系的概念; 这一概念受到了当时刚刚问世的进化论思想的影响。他写道:

> 毫不奇怪, 生态学理论是动植物种群、自然保护、野生生物保育、土地利用管理等研究的基础, 并且已成为一个整体论自然观的基本概念。支撑着这一概念的是西方文明中解释地球环境特性的久远观念。这种观念力图将它们视为整体, 视为地球秩序的表现。(Glacken 1967: 706)

格拉肯确认西方思想的三个主要问题: ① 地球是有目的地设计或制造的吗? ② 环境已经影响了人类吗? ③ 人类已经改变了地球的原初状态吗? 寻求对这些问题的答案是基于这样的愿望, 即自然界存在着秩序和目的性。这种愿望几乎弥漫于整个西方的宗教和哲学中。整个 18 世纪, 秩序和目的性已与不同的宗教和哲学传统挂上钩。这些传统有一个共同信念: 存在着造物主; 他根据某种永恒的思想, 设计宇宙的秩序并使之运转。这种设计和目的性可以普遍见证于博物学。它们也可以从天文事件以及种种自然现象中发现。这些自然现象包括生物之间的关系, 生物与人类的关系, 以及生物和它们环境之间的关系 (Lovejoy 1936; McIntosh 1960)。曾经有人对此警告, 如: 狄奥佛拉斯塔 (Theophrastus) 提出宇宙是没有秩序的; 并且认为, 秩序必须被证明而不能假定。又如那些极想了解沙漠或北极荒野等不毛之地的伊壁鸠鲁 (Epicurus) 派哲学家, 也普遍不认可当时广泛执持的神佑自然观与自然神学, 因为这些观念力图在自然界寻找目的性证据 (Glacken 1967)。格拉肯 (Glacken 1967) 的著作《罗德岛海岸寻踪》是一个极为丰富的观察资料的矿藏; 这些观察很明显早于生态学, 并且拨动了任何一个生态学家的心弦。这一

[13]

切应归功于不同时代、不同文化的人们: 希罗多德① (Herodotus) 论捕食者; 圣·巴兹尔② (St. Basil) 论森林演替; 阿克斯塔③ (José de Acosta) 论新大陆的生物地理学之谜; 以及本杰明·富兰克林④ (Benjamin Franklin) 论鸟类对害虫的控制。埃戈顿 (Egerton 1976) 誉为 "最古老的生态学理论" 的自然平衡思想, 在圣·托马斯·阿奎那⑤ (St. Thomas Aquinas) 的论著中表现得很明显; 阿奎那在一篇评论物种多样性和稳定性的早期论文中写道: "物种多样性比同一物种的个体多样性更好"。这些观察在生物学意义上并非生态学之根, 因为尚不清楚生态学是否从它们中沿着某一方向成长起来。

格拉肯确认了两种流行的自然观, 它们明显地见诸传统博物学中, 并一直存在于生态学理论的现代讨论中 (McIntosh 1976, 1980a):

(1) 机械论的: 可以根据已知规律来解释一个整体的各部分活动, 并且这个整体等于它的各个部分及这些部分相互作用之和。

(2) 有机论的: 整体的存在是第一位的, 它的目的性可以解释各部分的活动。

---

① 希罗多德 (Herodotus, 约前 484— 约前 425), 古希腊历史学家。他与修西得底斯 (Thucydides)、苏格拉底 (Socrates) 和欧里庇得斯 (Euripides) 是同代人。他经常被称为 "历史学之父"。这里提到的 "捕食者", 可能在希罗多德的《波斯战争》(The Persian Wars) 第 3 卷第 5 册第 102–105 节提到: 在波斯帝国印度省东部的沙漠, 有一种狐狸大小、毛茸茸的、被称为 "蚂蚁" (fox-sized, furry "ant") 的动物, 能够追逐和吞食成年骆驼 (full-grown camel)。后世学者, 如法国民族学家米歇尔·佩塞尔 (Michel Peissel), 对此有详细质疑。

② 圣·巴兹尔 (St. Basil) 就是凯撒利亚 (小亚细亚地名) 的巴兹尔 (Basil of Caesarea), 也称圣·巴兹尔大教主 (Saint Basil the Great, 329 或 330—379)。他是一位很有影响力的神学家, 支持尼西亚信经 (Nicene Creed), 反对早期基督教会的异端邪说。他在神学信仰和政治之间关系的平衡能力使他成为尼西亚立场的有力支持者。

③ 约瑟·德·阿克斯塔 (José de Acosta, 1539 或1540—1600), 拉丁美洲早期的西班牙耶稣教传教士兼博物学家。令他赢得声誉的名著是《印度的自然与道德史》(Historia natural y moral de las Indias, 1590)。书名中的 "印度" 是地理大发现早期的误判。它是后来所称的 "西印度" (Indes occidentales) 或 "新世界" (New World), 也就是现在的 "拉丁美洲"。阿克斯塔以比先辈更简明的方式, 详细而真实地描绘了那里的风俗和历史, 以及风能和潮汐、湖泊、河流、植物、动物和矿产资源等大量信息, 并从更为广阔的角度看待那里的自然和哲学历史。

④ 本杰明·富兰克林 (Benjamin Franklin, 1706—1790), 一个美国的通才。他是政治家, 社会活动家, 外交家, 是美国开国元勋之一。他还是科学家, 发明家。他在众多领域 (电学、光波理论、制冷学、气象学、洋流理论, 等等) 均有科学建树, 有些发现甚至早于欧洲人, 其人口思想即早于并启发了马尔萨斯。

⑤ 圣·托马斯·阿奎那 (St. Thomas Aquinas, 1225—1274), 意大利多明我会修士, 天主教神父, 教会医生, 一个极有影响的具有经院传统的哲学家、神学家和法学家。他是自然神学最重要的正统拥护者, 是托马斯神学 (Thomism) 之父, 认为上帝是超越人的理性与经验的。他对西方思想的影响很大, 特别是在伦理学、自然法、形而上学和政治理论领域。英国哲学家安东尼·肯尼 (Anthony Kenny) 认为托马斯是 "西方世界的十个最伟大的哲学家之一"。

格拉肯也评述文艺复兴后的自然观; 并且发现, 那种认为自然具有目的性的思想大量泛滥于生态学理论中。他写道:

> 我承认, 现代生态学理论在指导我们对自然的看法上以及对人类干预自然的看法上非常重要, 而它已将其起源归结为 "自然的目的性"。造物主的智慧是不言而喻的, 他所创造的任何东西都是彼此相关的, 没有一个活体是无用的, 所有一切都相互联系着。(Glacken 1967: 243)

正是这个被斯特佛 (Stauffer 1960) 称为 "达尔文的基本生态学见解" 的相互联系的观念, 渗透于整个生态学; 所不同的是对这种相互联系的解释。

19 世纪以前和 19 世纪中的博物学家、神学家和哲学家普遍同意, 依据一种神创和谐 (a divinely created harmony), 自然界是有秩序的。分歧主要在于: 一些人研究终极原因; 而另一些人认为可能存在着导致自然界秩序的第二位原因。例如, 布封在他研究中拒绝考虑终极原因; 他说, 博物学是研究第二位原因的 —— 自然界怎样活动而不是为什么这样活动 (Lyon and Sloan 1981)。波登-桑德森指出, 生理学家的作用是探讨过程而不是寻求终极原因, "他的问题只是怎么样而不是为什么" (Burdon-Sanderson 1893)。近代生态学家普遍回避被说成终极原因的任何东西, 但并不回避 "怎么样" 和 "为什么"。例如, 卡洛和汤森 (Calow and Townsend 1981) 指出, "生理学问题是生物怎样运作, 而生态学和进化论的问题是它们为什么以它们所采取的方式运作。" 不过, W. D. 比林斯 (Billings 1980) 认为, 生理学是研究生物为什么在它们所在的地方生长。已经证明, 在生态学中应用因果论思想是极为困难的; 对于因果关系的经典解释, 普遍受到怀疑 (Whittaker 1953)。颇为自相矛盾的是, 当代某些生态学家还谈及 "未来" 的因果 (Allee and Starr 1982)。

[14]

格拉肯的著作在表述西方文化中环境及其与人类关系的思想史方面, 是值得赞扬的。但是, 这些能视为生态学吗? 这些哲学和博物学的观察, 能视为以一种不间断的方式产生 "现代的" 和 "自我意识的" 生态学吗? 很清楚, 这些传统是先于 20 世纪的生态学。我们能以什么方式说明生态学根植于它们之中呢? 正如格拉肯提出, 如果说 19 世纪以前关于人类和自然关系的思想与进化论相比, 有着完全不同身份, 那么, 在 19 世纪科学变革中, 是什么特性使生态学成为生物学的一个独特分支呢 (Coleman 1977)? 确认生态学的起源, 难就难在它的所有定义都特别指出它必须研究生物与其环境的关系。很明显, 人就是生物。格拉肯评论道, 解释环境特性的自然目的性论点, 综合着很多思想。他进一步补充:

> 在探讨这些思想从公元前 5 世纪到公元 18 世纪末的历史时, 一个令人注目的事实是, 在这 2300 年期间生活过的每一位伟大思想家, 事实上都谈

及其中的某一思想, 许多人甚至谈及所有这些思想。(Glacken 1967: 713)

[15]    这样, 人们会经常毫不奇怪地触及这样的主张: 生态学或它的某一分支, 是从古代直至启蒙运动的形形色色的雏形生态学家那里开始的 (Liebetrau 1973; Egerton 1976; Worster 1977)。**雏形生态学家** (protoecologist) 一词, 是由沃里斯 (Voorhees 1983) 创造的, 用来指那些在生态学成为一门正式的学科之前具有生态学见解的人们。

　　**生态学**一词和作为一门公认学科的生态学的发端, 很明显是 19 世纪最后 30 年的产物。一些生态学家和历史学家都趋于同意, 生态学是达尔文进化论思想的逻辑的甚至是必然的结果; 并同意, 达尔文是最早的生态学家。但是, 唐纳德·沃尔斯特 (Donald Worster), 这位很有见地的历史学家, 试图在 "自然界经济" (nature's economy) 中寻找 "生态学之根" (Worster 1977)。他认为生态学思想比它的名字古老得多。他把生态学的现代史定于 18 世纪, 这远在它获得生态学名称之前。不过, 他在这个发端期所看到的, 不是职业生态学的科学领域, 而是他称为的 "生态学思想笼罩的范围更为广泛的晕区"; 这种晕区 (penumbra) 像阴影一样, 是非常难以定义的。沃尔斯特所说的生态学领域的宽度, 可以见于他所推荐的约翰·韦斯利①(John Wesley) 著作中对于生态学的颇具伸缩性的看法, 也见之于沃尔斯特的主张, 他说: "生态学时代开始于 1945 年 7 月 16 日的新墨西哥州阿拉莫戈多②(Alamogordo) 市外的沙漠上"。这是一种对 "谁是生态学家" "生态学从何而来" 以及 "它什么时候开始" 等问题的意义引申了的看法, 它产生于沃尔斯特对生态学的定义以及他作为历史学者的观念。

　　沃尔斯特把他的书的第一部分冠以 "18 世纪的生态学", 并且写道: "生态学像一个刚进城的陌生人, 似乎是一个没有根底的 (without a past) 存在。" 沃尔斯特提出, 这一 "根底" 是 18 世纪生态学的双重起源。他把第一种起源称为 "田园牧歌式" (arcadian), 这是吉尔伯特·怀特③ (Gilbert White) 对塞尔伯

---

　　① 约翰·韦斯利 (John Wesley, 1703—1791), 英国牧师和神学家。他和他的兄弟查尔斯 (Charles Wesley, 1707—1788) 以及他的牧师同行乔治·怀特菲尔德 (George Whitefield, 1714—1770) 创建了卫理公会 (Methodism)。它起源于 18 世纪的英格兰教会, 后成为独立的教派, 在英国早期工人阶级和美国黑奴中有着重大影响。约翰·韦斯利一生曲折, 但最后广受尊重, 被称为 "英格兰最受欢迎的人"。2002 年, 他被英国广播公司评为 100 名最伟大英国人中第 50 位。

　　② 1945 年 7 月美国第一颗原子弹试验场。

　　③ 吉尔伯特·怀特 (Gilbert White, 1720—1793), 英国博物学和鸟类学先驱, 皇家学会会员, 一个兼具牧师身份的自然主义者。他的《塞尔伯恩博物志》(*Natural History and Antiquities of Selborne*), 是他与英国当时主要的动物学家托马斯·佩南特 (Thomas Pennant) 和大律师戴恩斯·巴林顿 (Daines Barrington, 皇家学会会员) 的通信集, 展现了 18 世纪英国乡村的自然和文化风物、乡绅情怀以及田园牧歌意趣。

恩① (Selborne) 教区进行远见卓识的观察时表达的整体性有机体论观点。一些人, 包括我自己在内 (McIntosh 1958a), 把这一起源视为 "对生态学的预言"。沃尔斯特认为, 这一传统通过亨利·戴维·梭罗② (Henry David Thoreau) 和约翰·巴勒斯③ (John Burroughs), 延续到 19 世纪, 并且在 20 世纪与艾尔弗雷德·诺恩·怀特海④ (Alfred North Whitehead) 和路德维格·冯·贝特朗斐⑤ (Ludwig von Bertalanffy) 的哲学观点挂上钩; 其中, 贝特朗斐常常被宣扬为现代系统生态学研究的智慧之源。沃尔斯特所说的另一种起源是 "帝国式"⑥ (imperial)、"反田园牧歌式"、机械论的生态学。他把这种生态学归功于弗朗西斯·培根 (Francis Bacon), 但又认为首先由

① 塞尔伯恩 (Selborne) 是英国汉普郡 (Hampshire) 东部的一个村庄, 地处南唐斯国家公园 (South Downs National Park) 的最北端。塞尔伯恩拥有自中世纪 (即黑暗时代) 至今的历史, 见《骑士、牧师和农民》(*Knights, Priests & Peasants*, 2009)。塞尔伯恩因吉尔伯特·怀特的名著而成为旅游胜地, 也是自然爱好者和自然保护者的圣地。

② 亨利·戴维·梭罗 (Henry David Thoreau, 1817—1862), 美国作家, 诗人, 哲学家, 废奴主义者, 自然主义者, 抗税者, 对大自然开发的批评者, 历史学家, 主要的超验主义者。梭罗的名著是《瓦尔登湖》(*Walden*, 1854), 反思自然环境中的简朴生活。他的论文《对公民政府的抵制》(*Resistance to Civil Government*, 1949), 论证对不公正政府的不服从, 由此倡导了后来的公民不服从 (Civil Disobedience) 运动。他的著述也包括演替 (succession) 和物候学 (phenology), 他可能是最早使用这两个术语的人。

③ 约翰·巴勒斯 (John Burroughs, 1837—1921), 美国自然主义者, 自然散文作家, 自然保护运动的积极参与者。他终身从事自然文学创作, 主题遍及鸟类、鱼类、花草、自然景观, 以及人在其中的生活。其名著有《醒来的森林》(*Wake-Robin*, 1871), 他的文学成就使他跻身美国艺术文学院院士 (1921) 之列。他是惠特曼 (Walt Whitman) 和爱默生 (Ralph Waldo Emerson) 的坚定捍卫者。

④ 艾尔弗雷德·诺恩·怀特海 (Alfred North Whitehead, 1861—1947), 英国数学家, 哲学家, 皇家学会会员。他是过程哲学 (process philosophy) 学派的领袖人物, 主张以变化 (change) 和发展 (development) 来识别形而上学的实在 (metaphysical reality)。古典本体论否定任何整体实在 (any full reality) 的变化, 仅认为是偶然的或非本质的。有关处于生成过程中的事物的科学 (a science of something in becoming) 是不可能实现的。与之相反, 过程哲学把变化视为实在的基石, 即 "作为生成的存在" 思想 (being thought of as becoming) 的基石。为此, 怀特海发展了一个综合的形而上体系。他认为: 实在是由过程组成, 而不是由物体组成; 并且, 过程最好通过它与其他过程的关系来定义; 从而否定过去认为实在根本上是由彼此独立的物体构成。

⑤ 路德维格·冯·贝特朗斐 (Ludwig von Bertalanffy, 1901—1972), 奥地利生物学家, 被誉为一般系统论 (general system theory) 的创始人之一。一般系统论是一个跨学科的理论, 用于描述、分析与处理组成要素的相互作用, 适用于大尺度、复杂关系、多学科的生物、生态、社会、经济等问题。

⑥ imperial (帝国式) 是指佩德·安克尔 (Peder Anker) 的《帝国生态学: 英帝国 1895—1945 年的环境秩序》(*Imperial Ecology: Environmental Order in the British Empire*, 1895–1945)。该书解释和阐述英国生态学在这一期间发展得如此迅速, 主要是出于大英帝国 (包括殖民地) 自南至北的自然资源管理和社会控制的需求。为此, 需要了解环境历史, 了解自然与社会的关系, 并制定相应的经济和社会政策。一些有影响力的科学家和政治家建立起包括自然、知识和社会的三重生态学, 为帝国的环境、经济和社会管理创造了新的生态秩序。该书曾获得 2001 年科学史学会人文科学史论坛的最佳出版物奖 (the History of Science Society's Forum for History of Human Sciences Prize)。

那个 "有条不紊的、雄心勃勃的和充满创业精神的瑞典人 ①", 做出示范。

[16]　　对于沃尔斯特所做的生态学和生态学家的分类, 尽管较受生态学家评论的青睐 (Kormondy 1978; Smith 1978), 但却受到一些科学史学家的批评 (Egerton 1979b; Tobey 1981)。埃戈顿 (Egerton 1979b) 认为, 沃尔斯特所说的类型只存在于他自己的意念中; 并且说, 沃尔斯特的观点不过是一个编造得很好的故事, 它不能表述客观的生态学历史。R. 托比 (Tobey 1981: 1) 写道:

> 今天的通俗作家们设想, 生态学发源于拉尔夫·瓦尔多·爱默生② (Ralph Waldo Emerson) 和梭罗的出类拔萃的自然主义思想, 或起源于约翰·穆尔③ (John Muir) 和约翰·巴勒斯 (John Burroughs) 为代表的自然保护运动。然而, 历史学家们知道, 这不是真的。

由于梭罗和巴勒斯被置于沃尔斯特所称的田园牧歌式生态学家之列, 因此, 根据托比的分类方法, 沃尔斯特是一个通俗作家, 而不是一个历史学家。无疑, 沃尔斯特本人会对此提出反驳。沃尔斯特表面上赋予生态学的 "田园牧歌式" 起源和 "帝国式" 起源以同等的意义, 但却首肯那个 "田园牧歌" 之根主导当代生态学思想。相反, 托比认为, 那些 "成就了第一代生态学研究的科学范式的关键见解", 是受 "具有功利价值和科学价值的问题" 驱动的。很明显, 他指的是沃尔斯特所说的那个 "帝国式" 的 "精于讲究实际的" 科学之源。

　　尼克尔森 (Nicolson 1982a, 个人通信) 对沃尔斯特所说的 18 世纪生态学之根的问题, 做了更为详尽的分析; 同时他也评论了生态学这一术语的含意。尼克尔森的批评, 直指沃尔斯特对 **生态学** 一词含意的三重用法, 以及他从一种用法滑向其他用法的做法。按照尼克尔森的见解, 生态学可以指: ① 具有各种形态的专业生态科学, 如海洋、陆地等; ② 广泛涉及各种各样环境问题的政治运动和哲学思想; ③ 任何一种生物与环境的关系 (即 "某某生物的生态学")。尼克尔森认为, 由于沃

---

① "瑞典人" 指林奈。

② 拉尔夫·瓦尔多·爱默生 (Ralph Waldo Emerson, 1803—1882), 美国作家, 诗人。他领导了 19 世纪中叶的超验主义 (transcendentalism) 运动。他是个人主义的坚定捍卫者, 是具有先见之明的社会反补贴压力的批评者。他通过发表几十篇论文和超过 1500 次的公开演讲, 在全美国传播他的思想。爱默生在其名作《自然》(Nature) 中, 形成并表述了他的超验主义哲学。其后, 他的题为《美国学者》的讲演, 被老霍尔姆斯 (Oliver Wendell Holmes Sr.) 誉为 "知识分子的独立宣言" (Intellectual Declaration of Independence)。

③ 约翰·穆尔 (John Muir, 1838—1914), 苏格兰裔美国自然主义者, 作家, 环境哲学家, 美国荒野保护的早期倡导者。他的信件、散文和书籍讲述了他在大自然中的冒险经历, 尤其是在加利福尼亚的内华达山脉。他的行动主义帮助保护了约塞米蒂山谷、红杉国家公园和其他荒野地区。他创办的塞拉俱乐部是美国著名的保护组织。以他命名的长约 340 km 的约翰·穆尔小径, 供在内华达山脉徒步旅行。其他包括穆尔伍兹国家纪念碑、穆尔海滩、约翰·穆尔学院、穆尔冰川等。

尔斯特对生态学含意表述得含混不清, 所以他对生态学起源的分析是不成功的。
尼克尔森指出沃尔斯特的另一种失误是, 他, 包括埃戈顿 (Egerton 1976), 忽视了生
态学史研究中的两种相反的倾向。沃尔斯特宣称 "思想成长于某一特定的文化条
件", 但是尼克尔森认为, 沃尔斯特追溯思想时并不考虑它们与周围的联系, 似乎思
想会超越产生它们的环境。尼克尔森说, 这无视库恩 (Kuhn 1970) 在《科学革命的
结构》一书中梳理的科学史上的一种倾向 —— 强调 "史料的来龙去脉", 即从文化
环境中求得认知。按照尼克尔森和其他同类历史学家如奥德罗德 (Oldroyd 1980)
的观点, 把林奈建立在静态的、非历史的、神授的自然系统基础上的 **自然界经济**
(economy of nature①) 思想, 与 "现代的" 后达尔文主义的生态学思想联系起来, 不能
认为是合理的。在尼克尔森和奥德罗德看来, 达尔文 "革命" 是把达尔文以前庞杂
的博物学观察, 置于完全不同的语境中; 这尚不是后达尔文生态学 (post-Darwinian
ecology)。S. A. 福布斯, 这位科学生态学形成时期的一个主要倡导者, 着重表达后
达尔文的自然平衡的思想 (Forbes 1880a, 1887)。但是, 按照尼克尔森和奥德罗德的
观点, 不应当把它和林奈的自然界经济置于同一类型, 即便它们的一些术语是相
同的。然而, 斯特佛在林奈的自然界经济中仍发现 "以 18 世纪形态出现的粗糙但
又很有意义的生态学表述" (Stauffer 1960)。他说, 这种远古主题也在赖尔② (Lyell)
身上出现, 并且 "被达尔文改造成他的进化论中至关重要的组成部分"。尽管如此,
尼克尔森的意见是, "不要相信 18 世纪有一门生态科学, 即使这是由生态学史学家
这样告诉你的。" —— 这真是一个令生态学家难堪的建议。

[17]

罗列对沃尔斯特主张的批评, 或许并不公正, 但归根到底, 首先要做的毕竟是
要考察那些是否使生态学成为其直系后裔的知识源泉。这一点并非简单地批评沃
尔斯特的知名著作。即使埃戈顿, 尽管他认为沃尔斯特的书 "看来简单化, 并且是
错误导向", 但他仍将它视为 "很明显是对生态学历史的一项重要贡献"。生态学家,
如 F. E. 史密斯 (Smith 1978) 从沃尔斯特的著作中, 提炼出 "对生态学和生态学家
的新的认知"。克曼迪 (Kormondy 1978) 把沃尔斯特的书称为 "对生态学家非常有

---

① "economy of nature" 是林奈对自然界中生物之间关系的著名隐喻。本书译为 "自然界经
济" 而不采用含义模糊的 "自然经济" 或 "自然的经济"。林奈的 *The Economy of Nature* 卷首语,
可以视为对这一隐喻的解释。他说: "我们了解造物主对自然界事物的全知全能的安排, 由此, 它
们适合于产生普遍的目的与互惠的用途。" 并且进一步解释, "这是一种自然界法则, 一些动物
创造出来, 只是悲惨地被其他动物屠杀。似乎上帝的旨意不仅要维持, 而且要在所有物种中保
持一个合理的比例, 以此防止任何一个物种过度增长, 从而损害人类和其他动物的利益。" 可
见, 这里的 "经济" 一词是指自然界生物相互作用、相互制约, 进而达到平衡的整体。

② 查尔斯·赖尔 (Charles Lyell, 1797—1875), 苏格兰地质学家, 皇家学会会员。其名著是《地
质学原理》(*Principles of Geology*), 表达了 "均变论" (uniformitarianism) 思想, 认为: 地球受同一
科学过程的塑造, 这一思想至今被沿用。这一理论挑战当时欧洲地质学界广为接受的居维叶的
理论。

价值的指导"; 生态学家迫切需要以此了解他们学科的背景。但是, 如果生态学只是把历史上对人与环境关系的不同看法熔铸到一起, 如果仅是把过去发生的事件生拉硬扯地联系起来, 使它们看上去似乎处于通向生态学的主线上, 那将是不幸的。沃尔斯特所做的 "田园牧歌式" 和 "帝国式" 的分类, 作为 18 世纪观察自然的不同途径, 是可以有理由接受的。他的论点, 即吉尔伯特·怀特 (Gilbert White) 的那种 "田园牧歌式" 的整体论博物学伴随着生态学延续至今并由生态学代表的观点, 仍然需要证明。现代生态学, 即使在它有限的科学格局中, 仍是一个两军对垒的战场; 一方强调它是一门 "硬科学", 采用的是还原论的 "帝国式" 方法; 另一方则强调整体性的有机体论处理, 即便不是真正的 "田园牧歌式" 的。沃尔斯特 "田园牧歌式" 生态学的真正的现代同道, 是在科学生态学之外, 在那一 "生态学思想笼罩的范围更为广泛的晕区" 之中。它随着从 1960 年代开始汹涌而来的环境运动而引人注目, 使得生态学不得不遭受阿利等人曾经的警告: 它会因名气巨大而受到曲解 (Allee et al. 1949)。

[18]

　　弗兰克·埃戈顿 (Frank Egerton) 是最为勤奋而多产的生态史学家。除了为数甚多的探讨海克尔以前生态学思想的论著外, 他还编辑和撰写了多本关于生态学历史的卓越入门著作, 这些著作对于踏进这一领域的任何人都是必不可少的。埃戈顿 (Egerton 1976) 撰写了一篇关于 1900 年前雏形生态学研究和观察的最为详尽概述; 那时生态学尚未繁盛。他还编辑了一套文丛 (Egerton 1977a), 其中包括过去出版的著作: 从 18 世纪威廉·德勒姆① (William Derham) 的《自然神学》(1713), 约翰·雷② (John Ray) 的《上帝在创世纪中表现的智慧》(1717), 林奈的《自然界经济》(1762), 布封的《博物学》(1780—1785) 的节略, 一直到 20 世纪的生态学研究, 如维克多·谢尔福德的《美国温带的动物群落》(Shelford 1913), 罗伯特·惠特克 (R. Whittaker) 的《自然群落分类》(Whittaker 1962), 以及他自己的《美国生态

---

　　① 威廉·德勒姆 (William Derham, 1657—1735), 英格兰牧师, 自然神学家, 自然哲学家和科学家, 皇家学会会员 (1703)。他的三本名著是:《自然神学》(*Physico-Theology*, 1713),《天文神学》(*Astro-Theology*, 1714),《基督神学》(*Christo-Theology*, 1730)。这三本书都是为上帝存在和特性提供目的论依据。同时这些书也包含大量的原始科学观测, 如, 弗吉尼亚负鼠 (*Virginia opossum*) 是北美唯一的有袋类动物。它还包括对航海计时器 (marine chronometer) 最早的理论描述, 并伴同对利用真空密封以减少计时误差的讨论。

　　② 约翰·雷 (John Ray, 1627—1705), 英格兰博物学家, 而且是一位最早的牧师兼博物学家。在其《植物史》(*Historia Plantarum*) 一书中, 他对植物的分类是通向现代分类学的第一步。与二分法 (dichotomous division) 不同, 雷是根据观察到的植物相似性与差异性进行分类。并且, 他第一个给予 "物种" (species) 以生物学定义。雷的三卷本《上帝在创世纪中表现的智慧》认为, 自然界与空间的一切都是上帝的创造。他与他的后继者林奈一样, 从物种命名和分类开始。但是, 雷认为, 物种生活和自然界作为一个整体运行, 都是上帝创造可见的与不可见的万物的证据。雷给予树木年代学 (dendrochronology) 最早的描述, 解释如何根据树轮 (tree-ring) 推断树的年龄。

学史》(Egerton 1977a)——一本关于生态学史的文集。他还撰写了《普通生态学史和种群生态学史的文献指南》(Egerton 1977b)。并且他的《生态学史》(Egerton 1983) 扩大了文献覆盖面,包括了植物、海洋和动物等的生态学,湖沼学以及应用生态学。它较近的文献限于 19 世纪和 20 世纪,而较早的文献则从古代开始。

　　埃戈顿和沃尔斯特一样,对生态学持有范围广泛的见解;在他的评论、参考书目、以及关于种群统计学 (demography) 和其他生态学专题的文章中,都把问题追溯到古代。在《科学传记辞典》(*Dictionary of Scientific Biography*) 中,他把列文虎克[①] (Leeuwenhoek)、雷 (Ray)、列欧穆、林奈、彼得·卡尔姆[②] (Peter Kalm) 和吉尔伯特·怀特,列为生态学家。埃戈顿把正式成形之前的生态学解释为 “相似于但并不等同于博物学史” (Egerton 1976)。他把希波克拉底[③] (Hippocrates) 的《论空气、水和住所》(*Airs, Waters and Places*) 一文说成是 “展现了一个关于环境状况与疾病之间相互关系的明确的生态学纲领”。埃戈顿认为, 18 世纪和 19 世纪的博物学家已开始向建立生态科学进行探索。他说, 物候学[④] (phenology) 对于生态学理论构架,是一个失败的早期候选者。但是他又说: “1749 年林奈基于自然界经济的思想,已勾画出生态科学的轮廓。” 正如我们已看到的,一些生态史学家,其中如利莫盖斯 (Limoges 1971)、奥德罗德 (Oldroyd 1980) 和尼克尔森 (Nicolson 1982a, 个人通信),对那种把达尔文以前的自然现象观察等同于生态学的论点进行了反驳。这一情况给生态学家带来困惑。他们很难对历史学家中的这一学术论争进行裁决。很清楚,在 19 世纪的生物学中,有着大量的不连贯性以及库恩范式的变化;但同样

[19]

――――――
　① 安东尼·菲利普·范·列文虎克 (Antonie Philips van Leeuwenhoek, 1632—1723), 荷兰商人, 自学成才的科学家, 英国皇家学会会员 (1680), 是显微镜学家和微生物学家第一人, 被公认为 “微生物学之父”。他利用自己设计的显微镜, 观察微生物并确定其大小。他首先观察并记录原生生物 “纤毛虫” (infusoria, 1674)、精子 (spermatozoa, 1677)、肌肉纤维 (muscular fibers, 1682)、细菌 (bacteria, 1683)、细胞的液泡 (vacuole)。他随时将成果写信通报皇家学会和其他科学机构, 终其一生, 约 560 封。他曾说: “我的工作不是为了追求赞扬, 而是渴望知识。我注意到它更多地存在于我身边而不是其他人身边。因此, 一旦我发现值得关注的事物, 我有责任将我的发现记录下来, 告知所有热衷创造的人们。”
　② 彼得·卡尔姆 (Peter Kalm, 1716—1779), 芬兰探险家, 植物学家, 博物学家, 农业经济学家, 林奈最重要的信徒之一。他受命瑞典皇家科学院去北美殖民地旅行并采回可供农业使用的植物与种子。他对尼亚加拉瀑布 (Niagara Falls) 进行科学描述, 并且发表了有关北美 17 年蝉 (*Magicicada septendecim*, 每 17 年才出土繁殖一次) 的第一篇科学论文。卡尔姆撰写的旅游记事, 已被译成多种欧洲语言。
　③ 希波克拉底 (Hippocrates, 约前 460—约前 370), 古希腊文明巅峰期伯里克利时代 (Age of Pericles) 的医生, 被认为是医学史上最杰出的人物, 古代临床医学的集大成者。由于他的持久贡献, 被视为 “医学之父”。他是希波克拉底学派的创始人, 使古希腊医学发生革命性变化, 使它成为一门科学, 也成为一项职业。关于希波克拉底的记载是混杂的, 很难辨清他到底说了什么, 做了什么。人们一直将他视为古代医生的典范, 流传他的誓词。
　④ 物候学 (phenology), 生物现象的时间节律与气候关系的研究 (American Heritage ® *Dictionary of the English Language*, 5th Edition, 2016)。

也很清楚, 许多博物学传统由林奈、布封和洪堡传递下来, 经由达尔文重新组合到他的进化论思想中, 以后再由公认的职业生态学家集成进科学生态学。追溯 18 世纪博物学和 19 世纪生物学之间以及 19 世纪生物学家之间错综复杂的联系, 已经明显地超越本书的范围。

# 1.5  谁创立了生态学

寻找生态学起源的一个附产品, 就是经常把各种各样的人物指定为奠定生态学或它的某个分支的 "之父" 或 "之母"。这往往基于一种民族主义; 特别是生态学逐渐成为一门露面很多的学科, 甚至提出要以一种新的伦理观处理人类与他们环境的关系时, 情况更是如此 (McIntosh 1976)。沃尔斯特说过, "在我们时代, 生态学代表着田园牧歌般心境, 使人类回归自然宁静和虔诚的花园" (Worster 1977)。许多人会宣称具有这一思想血脉。

**生态学**一词的起源, 曾经被弄错过。它归功于 "田园牧歌派" 博物学家、诗人和哲学家的梭罗而不是科学家海克尔, 这是错误的。有关这一归属的线索, 见诸《科学》杂志对这一颇有名气术语的发明权的重新讨论; 在此之前, 这份杂志曾报道它的归属被搞错 (McIntosh 1975b)。《牛津英语辞典》(*Oxford English Dictionary*) 也认可这一名词的发明权属于梭罗。梭罗还被推崇为物候学之父 (Whitford and Whitford 1951); 但是, 埃戈顿反驳了这一提法 (Egerton 1976)。迪弗 (E. S. Deevey) 把梭罗说成是福雷尔 (Forel) 命名湖沼学之前的一个有远见卓识的雄辩的湖沼学家 (Deevey 1942)。V. 肯德鲁 (Gendron 1961) 宣称, 洪堡 "只手开创了生态科学"; 他认为, 洪堡的优势地位在于, 他攀登特里内费岛[①] (Tenerife) 山峰的经历所产生的植被垂直分布的思想, "这些观察成为他建立生态科学的基础"。丹尼尔·德雷克[②] (Daniel Drake) 致力于物候学, 但被 A. E. 沃勒称为 "一个现代生态学的先驱者"; 他的主要依据是德雷克在 1830 年代对于疾病和环境关系的研究 (Waller 1947)。戈海姆根据提图斯·史密斯 (Titus Smith) 在 1801—1802 年的新斯科舍半岛[③] (Nova Scotia) 旅行以及他对不同的森林类型及其变化的认识, 称他为植物生态学的一个

[20]

---

① 西班牙加纳利群岛中最大的海岛。

② 丹尼尔·德雷克 (Daniel Drake, 1785—1852), 美国医生的先锋人物, 多产作家。1807 年, 德雷克毕业于宾夕法尼亚大学医学院, 并在俄亥俄州辛辛那提从医。他主要从事医学领域工作, 同时也提倡社会改革, 还献身于地质学、植物学、气象学以及医学地质学。他被视为美国医学史上的一个重要人物。

③ 加拿大最东南部大西洋沿岸的半岛省份。

"先驱者" (Gorham 1955)。J. C. 亚瑟[1]写道, "我们可以把达尔文称为植物生态学之父" (Arthur 1895)。H. S. 康纳德 (Conard 1950) 在他翻译的克纳·冯·马里朗[2] (Kerner von Marilaun) 的《多瑙河流域的植物生活》(*Plant Life of the Danube Basin*) 一书的前言中说, 该书是 "后来植物生态学所有著作的直系父母"。泰勒 (Tayler 1980) 把德国生理学家和海洋生物学家维克多·亨森[3] (Victor Hensen) 确认为 "数量水生生态学之父"。乔治·珀金斯·马什[4] (George Perkins Marsh) 被称为美国生态学之父, 因为他的著作《人与自然》已认识到人类活动对地球的影响 (Marx 1970)。罗伯特·克拉克 (Clarke 1973) 甚至提出一个更为开明的说法, 他研究埃伦·斯沃洛[5] (Ellen Swallow) 的著作的副标题是《这个创建了生态学的妇女》。

　　埃伦·斯沃洛, 即后来的理查兹夫人 (Mrs. Richards), 认识到工业化和现代技术时代的许多环境问题, 诸如作为环境主义者死敌的大气污染和水体污染, 以及乡村和城市的衰退。她是一位社会改革活动家, 为了更美好的人类生活而建立起

---

　　[1] 约瑟夫·查尔斯·亚瑟 (Joseph Charles Arthur, 1850—1942), 美国植物病理学家和真菌学家。他最著名的工作是关于寄生锈真菌 (parasitic rust fungi) 的研究。他是美国植物学会、美国真菌学会、美国植物病理学会的创始会员。

　　[2] 克纳·冯·马里朗 (Kerner von Marilaun, 1831—1898), 奥地利植物学家, 维也纳大学教授。他最初习医, 继而学习博物学。他在中欧进行植物社会学研究。1858 年开始任大学植物学教授与博物学教授。1878 年, 任维也纳大学植物分类学教授并兼大学植物园园长。他特别活跃于植物地理学和植物社会学领域。

　　[3] 克里斯蒂安·安德里亚斯·维克多·亨森 (Christian Andreas Victor Hensen, 1835—1924), 德国动物学家, 浮游生物学家。他创造了 "浮游生物" (plankton) 一词, 并为 "生物海洋学" (biological oceanography) 奠基。他在维尔茨堡 (Würzburg)、柏林 (Berlin) 和基尔 (Kiel) 学习, 并于 1859 年以癫痫和尿道分泌物 (epilepsy and urinary secretion) 的论文获得基尔大学博士。1867 年, 亨森成为普鲁士众议院 (Prussian House of Representatives) 议员。他推动海洋研究, 并发起成立 "普鲁士皇家海洋考察委员会"。1871—1891 年, 他任基尔大学生理学教授, 主持了对波罗的海、北海以及大西洋的五次海洋生物学考察。亨森同时在胚胎学和解剖学领域也颇有建树。他发现了耳的结构中的 "亨森管" (Hensen duct), 鸟类发育结构特征的 "亨森结" (Hensen's node) 和 "亨森线" (Hensen's line)。

　　[4] 乔治·珀金斯·马什 (George Perkins Marsh, 1801—1882), 一生从政, 并且相当长时间是美国驻欧洲国家使节。马什被视为美国第一位环境主义者, 也是一位具有可持续发展思想的保护主义者。他的著作《人与自然》(*Man and Nature*, 1864) 对我们地球人的行为有着巨大影响。该书在建立阿迪朗达克公园 (Adirondack Park) 中发挥重要作用。马什指出, 森林砍伐会导致荒漠化, 并且断言, 人类行动会致使地球表面像月球那样荒凉。他认为, 只要人类管理好资源并维持良好状态, 人类的福祉就有保障; 而且, 人类后代的福祉, 也是人类需要管理资源的一个决定因素。这已经接近当代的可持续性思想。

　　[5] 埃伦·亨丽埃塔·斯沃洛·理查兹 (Ellen Henrietta Swallow Richards, 1842—1911), 美国工业和安全工程师, 环境化学家, 大学教师。她在环卫工程方面的开创性工作以及在家政学方面的实验研究, 为一门新科学——家庭经济学奠定基础。她是家庭经济运动的创始人, 其特点是将科学用于家庭, 并且第一次将化学用于营养研究。理查兹是第一位入学麻省理工学院的女性, 1873 年毕业, 并成为第一位女性教员。她是一位务实的女权主义者, 也是生态女权主义的创始人。

科学基础。埃伦·斯沃洛说:

> 我们已经为这种正确地生活的知识找到一个新的名词。……　正像神学
> 是一门关于宗教生活的科学, 生物学是一门关于生命的科学一样, ……
> 我们可以使生态学成为一门最有价值的应用科学。它将告诉我们实现健
> 康……　和幸福生活的那些原理。(引自 Clarke 1973: 120)

《波士顿环球报》(*Boston Globe*) 1892 年 11 月宣布, "理查兹夫人把它命名为生态
学"; 这或许是海克尔创造的这个名词在大众出版物上第一次露面 (Clarke 1973)。
尽管这是一个充满希望的开端, 但人类生态学——以后又改称为社会学——尚未
坚定地结合进这一新生科学之中。

梅科克 (Maycock 1967) 把波兰植物学家纳泽夫·帕楚斯基 ① (Józef Paczoski) 称
为生态学中一个独特分支——植物社会学 (phytosociology) 的奠基者。莫顿 (Morton
1981) 则同意包括 H. C. 考勒斯和亚瑟·坦斯利② (Arthur Tansley) 在内的许多植
物生态学家的看法, 他写道: "普遍认为, 植物生态学是从 E. 瓦明③ (Warming)1895
年的著作《植物群落》(*Plantesamfund*) 一书开始的"。戈德兰 (Goodland 1975) 最近
又重提瓦明的这一首创权; 他说, "瓦明的贡献仍然未得到承认"。事实上, 瓦明对
于植物生态学开创性的贡献以及他的《植物群落》的优先地位, 已得到他的同时
代人和评论家们最为广泛的认可 (参见 Waller 1947), 无须现在去判定。

[21]

---

① 纳泽夫·帕楚斯基 (Józef Paczoski, 1864—1942), 波兰植物学家, 波兰科学院院士。1896 年,
他创造了植物社会学 (phytosociology) 一词, 是植物学这一分支的奠基者之一。1923 年, 他成为波
兰比亚沃维耶扎 (Bialowieza) 森林保护区的科学管理人。他在比亚沃维耶扎国家公园 (Bialowieza
National Park) 做了大量的植被研究。他在波兹南大学建立了世界上第一个植物社会学研究所
(Institute of Plant Sociology)。

② 亚瑟·坦斯利 (Arthur Tansley, 1871—1955), 英国植物学家, 皇家学会会员, 生态科学的先
驱者。他在伦敦大学和剑桥大学接受教育, 后又在这些大学任教, 他在牛津大学任职谢里丹植
物学教授 (Sherardian Professor of Botany) 直至 1937 年退休。坦斯利深受丹麦植物学家瓦明的
影响, 提出生态系统 (ecosystem) 概念。他在 1902 年创办《新植物学家》(*New Phytologist*) 杂志,
并首任编辑至 1931 年。他是英国植被调查与研究中央委员会 (Central Committee for the Survey
and Study of British Vegetation) 创始成员, 后来这一委员会组成英国生态学会 (British Ecological
Society), 坦斯利是第一任主席, 同时担任《生态学报》(*Journal of Ecology*) 的创始编辑。坦斯利
还是英国自然保护组织 "Nature Conservancy" 第一任主席。

③ 约翰内斯·尤金纽斯·布洛·瓦明 (Johannes Eugenius Bülow Warming, 1841—1924), 丹麦植
物学家, 科学生态学的一个主要奠基者。他最早在大学里主讲生态学课程, 并界定生态学概念的
意义与内容, 他一生写的教科书, 包括植物学、植物地理学、生态学。它们被译为多种欧洲语言,
其中最重要的是《植物群落: 生态植物地理学引论》(*Plantesamfund: Grundtrak af den Okologiska
Plantegeografi*, 1895) 与《植物分类学手册》(*Haandbog i den systematiske Botanik*, 1878, 1884, 1891)。
瓦明在当时和以后对生态学界均有巨大影响。其中受影响最大的著名生态学家有英国的坦斯
利, 美国的考勒斯 (Henry Chandler Cowles), 德国的施佩尔 (Andreas Franz Wilhelm Schimper), 以
及美国社会学家和人类生态学家帕克 (Robert E. Park)。

生态学家克曼迪和麦考密克 (Kormondy and McCormick 1981) 说,"科学史学家" 把生态系统概念的引入标志为 "现代生态学" 的兴起。他们并没有具体指明是哪个历史学家这样说的。由于生态学家和历史学家在 "生态学" 前面加上 "**现代的**" 这个修饰词,从而使确认生态学和它的创建者的任务更为困难。阿利等人 (Allee et al. 1949) 在他们的百科全书式的动物生态学著作中写道:"生态学的现代内容是直至 18 世纪早期才开始形成的";他引证了林奈和布封的工作。然而科学史学家奥德罗德则主张 (Oldroyd 1980),"现代" 意义上的生态学只存在于达尔文理论之后;这样至少把林奈和布封排除于 "现代" 生态学家之外。泰勒把瓦明列为 "现代" 植物生态学之父 (Taylor 1912);而博克尔 (Boerker 1916) 和戈德温① (Godwin 1977) 则偏好于施勒特②(C. Schröter)。沃勒认为,"现代" 生态学兴起于 19 世纪早期的医学科学 (Waller 1947);从而证明他把辛辛那提 (Cincinnati) 医生丹尼尔·德雷克 (Daniel Drake) 列为生态学的开拓者是合理的。埃戈顿评论说 (Egerton 1976),物候学不是 "现代" 生态学的重要部分。他把现在的生态学与 18 世纪和 19 世纪的内容进行对比,从而暗示,所谓 "现代" 是指 20 世纪的生态学。最近,生态学家又倾向于把 "现代" 生态学的领域,限定于第二次世界大战以后的数量生态学或理论生态学的发展,甚至进一步限定为系统生态学。

# 1.6  自我意识的③生态学

很明显,评论生态学历史的科学史学家和生态学家,既没有为生态学的起源提供毫不含糊的指导,也没有提出明确的标准,去解决 "生态学什么时候才成为 '现代的' 或 '成熟的'"、"谁可以称为生态学的奠基者"、"它的谱系是什么" 等问题。这里的问题是,生态学之根是利用 "它是什么变成的" 某种直觉去寻找的;而现在对生态学的认知则有很大不同。这些年来,生态学家讲座中一个较受欢迎的题目,一直是 "生态学的性质",或 "什么是生态学" (Moore 1920; Taylor 1936; Dice 1955)。 [22]

---

① 哈里·戈德温 (Harry Godwin, 1901—1985), 20 世纪英国杰出植物学家,生态学家,皇家学会会员,生态学家坦斯利 (Arthur Tansley) 的朋友。他创造的 "泥炭档案" (peat archives) 一词,对泥炭地的生态学研究深有影响。

② 卡尔·约瑟夫·施勒特 (Carl Joseph Schröter, 1855—1939), 出生于德国的瑞士植物学家。1874 年,他在瑞士苏黎世联邦理工学院 (Eidgenössische Polytechnische Schule) 学习自然科学。1883 年,他在该校任植物学教授,直到 1926 年。施勒特是植物地理学 (phytogeography) 和植物社会学 (phytosociology) 领域的开拓者。他引入个体生态学 (autecology) 概念,用以解释植物个体与其外部环境的关系,还引入群体生态学 (synecology), 用以表达植物群落与其外部环境的关系。

③ self-consicous, 这里译为 "自我意识的",是取其处于由 "自发" 到 "自觉" 的过程与状态。

如果这些问题能参照各种各样的生态学定义, 或通过对生态学研究内容的严谨分析, 成功地给予回答的话, 那么在生态学之根的问题上或许可以取得较好的一致看法。然而, 之所以迄今未获一致, 是由于下面的事实, 即: 寻根意味着寻找你正为之寻根的某种思想。在我看来, 有必要把 "回顾性生态学" (retrospective ecology) 和阿利等人 (Allee et al. 1949) 所称的 "自我意识的生态学" ("self-conscious" ecology) 加以区别。回顾性生态学注重于我所说的生态学前身, 也就是说, 去了解某人做了某种后来被认为属于生态学范畴的事情。它是回视, 而不是追踪事情的发展。除非它发掘出隐藏的线索, 否则它是不能揭示生态学之根的。埃戈顿 (Egerton 1976) 评论说: "一个人工作的传播, 确定了他在科学史中的位置。但是, 不应当认为, 文章的发表能自动确保这种传播。" 在对 19 世纪雏形生态学的许多回顾性观点中, 都明显缺乏揭示那些工作与后来研究者工作的联系, 或它们是如何导致后来的工作的。一些杰出的思想尽管得到充分研究、漂亮表述、甚至发表, 但对当代科学家的工作并没有影响。这一情况在格雷戈尔·孟德尔 [1] (Gregor Mendel) 的孤独奋斗中, 人们就已熟知。

　　F. E. 克莱门茨 (Clements 1905, 1916) 在他的一些关于生态学各方面的早期著作的前言中, 都包含历史概述, 但是他很少表明这些只不过是利用博物学文献, 对那种事后认定为生态学的敏锐见解所做的回顾性搜寻。回顾性地考查生态学背景的生态学家们, 一般对科学史学家眼里具有首要意义的史料问题, 是一无所知的。本书的主要难点在于: 自我意识生态学的诞生和生态学作为一门科学的确立, 特别是确认它的独特的概念和问题, 以及为创建其理论框架的种种努力。很清楚, 生态学并非完全从海克尔头脑中突然形成的, 不同于布尔达赫 (Burduch)、特雷维拉努斯 (Treviranus) 和拉马克创建生物学, 孟德尔创建遗传学。海克尔在 1866 年创造**生态学**一词, 它既没有激发起大量的生态学研究, 也没有促使从生物学家中识别生态学家。事实上, 在二十多年时间内, 很少有人注意到这个新术语。一些人甚至指责海克尔忽视他的新词, 并且他本人没有有效地继续研究生态学 (Egerton 1977b)。海克尔的传记 (Bolscke 1909) 也没有把**生态学**一词编入索引。

_____

　　[1] 格雷戈尔·孟德尔 (Gregor Mendel, 1822—1884), 奥古斯丁修会修士 (Augustinian friar), 奥地利布尔诺的圣托马斯教堂 (St. Thomas' Abbey) 主持。孟德尔在 1856—1863 年进行的豌豆栽培实验及其总结的遗传法则, 使他成为现代遗传学的创始人。1866 年, 他发表了他的成果, 用以证明一种看不见的因子, 即现在所称的 "基因" 在预测生物性状中的作用。然而, 当时聆听孟德尔讲座的 40 位科学家不能理解他的工作。后来, 孟德尔又与当时最重要的生物学家卡尔·内格利 (Karl Nageli) 通信, 内格利也不欣赏孟德尔的发现。直到 1900 年, 荷兰植物学家德·弗里斯 (Hugo de Vries)、德国植物学家柯伦斯 (Carl Correns) 和奥地利植物学家丘歇马克 (Erich von Tschermak) 独立地重复了孟德尔的工作, 并导致了孟德尔成果和法则的再发现, 从而真正进入现代遗传学时代。

生态学和遗传学, 都是在世纪之交 ① 作为有着各自特色的学科问世的。生态 [23]
学, 如同早期的生态学家和后来的历史学家所承认的那样, 受到达尔文及其自然选
择引起进化的思想的激励, 同时它的一些内容也由达尔文揭示 (Stauffer 1957, 1960;
Ghiselin 1969)。海克尔 (Haeckel 1866) 早在 1866 年就把生态学特别归功于达尔文
的进化论。但是, 无论他还是其他人, 都没有进一步发展这一思想。直至 1890 年
代, 大批生物学家才抓住这一关系, 并开始把生态学当作一门正式学科对待。海克
尔只提供了一个名称, 几乎未给这门科学提供任何实质性内容。差不多同一时候,
孟德尔 (Mendel 1865) 为遗传学提供了内容, 却未能提供一个名称; 他的见解同样
受到搁置, 直至 1900 年才由多人重新发现。海克尔变得世界闻名, 而孟德尔却在
科学界默默无闻。然而, 这两个人都被宣布为 20 世纪生物学主要进展的奠基者。
许多人主张, 生态学和遗传学应当结合起来, 解决达尔文提出的 "重大奥秘" ②。

在 19 世纪的最后十年, 生物科学发展了四个彼此独立的分支: 海洋学 (它的生
物学内容); 湖沼学 (类似于海洋学, 是关于淡水水域的生物科学); 植物生态学; 动
物生态学 (Egerton 1976)。海洋学 (Deacon 1971, 1978; Schlee 1973; Sears and Merriam
1980) 以及更晚近的生态学内容 (Cox 1979; Cittadino 1980; Tobey 1981; Kingsland
1981), 已成为深入的历史研究的主题。它们的早期研究者并不总是认识到它们与
生态科学的亲缘关系。它们在相当程度上是彼此重叠地发展的。即使在今天, 尽
管它们受到基本相同的生态关注, 但仍保留着不同的组织机构和不同的出版发行
系统。

对生态学诞生历史的认识是相当不足的。部分原因是科学史学家热衷于跟
踪生理学和遗传学引人注目的发展, 从而根本上忽视了生态学。科尔曼 (Coleman
1977) 认为, 19 世纪后期的生物学家由历史地解释转变为实验性研究。迈尔 (Mayr
1982) 对一些历史学家提出批评, 这些人不了解存在着两种生物学: 一种是关于功
能的生物学 (生理学), 一种是关于进化以及历史因果关系的生物学 (生态学、遗
传学和进化论)。科尔曼十分清楚有两种生物学, 但是他不同意莱昂和斯龙的观点;
莱昂和斯龙认为, 博物学 (natural history) 向自然史 (history of nature) 的过渡是科
学上一次成功的革命 (Lyon and Sloan 1981)。科尔曼特别反对某些当代生态学家持
有的一种观点, 即认为自然史有可能构成一种解释和真正的理解。在科尔曼看来, [24]
这种历史理想 ③ (historical ideal) 已由实验生理学顶替, 因而只占据较次要地位, 它
"很少能给注重人生的历史学家以鼓舞"。克拉文斯 (Cravens 1978) 同样看到, 实验

---

① 指 19 世纪末 20 世纪初, 后同。
② 指适应性问题, 见 [10] 页。
③ 即自然史。

生物学研究者取代了他所称的 "自然史学家", 并使后者在大学和研究所的任命中, 在学术刊物上, 以及在声望、"受人注意的程度" 和荣誉等方面大为逊色。一些历史学家可以理解有 "两种生物学", 但他们普遍把实验和功能视为生物学之引领。并且他们有时还提议, 实验 – 功能生物学和生物学是一回事。科尔曼 (Coleman 1977) 看到, "生物学家" 已把 "他们的献身精神转移到" 实验生物学上。阿伦 (Allen 1979) 写到, 博物学家和实验生物学家在 19 世纪始终是在对战中, 这种摩擦一直延续到 20 世纪。其时, 生态学家已经进入生物学家之列, 但尚不清楚要加入哪一边。

世纪之交的生态学研究, 具有坎农 (Cannon 1978: 105) 所说的 "洪堡科学" (Humboldtian science) 的特征。坎农认为, "洪堡科学" 是:

> 19 世纪前 50 年职业科学领域中的一个伟大的新事物 …… 它对广泛存在并相互联系的真实现象进行精确的量测性研究, 以便找出明确的法则和动力学原因。

坎农 (Cannon 1978: 105) 谈及一部分 19 世纪生物学所持有的狭隘观点:

> 正是到 19 世纪末, 在物理学和实验生理学上升到它们教条般自信的地位后, 这类活动转而成为老式的: 高斯① (Gauss) 的地磁理论被认定完全不是理论, 达尔文也不是一个职业生物学家。

坎农所称的 "洪堡科学" 在生物学方面展示了莱昂和斯龙 (Lyon and Sloan 1981) 所说的那个变了形的 18 世纪博物学的特质。坎农确认, "洪堡科学" 的性质, 接近于生态学, 而远离作为 19 世纪生物学所设想的发展顶点的实验生理学, 因为生态学关心的是 "相互关联着的真实现象" 的复杂性。她写道:

> 与此② 相比, 在实验室里和用完备微分方程对自然进行研究, 是过时的。它们涉及的是简易变量的简单科学。(Cannon 1978: 105)

[25] 她或许还可以补充, 在自然界相互作用的整个境况中, 如果一次仅能涉及单个变量而不是多个变量, 是不能令许多 19 世纪生物学家满意的, 尽管有些人仍从事着 "单因子" 生态学研究 (Egler 1951)。这种区别, 可以视为当代理论生态学讨论中的一个中心问题。讨论使人们分为两派: 一些人强调, 通过简化的宏观变量, 可以对自然的复杂性进行整体论处理; 另一些人则主张, 仿效 19 世纪后期生理学的理想模式, 进行还原论处理。特别是, 世纪之交的生态学家最初把生态学描述为生理学的

---

① 卡尔·弗里德里希·高斯 (Carl Friedrich Gauss, 1777—1855), 伟大的德国数学家, 他同时在物理学和地球科学领域多有建树。地磁理论是他和物理学家威廉·韦伯 (Wilhelm Weber) 在 1830 年代合作的成果。

② 指生态学。

一个分支, 甚至等同于生理学, 并且在生态学身上寄托着 19 世纪生理学的功能和实验的理想 (Cittadino 1980; McIntosh 1983a)。一些早期的生态学家和他们的许多后继者, 都宣扬实验方法的效用和优点 (Ganong 1904; Clements 1905; Tansley 1914a; Antonovics 1976)。他们强调, 在受控条件下或采用 "自然实验" (natural experiment) 方法对生物进行调控, 仍然是一种获得生态学认知的基本途径, 或许不是唯一途径。其他生态学家则对通过受控实验认识自然条件下的生物表示怀疑。一些人还对 "自然实验" 的含意提出质疑 (Cowles 1904; Redfield 1958)。

　　评价生态学的困难之一是, 普遍把生态学描述为一种 **synthetic**①科学。"synthetic" 既可指生态学综合了不同的素材从而达到新的认识层次; 也可把生态学看作是人为的, 完全不是一门科学。究竟采用哪种说法, 完全取决于一个人对 "synthetic" 一词的定义。但是, 这两个定义一直都在使用。生态学在经过几十年默默地致力于争取其学术和科学身份之后, 在广泛意识到环境危机的 1960 年代, 被推到众所注目的中心。面对下述话语, 这个迄今未被承认的科学要做些什么呢?

> 生态学为哲学和其他人文科学提供了一个观察自然现象之间相互关系的新途径的模式。它的见解的核心, 是生态系统分析的思想和自然平衡的观念。…… 这样, 根据生态学观点, 对价值问题的回答是: 人类的价值观应当建立在自然界的可以客观确定的生态关系之上。(Colwell 1970)

　　本书考查一些基本概念的背景, 以及为使生态学成为一门科学而在生态学理论方面所做的努力。在科学史家对生态学的考查中, 可以明显地看到, 生态学的一些通用概念并非专门针对生态学, 而是来自与自然有关的长期知识传统; 这些知识曾由亚里士多德、康德、斯宾塞、怀特海以及一大批最广义的对博物学感兴趣的人们加以阐述。生态学和其他学科一起, 共享着这些智慧先辈的惠予, 但是, 如果它打算具有自己的身份, 它必须把自己与它的著名的前身②和著名的亲戚③区分开来。 [26]

　　自我意识的生态学, 是从 19 世纪博物学和生理学的复杂的相互作用中成长起来的。然而, 博物学并非那种备受责难且被错误描绘的 "集邮"。那些只注意采集动植物样本和观察事实的思想单纯 (simple-minded) 的人们, 无疑会继续下去, 但是博物学并不限于这些。生态学是博物学经由布封和洪堡转型而成长起来的; 他们认为: "只有能以一种方式来整理这些观察结果并产生出普遍性思想, 观察才能真

---

　　① synthetic 基本含义是 "人工合成"。这里将它分为两部分含义。其一是 "集成"、综合, 类同于 integration; 其二是 "人工", 类同于 man-made。

　　② 指博物学。

　　③ 指与生态学相近的生物学科, 即生理学、遗传学。

正具有意义" (Cannon 1978: 95)。那种以 "洪堡科学" 面貌出现的博物学涉及: 对可量测的事物的正确测量; 对过去的理论提出质疑; 发展或采用新的手段来研究自然现象; 以及将它们不是用于实验室, 而是用于野外现象。所有这些都要求一种新的研究视角。在比希① (C. E. Bessey) 组织的内布拉斯加大学 (University of Nebraska) 的植物学研讨会第二个十周年报告中, 对这种方法学改变, 做了示范性说明。比希报告评论说: 第一个十年报告 (1886—1896) 着重于实验室方法; 而第二个十年报告 (1896—1906) 主要强调野外方法 (Second decennial ··· 1906)。一些 19 世纪生理学家也回到野外, 进行满足生态学需求的研究 (Cowles 1909)。生态学承担着那些生理学完全没有考虑的问题: 它寻求自然界中生物分布的原因; 它把马尔萨斯的人口思想扩展到一般种群; 并且, 它继续发展着由 19 世纪生物地理学家开始的群落概念。生态学的主要困难一直在于要发展一种理论体系以安置和试图解释各种纷繁复杂的现象 (McIntosh 1980a)。历史上生态学存在着不同的派别, 并且现在仍被科学中的——特别是生物学中的——不同观念折腾着 (Saarinen 1982; Rehbock 1983)。那些主要由哲学家和物理学家倡导的常规科学标准, 难以应用于生态学现象。对生态学之根或源的不同看法的考察, 揭示了巨大的观念差异。但是有一点是很明显的, 即在 19 世纪的最后十年中, 博物学和生理学的几方面内容组合到一起, 使得生态学作为一门能够赢得认可的学科脱颖而出。

[27]

---

① 查尔斯·埃德温·比希 (Charles Edwin Bessey, 1845—1915), 美国植物学家。1869 年毕业于密歇根农学院, 1872 年与 1875—1876 年在哈佛大学学习。1870—1884 年, 任爱荷华农学院植物学教授。1884 年, 任内布拉斯加大学植物学教授, 1909 年任学院院长。1911 年, 任美国科学促进会会长。比希主持的内布拉斯加大学植物系, 产生了以他的学生克莱门茨 (Frederic Edward Clements) 为首的植物生态学内布拉斯加学派。那时比希的学生还包括后来美国著名的法学家庞德 (Roscoe Pound) 和著名的女作家凯瑟 (Willa Cather)。

# 第 2 章　生态学的成形

自我意识的生态学, 从庞大而杂乱无章的传统博物学与以实验室为基本手段而名噪一时的实验生理学中, 迅速地甚至可以说是 "革命性" 地崛起, 后者曾是 19 世纪后期生物学的主导分支。这在生物学历史上是非同寻常但又几乎没有研究的一幕 (Frey 1963a; Coleman 1977; Egerton 1976; Lowe 1976; McIntosh 1976, 1983a; Cox 1979; Cittadino 1980, 1981; Tobey 1981)。对美国植物生态学有着重大影响的著名德国植物地理学家奥斯卡·德鲁德① (Oscar Drude), 恰当地描述了 1904 年圣·路易斯 (St. Louis) 世界博览会艺术和科学大会对生态学突如其来的承认:

> 如果在 15 年前的这种大会上, 把生态学说成是自然科学的一个分支, 并且认为其重要性等同于植物分类学和生理学, 那是不会有人理解这一说法的。(Drude 1906)

尽管生态学一词是在 1866 年提出的, 并且从那时起已不引人注意地出现于文献之中, 但是正如德鲁德指出的, 它直至 1890 年仍基本不为人所知。

尽管可以说生态学起源于希波克拉底、亚里士多德和狄奥佛拉斯塔的希腊科学, 或 18 世纪以林奈 (Linnaeus) 和布封 (Buffon) 为代表的博物学, 甚至可以说起源于达尔文 (Darwin) 的进化生物学, 但是, 它作为一门正式命名的具有自己的研究队伍的自我意识学科, 基本上是 19 世纪最后十年的事 (Allee et al. 1949)。生态学家一开始是通过研究生态学并承认他们正在研究它, 来肯定生态学的。"成形② (crystallization)" 一词, 对于生态学作为一门得到承认的科学分支的突然出现, 看来

---

① 卡尔·格奥尔格·奥斯卡·德鲁德 (Carl Georg Oscar Drude, 1852—1933), 德国植物学家, 以植物地理学研究而知名, 尤其是绘制世界不同地区的植被图。他与阿道夫·恩格勒 (Adolf Engler, 1844—1930, 德国植物分类学家) 合作, 编辑《世界植被》(*Die Vegetation der Erde*) (1896–1928)。德鲁德先后在凯洛琳学院 (Collegium Carolinum) 与哥廷根大学 (University of Göttingen) 接受教育。在哥廷根受到著名植物地理学家格里斯巴赫 (August Grisebach) 的影响, 并获得博士学位 (1873)。德鲁德后来成为德累斯顿技术大学植物学教授 (1879), 并担任植物园园长, 这使他能够依据植物地理学原理, 对植物园进行系统配置。德鲁德对于美国植物生态学家克莱门茨的植被思想的形成有着重要影响。

② crystallization 可直译为 "晶体化" "结晶化", 这里转译为 "成形", 意指一门学科像晶体形成一样具有确定的组分、结构和形态。可参见 [33] 页的最后一段。

是一个贴切的比喻。特拉斯 (Trass 1976) 把植物生态学 (plant ecology)——即地植物学 (geobotany)——在美国的发展描述为 "侵略性的"，并且写道，生态学 "在美国植物学界一出现，即刻获得承认，并且以不寻常的速度扩展开去"。尚不清楚到底是什么原因使许多生物学家，特别是植物学家，在 19 世纪的最后十年感到需要用一个词① 来表述当时正成为生物学中非常有意义的那一部分活动。早在 20 多年前，动物学家圣–希莱尔② (I. G. Saint-Hilaire) 和恩斯特·海克尔 (Ernst Haeckel) 已经感到这一需要。看来很清楚，海克尔创造的这个词首先触动植物学家的敏感之处。重要的美国昆虫学家惠勒③ (W. M. Wheeler) 不满于植物学家篡取海克尔的这个词 (ecology)，并表示，他更倾心于圣–希莱尔的 ethology (动物行为学) (Wheeler 1902, 1926; Adams 1913)；其他的人，如斯派尔汀 (Spalding 1903) 更喜欢帕特里克·盖蒂斯 (Patrick Geddes) 的 bionomics。尽管如此，ecology (生态学) 一词仍然自发地被植物学文献所采用。

**生态学**一词是在 1885 年第一次出现于一本书的书名中。这就是汉斯·莱特尔 (Hans Reiter) 的著作《重视植物景相：一种植物生态学研究》(*Die Consolidation der Physiognomik als Versuch einer Oekologie der Gewaechse*)④ (Egerton 1977b)。早在

---

① 这个词指 "生态学"。

② 伊西多尔·杰佛洛伊·圣–希莱尔 (Isidore Geoffroy Saint-Hilaire, 1805—1861)，法国动物学家，研究偏离正常结构 (畸形学，teratology) 的权威，法国科学院院士 (1833)。1854 年创造了行为学 (ethology) 一词，同年创建法国动物学会，并任主席。他父亲是艾蒂安·杰弗里·圣–希莱尔 (Étienne Geoffroy Saint-Hilaire, 1772—1844)，博物学家和动物学家，拉马克之友，法国科学院院士 (1807)。杰佛洛伊的研究生涯是从担任父亲的助手与副手开始的。

③ 威廉·莫顿·惠勒 (William Morton Wheeler, 1865—1937)，美国昆虫学家和蚁学家；蚁学是他的主要研究方向。他曾任得克萨斯大学动物学教授、美国自然历史博物馆 (American Museum of Natural History) 的无脊椎动物馆馆长和哈佛大学应用生物学教授，培养了一大批美国昆虫学家。他在与英国蚁学家和鞘翅目学家霍拉斯·多尼索普 (Horace Donisthorpe, 1870—1951) 的密切交流中发现，在北美有蚁亚科 (Formicinae subfamily) 的起源。他因其《蚁：美国博物馆刚果探险》(*Ants of the American Museum Congo Expedition*) 一书，获得美国国家科学院丹尼尔·吉罗·艾略特奖 (Daniel Giraud Elliot Medal)。作为纪念，有一种壁虎 (*Nephrurus wheeleri*) 以他的名字命名。

④ 此句中的作者名与著作名均有小误，应为 Hanns Reiter 和 *Die Consolidation der Physiognomik: Als Versuch einer Oekologie der Gewaechse*。汉斯·莱特尔 (Hanns Reiter)，德国植物地理学家。该书是基于植物景相 (physiognomy of vegetation)，发展一种真正生态学的对其生命形态的分类方法 (a truly ecological classification of life forms)。为此，他提倡三项原则：依据适应性特征；解释植物景相 (physiognomy) 的内外要素；各种生活方式和组件 (way of life and gear)。他将 "植被形态" 理解为 "生命活动和相应组件的相互一致"；将 "适应性" 理解为 "表现于结构和功能的现象"。转引自 Ruben Verkoelen 的论文 *Ecology and systematics: An archaeology of life science* 中的 "3.1 Ecology and Hanns Reiter"。

1887 年, 德国生理解剖学家格奥尔格·沃尔金斯[1] (Georg Volkens) 宣称, 他对埃及–阿拉伯植物区系的研究, "产生了一套完整的资料, 因而将有助于建立和发展一门植物学的独特学科——植物生态学" (Cittadino 1981)。然而, 激发植物生态学迅速发展的功劳却归于了其他人。L. H. 帕梅尔[2] (Pammel 1893) 出版了《花的生态学》一书, 它看来是第一本在标题中有 "生态学" 字样的英语著作。同一年, 斯坦利·库尔特[3] (Stanley Coulter) 不加解释地提出, 希望对分类学采集加上 "生态学注释" (Coulter 1893)。1893 年对生态学来说是一个不寻常的一年, 因为英国科学促进会主席 J. S. 波登–桑德森 (Burdon-Sanderson 1893) 把 "生态学" (œcology) 描述为与形态学和生理学并肩的生物学分支, 并且说它是 "最具有吸引力的"。也是在 1893 年, 麦迪逊植物学大会 (Madison Botanical Congress 1894) 根据生理学术语问题委员会的推荐, 采用了 "ecology" 一词, 并对 "œcology" 中的复合元音字母 "œ" 作了删改。惠勒 (Wheeler 1902) 认为, 只是为了节省一个字母 (实际上仅半个字母) 而做这个决定, 是不明智的。亚瑟 (Arthur 1895) 欢呼这一 "新" 的植物学的出现, 它意味着一种实验性和生理性的植物学; 并且, 亚瑟把生态学的发展追溯为生理学的一个分支。亚瑟提到 (但没有引证) 德国植物生理学家魏斯纳 (J. Weisner) 和路德维格[4] (F. Ludwig) 的著作, 把它们视为生态学的第一批独立的论著; 并且期待一本英语著作的出现。然而, 后来的生态学家选择了其他人的著作作为植物生态学领域中早期有影响的著作, 从而不再把魏斯纳和路德维格置于生态学的创始人之列。年轻的美国内布拉斯加州生态学家罗斯科·庞德[5] (Roscoe Pound) 和 F. E. 克莱门茨, 在他们的一篇评论中 (Pound and Clements 1897) 做出一个有意义的 [30]

① 格奥尔格·路德维格·奥古斯特·沃尔金斯 (Georg Ludwig August Volkens, 1855—1917), 德国植物学家。他既从事植物生理学研究, 又广泛参与对非洲和大洋洲的考察; 既从事植物地理学研究, 同时又进行区域资源调查, 采集具有科学和经济价值的物种。*Volkensinia* 属就是以他的名字命名的植物属。

② 路易斯·赫尔曼·帕梅尔 (Louis Herman Pammel, 1862—1931), 美国植物学家。

③ 斯坦利·库尔特 (Stanley Coulter, 1853—1943), 美国生物学家, 是首先在芝加哥大学讲授生态学的约翰·库尔特之弟。斯坦利在 1887 年任普渡大学生物学教授; 1905—1926 年任该大学科学学院 (School of Sciences) 院长。他发表了学术短论 (pamphlet), 包括自然研究、科学研究, 以及《印第安纳植物区系》(*Flora of Indiana*, 1899), 还与赫尔曼·多纳 (Herman B. Dorner) 一道, 主要基于叶的特征, 出版了《印第安纳原生森林树木与灌丛之属检索表》(*A Key to the Genera of the Native Forest Trees and Shrubs of Indiana*, 1907)。

④ 弗里德里希·路德维格 (Friedrich Ludwig, 1851—1918), 德国植物学家, 教授。论著有《植物生物学教科书》(*Lehrbuch der Biologie der Pflanzen*, 1895)。

⑤ 内森·罗斯科·庞德 (Nathan Roscoe Pound, 1870—1964), 美国著名的法学家和教育家, 内布拉斯加大学法学院院长 (1903—1911), 哈佛法学院院长 (1916—1936), 被《法学研究学报》评为美国 20 世纪最重要的法学家之一。他最早在内布拉斯加大学学习植物学, 1888 年获学士学位, 1889 年获硕士学位, 1898 年获该校植物学博士学位。他和克莱门茨是同学, 同获博士学位, 并一同发表论著。其间, 他于 1889 年在哈佛大学学习法学, 但从未获得学位。

区分; 他们说, 麦克米伦 (MacMillan 1897) 的文章是 "纯生态学的而不是植物地理学的"。同一年, 乌普萨拉大学 (Uppsala University) 设置一个生态植物学 (ecological botany) 的教席, 从而开始了一个卓越的传统。罗伯特 · 史密斯[1] (R. Smith 1899), 这位英国植物生态学初期的开创者, 在他的一篇论述植物群落的文章中, **生态学** (œcology) 一词 "至少用了 4 次"。这是他在接受征询对这个怪僻词汇的意见时所做的反应 (Ganong 1902)。**生态学** 开始曾被海克尔和其他早期生态学家说成是生理学的一部分 (Cittadino 1980; McIntosh 1983a); 但很明显它能满足 19 世纪发展起来的生理学满足不了的特殊需要。不管怎样, 生态学一词和它的主题, 在 1890 年代迅速地流行开来。

埃戈顿 (Egerton 1976) 注意到, 生态学史学家应当思考的重要问题之一是, "为什么这门科学直到 1890 年代才开始得到正式认可?" 对于这一问题至今尚没有完满答案。但是很明显, 生态学是在那 10 年中繁荣起来的。C. E. 比希 (Bessey 1902) 评论说, 八年来生态学已得到普遍应用。他还在一封给麦克米伦 (Conway MacMillan) 的信中抱怨说, 生态学正成为一种时尚 (Tobey 1981)。甘伦 (Ganong 1902) 说, 只要由现代教师来教授, 每个学童都会懂得一些生态学。1902 年, 华盛顿的卡内基学会 (Carnegie Institution) 打算对植物生态学领域的工作给予资助 (McIntosh 1983a)。斯派尔汀 (Spalding 1903) 认为, 生态学 "承受着双重负荷: 一种是公众的时尚, 另一种是常常受到处于裁决地位的人们的冷落"。亚瑟 · 坦斯利 (Tansley 1904a) 报道了在英国出现的同样的情况: 在那里, 生态学 "几乎成为一种时髦的研究", 但同时, 一些植物学家却又 "心照不宣地不信任它", 对它采取一种 "敌对" 态度。尽管如此, 到 1904 年, 生态学已经赢得跻身艺术和科学大会 E 组的殊荣。

生态学一直存在的困难之一是: 它像观赏者眼中的 "美" 一样, 因人而异。大多数早期生态学的参考文献——尽管它们尚不够格——指的是植物生态学。植物和动物生态学家都愿意一般化地使用这一术语, 而不在它的前面加上适当的修饰词。这样, 正如现在所看到的, 其共同的结局是: 由于仅仅依据植物或动物, 不仅取消了生态学的普遍性, 而且也未必对它们自己有益。世纪之交期间的生态学, 不是一门

---

[1] 罗伯特 · 史密斯 (Robert Smith, 1874—1900), 苏格兰植物学家, 生态学家。他和他的哥哥威廉 · 史密斯 (William Smith, 1866—1928) 被坦斯利誉为 "英国现代生态学的最早开创者" (the original pioneers of modern ecology in Britain)。1893 年他进入邓迪大学学院 (University College of Dundee), 受到帕特里克 · 盖蒂斯影响, 对新兴的植物生态学, 特别是绘制苏格兰植被图深感兴趣。为此, 盖蒂斯安排他去蒙彼利埃师从法国著名植物社会学家弗拉奥, 学习欧洲大陆最新植被理论, 包括利用植物物种之间的可识别关联绘制植被图。回苏格兰后, 他发展了这一主题, 并应用于制作苏格兰各地的植被图, 以此建立对植被、气候、土壤和人类影响之间关系的初步认识。这既是欧洲植物社会学观念在英国的第一次生态实践, 也是英国的第一个系统的生态学研究。他成为英国植被研究和制图的先驱。可惜他在 26 岁时去世。

内部协调的知识性学科。它是一个松弛的概念混合体。这些概念经常由不同途径
获得, 并受到所研究生物的种类、栖息地和地理分布的严重影响。埃戈顿 (Egerton
1976, 1983) 描述了 19 世纪后期发展起来的四种 "既相似又有区别 (semidistinct) 的
生态科学"; 它们与博物学完全不同。它们是海洋学、湖沼学、植物生态学和动物
生态学。这四类的划分, 也可像亚里士多德那样按栖息地进行水生和陆生的传统
划分; 在陆生方面, 根据分类学, 再分为动物和植物。海洋学和湖沼学, 即水生科学,
与陆地生态学相比, 在更大程度上由对物理环境的研究所左右。尽管植物和动物
都能在海洋和湖泊中生存, 但大多数早期海洋生物学和湖沼学研究, 是由动物学
家进行的。他们培养的学生, 继续主宰着水生科学的研究 (Frey 1963b)。早期陆地
生态学研究, 主要是植物学的。仅仅到后来, 这几门学科的研究者们才认识到他们
有着很多共同点。这些共同兴趣, 艰难地克服着海洋、淡水、动物和植物生态学已
建立的传统以及羁绊着这些学科研究机构和学会的传统惰性, 而取得进展。即使
在今天, 生态学也很难说是一门统一的科学。上述那些从一开始就已存在的在栖
息地、分类学和传统等方面的差异, 依然明显存在。

　　一位生态学史的早期评论者 (Ramaley 1940) 认为, "说植物生态学领先于动物
生态学, 是完全正确的"。植物学家在生态学早期的这种领先地位, 得到了重要的
英、美动物学家查尔斯·埃尔顿[1] (Charles Elton)、亚当斯 (C. C. Adams)、查普曼[2]
(R. N. Chapman) 和阿利[3] (W. C. Allee) 的承认 (McIntosh 1976)。这也是早期植物
生态学家的一致看法。但是植物生理学家亚瑟 (Arthur 1895) 发现, 由动物学家所
创造的 "生物学方法", 给植物区系和植物地理学研究注入了新的活力。这种 "生

[31]

---

　　[1] 查尔斯·萨瑟兰·埃尔顿 (Charles Sutherland Elton, 1900—1991), 英国动物学家, 动物生态
学家, 皇家学会会员 (1953), 为现代种群生态学和群落生态学做出重要贡献。他的经典名著《动
物生态学》(Animal Ecology, 1927), 概括了一系列生态学基本原理, 如食物链 (food chain)、生态
位 (ecological niche)、数量金字塔 (pyramid of numbers)。第二次世界大战后, 他研究外来入侵物种
(invasive species) 对自然生态系统的影响。他的《动植物入侵生态学》(The Ecology of Invasions
by Animals and Plants, 1958) 奠定了入侵生态学 (invasion ecology) 的基础。他关心自然保护, 推动
英国自然保护理事会的成立 (1949)。
　　[2] 罗亚尔·诺顿·查普曼 (Royal Norton Chapman, 1889—1939), 美国动物生态学家, 昆虫学
家。在明尼苏达大学获学士学位 (1914) 和硕士学位 (1915), 在康奈尔大学获博士学位 (1917), 曾
任教于明尼苏达大学。1928 年发表著名论文《环境因子的定量分析》(The Quantitative Analysis of
Environmental Factors), 该项研究及后来高斯 (C. F. Gauss) 的研究, 成为竞争排斥原理 (competitive
exclusion principle) 的基础。
　　[3] 沃德·克莱德·阿利 (Warder Clyde Allee, 1885—1955), 美国动物学家和生态学家, 被公认
是美国生态学的伟大先驱之一。1912 年, 他以最优等成绩获得芝加哥大学博士学位, 他最重要
的研究是在芝加哥大学和伍兹霍尔的海洋生物学实验室 (Marine Biological Laboratory at Woods
Hole) 做的。他最为人熟知的研究是水生和陆生动物的社会行为、集聚和分布。他最为知名的
论著有《动物集聚: 一般社会学研究》(Animal Aggregations: A Study in General Sociology, 1931)
及与他人合著的《动物生态学原理》(Principles of Animal Ecology, 1949)。

物学方法",涉及利用那些促进和限制生物发育的环境因子去解释生物分布,包括"邻近距离的交互性影响" (reciprocal influence of proximity)。尚不清楚,为什么陆生动物学家在理解 "生态学是生物学的一个独特的分支" 方面,以及在把它与生理学和博物学区分开来方面,落后于植物学家。可以肯定,有一些综合性著作,像森佩尔[①] (Semper 1881) 的《自然生存条件影响下的动物生活》(*Animal Life as Affected by the Natural Conditions of Existence*),即使题目上没有生态学,它的内容基本上也是生态学的。在海洋动物学研究中,关于地理分布的研究和对群落概念的认识,是众所周知的。这些都是生态学家得以与生理学家相区别的独特要素。默比乌斯[②] (Möbius 1877) 对于牡蛎栖息地的著名定义 "biocoenosis[③]",被一致承认是对群落概念的一个最早的说明。考克斯 (Cox 1979) 提出,陆生动物群落研究之所以落后于植物群落生态学,是因为如埃尔顿 (Elton 1927) 所说,动物不容易见到,而且当生态学家试图去抓它们时,它们会逃逸。然而,动物学家研究水生群落和植物学家研究陆生植物群落一样早。昆虫学家兼湖沼学家 S. A. 福布斯 (Forbes 1880a) 1880 年发表了《论生物的某些相互作用》(*On Some Interactions of Organisms*) 一文。他是一个比大多数植物生态学家和其他任何人更富思想性的生态学家。他的那篇文章,预见了许多直到几十年以后才得以理论化表述的生态学概念。福布斯 (Forbes 1896)是认识到这一萌芽状态科学的第一批动物学家之一,他说生态学 "最近已被确认为一门独立的学科",而经济昆虫学是 "这门生态科学中的一个门类"。尽管如此,福布斯当时的评论仍然同意动物生态学落后于植物生态学。然而,惠勒反对这一不清不楚的指责说动物学家忽视了生态学 (Wheeler 1902)。不过,对动物学家的指责,继续时常以嘲弄的形式加到他们身上。例如,斯派尔汀 (Spalding 1903) 说:

[32]

---

　　① 卡尔·戈特弗里德·森佩尔 (Carl Gottfried Semper, 1832—1893),德国动物生态学家,人种学者。1856 年获维尔茨堡大学动物学博士学位,熟悉比较解剖学、生理学和无脊椎动物学。他在菲律宾和帕劳旅行,并为汉堡戈弗雷博物馆采集动物标本,同时关注人种学、地理学、生态学。这一工作和生活经历使森佩尔获得两个方向的成果并赢得广泛声誉。一个方向是人种学,出版多卷《菲律宾群岛旅行》和《平静大洋上的帕劳群岛》(1873),他对原住民文化富于同情,毫无偏见。另一个方向是动物生态学,他的《自然生存条件影响下的动物生活》(1881) 是基于在波士顿的动物生态学讲座,以生理学和新出现的群落生态学方法,解释动物分布适应性和形态学。森佩尔膺服达尔文进化论,是 "环节动物是脊椎动物的祖先" 的较早支持者。
　　② 卡尔·奥古斯特·默比乌斯 (Karl August Möbius, 1825—1908),德国动物学家,生态学先驱。1863 年他在汉堡开办德国第一家海洋水族馆。1868 年在通过博士考试后,被任命为基尔大学动物学教授和动物博物馆馆长。他的研究兴趣主要在海洋动物。1868—1870 年,他受普鲁士农业部委托,进行基尔湾牡蛎床的研究,以解决牡蛎生产不能满足出口需求的问题。这一研究产生了 1870 年的里程碑式论文:《论德国北部沿海地区牡蛎和蓝贻贝养殖》。其中,他第一次详细描述牡蛎床不同物种之间的相互作用,并先于 "community" 创造了一个新词 "biocenose" (生物群落);它至今仍是群落生态学的重要术语。
　　③ 中文译为 "生物群落" (《英汉生物学词汇》,北京师范大学生物系《英汉生物学词汇》编订组编,科学出版社, 1983)。

动物学家带着热情和明确的目的进入这个 (生态学) 领域, 这是值得庆贺
的事。我们为生物学研究中这个新的一年和新的时代, 向他们表示衷心
的致意。

C. H. 肖[①] (Shaw 1909) 写道: "已经听到一些传闻, 说动物学家正开始研究生态
学, 并正注意从植物学方法中寻找发展他们自己方法的启示。" F. E. 鲁兹[②] (Lutz
1909) 评论说: "虽然动物学家在生态学研究中已经相当落后于植物学家, 但是生
态学的动物学派正在成长。" 动物学家 C. C. 亚当斯 (Adams 1917) 在谈到生态
学时, 说: "植物学方面至少在自觉性上比动物学方面成长得更快。" 这 "自觉性"
(consciously) 一词, 使人想到阿利等人 (Allee et al. 1949) 所用的 "自我意识的" 生态
学 ("self-conscious" ecology)。一些生物学家正在成为 "自我意识的" 生态学家, 其他
的人则仍是雏形生态学家 (cryptoecologist)。一些人从事生态学研究, 但他们或是
未能认识或是拒绝承认这一事实, 反而给自己贴上生理学家的标签。这或许是因
为生态学尚不成熟、身份可疑。在当时的职业风气中, 生态学对一个人的职业生
涯, 不见得有着好的前途。

对 19 世纪末生态学的发展, 尚无全面的说明。19 世纪传统的生物学史, 甚至那
些考虑到 20 世纪的生物学史, 一般都没有意识到生态学。只有少数科学史学家和
生态学家思考生态学的惊人崛起和它在那个时代的内容 (Frey 1963a; Egerton 1976;
Lowe 1976; Trass 1976; Cox 1979; Cittadino 1981; Tobey 1981; Engel 1983; McIntosh
1983a)。生态学家作为业余历史学家, 对生态学的崛起做了许多说明 (Coleman 1977;
Cook 1977)。库克 (Cook 1977) 评论生态学史学研究的缺乏, 并提出一批对历史研
究有意义的问题。这些问题很切合对生态学早期历史的思考: [33]

(1) 既然达尔文过去和现在被公认为生态学家的典范, 为什么生态学中
的进化论部分未得到更为有效的推进?

(2) 生态学为什么首先是从拉马克主义的植物群落思想中成长起来? 动
物生态学在多大程度上符合这一情况?

(3) 为什么大多数早期的美国生态学家生活和工作在中西部? 反过来, 在
1970 年以前, 哈珀 (Harper 1977a) 所说的生态学中的 "普林斯顿 - 帝

---

[①] 查尔斯·H·肖 (Charles H. Shaw), 费城医学外科学院教授。
[②] 弗兰克·尤金·鲁兹 (Frank Eugene Lutz, 1879—1943), 美国昆虫学家。以对果蝇遗传学的
研究兴趣而闻名, 在科学期刊上以变异、遗传、选择性交配、昆虫学为主题发表了大量文章。

国理工–哈佛"轴心①在哪里?

(4) 理论生态学是什么时候从经验性研究和野外研究的传统中产生的?

(5) 科学生态学的抽象与人类对他们环境的影响 (还可加上反作用) 之间的关系, 过去怎样, 现在怎样?

这些问题和其他问题, 一直没有得到严肃的思考和解答。它们需要提出来进行研究, 以便加强对生态学在最初几十年中的发展过程的认识。

生态学, 像一个品质优良的晶体, 它的成形是一层叠一层地累积起来的。但是它又和晶体不同, 它的每一层并不相同, 并且它的生长也不对称。生态科学基本内容的形成, 既不是出于对不同性质栖息地 (海洋、淡水、陆地) 的基本博物学事实的统一解释, 也不是出于对分类学 (动物和植物) 原始资料的统一解释。上述每一方面的研究者, 一般都是依据非常不同的博物学、形态学和生理学的观察, 从而独立地表述关于自然现象的系统的生态学思想, 并形成在概念、方法学、认识论和术语等方面既不相同但又多少有些重叠的集合。把这些各自独立地推敲出来的思想, 组合进一个统一的生态科学中并不容易, 即使它们明显地有着许多共同之处并且面对许多相同的问题。看来很值得考察在 1900 年前后与生态学诞生多少有关的那些先辈的情况, 以便确定在激励他们向生态学聚敛的过程中, 他们曾经可能具有的共同特征。

[34]

## 2.1　生态学之核

一些 19 世纪生物学家开创了自我意识生态学这一重要研究领域, 并确认它是一个崭新、独特、有意义的生物学研究路径; 其中, 植物地理学学者的贡献是首屈一指的 (Egerton 1976, 1979a; Lowe 1976; McIntosh 1976; Tobey 1976, 1981; Cittadino 1980)。关于激发生态学突然崛起的特殊动力, 有着诸多解释。一些历史学家把它视为技术进步的结果 (White 1967; Tobey 1976, 1981)。托比 (Tobey 1976) 认为, 北

---

① "普林斯顿–帝国理工–哈佛"轴心 (Princeton-Imperial College-Harvard axis) 是英国生态学家哈珀 (John Harper) 为梅 (Robert May) 编著的《理论生态学: 原理与应用》(Theoretical Ecology: Principles and Applications) 写的书评中, 对此书作者群的一种提法。他们分别来自普林斯顿大学、帝国理工学院、哈佛大学。这一提法也与梅本人的工作轨迹一致: 哈佛 (1959—1961), 普林斯顿 (1973—1988), 帝国理工 (1988—1995)。此书承继麦克阿瑟 (R. MacArthur, 普林斯顿) 的理论生态学志趣, 着眼于看似狭隘的论题, 力图以相当简单的理论, 解释自然界的复杂性与多样性。这与生态学界立足于野外考察和实验 (如本书提到的美国中西部生态学家) 的研究路线不同, 故称为"普林斯顿–帝国理工–哈佛"轴心。哈珀希望, 此书提出的问题能够供几代生态学家思考和检验。在相当程度上, 这一希望实现了——在 30 年后的 2007 年, 此书推出第三版。

美农业 (从森林到草原) 所面临的问题, 是科学植物生态学发展的主要动力。他说, 农业技术和野草控制问题, 激发职业植物学家——尤其是比希 (Bessey) 和他的内布拉斯加大学著名的植物学研讨会 (Stieber 1980)——的响应。托比详细描述了一些中西部研究机构中草原生态学的发展, 以及随之而来的牧场管理业的发展。他认为, 那些享有政府拨付土地 (land-grant) 的大学建立农业实验站, 实现了机构上的联系。这是亚瑟 (Arthur 1895) 早已表示过的期望。亚瑟认为, 在农业院校和其他享有政府土地的大学里, 生态学应在 “农业和普通学科的必修科目中居支配地位”。但是他也承认, 在当时, 生态学对那些大专院校的必修科目制定者来说, 是一个 “身份不明者”。斯派尔汀 (Spalding 1903) 同样预见, 生态学将为应用性科学, 如农业、园艺学和林业, 提供科学原理方面的基础。不过, 斯派尔汀对生态学的期望, 是现实主义的。他说, 如果生态学能生存下去, 那是由于它自身内在的适应性和生命力, 而不是因为赐予的恩惠。堪萨斯州和内布拉斯加州的一些研究机构, 在 20 世纪初期出版了大量的生态学研究成果, 并产生了大批生态学家。一些人受雇于农业实验站。一些植物生态学家, 如韦弗[1] (John Weaver) 和克莱门茨 (F. E. Clements) 一直对农业问题保持着终身的兴趣。然而, 农业科学家和生态学家之间并没有发展起强有力的联系。亚瑟和斯派尔汀对生态学的期望, 至少在标准的农业院校必修课中没有实现; 甚至在大多数大学中, 普通科学课程的编制, 在介绍生态学方面也反应迟缓。例如, 直到 1940 年代, 威斯康星大学的植物学系才有一个全职的植物生态学教师柯蒂斯[2] (J. T. Curtis); 而植物生态学本身并不在这所大学的农学院中讲授。这所大学为奥尔多·利奥波德 (Aldo Leopold) 在 1933 年创设特别教职和在 1939 年创立猎场管理系, 在行政上属于农业经济系 (Flader 1974), 但基本

[35]

---

[1] 约翰·恩斯特·韦弗 (John Ernst Weaver, 1884—1966), 美国植物学家, 草原生态学家, 获得明尼苏达大学博士学位 (1916)。自 1915 年, 他在内布拉斯加大学植物系, 由助教到教授 (1917), 直至退休 (1952)。他是克莱门茨的同事和合作者, 主要从事草原植被和生态学研究。1929 年, 他和芝加哥大学的考勒斯 (Henry Chandler Cowles) 合作, 出版了美国第一本生态学教科书。

[2] 约翰·托马斯·柯蒂斯 (John Thomas Curtis, 1913—1961), 美国植物学家和植物生态学家。他在威斯康星大学获得博士学位并终身服务于这所大学。他与布雷 (J. Roger Bray) 为生态学开发了 “极点排序法” (polar ordination), 又称 “柯蒂斯–布雷排序法” (Bray-Curtis ordination)。他和他学生的集体成果是《威斯康星植被: 植物群落排序》, 该书一直是植物生态学领域的重要著作, 是北美植物生态学威斯康星学派的产物。他为复兴格利森 “个体论” 做出重要贡献。

上对农业必修课没有影响。著名的英国植物种群生态学家哈珀① (Harper 1967) 近几年常常批评生态学家,说由于他们未能了解在农业机构进行的关于谷物和野草的范围广泛的实验性种群研究,所以农业机构反过来也对生态学家不感兴趣。

有几种类型的土地管理问题,如农业、牧场管理、林业和狩猎管理,它们都被一致认为属于应用生态学,并与生态学有相当不同的联系。托比 (Tobey 1981) 详尽地追踪牧场管理业的发展,并把它说成是内布拉斯加、堪萨斯和爱荷华州的草原生态学家团体的副产品。不过,职业性林业是早于生态学并在很大程度上独立于生态学发展起来的 (Boerker 1916)。B. E. 费诺② (Fernow 1903) 认识到,虽然林业曾经在实践上领先于生态学,但它属于应用生态学;并且他看到 "生态学已到了指导实践的时候了"。美国生态学会的 307 个创始成员中,有 43 个是林务人员,其中,巴雷顿·穆尔③ (Barrington Moore) 是该学会的第四任主席,并且是唯一的一位除编辑该学会学报外还服务了两个任期的人。许多职业林务人员对生态学做出了令人注目的贡献,他们中间有皮尔森④ (G. Pearson),科斯

--------

① 约翰·兰德·哈珀 (John Lander Harper, 1925—2009),英国植物学家,皇家学会会员。他的核心成就是开创了植物种群生态学 (plant population ecology) 领域,以达尔文观念考察个体差异在自然选择产生的进化中的作用。他的名著《植物种群生物学》(*The Population Biology of Plants*, 1977) 使他获得世界性声誉。他任英国生态学会主席 (1966—1968),欧洲进化生物学会主席 (1993—1995),并获得 "千年植物学奖" (1999)。他和贝根 (Michael Begon)、汤森 (Colin Townsend) 合著两本重要的生态学教科书——《生态学——从个体到生态系统》(*Ecology: From Individuals to Ecosystems*) 和《生态学精义》(*Essentials of Ecology*)。在生态哲学上,哈珀是一个坚定的还原论者,拒绝生态学的 "整体论" 观点 ("holistic" view)。他认为,为了发展对复杂系统中因果关系的科学理解,有必要将它们分解为更小的相互作用的组分。

② 贝恩哈特·爱德华·费诺 (Bernhard Eduard Fernow, 1851—1923),德裔美籍林业学家,"美国职业林业之父"。他提出 "美国林业需要恰当经营" 的主张。他在 1886—1898 年任美国农业部林业司第三任司长期间,创建 "国家森林" (National Forests) 制度,既保护流域,又引进科学的森林经营方式。他还建立美国职业林务员培养制度,并帮助制定《森林保护法案》(*Forest Reserve Act*, 1891)。他的工作为 1905 年成立美国林务局 (United States Forest Service) 奠定了基础。1898 年,费诺在康奈尔大学创建美国第一个森林学院,并任院长。他的课程是北美林业专业的典范,并培养了一批像索恩 (R. Zon) 那样的出色学生。在他工作过的地方和大学,有多处自然物和人工纪念物以他命名。

③ 巴雷顿·穆尔 (Barrington Moore, 1883—1966),林务官和林业研究者。他是美国生态学会第四任主席,是《生态学》(*Ecology*) 第一任主编。穆尔还主持美国林务员协会 (Society of American Foresters) 的森林政策委员会 (Committee on Forest Policy),并且是协会《林业学报》(*Journal of Forestry*) 主编,是协会在国家研究理事会生物处的代表。穆尔还是 "国家公园、森林和野生动物理事会" 秘书。

④ 古斯塔夫·阿道夫·皮尔森 (Gustaf Adolph Pearson, 1880—1949),美国林学家。毕业于内布拉斯加大学,1907 年入职林务局,是美国森林试验站之首 "福特谷试验站" (Fort Valley Experiment Station) 的首任主任,1945 年退休,终身从事林业研究,著有《美国西南部黄松管理》(*The Management of Ponderosa Pine in the Southwest*) 一书。被美国林务员协会称为 20 世纪四大林学家之一。参见 Andrew J. Meador and Susan D. Olberding. 2008. Fort Valley's Early Scientists: A Legacy of Distinction. USDA Forest Service RMRS-P-55.

琴① (C. F. Korstian), 图梅② (J. W. Toumey) 和索恩③ (Raphael Zon), 他们都是美国生态学会的创始人。鲁兹④ (H. J. Lutz) 和基特里奇⑤ (Joseph Kittredge) 继承了这一杰出的传统。以后, 职业林务人员和生态学家逐渐分离开来。现在生态学会中林务人员的比例, 可能小于创始成员的 14%。奥尔多·利奥波德⑥ (Aldo Leopold) 接受的是林务人员的训练, 但却被一致称为 "猎场管理之父"。利奥波德的传记作者说, 他对自然保护运动的关心更甚于 "研究错综复杂事物的生态学"。尽管如此, 传记作者仍然认为, 利奥波德把查尔斯·埃尔顿提出的 "生态学的新的功能性概念" 综合到他的著作《狩猎管理》(*Game Management*) 一书中, 但是**生态学**一词在里边几乎没有出现 (Flader 1974)。

　　和托比相反, 西塔迪诺 (Cittadino 1980) 认为, 美国的植物生态学

　　与其说是对农业的技术性需求和对自然资源有限性的认识的响应, 不如
　　说是对植物科学的职业性发展的响应。

[36]

根据这一观点, 生态学是对生物学——特别是对 "进化论" 和它的主要论题 "对环境的适应性" ——的认识发展的内在产物。西塔迪诺说, 这是 19 世纪最后几十年中植物学 "成熟和专业化" ——特别是生理学发展——的结果。人们认为, 英国的植物生态学开创, 部分是由于 "地方上从事博物学活动的社会风气与组织状况以

---

　　① 克拉伦斯·费迪南德·科斯琴 (Clarence Ferdinand Korstian, 1889—1968), 美国林学家。曾在内布拉斯加大学学习林学, 在耶鲁大学获博士学位。前半生在林务局从事林业研究, 1930 年加入杜克大学, 任林学教授及林学系第一任主任, 他创立了林学研究院。曾任北卡罗来纳林业联合会主席 (1943—1947)。

　　② 詹姆斯·威廉·图梅 (James William Toumey, 1865—1932), 美国植物学家。1889 年毕业于密歇根州立大学。耶鲁大学林学院联合创始人, 早期的院长, 也是美国生态学会创始人。

　　③ 拉斐尔·索恩 (Raphael Zon, 1874—1956), 美国林务局杰出的研究员, 俄裔, 因此 "Zon" 从俄语译为 "索恩"。他的第一个贡献是继承其导师费诺 (B. Fernow) 思想, 于 1908 年规划并实施极为大胆且有抱负的 "森林试验站计划" (Plan for Forest Experiment Stations); 8 月美国第一个森林试验站 "福特谷" 建成, 成为美国林业发展史上具有重大历史意义的事件 (参见 Jeremy C. Young. 2008. *Roots of Research: Raphael Zon and the Origins of Forest Experiment Stations*. USDA Forest Service RMRS-P-53CD )。他的第二个贡献是, 帮助创立美国林业期刊, 是《森林季刊》(*Forest Quarterly*) 编辑部成员, 又是《美国林务员协会会刊》(*Proceedings of the Society of American Foresters*) 的编辑, 这两个刊物后来合并为《林业学报》(*Journal of Forestry*), 他在 1923—1928 年任主编。

　　④ 哈罗德·约翰·鲁兹 (Harold John Lutz, 1900—    ), 耶鲁大学林学系造林方向教授, 曾在美国林务局工作, 从事阿拉斯加森林研究。

　　⑤ 约瑟夫·基特里奇 (Joseph Kittredge Jr., 1890—1971), 明尼苏达大学博士 (1931), 任教于加利福尼亚大学林学系, 于 1948 年首次提出 "森林水文" 一词。

　　⑥ 奥尔多·利奥波德 (Aldo Leopold, 1887—1948), 美国作家、哲学家、科学家、生态学家、林业工作者、自然保护主义者和环境主义者。他的名著《沙乡年鉴》(*A Sand County Almanac*) 销量超过 200 万册。他影响着现代野生生物保护运动和现代环境伦理。他的自然保护和野生生物保护伦理观, 被概括为生态中心主义和整体论的 "土地伦理" (land ethic), 从而深刻地影响着环境运动。他也是野生生物管理科学的奠基者。

及业余爱好者和职业工作人员之间的社会联系" 造成的 (Lowe 1976); 这一论点与西塔迪诺是一致的。托比 (Tobey 1981) 同意西塔迪诺的下述意见: 芝加哥大学的生态学开拓者们遵循他们大学的传统, 不像内布拉斯加大学和其他享有政府土地的大学那样强调应用性, 而是追求着 "一种纯学术的途径"。芝加哥学派产生了一个离散的生态学家团体, 其中既有植物生态学家, 又有动物生态学家, 他们追求不同的科学兴趣。这样, 即使在美国生态学的中西部发祥地中, 发展生态科学的动力也是不同的, 其核心和动机也不一致。英国和美国的植物生态学家都不讳言他们受惠于作为生态学开拓者的德国植物地理学家。

德国植物学在 19 世纪的迅速发展, 产生了许多富有才能、更为年轻并且用达尔文进化论思想培养出来的植物学家。到 1880 年代, 许多人研究与环境和地理分布有关的植物形态学和生理学。虽然达尔文自然选择理论的重要原则未被完全接受, 但它激发起人们考察与环境有关的植物结构和功能的兴趣 (Cittadino 1981)。西塔迪诺提出, 德国植物学中的突出变化是, 重点已由以实验室为基础的对植物学的机械–还原式研究方式, 转变为一种整体性研究方式。它重视从整个自然环境背景来研究植物, 并主张回到野外, 以博物学方式来进行研究; 但是, 它又要求把在实验室中发展起来的思想和技术带入这种研究中。斯托佛 (Stauffer 1957) 指出, 海克尔创造**生态学**一词是由于他认识到, 达尔文进化论能够 "简单地、没有矛盾地并以机械因果论方式解释" 生物与其环境的关系。海克尔把生态学视为生理学的一个分支。他说, 生态学注重个体以及个体的各部分与整体的关系。不过, 海克尔是下述生理学的批评者。他写道:

[37]
> 生理学已经极大地忽略生物与环境之间的关系, 而生物正是利用这一环境从事自然界的日常事务和经济活动。并且, 生理学已经放弃搜集对未加鉴别的 "博物学" (uncritical "natural history") 有用的事实, 也不试图按机械论方式解释它们。(转引自 Stauffer 1957)

海克尔 1866 年指出的这种生理学的失败, 在 1880 年代前看来基本未受重视。但是, 在 19 世纪的最后 20 年中, 差不多整个德国植物学都朝向植物与其环境关系的研究, 并且与达尔文和拉马克对适应性的解释发生冲突 (Cittadino 1980)。

西塔迪诺 (Cittadino 1981) 评论说, 德国植物学从实验室研究转到对自然环境的适应性研究, 其中一个重要原因是德国对热带殖民地的开发; 它使年轻的德国植物学家有机会到国外旅行。西塔迪诺也注意到, 那一时代德国植物学家的几乎所有有影响的生态学研究, 都是依据他们在热带的野外经验, 极少是依据他们在欧洲的经验。促使这种旅行的动力, 部分是由于德国本土上有限的学术职位。

戈德兰 (Goodland 1975) 评论热带的经验对 19 世纪生物学家的影响, 他特别把欧根·瓦明 (Eugen Warming) 在植物生态学中的中心地位, 归功于他作为一个年轻学者以古人类学研究助手的身份在巴西度过的三年。丹麦人瓦明后来出版了他的名著《植物群落: 生态植物地理学引论》(*Plantesamfund: Grundtrak af den Okologiska Plantegeografi*, 1895)。确实, 戈德兰责备施佩尔[①] (Schimper 1898) 不加申明地利用瓦明著作中的范围广泛的内容。西塔迪诺 (Cittadino 1981) 同意戈德兰的看法, 即施佩尔的书并未增加新的生态学方法和观点, 西塔迪诺把绝大多数进展归功于那本较早的瓦明著作。不过西塔迪诺认为, 施佩尔的书总结了植物适应性研究中的一个重要的学术传统[②], 从而影响了植物生态学后来的发展。

　　撒开施佩尔的出身不谈, 他对植物学的兴趣, 像瓦明一样, 是受到大规模热带旅行的激励。这种旅行不是出于采集新物种的传统目的, 而是为了研究植物的形态学和生理学。他研究一种蚂蚁栖居的树, 这种蚂蚁能保护树不受其他食植动物的侵犯, 从而领先于后来关于植物与动物相互作用和协同进化的研究。1890 年代由热带旅行引发的植物生态学研究热潮, 并没有显著影响这一学科后来的内容, 因为后来植物生态学的大部分传统是建立在北半球的极区和温带工作的基础上。虽然施佩尔和他的同代人曾经强调, 丰富多姿的热带植被对植物地理学和植物生理学研究的意义, 但直到 1950 年代, 生态学家才开始抱怨植被概念由于主要依据相当贫乏的温带植被而被曲解。埃格勒尔 (Egler 1951) 评论的那些 20 世纪美国主要的植物生态学教科书, 很少提到热带森林。保罗·理查兹 (Richards 1952) 的著作《热带雨林》(*The Tropical Rainforest*) 使大多数生态学家大开眼界, 因为几乎没有人有热带工作的体验 (Janzen 1977)。直到 1960 年代中期, 热带生态学的研究才变得普遍, 热带才成为其他地区用以比较的标准; 并且生态学理论也在此产生, 而且只要可能, 就在此进行验证。

[38]

　　世纪之交时的雏形生态学和生态学家都同意海克尔对关于进化和适应性在生态学中的中心地位的看法 (McIntosh 1976), 但是, 这里边包含一种拉马克主义的

---

　　① 安德鲁斯·弗朗茨·威廉·施佩尔 (Andreas Franz Wilhelm Schimper, 1856—1901), 德国植物学家, 植物地理学家, 在 (生物) 组织学、生态学和植物地理学领域有重大贡献。他出身于现法国斯特拉斯堡的显赫科学家家庭。他在斯特拉斯堡大学求学并获得博士学位 (1874—1878)。后游学里昂和美国约翰·霍普金斯大学。1882—1886 年回德国波恩大学从事叶绿体、细胞学和代谢研究, 颇有创发, 成为编外教授 (extraordinary professor), 同时开始热衷于植物地理学和植物生态学。他多次参加对拉美、亚洲、非洲的植被考察。1898 年成为伯尔尼大学教授。他的名著是《植物地理学的生理学基础》(1898)。他为植物生态学创造了两个术语: "热带雨林" (tropical rainforest) 和 "硬叶植物" (sclerophyll)。相对于 "非地带" (azonal) 假说, 他提出植被受限于气候区的假说; 后来得到克莱门茨等人的进一步阐述。然而, 施佩尔在该书中不加申明地引用瓦明《植物群落》中的内容, 后来颇受诟病。

　　② 即后文所指 "植物与动物相互作用和协同进化"。

基本成分, 它一直延续到 20 世纪 (Cittadino 1980, 1981; McIntosh 1983a)。西塔迪诺 (Cittadino 1980) 评论时引用吉塞林 (Ghiselin 1974) 的看法: 在达尔文的自然选择思想受到冷落期间, 生态学发展了它的几乎全部的概念库。生态学家早期对适应性的强调, 并不是达尔文自然选择思想的唯一结果。传统博物学中有一个 "自然界位置" (natural place) 的概念, 它的意思是: 作为上天预见的结果, 有机体的结构和功能能够进行调节, 以适应它们的物理和生物环境 (Coleman 1977)。进化论思想认为, 终极原因不是上天的目的性, 而是一种出自适应性的自然原因。早在自我意识生态学出现时, 关于适应性的机制, 曾有过激烈争论。在 19 世纪后期德国植物生理学的发展中, 达尔文的进化论很受欢迎并很有影响, 但是自然选择仍被一些人不无疑虑地视为回归到早前的思辨性植物学 (speculative botany, Cittadino 1981)。考勒斯 (Cowles 1909) 引用施佩尔的话, 表达了对威胁适应性研究的那些 "浅薄的业余爱好和玩弄拟人术①" 的担心, 因为它们会使得适应性的研究变得 "完全不可信"。施佩尔提出的防止对策是 "实验生理学", 现在一些植物生理学家仍坚持这个建议 (Osmond et al. 1980)。

[39]　　达尔文影响的结果之一是把环境推到最前面。这引导生物学家把注意力放到生物与环境的关系上。尽管达尔文、海克尔和其他早期生态学家强调其他生物——即后来所称的生物 (biotic) 环境——的重要性, 但都一致将物理 (physical) 环境置于关注的中心。例如, 庞德和克莱门茨 (Pound and Clements 1897) 对麦克米伦 (MacMillan 1897) 的生态植物地理学的开拓性论文的评论, 在表示总体赞扬的同时, 也批评它只考虑物理环境, 而没有考虑生物环境。庞德和克莱门茨指出, 这种生物环境 "已经被证明不是无足轻重的"。克莱门茨、坦斯利和其他早期的植物生态学家, 也敏锐地意识到动物对于植物经常是控制性的影响。他们都认识到, 植被的状况是由动物建立并维持的。克莱门茨因为热衷于创造新术语而受到相当多的批评, 他甚至创造 "therium" 这一术语, 表示起因于动物的演替序列。环境和适应性对生态科学体系的形成是至关重要的概念, 这正像它们在进化生物学中所起的作用那样。这两个概念, 如果作为操作性术语而不是生态学早期的情况, 是很不容易定义的。关于环境和适应性概念的含义和用途的争论, 一直延续到最近的生态学, 特别是在把生态学与进化生物学合为一体的努力中 (Gould and Lewontin 1979)。

_____

① 意指以人的适应性来比拟植物的适应性。

## 2.2　植物生态学、生理学和植物地理学

　　世纪之交时, 许多生态学家都同意海克尔关于 "生态学是生理学的一部分" 的看法, 并且和他一样, 都注意到生理学未能重视生物与环境关系的问题。波登 - 桑德森 (Burdon-Sanderson 1893) 在 1893 年的麦迪逊植物学大会以及 1904 年的圣路易斯艺术和科学大会上, 都承认生态学具有与形态学和生理学同等的地位。考勒斯 (Cowles 1899b) 认为 "促进生态学——生物学中一个与形态学和生理学并列的必不可少的部分——研究的动力" 是来自瓦明 (Warming 1895) 的著作《植物群落》。出身于生理学家的生态学家与出身于其他学科背景的生态学家, 对于生理学与并非其纯种后代的生态学之间的关系, 存在着不同的认识。波登 - 桑德森认为, 生理学研究的是生物体及其各部分的内部活动, 采用的是物理和化学方法, 而生态学则是探讨动物和植物在自然条件下的外部关系。亚瑟 (Arthur 1895) 本质上同意上述说法, 他认为生态学是 "成年植物的外部经济或社会经济 (external or sociological economy)"。这种观点比普遍的生态学实践更为局限, 因为生态学实践包括生物的整个生活史。 [40]

　　当植物生态学在世纪之交出现时, 它在概念、方法和术语上, 不得不纠缠于传统植物学、植物区系学和植物地理学之间; 它脱胎于博物学, 并在那时被普遍称为 "新植物学", 即根据实验室的实验生理学研究而创造的一种方法论。植物生理学主要是在 19 世纪中期的德国发展起来的。萨克斯① (Sachs 1874) 的著名教科书表明, 在 19 世纪早期的植物学中, 只有形态学和生理学已经专门化, 并未提到植物分布或环境 (Cittadino 1981)。到了 1880 年代和 1890 年代, 施佩尔和其他德国生理学家开始研究植物分布及其与环境关系的植物生理学。他们的同时代人——丹麦植物学家瓦明, 也做着同样的工作。这些由新植物学培养出来的生理学家, 从早期生理学实验室的限制中解放出来, 转而考察野外植物。但是, 他们与同时代的注重植物区系学的其他植物学家不同。西塔迪诺 (Cittadino 1981) 注意到, 施佩尔从进化

---

① 尤利乌斯·冯·萨克斯 (Julius von Sachs, 1832—1897), 德国植物学家, 是植物学历史上具有里程碑意义的人物。1856 年获博士学位, 1867 年任弗莱堡大学植物学教授, 1868 年任维尔茨堡大学植物系主任至去世。他的研究涉及植物生理的各个方面, 是现代植物生理学的创始人, 主要著作有《植物生理实验手册》(*Handbuch der Experimental Physiologie des Pflanzen*)《植物学教科书》(*Lehrbuch der Botanik*)、《植物学史》(*Die Geschichte der Botanik*)及《植物生理学讲义》(*Die Vorlesungen über Pflanzen Physiologie*)。

和生理学角度观察植被, 显然不同于他的前辈 A. 格里斯巴赫① (Grisebach 1872)。
格里斯巴赫采取的是一种静态的植物区系观点, 很少顾及生理过程。许多生理学
家离开范围狭隘的实验室研究, 转而研究整个植物和它的环境。考勒斯 ( Cowles
1909) 为此大声疾呼。他写道:

> 对生理学问题日益清晰的认识, 在很大程度上是由于生态学的有益影响。
> 在过去, 生理学只是一门实验室科学, 因而也是人为的非试验性检验, 由
> 于过于稀奇古怪而难以用于植物。

考勒斯和他的同代人克莱门茨都评论了生理学和生态学之间的内在联系, 甚至
它们之间的同一性, 只不过他们心中想的, 却是十分不同的东西。克莱门茨甚至
预期, 生态学和生理学最终会融合并统一于生理学名下, 但这一点后来并未实现
(McIntosh 1983a)。

杰出的生理学家威廉·豪威尔② (William H. Howell) 把生理学家描述为生物
学的 "军队之花" 和 "皇家卫士" (Howell 1906)。但是, 他也承认, "生物和环境之间
形形色色的重要作用", 在不能进行生理学研究时, "应当包含在生态学名下"。科
[41] 学史学家克拉文斯 (Cravens 1978) 同意豪威尔对实验室的实验生物学所处的优越
地位的看法; 他写道, 到 1910 年, 实验家们已使博物学家黯然失色。克拉文斯说,
由此引发的结果之一是, 认为环境没有什么重要性。但恰恰是这一时代, 许多生物
学家事实上把他们的注意力转移到环境上, 并且指出它在影响生物分布、生长和
进化等方面的极端重要性。对克莱门茨有着重要影响的德鲁德 (Drude 1906) 声称,
生态学是 "植物界和动物界的生活史"。他写道:

> 只要一个人希望从事生理学和器官进化的研究以认识 (生物——译者)
> 在争夺陆地和水体的生存空间时所使用的武器; 只要一个人希望研究物
> 种之间的相互关系而不是它们的内禀特征, 或者希望研究植物区系 (因为

---

① 奥古斯特·海因里希·鲁道夫·格里斯巴赫 (August Heinrich Rudolf Grisebach, 1814—1879),
德国植物学家, 植物地理学家。他在哥廷根大学求学, 毕业于柏林大学医学系。他的兴趣在植物
地理学和分类学。1847 年他成为哥廷根大学医学教授, 1875 年被任命为大学植物园园长。他在
1838 年提出植被分类中的 "群系" 概念 (formation, 源自 *Vegetations form*); 在 1854 年建立了他的
植物分类体系《植物分类图示》(*Grundriss der systematischen Botanik*, 1854); 1872 年他发表《气
候条件下的地球植被》(*Die Vegetation der Erde nach Ihrer Klimatischen Anordnung*)。他认为自己
最重要的著作是《英属西印度群岛植物区系》(*Flora of the British West Indian Islands*, 1864)。

② 威廉·亨利·豪威尔 (William Henry Howell, 1860—1945), 美国生理学家。他率先使用肝素
作为血液抗凝剂。毕业于约翰·霍普金斯大学, 任教于密歇根大学和哈佛大学, 1893 年成为约
翰·霍普金斯大学教授, 并于 1899—1911 年任医学院院长, 1926—1931 年任卫生学院院长。他编
写了《生理学教科书》(*Text-Book of Physiology*, 1905)。

它们不仅决定它们栖息地的外观特征, 而且它们也是地理因素影响下的活生生的外在结果, 并且这些又能转而影响自然界的相关方面), 那么他就不能不被称为是一名生态学家, 不管他本人是否希望得到这一称号。

生理学和生态学之间的这一使人看法矛盾的关系, 在 20 世纪早期的许多生态学文献中表现得很明显: 这时产生了一些复合名称, 像**生态植物地理学** (ecological plant geography) 和**生理植物地理学** (physiological plant geography), 并且它们是可交互使用的 (McIntosh 1983a)。尽管生态学讨论的问题不同于生理学讨论的问题, 并且生态学所采用的方法通常亦不为生理学采用, 但是, 在这一情况变得明朗之前, **生理生态学** (physiological ecology) 和**生态生理学** (ecological physiology 或 ecophysiology) 这些名称再次表明生态学与生理学之间的亲缘联系。对于这些交叉学科的内容, 一直未能达成一致看法 (Billings 1957, 1980; Calow and Townsend 1981; Tracy and Turner 1982)。

托比 (Tobey 1981) 评论说, 我们并不很清楚生态学的诞生; 并且他提出一个方案用来追溯来自欧洲的植物生态学在美国的两个主要中心的起源。托比说, 这两个中心建立在非常不同的哲学和科学传统之上。托比确认的美国植物生态学的两个早期中心: 一个是当时新成立的享有政府资助的土地的内布拉斯加大学; 另一个是同样是新成立的但纯粹由私人资助的芝加哥大学。内布拉斯加大学在比希 (C. E. Bessey) 的领导下, 响应着草原农业的技术需求; 而在芝加哥大学, 由库尔特① (J. M. Coulter) 倡导的生态学, 更多地是植物科学内部发展的产物 (Sears 1956; Cittadino 1981)。然而, 比希和库尔特与许多同时代的生物学家一起, 都对他们各自领域的生物调查事务感兴趣。托比还提出一个有实际意义的论点: 在能够对科学如何发展的现行理论 —— 不管它们是社会学、历史学、哲学、还是别的什么 —— 进行检验之前, 有必要对所发生事件的历史过程进行合理记述。生态学的成形过程是一串复杂的事件链。如果不能证明一个具体的理论构架的正确性, 那么要从这个事件链中提炼出合理而又扼要的叙述则是十分困难的。 [42]

在 19 世纪后期相当散乱的植物地理学中, 最具特色并成为植物生态学之核的是克纳·冯·马里朗 (Kerner von Marilaun 1863)、德鲁德 (Drude 1890, 1896)、瓦明 (Warming 1895) 和施佩尔 (Schimper 1898) 的著作。特别是德鲁德的《植物地理学手册》(*Handbuch der Pflanzengeographie*) (Drude 1890) 和《德国植物地理

---

① 约翰·梅尔·库尔特 (John Merle Coulter, 1851—1928), 美国植物学家, 教育家。他创建了芝加哥大学的生态学课程。他也是一位教育家, 曾任印第安纳大学 (Indiana University) 校长 (1892—1893), 森林湖学院 (Lake Forest College) 院长 (1893—1896), 后任芝加哥大学植物系主任 (1896—1925)。

学 》(*Deutschlands Pflanzengeographie*) (Drude 1896), 极大地影响了年轻的美国生态学家克莱门茨和他在内布拉斯加大学的同事们 (Pound 1896; Tobey 1981)。克莱门茨在给德鲁德的信中写道: "您将会想到, 我是从你的《德国植物地理学》一书中, 获得我对我们领域的第一个清晰的印象"; 从而肯定了德国植物地理学传统经由德鲁德向美国的传递 (Tobey 1981)。瓦明的重要著作《植物群落》(*Plantesamfund*, Warming 1895) 最初在丹麦出版。它作为第一本植物生态学教科书, 是瓦明根据自己所教的课程写成的。它的 1896 年德译本更易于被大多数科学家所接受, 并对促进英国和美国的生态学研究起了重要作用。考勒斯懂得丹麦文, 故能阅读原著, 他写道: "那种要把生态学研究推进为植物学中一个能与形态学和生理学比肩的完整分支的动力, 起自仅在四年前出版的瓦明的《植物群落》" (Cowles 1899b)。坦斯利 (Tansley 1947) 在评论英国植物生态学历史时说, 生态学的现代含义是由瓦明的著作确立的。

对德鲁德和瓦明的引证, 不仅确认在植物生态学发展中的两个重要人物, 而且也确认生态学早期的两种不同的哲学传统; 一些人认为, 这些传统一直持续到现在 (Simberloff 1980; Tobey 1981)。托比追溯了由很有影响力的美国生态学家 F. E. 克莱门茨大大推进的植被概念的起源, 认为它来自德鲁德。克莱门茨早已被公认是、并常常被——甚至包括他的批评者——拥戴为第一个构建了植被逻辑体系; 它被公认为理论, 或者用新近的说法 "范式" (Kuhn 1979)。克莱门茨的理论是特别有争议的。整个争论所表现的持久性、激烈程度以及无法做出结论, 说明了它既是一个哲学问题, 又是一个经验问题 (McIntosh 1976, 1980a, 1981)。克莱门茨将群落的整体论本质的观念, 系统地表述为有机体。这一概念曾经广泛——如果不是无处不在的话——流传于动物生态学、海洋学和湖沼学的先辈中。他们的哲学起因特别有趣。克莱门茨信奉的理论认为: 植物群落是一个整体性超级有机体 (a holistic superorganism), 向着一个由气候控制的顶极稳态发展, 并能自我维持 (Clements 1905)。托比 (Tobey 1981) 认为, 克莱门茨的生态学思想, 主要受经由德鲁德传递的德国理想主义的影响; 而这种理想主义产生于德国康德[①] (Kant) 和歌德[②] (Goethe) 的哲学传统以及洪堡和格里斯巴赫的生物地理学。克莱门茨的 "植

[43]

————

① 伊曼努尔·康德 (Immanuel Kant, 1724—1804), 德国哲学家。
② 约翰·沃尔夫冈·冯·歌德 (Johann Wolfgang von Goethe, 1749—1832), 德国思想家, 作家。

被是一个有机体" 的观念也受到赫尔伯特·斯宾塞[①] (Herbert Spencer) 的影响。克莱门茨和美国首屈一指的动物生态学家 S. A. 福布斯都共享着这一相同的思想源泉 (Egerton 1976; Tobey 1981; Nicolson 1983, 个人通信)。

与这一整体论的有机体论传统相反，托比 (Tobey 1981) 提出另一种传统，它曾影响着芝加哥大学的 H. C. 考勒斯。它起源于瑞士植物学家和植物地理学家德坎多勒 (A. P. DeCandolle) 和丹麦植物地理学家瓦明。他们拥戴的哲学立场与洪堡和德鲁德所代表的德国传统不同。瓦明强调植物个体，并且批评较高层次的实体单位，如群系，以及打算应用于这些实体的因果关系。托比说，查尔斯·达尔文在发展他的生态学思想方面，追随着德坎多勒; 瓦明在他的生态植物地理学中也采用这一构架。德国植物生态学家承认，达尔文对他们的生态学研究有过重大影响，但是很明显，达尔文的哲学立场有时被德国的自然哲学所取代。不过，瓦明更是一个还原论者和机械论者。他的群落和演替的思想，很少强调有机性和方向性，而这些正是德鲁德和克莱门茨思想的特征。这样，美国生态学在开始之初，就出现托比所描述的两种不同的研究方法，它们明显表现出非常不同的哲学立场。它们之间的区别，就各自的主角而言，是显而易见的。考勒斯 (Cowles 1898) 在评论庞德和克莱门茨 (Pound and Clements 1898) 阐述内布拉斯加学派生态学的早期著作时，写道:

> 未来植物地理学的研究方向，是由瓦明还是由德鲁德给出，现在预测也许为时太早。因此，我们将要谈论的是生态学还是植物地理学，是生命形式还是植被形式，是植物社会还是群系，仍有待决定。 [44]

在生态学中，二分法 (dichotomy) 通常是一种过于简单化的说法。对于植物生态学，第三种强有力的势力正在欧洲大陆发展壮大，尽管它对英、美生态学的影响很小 (Weadock and Dansereau 1960: Van der Maarel 1975)。克莱门茨和考勒斯都明确地把生态学说成是生理学的一个分支，甚至等同于生理学，并且注定要和生理学融为一体。对于苏黎世-蒙彼利埃学派 (Zurich-Montpellier school)，或称

---

[①] 赫尔伯特·斯宾塞 (Herbert Spencer, 1820—1903)，英国哲学家，生物学家，人类学家，社会学家，维多利亚时代古典自由主义政治理论家。斯宾塞提出一种包罗万象的进化概念，即物理世界、生物有机体、人类思维、人类文化和社会都是前进式发展 (progressive development) 的，被称为 "在达尔文之前就写过进化论"。他在阅读达尔文的《物种起源》后，在其《生物学原理》(*Principles of Biology*, 1864) 中创造了 "适者生存" (survival of the fittest) 一词，并将进化延伸到社会学和伦理学领域。他是一位通才，对伦理学、宗教、人类学、经济学、政治理论、哲学、文学、天文学、生物学、社会学和心理学均有贡献。他在英语世界享有巨大权威，是 19 世纪下半叶最著名的欧洲知识分子，只是到 20 世纪其影响力明显下降。

SIGMA 学派[1] (SIGMATIST school)，人们逐渐了解，它所追循的是博物学的分类传统。这个学派创始于 1890 年代，是建立在施勒特 (C. Schröter) 和弗拉奥[2] (Charles Flahault) 的工作基础上。但是，它的主要人物是布劳恩–布兰奎特[3] (J. Braun-Blanquet)，他的统治地位从 1915 年左右延续到他在 1980 年逝世。这一学派——包括它的几种变形——认为：植物生态学的关键是应当用特征物种的组合而不是用景相 (physiognomy) 或优势种作为表征群落的基础。尼克尔森 (Nicolson 1982b，个人通信) 把它与克莱门茨代表的传统进行区别，后者主要强调对植被单位的植物区系描述，并强调植被实体的特性；这里，植被单位 (vegetation unit) 和植被实体 (vegetation entity) 都称为 "群丛" (association)。布劳恩–布兰奎特学派的重点与论述植物区系指南的内容相似，都是植被分类。它至今仍然坚持的长期目标是，产生一个植被分类的构架 (prodromus)。尼克尔森认为，苏黎世–蒙彼利埃传统是传统植物学或博物学——采集和分类——的继续；而内布拉斯加 (即克莱门茨) 传统则是一个 "新的" 生理植物学的分支，而芝加哥 (即考勒斯) 传统也可以附着于这个新的生理植物学分支之上。然而，同时代的生态学家，如英国生态学家莫斯[4] (Moss 1910)，并不认为植物生态学与上述两者有任何恰当的联系。在他看来，

---

[1] 苏黎世–蒙彼利埃学派，在中国又称 "法瑞学派"，这多少有违 "苏黎世–蒙彼利埃" 隐含的 "瑞–法" 词序。它由布劳恩–布兰奎特创立，始于 1928 年他出版的《植物社会学》。他的植被分类是基于 "群丛"(association) 概念；在其定义中第一次引入 "特征种" 概念。为了分类，他建立了一套将特征种、特征种组合与 "门 (division)、纲 (class)、目 (order)、团 (alliance)、丛 (association)" 的等级层次相结合的术语命名体系。这一思想由德国的莱茵霍尔德·托森 (Rheinhold Tüxen) 进一步发展。这套分类体系的发展一直持续到 20 世纪 60 年代，成为 20 世纪西欧、南欧和中欧的主要分类标准，并为世界植被分类提供了一个框架。有关述评可参见宋永昌著《植被生态学 (第二版)》(高等教育出版社，2016) 第 12 章。布劳恩–布兰奎特是瑞士人，曾在苏黎世大学学习；后去蒙彼利埃，求学于弗拉奥门下，并一直在那里从事研究。他的学派取名苏黎世–蒙彼利埃，是表示对故乡、母校和工作地点的尊重。1932 年布劳恩–布兰奎特创建 "地中海和阿尔卑斯山地植物学国际站" (Station International de Géobotanique Méditerranéenne et Alpine)，简称 "西格玛" (SIGMA)。因此，这一学派又被称为 "西格玛学派"。

[2] 查尔斯·亨利·马里耶·弗拉奥 (Charles Henri Marie Flahault, 1852—1935)，法国植物学家，身居植物地理学、植物社会学和森林生态学先驱之列。值得提出的是，他的一个学生是创立法瑞学派的著名植物群落生态学家布劳恩–布兰奎特。英国植被研究和制图先驱、植物学家、生态学家罗伯特·史密斯也师从他学习。

[3] 约西亚·布劳恩–布兰奎特 (Josias Braun-Blanquet, 1884—1980)，颇具影响的植物群落生态学家，植物学家，苏黎世–蒙彼利埃学派创始人。他生于瑞士库尔 (Chur)，逝于法国蒙彼利埃。他在导师弗拉奥指导下的博士论文是关于塞文山脉南麓 (southern Cévennes) 的植物群落学。他建立了根据植物区系构成进行植被分类与命名的现代方法。围绕群落分类问题和布劳恩–布兰奎特分类方法建立起来的法瑞学派对植物科学的主要贡献，就是使其标准化，系统化，并适用于不同植被类型，有效地指导植被管理。它现在已成为国际植被生态学界公认的正规等级分类系统 (《植被生态学 (第二版)》，宋永昌著，高等教育出版社，2016，第 357 页)。

[4] 查尔斯·爱德华·莫斯 (Charles Edward Moss, 1870—1930)，出生于英国，1917 年移居南非。编辑了《剑桥英国植物志》前两卷，该书有很高的学术水平，但该项目没有后续出版。

植被研究在许多方面触及生理学，但是现在它们之间并没有也不可能有任何本质上的同一性。它需要分类学家，但它根本不是一个分类学分支。

英国的植物生态学是与 19 世纪下半叶兴起的科学专业化与博物学中出现的变化相联系的 (Tansley 1904a, b, 1947; Salisbury 1964; Lowe 1976; Godwin 1977; Allee 1979; White 1982; Gimingham et al. 1983; Rehbock 1983)。在勒弗 (Lowe 1976) 看来，英国的科学专业化晚于欧洲大陆。物理学和化学作为专业化的科学，发展得早些。它们从博物学的总体结构中分离出来，使博物学主要成为野外研究者的领地。**博物学家**一词含有轻蔑意味。**科学家**一词只是在 1830 年代才创造出来。坎农 (Cannon 1978) 指出，那些关于"真正"科学和博物学的似是而非的思想，普遍地是伴随着科学的专门化发展起来的；而生物学的专门化主要以"形态学"(morphology) 和"生理学"(physiology) 面貌出现。　　　　　　　　　　　　　　　　　　　　　　[45]

英国的植物生态学主要是在业余博物学家进行的植物学调查中产生的。由于他们是地方博物学会的成员，所以受的是非正规的植物学训练。在 1870 年代和 1880 年代，这些学会在英国风靡一时。到了 1900 年，大约已有 500 个这样的学会和 100 000 名会员。在 1890 年代，这些学会的主要活动已由古典植物学研究和采集，或植物区系植物学，变为目的在于描述和绘制植物群落的植被调查。这类工作主要得到学会中具有更多科学训练的成员的推动。在坦斯利 (Tansley 1947) 看来，史密斯兄弟——罗伯特·史密斯 (Robert Smith) 和威廉·史密斯[①] (William Smith)，是"英国现代生态学的最早开创者"。他们兄弟两人曾经和邓迪[②] (Dundee) 的帕特里克·盖蒂斯一起从事研究。1898 年盖蒂斯呼吁对英国各类环境进行区域性调查 (Gimingham et al. 1983)。罗伯特·史密斯也在法国的蒙彼利埃向弗拉奥 (Charles Flahault) 学习欧洲大陆最新的植被思想。他开始绘制苏格兰植被图。当罗伯特在 1900 年过早地去世后，威廉接替了他的工作。年轻的坦斯利在 1901 年刚从远东返回，就获悉史密斯的研究。1904 年，在他新创立的杂志《新植物学

---

① 威廉·加德纳·史密斯 (William Gardner Smith, 1866—1928)，苏格兰植物学家，生态学家，罗伯特·史密斯之兄，英国植被研究和制图的先驱，英国生态学会的创始成员。他受教于邓迪大学学院 (University College of Dundee)，获植物学和动物学学士；再就学于慕尼黑大学，获植物病理学博士。后在多所大学任教。威廉的主要贡献源自接手弟弟罗伯特的事业。他帮助完成罗伯特的文稿，并开始他自己的植被调查。1903 年他与莫斯 (Charles Edward Moss) 和兰金 (W. Munn Rankin) 一道出版英格兰第一份植被图。1904 年他与坦斯利、莫斯、兰金等共同创立英国植被调查和研究中央委员会，后来更名为英国植被委员会。1906 年，委员会为植被调查及其标准化方法编制了一本小册子《关于开始进行植被调查工作的建议》。1913 年，该委员会组织了英国生态学会，这是第一个由生态学家组成的专业团体。威廉在 1918 年和 1919 年担任学会主席。

② 英国苏格兰东部港口城市。

家》(*The New Phytologist*) 中, 他建议成立 "英国植被调查和研究中央委员会" (the Central Committee for the Survey and Study of British Vegetation)。后来, 这一累赘的名称精减为 "英国植被委员会" (British Vegetation Committee, Tansley 1904b, 1947; Lowe 1976)。

英国植被委员会把博物学会中经过科学训练的领导人员集中到一起。在最初的会议上, 四个成员中有三个是盖蒂斯过去的学生。在英国植物生态学由植物区系植物学向植被调查转变、由业余向专业化转变的过程中, 普拉格尔[①] (R. L. Praeger) 的生涯是一个有意义的榜样 (Lowe 1976; White 1982)。普拉格尔在孩提时代就是地方博物学会的成员, 从而掌握了植物学知识。到 1900 年, 他已成为爱尔兰植物区系植物学的第一流学者。他涉猎内容广泛的植物生态学的早期文献, 并成为英国植被委员会的一名成员。除了植物区系学外, 他在 1905 年开始研究植被。1922 年, 普拉格尔当选为英国生态学会主席。在他的主席致辞中, 谈到了他的担心。他说, 作为一名业余的在科学上缺乏大学和实验室训练的人, 他 "多少有点冒名顶替" (引自 Lowe 1976)。普拉格尔当过图书馆馆长。在英国植物生态学发展进程中, 他堪与那些由大学培养的专业人员威廉·史密斯和亚瑟·坦斯利相比, 是生态学领域中一个高度称职的—— 即便是非职业性的—— 贡献者。由于英国植被委员会拥有这样一批各色各样的人员, 从而在开展和协调植被调查时, 通过他们有利于与广泛的博物学会地区关系网保持联系。英国植被委员会也与欧洲大陆的生态学者保持学术联系。该委员会的创始人之一莫斯 (Moss 1910), 在其植被调查著作《植被的基本单位》(*The Fundamental Units of Vegetation*) 中, 评述了一个有争议的分类问题。他分析由大陆植物生态学发展起来的几个学派提出的单位和术语, 谈及生态学中早已熟悉的并一直存在的问题:

> 由于生态植物地理学在主要术语使用上缺乏一致性, 从而使它的主题一直受到并继续受到非常严重的伤害。(Moss 1910)

1911 年, 坦斯利编辑《英国植被类型》(*Types of British Vegetation*) 一书。它汇集直至当时所调查的资料。那本书奉献给瓦明, "这位现代植物生态学之父", 以及瑞

[46]

---

① 罗伯特·劳埃德·普拉格尔 (Robert Lloyd Praeger, 1865—1953), 爱尔兰博物学家。长期在爱尔兰国家图书馆工作。他和乔治·赫伯特·卡彭特 (George Herbert Carpenter, 1865—1939, 英国博物学家, 昆虫学家) 一同创办和编辑《爱尔兰博物学家》(*Irish Naturalist*)。他写了许多爱尔兰植物区系和其他博物学方面的文章。他组织兰贝岛 (Lambay, 爱尔兰海中的一个岛) 调查 (1905—1906), 还组织了更大规模的对克莱尔岛 (Clare Island, 位于爱尔兰克卢湾 (Clew Bay)) 的多学科调查。1921 年获皇家园艺学会的维奇 (Veitch) 纪念勋章, 1931—1934 年成为爱尔兰皇家科学院主席。

士①的弗拉奥，"他通过他的学生罗伯特·史密斯鼓舞了这个国家②的植物学调查"
(Pearsall 1964)，从而，承认欧洲大陆对英国植物生态学的促进作用。新生的植物生
态学在国际上的处境，可以通过下面事实表现出来：坦斯利那本书 (Tansley 1911)
是为 1911 年 "第一次国际植物地理学旅行团" 准备的。它使美国的克莱门茨和考
勒斯、德国的德鲁德和格雷布纳③ (P. Graebner)、瑞士的吕贝尔④ (E. Rubel) 和施
勒特 (Schröter)，以及英国的坦斯利和其他著名的生态学家有机会聚在一起。不幸
的是，瓦明和弗拉奥未能出席。坦斯利 (Tansley 1947) 把这个旅行团描绘为 "一次
在植物区系学和生态学方面了不起的成功"。它象征性地标志着植物地理学的范
围已从纯粹的植物区系学领域，进入生态学领域；植被和它的单元已成为注意的
中心。英国植被委员会的反应十分有意义，它决定在 1912 年成立英国生态学会。

　　植物生态学在其形成的岁月里，被分隔在几条道路上。大家普遍认同，存在某
种基本的植被单元。但对于如何定义它，很少有一致看法。一些主要受传统博物
学影响的植物学家，强调的是植物区系学，其目的是产生一种植被分类学；而那些
受 "新" 植物学影响的植物学家，强调的是生理学，他们要以类似个体生物生理学
的方法，研究植被的结构和功能，以及植被与环境的关系。这两类人之间不可能有
一致的看法。西塔迪诺 (Cittadino 1980) 把生态学在美国的兴起，说成是植物学在
美国专业化的结果，他的这一看法与勒弗 (Lowe 1976) 对英国的专业化的观点相一
致。西塔迪诺把美国生态学先驱们的特征描绘为：中西部人，年轻 (最大的 36 岁，
平均 30 岁)，几乎都受聘为职业植物学家。这样，生态学得以与传统分类学和形态
学截然区分开来；后者主要是由以培养医生为目的的人们从事的，很少聘用植物
学家。西塔迪诺注意到，内战后的职业植物学家人数仅有半打 (6 个)，但他们的数
目在 19 世纪后期急剧上升。不过，1900 年前后美国大学仍只有 53 名植物学教授
(Cattell 1906)。

　　尚不清楚，在英国和美国，植物生态学的兴起、植物学的专业化以及业余博物
学爱好者的活动之间，是否存在相似关系。虽然美国地方博物学协会和英国一样
兴旺，但它们比较短命，很少流行开来。1850 年代，在中西部的几个城市——路易

[47]

---

① "瑞士" 是笔误，应为 "法国"。
② 指英国。
③ 保罗·格雷布纳 (Paul Graebner, 1871—1933)，德国植物学家。1895 年在柏林获得博士学
位，长期在植物园从事研究工作和参加植物调查。后成为柏林达勒姆 (Berlin-Dahlem) 植物园和
博物馆教授，进行植物区系和植物地理学研究。
④ 原文有误，应为 E. Rübel。爱德华·吕贝尔 (Eduard Rübel, 1876—1960)，瑞士植物学家，长
期在苏黎世地植物研究所 (des Geobotanischen Institutes in Zürich) 从事植物地理学与浮游植物
学研究，著有《地球上的植物群落》(Pflanzengesellschaften der Erde)、《斯堪的纳维亚的植被问
题》(Einige Skandinavische Vegetations Probleme)、《贝尼亚塞奥浮游植物》(Das Phytoplankton der
Berninaseeo) 等著作。

斯维尔① (Louisville)、大急流城② (Grand Rapids)、密尔沃基③ (Milwaukee)、芝加哥 (Chicago)——建立博物学会。博物学调查所在 1880 年代和 1890 年代在美国一度盛行，并普遍成为州立机构。它们之中以伊利诺伊博物学调查所最著名、最富有成果，该所是由创立于 1861 年的博物学会建立的 (Forbes 1907c; Mills 1958)。S. A. 福布斯 (Forbes 1907c) 评述过这一机构的历史。他指出，调查所是在需要对我们大陆的经济资源及其科学价值进行发现和解释时成立的。他评论说，在所有的参加者中，几乎没有一个受过科学教育。但是，他们之中包括了这一期间博物学研究的杰出人物，如探险家鲍威尔④ (J. W. Powell) 少校，植物学家瓦西⑤ (George Vasey) 和贝比⑥ (M. S. Bebb)，以及伊利诺伊州首位昆虫学家沃尔什⑦ (Benjamin D. Walsh)。1867 年这个学会得到伊利诺伊州资助，并在后来资助鲍威尔少校著名的对远西部⑧ (Far West) 的探险。1879 年，一个新的组织应运成立，如福布斯所说，它正处于一个由于进化论者达尔文和赫胥黎⑨以及反进化论者路易斯·阿加西

[48]

---

① 美国肯塔基州中北部城市，与印第安纳州只有一河之隔，是肯塔基州最大城市。

② 美国密歇根州西南部城市。

③ 美国威斯康星州最大城市和港口，位于密歇根湖西岸。

④ 约翰·卫斯理·鲍威尔 (John Wesley Powell, 1834—1902)，美国陆军少校，地质学家，美国西部探险家。1869 年他领导了著名的美国西部地理和科学探险。这次探险轰动了美国和西方世界。鲍威尔又在 1871—1872 年冬，沿着部分 1869 年路线，进行了第二次探险。1875 年，鲍威尔出版关于探险的经典记事《美国西部科罗拉多河及其支流探险报告》(*Report on the Exploration of the Colorado River of the West and Its Tributaries*); 1895 年经修订，再版为《科罗拉多河及其峡谷探险》(*The Exploration of the Colorado River and Its Canyons*)。鲍威尔后来任美国地质调查局 (U.S. Geological Survey) 局长 (1881—1894)，其间，他还执掌史密森学会民族局 (Bureau of Ethnology)。

⑤ 乔治·瓦西 (George Vasey, 1822—1893)，英裔美国植物学家。他主要采集伊利诺伊州植物物种。后成为美国农业部 (USDA) 首席植物学家 (Chief Botanist)，以及规模大为扩展的国家标本馆 (National Herbarium) 的馆长。

⑥ 迈克尔·舒克·贝比 (Michael Schuck Bebb, 1833—1895)，19 世纪的业余植物分类学家。他对柳属 (*Salix*) 植物进行了大量研究，是享誉美欧的顶尖的柳属研究专家 (salicologist)。作为纪念，有多种植物以他的名字命名。

⑦ 本杰明·丹·沃尔什 (Benjamin Dann Walsh, 1808—1869)，英裔美国昆虫学家。他曾是伊利诺伊州第一位州政府昆虫学家，在美国昆虫学的重大转变时期起着领导作用。沃尔什支持运用科学方法控制农业害虫，他是将生物控制作为管理昆虫的有效手段的倡导者。他也是最早一批支持达尔文进化论的美国科学家，并且为确保昆虫学界广泛接受该理论发挥了重要作用。

⑧ 远西部 (Far West) 是指美国落基山至太平洋沿岸的地区; 美国中西部尤指密西西比河西部地区。

⑨ 托马斯·亨利·赫胥黎 (Thomas Henry Huxley, 1825—1895)，英国生物学家，因倡导达尔文的进化论而被称为 "达尔文的斗犬 (bulldoy)"，著有《人类在自然界的位置》(*Man's Place in Nature*) 等影响深远的著作。

斯[1] (Louis Agassiz) 的影响而 "使科学研究返回自然界的时期"。到 1885 年，这个学会由于失去兴趣而不复存在。伊利诺伊博物学调查所与美国生态学的兴起，有一种与众不同的联系，因为植物生态学、动物生态学和湖沼学中几个关键人物都与这个调查所有关。他们中的真正首领是福布斯 (S. A. Forbes)，他主要靠自学成材，是正式承认生态学的第一批动物学家之一，并且是在 1900 年前发表的几篇最深邃的生态学论文的作者。科福伊德[2] (C. A. Kofoid) 在 19 与 20 世纪之交出版的最早的河流浮游生物研究，就是在伊利诺伊河上由福布斯创建的生物站中进行的。亚当斯 (C. C. Adams) 是后来第一本动物生态学手册的作者，他在 1896—1898 年也受雇于这个调查所。伯里尔[3] (T. J. Burrill) 是参加这个调查所的植物学家 (1885—1892)；他激发了年轻的格利森[4] (H. A. Gleason) 对北美草原的兴趣。格利森 (Gleason 1910) 早期的生态学论文，就是在这个调查所的赞助下完成的，尽管当时他还不是调查所的雇员。亚瑟·维斯塔尔[5] (Arthur Vestal) 在短时期内以及维克多·谢尔福德在一个较长的时期内都参加调查所的工作。芝加哥大学的 J. M. 库尔特和 H. C. 考勒斯是这个调查所委员会的成员。

　　州博物学调查与 "自我意识" 生态学的普遍联系，也同样明显表现在由 C.

---

　　[1] 简·路易斯·鲁道夫·阿加西斯 (Jean Louis Rodolphe Agassiz, 1807—1873)，瑞士裔美国生物学家，地质学家。在地球博物学领域他被公认为是一位有创新能力的成绩巨大的学者。他分别在埃尔朗根 (Erlangen) 和慕尼黑获得哲学博士和医学博士学位。后来参与居维叶和洪堡在巴黎的研究。他的研究使他受聘为瑞士纳沙泰尔大学 (University of Neuchâtel) 博物学教授。1847 年他移居美国，成为哈佛大学动物学和地质学教授，并创建比较动物学博物馆。他对鱼类分类贡献颇大。他对地质史的研究，导致创立冰川学 (glaciology)。他的采集和分析数据的方法也广为人知。他对动物学、地质学和相关领域做出很大贡献。然而到 21 世纪，他对达尔文进化论的抵制和他的科学种族主义，削弱了后人对他的尊敬。
　　[2] 查尔斯·阿特伍德·科福伊德 (Charles Atwood Kofoid, 1865—1947)，美国动物学家。他因对海洋原生动物的许多新物种的采集和分类而著称，这些研究有助于建立基于分类学基础的海洋生物学。
　　[3] 托马斯·乔纳森·伯里尔 (Thomas Jonathan Burrill, 1839—1916)，美国植物学家和植物病理学家。他首先发现植物致病的细菌因素，如梨火疫病菌 (*Erwinia amylovora*)。他曾作为植物学家，参加鲍威尔 (John Wesley Powell) 对科罗拉多州落基山的探险。后来，他成为伊利诺伊大学植物学和园艺学教授，1882 年，成为该大学的副校长。
　　[4] 亨利·艾伦·格利森 (Henry Allan Gleason, 1882—1975)，美国生态学家，植物学家，分类学家。他主张群落演替的 "个体论" (individual concept) 思想，反对克莱门茨的 "顶极" (climax) 概念。他的思想长期受到蔑视，以致他在 1930 年代不得不改行到纽约植物园从事植物分类学研究。在那里，他成为一个很有影响的人物，他和阿瑟·约翰·克朗奎斯特 (Arthur John Cronquist, 1919—1992, 被认为是 20 世纪最重要的植物学家之一) 合作，建立了一个北美东北部具有相当权威的植物区系分类系统。令人欣慰的是，由于惠特克和柯蒂斯的工作，格利森的理论在 20 世纪下半叶获得植被生态学界青睐。
　　[5] 亚瑟·吉普森·维斯塔尔 (Arthur Gibson Vestal, 1888—1964)，美国植物学家。1915 年在芝加哥大学获博士学位，后执教于伊利诺伊大学。曾指导过罗伯特·惠特克，一生与亨利·艾伦·格利森保持着密切联系。

E. 比希组织的内布拉斯加植物学调查中。它产生了庞德和克莱门茨 (Pound and Clements 1898b) 的最初著作《内布拉斯加的植物地理学》(*Phytogeography of Nebraska*)。麦克米伦 (MacMillan 1897) 撰写了关于明尼苏达州植物地理学的重要论著, 当时他还不是一个全职的明尼苏达州植物学家。J. M. 库尔特和他的兄弟斯坦利 (Stanley) 在印第安纳州发起植物学调查。C. C. 亚当斯从伊利诺伊转到密歇根大学博物馆, 并在后来再转入纽约州立博物馆。湖沼学先驱伯基 (E. A. Birge) 是 1897 年建立的威斯康星州博物司的领导人。美国和英国对植物或生物调查有着广泛一致的兴趣。在美国南北战争后向西部扩张的过程中, 为了修建铁路和其他目的, 需要对知之甚少的密西西比河两岸区域进行范围广泛的调查, 其中包括生物学调查。许多后来闻名的生物学家, 通过参加各种各样的联邦的或州的生物资源调查, 或通过阅读有关这些调查的资料, 激发起他们对博物学的欲望。考维里① (F. V. Coville) 对沙漠植物的兴趣, 是受到他 1881 年参加由默尼厄姆② (C. H. Merriam) 领导的死亡谷③ (Death Valley) 探险队的经历的激励。这一经历促使考维里 1902 年建议卡内基学会资助沙漠实验室的生理学和生态学研究 (McIntosh 1983a)。禾草植物学家卡尼④ (T. H. Kearney)1899 年陪同考维里进行阿拉斯加探险, 他后来发表了关于美国东南部生态学早期研究的富有价值的论著。在美国, 相当多生物学家对生态学的诞生做出有意义的贡献, 他们都以各种方式介入 19 世纪后期和 20 世纪早期的联邦或州的生物学调查。受聘于上述机构的生物学家个人, 也都在生态学早期做出显著贡献, 尽管生态学那时尚未正式成为支撑这些调查及其后继活

[49]

---

① 弗雷德里克·弗农·考维里 (Frederick Vernon Coville, 1867—1937), 美国植物学家, 曾经参加死亡谷探险 (Death Valley Expedition, 1890—1891)。1893—1937 年, 他是美国国家标本馆 (United States National Herbarium) 名誉馆长, 同时是美国农业部首席植物学家 (chief botanist)。他还是美国国家树木园 (United States National Arboretum) 的第一任园长。他对经济植物学 (economic botany) 很有贡献, 并帮助制定有关植物和考察研究的科学政策。

② 克林顿·哈特·默尼厄姆 (Clinton Hart Merriam, 1855—1942), 美国动物学家, 哺乳动物学家, 鸟类学家, 昆虫学家, 人种学者, 博物学家。默尼厄姆的求学和研究多姿多彩。科学调查是他最经常参加和支持的活动。他由爱好博物学到进大学学习医学和解剖学; 由毕业后成为一个成功的医生到再次回归博物学研究。他的博物学爱好, 由开始的草虫, 到鸟类, 再到哺乳动物。并且, 由于在野外考察中很多方面要仰仗印第安人, 默尼厄姆在 1910 年后发展起对人种学 (ethnology) 的兴趣, 研究印第安人的生活、知识和文化。在学术上, 他提出 "生命区" (life zone) 概念, 根据温度和湿度, 将地球表面按照经纬度进行划分。他被推崇为哺乳动物学之父。他注重细节的分类学方法和深入的野外工作对美国动物学研究有着持久影响。他是美国多个学术团体创始成员或负责人。

③ 死亡谷 (Death Valley), 此处指位于加利福尼亚东部的沙漠山谷, 在莫哈韦沙漠北部与大盆地沙漠接壤处, 它是世界上最热的地方之一, 现设有死亡谷国家公园。

④ 托马斯·亨利·卡尼 (Thomas Henry Kearney, 1874—1956), 美国植物学家, 农学家。以棉花与海枣育种、植物分类和亚利桑那植物区系研究而闻名。他 1889 年进入田纳西大学学习, 1894—1944 年在美国农业部工作, 早年研究过禾本科植物。

动基础的一门科学。生态学的应用未能与它的学术研究紧密结合起来, 这一现象是极为普遍的。在海洋学和海洋生物学发展中, 情况也明显如此。

## 2.3 海洋生态学

尽管对海洋及其生物的兴趣可以追溯到古代, 海洋学也和生态学一样, 是一门年轻的科学。直至 19 世纪, 对海洋生物的研究大多伴随着其他目的进行, 如海岸调查、探险和渔业管理。这类工作差不多全是对新物种的采集、描述和分类, 并且在 19 世纪还考察它们的形态学和胚胎学特征。几乎整个这一时期的重点, 是放在洋流、海浪、水深、温度、盐度等物理和化学性质上, 这一情况直到 19 世纪一直占据统治地位。例如, 迪肯 (Deacon 1978) 编辑的一本海洋学历史的优秀论文集, 其中 10 篇是关于海洋环流, 7 篇关于潮汐, 5 篇关于海浪, 5 篇关于水化学, 7 篇关于水深和海床, 而只有 3 篇是关于海洋生物学——最早的一篇发表于 1844 年。海洋学研究的这一倾向, 可以通过下面的事实证明是合理的, 即: 海洋系统在许多方面都由物理环境支配, 它远远超过陆地环境的作用。在陆地上, 生物特征表现得更显著, 并且在许多方面, 生物对环境实施相当明显的控制。海洋学与陆地生态学相比, 更是一门交叉性学科。它包括海洋生物学, 或者更综合地说是水生生物学; 当然, 这些名称在与陆地生态学比较之前, 都需要审查其是否合格。海洋生态学与海洋环境的大量数据有密切关联, 这一点与陆地生态学和气象学之间的关系比较类似 (Allee et al. 1949)。生态学的要点, 不仅是生物 (个体或集体) 与其物理环境的关系, 还有它们彼此之间的关系, 以及它们对物理环境的反作用。这些在海洋中不像在陆地上那么明显, 尽管如此, 它们仍是很有意义的。陆地生物学家主要是考察可以看见的并且基本上是静止的生物, 如植物。水生生物学家, 特别是海洋生物学家, 他们所研究的一般是运动着的并且往往不能看见的生物; 这些生物只能通过艰苦的采集活动, 从当时的栖息地中取出, 才能看到。海洋生态学有一种研究是将陆地生物学家和海洋生物学家的概念和理论联系起来, 这就是对海岸带地区的研究。在那里, 占主导地位的动物容易看见, 并且往往是固定的 (Connell 1978)。

海洋学和林业, 在下面一点上与生态学不同, 即它们对自己的历史都有非常强烈的意识。现在已有几部关于海洋学历史的著作 (Bigelow 1931; Deacon 1971, 1978; Schlee 1973; Sears and Merriam 1980), 但却没有一本一般意义上关于生态学史的著作。海洋学在另一点上也与传统生态学不同, 由于它的研究方法, 海洋学是一门本质上更加费钱的学科。为了进行以研究为目的的大范围航海活动和出版这些航海

[50]

活动的成果, 必须尽早向科学团体、政府和皇家赞助人募集大量资金。

　　看来矛盾的是, 最早进行的生态学意义的海洋生物研究, 并不是针对有着引人注目的经济价值的鱼类, 而是海床上不引人注意的底栖生物。海洋学史学家注意到英国博物学家爱德华·福布斯[①] (Edward Forbes)。福布斯的生物地理学思想受植物学家德坎多勒和华生[②] (H. Watson) 的影响, 并且, 他早期是研究陆地软体动物的 (Rehbock 1983)。福布斯说服新成立的英国科学促进会, 在 1839 年组建一个采捞委员会, 并在以后十年中为海床采捞提供资金 (Rice and Wilson 1980; Rehbock 1979, 1983)。这个采捞委员会帮助发展了对海底的系统调查, 包括记录采集位置、深度、生物数目, 从而取代一般博物学家用于增加博物馆收藏和物种记录的做法。根据沿英国海岸和爱琴海 (Aegean Sea) 进行的研究, 福布斯确定海底特征动物区系的地域。他注意到, 物种总是出现在同一动物集群和同一深度范围。福布斯的工作由于支持 "300 m 以下是无生命区" 的思想而赢得声誉。这是 "无生命理论" 的派生成果。这一理论认为, 海洋深处是静止的、缺氧的, 因而不能孕育生命。这一 "理论" 一直延续至挑战者号进行探险的 1873 年。甚至面对从深海采捞的有生命的生物证据, 这一 "理论" 仍然坚持着。采捞工作一直进行到现代。它已经增补更为复杂、更为昂贵的潜水器械, 从而能够对海底有限区域进行直接观察。

[51]

　　采捞是对一部分看不见的海底进行盲式挖掘。早期的海洋生物学家只能不得已地研究由采捞斗带出的生物。他们从不幻想能对物种集合或群落边界 —— 这些在陆地研究中非常流行 —— 进行主观判断和直接评价。采捞者们是不可能有群落识别思想的; 那是基于知识的艺术形式和源自经验的洞察力, 即陆地植物生态学家的 **"植物社会学眼光"** (phytosoziologischer blick)。陆地生态学家已逐步理解那种表示群落的 "样本" 或 "样方" 的意义; 并且 F. E. 克莱门茨在发展他的植被理论时, 特别对此紧抓不放。这一方法是采捞者的当务之急。采捞者从那个看不见的世界获取来之不易的样本, 这些样本可以用来编制物种数表格; 如果采捞者有耐心的话,

---

　　① 爱德华·福布斯 (Edward Forbes, 1815— 1854), 英国博物学家, 皇家学会会员, 地质学会会员 (FGS)。他的研究偏重海洋生物, 论著包括英国的鱼类、水母、第三纪棘皮动物等。他参加地中海地区植物、动物、地质学考察 (1941—1942), 在向英国科学促进会提交的报告《爱琴海的软体动物和辐射对称动物》中, 讨论了气候和海底状况与深度对海洋生物的影响, 并提出 "海洋 300 英寻 (1 英寻约为 1.83 m) 下无生命"; 这一假说 25 年后被否定。福布斯对植物生态学也颇有研究, 他的《论不列颠群岛现存动植物区系分布的关联与地理变化》(*On the Connection between the Distribution of the Existing Fauna and Flora of the British Isles, and the Geological Changes*, 1840), 将英国植物分为 5 个地理群, 并分别与欧洲大陆的西班牙北部、英吉利海峡及邻近法国的海岛、法国北部海岸、斯堪的纳维亚植物、德国植物进行比较。

　　② 休伊特·科特雷尔·华生 (Hewett Cottrell Watson, 1804—1881), 英国骨相学家, 植物学家, 进化理论家。达尔文坦然承认华生是他科学信息的重要来源, 华生则是第一个写信给达尔文祝贺《物种起源》这一非凡成就的。

还可以计数每个物种的个体总数。采捞者只是研究样本及其数值表示,以便推测整个看不见的海底的情况。一些植物生态学家津津乐道的直觉感知的优势 (Stout 1981),对采捞者是不适用的。不管他们愿意与否,他们必须通过样本比较来识别不同地点的相似性和差异性。强调样本或样方以及对它们的基本数学处理,就是托比 (Tobey 1981) 指出的 19 与 20 世纪之交时克莱门茨在陆地植物生态学进行的革命性变革。海洋生态学家不得不接受后来索森① (Thorson 1957) 所命名的统计学群落单位的概念,这一概念成为后续采捞者的规范。在海洋生态学和陆地生态学中,群落识别问题,有着有趣的一致之处,后来琼斯 (Jones 1950)、桑德斯 (Sauders 1968)、米尔斯 (Mills 1969) 和斯泰芬森 (Stephenson 1973) 都认识到这一点。

　　海洋底栖生物研究的一项有意义的内容,是把生物与海底沉积物性质和群落研究联系起来 (Verrill 1874; Allee 1934a)。人们一致同意,德国动物学家卡尔·默比乌斯 (Karl Möbius) 在牡蛎养殖 (oyster culture) 研究中,最早提出海底动物群落 (Möbius 1877)。这是由自然牡蛎床枯竭促成的。恰当地说,早期 E. 福布斯的采捞研究,利用的是牡蛎工人的采捞。默比乌斯的群落研究,则是根据自然牡蛎床的大量采捞记录。用默比乌斯的话说: [52]

> 这样,每个牡蛎床在一定程度上都是一个生物群落,一个物种组合,或一个生物个体的集聚。在那里可以发现,每一方面对它们的生长和繁衍后代都是必要的,如适宜的土壤、充足的食物、必需的盐度以及非常适合它们发育的温度。在那里,生活着的每一物种的个体,都能发展到它们周围条件所允许的达到成熟状态的最大数目,因为所有物种在每一养殖期达到成熟状态的个体数目,都远远小于在那一期间产生的胚芽。在任何一个区域,生活在一起的所有物种的成年个体总数,应等于在养殖期产生的所有胚芽中存活者的总数。这个已经长成的胚芽的总数,表示一定数量的生命加入到一定数目的成年个体中;并且,它们与所有生命一样,通过传播得以延续。科学至今尚无法说明这样一个活态生物的群落是如何确定的,也无法说明一个群落它的物种和个体总数在外界通常的生命条件下的相互约束和选择,并借助传播继续占据某一确定的领地。对于这样一种群落,我提出 Biocœnosis (生物群落——译者) 一词。在一个生物群落中,任何相对因子的任何变化,都会使同一生物群落的其他因子

---

　　① 贡纳·阿克塞尔·莱特·索森 (Gunnar Axel Wright Thorson, 1906—1971),丹麦海洋动物学家和生态学家。他曾在哥本哈根大学求学,1957 年任该大学海洋生物学教授,并成立哥本哈根大学海洋生物实验室。索森研究海洋底栖无脊椎动物的浮游幼虫。他认为,底栖生物在热带会产生更多数量的卵并发育成分布广泛的浮游幼虫,而在高纬度地区则会产生数量较少但个体更大的卵和后代。后来它被称为"索森法则" (Thorson's rule)。

发生变化。在任何时刻,如果一种生命的外部条件长时间地偏离它的通常状况,那么整个生物群落就会改变。如果某个物种的个体数目由于人类的介入而增加或减少,或者如果一个物种从这个群落中完全消失或一个新种进入这个群落,那么这个生物群落也会改变。(Möbius 1877: 41)

[53]　　　爱德华·福布斯 (Edward Forbes) 除了他的海底采捞研究外,还在爱琴海采集微小的自由漂浮生物,从而发现不同深度的特征生物群 (Deacon 1971)。挑战者号探险船上的科学家,把海底沉积物性质与上层海水中发现的微小生物联系起; 这种生物死亡后会极为大量地沉积于海底。德国动物学家维克多·亨森 (Victor Hensen) 把这些生物命名为浮游生物 (plankton)。亨森与德国植物生态学中他的同代人一样,接受的是生理学方面的训练。1865 年他被任命为基尔生理研究所 (Physiological Institute of Kiel) 所长,默比乌斯 1868 年加入该所,从而这里成为他的学术之家。亨森利用海洋生物进行生理学研究,但是,大约在 1867 年他开始对渔业问题,特别是对确定海洋生产力问题感兴趣 (Lussenhop 1974)。和他的研究底栖生物的同事一样,亨森必须为采集那些看不见的并且会移动的浮游生物样本开创一种方法。亨森做到了,从而改变了浮游生物研究。他发明的采样方法是,用一种绸制的具有细小孔眼的网,把它从一块长 200 m、截面 1 米见方的水体中垂直地提起,进行采捞。这使他能估算海洋上层 200 m 深的浮游生物种群,这一方法使他赢得 “数量浮游生物生态学之父” 的称号 (Taylor 1980)。亨森是对生物种群进行统计学估测的先驱者。他面对的问题,直到现在仍继续困扰着经验和理论生态学家: 这就是生物的非均匀空间分布模式。亨森像达尔文一样,也试图研究蚯蚓的作用。在蚯蚓洞穴是均匀分布的假设下,他计算蚯蚓的数目。在对鱼卵和浮游生物的研究中,他也是假设它们在空间上是均匀分布的。他是第一批把统计方法用于自然种群从而计算生物数目的研究者之一 (Lussenhop 1974; Damkaer and Mrozek-Dahl 1980; Taylor 1980)。生物的空间分布问题,特别是分布模式问题,直到今天仍是现代生态学研究和生态学理论的关键,它一直让经验论者和理论家屡遭挫折。这一问题渗透于生态学的各个方面。海洋生态学与其他生态学之间的传统隔阂是显而易见的,这可见诸一位海洋生态学家的最近表白。他说: “令我惊讶的是,我发现海洋生态学中的斑块 (patchiness) 问题与其他生态系统相比,并无很大不同” (Reeve 1979)。

　　　亨森的结果、方法、假设和科学才智,受到生态学一词创造者海克尔 (Haeckel 1891) 的尖锐攻击。海克尔的批评——或许并不正确——是海洋生物分布研究落
[54]　后于陆生植物和动物的分布研究。尽管海克尔反复主张生态学是生理学的一部分,但亨森把海克尔对他的工作的批评,部分归于这一事实,即他 (亨森) “只是一个生

理学家", 并被推测为没有能力在浮游生物研究上发表意见 (Damkaer and Mrozek-Dahl 1980)。海克尔不相信亨森的当时看来是异乎寻常的种群统计学方法, 并且认为亨森的结果是 "明显负面性的" 和 "完全无用的"。他进一步指责亨森方法所必需的对微小生物的麻烦计数, 他说这有可能 "损伤人的身心" (Taylor 1980)。海克尔反驳亨森进行个体计数的优点, 并坚持认为唯一有效的方法是确定重量和物质, 即后来所谓的 "生物量"。海克尔认为, 浮游生物不是亨森假设的均匀分布, 而是成群结块地分布, 由此他否定亨森计数方法的优越性。尽管海克尔强调生理学精确的数量方法的优点, 但他不得不承认, 生态学问题太复杂了以致难以精确定义, 或者说 "即使精确定义也不起作用"。采样方法和统计学在生态学上恰当的运用, 至今仍受这些问题的困惑。

亨森的另一个重要贡献是他在 1890 年代致力于估计浮游生物的化学组成和海水的生产力。他的令人瞠目的结论是, "北冰洋的生产力比温暖的热带海洋更大"; 这完全与包括海克尔在内的生物学家凭直觉的期望背道而驰, 因而很难兜售 (Damkaer and Mrozek-Dahl 1980; Taylor 1980)。帕森斯 (Parsons 1980) 认为, 亨森的动机是纯科学的, 并不着眼于经营管理, 这与卢瑟霍普 (Lussenhop 1974) 的看法相矛盾。卢瑟霍普认为, 亨森的兴趣出于捕鱼业对德国经济的重要性。由亨森的助手弗里德里希 (Friedrich) 和达尔 (Maria Dahl) 后续进行的工作证实浮游动物分区与环境条件相关, 主要是与盐度相关 (Damkaer and Mrozek-Dahl 1980)。亨森在数量采样分析以及在水生系统生产力和营养结构研究上的领先作用, 对水生生态学很有影响。并且, 他在水生系统研究以及在营养和生态系统关系分析方面的首屈一指的地位, 一直保持到现代生态学 (Lindeman 1942; Kozlovski 1968)。

19 世纪后期的几十年, 是以海洋生物学以及可以确认为生态学的各种不同研究的兴起为标志的, 只是**生态学**一词并未广泛用于海洋研究。戴姆卡尔和姆罗策克-达尔 (Damkaer and Mrozek-Dahl 1980) 考查 1870—1880 年这 "光辉灿烂的十年", 许多研究海洋生物学的早期组织与传奇般的挑战者号探险, 都是在那十年出现的。在 19 世纪后期的几十年中, 一个逐渐明朗的事实是, 鱼积蓄量正在减少, 捕鱼者不得不走得更远并工作更长时间来充实他们的船舱。这使得政府更为关注海洋科学。1873 年那不勒斯建立了第一个重要的海洋生物站。那时, 英国和德国也进一步扩大对海洋研究的支持。亨森的浮游生物研究, 就是德国第一个重要的海洋学考察——著名的 "1889 浮游生物考察"——的成果。1872 年, 美国鱼类

[55]

委员会成立; 并且于 1885 年在马萨诸塞州的伍兹霍尔<sup>①</sup> (Woods Hole) 建立它的
实验室。1888 年, 著名的 "海洋生物学实验室<sup>②</sup>" (Marine Biological Laboratory) 由
私人资助建立 (Redfield 1945)。在美国鱼类委员会成立中起后盾作用的主要人物
是贝尔德<sup>③</sup> (Spencer Fullerton Baird) (Allard 1967)。他希望着手对美国水域进行基
本生态学研究; 而政府则希望避开 "基础的科学调研", 除非附带地进行。政府认
为, 鱼类孵化才是这个委员会的主要职能 (Schlee 1973)。1902 年国际海洋考察理
事会 (International Council for the Exploration of the Sea, ICES) 成立。但是, 帕森斯
(Parsons 1980) 评论说, 亨森几乎独自一人证明 "海洋生态学工作远多于 ICES 的各
个委员会加在一起的总和"。

认识海洋生物之间生态关系的重要性是显而易见的, 但它并未得到有效的促
进。帕森斯 (Parsons 1980) 引证美国鱼类委员会成员麦克唐纳 (M. MacDonald) 的
话, "关于生命与其环境之间关系的知识, 是生物学研究者至今尚未充分研究的重
要主题", 由此他确切点出生态学。尽管如此, 海洋生态学在伍兹霍尔仍未繁荣起
来。舒立 (Schlee 1973) 写到, 仅到 1950 年代, 海洋生物学实验室理事会才决定重新
强调海洋生态学; 也仅到 1962 年, 它才制定出一个全年的生态学研究纲要。雷德
菲尔德 (Redfield 1958) 对此做出解释。他注意到, 那些在 20 世纪初来到伍兹霍尔
的博物学家的兴趣已经脱离海洋中的海洋生物学问题, 而转到实验室的海洋生物
实验。他描述由此对海洋生物学的影响:

> 我认为, 美国海洋生物学的进展, 由于引进生物学实验方法, 而被延迟
> 50 年。

生态学的这种双重问题, 很明显地表现于 19 世纪实验生物学赢得的卓越声誉中,
[56]    它被视为妨碍生态学进步; 并且, 那些在物理科学和生理学中证明是非常有效的方

---

① 伍兹霍尔 (Woods Hole), 一个居民点, 地处美国马萨诸塞州巴恩斯特尔县 (Barnstable
County) 法尔茅斯镇 (Town of Falmouth)。这里集中了美国多家著名的海洋科学研究机构, 包
括: 伍兹霍尔海洋学研究所 (Woods Hole Oceanographic Institution)、海洋生物学实验室 (Marine
Biological Laboratory)、伍兹霍尔研究中心 (Woods Hole Research Center)、美国国家海洋和大气局
东北渔业科学中心 (NOAA's Northeast Fisheries Science Center)、美国地质调查局海岸和海洋地
质学中心 (USGS Coastal and Marine Geology Center) 等。
② 海洋生物学实验室 (Marine Biological Laboratory), 一个从事生物学、生物医学和环境科
学研究与教育的国际中心, 位于美国马萨诸塞州法尔茅斯镇。它是一个私立的非营利机构。经
历了一段较长时间独立的历史后, 于 2013 年附属于芝加哥大学。同时它也与布朗大学、伍兹霍
尔海洋学研究所、伍兹霍尔研究中心有合作。
③ 斯宾塞·富勒顿·贝尔德 (Spencer Fullerton Baird, 1823—1887), 美国博物学家, 鸟类学家, 鱼
类学家, 爬虫学家, 是史密森博物馆第一任馆长。他最终出任史密森学会 (Smithsonian Institution)
助理干事 (assistant secretary, 1850—1878)、干事 (1878—1887)。他将史密森博物馆的博物学收藏
由 1850 年的 6000 件扩大到他去世时的 200 万件。他一生著述超过 1000 种。

法, 也难以应用于生态学。

海洋学, 或它的被称为水生生物学或海洋生物学的那一部分, 遵循与植物生态学相似的发展模式。博物学研究和采集的长期传统, 强调的是分类学和分类方法。在 19 世纪中期, 强调的是生物形态学、胚胎学和生理学。到 19 世纪较后时期, 这一传统已由生物地理学研究 (或对生物区域分布的研究) 以及日益增加的对生物与物理环境关系的研究继之。在 19 世纪最后 25 年, 以格里斯巴赫的 "群系" (formation) 和默比乌斯的 "生物群落" (biocœnosis) 为代表的正规的群落概念, 以及对生物之间相互作用的认识, 得以完成。底栖生物和浮游生物群落的研究者, 不得不接受统计单位或样本的重要性, 并且后来也被陆地生态学家所接受。到 1900 年, 初级描述性统计学得以使用, 同时也认识到有关同质性和 (分布) 模式问题的重要性。即使海克尔虽然仍对统计学的优点表示怀疑, 但他在 1890 年也认为: 一个群落中, 如果某一物种的个体数超过总个体数的 50%, 那么可以将它视为 "单一" (monotonic) 群落, 如果没有一个物种的个体数超过总个体数的 50%, 那么它是一个 "多物种混合" (polymixic) 群落 (Taylor 1980)。那一时代的植物生态学家同样根据一定物种的存在特性来区分群落, 通常使用的是一个物种在样本中出现的频度或百分比 (普遍为 50%~60%), 而不是个体数。不管怎样, 海克尔突显了一个区域或群落的生物多样性 (或物种数) 的特征; 这一论题至今仍吸引着数量生态学家。海洋生态学家还发展了生产力和营养概念; 它们已成为当代生态学的主要关注点。

在 19 和 20 世纪之交, 海洋学并未明显和迅速接受**生态学**一词; 但它在植物生态学倒是很明显的。尽管生态学显然在付诸实践, 但它还不能像陆地生态学家那样是自我意识的。海洋生物学家主要是动物学家, 而当时的陆地生态学家主要是植物学家。帕森斯 (Parsons 1980) 将约翰斯顿[①] (Johnstone 1908) 的《海洋中生命的条件》(*Conditions of Life in the Sea*) 列为关于海洋的最早的经典生态学著作。它夹在克莱门茨 (Clements 1905) 的《生态学研究方法》(*Research Methods in Ecology*) 与亚当斯 (Adams 1913) 的《动物生态学研究导引》(*Guide to the Study of Animal Ecology*) 之间, 那两本书分别是美国陆地植物生态学与动物生态学的第一代通论性著作。尽管早期的一本普通生态学教科书是由海洋生物学家写的 (Clarke 1954), 直到 1970 年代, **生态学**一词才习以为常地用于论述海洋状况的著作的书名。生物海洋学已成为美国国家科学基金会的一个处[②], 而不包括生态学中的湖沼学。 [57]

---

① 詹姆士·约翰斯顿 (James Johnstone, 1870—1932), 英国生物学家和海洋学家。主要从事海洋生态系统中的食物链研究。他的职业生涯从木雕学徒开始, 后担任利物浦大学教授、海洋学系主任 (1920—1932), 创建了《英国实验生物学杂志》(*British Journal of Experimental Biology*) 即后来的《实验生物学杂志》(*Journal of Experimental Biology*)。

② Biological Oceanography–U. S. National Science Foundation。

# 2.4  湖  沼  学

湖沼学是水生生物学 (hydrobiology or aquatic biology) 的一部分, 它研究内陆水体, 正规地说是淡水水体。**湖沼学** (limnology) 一词是福雷尔[①] (F. A. Forel)1892年创造的, 他这时对瑞士莱蒙湖[②] (Lac Léman)——即日内瓦湖 (Lake Geneva) 研究已有 20 多年 (Needham 1941; Berg 1951; Egerton 1962)。福雷尔的研究早在 1869 年就已开始, 他提出一份湖沼学研究方案的一览表 (Forel 1871)。虽然福雷尔自己并没有使用生态学一词, 但是柏格 (Berg 1951) 毫不含糊地评论说, "福雷尔是一位生态学家"。埃尔斯特 (Elster 1974) 提出一个与这一讨论密切相关的问题, 他说: "在内陆水体研究成为湖沼学之前, 研究它们的方法是什么?" 他的回答是: 地质学家、地理学家、物理学家和化学家们研究光、温度和蒸发, 并且湖泊是按它们的地质起源分类, 但是那些研究并不很注重湖泊的生物学, 这一重点是与当时的海洋学一致的。福雷尔 (Forel 1892) 把湖沼学称为湖泊的 "海洋学", 埃尔斯特指出了 1880年代后期和 1890 年代的挑战者号探险、默比乌斯的生物群落概念以及亨森的浮游生物研究等对福雷尔的影响 (参看 Egerton 1976)。福雷尔与许多同时代的生物学家一样, 接受的是医学训练 (在维尔茨堡大学, University of Würzburg), 他的职业生涯几乎都是教授解剖学和生理学。直到 1895 年, 他从教职上退休, 才把全部时间贡献给湖沼学。

阿利等人 (Allee et al. 1949) 评论说, 福雷尔对生态学的重要性, 并不在于他首先进行这方面观察, 而在于他的研究的意义。海克尔创造**生态学**一词, 但并未对他命名的这门科学做出显著贡献。福雷尔和海克尔不同, 他既命名了湖沼学, 又创造了湖沼学 (Berg 1951; Egerton 1962)。埃戈顿写道:

> [58] 在科学发展史上, 只有少数几次, 科学处于一个发展的关键点: 这时, 一个具有综合才能的人, 能够通过实际研究, 导致一个新的研究领域的建立。弗朗索瓦–阿方斯·福雷尔 (François-Alphonse Forel) 就是这样的人, 他创造的科学分支是湖沼学。他还正式命名了它。(Egerton 1962)

---

[①] 弗朗索瓦–阿方斯·福雷尔 (François-Alphonse Forel, 1841—1912), 瑞士湖沼学家, 湖沼学的奠基人。曾任洛桑大学教授。他对湖泊的生物学、化学、水循环和沉积的调查以及对它们间相互作用的研究, 奠定了湖沼学的基础。主要著作有《莱蒙湖》(*Lac Léman*) 三卷。他发现了湖泊中密度流的现象; 与德国地理学家和湖沼学家威廉·乌勒 (Wilhelm Ule, 1861—1940) 合作, 开发了Forel–Ule 比色表用于评价水体的颜色; 与意大利地震学家米歇尔·斯特凡诺·德·罗西 (Michele Stefano de Rossi, 1834—1898) 合作, 发表了 Rossi–Forel 地震烈度表。

[②] 莱蒙湖 (Lac Léman), 又称日内瓦湖, 位于阿尔卑斯山北侧, 瑞士和法国之间, 面积580.02 km², 是西欧最大的湖泊之一。

柏格 (Berg 1951) 批评了一篇文章, 该文章暗示湖沼学的 "特殊性质" 在 1920 年代以前并未得到认识, 柏格坚定地肯定福雷尔作为湖沼学奠基者的至高无上的地位。柏格也注意到, 在瑞士植物地理学家施勒特 (C. Schröter) 的工作中, 湖沼学和陆地植物生态学是相关联的; 施勒特既发表关于陆地植物的群丛 (association) 概念的论著, 又在湖沼学方面著书。施勒特考查与环境有关的湖泊植物, 并把它们视为植物群系 (formation) (Schröter and Kirchner 1896, 1902)。施勒特在研究浮游植物的过程中, 向湖沼学引入新的生态学术语, 如**群体生态学**① (synecology) 和**个体生态学**② (autecology) (Chapman 1931; Berg 1951)。

　　湖沼学一开始和海洋学一样, 强调物理环境; 这对一个明显由其物理特性而非其生物特性界定的实体而言, 看来是恰当的。佛格里 (Faegri 1954) 评论, "湖沼学是生态学的一部分"; 但他又补充, "湖泊不是群落, 湖泊是栖息地"。具有标志性意义的是, 哈钦森③ (G. E. Hutchinson) 多卷本《湖沼学文集》(*Treatise on Limnology*, Hutchinson 1957b) 的写作就是以专门论述地理学、物理学和化学的一卷开始的。19 世纪的地质学家 (包括著名的路易斯·阿加西斯)、地理学家、物理学家和化学家, 对于物理特性, 如温度, 进行大量的分析; 到 1890 年代, 建立起北温带湖泊温度分层 (temperature stratification) 的一般理论, 甚至在深水进行氧的测定。早期陆地生态

---

① 群体生态学 (synecology), 生态学分支, 研究群落中或群落间相互作用的生态关系 (引自 American Heritage Dictionary); 往往径直称为 "群落生态学"。

② 个体生态学 (autecology), 生态学分支, 研究生物个体、物种个体, 以及与环境之间的生态关系 (引自 American Heritage Dictionary)。

③ 乔治·艾夫伦·哈钦森 (George Evelyn Hutchinson, 1903—1991), 英国生态学家, 但几乎一生是耶鲁大学斯特林动物学教授 (Sterling professor of zoology)。哈钦森受到生态学界拥戴, 有时被称为 "现代生态学之父"。他 60 余年的学术生涯贡献给湖沼学、系统生态学、放射性生态学、昆虫学、遗传学、生物地球化学、种群增长的数学理论、艺术史、哲学、宗教和人类学, 他研究磷在湖泊中的输运、湖泊生物学和化学、种内竞争理论、昆虫分类学和遗传学、动物地理学和非洲水蝽 (African water bugs)。他是最早将数学与生态学结合的研究者之一。哈钦森首先使美国生态学界认识到生态学与博物学是不同的。他的四卷本《湖沼学文集》包含了许多新鲜思想和方法, 成为这一领域的标准教科书。他的很多工作是与他的博士生一起做的。他的湖泊生态和生物化学方面的思想, 由他的博士后林德曼 (Raymond Lindeman) 进一步发展为生态系统的营养动力学 (trophic dynamic) 研究。他是首先意识到放射性同位素示踪的意义, 和他的学生沃恩·博文 (Vaughan Bowen) 一道, 开创了 "放射性生态学" (radiation ecology) 这一新分支。他提出 "因果循环系统" (circular causal systems) 概念, 用于表达生物过程与物理过程之间的紧密联系; 并提出生物存在的条件在于 "反馈回路" (feedback loop), 这导致他的学生霍华德·奥德姆 (Howard Thomas Odum 1924—2002) 发展了系统生态学。他关注生态系统的所有过程 (生物的、物理的、地质的), 从而使他能够在埃尔顿 (Charles Sutherland Elton, 1900—1991) "生态位" 概念基础上, 提出 "多维生态位" (multi-dimensional ecological niche)。他早在 1947 年就预言大气 $CO_2$ 增加会导致全球气温上升, 他早就思考生物灭绝、资源管理以及濒危文化的社会人类学, 远在它们现在已成危机之前。他提出 "浮游生物悖论" (paradox of the plankton, 1961), 推动了对生物行为和相互作用的思考。他是美国国家科学院院士 (1950), 并多次获得学会奖和国家奖。

学家, 尤其是植物生态学家, 也关注物理环境及其与生物之间的关系, 但是生物的
存在要显著得多, 并且它们在大多数情况下对陆地的物理环境比对湖泊有更显著
的影响。对湖泊内部的物理特性 (如水质、温度) 和化学特性的研究, 进行得较早,
也更为详尽; 并且看来, 让它们与生物因子结合, 比陆地栖息地更为容易。湖沼学
家, 即使在他们获得这种称呼之前, 已像哈钦森 (Hutchinson 1957b) 所做的那样, 把
湖泊 "作为多少是封闭的系统" 来处理, 或用 19 世纪的术语, 视为 "微宇宙" (S. A.
Forbes 1887)。S. A. 福布斯 (Forbes 1883b) 早就强调湖泊中植物和动物的规律性和

[59]    稳定性——借用经典的经济学术语——"有利于达到既精确又经济的供求平衡"。
在他的更为著名的论文《湖泊是一个微宇宙》(*The Lake as A Microcosm*) (Forbes
1887) 中, 写道:

> 湖泊是一个古老且相当原始的系统, 与周围环境隔绝。在它里面, 物质循
> 环着, 控制机制运行着, 以产生堪与类似的陆地区域的情况相比的平衡。
> 在这一微宇宙中, 每件事物, 在它与整体之间的关系尚未清晰之前, 是不
> 可能被充分认识的。

福布斯关于湖泊的明确的有机体论思想, 是与克莱门茨的植物群系的有机体观念
相一致的; 克莱门茨最早是在 1905 年详细阐述这一观念的。

1872 年福布斯成为伊利诺伊州博物学会属下的伊利诺伊博物馆馆长, 1875 年
成为伊利诺伊州立师范大学的动物学教授, 1877 年成为州立博物学实验室主任,
1884—1885 年成为伊利诺伊大学动物系教授兼系主任; 这一切都未受他没有学士
学位的影响。早在 1878 年, 福布斯就开始对鱼类食物和湖泊中食物供应感兴趣。
他的《湖泊是一个微宇宙》(Forbes 1887) 一文被一致认为是湖沼学和生态学的经
典之作。在这篇论文中, 他把湖泊描述为一个微宇宙, 强调它的整体性以及 "对这
一整体进行综合性研究的必要性", 以此作为 "对其中任何部分获得令人满意的认
识的条件"。他忠于他的思想, 研究湖泊中的植物和动物、底栖生物和浮游生物、
无脊椎动物和脊椎动物, 并把它们与欧洲湖泊的物种进行比较。他详尽地发展关
于营养结构的思想, 甚至把食虫植物和囊尾蚴包括在内。埃尔斯特 (Elster 1974) 提
出, 对生态学的建立起着重要促进作用的进化论, 对湖沼学的促进作用则不显著。
不过, 福布斯明确地提出自然平衡的思想; 它表现为经由竞争和捕食的自然选择过
程所促成的 "仁慈的秩序"。福布斯相信, 依据这些 "生命法则" 建立的平衡, "能够
稳定地维持着, 并使所有的相关群体实现它们环境所允许的最大利益"。福布斯关
于湖泊的整体论思想渗透于湖沼学, 并且在后来由蒂纳曼 (A. Thienemann) 的 "湖
泊是一个 '超级有机体'" 思想中得到系统化表述 (Rodhe 1979)。福布斯也因在伊利

诺伊的哈瓦那镇 (Havana) 建立美国第一个河流实验室而著名, 这个实验室研究伊利诺伊河。在哈瓦那实验室, 查尔斯·科福伊德 (Charles Kofoid) 于 1895—1900 年进行了对河流浮游生物的开创性研究。好多年以来, 湖沼学家对湖泊过于关注, 以致使**湖沼学**一词几乎丧失它应包括所有内陆水体的广义含义。只是在最近几十年中, 对流动水体的生态学研究才激发起堪与湖泊研究相比的兴趣。 [60]

美国湖沼学的另一个重要的早期贡献者是伯基 [①] (E. A. Birge)。人们熟悉他, 是由于他与钱希·朱岱[②] (Chancey Juday) 的长期合作, 从而形成伯基–朱岱团队 (Mortimer 1956; Sellery 1956)。伯基对湖泊的兴趣始于 1877 年对枝角目 (Cladocera) 的研究, 并且他仍继续从事浮游动物及其分布的分类学和动物区系学研究。和福布斯一样, 伯基是威斯康星州博物学调查所和州博物处 (Natural History Division) 的负责人。他通过博物学调查, 推进湖沼学研究, 并且在 1900 年任命朱岱为生物学家。朱岱来自另一个设在印第安纳州的湖沼学的早期研究中心, 那是 1895 年由艾根曼 (Carl H. Eigenmann) 创建的, 是美国最早的湖泊生物学试验站 (Eigenmann 1895)。弗雷 (Frey 1963b) 将伯基对甲壳类浮游生物群的兴趣, 视为他在 1894 年由分类学转向生态学; 当时他见到一篇关于甲壳类浮游生物每天垂直迁移的论文。伯基开始在威斯康星州的门多塔湖 (Lake Mendota) 研究这一现象。由于该现象涉及水温, 他开始对湖泊的热力学属性感兴趣, 并且对每年门多塔湖的热收支结构进行了详细分析 (Birge 1898)。弗雷据此将伯基视为由分类学家转变为一个根据湖泊的物理和化学性质考查浮游生物分布的湖沼学家。对此, 伯基自己的看法是, 他的湖沼学研究始于 1897 年 (Birge and Judag 1911)。伯基曾在德国做过研究生工作, 尽管不是湖沼学的。不过, 看来很有可能的是, 他意识到当时欧洲大陆湖沼学领域的活动。在伯基和朱岱 (Birge and Juday 1911) 看来, 很清楚, 湖沼学应像植物生态学和海洋学一样, 强调研究自然环境中的生物。他们说:

> 很明显, 如果我们期望了解一些湖栖生物的生理学, 那么我们必须在它们的自然环境而不能只在实验室研究它们; 在实验室里, 它们碰到的是纯粹的人为环境。…… 由前者条件下获得的结果会与后者条件下有着实质性不同。

---

① 爱德华·亚沙赫·伯基 (Edward Asahel Birge, 1851—1950), 威斯康星大学 (麦迪逊) 教授, 代理校长 (1900—1903), 校长 (1918—1925)。他和朱岱同为北美湖沼学先驱, 研究内陆河流与湖泊, 并形成了颇具影响力的门多塔湖湖沼学派。即使他退休 (1925) 后, 也一直与朱岱合作, 直至朱岱去世。1950 年, 他和朱岱共获国际湖沼学学会的艾纳·那曼奖章。

② 钱希·朱岱 (Chancey Juday, 1871—1944), 伯基的亲密合作者, 北美湖沼学先驱。他们在威斯康星大学门多塔湖建立了一个有影响力的湖沼学派。他们研究门多塔湖的溶解氧和温度, 更好地揭示分层现象。朱岱于 1944 年去世, 但他和伯基一道获得国际湖沼学学会的艾纳·那曼奖章。

19 世纪最后 10 年, 湖沼学的活动普遍增多, 它明显表现为这一期间建立的相当多的淡水生物学试验站并进行的相当多的研究, 以至于有必要编列一份试验站名录 (Ward 1899a), 并汇编 1895—1899 年期间的文献目录 (Ward 1899b)。柏格 (Berg 1951) 恰当地提出一个应当强调的论点: 不仅湖沼学 "诞生于 19 世纪最后三十年"; 而且湖沼学家也很清楚地意识到这一事实。湖沼学和生态学一样, 已经是 "自我意识的", 只不过湖沼学家对它们之间的亲密关系的认识, 并不很清晰。并且, 湖沼学家、海洋生物学家和陆地生态学家大多遵循着各自不同的途径。在英国, 第一次湖泊调查始于 1897 年, 主要集中于水深测量, 偶尔也进行生物采集 (Murray and Pullar 1910; Maitland 1983)。在 19 与 20 世纪之交, 对浮游生物的调查主要在小型湖泊进行, 那种能与伯基和朱岱工作相比的大范围调查, 只是在后来才得以开展。1930 年淡水生物学协会在温德米尔湖 [1] (Lake Windermere) 建立第一个淡水观察站 (Macan 1970; Le Cren 1979; Maitland 1983)。尽管有关学术中心、实验室、学会和刊物等方面根深蒂固的体制一仍故我, 但是后来的湖沼学家已清楚认识到, 湖沼学是生态学的一个分支 (Faegri 1954; Rodhe 1975, 1979)。

# 2.5　陆生动物生态学

虽然生态学一词是由动物学家创造的, 但无论是这个术语还是这门学科, 植物学家欣然接纳, 而陆生动物学家则不然。动物生态学家普遍承认, 正是植物学家发展了生态科学 (Adams 1913; Shelford 1913; Chapman 1931; Elton 1933; Allee et al. 1949)。动物学家是湖沼学的主要贡献者 (Frey 1963b); 但在陆地生态学方面, 他们落后于植物学家。

埃尔顿 (Elton 1927; 5) 写道:

除英国和中国外, 大多数文明国家都进行初步的生物学调查。在这两个国家中, 动物生态学以一种奇特的方式落后了。

这看来确实令人难以置信: 在英国这样一个有着举世皆知的狩猎和猎场守护传统的国度, 在一个植物生态学已经在植物学调查的基础上建立起来的国度里, 动物生态学却落后了。但是, 埃尔顿没有给予解释。埃尔顿 (Elton 1933) 也看到博物学会的贡献, 但它们在这一方面不像对植物生态学那样显著。埃尔顿提到的最早

----

① 温德米尔湖 (Lake Windermere), 原著拼写有误, 是英格兰最大的自然湖泊, 湖面狭长, 全长 17 km。这一带状湖位于坎布里亚郡 (Cumbria), 形成于冰期后期, 现为英国著名的湖区国家公园 (Lake District National Park), 是旅游度假胜地。

的动物生态学调查, 是在 1890 年代对水生生物进行的。埃尔顿 (Elton 1927) 和查普曼 (Chapman 1931) 把植物生态学更为迅速的进展归结于这一事实: 植物是固定不动的, 所以它们的分布比动物更为容易研究。由于陆生动物存在着捕获和辨认上的困难, 陆生动物学家可能不容易接受早期的那种 "强调植物群落是生态学基础" 的观念。例如, 麦肯 (Macan 1963) 提出一个论点: 亚瑟·坦斯利的英国植被著作与查尔斯·埃尔顿的动物生态学著作之间的显著不同, 在于后者缺少对群落组成的说明。尽管生态学调查不容易实现, 但 S. A. 福布斯表达了这一想法: [62]

> 我无论怎样强调下面的事实也不算过分 …… 即: 为了获取对那些主要吸引公众注意力的物种 (如食用鱼、有害的和有益的昆虫以及寄生植物) 的正确并且有用的知识, 进行综合的博物学调查是绝对必要的。然而, 这样一种调查不应当停留于对无生命自然的研究, 终止于记录和描述。为了具有应用价值, 这种调查必须把一个区域的生物作为一个有机单位处理, 必须在活动中研究它, 并将主要注意力指向它的活动规律。(Forbes 1883a)

谢尔福德 (Shelford 1913) 在动物群落研究上做出一个令人注目的开端, 但是, 他的榜样没有获得动物生态学家广泛仿效。阿利等人 (Allee et al. 1949) 在一篇为数不多的生态学通史评论中, 从由亚里士多德开始的几个起源, 追溯 "自我意识生态学" 的背景。他们认为, 生态学之于生理学的关系既是 "环境生理学", 即生物对于物理环境的生理响应, 又是 "反应生理学", 即生物对于物理环境的行为响应。种群与环境的关系以及种群的生长和分布, 是由经济生物学产生的另一种生态学思想之源。他们注意到, 在生态学崛起过程中, 进化生物学是与达尔文的 "生存竞争" 观念密切相连的, 它又被对自然界中合作现象的认识所冲淡; 阿利 (Allee 1931) 对此有详细阐述。这些思想通过对海洋学和湖沼学的讨论而得以完满, 故能称为自我意识生态学的基质。阿利等人 (Allee et al. 1949) 和亚当斯 (Adams 1913: xii) 同时引证约翰·霍普金斯大学的杰出动物学家布鲁克斯[①] (W. K. Brooks) 的话。布鲁克斯呼吁研究生物的环境关系:

> 为了研究生命, 我们必须思考三件事: 第一, 外部自然的有规律的次序; 第二, 活态生物及其发生的变化: 第三, 构成生命的这两种现象之间的连续调节。 [63]

---

[①] 威廉·基思·布鲁克斯 (William Keith Brooks, 1848—1908), 美国动物学家。他研究了无脊椎动物的胚胎发育, 并建立了一个海洋生物学实验室, 他的最著名著作是《牡蛎》(*The Oyster*, 1891), 后多次再版。

物理学研究的是外部世界, 在实验室中, 我们用同样的方法研究生物的
结构和功能。但是, 如果我们就此止步, 无视生物与它的环境的关系, 我
们的研究就不是生物学或生命科学。[1]

在阿利等人看来, 布鲁克斯的表述是早在 1899 年 "就已陈旧" 的思想, 并且它
还在湖沼学、海洋学和植物生态学中大力推行过。但是, 它除了体现于 S. A. 福布
斯的著名工作, 在陆生动物学很少为人所知。19 世纪后期的生物学明显表现出对
自然环境中生物的兴趣与对实验室研究成果的不满; 这一回归得到广泛认可, 并
一直延续到 20 世纪 (Redfield 1958)。达尔文对生物与其野外环境关系的研究给予
的推动, 显然是最为重要的, 不过某些从事这方面研究的生物学家 (如路易斯·阿
加西斯), 并不赞成甚至反对自然选择。波登–桑德森 (Burdon-Sanderson 1893) 认
为, 生态学的核心是整个生物相对于外部环境的外在关系。动物学家卡尔·森佩
尔 (Semper 1881) 在其著作《自然生存条件影响下的动物生活》 (*Animal Life as
Affected by the Natural Conditions of Existence*) 中, 对此更早有所解释。森佩尔反
对当时流行的观点: 认为生理学——器官的内部生理学 (the internal physiology of
organs)——是 "几乎未曾使用" 的生物学分支。森佩尔认为:

> 它 (生理学——译者) 将动物物种视为现实存在, 并研究其相互关系。这
> 一相互关系调节着任一动物的生存与这一生存所依赖的外部自然条件
> 之间最广义的平衡。(Semper 1881: 33)

他把这种生理学称为 "通用生理学" (universal physiology) 或 "生物生理学" (the
physiology of organisms)。森佩尔的著作当然谈到生态学问题, 尽管没有用 "生态学"
一词。在考克斯 (Cox 1979) 看来, 直到 1901 年和 1913 年, 才在教科书中出现动物
生态学的研究 (Jordan and Kellogg 1901; Adams 1913)。乔丹[2] (David Starr Jordan)
和凯洛格[3] (Kellogg) 介绍他们的书 (Jordan and Kellogg 1901) 是 "一本动物生态学
的初步报告"。在英国, 在埃尔顿 (Elton 1927) 的著名入门书《动物生态学》(*Animal
Ecology*) 之前, 没有一本此类著作问世, 然而该书对生态学却有着大得多的影响。

---

[1] 原著未列参考文献以标明出处。

[2] 戴维·斯塔尔·乔丹 (David Starr Jordan, 1851—1931), 美国鱼类学家, 教育家, 优生学家,
和平活动家。他是印第安纳大学校长和斯坦福大学的创始校长。乔丹虽然终身从事鱼类学研
究, 但主要精力在大学管理以及优生运动。

[3] 弗农·莱曼·凯洛格 (Vernon Lyman Kellogg, 1867—1937), 美国昆虫学家, 进化生物学家,
科学管理者。他在堪萨斯大学、斯坦福大学、德国莱比锡大学学习。1894—1920 年任斯坦福大学
昆虫学教授, 研究昆虫分类和经济昆虫。1915—1916 年, 他任胡佛人道主义美国救济比利时委员
会负责人, 介入美国参与第一次世界大战的决策。战后, 他任国家研究理事会 (National Research
Council) 首位常任秘书长。1921—1933 年他任 "科学服务理事会" (Trustees for Science Service) 现
称 "科学与公众协会" (Society for Science & the Public) 的董事会成员。

生物分布与环境的关系并不完全是新问题。卡尔·柏克曼在 1830 年代获得一条著名的但仍有争议的 "柏克曼法则" (Bergmann's rule)，它把动物个体的大小与温度联系起来 (Coleman 1979)。也许在 19 世纪前，最经常引用的 "定律" 是默尼厄姆 (C. Hart Merriam) 的 "地理分布的温度控制定律"。它识别和命名分布区依据的前提是："动物和植物向北的分布，受到生长和繁殖季节的总热量制约"。法则和定律有时能从生物活动和分布的纷乱无章中看到，但很少能在经受仔细审查后幸存下来 (McIntosh 1980a)。

[64]

曾经有一个现已丧失的机会能把动物生态学发展为一门综合性学科，那就是 S. A. 福布斯的学识渊博的工作，但当时没有一个生态学派抓住它 (Howard 1932; Egerton 1976)。或许，福布斯比 19 世纪其他任何人都更接近于 "全能的" 生态学家。他考察陆生生物，也考察水生生物，其范围之广遍及主要生物类群。更为突出的是，他对众所瞩目的生态学问题和方法的敏锐洞察力。他的被引用得最多的论文《湖泊是一个微宇宙》(Forbes 1887)，被哈钦森 (Hutchinson 1963) 视为 "是发展美国湖沼学的第一个重要的理论生态学构架。其思想已经成为自那时以来湖沼学家的指导原则"。

福布斯最初的高等教育，包括南北战争前一年 (1860) 在贝洛伊特学校 [1] (Beloit Academy) 接受的教育，以及在芝加哥拉什医学院 (Rush Medical School) 的一门未修完的课程 (1866—1867)。当福布斯将内战服役期间的积蓄用完时，他中断了医学训练，转到教学与博物学。之后他又在伊利诺伊州立师范大学学习一年 (1871)。然而，他在博物学上倾注自己的兴趣，从而变得十分有名，以致当著名的博物学家兼探险家 J. W. 鲍威尔在 1872 年辞去州博物学会的博物馆馆长时，福布斯接替了他。福布斯最早发表的论文主要是教育学方面的，但在 1877 年，他把注意力转到鸟类和鱼类的食物以及生物之间的关系上。这些研究充满机敏的洞察力和许多富有预见的思想——它们在很久以后又被重新发现。他早期的鱼类研究，非常清晰地阐明形态和行为与饲食以及后来所称的资源分配的关系。他评论鸟类和鱼类之间的竞争，辨识出后来所称的 "**散乱竞争**" [2] (diffuse competition)，这是指一种资源被完全无关的生物共同享用。关于他的洞察力的神奇例证，可见诸他的论文《论生物的某些相互作用》(*On Some Interactions of Organisms*) (Forbes 1880a)。这篇文章阐述了关于群落中生物关系的具有先见之明的思想，并为这方面研究提供一些准则。福布斯预见了后来生态学家所关注的竞争–排斥思想、种群振荡思想以及捕

[65]

---

[1] Beloit，贝洛伊特，美国威斯康星州南部城市。贝洛伊特学校当时提供中学教育。
[2] "散乱竞争" (diffuse competition) 是指生态系统中遥相关联物种之间弱竞争相互作用的影响总和。

食者–猎物相互作用的思想。福布斯注意到, 归纳性处理并不适合于生态学; 他说, 那是 "一种预先订好路线" 的旅行。他强调要进行详尽调查。福布斯写道:

> 不以事实为根据的推理, 以及不是正确地和充分有理地推导出的事实, 对于实际应用都是同样毫无价值和危险的。(Forbes 1880a)

福布斯本人和他领导的博物学调查所, 早在定量采样方法成为陆地生态学特色以前, 就已利用这些方法来采集事实。如果植物学家被公认为在生态学方面领先于动物学家, 那么福布斯很明显是一个例外。他主张, "生殖率与个体发育和活动力的等级成反比" 是一条不言自明的 "已被接受的自然法则"。福布斯把这一思想归功于赫尔伯特·斯宾塞, 这一法则听上去像是现代 "资源分配" 理论的古代版。福布斯 (Forbes 1907a) 除了汇集多卷统计资料外, 还创造了表示物种之间以及物种和环境之间关系的第一代统计学方法; 它直到 1920 年代才在生态学中推行。

早期动物生态学最令人惊讶的方面是, 它把寄生虫学中实质属于生态学的研究, 事实上排斥于生态学之外。在 19 世纪最后几十年中, 昆虫作为病源媒介的作用获得明确证实, 它们对农业和人类健康的重要性已显而易见。寄生昆虫的研究者对于生态学思想有着突出贡献。然而, 寄生虫学作为一门学科, 是按它自己的方式发展的。肯尼迪 (Kennedy 1976) 评论说:

> 认识到寄生虫学本质上可以用生态学观点处理, 这件事起初进展很慢。但是, 现在主要由于多基尔[①] (V. A. Dogiel) 和他的同事们的开拓性研究, 这一观点已被广泛接受。许多人在一定程度上只是把寄生虫学视为生态学的一个特殊分支。

多基尔引证的文献从 1960 年代开始。尚不清楚是什么原因使寄生虫学撇开它与生态学明显的天然亲缘关系。可以肯定, 生态学家对弥合这一缺憾, 几乎没有贡献, 因为他们对种间关系的关注, 几乎完全放在竞争和捕食上; 例如, 生态学教科书中有关寄生虫和寄生现象的参考文献很少。现在, 两者的调和可能近在眼前。格罗斯 (Gross 1982) 写道:

[66]

---

　　[①] 瓦伦汀·亚历山德罗维奇·多基尔 (Valentin Alexandrovich Dogiel, 1882—1955), 苏联科学院通讯院士 (1939), 俄罗斯和苏联动物学家, 先后任列宁格勒大学教授和苏联科学院动物研究所原生动物研究室主任。他专事寄生虫学和原生动物学研究, 在寄生虫和原生动物分类方面有重大贡献。他还致力于比较解剖学和动物学的普遍问题研究, 并在《同源器官寡聚化》(*Oligomerization of Homologous Organs*, 1954) 一书中总结了这项工作, 在该书中还提出了后生动物进化的新理论。他最著名的著作是《原生动物学总论》(*Obshchaya Protozoologiya*, 1951), 他还是苏联标准教科书《无脊椎动物学》(*Invertebrate Zoology*) 和《无脊椎动物比较解剖学》(*Comparative Anatomy of Invertebrates*) 的作者。

现在寄生虫学再一次成为前沿学科 ⋯⋯ 这并不主要因为它处于有用的分子生物学前沿, 而是因为它处于分子生物学和范围扩大了的现代生态学之间。

## 2.6 生态学的体制建设

紧随自我意识生态学的成形, 生态学在 19 世纪后期和 20 世纪进行学科格局的制度化 (institutionalization in the format of the science)。一度为促进英国植被调查而成立的英国植被委员会, 1912 年开始筹建英国生态学会 (British Ecological Society, BES)。这个学会于 1913 年 4 月 12 日正式组建, 它的第一份出版物是《生态学报》(*Journal of Ecology*), 其第一期在学会的第一次会议时准时出版。学会的第一任主席是亚瑟·坦斯利 (Arthur Tansley), 他在 1915 年被选为英国皇家学会会员 (Fellow of the Royal Society, FRS), 尽管他直至 1927 年才被任命为大学教授 (Tansley 1947; Godwin 1977)。埃文斯 (Evans 1976) 指出, 坦斯利 1914 年对英国生态学会所做的主席致辞, 也是对所有生态学会的主席致辞。坦斯利 (Tansley 1947) 写到, 尽管希望这个生态学会和期刊 "应当包括动物生态学", 但在开始几年中, 它们仍由植物生态学家掌管着。成为学会主席的第一个动物生态学家是 1929 年的博伊科特 (A. E. Boycott)。查尔斯·埃尔顿 (Charles Elton) 1932 年成为学会主席, 1933 年他创立《动物生态学学报》(*Journal of Animal Ecology*)。植物生态学与动物生态学的这一分隔, 一直延续到现在。第一次世界大战阻碍了生态学和英国生态学会的发展。1918 年, 学会有 114 名会员。战后, 生态学、学会和它的期刊又繁荣兴旺起来。到 1932 年, 会员达到 250 人。与它所进行的生态学研究的质量和数量相比, 这是一个小得令人吃惊的团体。1914 年, 美国生态学家决定, 成立美国生态学会 (Ecological Society of America, ESA) 的时间已经成熟; 并且于 1915 年实现 (Cowles 1915; Ecological Society of America 1916; Shelford 1917; Burgess 1977)。该学会的创始成员从动物生态学家查尔斯·亚当斯到当时美国林务局 (U. S. Forest Service) 掌管调查事务的负责人拉斐尔·索恩 (Raphael Zon)。在 307 名创始成员中, 认为自己有志于植物学的 (88 人) 或动物学的 (86 人) 人数大致相当。在应用生态学方面, 林业人员 43 人、昆虫学家 39 人、农学家 12 人, 14 人主要对海洋生态学感兴趣。但是没有一个人申明有志于湖沼学, 虽然 E. A. 伯基、C. 朱岱和 C. 科福伊德都在创始成员之列。创始成员还包括 3 名寄生虫学家。美国生态学会第一任主席是动物学家 V. 谢尔福德, 第一任副主席是昆虫学家惠勒 (W. M. Wheeler)。第二任主席是

[67]

知名的气候学家和人类生态学家亨廷顿①(Ellsworth Huntington)，但是人类生态学和社会学并未发展成美国生态学的基本部分 (Dogan and Rokkan 1969)。尽管如此，福克斯 (Fuchs 1967) 评述了 1900—1930 年间生态学理论在地理学中的发展。动物生态学家和植物生态学家从一开始就混合在一起，并多年来已形成一个传统，即：动物学家和植物学家交替成为生态学会主席。太平洋海洋学会是直到 1935 年才成立的，美国湖沼学会则成立于 1936 年。它们在 1948 年合并为美国湖沼学和海洋学学会 (American Society of Limnology and Oceanography) (Lautt 1963)。它的学术期刊《湖沼学和海洋学》(*Limnology and Oceanography*) 在 1956 年开始出版。尽管美国生态学会与美国湖沼学和海洋学学会的领导成员和会员大量重叠，但生态学中传统的领地划分体制妨碍了交流。

自我意识生态学，意味着一群生物学家的科学形象的形成：他们从事别具特色的科学活动，并且是拥有某种共同兴趣的科学家社团。这一现象清楚地出现于 19 世纪的最后十年和 20 世纪的头十年。社会学家和科学史学家都认为，科学社团是科学活动基础；这一观念提出科学学科脱颖而出的问题 (Lemaine et al. 1977)。在 1960 年代和 1970 年代，对于 "科学或科学专门化如何发展" 的问题，我们看到一种历史学观点 (Kuhn 1970) 和一种社会学观点 (Crane 1972) 的形成。最近，有关生态学的评论文章已经随意用 "范式" 一词来点缀，但很少是严格的库恩意义上的 (Woodwell 1976; Regier and Rapport 1978; McIntosh 1980a; Simberloff 1980)。对生态学崛起的更为详尽的研究，将要求在所有与这门学科兴起有关的各种思想中，确定哪一种是最合适的。唯一将上述两种观点之一应用于生态学的，是托比 (Tobey 1981) 对草原生态学——即内布拉斯加的克莱门茨学派——的思考。这只是植物生态学形成过程中的一个有限局部，这里并不打算详细研究这些思想应用于整个生态学的情况。现在要做的是，首先应完善生态学数个分支的记述性历史，因为它们最终都聚敛于概念、问题、理论以及可能的 "隐形学院"②(invisible college) 或 "范式"，并将上面内容引入现在称之为生态学的松散的行动混合体中。

尚不完全清楚，一门科学——如生态学——什么时候才算得上从一个发展阶

[68]

---

① 埃尔斯沃思·亨廷顿 (Ellsworth Huntington, 1876—1947)，耶鲁大学教授，研究环境决定论 (气候决定论)、经济增长和经济地理学。他在 1917 年任美国生态学会主席，1923 年任美国地理学家协会主席，1934—1938 年任美国优生学会理事会主席。

② 隐形学院 (invisible college)，最早是指英国皇家学会成立之前，在学术论辩中，围绕着波义耳 (Robert Boyle，英国自然哲学家，化学家，物理学家，发明家) 形成的自然哲学家群体。这一概念在 17 世纪早期德国玫瑰十字会 (Rosicrucian，当时欧洲的一项精神文化运动) 的小册子里已经提及。隐形学院概念的现代使用，是由宾夕法尼亚大学社会学教授戴安娜·克兰 (Diana Crane) 在社会科学中发展起来的；她的这一发展是基于德里克·普赖斯 (Derek J. de Solla Price, "科学计量学之父") 研究 "引用网络" (citation network) 的工作。

段 (如博物学), 或从一门已建立的学科 (如生理学), 演变而成; 或者说, 它什么时候才算得上是 "现代的" 或 "成熟的"。看来比较清楚的是, 19 世纪生物学在生理学名义下的演变 (Coleman 1977), 并没有产生如克莱门茨和考勒斯所期望的那种等同于生理学的生物学。借用一种美好的生物学说法, 生理学 "茁壮地成长", 并部分地生长出生态学。尽管如克拉文斯 (Cravens 1978) 所言, 实验室生物学和试验生物学赢得了大学最好和最多的任命, 主宰着第一流的学会和学术刊物, 控制着主要的研究机构, 并获得极多的声望、特权和荣誉, 但是, 在某些生物学家看来, 它并没有把所有事情做完。事实上, 它回避了许多最有意义的生物学问题。这一疏漏呼唤着生态学。德鲁德 (Drude 1906) 以令人惊讶的现代措辞, 阐述生态学基础:

> 生态学诞生于一种科学需求, 它要求将原先不同的科学分支按一种新的自然学说统为一体。生态学的特点, 在于它目标的广度以及它奇特的能力和力量, 这使它能把有关生物的知识与有关生物栖息地——地球——的知识统为一体。它承担着对那个占据哲学家 …… 可能还有神学家 …… 心灵的最困难也最奇妙的问题的解答。这个问题是, 在时间和空间影响下, 植物世界和动物世界的生活史。

# 第 3 章　动态生态学

18 世纪博物学至少已开始出现变化。它不再把自然看成一个受天意指使的、神圣有序的、本质上静态的系统, 而是一个动态的、"历史地变化着的"、具有 "自我主动性" 和 "自我实现能力" 的实体 (Lyon and Sloan 1981)。博物学的这一思想延续到 19 世纪早期的 "洪堡科学" 中 (Cannon 1978)。它的标准是 "对广泛存在并相互联系的现象, 进行精确的量测性研究 …… 以发现一定的规律和动力学原因"。这一标准在 19 世纪后期兴起的生态科学中又得以继续。当功能性的实验生物学在 19 世纪发展时, 它的重要主题是强调: 演进性变化 (progressive change) 是自然现象中最为有意义的特征 (Coleman 1977)。不管生态学是从 18 世纪或 19 世纪的博物学中诞生, 还是从 19 世纪的机械论的生理学中诞生, 抑或是从它们的复合体中诞生的, 这一思想往往会遭遇到早期的自我意识生态学, 后者被视为继承和接纳了一个静态的、注重类型的、描述性的先辈学科 (指博物学——译者), 因而需要重新思考。在大多数早期生态学的倡导者和实践者看来, 生态学的关键字眼肯定是 **"动态"** (dynamic)。当生态学成为一门自我意识的科学时, 这一点在当时第一流生态学家的著作中非常明确; 这一思想后来成为 "**新的**" 动态的或功能性的生态学的标志。即使他们中有人未能及时强调这一点, 也不应当认为第一代生态学家是以描述作为生态学目标的。

传统博物学的核心主题是自然平衡概念。它是指事物之间相互联系, 并维持一种秩序。几个世纪以来, 在西方思想中, 这个概念被说成是神授的。一般不考虑随机和灭绝的可能性 (Lovejoy 1936; McIntosh 1960; Glacken 1967; Egerton 1973), 并且在很大程度上忽视变化和变异。现在有一个关于生态学的戏谑说法, 即 "生态学就是指每一件事物都和其他一切事物相关联"。理查德 · 布莱德利① (Richard Bradley) 在 1721 年专门谈及:

---

① 理查德 · 布莱德利 (Richard Bradley, 1688—1732), 英国博物学家, 皇家学会会员 (1712), 专长植物学。布莱德利未上过大学, 22 岁发表第一篇论文《论多汁植物》(1710), 获得有影响的资助人詹姆斯 · 培特 (皇家学会会员, 药材商) 和汉斯 · 斯隆爵士 (皇家学会会员, 医生, 慈善家) 的赏识, 24 岁被推举为皇家学会会员。布莱德利在广阔的学科领域均有创见。论题涉及植物栽培、园艺、繁殖、昆虫授粉、温室、农业生产力、池塘生态学, 甚至烹饪。布莱德利最具持久意义的工作是对传染病的研究。将散布于他的论文中的观点汇聚起来, 一个统一的 "传染病生物学理论" (biological theory of infectious diseases) 就出现了, 该理论覆盖了从动植物到人类的所有生命。

所有物体都在一定程度上相互依赖着。……大自然造化的每个不同部 [70]
分，对支持其他部分都是必要的。……如果任何一个部分短缺了，所有
其他部分就会失序。(参见 Egerton 1973)

　　埃戈顿详细阐明传统的自然平衡概念，它被设想为大体稳定环境中的大体稳
定的种群。自然平衡概念，或称自然界经济，包含着表征生态学的三种不同的理论
观点，即：种群生态学、群落生态学和系统生态学 (Cittadino 1981)。

　　人们在古代已开始思考种群与繁衍现象。亚里士多德注意到，维持一个种群
与所需后代数目的关系，以及后代数目与生物个体大小的关系 (Egerton 1973)。关
于种群现象的参考资料遍布于 19 世纪以前的博物学文献，但是，对这一问题最清
晰的阐述，是 18 世纪末托马斯·马尔萨斯[①] (Thomas Malthus) 的著作，它预见并
影响了雏形生态学 (Hutchinson 1978)。马尔萨斯认为，人口受自然控制因素的制
约。正是这一思想，向查尔斯·达尔文 (Charles Darwin) 提供了 "立论依据" (Barlow
1958)；也使阿尔佛雷德·罗塞尔·华莱士 (Alfred Russell Wallace) 得出与达尔文相
同的结论。生存竞争、自然选择以及它们的进化意义，对那些成为生态学奠基者
的生物学家，是一种思想激励。哈珀 (Harper 1967) 在回顾这一历史时坦率指出，达
尔文的自然选择理论是一个生态学理论。马尔萨斯强调人口增长与资源可获得性
(即食物供应) 的关系，迄今仍是生态学的一个主题。达尔文关于竞争及其引起的
死亡是自然选择基础的思想，已被公认是他激励生态学思想的主要贡献。

　　生物种群，既是由不同生物组成的集群中的成员，又受这些生物和物理环境
的影响。19 世纪早期的博物学家早已熟知这一思想。科尔曼 (Coleman 1977: 68) 引
用赖尔 1832 年的著作，说：

物种能否在某一地点生存并繁盛，不只取决于温度、湿度、土壤、高度
或其他类似的环境因素，而且还取决于在同一地点是否存在由其他动植

---

　　[①]托马斯·马尔萨斯 (Thomas Malthus, 1766—1834)，英国牧师和学者，皇家学会会员 (1818)，在
政治经济学和人口学领域深有影响。在其《论人口原理》(An Essay on the Principle of Population,
1798) 一书中，马尔萨斯除了提出人口增长与食物增长是几何级数与算术级数的关系外，还表现
了他对人、人类行为和人类社会的认识。他不认为社会是能变好的，而认为：生活条件的改善会
使人口增加，从而使生活条件回归原状；这种增长使得下层阶级陷入困顿，更易遭受疾病和饥饿；
而阻止这种增长趋势的可以是道德约束、犯罪或苦难 (moral restraint, vice and misery)。马尔萨
斯的上述观点被称为 "马尔萨斯陷阱" (Malthusian trap) 或 "马尔萨斯魔鬼" (Malthusian spectre)
或 "马尔萨斯之灾" (Malthusian catastrophe)。它们引发了以后几十年在人口、经济、政治、社会
和科学界的广泛争议。进化论创始人达尔文和华莱士都读过该论著。马尔萨斯在社会问题上
的立场是：他反对 "济贫法" (Poor Laws)，认为济贫的效果是波动的，不能真正改善穷人的福利。
但是，他支持 "谷物法" (Corn Laws)，主张对谷物进口收税，因为食物安全比财富更重要。在 1820
年代，发生了政治经济学名下的精心准备的 "马尔萨斯–李嘉图辩论" (Malthus–Ricardo debate)，
后者是当时政治经济学的代表人物。

物组成的集合, 以及这些生物是丰富还是稀缺。

[71] 动植物集群因不同地点而变化以及其中的原因, 一直是许多追随洪堡和 A. P. 德坎多勒的 19 世纪生物地理学家关心的问题。包括华莱士在内的生物地理学家和博物学家都注意到, 群落亦随时间而变化, 并且有时是以一种出乎意料的方式发生。尽管如此, 那种认为 "自然界本质上是稳定或平衡的" 思想, 以及那种认为 "物种种群构成集群或群落从而作为一个有序的复合单位运行, 并建立和维持一种平衡" 的思想, 在 19 世纪几乎人所皆知。达尔文写道: "这些作用力在相当长时期内是如此美妙地平衡着, 以致自然的面貌也在一个相当长时期内保持不变" (引自 Stauffer 1957)。

## 3.1 早期的群落和均衡概念

默比乌斯 (Möbius 1877) 把他新造的词 biocœnosis 定义为群落, 这一概念体现了均衡 (equilibrium) 思想。并且, 每个具有生物群落的地区都 "支持着一定数量的生命个体"。他补充说, 在适宜条件下有可能产生过量后代, 但由于空间和食物有限, 所以 "群落中个体总数不久又会回到它以前的适中状态"。这一论点使人回想起马尔萨斯关于人口与它们受资源限制的假说。默比乌斯写道, 一个物种的数量减少将会由另一个物种的数量增加补偿, 因为 "每个群落的领地, 在每一代时间内, 都有着能够产生和维持生物的最大范围"; 这一思想以后又被近代理论生态学家重新发现。默比乌斯注意到, 一个地方的产量或生产力, 会由于人类劳动强化了自然力而增加; 这种人类劳动, 不仅直接表现于对土壤的耕耘, 还间接表现于一些增强耕耘效果的 "机械和光学器具"。他说, 这种 "自然力强化", 对于维持由人力创造的群落, 抵制恢复其原貌的自然趋势, 是十分必要的。默比乌斯认为, 群落中的这种变化, 是由于人类干扰而产生的, 它们甚至会导致物种的灭绝。尽管米尔斯 (Mills 1969) 对默比乌斯是否表述了群落自动调节的思想表示怀疑, 但默比乌斯的确写道, 在任何一个地域, "所有准备用于同化的有机物质, 都会被那里产生的生物消耗殆尽"。默比乌斯关于群落概念的这种表述, 或称语词模型① (verbal model),

___
① 语词模型 (verbal model) 是 "这样一类模型, 它是用语言而不是数字变量, 用语词而不是用数学, 以表述变量之间的因果关系"。引自 F. Wenstop (1976). Deductive verbal model or organization. *International Journal of Man-Machine Studies*, 8, 293–311.

受到迪安①(Dean 1893) 的批评。迪安认为, 那种 "群落受制于食物供应" ——用现 [72]
在的话说 "资源约束" (Hedgpegh 1977) ——的假说是错误的。这样, 在群落正式命
名不久, 关于群落是开放还是封闭、是均衡还是非均衡的问题就浮现出来。这些
问题弥漫于生态学诞生之时, 并一直成为当代群落生态学理论论争的焦点 (Wiens
1977; Caswell 1982a; Schoener 1982)。

博物学家和 19 世纪后期尚不是自我意识生态学家的生物学家, 并不熟悉动
植物之间的相互作用及其对群落的影响。动物学家森佩尔 (K. Semper) 就是其中
之一。后来的生态学家认为, 他的《自然条件影响下的动物生活》(Semper 1881)
一书, 是一本早期动物生态学著作, 尽管他并未提及生态学。森佩尔确实清晰阐明
以后被概括和命名为**食物链** (food chain) 和**数量金字塔** (pyramid of numbers) 的那
些概念 (Shelford 1913; Elton 1927)。他也为很久以后才出现的关于营养级之间 10%
传递率的假说, 提供定量说明。由于他致力于阐述而很少检验, 因而这个假说直到
1960 年代和 1970 年代才得以产生。森佩尔预见了需要检验假说。森佩尔评论达
尔文理论对生物学的深远影响, 但他指出, 达尔文主义者的哲学思考太多, "现在是
利用精确调查来检验我们构建的假说的时候了"。森佩尔谈到地球、谈到一个地
区生物间的食物关系, 他写道:

> 我们知道, 地球表面——干旱土地与覆盖着水的土地——在当地条件
> 下是能够生长有限数量的植物的。假设植物的数量——当时的最大数
> 值——已经给定, 比方说, 对于食肉性物种和食植性物种是 1000 个食物
> 单位, 这两类动物并不可能相等地分享所供给的空间和食物。食肉者只
> 能通过食植者间接地从土壤中获取食物。因此, 由植物中获得的营养转
> 变为食植者的肉, 将不可避免地引起营养总量上的一定损失, 因为一定
> 数量的有机成分不得不氧化, 以产生动物体内的热、满足动物运动以及
> 恰当用于身体的所有功能。现在, 我们人为地假设, 由土壤产生的植物总 [73]
> 量与它们维持的动物总量 (植物转化为动物的器官) 的比例是 10:1, 那
> 么, 在我们假设的面积上, 100 个单位的食草动物能够依靠 1000 个单位
> 的植物性食物来生活。这样, 能够支持单食性食肉动物生存的最大营养
> 量仅有 100 个食物单位。当这 100 个食物单位转移到食肉动物的器官中
> 时, 又会出现相当大的损失; 有机物将会被消耗, 有些则变为不可消化的

---

① 巴什福德·迪安 (Bashford Dean, 1867—1928), 美国动物学家, 擅长鱼类研究, 同时也是中
世纪和现代护甲专家。他是唯一同时在美国自然史博物馆 (American Museum of Natural History)
和大都会艺术博物馆 (Metropolitan Museum of Art) 任职的人。他从事泥盆纪甲胄鱼 (Devonian
armored fishes) 研究。其著作《鱼的参考书目》(*Bibliography of Fishes*) 获得美国国家科学院丹尼
尔·吉罗·埃利奥特奖章 (Daniel Giraud Elliot Medal)。

部分, 如毛发、蹄、角等。如果仍然假设 10 个单位的食植动物食物能满
足 1 个单位的食肉动物, 那么 100 个单位的食植动物最多只能支持 10 个
单位的食肉动物的生存。这样, 在同一面积上, 就不可能产生和维持同样
大数量的食植动物和食肉动物。这一推理已完全被事实证实, 因为食植
动物的数目总是远高于食肉动物的数目, 这是众所周知的。(Semper 1881:
33)

森佩尔关于群落的营养学思想与他自己的哲学倾向, 清晰表现于他所描述的
"宇宙哲学" (universal philosophy)。森佩尔和他的大多数同代人一起, 执持着群落
有机体论观点。他先于克莱门茨提出著名的有机体比拟。他把物种比作动物个体
的器官, 从而形成有着自己的 "胚胎" 和 "功能" 的 "庞大的有机体"。按照森佩尔
(Semper 1881: 33) 的说法, 这种有机体群落的特征是: 它由各种不同的物种组成,
"这些物种经由最为纷繁复杂的生理关系而相互依赖着, 其情形如同一个健康生活
着的生物体的器官"。森佩尔关于群落营养组织或结构的思辨性算术模型, 并没有
为当时动物学家所采用。食物链、数量金字塔、生物量金字塔或能量金字塔等基
本生态学概念, 直到谢尔福德 (Shelford 1913)、洛特卡 (Lotka 1925) 和埃尔顿 (Elton
1927) 才明确地发展起来, 并成为动物生态学的核心。关于营养结构——即林德曼
(Lindeman 1942) 所称的 "营养方面" (trophic aspect)——的更为细致的思想, 以及
使之定量化的各种尝试, 主要是海洋生物学家和淡水生物学家的工作。森佩尔粗
疏的 10% 猜想, 很晚才引起注意。并且, 同样粗疏的是, 那个 10% 假说或称 10% 定
[74]   律, 当接受森佩尔提议的检验时, 只能失败, 因为实际数值远远偏离 10% (Slobodkin
1972; McIntosh 1980a)。

S. A. 福布斯在他的论文《论生物的某些相互作用》(Forbes 1880a) 中明显表现
出他的天才。在这篇文章中, 他对活态生物的结构关系和功能关系做了区分; 并且
和森佩尔一样, 他把有机体比喻扩大到物种之间的关系上。福布斯明确重申关于
自然平衡的长期传统观点, 他和大多数同时代的生物学家, 如著名的马什 (George
Perkins Marsh), 把自然平衡的失调归透于人类的活动。福布斯写道:

> 一般认为, 原始大自然, 如无人居住的森林与未被开垦的平原, 表现出生
> 物集团之间相互作用的稳固和谐, 这与人类居住地中动植物的许多严重
> 失调, 形成强烈对照。

即使在自然界明显的骚乱和斗争中, 福布斯也发现仁慈的法则和力量在起作用, 它
们使得自然走向 "健康的" "恰如其分的均衡"。他用易于理解的方式, 详细描写了
一个具有检查和平衡功能的高效系统如何抑制种群振荡。他说, 食植者与捕食者

为保持它们对所要获取的生物种群的权利, 精明地维护着自身利益。理想的平衡是由生产食物的物种与捕食猎物的物种共同维持的, 前者提供所需要的食物, 后者只是充分地利用它们以避免把资源消耗殆尽。福布斯承认, 这种调节并非完美无缺, 但那些不可避免的振荡将保持在自然力限定的范围内。在福布斯的自然界中, 捕食者和猎物具有同等的重要性; 这是由达尔文的自然选择促成的。福布斯说, 自然选择发挥作用, 迫使食物利用和栖息地利用的多样化, 以帮助物种维持稳定的种群。福布斯的这一思想, 提前指出近一个世纪后的一个主要理论论争 (Goodman 1975)。福布斯 (Forbes 1887) 写道:

> 虽然各种小鱼都是食物的竞争者, 但是这一竞争将因繁殖季节的差异, 在一定程度上得到缓和。只有那些连续送往宴席的鱼种, 它们的数量才会下降。

福布斯与他同时代的大多数动物学家或植物学家不同, 他努力寻找有关他的想法的数量证据。他考察昆虫、鸟类和鱼类的食性, 以及食性对种群调节的影响。福布斯调查了鸟类对昆虫种群的调节作用 (Forbes 1883a), 从而提出了三个具体问题: ① 鸟类的捕食会引起昆虫种群的振荡吗? ② 鸟类的捕食会阻止或抑制昆虫种群的振荡吗? ③ 鸟类会控制过于丰富的昆虫, 从而减少其过大的数量吗? 他重点讨论了第三个问题。他注意到以尺蠖为食的许多鸟种, 当尺蠖数量非常丰盛时, 它们会集合在一起, 同时减少对其他昆虫的捕食。福布斯较早提出捕食者在控制种群增长方面的重要性, 他认识到机会型捕食者 (opportunist feeder) 和泛食性捕食者 (generalist feeder) 之间的区别。他意识到两种力量——竞争和捕食——在调节种群方面的作用。以后的生态学派在论及种群调节时, 对于它们或是单个强调, 或是同时强调。 [75]

福布斯远在写作那篇被广泛引证的论文《湖泊是一个微宇宙》(Forbes 1887) 以前, 已把湖泊视为像有机体那样活动着。福布斯敦促生物学家不要停留于开列物种清单和描述, 而要 "把主要注意力指向湖泊活动的规律"。他和大多数 19 世纪生物学家一样, 接受当时由哲学家、社会学家和生物学家倡导的有机体论生物学 (organismic biology) 思想 (Haraway 1976)。他和森佩尔 (Semper 1881) 以及他的年轻的植物学同行克莱门茨 (Clements 1905) 站在一起, 将群落比作有机体。他说:

> 一个动物或植物群落之所以如同一个有机体, 是在于这一事实: 在它内部的所有冲突得到调解后, 留下的从而影响外部世界的是各种作用力的总效果。(Forbes 1883b)

他将群落的能量关系作为一个关键问题而详加阐述, 从而预示后来这一概念的用法。在他将其思想汇集于《湖泊是一个微宇宙》论文之前, 福布斯已有 "栖居动物供应与需求之间、收入与支出之间的经济平衡" 的整体论观念 (Forbes 1883a)。福布斯的整体论、有机体论和自然均衡论观点, 在描述湖泊时表现得很明显。他说:

> 一个人会发现, 一个水体会比起任何一个同等大小的陆地, 更有利于有
> 机生命及其活动建立起更为全面且独立的均衡。它的内部构成一个小世
> 界, 即一个微宇宙; 水体的一切基本力量都在这个微宇宙中发挥作用。
> (Forbes 1880b)

[76] 哈钦森 (Hutchinson 1964) 认识到早期生态学中两个对立的主题①: 总合性的 (holological), 它就是 19 世纪后期无所不在的群落有机体思想; 另一个是分部性的 (merological), 它倾向于对部分进行考察, 并根据这些部分构造群落, 这基本上是一种还原论研究方法。哈钦森认为, 福布斯细致解释了后者, 虽然如前所说, 福布斯是坚定地站在整体论阵营的。不管福布斯的哲学倾向如何, 他的确关注陆地和水生群落的内部的详细构成和运行状况。在大多数野外博物学家忽视数学的时代, 福布斯属于勤奋采样并对不同类型生物进行计数, 同时详细考察它们吃些什么的博物学家 (Forbes 1880b, 1883a, b)。福布斯在他的不同研究中, 强调种群调节和群落的动力学性质。他写道, 对单个物种的研究, "只是对有机体生命的动力学系统的总体研究的第一步, 因为它存在于更大、更复杂的单位之中" (Forbes 1909)。

## 3.2　动态植物生态学

虽然 "植物生态学家只关心对植物群落的静态描述" 似乎已成定论, 但事实上早期植物生态学家仍然十分关心植被的功能、过程、变化和动力学。瓦明, 这位英国和美国植物生态学的主要推动者写道 (Warming 1895), "植物群落并非静止或处于均衡之中; 在群落内部和群落之间, 存在着永不休止的斗争; 任何均衡都会由于物理条件的改变, 由于动物和真菌引起的变化或者由于植物物种之间的斗争而被破坏。"他用文学语言写道, "可以想象的情况是, 所有群落都充满着叫喊"。他认为, 这种对斗争和竞争的关注, 应当归功于达尔文和他之前的 A. P. 德坎多勒。

---

① 哈钦森对整体与部分关系持有自己的看法, 突出表现为他构造的两个词。他采用 "holological", 而不是 "holistic"; 采用 "merological", 而不是 "individual"。为了准确表达他的思想, 本书将 holological 译为 "总合性的", 以区别于 holistic 的 "整体性的"。前者含 "加总" 之意, 后者更突出 "整个的关系"。同时将 merological 译为 "分部性的", 以对照于 individual 的 "个体性的"。

在自我意识生态学形成的岁月里, 没有任何地方能发现比 F. E. 克莱门茨的著作更明确强调动态生态学; 这已成为他的标志。克莱门茨 (Clements 1905) 不满于生态学中的 "杂乱无章", 并打算对此进行整顿。在他最早和庞德一起工作时 (Pound and Clements 1898a, b), 他们遵循德鲁德的植物地理学模式。德鲁德 (Drude 1906) 认为, 在改变地球面貌方面, 物种的群居生活是一个 "始终存在的动态因素"。克莱门茨 (Clements 1904, 1905, 1920) 采用德鲁德的植被观点, 并成为植物群落动态观点的主要阐述者。托比 (Tobey 1976, 1981) 认为, 克莱门茨的动态生态学是对静态生物地理学的深刻变革; 并且, 他将此归因于美国发展草原农业的技术要求。克莱门茨 (Clements 1905) 在他的《生态学研究方法》(*Research Methods in Ecology*) 一书中系统表述他的许多有影响的思想。该书既讨论方法, 也展示生态学世界观和通用理论。他强调需要在方法上把生态学和生理学融为一体, 同时他也强调功能的重要性。克莱门茨扩展了他所称的 "新的植被概念", 即植被是一个具有结构和功能的 "复杂有机体"; 它能通过精确的方法进行研究, 如同生理学中研究生物个体的器官和功能。尽管克莱门茨的 "群落是一个有机体" 的概念, 是他和许多前辈以及同时代生物学家, 如 K. 森佩尔和 S. A. 福布斯共同使用的比喻, 但他和他的一些支持者 (Phillips 1934—1935) 以一种极端且毫不含糊的彻底性把它应用于生态学, 以至一些后来的生态学家认为, 群落的有机体概念是起源于克莱门茨; 他本人看上去也相信。克莱门茨的思想在英国和美国相当流行, 但并未被欧洲大陆接受。尽管如此, 他的群落 (community)、群系 (formation) 和群丛 (association) 概念, 与他的演替是一个前进性变化过程 (succession as a process of progressive change) 的思想, 不可分割地联系在一起, 并由此构成他所称的 "动态生态学" (Clements 1916, 1935)。克莱门茨的思想特别有弹性, 经常以不同名称坚持着。

[77]

克莱门茨和其他 20 世纪早期的生态学家指责他们所称的 "描述性" 生态学, 说它只是对植被进行语言描述, 通常仅附有物种表。克莱门茨对这种描述性生态学批评道, "没有其他方法会比这种生态学产生的结果离真理更远"。在克莱门茨的思想中, 动态生态学是定量的, 涉及群落在时间、它们的种群组成以及所在地点的变化。当时少数几个正在从事研究的植物生态学家, 已被地球植被哪怕是简单描述的庞大工作量弄得不知所措。尽管动物学家奥兰多·帕克[①] (Park 1941) 说过, 这项任务已经 "大体完成", 但应该看到, 它仍在急速地既描述又定量地进行。具有讽刺意义的是, 后来对描述性植物群落生态学的批评, 也毁伤着数量庞大的对植物群落的定量研究, 这些研究追随克莱门茨的定量化规则, 在 20 世纪的前几十年繁盛一时。它们也转而被批评为静态的, 只是描述性的, 并且被认为未能就 "群

---

[①] 奥兰多·帕克 (Orlando Park), 美国动物学家, 西北大学教授。

[78]

落是什么"、"它们怎样产生" 以及 "它们如何变化" 等问题, 提出恰当的科学假说或理论。植物生态学家未能充分地研究种群; 一些植物群落研究也未能充分有效地处理克莱门茨和其他生态学家所强调的动态内容; 这些问题常常由动物生态学家指出, 他们大多已转向种群研究, 而把陆生群落问题基本上留给植物生态学家 (McIntosh 1976, 1980a)。动物生态学家后来也转而考虑群落问题, 特别是与此有关的理论。这件事在 1950 年代曾大肆宣扬, 并同样非常强调作为早期植物群落研究特征的数量采样和描述。克莱门茨、朗克尔 (Raunkaier) 和其他早期生态学家正确地认识到, 必须有效地、特别是定量地描述种群和群落的分布与变化。只是他们和他们的后继者未能解决这一问题, 但这不能成为他们不时会面对的 "只是描述" 的傲慢批评的依据。简单的解决办法是普遍失败了, 因为它们一直未能恰当地描述自然界中发生的生态学现象。

克莱门茨 (Clements 1905) 根据他的动态生态学思想, 敦促不要单纯描述植被、它的分布和分类, 而要研究植被中的变化, 并将这些变化解释为是一种动态过程的结果。对克莱门茨来说, 植被与生境存在着 "精确的因果关系"; 但他又补充说, "植物和群系都不只是它们现在生境的结果"。他说, 第三个因素必须加以考虑, 即 "历史事实"。他和大多数生态学家一样, 都相信历史的重要性。克莱门茨是早期植物生态学家中最毫不含糊的具有哲学和历史意识的思想家。他强调一种 "归纳程序", 即依据事实并利用这些事实来检验和拒绝按 "多工作假说" (multiple working hypotheses) 方法产生的假说。他或许已读过 T. C. 钱伯伦[①] (Chamberlin 1890) 的 "多工作假说" 文章, 他建议 "剔除那些不合适假说"; 这一点先于后来的成为波普尔 (Karl Popper) 信徒的生态学家。克莱门茨关于植被及其起因的宏大理论, 其基础是一个要求对演替原因进行有效量测的植被概念; 克莱门茨认为, 这种原因就是气候及其对植被群系的影响。他寻找能有效描述气候影响的手段, 以便与完备地描述生境的手段相配。

托比 (Tobey 1981) 认为, 庞德和克莱门茨 (Pound and Clements 1898a) 采用的植被采样的样方法, 奠定了 "生态学在数值量化方面跃进" 的基础。他还指出, 庞德和克莱门茨的《内布拉斯加州的植物地理学 》(*Phytogeography of Nebraska* 1898b)

---

① 托马斯·克劳德·钱伯伦 (Thomas Chrowder Chamberlin, 1843—1928), 美国地质学家, 教育家。他专长冰期研究。他为北美冰期建立的术语至今仍在使用, 并且很少改动。他在多所大学担任地质学教授。他多次参加地质调查, 撰写的报告赢得全国声誉, 被任命为美国地质调查局冰川处处长 (1881—1887)。后来任威斯康星大学校长 (1887—1892)。1892 年受芝加哥大学之邀, 组建地质系, 并任教授至 1918 年, 同时任芝加哥科学院 (Chicago Academy of Sciences) 院长 (1898—1914)。1898 年, 他著文提出冰期成因的工作假说, 认为大气二氧化碳浓度的变化会引起气候变化。

和克莱门茨的《生态学研究方法》(*Research Methods in Ecology* 1905) 之间的主要 [79]
变化在于, 后者认识到: 那种基于对植被的直接感知而进行的描述和简单的植物
区系表, 是不充分的; 为了区分植物群系和它们之间的边界, 只有对物种个体进行
计数, 才是本质性的。通过引进采样方法, 植物生态学家必然要介入构成群落的
种群、种群中的变化以及所观察到的变化的原因。克莱门茨对动态生态学的兴
趣, 明显地表现为对几种样方法的应用, 他说最重要的有: "图像" 样方法 ("chart"
quadrat), 它标记每个个体的位置; "永久" 样方法 ("permanent" quadrat), 它能进行
重复检验; "剥离" 样方法 ("denuded" quadrat), 即把所有植物从样方中除掉, 接着
再重新生长。所有这些方法的关键是: 它们的设计都是用来考查和跟踪植被的变
化, 而不仅仅是报道它的现状。

   克莱门茨的植被思想的核心是**变化**, 它包括植被群系及其生境的同时演变
(coincident developmental change)。克莱门茨 (Clements 1905) 区分群系中的三种作用:
组合 (association)、入侵 (invasion) 和演替 (succession)。不幸的是, 他把 "association"
一词, 既作动词用, 又作名词用。作动词用时, 它专指集团化 (grouping) 或集聚
(aggregating) 过程; 作名词用时, 则指所导致的状态, 即群落 (community)。在克莱
门茨的辞典中, **群丛** (association①) 是**顶极** (climax)。他说, **入侵** (invasion) 是指植
物进入一个不同地区并且成功地在那里定居; **演替** (succession) 是一系列相当规模
的持续入侵, 直至 "原初居住者减少或消失"。克莱门茨轻易地掩盖了一切偶然性。
例如, 他在 1905 年写道, "全面持久的入侵 …… 总是有序地产生演替, 除了极少
数情况, 那里一个稳定的群落完全取代另一个较不稳定的群落而没有其他阶段介
入" (Clements 1905)。在他的名作《演替》(*Succession*) (Clements 1916) 中, 他阐述一
个 "普遍规律", 即 "除了那些有着极端的水分、温度、阳光或土壤条件的地方, 所
有裸地都会产生新的群落"。在上述情况中, "除了" (except) 一词可以等同地理解
为 "情况并非如此" (where it does not)。凯恩 (Cain 1939) 发现, 克莱门茨主义的哲
学、原则和术语, "已接近面临严重危机"。仔细阅读克莱门茨全集, 就会证实这一
点。克莱门茨的论著浩帙, 有着逻辑迷离 (labyrinthine logic), 术语繁冗, 以及 "习惯
性多言" (chronic logorrhea) 的特征 (Cox 1979), 尽管他产生了 20 世纪早期生态学中 [80]
重大的理论综合。坦斯利 (Tansley 1935) 是英国植物生态学界中克莱门茨的同行,
他写道, "克莱门茨博士给了我们一个植被理论, 这一理论已成为进行现代最富有
成果的研究所不可缺少的基础"。虽然今天几乎很少有生态学家会承认自己是克

---

   ① association 是欧洲植物社会学派的术语, 通常译为 "群丛"。但在克莱门茨用法中, associ-
ation 等同于 community (群落), 并且常常是混用的。为了保持专词专译, 如无特别说明本书将
association 译为 "群丛", 将 community 译为 "群落"。

莱门茨主义者, 并且一位历史学家 (Tobey 1981) 也认为克莱门茨的理论陷于 "混乱", 但克莱门茨仍不清不白地被当作许多当代生态学家的 "替罪羊" (Allen 1981)。克莱门茨的思想和术语在他作为生态学家的长期生涯中 (约 1895—1945) 不断变化着, 在他的解释者和批评者手里, 则变得更多。他的一些有疑问的思想, 仍然以新的方式继续存在于新的生态学中 (McIntosh 1980a, b)。

克莱门茨植被理论的实质是, 植被群系是一个 "复杂的有机体", 并且它像 "单个有机体" 那样, 不是以偶然方式 (haphazard way) 变化, 而是渐进式发展 (progressive development) (Tansley 1920, 1929)。坦斯利说: 植被 "本质上是动态的"; 由于 "演进" (development) 是植被的本质, 所以 "静态" 一词在克莱门茨的辞典中是不常用的。克莱门茨和一些其他植物生态学家利用 "development" 一词, 或包含 "演替", 或作为 "演替" (succession) 的同义词。后来的生态学家有时抓住 "development" 作为一种替代以避开对 "演替" 的可能僵硬的宿命论的 —— 特别是克莱门茨主义的 —— 暗示。但是词源上, "development" 一词不是一个成功的选择, 尤其是对生物学家。对于生态学中广泛使用的许多术语, 试图确定其含义的细微区别可能是愚蠢的。生态学中的一个传统问题, 就是生态学家经常在使用一个词的时候, 像刘易斯·卡罗尔 (Lewis Carroll) 笔下的 "汉普蒂·邓普蒂" (Humpty Dumpty①) 那样, 只是表示他们自己想要表达的意思, 而很少顾及其他人用这个词时的含意; 这一倾向至今仍未消失。

在克莱门茨看来, 群系的渐进式发展的动态过程就是 "演替"。它包括物种构成的进化, 按照克莱门茨的拉马克主义观点, 这些物种是直接由环境造就的。后来的植物生态学家一般把这种进化型演变 (evolutionary change) 排除在外, 因为这种变化超出演替的时间尺度; 但新近的植物生态学家, 已经缩短了这种进化型演变的时间尺度, 使它与演替的时间尺度的差别不再明显 (Bradshaw 1972)。在克莱门茨理论中, 植被演替开始于植物对裸地的入侵和成功定居, 开始于 "反作用" (reaction), 即形成中的群系对生境的影响, 以及 "共同作用" (coaction), 即定居物种之间的相互作用, 特别是竞争 (Clements 1916)。后来对克莱门茨和其他早期植物生态学家的批评, 普遍未能认识到早期对演替的阐释是根据**原生演替** (primary succession), 即群系是在刚出现植被的裸地并且未受以前定居者影响而发展起来的 (McIntosh 1980b)。在被干扰的土地上重新恢复植被, 即 **次生演替** (secondary succession), 在许多方面是不同的; 它取决于干扰的性质、强度、面积与频度。次生演替开始于不同

[81]

---

　①《爱丽丝漫游奇境记》中的小说人物, 一个会说话的蛋, 情节见该书第 6 章。该书作者刘易斯·卡罗尔 (Lewis Carroll, 1832—1898), 英国儿童小说作家, 原名查尔斯·路德维吉·道格森 (Charles Lutwidge Dodgson)。他还是数学家, 摄影师, 英国国教 (圣公会) 执事。

阶段。正如克莱门茨指出的,它产生的演替系列较短并且与原生演替不同。克莱门茨假定,演替系列中的最早定居者,在开始阶段是以这样一种方式作用于它们的生境: 它们将使得生境变得较为不利于它们本身而较为有利于演替系列中的后继入侵者。在气候完全一样的区域,植被的普遍趋势是由不同的裸地、岩石、沙地、泥淖或露天水体,向 "顶极" 阶段敛聚; 这个顶极阶段受气候控制,或肇源于气候。这一顶极 "群落" (climax "association") (在克莱门茨的用语中,这里的 **顶极** 一词是多余的),是一个稳定的能自我繁衍的种群集合,除非有来自外部的破坏。在克莱门茨体系中,这是演进序列的顶点,从而形成一个包括已产生的演进序列—— 即演替系列 (seres) 的超级有机体。对于克莱门茨把超级有机体群落等同于单个生物体,一些早期的批评者指出成年生物的不规则性: 它开始于不同的起点,有着多个孕育阶段,并且缺乏一个遗传学基础。但是超级有机体概念是不会轻易被单纯的逻辑消灭的。

虽然克莱门茨和其他植物生态学家致力于植物群落,但是他们清楚地看到与演替有关的生境变化,如有机物的富集,水的供给、光以及营养可获得性的变化。他们认为,这些变化是由生物引起的,并且反过来又影响生物。他们也认识到,动物在促使或抑制植物演替方面的作用,或在维持稳定的但尚非顶极的群落方面的作用。这样,他们触及一个更大的系统,它超越植物,甚至生物,从而预示后来的生态系统生态学。克莱门茨、坦斯利和其他早期植物生态学家,区别 "开放" 群落和 "封闭" 群落,不仅说明前者的空间可获得性; 而且说明由于资源有限,故需要封闭或阻止其他物种的入侵。克莱门茨指出 (Clements 1936),"一个植物群落不能看作是完全封闭的,除非水、矿物、光、空气在所有层次的提供能力,都能满足不同生长地和不同需要的所有物种"。开放性群落是不完整、不稳定的,是外生的; 而封闭性群落则较为一致和稳定。坦斯利 (Tansley 1923) 认为,受到环境因子 (如水的可获得性) 约束的 "开放" 群落,即使空间开放,仍可处于 "稳定的平衡" 中。如果补充水,更多的植物就会进入。 [82]

克莱门茨动态生态学的全部承诺是,种群系列或种群组合的 "演替阶段" 遵循一定次序。至少在他的早期阐述中,认为稳定化是不常有的。庞德和克莱门茨 (参见 Pound and Clements 1898b, 1990: 313) 写道,"在自然界,处于稳定均衡态的群系及子系是很罕见的,并且一般只存在相当短的时间。" 后来韦弗和克莱门茨 (Weaver and Clements 1938) 的著作给人的印象是: 在没有人类干扰的情况下,一个大面积的自然景观会处于顶极状态。这符合 19 世纪的自然平衡的传统。一个地域植被在多大程度上达到相对稳定或均衡状态,即克莱门茨的 "顶极",是生态学家过去和现在一直争议的主题 (Cairns 1980; West, Shugart, and Botkin 1981)。

虽然近来一些群落生态学和演替的评论者毫无根据地把同质性 (homogeneity) 归咎于早期植物生态学家, 但许多早期植物生态学家并不相信所谓克莱门茨主义学说——它现在仍受到攻击, 仿佛它代表全部植物生态学。美国植物生态学家中的 H. C. 考勒斯和他的学生库珀 (W. S. Cooper)、格利森 (H. A. Gleason)、希里夫 (Forrest Shreve), 英国的主要植物生态学家亚瑟·坦斯利, 以及事实上所有欧洲大陆的植物生态学家, 都不同意克莱门茨的许多想法。托比 (Tobey 1981) 追溯克莱门茨生态学在草原生态学中的兴起和预料到的失败。然而在美国, 克莱门茨思想统治着 1950 年前植物生态学的主要教科书 (Egler 1951)。克莱门茨对演替和有机体群落的重视, 也渗透于主要的动物生态学教科书, 如阿利等人 (Allee et al. 1949) 和奥德姆 (Odum 1953), 甚至晚近出现的一本 "绿色版" 教科书——它是在苏联第一颗人造地球卫星 (Sputnik) 上天后为升级美国中学科学教育质量而设计的 (Biological Science Curriculum Study 1963)。吉塞林 (Ghiselin 1981) 评论说, 有机体概念在生态学中一直存在, 因为它有着浪漫主义 (romanticism) 甚至神秘主义 (mysticism) 的一面。他指出, 有着这些想法的生态学家 "都不愿意看到自然界的真实状况, 特别是 [83] 生物群落的真实状况, 因为它们并不像观察者所希望的那样"。克莱门茨的有机体式的整体论生态学具有一种条理化的简明性, 这使它在教学上非常有用, 即便它的许多内容在研究层面广受批评。不论如何解释, 19 世纪关于群落的有机体论观念, 不管是出自克莱门茨还是其他人, 在当代生态学中仍然存在 (McIntosh 1976, 1980a, b; Simberloff 1980)。

克莱门茨关于群落总是前进式地趋向一个由气候控制的顶极或稳态的学说, 特别受到早期生态学家的批评。在卡内基学会沙漠实验室工作的希里夫① (Forrest Shreve) 是克莱门茨的同代人, 他很少采用克莱门茨有机体论群落或演替的思想。他强调物种的个体行为以及与其他物种组合时的可变性, 从而早在格利森之前提出类似观点 (McIntosh 1975a, 1983a)。希里夫 (Shreve 1914) 否定克莱门茨的 "顶极" 概念, 他写道:

没有一个顶极群落能从自己的生境中产生。只有这个区域没有任何可能

---

① 福雷斯特·希里夫 (Forrest Shreve, 1878—1950), 国际知名的美国植物学家。他主要研究土壤和气候条件决定的植被分布。获约翰·霍普金斯大学学士 (1901)、植物学博士 (1905)。1905—1909 年, 他研究牙买加山地植被。1908 年他到卡内基学会的华盛顿沙漠图书馆工作。1914 年希里夫出版《山地雨林》(*A Montane Rainforest*) 一书。1926 年他担任《博物学家的美洲指南》(*Naturalist's Guide to the Americas*) 一书的编辑。1928 年他被任命为卡内基研究所的沙漠调查负责人, 1932 年开始从事索诺兰沙漠 (Sonoran Desert) 植物区系研究, 后发表《北美沙漠植物》(*The Desert Vegetation of North America*, 1946)。他的植物生物学工作为现代研究奠定了基础, 他的著作被世界植物学家奉为经典。1915 年他帮助建立了美国生态学会, 后任主席 (1921—1926)。他于 1940 年担任美国地理学家协会 (Association of American Geographers) 副会长。

的自然地理变化, 才会使这些生境中的群落最终占据全部地区, 甚至使其中之一成为这一地区的优势部分。

H. C. 考勒斯是芝加哥大学 "自然地理生态学" (physiographic ecology) 的奠基人。在生理学之于生态学的重要性上, 他与克莱门茨意见一致; 并且他同意, 生态学应当是动态的。考勒斯 (Cowles 1901) 评论说, 生态学是对植被起源和发展的研究, 同时也是对植被的分类和描述。他说, "一个正确的分类必须是遗传学的和动态的", 也就是说, 必须基于演替。他认识到地形和气候的动态变化与植被的动态变化之间的相似性; 只不过他注意到, 植被变化比气候和地形的变化更为迅速, 以致后者可以视为相对静态的。考勒斯和克莱门茨一样, 把他的植被思想建立在演替概念上。但他与克莱门茨不同的是, 他认为 "均衡状况从未出现"。考勒斯 (Cowles 1901) 写道, "演替不是一种直线式过程。它的发展阶段可能是缓慢的亦可是迅速的, 可能是直接的亦可是曲折的, 并且它们往往是倒退的。" 考勒斯将演替视为由 "一个变量趋向一个变量而不是一个常量"。然而, 他同意克莱门茨: 必须有力地强调变化; 并且, 一个植被群落不仅是现在条件的产物, 而且亦受过去的影响。坦斯利 (Tansley 1920, 1929, 1935) 虽然承认克莱门茨对演替概念的贡献, 但并不接受克莱门茨的有机体论群落概念。他至多接受 "准有机体" (quasi-organism) 的提法, 但是他严厉拒绝尤其是菲利普斯 (J. F. V. Phillips, 1934—1935) 表述的极端克莱门茨观点。库珀[①] (W. S. Cooper) 是考勒斯的学生, 并且是美国主要植物生态学教科书作者奥斯丁 (H. J. Oosting) 和多布迈尔 (R. Daubenmire) 的导师, 因而对美国生态学有着显著影响。他也是动态生态学的拥护者。在对罗亚尔岛[②] (Isle Royale) 森林的著名研究中, 他根据对这一森林动态的透彻调查, 描述了一种均衡 (Cooper 1913)。与克莱门茨线性演替的概念不同, 他提出一个更为复杂的 "编织流" (braided stream) 比喻。库珀描绘了一个与克莱门茨非常不同的顶极类型。库珀建立采样林分, 测绘林分中树的位置, 并通过树木年轮估测林分的年龄。与认为群落本质上是同质的普遍看法相反, 库珀说, 他所研究的森林是一个有着不同年龄的 "嵌合体" (mosaic), 即拼接物 (patchwork), 它们处于持续变化的状态。库珀 (Cooper 1913) 指出, "作为一个整体, 这个森林保持相同; 它的各个部分的变化则相互制衡"。库珀的 "嵌合体" 是一个包括小面积干扰 (主要是因风而倒折) 的有着不同树龄的复合

[84]

---

① 威廉·斯基纳·库珀 (William Skinner Cooper, 1884—1978), 美国植物生态学家。1911 年获芝加哥大学博士, 1913 年出版他的第一部主要著作《苏必利尔湖罗亚尔岛的顶极森林及其演进》(*The Climax Forest of Isle Royale, Lake Superior, and Its Development*)。他长期担任密苏里大学植物学教授 (1915—1951), 培养了一批美国优秀的生态学家。1936 年, 库珀任美国生态学会主席。

② 美国苏必利尔湖中的岛。

体, 他对这一现象的清晰解释, 并未广泛被后来进入植物群落演替类型研究的人们所认识。

在英国, 瓦特[①] (A. S. Watt) 在其漫长而杰出的一生的早期, 已经认识英国山毛榉林中的同一现象。他绘制山毛榉、桦树和其他苗木在林冠空隙中 (openings in the forest canopy) 的分布, 跟踪观察这些苗木个体的生长和演替, 并直至充满这一林窗[②] (gap) (Watt 1924)。瓦特有幸成为许多卓越生态学家——如库珀、格利森、埃尔顿和西尔斯——中长寿的典范。他一直进行他的这一富有成果的生态学研究, 如他所说, 考查这一群落的 "运行机制"。他因创立 "**窗相**" (gap-phase) 用于描绘群落中的这一再生模式而著名。他的早期工作和库珀的工作, 都明白无误地使人认识到, 窗相是由于群落中的小尺度干扰所致 (Watt 1947)。

[85]　　20 世纪早期的生态学家认识到, 大多数地方处于动荡状态。一些人赞同克莱门茨, 认为如果没有中断, 演替将是前进式的, 并将导致大区域的顶极。其他人则主张, 演替可能会倒退, 可能会由于不同局部原因而终止于特定地点。许多生态学家相信, 干扰是无所不在的, 所以均衡是不可能的和短暂的。文献上有着大量的表征演替系列的物种种群年代序列的图表, 有些作者用图表或数值表示从开始阶段到顶极阶段的个体数目的变化 (Cooper 1923)。虽然普遍认为 "反作用" 会改变生境, 并且竞争者会顶替早前的居住者, 但是实际种群变化的证据却很少。少数有远见的生态学家, 如库珀, 建立了专门的永久样方, 用于在以后反复调查。有些生态学家干脆住下来, 反复调查同一地方。大多数生态学家则选择能表示设想的年代次序的地点, 从而把所观察的不同地点之间的差别视作演替过程的影响。这一过程本身的性质是颇受争议的, 有些人认为, 演替本质上是受植被外部作用力的影响 (外生型, Tansley 1920); 其他人则认为, 是植被本身产生的变化 (内生型, Tansley 1920)。为了不至于让人们把早期生态学家想象得太糟, 必须看到, 演替的精确机制, 或者说演替的方向和终结, 至今仍远未解决 (Connell and Slatyer 1977; Cairns 1980; West, Shugart, and Botkin 1981)。

对演替的经典性描述, 一般设想为物种种群有次序地到达, 以及随着演替进

---

① 亚历山大·斯图尔特·瓦特 (Alexander Stuart Watt, 1892—1985), 苏格兰植物学家和植物生态学家, 皇家学会会员 (1957)。他 1913 年获阿伯丁大学农业科学学士学位, 1919 年在剑桥大学的坦斯利指导下从事山毛榉林研究, 并获硕士学位。后一边在阿伯丁大学担任讲师, 一边继续进行南英格兰山毛榉林研究, 1924 年获剑桥大学博士学位。1929 年他受聘为剑桥大学森林学讲师。他的论文《植物群落中的模式和过程》(*Pattern and Process in the Plant Community*, 1947) 认为, 植物群落作为一种运行机制, 既能够维持也能够自身再生。这篇论文已成为科学生态学的真正的引用经典。1946—1947 年, 他任英国生态学会主席。

② 这里的 "gap" 是指森林中因各种原因形成的空地。我国译为 "林窗", "窗" 即 "空白" 之意, 如报刊上所谓的 "开天窗"。循此, 下文中的 "gap-phase" 则译为 "窗相"。

行, 在各演替阶段同时发生的种群兴盛与衰落; 这可能取决于更合适物种的到达。这一现象后来称为 "替换性植被区系" (relay floristics)。与此相对应的 "初始植物区系" (initial floristics) 概念是指早已存在于当地并顺序发展起来的物种集群 (Egler 1952—1954)。正如埃格勒尔 (Egler) 所说, 这两种概念中没有一种能代表 20 世纪早期发展起来的另一种演替观点。它认为: 演替在很大程度上是当地环境变化与物种个体迁入和发展的产物; 在这个过程中, 机遇起着实质性作用 (Gleason 1926, 1939; McIntosh 1976, 1980a, b)。

## 3.3 动物群落动力学

虽然植物生态学在英国和美国基本上是同时发展的, 但动物生态学在美国而不是在英国, 主要是紧随着植物生态学而发展的。卡内基学会冷泉港实验室的达文波特[①] (C. B. Davenport), 是从事遗传学和优生学研究的著名人物。他因从事一项冷泉沙岬 (Cold Spring Sand Spit) 研究而曾短暂地投身于生态学 (Davenport 1903)。他对海滩不同地点的动物给予惯常的描述, 但是这使达文波特得出一些有着普遍意义的结论: [86]

(1) 世界上有着无数栖息地类型。

(2) 每个生物都有它自己的与其自身结构相和谐的栖息地。

(3) 扩散能使生物分布到更好或更差的栖息地。

(4) 那些在到达栖息地后能较好适应当地条件的生物, 将会繁荣和增殖; 否则结局将会相反。

(5) 这一过程将会一直进行, 直到生物开始出现于适合它生存的环境。

达文波特把这一过程看成是对自然选择的补充; 在这一过程中, 不适应的变异, 只有在这些生物找到合适的栖息地后, 才会变得适应。查尔斯·埃尔顿后来将此称为 "动物对环境的选择" (Hardy 1968)。达文波特阐述的这些完全与进化论推理无关

---

① 查尔斯·本尼迪克·达文波特 (Charles Benedict Davenport, 1866—1944), 美国杰出生物学家, 优生学家, 美国优生运动的领导者之一。1892 年获哈佛大学生物学博士, 后来成为哈佛大学动物学教授。达文波特是分类学定量标准的先驱, 是当时最卓越的美国生物学家之一。然而当孟德尔的遗传定律被重新发现后, 他成为孟德尔遗传的最重要的支持者。1904 年, 达文波特成为冷泉港实验室的负责人。1910 年他建立了优生记录办公室 (Eugenics Record Office), 开始一系列关于人类个性和心理素质的遗传学调查, 内容包括: 酗酒、犯罪、智力、坏脾气、狂躁以及种族婚配的生物效应等。他的工作以及推动的学术组织活动, 不仅在美国而且在国际上产生巨大影响。

的思想, 后来由格利森在发展其著名的个体论群落概念时, 又做了概括 (McIntosh
1975a)。然而, 达文波特的生态学思想对他的同时代人几乎没有影响。

美国陆生动物生态学家采纳了植物生态学注重动态和演替的观点, 但是, 在
其发展过程中, 他们又给予一点不同的改变。亚当斯 (Adams 1913: 82) 在一本最早
的动物生态学著作中写道:

> 本世纪科学思维方法最惊人的进步, 是遵循按照过程 —— 即动力学 ——
> 的观点进行解释的方向。

亚当斯痛惜, "生态学是一门其真实状况与其组织或整合度极不相称的科学"; 他
还提醒, 生态学 "迫切需要整合"。亚当斯认可 S. A. 福布斯的影响, 他和福布斯一
样, 强调自然平衡的思想。他看出, 需要识别一种 "生物基础", 或者说平衡, 使得
各种关系都指向它, 均衡也在此基础上建立。他的设想与福布斯的一样, 是人类干
扰以前的原始状态; 并且认为, 在人类迁出后这一状态将会恢复。亚当斯 (Adams
1917) 的 "新博物学", 如同他描述生态学, 是一种对动物因果关系的研究, 其中特
别强调动物的活动和响应。亚当斯把演替概念由植物扩大到鸟类、鱼类和昆虫。
他的书中大量提到 "变化" (change)、"次序" (sequence)、"发展" (development)、"过
程" (process) 和 "动态" 过程 ("dynamic" processes)。按照亚当斯的观点, 有必要研
[87]    究一个区域, 确定它是否处于 "受压" "调整" 或 "相对均衡" 状况, 进而确定它可能
的发展方向和速率, 以及均衡得以建立的条件。

维克多·谢尔福德是早期芝加哥大学生态学学派的产儿。他和亚当斯一样, 后
来在伊利诺伊州博物学实验室与 S. A. 福布斯共事。对他而言, 整理生态学数据的
任务 "看来是毫无希望的" (Shelford 1913)。他采用一种三重法 (a threefold approach)
来解决难题, 即考虑: ① 整个生物的生理学; ② 动物行为; 以及 ③ 植物生态学 ——
基本是群落生态学 —— 的可资比较的数据。如他所说, 他摒弃伴同出现的进化和
遗传问题。的确, 只是在好多年后, 才大力推进生态学、进化论和遗传学的融合。
为了小心地绕开生态学的构成问题, 他把**生态学**定义为 "博物学和生理学中已被
组织和能够加以组织成一门科学的那些内容, 但它不包括博物学中不能加以组织
的素材"。

谢尔福德看到, 动物学家特别致力于生物个体的研究; 亚当斯也持这一观点。
谢尔福德在其早期的生态学工作中, 以一种不同的方法致力于研究许多物种、它
们彼此间的依存关系以及它们与环境的关系, 一句话, 研究群落。与福布斯和亚
当斯一样, 谢尔福德想象一种原始的自然平衡在受到干扰后再达到均衡。均衡是
供求之间的一种平衡, 谢尔福德提出一些关于食物链的最早图示。他说, 平衡或

均衡, 大多是关于食物供应以及捕猎者与猎物之间此消彼长的问题。对于谢尔福德, 演替是动物群落变化的首要内容, 一如植物群落。他把群落描绘为 "一个由彼此相关的工作部件构成的系统"; 当环境变化时, 这些部件会由于物种的加入而增长、削弱和消失。他把生态演替与其他两种演替区别开来: 一种是 "地质型演替" (geological succession), 它相应于进化性演变 (evolutionary change); 另一种是 "季节型演替" (seasonal succession), 它是由于生命期中的季节变化而产生的周期性。谢尔福德把生态演替描述为一种 "类群习性 (mores) 的演替", **类群习性**是指有着独特生态学属性的生物或动物群体表现出的总体生态学特性。除了他早期对动物群落的重视外, 谢尔福德将很大精力用于认识生物的生理学特性。他断言, "如果我们了解大部分动物的生理生活史, 那么大多数其他的生态学问题会容易解决" (Shelford 1913)。据此, 他提前指出 1970 年代生态学的一个主要推力, 即同样试图在物种的生活史策略中为群落和演替寻找根据。早期的植物生态学家, 如瓦明和施佩尔, 强调水的首要意义。不过, 大多数生态学家认为, 环境是以诸因子复合体方式作用于生物的。谢尔福德强调, 几种因子运行起来能控制生物的分布。谢尔福德构造了一条 "耐性定律" (law of toleration), 它申言: 一个物种是否成功, 取决于一个或几个因子由最佳值向耐性下界或上界的偏移。他特别指出, 当环境按不同方向偏离最适栖息地条件时, 关键因子或因子组合将会不同, 同时生物亦会有相应地改变。

[88]

在这一期间, 植物生态学和动物生态学基本上是分开的。这一情况持续了几十年, 现在在相当程度上依然如此。即便这样, 谢尔福德写道, 生态学在逻辑上不能分为植物生态学和动物生态学, 但它可以分为固定型生物的生态学和移动型生物的生态学。这一准则已被许多海洋生态学家用于研究海滨栖息地与珊瑚礁, 以思考传统上属于植物生态学领域的群落演替和模式问题。谢尔福德大量采纳克莱门茨的演替思想, 其中包括向一个区域性顶极敛聚的思想。他后来与克莱门茨合作, 力图把植物生态学和动物生态学综合为 "生物生态学" (bio-ecology) (Clements and Shelford 1939)。只是由于哈钦森列数的那些原因 (Hutchinson 1940), 这一努力未能获得明显成功。

在整理或综合博物学和生理学的大量事实并把它们同化进动物生态学的过程中, 达到顶峰的是埃尔顿的《动物生态学》(Animal Ecology) (Elton 1927)。埃尔顿是英国博物学的伟大传统的产儿。这一传统的另一个产儿哈钦森写道, 埃尔顿诞

生于一个不是职业植物学家的家庭, 但是, 在这一家庭中, 本瑟姆① (Bentham) 和
胡克② (Hooker) 的《英国植物志》(*Handbook of the British Flora*) 是仅次于《圣经》
的家庭必备用书 (Hardy 1968; Cox 1979)。哈钦森补充说, 20 世纪早期, 许多英国
学术阶层的家庭都是这样。埃尔顿把生态学视为 "科学" 的博物学。通过与朱利
安·赫胥黎③的合作, 以及在北极的旅行和研究, 他进一步确立对博物学的兴趣。
他同时也受到谢尔福德的《美国温带动物群落》(*Animal Communities in Temperate
America*) 一书的影响, 特别是谢尔福德对生理学的重视 (Cox 1979)。然而, 埃尔顿

[89]　并不认为谢尔福德关于 "动植物群落有着一致的时空范围 (coextensive)" 观点是有
用的, 因为他在北极的经历表明: 一个动物物种可能在不同的植物群落中找到; 而
对于一个植物群落来说, 只有少数物种被排斥其外。埃尔顿的名作《动物生态学》,
实际上是受命写成的; 当时他是牛津大学的一个青年人, 被朱利安·赫胥黎指定去
写这本书。写作总共花了 85 天, 其间还包括其他事务 (Cox 1979)。该书成书的那
个时代, 牛津大学尚未有动物生态学的课程。但是, 埃尔顿的这本小书, 却被 G. E.
哈钦森称为 20 世纪最伟大的生物学著作之一 (Cox 1979)。哈钦森的其余褒扬则
失之于夸大, 他说: "它为现代生态学提供了半个基础。另一半来自沃尔泰拉 (Vito
Volterra)、洛特卡 (Alfred Lotka)、尼科尔森④ (A. J. Nicholson)、高斯 (G. F. Gause)
与托马斯·帕克 (Thomas Park)"。当然, 这是一份对数学动物种群生态学和实验动
物种群生态学做出贡献的 "名人录" (Who's Who)。这也说明, 在生态学家中, 即使

---

① 乔治·本瑟姆 (George Bentham, 1800—1884), 英国植物学家, 皇家学会会员。草类植物学
家杜安·伊势 (Duane Isely) 称他为 "19 世纪首屈一指的植物分类学家"。他最著名的著作是与胡
克 (Joseph Dalton Hooker) 合编的《英国植物志》(*Handbook of the British Flora*, 1858), 后多次再
版, 成为一个多世纪以来的学生用书。他最为著名的研究是与胡克合作, 创造了植物分类的 "本
瑟姆–胡克系统" (Bentham & Hooker system), 发布于 3 卷本的《植物属志》(*Genera Plantarum*,
1862—1883)。对于进化论, 他由一个物种不变论者, 变为完全信服, 进而用于对分类学的认识。

② 约瑟夫·道尔顿·胡克 (Joseph Dalton Hooker, 1817—1911), 英国植物学家, 探险家, 皇家学
会会员。胡克是达尔文的密友, 一生历经多次探险考察, 包括南极、英国大陆地质、印度和喜马
拉雅地区、巴勒斯坦、摩洛哥和美国西部, 并发表大量著述, 这为他赢得很高的科学声誉。1847
年成为皇家学会会员, 并于 1873 年成为会长。1855 年成为皇家植物园 (邱园) 园长 (他的父亲)
助理, 1865 年, 接任园长, 直至退休。他是达尔文进化论的最强有力的支持者。

③ 朱利安·赫胥黎 (Sir Julian Sorell Huxley, 1887—1975), 英国进化生物学家, 优生学家, 皇家
学会会员。托马斯·赫胥黎之孙。他是 20 世纪中叶现代综合进化论 (modern synthesis) 的领军
人物。他是联合国教科文组织 (UNESCO) 的第一任总干事, 是世界自然基金会 (World Wildlife
Fund) 的发起人之一, 英国人类学家协会 (British Humanist Association) 的第一任主席。1959—1962
年他任英国优生学会 (British Eugenics Society) 会长。

④ 亚历山大·约翰·尼科尔森 (Alexander John Nicholson, 1895—1969), 英国人, 26 岁移居澳
大利亚。先从事教学, 后从事科学管理, 被称为澳大利亚昆虫学之父。他在 1930 年代进行种群
调节的理论研究。他提出一个寄生物–宿主的动物种群调节模型, 有着 "密度依赖" 和 "密度无
关" 两种运行方式, 从而引起学术界普遍关注。他认为, 只有前一种方式导致长期的种群变化和
演化。但这一观点受到环境论、密度无关论等主流观念的反对。

是最优秀的生态学家, 也存在一种倾向, 就是说, 当他们专门讨论生态学的某一部分——比如说动物生态学——时, 总是使用 **"生态学"** 这个通称性术语。

　　埃尔顿在其著作的引言中评论, 大多数生态学研究一直与适应和进化有关; 它们是谢尔福德曾经回避的题目。埃尔顿把他自己的书说成主要与 "动物的社会学和经济学" 有关, 而不是与结构和其他适应性有关。这一点或许能说明社会经济学对埃尔顿思想的影响。埃尔顿的科学传记作者 (Cox 1979) 把这一影响归结于埃尔顿与哈德森海湾公司 (Hudson's Bay Company) 的长期合作。在写作《动物生态学》以前, 埃尔顿参加了数次斯匹次卑尔根群岛 ① (Spitsbergen) 考察 (1921—1924), 调查那里的植物和动物群落。这些非同寻常的协同行动, 涉及大批专家和重要的技术支持。它们标示着埃尔顿研究中的分水岭的开始。在这些考察中, 埃尔顿关注动植物群落的特性和分布, 以及它们的共存关系。埃尔顿和他的助手们强调群落的食物即营养关系; 并且, 提出一个用以说明食物关系的定性的氮循环图; 这一点预示后来对这一问题的重视。不过, 埃尔顿后来的许多研究是在物种的种群动力学方面。他后来的名著《田鼠、家鼠和旅鼠》(*Voles, Mice, and Lemmings*) (Elton 1942) 的副标题就是《种群动力学问题》(*Problems in Population Dynamics*)。由于他的北极经历, 他谋得作为哈德森海湾公司的 "生物学顾问" 职位 (1925—1931)。这使埃尔顿能接触该公司的毛皮贸易记录, 并将注意力引向动物数量——特别是数量的长期周期性振荡。这可见诸公司的毛皮收购量。周期性问题也曾引起植物生态学家和气候学家关注 (Clements 1916)。后来的动物学家甚至要把生态学定义为 "对动物数量和分布的研究"。埃尔顿进入生态学领域的时候, 也正是雷蒙德·珀尔 ② (Raymond Pearl) 重新把韦赫尔斯特 ③ (Verhulst) 的数学方程用于人口问

[90]

---

　　① 靠近北极。

　　② 雷蒙德·珀尔 (Raymond Pearl, 1879—1940), 他的主要研究领域是生物统计学, 兼及医学、优生学、生物老年学、政治学等, 著作甚丰。1920 年代, 曾任美国统计学会会长, 并被认为是美国生物老年学的奠基人。

　　③ 彼埃尔·弗朗索瓦·韦赫尔斯特 (Pierre François Verhulst, 1804—1849), 比利时数学家。1825 年获根特大学 (University of Ghent) 数论博士。他在研究人口问题时提出逻辑斯蒂方程 (logistic function)。这一方程及其扩展后来广泛应用于人工神经网络、生物学 (特别是生态学)、生物数学、化学、人口统计学、经济学、社会学、政治学等领域。

题、洛特卡①和沃尔泰拉②把它们用于动物种群研究的时候 (Scudo 1971; Kingsland 1981, 1982)。埃尔顿和其他早期的动物生态学家,如亨森 (Hensen) 和 S. A. 福布斯一样,从事对野外动物种群的经验性研究以及对作为群落成员的动物的经验性研究。埃尔顿对于动物种群、它们的干扰以及调节的兴趣,由此而起使他产生 “最佳密度” (optimum density) 思想。在实现并维持这一最佳密度的诸因素中,起重要作用的有: ① 食物, “动物通过食物循环和食物链而构成群落”; ② 疾病和寄生生物; ③ 环境变化, “动物数量变动的主要原因是环境的不稳定性”; 以及④ 种群控制的遗传学手段与其他内在手段。

埃尔顿看到北极动物种群的神奇且明显的周期性动荡,其中最著名的是旅鼠。按照考克斯 (Cox 1979) 的说法,埃尔顿多少是雄心勃勃地去研究当时广泛流行的自然平衡 (balance of nature) 或均衡 (equilibrium) 的观念的。《动物生态学》的开始几章,读起来 “似乎动物的数目保持相当的恒定”。埃尔顿描述了 “协助确定每个物种最佳数量密度的总的机制” (Elton 1927)。在第九章,埃尔顿更为真实地研究种群。他写道, “实际上没有一个动物种群能在任意长的时间内保持不变”,并且 “大多数物种的数量不得不剧烈动荡”。像达尔文和 S. A. 福布斯那样,埃尔顿的注意力转向 “什么控制着一个种群的数量” 这一问题。他强调: ① 由寄生生物引起的传染病; ② 迁移; ③ 在取食上的转换措施,据此,一个动物改变它的食物是由食物的可获得性和质量决定的。

考克斯 (Cox 1979) 将埃尔顿对群落的 “功能性动力学性质” 的强调,与考克斯归因于植物生态学家的 “描述性的、静态的、物种表式的群落” 相对照。这种指责司空见惯,但并非完全有根有据。可以肯定,当时主要植物生态学家和埃尔顿一样,竭力倡导对生态学的动态处理; 并且他们也和埃尔顿一样,强调变化是本质。尽管一些论述植物群落的出版物是描述性,或 “物种表” 式的,但植物生态学家仍致力于群落演替和物种种群的变化,常常致力于推论型证据; 只是他们没有像在动物生态学中那样强调把种群作为基准。不过,许多植物生态学家仍从物种表和

[91]

---

① 阿弗雷德·詹姆斯·洛特卡 (Alfred James Lotka, 1880—1949),美国数学家,物理化学家,统计学家。他最为人熟知的工作是独立于沃尔泰拉的 “捕食者–猎物模型” (predator–prey model)。由此产生的 “洛特卡–沃尔泰拉模型” (Lotka-Volterra model) 一直是生态学中许多种群动力学分析模型的基础。

② 维多·沃尔泰拉 (Vito Volterra, 1860—1940),意大利数学家,物理学家,生物数学家。他在这三个领域均有重大建树。数学上他是泛函分析的创始人,他在积分和积分微分方程方面的工作,为这一学科分支奠定基础。在生物数学方面,他发展了韦赫尔斯特的逻辑斯蒂方程,并形成 “洛特卡–沃尔泰拉模型”。沃尔泰拉是唯一在国际数学家大会上做 4 次大会报告的人。他在物理学上贡献了塑性材料的晶体位错理论 (theory of dislocations in crystals)。沃尔泰拉是一个反法西斯主义者。

物种构成上, 推断 "竞争" 这一动态过程。埃尔顿与那些强调生理学重要性甚至把它等同于生态学的植物生态学家不同, 他也与亚当斯、谢尔福德这些强调生理学意义的动物生态学家不同。埃尔顿 (Elton 1927) 写道:

> 当研究限制因子时, 真正更为重要的是要大体了解环境中正在发生的某些事情, 而不是对动物本身的生理学知道得更详细。

埃尔顿的著作肯定值得哈钦森的褒扬, 因为它将亚当斯和谢尔福德曾经寻觅的思想编纂成经典, 而且比他们两个做得更为有效。但埃尔顿也承认, 他的工作是建立在亚当斯和谢尔福德的成就上。埃尔顿提供了 4 条原理, 作为整合种群生态学和群落生态学的基础。它们是: ① 食物链和食物循环; ② 食物规模 (food size); ③ 生态位; ④ 数量金字塔。埃尔顿集中研究 "群落中的动物在做什么", 特别是 "动物吃什么" 以及 "怎么吃"。对食性的研究很难称得上新颖, 埃尔顿也承认这借自于谢尔福德, 但是他强调**食物链** (food chain) 和**食物循环** (food cycle) 的思想。食物链以后被**食物网** (food web) 所取代, 事实上后者也由埃尔顿阐释。**食物循环**的思想是对**食物链**概念的改进, 它就是后来所称的 "生物地球化学循环" (biogeochemical cycle) 的本质, 因为它把有机的食物链与非生命的环境综合到一起。这也是非常早期的生态学思想的一个本质特征, 它后来被命名为 "生态系统" (ecosystem, Tansley 1935) 或者一个更为中听的名称 "生物地理群落" (biogeocœnose, Sukachev 1945)。根据食物链和后来所称的群落 "营养结构", 埃尔顿得出一个一般化结论: 动物个体的大小, 在食肉动物的食物链上, 随着等级的提高而增大; 而在寄生生物的食物链上, 随等级的提高而减少。

**数量金字塔** (pyramid of numbers) 也不是一个崭新的思想, 但埃尔顿擅长措辞的本领, 创造了一个非常容易理解的图解概念, 从而表达了他的信念: 较小动物的种群比较大动物的种群增长得迅速, 并需要用更多的小动物来维持数量较少的大动物的生存。埃尔顿认识到, 所有动物在能量上依赖于植物, 但他没有注意能量的重要性; 而这一点早已被湖沼学家抓住, 并在后来成为林德曼 (Raymond Lindeman) 经典论文《生态学的营养动力学方面》(*The Trophic-Dynamic Aspect of Ecology*) 的基础。在林德曼论文和以后许多生态学研究中, 数量金字塔转变为能量金字塔。森佩尔 (Semper 1881) 早已预见, 这是热力学第二定律的必然结论。它所产生的成果是, 能量成为营养结构中的 "通货" (currency①), 这被广泛欢呼为一场生态学 "革命"。但是, 对于这种把能量当作生态系统功能的唯一重要量度的做法, 埃尔顿是后来对其合理性提出质疑的生态学家之一 (Elton and Miller 1954)。

[92]

---

① 货币的别称。

生态位 (niche) 概念是较早的 "位置" (place) 概念的派生物。它或是用于描述物种的地理位置, 或是按自然界规则所处的位置。生态位概念的引入, 一般归功于美国动物学家格林内尔[①] (Joseph Grinnell), 但这一术语更早已经使用[②] (Cox 1980)。它现已成为生态学中非常有争议的概念之一, 并且被赋予过多的含意。格林内尔 (Grinnell 1908) 认为, 物种之间的竞争, 导致它们选用相似但又不相同的栖息地或觅食方式。格林内尔描写那些能够生活在一起的物种, 像一群 "拥挤的并相互推搡着的肥皂泡"; 这一描述巧妙地反映在谢尔福德 (Shelford 1913) 表示群落的物种之间生活史关系的插图中。埃尔顿 (Elton 1927) 把一个动物的 "**生态位**" 定义为它 "在群落中的地位, …… 它做什么, 特别是它与食物和敌对者的关系"。生态位一直是一个笼统的术语, 尤其是在动物生态学中。直至 E. P. 奥德姆 (Odum 1953) 才在其著名的生态学教科书的第一版中, 对它做了重新评价; 并最终由哈钦森 (Hutchinson 1957a) "革命性地" 给予**生态位**一个 $n-$ 维空间的数学定义。哈钦森的定义, 引爆一场语义学之战, 其规模堪与克莱门茨的**顶极**定义引发的争论相比。埃尔顿的**生态位**定义比起哈钦森的更为多义而含糊, 它除了指一个物种的功能外, 还指一个群落的抽象功能; 这个群落充满了为同一总目标服务的各种各样的生物物种。而哈钦森的生态位是专指一个物种, 从而导致 "一个物种一个位" (one species one niche) 观念。

[93]

埃尔顿把生态位作为他早期生态学思想的主要组成部分, 而丝毫不重视格林内尔和后来某些生态学家所强调的竞争, 而后者使竞争成为 "生态位理论" 的基石。这件事多少有些不合情理。埃尔顿 (Elton 1927) 对竞争的概念并不重视, 也没有在生态位语境中讨论这一概念。与那些把竞争作为群落形成的最为重要的动力的植物生态学家 —— 如克莱门茨和坦斯利 —— 不同, 那一时期的埃尔顿与其他早期的动物生态学家都不这样认为。亚当斯、谢尔福德和埃尔顿仅仅间接地提及这一问题。埃尔顿问道: "所谓竞争, 我们到底是指什么呢?" 这一问题很快在 1930 年代激发起动物生态学家的兴趣, 因为那时竞争已处于中心位置 (Nicholson 1933; Gause 1934, 1936), 并从此一直成为经验生态学和理论生态学的论争焦点 (McIntosh

---

[①] 约瑟夫·格林内尔 (Joseph Grinnell, 1877—1939), 美国野外生物学家, 动物学家。格林内尔对加州动物区系做过大量研究, 并引入一种精确记录野外观察的方法 "格林内尔方法" (Grinnell System)。他 1908 年任加利福尼亚大学伯克利分校脊椎动物博物馆第一任馆长, 直至去世。他撰写多部著作, 包括《加利福尼亚鸟类分布》(*The Distribution of the Birds of California*) 和《约塞米蒂国家公园的动物生活》(*Animal Life in the Yosemite*, 1924)。他的另一个重要贡献是发展和推广了 "生态位" (niche) 概念。

[②] "生态位" (niche) 最早由约翰逊 (Roswell Hill Johnson, 1877—1967) 在 1910 年研究瓢虫时提出, 意指生物在自然界中的位置。约翰逊早年从事博物学, 后来追随达文波特 (Charles Davenport), 成为优生学家。

1970; Schoener 1982)。埃尔顿在以后的工作中逐渐接受 "竞争是群落形成的基本因素" 思想 (Elton and Miller 1954; Lack 1973)。

埃尔顿的四条原理使得动物生态学得以组织和综合, 这是亚当斯、谢尔福德和其他人未能做到的。埃尔顿发展了一个逻辑严谨的语词模型, 将有关功能性动物群落及其种群构成的几个概念联系起来, 从而给动物生态学重新定向。在当今生态学语境中, 时髦的做法是谴责只注意构造概念而不注意发展可证伪的理论; 但在科学上如同其他方面, 你有必要在可以跑之前先试着走一走。考克斯 (Cox 1979)注意到埃尔顿和达尔文在选择比喻时的一致性。他引证马尼尔 (Manier 1978) 的说法: 达尔文仔细选择 "斗争" (struggle) 一词作为战争 (war) 和均衡 (equilibrium) 的中介。埃尔顿的《动物生态学》引入许多术语, 它们适合于生态学作为自我意识学科的头十年状况。后来的批评, 普遍要求更严格、更准确, 最好是数学化的定义, 言必用数学化的比喻。但是他们忽视了这样一个事实: 一个数学符号 (×) 之美, 在于它没有任何隐喻性的弦外之音。它所包含的意思就是使用它时表达的意思—— 既不多, 也不少。正如考克斯指出, 埃尔顿的语言是动态的, 着眼于功能的且有弹性的。他避开术语解释、正式的定义和不成熟的数学表述这一套格式。虽然他的原理并非源自他本人, 并且他们各自的实质均可在早前的工作中发现, 对此埃尔顿一般都加以引证, 但是这些基本思想 (如种群) 的关系则构成一个完整的体系。

## 3.4　水　生　群　落

"动态均衡" (dynamical equilibrium) 的思想在早期海洋生物学著作中是显而易见的 (Johnstone 1908)。海洋生物学家, 如爱德华·福布斯 (Edward Forbes) 和维克多·亨森 (Victor Hensen), 在发展底栖和浮游生物群落的数量采样以及把种群或群落处理为一个统计实体等方面, 做出了开拓性贡献。约翰斯顿 (Johnstone 1908)注意到, 用数量方法为真实 "密度" 提供近似数据是必要的; "密度" 在这里定义为给定面积上某种生物的个体数目。约翰斯顿在其著作中将很大篇幅用于 "数量海洋生物学": 一章分析定量采样方法; 下一章分析空间分布; 再下一章提出 "海洋种群普查"。在那一时代, 陆生动物生态学家大多仍是谈论物种的 "有" 或 "没有", 或是定性地估计物种多度或多样性。埃尔顿在其最早的种群研究中, 利用的是哈德森海湾公司的长期毛皮贸易记录, 而不是密度数据。约翰斯顿引入关于分布的均匀性抑或异质性 (uniformity versus heterogeneity) 的传统概念; 并且评论, 如果分布是不均匀的, 那么 "对海洋微小生物的调查—— 当然除了为地理学或形态学研究

[94]

而进行的采集——将是无效的, 是一项莫名其妙的行动"。许多生态学家, 特别是植物生态学家, 多年来为了避免这种无效性, 他们把数量研究建立在同质性地域的假说上, 至少他们感兴趣的现象是同质的。事实上这种情况几乎不存在。但是, 由于承认自然界的异质性、可变性和随机性会引发巨大困难, 所以对这些性质的承认受到压制, 特别是受到理论家的压制。早期海洋生物学家意识到采样误差, 甚至在 1880 年代就对此进行估计。但是, 约翰斯顿 (Johnstone 1908) 明智地写道: "对科学来说, 仅仅强调一种完美的意图是无用的, 一个人应当尽量利用能够获得的数据"。他还建议他的读者, "相信由此获得的临时性结果, 也许会有助于对调查方法做进一步推敲"。

海洋生物学家早已获得对生产力的估测, 并且也已熟悉某一时刻单位面积的个体数 (密度) 和有机物总量 (生物量、现存量) 与单位时间单位面积所产生的个体数和活物质量 (生产量、生产力或产量) 之间的区别。亨森对浮游生物以及各渔业委员会对鱼类和贝类生物, 都努力进行这些估计。约翰斯顿通过引证早至 1878 年的数据, 能够对来自不同地点的生产力以千克/(公顷·年) 为单位进行比较。他引用的唯一能进行比较的陆地数据是人们早已有熟悉的对谷物、饲草和牛肉等的农业生产的度量。当然, 生产量数据的比较具有很大的商业意义。在高度关注海洋资源枯竭的时代, 这有利于海洋生物学和农业获得政府资助。约翰斯顿 (Johnstone 1908) 还思考海洋的 "代谢" (metabolism), 利用现在的标准措辞, 即 "生产者" 和 "消费者"。大多数海洋生物学家是动物学家, 他们主要研究海洋栖息地中的生物, 但不像陆地生态学那样区分为植物生态学和动物生态学。根据约翰斯顿的观点, 有关代谢的区别, 在海洋中并不像在陆地上那样明显。他写道, "在动植物之间, 我们只能画出一条相当不明确的界线"。不管怎样, 马丁[①] (Martin 1922) 仍提供了一份早期的分室图 (a compartment diagram) 以表示海洋中的营养分布。

[95]

虽然埃尔斯特 (Elster 1974) 和里格勒尔 (Rigler 1975a) 一致认为, 早期的湖沼学多处于描述阶段, 并且主要致力于湖泊分类, 但是一些早期的湖沼学家仍然明确关注湖泊动力学, 视之为一个相互作用的物理–生物系统。早期湖沼学的主要概念之一是广泛流行的整体主义的有机体论思想; S. A. 福布斯 (Forbes 1887) 的《湖泊是一个微宇宙》一文可资证明:

> 湖泊是一个古老且相当原始的系统, 与周围环境隔绝。在它里面, 物质循

---

[①] 乔治·威拉德·马丁 (George Willard Martin, 1886—1971), 美国真菌学家。1922 年在纳尔逊 (Thurlow Christian Nelson) 和考勒斯 (Henry Chandler Cowles) 指导下, 以《牡蛎的食物》(*Food of the Oysters*) 为题, 获得芝加哥大学博士学位。后在爱荷华大学工作, 并先后成为植物学教授和植物系主任。

环着,调控机制运行着,以产生堪与类似的陆地区域的情况相比的平衡。在这一微宇宙中,每件事物,在它与整体之间的关系尚未清晰之前,是不可能被充分认识的。……这个湖泊看似是一个有机系统,它表现出一种成长和分解的平衡;其中,生存竞争和自然选择导致一种均衡,一个对捕食者和猎物都有利害关系的群落。

埃尔斯特 (Elster 1974) 发现,福布斯的思想领先于他的时代;并且认为,如果当时有更多的生物学家熟悉福布斯的研究,生态学的发展会迅速得多。然而,许多后来的湖沼学家相信,湖泊不是一个自给自足的微宇宙,因此有必要从流域角度认识湖泊。福布斯 (Forbes 1880a) 承认,准确的调节从未实现,并且所有物种的种群都处于振荡之中;但是他提出,振荡会保持在一定限度之内,并趋向均衡。由于生物的相互作用是自我校正的,用现代术语说就是一个 “负反馈”,因此福布斯认为,最终制约种群的是环境中的无机因子。

湖沼学在许多方面是与海洋学一致的。的确,福雷尔写道,“湖沼学是湖泊的海洋学” (引自 Berg 1951)。早期湖沼学关注的是浮游生物种群的研究,包括它们每天在水体中的运动。对河流和湖泊浮游生物的早期研究 (Kofoid 1903; Birge 1898; Birge and Juday 1911),提供了对浮游生物的数量估计。伯基研究的是甲壳类,他跟踪观察种群的季节变化以及它们在水体中的垂直运动,并且思考产生这两种现象的几方面因素。伯基评论说,浮游生物中甲壳类的最大数目 “奇异地保持恒定”。他设想,这些数目是受竞争制约的。如同一些早期植物学家,伯基认为,一个同时具有领地和资源的生物是难以被取代的。伯基谈到亨森和海克尔争论过的均匀分布 (uniformity of distribution) 的问题,他发现一些非均匀分布或“成群现象” (swarms)。但他告诫说,他的数据尚不能支持这两种理论中的任何一个。伯基把食物的数量和质量、温度以及竞争,包含在限制因子中。他说,垂直分布受着食物、几种物理因子、年龄以及物种的独特属性的影响。伯基评论了众所周知的藻类种群的季节性演变 (seasonal development) 现象,并把它与出现在森林中物种的季节性生长 (seasonal progression) 状况进行比较;这一周期性次序,后来逐渐与陆生演替混为一谈。

[96]

科福伊德 (Kofoid 1903) 从体积上确定浮游生物数量。他利用这些数据与 235 个观察站 5 年的 “平均年产量” 进行比较。他发现,几乎没有相似的研究可供比较。他评论说,这些数字包含着 “很大成分的猜测”,并且提出需要 “妥善地解决水体生产力问题”。尽管如此,科福伊德检验了所看到的变化 “幅度” 和 “方向”,并且发现它们 “与环境差异的相关性”。伯基和朱岱 (Birge and Juday 1922) 进行了确定浮游

生物的 "食物价值" (food value) 的研究。这一研究对 "现存量" (standing crop)、"周转量" (turnover) 和 "产量" (production) 做了明确区分, 并且提出一个类比:

> 湖泊中的浮游生物, 可以看作类似于河流中的一个水塘, 水流恒定地由一边流入并从另一边有规律地流出。水塘本身代表着浮游生物的现存量, 相应于浮游生物的生产过程; 流出的部分表征着由于各种原因引起的生长量的损失。那个恒定地经过水塘的水流, 十分类似于存在于水体的恒定的浮游生物流。(Birge and Juday 1922)

[97]

"水塘""流入" (或 "输入")、"流出" (或 "输出") 以及 "流量" 等隐喻, 在几十年后那些受到系统分析鼓舞的形形色色的生态动力学观点中, 风靡一时。伯基, 如同 S. A. 福布斯和其他一些生态学家, 把湖泊研究与农业生产研究进行比较, 测量一个生长期的现存量和不同时间的有机物质总量 (生物量) 及其化学组成; 并认识到确定年生产量的问题。伯基和朱岱认识到, 确定一个湖泊的年生产量会比确定土地的生产力复杂, 但是结果证明, 湖泊生产力测量发展得比陆地生产力测量迅速。伯基和朱岱在忙于确定浮游生物的数量、生物量和化学组成的同时, 也思考为测定年生产量所需要的基本数据: ① 自然条件下浮游生物的生产速率; ② 它们的寿命; ③ 每种浮游生物的平均体重。

尽管伯基和朱岱清楚地认识到, 生产量问题不是静态的生物量 (现存量), 而是周转率, 但这一思想几十年都未深入进生态学中。在第一本重要的湖沼学教科书中, 韦尔奇 (Welch 1935) 把**湖沼学**定义为 "研究内陆水体的生物生产力以及决定生产力的所有影响因素的学科分支"。不过, 韦尔奇的学生 D. C. 钱德勒 (Chandler 1963) 评论说, 韦尔奇是根据现存量来考虑生产力的。由于韦尔奇的教科书多年来一直主导这一领域, 伯基和朱岱倡导的 "流" (flow) 的思想没有受到重视。朱岱继续从事生产力研究, 并且与在湖沼学中起着非同寻常作用的植物生态学家柯蒂斯 (T. Curtis) 一道, 利用光瓶和暗瓶中的氧气生成量去估测生物量生产力 (Curtis and Juday 1937)。这一方法早前是由海洋浮游生物生产量研究开发的 (Gaardner and Gran 1927)。

湖沼学家和海洋学家由于他们从事研究的地点的性质, 不得不比在陆生环境中工作的动植物生态学家更重视物理条件, 因为陆地上的生物形体较为醒目。坦斯利 (Tansley 1935) 解释陆生生态学家的这一特点; 他写道, "或许值得我们首先关心的是生物"。不过, 他继续说, "当我们试图做根本性思考时, 我们不能把这些生物与它们各自环境分开; 这些生物与它们的环境构成一个物理系统"。对于这种有机与无机的组合以及相互之间的交换, 坦斯利命名为 "**生态系统**" (ecosystem)。在

[98]

1950 年代, "生态系统" 逐渐成为 "新" 生态学重整旗鼓的召唤, 并且至少在语源上, "生态系统" 一词把生态学和正在勃兴的系统分析哲学联系起来。在坦斯利的思想中, 生态系统具有不同的类型和大小, 尺度上介于原子和宇宙之间, 并且较小的生态系统是较大系统的一部分, 彼此之间有着相互作用。坦斯利申言, 生态系统中存在一种初始系统的自然选择: 那些保持着最稳定均衡的系统, 是生存得最久的。坦斯利说, 生态系统的 "普遍趋势" 明显地指向 "动态均衡":

> 在生态系统中, 生物和无机因子同样是相对稳定的动态均衡中的组成部分。演替和演进则是指向创造这一均衡系统的普遍过程的实例。(Tansley 1935)

坦斯利认识到, 物理因子 (如火) 或生物因子 (如放牧), 如果它们一直存在或反复出现, 也能创造和维持一种动态均衡。坦斯利将演替视为总的变化过程 (a general process of change); 但与克莱门茨相反, 他明确指出, 变化可能是倒退的, 也可能是前进的。他详细说明, "演进" (development) 一词最好用于 "能够导致顶极的内生演替"; 同时他承认, 这些内生演替与单个有机体的情况多少有些类似, 因而有理由把群落视为 "准有机体" (quasi-organism)。"生态系统" 一词被闲置多年, 直至它与雷蒙德·林德曼 (Lindeman 1942) 在湖泊的食物循环研究中创造的营养动力学概念整合起来。林德曼追溯了由 "静态物种分布观点" 到 "动态物种分布观点" 再到由他自己拓展的生态系统的年代序列, 并且将生态系统正式定义为是 "一个由物理–化学–生物过程组成的在任何规模的时空单元中运行的系统"。

# 3.5 古生态学

　　动态生态学中一个占统治地位的主题是对种群、群落和环境的变化进行长期历史洞察的意义。生态学是紧接大陆冰川理论广受认可后发展起来的, 并且, 相关的气候变化也给 19 世纪地质学家业已形成的地球表面动力学观点, 增添新的视角。在 19 世纪著名的 "雏形生态学家" (protoecologist) 中, 有对海洋底栖生物进行采捞研究的主要奠基者爱德华·福布斯 (Rehbock 1983)。他也被称为古生态学的奠基者。古生态学 (paleoecology) 一词是用来描述生物与环境的历史变迁。E·福布斯将他对海底无脊椎动物的生物学观察, 与这些生物的化石记录以及与之相关的环境变化的地质学思想联系起来 (Ladd 1959)。这一地质学和生态学的关联, 明显表现为卓越的地质学家如 T. C. 钱伯伦和由地质学家转为生态学家的 H. C. 考勒

[99]

斯对这一学科交叉的兴趣。赖尔, 这位查尔斯·达尔文的地质学盟友, 据说他给达尔文 "自然选择" 的思想提供一个至关重要的 "时间礼物"; 在这一意义上, 古生态学通过提供一种长期的历史见解而充实了生态学。

对化石的研究, 即古生物学, 远早于自我意识生态学。地层学和古生物学的逻辑是 18 世纪建立起来的。传统的化石研究, 重在形态学和分类学; 在达尔文之后, 则重在进化。化石聚集按地点的不同而不同, 它们与化石所处的总的环境状况有关, 并且也表征总的环境状况。这些构成了许多地质学推断的基础。由于具体生物化石埋藏点的现在环境大多已经远不同于所推断的当时化石生物的生存环境, 这意味着环境变化; 这一事实与生态学的联系是明显的。对化石和它们环境的解释, 是依靠有关它们活着的亲缘生物的习性和环境的知识进行推测。大体在 1900 年前, 尚无得到认可的生态学能够提供这些知识, 只能由人们熟悉的博物学常识代替这种服务。随着生态学对活态生物 (特别是种群和群落) 与环境的关系建立起更为清晰的认识, 它与古生物学的共生关系产生了古生态学。拉德 (Ladd 1959) 注意到, 25 年来海洋古生物学家一直强调生态学思考, 并且这一兴趣仍在增长; 由此产生 "海洋古生物学家在 1930 年代发现生态学" 的论点。不过, 阿格尔 (Ager 1963) 看到, 在分类学的古生物学家与有意于生态学的古生物学家之间一直存在着分野。[100] 英柏瑞和纽维尔 (Imbrie and Newell 1964) 把生态学称为生物学的分支, 把古生态学称为地质学的分支, 从而使这一分野永久化。在陆生动植物古生物学和海洋古生物学之间也存在着不一致, 这使得统一古生态学如同统一生态学一样困难。阿格尔把生态学说成只是古生态学的一个极小方面; 他多少错误地说明了这二者之间的关系。古生态学的见解获自对活态生物的生态学认知; 而生态学也可借助于古生态学, 通过过去来洞察现在。韦斯特 (West 1964) 看到, "第四纪古植物学的历史发展是与生态学的发展紧密一致"。在 19 世纪后期, 对大化石和微化石的定性研究, 已经清楚地建立起生物变化与由其推断的环境变化的一般次序。海洋曾转变为淡水水域, 淡水水域曾转变为海洋, 两者或曾转变为陆地。进一步放开地质年代视角, 一度由蕨类植物占主导地位的地区, 逐渐由针叶植物主导, 再转而由开花植物继之; 并且每一类都有各自不同的伴生植物。这些研究大多都考虑了无生命的化石样本。阿格尔 (Ager 1963) 写道, "我们必须把化石视为活的生物"。这一振兴古生物学的愿望, 实质是古生态学的长处。

早期生态学与地质学的最重要的联系, 是生态学家追随赖尔和达尔文采纳的严格的均变说 (uniformitarianism), 即便它和达尔文主义一样, 在 20 世纪初逐渐受到质疑 (Ladd 1959)。考勒斯 (Cowles 1901) 发展了自然地理生态学 (physiographic ecology), 把长时期的大地景观变化与植被变化联系起来; 亚当斯 (Adams

1901, 1905) 考虑植被和动物在基准状态时和在冰后期扩散时的动物区系意义。克莱门茨 (Clements 1904) 肯定，"在地质上的过去与现在，演替在本质上是一样的"。天文学家道格拉斯 (A. E. Douglass) 对太阳黑子周期的早期研究，使他在 1901 年提出，树轮的年增长可能受到太阳黑子诱发的气候变化的影响。且不管具体原因如何，这种年轮增长与气候的相关性，产生了一门蓬勃发展的学科——树木年代测定学 (Fritts 1966)。巧得很，这项开拓性研究是由华盛顿的卡内基学会资助的 (Douglass 1928)。道格拉斯所在的亚利桑那大学与图森市[①] (Tucson) 附近的沙漠实验室相距很近，并且它也受卡内基学会的资助，所以与沙漠实验室有联系的早期植物生态学家——包括克莱门茨——抓住树轮分析方法，企图重建过去的植被史，并预测未来的变化。克莱门茨 (Clements 1916) 将这种对过去植被的研究，命名为 "**古生态学**" (paleo-ecology)，只是这一术语应当恰切地包括过去所有生物的生态学。

    [101]

克莱门茨的动态生态学概念，强调演替是所有现存的气候顶极群系的起因和解释。他颇具抱负地从演替序列 (sere)，即顶极群落的个体发生学 (ontogeny)，转到气候演替序列 (clisere)，即顶极的时序变化和顶极的系统发生学 (phylogeny)——它与长期气候变化有关。克莱门茨把对于现在演替的均变论见解，作为分析过去演替的线索；并将化石植物区系视作顶极。他甚至修改当时广泛流行的海克尔的胚胎学和进化论观点，他提出，群落的个体发生学，即演替系列发展，可以重现它的系统发生学。克莱门茨认为，顶极是现今的静态单位；每一个都有着自身演替系列的发展，以及它自己从过去顶极开始的系统发生学的发展——这可明显见诸化石序列，或见诸地理植被区。克莱门茨看到，由于将沉积后期变化，即成岩作用 (diagenesis) 的后续影响，引入对化石生物区系和环境的思考，古生态学变得复杂化 (Ager 1963)。古生态学包含地质变化的所有时间尺度，只不过生态学家大多关心的是与更新世和全新世事件有关的相当短的地质时间尺度。克莱门茨强化他对更古老的化石记录的信任，源自下述信念：即便在某些情况下化石沉积是多源的，但由于产生化石的地区大多都处于没有人类干扰的顶极状态，它们仍代表着顶极。然而，在最早得到认可的古生态学研究中，有泥炭沼泽；在那里可以发现，沉积是以垂直序列聚集的。克莱门茨评论过的早期研究 (Clements 1916) 中，有关于区域演替的明确推断——设想是水平空间的植被序列，以及泥炭沉积按时间次序的垂直序列。最早的研究起自 17 世纪；大多数研究是 19 世纪后期和 20 世纪前期进行的。克莱门茨把它们都安置在他自己的动态生态学构架内。

克莱门茨对**古生态学**的定义先于古生态学的重大进展，这些进展会革命性地

---

[①] 美国亚利桑那州南部城市。

推进植被的古生态学研究、孢粉分析 (pollen analysis) 和孢粉学 (palynology)。克莱门茨引证的研究一直到 1913 年, 它们依据的是泥炭沉积中的大化石。格利森 (Gleason 1953) 深为惋惜, 他自己在多年前致力研究泥炭沉积中的植被史时, 利用了大化石, 却不知不觉丢掉以花粉粒和孢子形式存在的大量微化石证据。然而到 1920 年, 欧洲的冯·波斯特[①] (von Post)、艾德曼[②] (Erdtman) 和其他人在泥炭和沉积物堆积中发现大量保存得很好的孢粉, 从而开始对后更新世植被和相关气候变化的详细并最终是定量的分析 (West 1964)。克莱门茨 (Clements 1924) 再次着手撰写适得其时的著作《古生态学的方法和原理》(*Methods and Principles of Paleo-ecology*)。初期的花粉研究主要是在斯堪的纳维亚国家发展的, 1930 年代则分别由戈德温 (Godwin 1934) 和西尔斯 (Sears 1935a, b) 介绍到英国和美国。这些研究导致对冰后期植被变化, 特别是这种变化的年代学的更为详尽的了解。它们也在陆地生态学家和湖沼学家之间建立起共同兴趣, 但仍未能打破将他们分隔的障碍 (Tutin 1941)。

[102]

　　将湖泊演替视为一个动态过程的早期认识, 开始于 17 世纪。然而沃克 (Walker 1970) 说, "我们所了解的关于水生演替序列 (hydrosere) 的普遍理论, 是由克莱门茨 (Clements 1916) 以现代方式表述的"。克莱门茨把这一过程描述为水体刚好 "在使一个演替阶段进行的同时又完成对另一个阶段的保护"。这样, 存在于湖泊的水生演替序列, 为古生态学提供关键性素材; 并且, 同时亦是湖沼学的核心主题。对湖泊演替序列发展的研究, 开始于英国皮尔索尔[③] (Pearsall 1917) 和戈德温 (Godwin 1931) 的工作; 它们提供了关于沉积物和泥炭地层的详细情况, 后来又由花粉剖面进一步扩充 (Godwin 1934; Tutin 1941; Walker 1970; Worthington 1983)。1920 年代, 长期关注湖泊生产力的湖沼学家, 在 "**营养状况**" (eutrophication) 名下, 把生产力表述为湖泊演进和分类的主要基础 (Lindeman 1942; Elster 1974)。林德曼 (Lindeman 1942) 的著名论文《生态学的营养动力学方面》(*The Trophic-Dynamic Aspect of Ecology*) 认为, "水生演替的描述性动力学是众所周知的"。不过, 林德曼转向了生产力, 即演

---

　　① 恩斯特·雅各布·伦纳特·冯·波斯特 (Ernst Jakob Lennart von Post, 1884—1951), 瑞典博物学家和地质学家。他是从事花粉定量分析的第一人, 是孢粉学 (palynology) 的奠基者之一。1929—1950 年任斯德哥尔摩大学教授。

　　② 奥托·贡纳·伊莱亚斯·艾德曼 (Otto Gunnar Elias Erdtman, 1897—1973), 瑞典植物学家, 孢粉学先驱。1921 年以德文发表的花粉分析论文使其名扬斯堪的纳维亚内外。他系统研究了花粉形态学, 开发了用于花粉研究的 "乙酰解" (acetolysis) 方法。他的《花粉分析导引》(*An Introduction to Pollen Analysis*) 在学科发展中发挥了很大作用。

　　③ 威廉·哈罗德·皮尔索尔 (William Harold Pearsall, 1891—1964), 英国植物学家, 皇家学会会员, 1944—1957 年任伦敦大学学院植物学奎因教授 (Quain Professor)。这是伦敦大学学院的一种教授头衔, 为纪念其解剖学教授理查德·奎因 (Richard Quain, 1800—1887) 设置, 只包括植物学、英国语言文学、法学、物理学。

替过程中的 "器官形成" (organogenic) 方面。他特别认为,湖泊演替涉及生产力的增加,伴随着由贫营养过渡到一个 "相当长时间的富营养阶段的均衡" (prolonged eutrophic-stage equilibrium),随后由于湖泊逐渐充塞它自己的产物而衰老。外生(淤积作用) 过程与内生 (有机物生成) 过程的交织,以及它们与富营养化过程的关系,给有关湖泊演替性质和次序的范围广泛的论争提供了素材。例如,哈钦森(Hutchinson 1969) 在富营养化专题讨论会的一篇介绍性论文中,一开始就尝试性提议: "在讨论会开始时,如果能够尽力准确找出我们想要讨论的东西,将是令人高兴的"。但仔细阅读接下来的文章,人们发现,所希望的 "准确" 在当时甚至以后都没有实现 (National Academy of Sciences 1969)。

[103]

由陆地生态学家,或者充其量由两栖类生态学家,进行的水生演替序列研究,是获取从硅藻到乳齿象生物史的信息的主要源泉。微化石和大化石都成为陆地生态学家解释植物区系和动物区系长期变化的手段 (West 1964; Walker 1970)。由于化石花粉序列可以提供关于变化,特别是更新世和后更新世变化的总的历史年表,所以这一发现是对重建植被史和气候史的重大贡献。古生态学为生物地理学、演替过程和群落性质,提供了重要见解。例如,美国的北美草原半岛① (Prairie Peninsula)现象是由 H. A. 格利森第一个在 1920 年代的植物区系研究中证实,并由特兰索②(E. N. Transeau) 在 1930 年代给予命名和进一步界定。北美草原半岛现象和相关气候变化的详细历史,是依据那时在湖泊和沼泽花粉新获得的研究 (Sears 1935a; King 1981)。英国、美国以及欧洲大陆的花粉层有着普遍的一致性和相关性,它们表现出显著相似的气候变迁,并提供了植被变化的总的次序 (general sequence) 和大致的年表。这清楚地证实克莱门茨指出其特征的长期演替,不过,它普遍高估了变化的年代和所经历的时间。直至第二次世界大战后,放射性 C 年代测定法的出现,方能获得对这两个方面更精确的估测;不过无须对早期获得的演替序列做根本性修正 (Libby 1952; Deevey 1964)。当时,关于 "上个冰期即威斯康星冰期的后撤

① 北美草原半岛 (Prairie Peninsula) 是一个生物地理学术语,指北美草原植被 (或称为生物区系) 从北美草原向东延伸并插入落叶林而形成的半岛状的凸出部分。地理上,北美草原生物区系从密西西比河向东延伸,横跨伊利诺伊州以及印第安纳州西部,其外缘东至俄亥俄州中部,北至威斯康星州南部和密歇根州南部,南部边界在伊利诺伊州。地植物学上,它的北部是针叶林和混交林,南部和东部是落叶林。有关北美草原半岛的研究包括: 它的起源和发展,它的边界,影响因素,植物群与动物群的相互作用等。这些研究仍在持续。"北美草原半岛" 一词最早由亚当斯 (Charles C. Adams) 在 1902 年提出。历史上对这一概念的主要贡献者有特兰索 (E. N. Transeau)、格利森 (Henry A. Gleason)、布劳恩 (Emma Lucy Braun)。特兰索贡献最大。他绘制了第一幅北美草原半岛地图。

② 埃德加·纳尔逊·特兰索 (Edgar Nelson Transeau, 1875—1960),美国植物学家,藻类学家,曾任美国植物学会会长,美国生态学会主席。1904 年获密歇根大学博士学位。自 1915 年,任教于俄亥俄州立大学,直至退休。

比以前想象的距今更近和更迅速" 的观点, 变得清晰。较早的树轮分析与现在的放射性 C 年代测定法的结合, 表明大气 $CO_2$ 中的 C-14 含量是变化的, 同时也表明放射性 C 年代测定需要进行校正以适应于日历年 (Suess 1973)。这些校正提高了古生态记录的精度。植被和气候变化的总的趋势和步伐, 可以根据湖泊和沼泽沉积物中植物孢粉的存在状况和相对频数, 进行推断和确立。一个显著的进展是 M. B. 戴维斯 (Davis 1969) 提出对花粉分析技术进行改进, 从而可以估测年花粉流入量。从土壤中提取花粉的技术, 进一步把花粉研究的使用范围, 扩大到相对现代的时期, 从而能与考古学家进行范围广泛的合作 (Dimbleby 1952)。花粉研究主要一直局限于大多曾经发生过冰川的北部湿润地区, 但最近这一研究已扩大到以前没有冰川的干旱区 (Martin 1963) 与热带地区 (Vuillemeer 1971), 从而修正过去对这些地区植被史的早期解释。

[104]

很清楚, 气候变化和冰川深刻影响着植被分布。近期的古生态学研究, 要求从根本上修改克莱门茨关于 "古生态学是顶极群落的记录" 的观点。此外, 对生态学中群落单位与协同进化的整个思想, 也必须根据古生态学发现进行反省。韦斯特 (West 1964) 写道:

> 我们可以得出结论, 我们现在的植物群落在第四纪的历史不长; 它们只是在一定的气候条件、其他环境因素和历史因素的影响下暂时性的集聚。

韦斯特建议, 根据缓慢的气候变化所推断的顶极的变化序列, 需要按下述要求重新评价, 即一个公认的顶极的发展所需要的时间, 只能在 "几百年" 量级。韦斯特同时建议双向关联 (reciprocal relation)。对于历史上的生态学解释, 需要更多的存在于化石中物种的现代分布知识, 以及控制这些物种分布的生态因子的知识。用韦斯特的话说, "第四纪古植物学 (Quaternary palaeobotany) 的发展, 等待着生态学的前进"。

## 3.6  均    衡

很清楚, 英国和美国生态学界的主要人物都介入种群与群落 (生态学新近关注的实体) 的稳定性或均衡这一基本问题。随着种群和群落研究, 特别是定量化研究的增加, 它们与博物学的 "自然平衡" 传统一起生活, 会多少不那么舒服。它们强调直至现在仍激起生态学家兴趣的问题: ① 物种种群会处于均衡状态

吗? 其种群规模会保持恒定或围绕着"理想密度"在有限范围内振荡吗? ② 群落 [105]
是多个处于或接近处于稳定均衡的种群集聚, 并使得群落的性质也同样稳定吗?
③ 如果条件变化而引发干扰, 那么群落会返回或至少会趋向均衡状态吗? 克莱门
茨的顶极概念, 设想了一个稳定的自身永久存在的群落的发展, 其中至少优势种
处于均衡状态。如果这一顶极实际上尚未出现, 那么这个地区的各点都会朝向它
发展; 如果它被破坏, 演替又会再次朝着顶极发展。对于小于克莱门茨区域性顶极
的地域, 生态学家已经看到在当地因子控制下的稳定化趋势。克莱门茨关于顶极
的总主题是有广泛证据的。亚当斯 (Adams 1908) 尽管考虑的是鸟类群落, 但是他
写道:

> 顶极的首要特征是由优势度或相对均衡状态导致的相对稳定性, 而这种
> 状态则产生于严酷环境和生物选择。

这种思想贯穿于整个动物生态学中。W. C. 阿利 (Allee 1931) 关于牛轭湖① (oxbow
lakes) 写道:

> 在这些湖泊和其他动物群落中, 年复一年地存在着相当稳定的有机生命
> 平衡。群落维持着动态均衡。繁殖率大致等于死亡率。

生态学和环境运动中一个更为捉摸不定的问题是群落中稳定性与多样性的
关系 (Goodman 1957)。这一问题在早期博物学研究中已经出现, 达尔文把它作为一
条原理, 即最大量的生命是由结构和功能上的巨大多样化支撑的 (Coleman 1977)。
生态学家一直关心的一个主要问题是一个区域或群落的物种数。不过, 顶极思想
或稳态植物群落思想的早期倡导者, 并未看到与物种数有关的稳定性。克莱门茨
关于演替是这样写的:

> 在开始阶段, 物种数量是很少的, 在中间阶段, 它达到最大; 然后在最终
> 群系中, 它又减少, 因为只有少数物种主宰。(Clements 1905: 266)

坦斯利也同意:

> 演替的后来阶段, 常常表现为物种数目实际上减少, 这是由于在演替中
> 间阶段存在的许多物种 …… 不能忍受那种更为极端和更为一致的最终 [106]
> 条件。(Tansley 1923: 127)

后来的生态学家想从物种数或多样性方面寻找稳定性根源 (反之亦然), 但他
们很少成功。因而他们常常把上述思想归于"古典生态学", 甚至把它说成是"一

---

① 即 U 形湖, 形似牛轭。

种中心教义"。但是尚不清楚在他们心目中, 把谁当成这一思想的支持者。

　　尽管早期生态学家承认生态学的动态性质, 并且重视群落的变化与演进, 但是, 关于种群调节和群落演进的潜在机制仍然不清楚。A. S. 瓦特 (Watt 1947) 曾经考察山毛榉和石楠灌丛群落中的种群增殖和替代, 他根据自己的工作, 或许有些夸大地谈到:

> 现在, 向生态学研究注入动力学概念已达半个世纪, 但是由这一概念激发的为数巨大的文献中, 并没有任何记录表明, 人们曾经努力将动力学原理应用于对植物群落本身的阐述, 并应用于表述群落自我维持和自我再生的法则。

人们寻求法则、原理和理论以解释种群调节和群落维持, 但所有这些努力的确都已证明是失败的 (McIntosh 1980)。尽管如此, 就在瓦特写出上面这段话的时候, 努力仍在进行。

# 第 4 章  数量群落生态学

当代生态学文献中常常有一些令人瞠目的提法, 如: "群落生态学仍处于襁褓之中" (Pianka 1980); "最近生态学家已把他们的研究范围, 从单物种种群扩大到对包括多物种共存的集群, 后者被不严谨地定义为群落" (Peterson 1975)。事实上, 对群落或共存物种集群的研究, 有理由认为是生态学最古老的关注点之一。把自我意识生态学与和它有着部分重叠内容的博物学、遗传学、生理学或进化论区别开来的最明显的途径, 就是生态学关心的是作为多物种集群成员的生物。这些多物种集群有着各种各样的别名 (pseudonym): **"种群调查"** (census), **"群系"** (formation), **"生物群落"** (cœnose), **"群丛"** (association), **"社群"** (society), **"同资源群"** (guild①), 或更为通用的 **"群落"** (community)。博物学的长期传统, 农民、水手、樵夫、猎人、钓鱼者、采药者, 还有最早的食物采集者的通常经验, 以及用多种语言对具体的生物集群类型及其栖息地所做的大量描述, 都见证地球是由 "或多或少" 可以识别的动植物群落的复杂图景覆盖着。

## 4.1  生物地理学起源

虽然经典博物学文献中有关群落的资料比比皆是, 但是最早正式地根据植物生长形态识别 "群丛" (association), 普遍归功于洪堡 (Humboldt and Bonpland 1807); 它给予群丛一个可资识别的独特外貌, 即景相 (physiognomy)。洪堡描述植被区的纬度分布和垂直分布, 极大激发起关注动植物地理分布的传统。这一传统对于生态学的建立至关紧要, 并且它仍是现今生态学一个很有意义的课题。在 "生物地

---

① guild 是借自社会科学领域的术语, 意为 "行会"。在生态学中, guild 作为隐喻, 是指以相关方式利用同一资源的物种群组, 但并不意味着它们有相同或相似的生态位。这样, guild 的精确翻译应是 "同一资源依赖型物种群组"; 或直接用隐喻表达, 译为 "生物行会"。本书译为 "同资源群"。《英汉生物学词汇》(科学出版社, 1983) 将 guild 译为 "依赖植物集团", 但未能指出是 "相同或同类植物"。《生态学——从个体到生态系统》(高等教育出版社, 2016) 将它译为 "同位群", 然而群中的成员并不 "同位", 它们会出现生态位分化, 或是互补, 或是竞争。

[108]　理学" 名下, 大批 19 世纪的博物学家、生物学家以及由于职业化发展而出现的动物学家和植物学家, 他们从事植物群落、动物群落、间或是动植物群落的特征和分布的研究。绝大多数传统的生物地理学家考察形形色色的生物分类学单位的分布, 例如, 一个区域的植物区系或动物区系, 植物、鸟类或哺乳动物。有些人首先关心的是新的或稀有物种的采集。这样做过了头, 引发对博物学的批评, 说它是一种 "世俗热", 并导致华尔兹华斯[①] (Wordsworth) 把博物学家描绘为 "一个在他母亲的墓地上切切耳语地考察植物的人" (引自 Lowe 1976)。勒弗 (Lowe 1976) 说, 一位名叫肯德尔 (Kendall) 的教授, 在 1903 年把这样的生物学家说成是 "与集邮者差不多同样的水平"。莱沃丁 (Lewontin 1968) 在形容一些只注意客观地描述自然的种群生物学家时, 又重新使用这个比拟。他带着同样轻蔑, 把这样的种群生物学家称为是 "生物学上的集邮者"。把许多作为伟大的采集者的博物学家说成是眼光十分短浅的人, 是有失公允的。那些博物学家常常冒着生命、肢体和钱财的危险, 去确认后来生物学家所依据的分类学、生物地理学和博物学现象。许多这样的观察, 对于充分认识有意义的生物学现象, 仍然是至关重要的 (Beebe 1945; Doncaster 1961; Liebetrau 1973; Worster 1977; Browne 1983; Redhock 1983)。

　　一些 19 世纪的生物地理学家, 仿效洪堡, 使用他在 1815 年命名为 "植物算术" (botanical arithmetic) 方法 (Browne 1980; Tobey 1981; Rehbock 1983)。这一方法在图上把一块景观区 (a landscape) 划分成小格, 记下每格中存在的物种。当要对任意两个区域进行比较时, 只需比较它们的物种清单与清点共同物种的数目, 或者记下共同物种数 (species) 或科数 (family) 与总体数目之比。这样, 在生物地理学中存在着两种方法: 一种是标准的 "植物区系" 描述, 它要求开列一个地区的物种清单; 另一种是要 "力图表明它们——作为当地土地和气候的产物——与地球的关系"。英国第一位植物地理学家华生 (H. C. Watson) 对这两种方法做出有意义的区分 (Egerton 1979a)。华生因其著作《西布莉大英百科全书》(Cybele Britannica) 而著名。华生下面的说明, 或许会激怒 19 世纪的女权主义者:

> 为了女性读者和其他不熟悉希腊和拉丁名称的人, 人们大概不会对我们
> 下述做法见怪: 现在这本书用的一个词, 是由三个音节拼出的, 即 "Cy-
> be-1e[②]"。(Watson 1847: 69)

华生像他的许多从事自然科学的同代人一样, 反对简单的采集和分类。关于科学

---

① 威廉·华尔兹华斯 (William Wordsworth, 1770—1850), 英国诗人。
② 古代小亚细亚人崇拜的自然女神。

的本质, 他引证当时科学上的仲裁者约翰·赫瑟尔[1] (John Herschel) 爵士的话。他 [109]
特别觉得, 物种个体的简单定位甚至计数, 只是构成必要的数据, 他说:

> 正是在消化和整理这些事实的过程中, 我们才会发现一种非常切合自然
> 科学的研究方法。而只有对事实做如此安排, 才有助于揭示它们的原因
> 和影响, 以及自然界的法则。(Watson 1847: 21)

华生像一些 19 世纪的海洋学家一样, 小心谨慎地对待着 "种群调查" 问题以及采
样区对数值差异的影响; 这种数值差异在检验一个物种在整个区域的发生率时会
出现。他在论及把采样区即采样 "空间" 作为植物分布的尺度时, 写道, "我们可以
通过增加 '采样空间' (space) 的数目并减少这些 '空间' 的大小, 使这些 '空间' 愈加
接近为 '点' (place), 这会使检验变得愈加精确" (Watson 1847: 12)。他这样做的目
的是, 成为 "数值" 上的 "物种调查" 的第一步。几乎整整 50 年后, 庞德和克莱门
茨 (Pound and Clements 1898a, b) 才将此作为数量群落生态学的一个主要步骤, 把
华生的比较大的 "空间" 单位 (每个样方 1 平方英里[2]) 缩小为较小的 "空间" 单位
(每个样方 1 m²), 从而增大 "空间" 的数目 (Tobey 1981; White 1985)。华生早先大胆
探讨采样面积与物种–面积关系的问题, 也受到 W. H. 科尔曼[3] (Coleman 1848) 的
激烈批评和 "校正"。科尔曼责备华生采用的是人为的政治上或几何上的采样区。
他要求转为自然区, 如河流的流域。这预见了后来生态系统生态学家和湖沼学家
的偏爱。他步行通过一个调查区, 对所碰到的每 "一撮" (pinch) 物种进行登记和采
样, 再对这一地区进行编目分类。这种 "步行" 的长度, 取决于他的标本采集箱的
大小。当标本箱满了, 他就得停止; 等到登记完标本箱中的所有采集物, 再开始下
一次 "步行"。他利用由此获得的数据来修正 "华生先生的说法, 即 1 平方英里面

---

[1] 约翰·赫瑟尔 (John Herschel, 1792—1871), 英国通才, 身兼数学家, 天文学家, 化学家, 发明
家和实验摄影师, 皇家学会会员。赫瑟尔出身天文学世家, 他最早将儒略日 (Julian day) 用于天
文学。他命名了土星的 7 颗卫星和天王星的 4 颗卫星。他研究色盲与紫外线的化学能, 并对摄
影科学有诸多贡献, 他的《自然哲学研究初论》(*A Preliminary Discourse on the Study of Natural
Philosophy*, 1880) 提出将归纳法用于科学实验和理论建设, 是对科学哲学的一个重要贡献。同时,
他还做了许多植物学方面的工作。1834—1838 年在南非从事天文学观察的同时, 他和妻子为开
普敦植物区系绘制了 131 幅品质优良的植物插图; 先由赫瑟尔用描像器获得植物标本准确的轮
廓, 再由妻子补充细节。他们的作品比当代许多收藏更有价值。1996 年, 他将其中的 112 幅作品,
作为花的研究, 以《赫瑟尔植物》(*Flora Herscheliana*) 之名出版。

[2] 1 平方英里 ≈ 2.59 km²。

[3] 威廉·希金斯·科尔曼 (William Higgins Coleman, 1812—1863), 英国植物学家。他的《(哈福
德郡)自然地理学与植物分类介绍》(*Introduction on the Physical Geography and Botanical Divisions
of the County*, 1846) 是郡级植物区系的实例。

积中含有一个郡的半数物种"。科尔曼提出了下面的方程:

$$f = \frac{aF' - nF}{a - n}$$

这里, $f$ 是一个郡每平方英里面积上的共同物种数; $F$ 是面积为 $a$ 平方英里的整个郡的植物区系的物种数; $F'$ 是这个郡的任意 $n$ 平方英里面积上的物种数。科尔曼说, 这个方程计算出, 在每平方英里的 900 个物种总数中, 有 502 个物种是共同的。

[110]  科尔曼承认, 这一结果看来证实了华生的估计。不过他转而讨论这一方程的假设, 认为, 它 "破坏了上述计算"。这个假设是: 除了最共同的物种外, 其余所有物种都是同等稀少的, 并且每一平方英里都按相同的生境比例分布。科尔曼认为, 这两个假设都不正确。对每平方英里面积上共同物种数的估计, 是不真实地偏高。科尔曼对这些假设的正确性的质疑, 预示着很久以后关于群落数量分析——特别是其数学理论——的讨论。这位群落生态学数量方法的早期先行者, 甚至成为即将到来的事物的先知。

生物地理学一直是、现在仍然是作为博物学和生物学的组织得相当松散的分支发展着。它所关心的部分问题是, 辨识和解释地球表面的自然分区 (Nelson 1918)。用 19 世纪中叶一位参与者的话说, 它的目的是:

> 确定地球表面上最自然的原始分区; 将有组织的生物的数量和相似性作
> 为我们的指导。(Sclater 1858)

生物地理学家提出明确的假设: 地球有着 "天然" 的分区, 并且, 生物的相似性应当用作识别的标准。这一假设预示并引发群落生态学纷繁复杂的历史。利用物种清单与物种分布的定量测定来描述和比较区域植被和群落, 并绘制物种分布图, 是这一历史中至关重要的部分。

## 4.2  海洋生物学

早期的海洋生物学家, 像陆生生物地理学家那样, 在评价大洋底部群落的分布时, 发展了区域的 (regional) 和局域的 (local) 自然群落概念 (Allee 1934a; Rehbock 1983)。英国最早的 "采捞者" 爱德华·福布斯 (Edward Forbes 1844) 谈到海洋底栖生物形成的 "分布区", 它们每一个都有其独特的物种。他写道:

> 生物在海床上并非无差别地分布, 而是根据海底深度, 一定的生物生活
> 于海底的一定部位。这样, 海床呈现为一系列地域 (zone) 或区域 (region),

它们每一个都有自己的独特的栖息者。

福布斯像洪堡一样认为, 这些地域 "根据它们各自具有的物种集合而彼此区别"; 并且指出, 某些物种是某一地域独有的。他注意到, 物种数目随着深度而减少, 从而相信水深 300 m 以下就没有生物生存的 "无生命区" (azoic zone) 观念。福布斯对成立 "采捞委员会" 做出贡献。该委员会提出一份定量的调查表, 用以记录每个地域的位置、环境测量值以及活着或死亡的物种个体数目 (Rehbock 1979; Rice and Wilson 1980)。福布斯 (Forbes 1859) 总结了范围广泛的采捞研究成果, 认为: **海洋省**[①] (marine province) 是 "造物主有着独特表现的地区"。他更通俗地把海洋省描述为有着它自己独特物种的地区, 并且猜想这些独特物种是否有一半之多。福布斯还设想一条 "代表性定律" (law of representation), 认为: 世界上任何环境条件相似的地方, 都可以找到相似的物种。这在后来的生态学传统中将环境和生物集群牢固地联结起来 (Mills 1969)。福布斯的早期工作和后来的许多采捞研究, 在认识生物地域 (biotic zone) 或生物省 (biotic province) 方面, 是与陆生生物地理学研究并行不悖的。这些生物区根据其中的生物而被形形色色地定义, 并且还与环境, 特别是温度、土壤或沉积物、养分和盐度相关联。早期采捞研究的主要局限性是, 它从洋底沉积层的一个模糊不定区域采集的生物, 并不能用来定量考察生物的局域数量或小范围分布。

[111]

底栖群落作为一个 "统计" 单位的思想, 归功于丹麦生物学家彼特森[②] (C. G. J. Petersen)。他在 1896 年创造了一种具有两个夹铲的颚式底样采集器。正如以后的批评者指出的, 这种装置在确保用于计量的海床及其中生物的样本量方面, 不是完全成功的尝试 (Petersen and Jensen 1911; Petersen 1913; Baker 1918; Thorson 1957)。贝克尔[③] (Baker 1918) 称彼特森是第一个清点海底有限面积上动物的实际数目的人。彼特森采样器的作用面积为 0.1 m²; 在理想情况下, 它能装 1 单位体积的海底沉积物。和大多数采样器具一样, 并不总能达到理想状态。布林赫斯特 (Brinkhurst

---

[①] 这里借助陆生生物地理学中的译法。

[②] 卡尔·格奥尔格·约翰内斯·彼特森 (Carl Georg Johannes Petersen, 1860—1928), 丹麦海洋生物学家, 第一个描述海洋底栖无脊椎生物群落; 同时也是渔业生物学家, 被认为是现代渔业研究的奠基者。他首先采用 "标记重捕法" (mark and recapture method) 测算比目鱼种群规模, 并以他命名 "林肯–彼特森法" (Lincoln–Petersen method), 或称 "彼特森–林肯指数" (Petersen–Lincoln index)。他在哥本哈根大学学习博物学。1883—1886 年参加科考活动, 从事底栖生物采样。1889 年他参与创建丹麦生物站 (Dansk Biologisk Station), 目的是了解鱼类生态和分布, 并为制定渔业政策提供基本证据。他今天仍受到人们怀念的是他为发展海洋底栖生物群落概念做出的重大贡献。

[③] 弗兰克·科林斯·贝尔克 (Frank Collins Baker, 1867—1942), 20 世纪美国研究淡水和陆生软体动物的一流学者。

1974) 将一本湖泊底栖生物研究的著作, 奉献给所有在寒冷冬日从水下 50 m 处提上采样器却发现其双颚只夹住一块石头而内腔空无一物的人们。由于采样器的各种技术缺陷, 特别是用于坚硬或多石海底沉积物时的困难, 彼特森采样器和后来的埃克曼采样器 (Ekman sampler) 的使用者都面临当时陆生植物学家和湖沼学家提出的同样问题: 如何保证计量的面积和体积, 如何保证对采样区的生物学内容做出准确评价。

[112]

海洋生物学家提出的关于动物群落的基本问题, 与困扰当时陆生植物生态学家的问题相似。那时, 陆生动物生态学家尚未介入这些争论。彼特森对斯卡格拉克海峡① (Skagerrak) 和波罗的海的底栖动物调查, 使他看到一些物种群体有规律的重现。他根据那里生存的几种较为显眼的大型动物, 识别出 8 种群落类型, 并绘制成图; 其方法与陆生植物生态学家采用的 "优势" (dominant) 植物的做法相似。彼特森和詹森 (Petersen and Jensen 1911) 思考的问题比个体计数更远。他们写道:

> 当不同年份的干物质百分比已经确定, 根据一百个或更多站点的生物个体数与物种总毛重, 将会给出每平方米面积活态动物质量 (mass) 的令人满意的信息。(引自 Baker 1918)

按照他们的看法, 这样对底栖生物量的测量, 会比浮游生物测定能更有效地对鱼类饵料进行估计。彼特森告诫, 即使根据这种对食饵动物 (food animal) 的数量调查, 用以确定 "每年可供鱼类消费的饵料数量或年饵料生产量", 也 "绝不是一件容易的事"。他和亨森以及其他早期数量海洋生态学家一样, 都意识到一度采用的群落计量手段的局限性。

底栖群落与陆生植物群落的研究, 引人注目地表现出在群落与方法学上概念和问题的一致性。许多海洋生物学家都接受底栖动物群落在空间上的真实性 (reality) 和时间上的持久性 (persistence); 并且认为, 这一分类 "对于未来研究是绝对必要的" (Thorson 1957)。索森还写道, 彼特森的底栖群落分布图在经过 40 年研究后, 仍然 "基本上正确"。海洋生物学家不同程度地关注群落数量研究中两个至关重要的问题: ① 生物之于物理环境的关系, 以及物理环境施加的约束; ② 生物之间影响着它们分布和活动的相互关系。数量群落生态学家, 不管是在水生栖息地还是在陆生栖息地工作, 都面临测量物理环境与测量群落的生物组成及其对环境变化的响应这一双重课题。现已证明, 测量物理状况相对容易。由于可以获得所需仪器, 故能以不断提高、但又往往不能保证的精确度, 测量需要了解的环境变量或 "因子"。物理现象主宰着海洋学。测量生物成分的困难更大, 更不精确, 这一

[113]

① 北海的一支, 位于丹麦与挪威之间。

问题至今仍为生态学家所关注。即使确定一个区域的生物存在状况和数量也有困难。估测生物对环境状况的响应 (包括生物对环境的反作用) 以及生物之间相互影响 (它们的相互作用) 的性质和程度, 这些问题已经困扰了几代生态学家。尽管如此, 19 世纪后期水生生物研究中定量方法的引入, 仍有助于把生态学和博物学区分开来 (Chapman 1931)。托比 (Tobey 1981) 认为, 样方法的引进并对其中植物进行计数, 是那一时代的陆生植物生态学的 "革命"。

　　海洋和淡水生物群落的定量方法, 也被用于研究水体 (water column[①]) 的生物。19 世纪最后 25 年, 即识别北极和热带群落类型期间, 在对硅藻的生物地理学研究中, 人们区分出微小的自由漂浮的生物——浮游生物——集群 (Patrick 1977)。浮游生物群落像底栖生物群落一样, 通过细孔绸网从水中采集它们的样本作为统计实体而为人们所知。亨森对此进行首批分类学定量研究 (Johnstone 1908; Lussenhop 1974; Taylor 1980)。亨森在各种航海活动中, 特别是 1889 年对浮游生物的著名考察中 (Damkaer and Mrozek-Dahl 1980), 为了发展浮游生物的定量研究, 他精心制作设备, 详细阐述采样方法的基本原理, 并在区域 (regional) 尺度和局域 (local) 尺度上利用这些研究成果, 用以评价和比较浮游生物群落。亨森设想, 如果环境是均匀的, 那么浮游生物的分布也是均匀的; 采集数量有限的样本, 可以外推到面积大得多的区域。亨森的这一假设以及他的 "北冰洋浮游生物生产量高于热带海洋" 的反直觉发现, 都受到海克尔的尖锐抨击 (Lussenhop 1974)。海克尔指责亨森的生物个体计数技术, 他认为, 唯一有用的方法是确定采集到的浮游生物群体的质量、重量以及化学组成。海克尔与亨森的争论, 围绕着一个至今仍纠缠着生态学的基本问题——分布的均匀性, 同质性, 即后来所称的模式 (pattern)。约翰斯顿 (Johnstone 1908: 143) 简明地阐述了这一问题:

[114]

> 　　如果在距离兰迪德诺[②] (Llandudno) 10 英里[③]的爱尔兰海上面积为 10 平方英里的区域, 每平方米水下含有一定量的生物个数, 那么整个 10 平方英里的海域所聚集的生物个数, 可以简单地把采样区的物种个体数乘以整个区域相对于 $1\ m^2$ 的倍数计算出来吗? 当我们这样做时, 我们应该证明这一做法正当和合理吗? 如果我们能够这样做, 那么我们就已假设, 浮游生物在所讨论的整个区域是均匀分布的, 并且它甚至均匀分布于更为

---

　　① water column 在湖沼学上是指从湖面到底部沉积的一块概念性水体 (A conceptual column of water from lake surface to bottom sediments)。引自 *Limnology* (2nd edition). 1994. McGraw-Hill Co., New York, USA.

　　② 北威尔士海岸的一个城市, 英国十大海滨度假小镇之一, 英国现存保护最完好的维多利亚风格小镇, 1864 年就被誉为度假胜地。

　　③ 1 英里 ≈ 1.61 km。

广阔的海域。然而, 现在是这种情况吗?

在回答时, 约翰斯顿讲述这样一件事实: 亨森曾使用一对相同的采样网, 并同时从水中拉出来, 由此得到的样本中, "没有两个是完全一样的"。这一发现对后来几代数量生态学家是太熟悉不过了。亨森提出样本相似性这一永恒的生态学问题, 并且或许是第一个尝试, 通过比较单个样本与样本平均值之间的差异, 定量地评价这一问题。如果所有样本是相似的, 那么整个区域也是均匀的。约翰斯顿 (Johnstone 1908) 赞同海克尔对亨森 "浮游生物均匀分布" 假设的批评, 但他并不像海克尔那样坚决反对数量方法。海克尔曾写道, "数学处理 …… 弊大于利, 因为它给出的是一个貌似精确的外表, 但实际上并不能得到" (Lussenhop 1974)。有趣的是, 海克尔部分地原谅了亨森的 "错误", 如他所说, 因为 19 世纪生理学 "在片面追求精确研究时, 对许多不适合精确的专门调查的总体性问题, 丧失了洞察能力"。尽管海克尔如此批评, 但亨森和他同时代的海洋生物学家, 仍然热切探求海洋的 "种群调查" 和 "生产力" 问题, 开启了对海洋生物及其多度和分布进行数量研究的传统。约翰斯顿 (Johnstone 1908: 157) 注意到, 他们结论的可靠性取决于他们的均匀分布 "假设" 的正确性; 如果假设不正确, 那么对于多度的总体说明就是无效的, 并且对海洋生物的数量研究也是 "毫无道理的"。然而, 约翰斯顿认为, 海洋生物学的研究者们不想得出这样的结论; 他们没有停止, 而是竭力奋斗着。海洋生物学家们有时也承认, 他们的结果是有缺点的, 但常常又心满意足于那些关系着他们数量研究精确性的假设。这些假设是方便的, 尽管未经证实; 而数量研究则是建立在 "自然界非均匀空间分布" 这一基石上。十分奇怪的是, 一些生态学家仍有意对此回避。

[115]

在 19 世纪后期, 国王、王子、亲王和政府普遍关注鱼和渔业; 由此导致对海洋学研究的大量资助。这一关注很大程度上是由于渔获量下降以及由此产生的经济问题。这样, 生产量的测定成为早期海洋学研究的重要部分, 一如在林业和农业。对海洋生产力的评价是基于商业性渔业资料; 这一情况很像埃尔顿随后对陆生动物种群生活史的著名研究, 那是基于哈德森海湾公司的商业皮毛贸易记录。不过, 渔业研究能够以每年每单位面积的重量计算生产力, 至少是可捕获鱼类的生产力。约翰斯顿 (Johnstone 1908) 清晰认识到制约总生产力正确量测的实际障碍。他评论说, "捕鱼船出海不是去进行科学推理, 而是去为其主人挣钱"。尽管如此, 关于生产力的实质, 关于其测量的尚不成熟的思想, 以及这些研究的内在问题, 都很明显地出现在这些早期工作中。约翰斯顿列数早期海洋生物学家对生产力关心, 并提出一组需要研究的问题:

(1) 不同条件下每个物种的繁殖速率;

(2) 不同条件下每个物种的生长速率;

(3) 每个物种的平均寿命;

(4) 每个物种生活史上繁殖期的长短;

(5) 由天敌引起的自然死亡数。

与陆生生物地理学一样, 种群调查是海洋生物学家主要关心的问题。他们赢得了更为优越的资助, 并产生 (或从商业起货单中核对出) 鱼类生产的大量数据。正因为如此, 他们在探求鱼类种群的食物关系时, 把注意力放到底栖生物与浮游生物群落上。这些海洋研究与商业性渔业的联系, 以及伴随而来的它们在政府资助机构中的制度化, 使得它们与新生的生态科学分离开来。

在以后的几十年中, 海洋生物学家认识到变化 (variation) 和采样问题的严酷事实, 而一些人仍然宁愿忽视它们。阿利 (Allee 1934a) 评论说, "现代海洋学的许多研究缺乏群落处理方法"。麦克金尼迪 [1] (MacGinitie 1939) 写道: [116]

> 似乎有一种倾向, 那些撰写海洋动物群落或者还有一般动物群落论文的
> 作者给人的印象是: 所描绘的动物群落图景在未来任何时刻都是一样的;
> 并且, 有关动物群落的一切必要和重要的工作实际都已完成。

麦克金尼迪强调变化 (variation) 的重要性, 即使是在较短时间和有限空间, 甚至是在环境相对恒定的情况下。他提出一种不那么方便的选择, 即: 利用所在地点 (locality), 即栖息地, 而不是利用生物种属构成, 来识别群落。对于前一种情况, 他提出, 所产生的群落类似于 "一条拼缀而成的被子, 一件约瑟夫外套[2] (Joseph's coat)"。这条 "被子" 会分成多个有着确定边界的群落, 但 "从环境观点看, 可能是非常令人迷惑不解的"。他说, 群落边界或界限问题, 最好留给 "研究人员恰当地判断"。它能出自一个优秀研究人员的优秀判断则更好。但是, 显而易见的是总会存在主观选择和选择者资格这一永恒问题。麦克金尼迪谈到 "同质性" 这个一直存在的问题。许多海洋生物学家, 如同大多数的陆生生态学家那样, 相信群落必定是同质性的, 或者至少如彼特森所建议的, 其优势种是同质性的。达到同质的一条途径是, 把一块地域或一组样本逐步分成为较小部分, 直至根据某种标准达到同质

---

[1] 乔治·E. 麦克金尼迪 (George E. MacGinitie, 1889—1989), 美国海洋学家。1926—1929 年在斯坦福大学从事蒙特雷海湾 (Monterey Bay) 泥滩河口群落生态学研究, 获硕士学位。1929—1932 年, 他受聘霍普金斯海洋站, 先后开设 "海岸生态学" 与 "海洋生态学" 课程。其间, 他作为霍普金斯海洋站站长助理, 协助创立帕西菲克格罗夫国家公园 (Pacific Grove National Park)。1932 年后, 他受聘主持加州理工学院柯克霍夫海洋实验室 (Kerckhoff Marine Laboratory), 长达 30 余年。

[2] 约瑟夫外套 (Joseph's coat), 又译 "约瑟夫彩衣"。约瑟夫是《圣经》和《古兰经》中的重要传说人物。约瑟夫外套是指约瑟夫穿的有着多种颜色的外套。约瑟夫外套通常是苋菜的昵称, 如同苋菜叶的多种颜色。这里是用苋菜上的色斑比拟群落中的斑状分布。

为止。麦克金尼迪很失望，因为 "没有两个环境是精确地相同的"，并且 "没有两个群落是相同的"。这样枯燥而繁冗的陈述经常重复出现于数量群落研究中，不管是水生还是陆生。那个令人舒坦的 "同质性" 或 "均匀性" 假设，并未准备经受定量分析的检验。尽管存在这些明明白白的困难，麦克金尼迪仍然表达了乐观的看法，"正是从海洋动物群落中，我们应当能够获得许多关于动物群落的基础性概念。"

麦克金尼迪 (MacGinitie 1939) 的文章，发表于一个被称为 "第一次雄心勃勃的生态学盘点 (stock taking)" 的专题讨论会[①]上 (Allee 1939)。这一 "盘点" 有着特殊意义: 这是第一次使陆生植物和动物群落生态学家、海洋生物学家、湖沼学家、实验种群动物学家以及动物行为学家聚集到一起评估生态群落研究的状况 (Just 1939)。麦克金尼迪论文引发的讨论，使人想到群落生态学家从未间断的关心所在。莫特利 (Mottley)[②] 谈到 "人类的心智尚无能力抓住整个图景"。李普马 (Lippma)[③] 评论说，"动植物群落的主要问题，是对具体群落进行界定的问题"。卡彭特 (Carpenter)[④] 则怀疑 "根据构成群落的物种的个体生态学以预测群落总体结构形成的可能性"。相反，麦克金尼迪断言，知道单个物种的自然史，就能 "在很大程度上" 进行预测。

[117]

评论者们，至少是动物生态学家，对这次盘点并无印象。尽管这个专题讨论会上有 J. R. 卡彭特 (Carpenter 1939) 的著名论文《论地生物集群》(*The Biome*)，但阿利 (Allee 1939) 写道，植动物群落——即地生物集群 (biome)——概念，只是 "动动嘴唇"。埃尔顿 (Elton 1940) 在一篇题为《生态学中的经院哲学》(*Scholasticism in Ecology*) 论文中，指责缺乏关于植物群落和种群、它们的动力学、自然增长率以及在自然界的死亡率等定量资料。他对这一会议的评价是:

> 由于术语问题，它存在一种不实在的气氛 …… 这是一场描述群落、它的组成及其相互作用的漂亮而空洞术语的 "焰火表演"。它可能会误导读者认为，一些真正扎扎实实的东西，似乎早已在这些论题中得到认识。

托马斯·帕克 (Thomas Park) 作为会议参加者，较为温和甚至肯定性地提出关于生态学历史的简短概述。他指出: 这次专题讨论会的召开使人认识到需要对生物学中几方面不相干的内容进行协调和系统表述，因为这些内容本质上是生态学的。他和埃尔顿一样失望: 会上几乎没有一篇论文是用统计学处理的。这样，在开始对群落进行定量研究的 60 年后，第一流的英国和美国动物生态学家，仍然挂牵群落

---

[①] 指 1938 年 8 月 29 日—9 月 2 日在纽约长岛冷泉港生物实验室召开的 "植物和动物群落会议" (The Conference on Plant and Animal Communities, August 29–September 2, 1938, The Biological Laboratory, Cold Spring Harbor, Long Island, New York)。

[②]–[④] 原著无引文出处。

生态学中数量和统计学工作的欠缺。

当时，另一个努力是要把几种群落研究综合到一起。它表现为《生物生态学》(Bio-Ecology) 一书的颇具抱负的行动，"要把植物生态学与动物生态学联系起来的" (Clements and Shelford 1939)。作者企图按照克莱门茨有机体演替观的生态学构架，把植物和动物群落、陆生和水生群落整合到一起。他们甚至力图以类似于陆地鸟类和草地生物群丛的方式，把会游的鱼与底栖生物群落联系起来，从而改进彼特森的海洋底栖生物群落的概念。这本著作的主要价值是，它努力在地生物集群 (biome) 概念的语境中，发展群落生态学。这个概念假定生物群落① (biotic community) 是存在的；并且假定，地生物集群是一个包括着植物和动物的主要群落单位，它们 "不可分离地统一在每个群落结构中" (Carpenter 1939)。地生物集群是 "群系和顶极的精确的同义词" (Clements and Shelford 1939)，在 1960 年代，地生物集群被广泛选用为大生态系统生态学的基础时，它的这一含义却被悄然弃而不顾。克莱门茨和谢尔福德认为，有机体论的群落概念，是一个 "通向完全崭新的科学思想前景的开门咒② (open sesame)，一个着眼于未来进步的名副其实的大宪章 (magna carta)"。至少埃尔顿 (Elton 1940) 认为，他对《生物生态学》的评价，不会比他对植物和动物群落专题讨论会更好。埃尔顿说：

[118]

> 从这本论述生态学的书中，可以很容易找到作者所信仰的东西，而不是找到这些信仰的证据。

埃尔顿自己早年的北极研究经历使他确信，动物和植物群落只是松散地联系着；动物占据着一个以上的植物群落。哈钦森 (Hutchinson 1940) 批评《生物生态学》孜孜于分类和术语。他特别不满意该书未能利用统计学和数学去处理生态学问题。很明显，该书在致力于总体考察植物和动物群落时，未能有效地采用直至 1939 年已很明显有前途的任何一种数量群落生态学方法。由于克莱门茨曾是创立样方法作为数量群落生态学基础的先驱，所以，《生物生态学》的情况是反常的。

生态学家以及他们逐步形成的思想，因栖息地和物种分类而彼此隔离，这在海洋底栖群落研究的长期传统中是显而易见的。琼斯 (Jones 1950) 和索森 (Thorson 1957) 根据海洋底栖生物研究，评论动物群落概念。米尔斯 (Mills 1969) 更为一般地考查群落概念，并对陆生植物学家和海洋底栖生物学家所碰到的问题进行比较。斯泰芬森 (Stephenson 1973) 考查植物生态学家采用的定量方法，以及它对海洋底栖生物群落的适宜性。海洋生物学家和陆生生态学家共同关心的问题是群落单位

---

① 意指同时包含植物与动物。
② 即芝麻咒，见《天方夜谭》中 "阿里巴巴和四十大盗" 的故事。

的本质, 更确切地说, 是它作为一个实体的真正存在性 (its very existence)。传统上
的假设是, 群落是作为一个空间实体存在的, 并能进行定义、调查和绘制成图。这
[119]　一假设被大多数海洋生物学家广泛接受 (Thorson 1957)。然而, 紧跟并效仿亨森和
彼特森的开创性成就而进行的详尽的、特别是定量的研究, 使群落单位概念的用
途和真实性受到质疑。斯泰芬[①] (Stephen 1933) 注意到, 其措辞俨然相似于格利森
(Gleason 1939) 关于密西西比河谷森林变迁的著名评论:

> 北海海岸地区的动物区系, 在其北部和南部有着或多或少不同的组成, 变
> 迁是逐渐发生的。在滨海地区, 差别更大。在那里, 从其南界到北界发生
> 的变化相当清晰。物种是逐渐消失的, 但是, 并不存在一种截然的转变,
> 从而可以将群落合理地进行区分。

对这种情况的另一个评论, 有着陆生植物群落研究者熟悉的调子。琼斯 (Jones 1950)
写道:

> 然而, 全然不顾动物区系的证据而把动物区系归类于群落, 是不可能的。
> 即使这种划分是根据外部因子, 它也必须首先从所涉动物的分布研究中
> 推演出来。现在看来, 把动物区系归类于群落的唯一一致的途径是去调
> 查它, 直到弄清它与环境的关系, 并且, 根据或多或少确定的物理条件的
> 界限去设置群落。

在群落生态学中, 很少有一个词能像 "或多或少" (more or less) 那样广泛地用
来为这个或那个对群落进行定义和分类的系统辩护, 并提供足够的弹性, 且不说
模棱两可, 从而难以对有关群落的看法进行挑剔和攻击。琼斯写道, 现在尚无根
据支持以下想法: "任何一个大的动物物种集群, 是作为一个单位起作用, 或者说,
是由纯粹的生物因素结合在一起" (Jones 1950)。他明确主张, 由于竞争可能限制
一些生物, 所以它具有第二等重要性; 但这一看法与当时正在兴起的把竞争排斥
(competitive exclusion) 作为制约生物的基础的浪潮相抵触。一些海洋生物学家继
续主张, 经过恰当定义的群落是存在的 (Hedgpeth 1957a)。然而, 桑德斯 (Sanders
1960) 像许多陆生植物生态学家那样, 发现:

> 事实上, 巴泽兹湾[②] (Buzzard's Bay) 的底栖动物区系的物种成分, 构成了

---

① 亚历山大·查尔斯·斯泰芬 (Alexander Charles Stephen, 1893—1966), 苏格兰动物学家, 爱
丁堡皇家学会会员 (1929)。他在阿伯丁大学 (Aberdeen University) 学习化学和动物学, 1919 年获
学士学位; 1920—1925 年服务于苏格兰渔业处 (Fishery Board for Scotland); 1925 年任皇家苏格兰
博物馆 (Royal Scottish Museum) 助理馆员; 1935 年任博物馆馆长。他也担任过爱丁堡皇家物理
学会主席与爱丁堡天文学会主席。

② 巴泽兹湾, 美国马萨诸塞州东南部大西洋的小海湾。

随着沉积物组分逐渐变化而改变的连续分布。

桑德斯和赫斯勒 (Sanders and Hessler 1969) 利用改进了的深海海底采样方法, 发现底栖动物区系随着采样深度而逐渐变化, 一直到达大陆架上某一点——在那里, 他们发现了动物区系的间断 (a faunal discontinuity)。

[120]

　　海洋生态学家和陆生植物生态学家有关群落的问题、方法和理论, 逐渐趋于一致; 这一点在 1960 年代和 1970 年代变得越发明显。桑德斯关于海洋底栖群落的研究, 与基于陆生植物群落的发现是一致的。研究海洋沿岸生物群落的学者, 也发现了演替和窗相现象。例如, 康奈尔 (Connell 1978) 扩展他早年对海洋群落和珊瑚岛的兴趣, 考察这些群落与热带雨林之间的一致性。

# 4.3　湖　沼　学

　　福雷尔提出的海洋生物学和湖沼学之间的相似性, 很明显表现为它们在方法、概念和经验性群落研究上的一致性。人们对湖沼学做过各种各样的定义, 或包括湖泊, 或包括全部淡水水域 (包括流水), 或更为广泛地包括一切内陆水体 (Welch 1935)。绝大部分的早期湖沼学是研究湖泊。哈钦森 (Hutchinson 1957b) 的《湖沼学文集》(*Treatise on Limnology*) 专一地着眼于湖泊。湖泊既无所不在, 又星罗棋布, 这引起 19 世纪地质学家和地理学家的注意。他们大多基于形态学和物理学属性, 关心它们的形成和分类。直至 19 世纪最后 30 年, 才开始实质性地关注湖泊的纯生物学特征——群落。"湖沼学之父" 福雷尔 1869 年开始对莱蒙湖 (Lac Léman) 的底栖动物区系的研究。他有关莱蒙湖的专题论著, 始见于 1892 年 (Berg 1951; Egerton 1962; Elster 1974)。在这一最早的湖沼学领域分类学研究中, 福雷尔典范地表现出湖沼学家的偏好。他们像海洋学家一样, 重视湖泊的物理性状而不是它的生物学特性。那个众所熟知的 "水体比陆地更明显表现为物理系统" 的见解, 就是福雷尔和后来的湖沼学家根据他们亲身体验而推断的。哈钦森的湖沼学不朽巨著的第一卷在处理物理性状时, 仍象征性地贯彻这一见解。柏格 (Berg 1951) 认为, 湖沼学, 如福雷尔研究方案表明的以及 S. A. 福布斯 (1887) 明确指出的, 是 "普遍性的 (universal)、综合性的 (comprehensive) 和比较性的 (comparative)"。事实上, 福雷尔在把湖泊当作一个实体处理时, 采纳了福布斯的**微宇宙**概念; 这表明早在陆生植物学家坦斯利 (Tansley 1935) 创造**生态系统**一词以前, 他已实质地明确采纳这一术语的思想。

[121]

　　湖泊是一个微宇宙的思想, 牢固地适合包括福雷尔、伯基和福布斯在内大多数早期湖沼学家的有机体整体观。正如福布斯指出的, 湖泊中的任一成分, 在它与湖泊整体的关系被清楚认识之前, 是不可能得以充分了解的。他认为, 自然选择法则使湖泊的生物构成中产生了利害相关的群落, 从而导致均衡。根据这一观点, 湖泊或多或少被视为封闭系统。把它视为开放系统从而认识其真正的复杂性的日子, 尚未到来。在湖沼学的早期历史中, 它窘于全力应对全世界湖泊研究产生的五花八门的资料。在 1890 年代和 1900 年代早期, 欧洲和美国建立起好多湖泊实验室, 并且, 湖泊调查活动激增, 其内容广泛, 包括: 湖泊的物理属性, 浮游生物, 底栖生物, 自游生物, 漂浮生物, 以及植物区系和动物区系中大量的其他亚类 (subcategory) (Worthington 1983)。穆里①和普拉② (Murray and Pullar 1910) 报道 1897 年至 1909 年间对 562 个苏格兰湖泊的调查; 它包括苏格兰所有湖泊, 只要上面发现能有一只船 (Waitland 1983)。统计学工作因来自 400 个湖泊 6 万多个测深点及其生物采集等大量数据而剧增。穆里对湖泊的兴趣, 是他的海洋学研究——特别是与挑战者号探险有关的研究——的符合逻辑的延伸。穆里本人也对苏格兰湖泊的生物学状况提出报告。他注意到, 每个湖泊通常只进行一次浮游生物采样, 这只能为总体性概括提供有限的依据。尽管如此, 穆里假设, 淡水浮游生物是大面积均匀分布的——正是这一假设在讨论海洋浮游生物时受到海克尔和约翰斯顿质疑。但是, 穆里预见, 在有可能解决动植物分布问题之前, 有必要 "汇集大量事实"。即使在这一早期年代, 这份报告中用小字印刷的文献目录已长达 93 页; 其中仅引用福雷尔的文献就接近 4 页。这样的文献目录依然远不完整; 这一点明显表现于它只是引用 E. A. 伯基的有限文章, 而伯基当时已是一位卓越的美国湖沼学家。

　　早期的湖泊定量研究, 产生了意想不到的结果。伯基 (Birge 1898) 采用经过改进的亨森垂直拖网, 使他能对整个垂直水体及不同深度的浮游生物进行采样。与欧洲湖沼学家一样, 他发现浮游生物在垂直方向并非均匀分布, 如同水平方向不是均匀分布; 此外, 它的组成是季节性变化的。在这些早期研究中, 由于采样方式的

---

① 约翰·穆里爵士 (Sir John Murray, 1841—1914), 苏格兰裔加拿大博物学家, 海洋学创始人之一。1898 年封爵。穆里对洋盆、深海沉积和珊瑚礁形成特别感兴趣。1868 年他参加对北极扬马延岛 (Jan Mayen) 和斯匹次卑尔根群岛 (Spitsbergen) 的考察, 开始采集海洋生物, 并进行各种海洋学观察。他为组织 1872—1876 年的挑战者号探险贡献良多, 并帮助配备海洋研究所必需的设备。作为博物学家, 他负责生物样本的采集。由于探险队负责人 1882 年去世, 穆里完成了全部 59 卷探险报告的出版。后来, 穆里领导了苏格兰湖泊深度的调查 (1906)。

② 劳伦斯·普拉 (Laurence Pullar, 1838—1926), 苏格兰商人, 地理学家, 慈善家, 爱丁堡皇家学会会员 (1903)。约翰·穆里的亲密朋友。他为资助挑战者号探险做出很大贡献, 并因此获得 "挑战者号奖章" (Challenger Medal)。他也是热心的业余地理学家, 发明 "普拉测深仪" (Pullar's Sounding Machine)。1897 年他资助穆里进行为期四年的 "苏格兰湖泊测深调查" (Bathymetrical Survey of Scottish Fresh-Water Lochs)。

改进, 伯基的数据由百分比变为湖泊每平方米水面或每立方米水体的生物绝对个数, 从而加重了数量分析问题 (Frey 1963b)。这些研究使得伯基进而研究湖泊的温度分布。他引入**温跃层** (thermocline) 一词描述温带湖泊的垂直分层特征。在以后的研究中, 他考查溶解气体 (特别是溶解氧) 的影响。伯基和朱岱 (Birge and Juday 1911: xvi) 表达了下面一种感觉, 尽管这已是湖沼学家的老生常谈, 并且一直存在于寻求统一的理论构架的生态学家中。伯基和朱岱写道:

[122]

> 由于我们工作取得进展, 我们对所涉问题的复杂性的印象日益深化。随
> 着我们的经验扩大到更多湖泊和更多季节, 这种复杂性表现得愈加明
> 显。…… 我们对湖泊认识的扩展, 对于许多令人感兴趣的、并一度是有
> 前途的理论, 是致命性的。

在较早的数量湖沼学研究中, 贝克尔 (Baker 1916, 1918) 对纽约奥奈达湖①(Oneida Lake) 底栖生物研究, 相对来说没有受到重视。其实, 它有一些值得注意之处: 那些研究是在 C. C. 亚当斯指导下进行的; C. C. 亚当斯称之为 "迄今为止在美国进行的具有第一等重要性的湖底鱼类食物定量研究", 并且是 "世界淡水水域进行的两个已知研究之一"。贝克尔细致地记录每个样本的离岸距离、水深和湖底类型。他按 16 平方英寸②的倍数面积进行采样, 并进行详细计算。他一般利用 80个样本, 把每个样区的生物平均数确定到第三位小数, 以后再把他的结果大胆外推到同一类型湖底的整个面积。在一个实例中, 他报道有 51 341 558 个软体动物和 73 758 405 个相关动物。这一作为数量研究真正先驱的朴素精确性, 即使半个世纪后看上去更有经验的生态学家将辅助性参数 —— 如香农–韦弗多样性指数③(Shannon–Weaver index of diversity) —— 计算到第三位甚至第四位小数, 或许也不会使之受到贬损。贝克尔把他的发现与其他研究进行比较, 并且把软体动物的物种分布与水深和湖底类型联系起来。他对一个底栖群落进行了计算, 其中有 77.43 亿个食草动物或食腐动物, 只有 2300 万个食肉动物个体。这样, 他对一个区域底栖

---

① 奥奈达湖位于纽约市中心, 是纽约州内最大的湖泊, 面积 207 km²。该湖长约 34 km, 宽约 8 km, 平均深度 6.7 m。它是连接北美大西洋海岸与大陆内地的重要水道的一部分。

② 1 平方英寸 ≈ 6.45 cm²。

③ 香农–韦弗多样性指数用于估算群落多样性的高低。克劳德·埃尔伍德·香农 (Claude Elwood Shannon, 1916—2001), 美国数学家。他在麻省理工学院的硕士论文奠定了计算机电子逻辑线路的基础。他于 1948 年发表论文《通讯的数学理论》(*A Mathematical Theory of Communication*), 创立了信息论, 被誉为 "信息论之父"。1949 年, 他与沃伦·韦弗 (Warren Weaver, 1894—1978, 美国科学家、数学家和科学管理者, 被公认为机器翻译的先驱者之一) 合作出版《通讯的数学理论》(*The Mathematical Theory of Communication*)。论文与著作的英文名称只有一字之差 (由 "A" 改为 "The"), 这说明已经认识到这一工作的普遍意义。香农–韦弗多样性指数就包含在这一文一书中。

生物群落的营养结构做出较早的贡献。与约翰斯顿 (Johnstone 1908) 的海洋栖息地研究相似, 贝克尔注意到, 确定数量是不足的。他说, 有必要 "发现生物周期性产生的活物质的质量"。他也运用现已熟悉的经济类比: 在一项研究的开始, 生物体的质量是 "资本"; 经过一年的生长和生产, 所产生的附加量则是 "利息"。由此引起的问题是: 利率是什么?

[123]

　　随着湖泊研究得愈多, 它的复杂性和可变性也愈加明显。尼达姆[①]和罗伊德[②] (Needham and Lloyd 1916) 针对浮游生物的变化评论说, "浮游生物的出现和消失, 可以与坡面林地上花的演替相比"。他们并不赞成与林地周期性相似, 但却把浮游生物的年变化和陆生植物经历的演替混同起来。他们也注意到, 浮游生物的出现和消失会引起一些物种以不同比例重新出现。对于这种内生变化和复杂性的研究, 明确显示了单一观察 (如穆里对苏格兰湖泊的观察) 的作用是有限的; 即使是一个季节或一个年度的观察, 也意义不大。数量群落研究从一开始就纠缠于一个三位一体的问题: 它涉及采样方法学; 为有效鉴定而建立的分类学资料库; 以及为研究环境状况和生物构成上已可识别的变化而进行采样的持续时间。这些问题在当今生态学中仍然存在, 布林赫斯特 (Brinkhurst 1974: vii) 明显对此感到失望, 他说:

> 尚未出现这样一种湖泊底栖生物群落研究: 在那里, 采样方法学和工作
> 程序得到恰当的权衡; 绝大多数主要物种得到鉴定; 并且这种研究是接
> 连几年在所有季节进行的。

对这个三位一体的问题, 还必须再加上一个大量采集基础数据而引起的数据分析问题。由于所有栖息地的生物分布模式普遍存在异质性, 使得问题显得更为错综复杂。

　　为了把新建的湖泊实验室输送的、穆里视为必要的大量观察资料整理出来, 20世纪早期的湖沼学家, 如同他们同时代的植物生态学家那样, 转向湖泊分类工作。湖泊类型学 (lake typology) 主宰着 20 世纪前几十年的湖沼学研究 (Mortimer 1941-

---

　　① 詹姆斯·乔治·尼达姆 (James George Needham, 1868—1957), 美国湖沼学家, 康奈尔大学教授 (1923—1952)。康奈尔大学 2009 年发文 "*The Legacy of James G. Needham : A Century of Limnology at Cornell University AND the First Course on Limnology in the AMERICAS*, by Nelson G. Hairston, Jr. and Gene E. Likens. *The Limnology and Oceanography Bulletin*", 以学术档案为据, 力辨尼达姆教授是美国开设 "湖沼学" 课程 (1908) 的第一人; 他和罗伊德的专著《内陆水体的生命》(*The Life of Inland Waters*, by Needham and Lloyd, 1916) 是远早于韦尔奇《湖沼学》(1935) 的美国第一本湖沼学教科书。
　　② 约翰·托马斯·罗伊德 (John Thomas Lloyd, 1884—1970), 曾经在康奈尔大学师从尼达姆教授学习湖沼学并任教, 是尼达姆的助手,《内陆水体的生命》一书的合著者。

1942; Brinkhurst 1974; Elster 1974), 并且仍然以一种 "新类型学" 继续下去 (Rigler 1975a)。欧洲湖沼学的主要人物之一蒂纳曼 ① (Thienemann 1925) 清晰地阐明湖沼分类研究的必要性, 他说②:

> 如果要从类型学角度研究湖泊, 自然界是完全可能的。如果要使自然界
> 能够在特异性、模式以及过程等方面多少获得科学理解, 它就必须进行
> 分类。(引自 Brinkhurst 1974: 9)

湖泊依据不同基准进行分类。科尔克维茨和马森 (Kolkwitz and Marsson 1908) 为检测污染, 根据有机物成分和由此产生的耗氧量, 提出了一种 "污水生物型" (Saprobien) 分类。那曼③ (Naumann 1919) 主要根据浮游植物、溶解养分、代谢过程以及由此产生的生物生产量, 定义湖泊类型 (Rodhe 1975)。他详细阐释现已规范的 "贫营养" (oligotrophy) 和 "富营养" (eutrophy) 概念, 从而打开有关定义和解释的潘多拉之盒④ (Pandora's box); 它们至今仍属争议之列。蒂纳曼 (Thienemann 1925) 则根

[124]

---

① 奥古斯特·弗里德里希·蒂纳曼 (August Friedrich Thienemann, 1882—1960), 德国湖沼学家 (他偏爱称 "淡水生物学家"), 动物学家, 生态学家。德国基尔大学水生物学教授, 马克斯–普朗克湖沼学研究所所长。他与那曼共创国际湖沼学学会且担任会长至 1939 年, 长期担任重要国际学术期刊的主编。他研究成果甚丰: 独立于美国福布斯, 提出 "微宇宙" (microcosm) 概念; 独立于克莱门茨, 提出 "超级有机体" (superorganism) 概念。他提出生态学三原理 (见本书原著 p140–141)。他针对湖泊类型, 提出 "贫营养型" (dystrophic)。1926 年, 他提出营养等级 (trophic level) 上的 "生产者" (producer)、"消费者" (consumer)、"分解者" (reducer)关系, 后成为 1942 年林德曼论文的重要思想来源。他还提出 "生物生产力"(biological productivity) 问题。国际湖沼学学会为了纪念他, 在 1972 年将 "艾纳·那曼奖章" 改为 "那曼–蒂纳曼奖章"。
② 原文是: "if on investigates a lake typologically, one cannot expect the impossible from nature, who, if she is ever to be scientifically comprehended to any degree in all her peculiarities, patterns and processes, must be categorized"。
③ 艾纳·克里斯蒂安·伦纳德·那曼 (Einar Christian Leonard Naumann, 1891—1934), 瑞典植物学家和湖沼学家, 莱顿大学湖沼学教授。他曾在瑞典 Aneboda 的渔业站工作, 在那里建立莱顿大学湖沼学研究所的野外实验室, 现在称为艾纳·那曼野外站 (Einar Naumann Field Station)。1921 年他建议建立国际湖沼学学会, 并为此访问德国同行蒂纳曼。1922 年 8 月在德国基尔大学动物学研究所举办的会议上, 他们两人共同创立国际湖沼学学会 (Societas Internationalis Limnologiae)。在学术上, 那曼以其对湖泊类型学 (lake typology) 的贡献而著名, 特别是他为现代湖泊分类引入 "贫营养"、"富营养" 概念。为纪念他对国际湖沼学事业的贡献, 国际湖沼学学会在他去世后, 设立了艾纳·那曼奖章 (Einar Naumann Medal, 即现在的 "那曼–蒂纳曼奖章"), 每年授予一名国际上有突出贡献的湖沼学家。
④ 潘多拉之盒 (Pandora's box), 希腊神话故事。神话人物潘多拉是由上帝创造的第一个女性。宙斯要求诸神为潘多拉的成长各自送一份独特的礼物放在潘多拉之盒内。为了惩罚普罗米修斯盗火, 潘多拉被赠送给普罗米修斯的弟弟厄庇墨透斯。潘多拉打开潘多拉之盒, 释放所有的邪恶。因此, 潘多拉之盒作为一个成语, 意指 "出现了意想不到的或棘手的问题"。还需指出的是, 潘多拉之盒是古希腊诗人赫西奥德 (Hesiod) 的长诗《工作与时日》(Works and Days) (张竹明, 蒋平译, 商务印书馆, 1991) 中的一个神话故事。原诗中容器是 "陶罐" (jar) 而不是 "盒" (box)。现在所用的 "盒" 是 16 世纪人文主义者伊拉斯谟 (Erasmus) 在译为拉丁文时的误译。

据底栖生物进行分类。由上述分类方法派生的形形色色的变体, 也纷至沓来。罗德赫 (Rodhe 1975) 引用埃尔斯特在 1958 年讲的一段话:

> 湖泊类型的挑战是湖沼学研究中巨大的催化剂。它把湖泊研究的各种
> 分支融合于湖沼学中。如果不与湖泊类型知识 (Seetypenlehre, 德文, 即
> lake-type-knowledge) 相联系, 几乎不会有任何真正的湖沼学问题。

蒂纳曼和那曼在生态学研究中合作, 并在 1922 年建立国际湖沼学学会时合作。这时美国和英国尚未有自己的地区性湖沼学学会。英国淡水生物学会成立于 1929 年 (LeCren 1979); 美国的湖沼学和海洋学学会成立于 1936 年 (Lauff 1963)。蒂纳曼在一份关于成立国际学会的建议中, 避而不用湖沼学 (limnologie) 一词, 而更乐于采纳水生生物学 (hydrobiologie) 一词 (Rodhe 1975)。这可能与他自己的看法有关, 因为他认为, 直至 1922 年, 湖沼学作为一门独立的学科尚未得到承认。柏格 (Berg 1951) 强烈反对这一看法, 认为福雷尔已建立了湖沼学, 并认为 "福雷尔是生态学家"。湖沼学也和生态学一样, 在其性质和起源上, 有着一些观念上的分歧。

包括蒂纳曼在内的湖沼学家, 都信奉整体论的有机体论传统。它早已由 S. A. 福布斯 (Forbes 1887) 的《湖泊是一个微宇宙》与陆生植物学家克莱门茨 (Clements 1905) 有力表述过。博登海默 (Bodenheimer 1957: 84) 是这样翻译蒂纳曼的观念的:

> 每个生物群落都和它所处的环境形成一个统一体。这个统一体本身往往
> 是封闭的, 以致必须称为一个具有更高层级的有机体。

和福布斯一样, 在蒂纳曼看来, 湖泊是一个单位; 数量湖沼学研究的目的, 是把湖泊连同它们的全部巨大差异, 安置到一个有序的体系中。

[125]   湖沼学家, 如同海洋生物学家, 也将他们的注意力转向生产力。伯基和朱岱 (Birge and Juday 1922) 申言: 任一时刻的有机物实际量值 (standing crop, 即现存量) 与浮游生物的年生产量之间的现已熟知的区别是, 后者必须通过确定周转率 (rate of turnover) 进行估测。朱岱遵循这种认识而从事生产力研究, 他致力于测量初级生产力、生产速率以及周转速率 (Frey 1963b)。韦尔奇[①] (Welch 1935) 进而定义湖沼学为 "研究内陆水体的生物生产力以及决定生产力的所有影响因素的学科分支"。按照韦尔奇的观点, 湖泊中的植物和动物群落, 是 "它们所在水体的生物生

---

① 保罗·史密斯·韦尔奇 (Paul Smith Welch, 1882—1959), 美国密歇根大学动物学教授, 第一本湖沼学教科书 (1935 年) 作者。1906—1910 年他在杰姆斯·米利肯大学 (James Milliken University) 读大学, 获学士学位, 1910—1913 年在伊利诺伊大学读研究生, 获博士学位。1913—1918 年在堪萨斯州立学院 (Kansas State College) 任教, 1918 年受聘密歇根大学。他主要工作于三个领域: 昆虫学、无脊椎动物学、湖沼学。《湖沼学》(*Limnology*, 1935) 一书使他赢得最为持久的声誉, 也是他对科学的最大贡献。

产力的直接结果"。这些研究和其他类似研究引导出营养层级 (trophic level) 概念。对这一概念的较早说明主要是依据各种生物组分的现存量,以及像查尔斯·埃尔顿的食物金字塔那样的群落而构成的金字塔结构。由静态金字塔过渡到营养动力学概念并不容易。钱德勒 (Chandler 1963) 评论说,即使韦尔奇这位美国 1935 年第一部重要的湖沼学教科书的作者,也只是基于现存量考虑生产力。这可能是韦尔奇反对发表林德曼关于湖泊营养动力学的经典论文的原因 (Cook 1977)。林德曼①(Lindeman 1942) 这篇受到高度推崇的论文,是生态学上的一个分水岭。林德曼回顾了湖沼学中的群落思想传统。他认识到存在三个阶段: ① 早期对湖泊及其生物区系的调查是静态的,与物种分布有关; ② 动态概念,强调演替; ③ 营养动力学观点,它强调 "群落中能量利用 (energy availing) 与演替过程的关系"。由于对演替的重视,从而将这种营养动力学与克莱门茨和陆生植物生态学家的动态生态学联系起来。林德曼的文章基本上是一个关于演替的研究,它讨论当时推测的与生产力关联的湖泊从贫营养到富营养及其后演进的关系。

林德曼认为湖泊是一个理所当然的生态单位 (ecological unit),因为 "所有的次级群落都取决于湖泊食物循环中的其他组分"。他启用一个当时相当不为人所知的术语 "生态系统"。林德曼把 "湖泊是一个超级有机体式实体" 的思想,归功于1918 年的蒂纳曼。帕特里克 (Patrick 1977) 则把第一次将湖泊功能类比于一个有机体归功于 1941 年的哈钦森。然而,把一个群落或湖泊,在其内部各组分的运行方面,类比或等同于单个有机体,这一思想传统的起源可以追溯到很早以前。把群落视为一个高度整合的、甚至进化着的、超级有机体式实体的思想,是由博物学带入湖沼学和生态学中的,并且与来自 19 世纪生理学的机械性还原论构成一双奇异的配对。博登海默 (Bodenheimer 1957) 批评有机体论传统,并否定它的基础作用,因为它缺乏任何证据支持; 但是,他也承认,这是整个生态学中传播得最广的群落思想。埃尔斯特 (Elster 1974) 提出,正是这种把湖泊和自然都视为不可分割的统一体的思想,把生物学家吸引到湖沼学上,而不是吸引到某一专门的植物学或动物学研究上。他提出这样一个问题,"整体论的湖沼学观念仍然站得住脚吗? 它赋予它的研究者们的任务和职责是什么呢?" 他肯定地回答问题的第一部分,并且赞扬湖泊研究中的整体论处理。然而,在群落研究中,实现整体论的理想并不容易,因

[126]

---

① 雷蒙德·劳雷尔·林德曼 (Raymond Laurel Lindeman, 1915—1942),美国青年生态学家。他在生态系统生态学领域做出开创性研究。他在明尼苏达大学的博士论文是对雪松沼泽湖 (Cedar Bog Lake, 明尼苏达州中部) 的历史和生态动力学研究。他的博士后工作是在耶鲁大学与哈钦森一道从事湖沼学研究。他的一部分成果 (即营养动力学方面) 投送美国的 *Ecology* 时,因其普遍性概括 (its generalisations) 而被拒绝,后因哈钦森说服了编辑,在 1942 年发表; 这已是林德曼死于罕见的肝炎后不久。

为这种理想既没有得到湖沼学家也没有得到群落生态学家的普遍承认。数量群落
生态学研究, 一般是以湖泊全部属性的某个子集作为对象; 那种寻求能够综合概
括湖泊整体的宏观变量的努力, 已经证明是失败的。

　　湖沼学呈现的传统多样性是令人着迷的。里格勒尔 (Rigler 1975a) 评论说, "人
们得到的第一个印象是, 湖沼学有着许许多多学派, 并且每个学派都有着它自己
的研究方式"。里格勒尔把这些学派分为两大类: 一类是整体论者, 他们选择研究
整个未受破损的系统的性质 (如: 湖泊是一个微宇宙); 另一类是还原论者, 他们
偏爱于研究系统的单个部分。罗德赫 (Rodhe 1979) 也同样确认这两大学派, 但表
示希望湖沼学将会通过 "它们的牢固结合" 而取得进展。这两大学派的理想由于
广泛采用实验方法而得到促进; 那些实验强化对湖泊功能的研究。海斯勒[①]等人
(Hasler et al. 1951) 从事酸碱度 (pH) 变化对整个湖泊影响的研究, 哈钦森和博文[②]
(Hutchinson and Bowen 1947) 利用放射性示踪技术对湖泊磷代谢的开拓性研究, 以
及其他一大批关于湖泊化学, 关于浮游生物、底栖生物、初级和次级生产者、消
费者和分解者的生物学过程的研究, 使得对湖泊的定量研究持续呈指数增长。在
1937—1975 年, 设在乌雷堡 (Wray Castle) 温德米尔湖 (Lake Windermere) 淡水生物
[127]　学会实验室的科研人员增加十倍。在那里, 莫蒂默[③] (C. H. Mortimer) 的著名工作
大大推进水环境化学研究。莫蒂默后来去了威斯康星州, 在伯基和朱岱那里继续

---

　　[①] 亚瑟·戴维斯·海斯勒 (Arthur Davis Hasler, 1908—2001), 美国生态学家, 美国国家科学
院院士, 美国艺术和科学院院士, 淡水生态学研究的国际权威。他在威斯康星大学 (麦迪逊) 湖
沼学院师从朱岱获博士学位。他的研究兴趣和方法, 受德国湖沼学研究影响较深。他的三次德
国之旅均有不同收获。第一次是 1920 年代后期学生时代的宗教服务之旅, 学得的是语言。第二
次是 1945 年第二次世界大战后作为美国空军的战略轰炸调查团分析专家, 他访问了德国著名
湖沼学家弗里希 (Karl von Frisch) 和艾瑟勒 (Wilhelm G. Einsele), 领略和强化湖沼学的实验研究
方向。第三次是 1954—1955 年作为富布赖特学者访学德国, 获得鱼类传感机制的某些启示。这
些对于他在威斯康星的湖沼学研究深有助益。海斯勒有两项极为著名的研究成果。其一是大
马哈鱼洄游本能的机制: 公海迁移的太阳定向 (sun orientation in open-sea migration); 洄游时的
嗅觉定位 (olfactory homing)。另一项重要研究是湖沼学的实验研究方法: "整体湖泊生态系统的
实验操控"(experimental manipulation of entire lake ecosystems), 这一研究方法的影响超出湖沼学。
海斯勒的博士生利肯斯 (Gene E. Likens) 就是著名的 "哈巴德溪生态系统研究"(Hubbard Brook
Ecosystem Study) 的负责人之一。海斯勒在 1980 年代曾经以交换学者的身份访学中国和当时的
苏联, 想发起 "大马哈鱼为了和平"(Salmon for Peace) 项目, 惜未成功。
　　[②] 当时是哈钦森的博士生。
　　[③] 克利福德·希利·莫蒂默 (Clifford Hiley Mortimer, 1911—2010), 英国动物学家, 水动力学
专家, 皇家学会会员 (1958)。他在曼彻斯特大学学习动物学, 1932 年毕业。后去柏林读研究生,
1935 年获得遗传学博士。返回英国后, 在淡水生物协会温德米尔湖实验室工作。第二次世界大
战期间服务于海军部。战后, 他在美国从事与密歇根湖有关的研究。1956 年, 返回英国, 负责苏
格兰海洋生物站。1966 年, 他任威斯康星大学 (Milwaukee) 动物学特聘教授, 并任新成立的大湖
研究中心创始主任。1970 年, 任美国湖沼学和海洋学学会主席, 3 年后, 任国际大湖研究协会主
席。1995 年获雷德菲尔德终身成就奖 (A. C. Redfield Lifetime Achievement Award)。

他的研究, 并且把英国和美国的湖沼学研究连接起来 (Worthington 1983)。

布林赫斯特 (Brinkhurst 1974) 承认, 对湖泊的整体论处理来自早期湖沼学家。不过, 在他看来, 那种认为 "湖底是均匀不变" 的思想, "一直作为危险的传统存在着", 它 "没有得到我们现已认识的事物的证实"。布林赫斯特对于湖底的这些看法, 大体也适用于湖泊。那种 "湖泊是一个统一体" 的整体论 "危险传统", 为构造湖沼学提供了一个令人满意的基础。它经历一系列变形, 不过并非所有湖沼学家对此看法一致。布林赫斯特呼应着早前由陆生群落生态学家表述的关注, 他说:

> 任何试图创造一种统一的分类方法的努力, 不久总会失败, 因为那些基
> 于不同标准的分类图之间缺乏一致性。(Brinkhurst 1974: 159)

他对于变迁、多变量相互作用和采样问题的评论, 全都含有当时陆生生态学家熟悉的调子。布林赫斯特提出一个生态学特有的问题, 他说: 湖泊不是一个单位, 而是一个组合体——"如果我们想要获得任何有用的分类, 就必须准备好把湖泊划分为各个功能单位"。他 (Brinkhurst 1974: 159) 继而又提出另一个水生和陆生群落生态学一直存在的问题: "为了获得一个有用的分类, 我们必须了解那些具有同等地位的群体之间真实的不连续性, 这些群体是由可资识别的离散单位组成"。几乎所有分类方法在说明不连续性和离散性时都会随便点缀上 "或多或少" 字样, 所以上面要求的分类是难以实现的。布林赫斯特 (Brinkhurst 1974: 164) 进而说, "没有一个有理性的人会有意于成为生态学家或湖沼学家"。这无疑是一种夸大其辞, 但是, 许多生态学家或湖沼学家, 如同 1911 年时的伯基与朱岱, 一直迷惑: 数量研究中明显存在的复杂性, 是否会难倒有理性的人们。

# 4.4　陆生植物生态学

当陆生植物生态学成长为一门具有特色的学科时, 或许没有哪个方面能像它的术语泥淖那样使人困惑。这一问题迄今尚未完全得到澄清, 并且它已进而涉及这门学科自身的名称。惠特克[1] (Whittaker 1962) 检视了这些问题以及自然植被

[128]

---

① 罗伯特·哈丁·惠特克 (Robert Harding Whittaker, 1920—1980), 美国植物生态学家。1969年他第一个提出世界生物群五界分类法, 包括动物、植物、真菌、原生生物 (protista) 和原核生物 (monera)。他还根据两个非生物因素——温度和降水, 提出惠特克地生物集群分类法 (Whittaker biome classification)。惠特克是一个有高度创造力的人, 他的最大贡献在于植被梯度理论。他是梯度分析方法的开创者和倡导者, 以有力的经验证据反对克莱门茨提倡的植被演进观点。他一生中对群落分析方法多有创新, 同时也领导编列野外数据, 用以记录大地植物群落组成、生产力和多样性等模式。

群落分类的理论。他认可七个主要传统, 以此简单地作为手段对为数众多的 "学派" (school) 和 "隐形学院" (invisible college) 进行适当的分类; 它们是因对植物描述和分类问题有着不同回答而形成的。缪勒–唐布依斯和艾伦伯格 (Mueller-Dombois and Ellenberg 1974)、麦金托什 (McIntosh 1978) 以及特拉斯 (Trass 1976) 考察了许多术语; 它们一直用于植被研究, 并有着种种细微的差别。特拉斯追溯地植物学 (geobotany) —— 或广义地称为植物生态学 (plant ecology) —— 在美国和英格兰以及在欧洲大陆上的发展。他注意到, 植物生态学在英语国家的普遍相似性, 但在欧洲大陆, 植物生态学则 "巴尔干化"① (Balkanization)。韦斯豪夫 (Westhoff 1970) 确认四类植被研究: "实用型, 逻辑型, 一般英美型, 否定型"。他承认, "这种划分意味着与植被研究有关的一般英美术语既不实用, 也非逻辑"; 并且指出这是欧洲植被学者的主流看法。由于现在本书主要是考查英美生态学, 所以, 一定要使它 (指英美术语——译者) 能够迎接逻辑的挑战, 即便并不实用。

现在普遍认为, 18 世纪和 19 世纪早期的 "植物区系植物地理学" (floristic plant geography) 大体转变为植被地理学。19 世纪植物地理学的关键性变化是: 传统上博物学家重视的着眼于分类学的是植物区系; 而现在则根据聚集在一起的植物的特性, 认识到它们构成一个实体。人们将后来称为 "生态植物地理学" (ecological plant geography) 的学科, 一致归功于洪堡 (Humboldt) 在 1800 年稍后对特内里费岛② (Teneriffe) 植被区的认识以及他的相关植物集群 (group of associated plants) 的思想。有意义的是, 19 世纪植物地理学家发展了一种不同的植被实体概念, 或者说, 一种新的植被本体论观点, 从而与植被区系 (即物种表) 的观点相对立。这样, 植物生态学——或更一般地说, 生态学——的历史和随后产生的问题, 很多都是这种概念和观点的产物。陆生植物生态学与动物生态学之间的一个值得注意的区别是: 在动物生态学中, 不像 "植被" 之于 "植物区系" 那样, 有一个普遍公认的术语与 "动物区系" 相对 (Udvardy 1969), 它也不能与水生生态学的聚集型术语 "浮游生物" "底栖生物" 相比。植被研究与植物个体或物种 (植物区系) 的研究不同, 它需要高于个体层次和高于物种层次的认识。这些层次不得不成为研究对象, 以便

---

① "巴尔干化" (Balkanization)。这是第二次世界大战前巴尔干半岛的政治状况; 后作为一个地缘政治术语被广泛使用, 意为一个地区或国家被分裂为多个较小的国家或部分, 并且相互敌对与不合作。

② 特内里费岛 (Teneriffe), 生态学研究和发展史上有名的岛屿。它是加那利群岛 7 个岛屿中面积最大 (2034.38 km²) 和人口最多的岛屿, 也是西班牙人口最多的岛屿。岛上的泰德峰 (Teide) 是西班牙海拔最高处, 也是大西洋海岛最高处, 还是世界第三大火山。博物学家洪堡曾经攀登过。泰德国家公园现已成为世界遗产地 (World Heritage Site, 2007)。阿那加山脉 (Macizo de Anaga) 地处特内里费岛东北部, 自 2015 年以来成为生物圈保护地 (Biosphere Reserve), 那里是欧洲地方性物种数量最多的地方。

去描述它们, 并且在大多数早期生态学家心目中, 要对它们进行分类和命名。[129]

相信自然界存在着可识别、可描述、可分类和可绘制成图的自然实体, 即群落, 形成这一信仰有着漫长且充满论争的历史。它还有一大堆其他名称, 其中有"群丛" (association), "群落" (cœnose①), "群系" (formation), "社群" (society)。这一信仰涉及区分这些单位的基础; 发展一种对这些单位进行命名和分类的系统, 或确定这些单位是否实际存在, 抑或仅出于生物学家想象中的虚构, 或者更为客气地说, 是一个出自生物学家方法的有用的人为制品。群落概念可以追溯到洪堡和舍乌② (Schouw)。洪堡认识到, 一定种类的植物总是在一个地区或地带生长在一起。丹麦植物学家舍乌在 1822 年提出一种群落命名法, 即: 对于一个群落, 只需在其优势植物物种 (即最醒目的或数量最多) 的属名称后面加上 "-etum" 后缀。例如, 对于栎树林 (oak【*Quercus*】forest), 可以命名为 Quercetum (栎树群落)。后来的生物学家, 如克纳·冯·马里朗 (Kerner von Marilaun) 和奥古斯特·格里斯巴赫 (August Grisebach), 强调群落作为一个功能实体的重要性 (Whittaker 1962; Mueller-Dombois and Ellenberg 1974; McIntosh 1978)。传统博物学对自然界秩序的期望, 典范地体现在克纳尔 (Kerner) 所做的著名阐述中, 这是 19 世纪绝大多数生物地理学家和 19 与 20 世纪之交的生态学家的典型看法:

> 大型植物群落的水平分类和垂直分类, 尽管看上去缺乏次序, 但绝不是偶然的。它遵循某种不变的法则。每种植物都有着它的位置、它的时间、它的功能和它的意义。…… 在每个地域, 植物聚集于一定群体 (group) 中, 或是作为演进中的群落出现, 或是作为已经完成的群落出现, 但它们绝不会违背其类型有序且正确的构成。科学已经把这些植物集群命名为植物群系 (plant formation)。通过对景观的比较性研究, 植物学家发现, 有必要定义和表征这些反复出现的景观相貌上非常醒目的要素。(引自 Conard 1951: 41)

19 世纪的植物地理学中, 非常流行把物种群体 (groups of species) 作为植被中反复出现的要素或要素阵列 (array)。格里斯巴赫 (Grisebach 1872) 把植物群系描述

---

① cœnose 也可写为 coenose, 译为 "群落", 可用于生物科学与地质科学。当专门用于生物科学时, 表示 biocoenose (Möbius 1877)。

② 乔阿京·弗雷德里克·舍乌 (Joakim Frederik Schouw, 1789—1852), 丹麦律师, 植物学家, 政治家。他的博士论文 (1816 年) 研究的是连续进化的物种起源 (origin of species through continuous evolution)。1821 年起任哥本哈根大学植物学教授, 并且是第一位编外教授 (first extraordinary professor)。他的主要贡献在一个新领域, 即 "植物地理学" (phytogeography)。1822 年发表了他最重要的著作《一般植物地理学的基本特征》(*Grundtræk til en almindelig Plantegeographie*, 1822; 德文译本 *Grundzüge einer allgemeinen Pflanzengeographie*, 1823)。

为 "植被的基础单位"。这准确表述了后来惠特克 (Whittaker 1962) 所称的生态学的 "群落单位理论", 它主宰大部分植物生态学历史。在欧洲, 19 世纪的最后十年充斥着刚刚兴起的地植物学、植物群落学和植物地理学等学派。它们往往局限于某个国家或地区 (Moss 1910; Gleason 1936; Whittaker 1962: Shimwell 1971; Trass 1976; McIntosh 1978)。体系的多重性产生了后来西尔斯 (Sears 1956) 所称的 "生态学家的生态学", 意指植物生态学家的思想被他们自己发现的植被所支配。早在 1910 年, 莫斯 (Moss) 评述植物生态学中围绕植物群落概念而发展起来的术语和方法的复杂问题; 这些术语和方法盛行于 20 世纪早期的几十年。这一情况促使杜雷兹 (Du Rietz 1930) 再次企图使这种 "术语混沌" 变得井然有序。"术语混沌" 的共同原因是认为植被由 "或多或少" 离散的群落组成。惠特克 (Whittaker 1962) 区分了对这一概念的两种解释: ① 植物群落作为进化的产物是一个基本的自然单位; 或者② 它是一种分析方法付诸实践的结果。在第一种情况下, 群落存在于自然界并被发现; 在第二种情况下, 它们是依据研究者的某种方案而被设计的。对植物群落的识别和分类, 本质上有三种途径, 即依据: ① 栖息地; ② 由最醒目植物 (树、灌木、草本植物等) 的 "生活型" (life form) 构成的植被景相或总体外观; ③ 植被的分类学组成, 其最简单和最早的形式是物种清单, 后来又补充了对物种数量的某种估计或测量。

[130]

大多数植物生态学的传统学派采用 "群落单位理论", 但是他们对群落单位本质的认识却大不相同。尽管如此, 许多早期植物生态学家仍定性地表达了他们对群落单位的理解。这样, 瓦明在其名著《植物群落》(Warming 1895) 的英文修订版 (Warming 1909: 12) 中写道, "群丛 (association) 是一个有着确定的植物区系构成的群落"。但在同一本书中, 他又写道:

> 几乎无须说明, 人们很少能将不同的群落截然区分开来。正如土壤、水分和其他外部因素总是通过最缓慢的过渡而彼此相连一样, 植物群落, 特别是已垦殖土地的植物群落, 也是如此。(Warming 1909: 13)

尽管如此, 植物生态学家仍以不同方式描述植物群落, 并加以命名。高斯 (Gause 1936) 在后来的动物种群生态学 "革命" 的过程中描绘这一时期, 他说:

[131]

> 生物群落学的历史转折点, 是 19 世纪末和 20 世纪初发表的许许多多植物学调查。它们表明, 地球上的植被可以划分为结构上的自然单位, 即群丛。确立一个能够定义的单位, 会自然而然地使得观察和思考具有更高的精确性。

美国植物生态学的开拓者克莱门茨 (Clements 1905: 202) 相信, 环境差异以及植物总是趋向于成丛或成群地集聚 (to associate or group together), 会导致同质性集群的出现。他写道:

> 这一根本性特质, 已经给予我们一个 "群系" (formation) 概念, 即一个植被区或一个具体 "群丛" (association), 在其内部它是同质的, 但同时它与相邻地区又有本质的不同。

这里所说的 "同质" 和 "本质的不同" 等措辞的含义, 随着描述和比较群落的数量方法的广泛使用, 而变得愈加不可捉摸。美国的麦克米伦 (MacMillan)、甘伦 (Ganong)、哈舒伯格 (Harshberger)、庞德和克莱门茨、考勒斯, 英国的史密斯兄弟、莫斯、普拉格尔和坦斯利, 以及欧洲大陆包括年轻的布劳恩 (J. Braun)——后因结婚改为布劳恩-布兰奎特 (J. Braun-Blanquet)——在内的大批植物生态学家, 在他们的经典著作中都研究了群落单位问题。虽然他们对于群落单位的理解有着根本差异, 但他们都一致对植被、它的生境以及常常是物种清单, 做了文字性描述。

在其他植物生态学家中, 甘伦 (Ganong 1903) 提出, 有希望找到定量地估测群落中生物因子的途径, 即: 生物间的竞争与合作对确定植物群丛构成的精确影响。在这方面, 他的同代人, 来自内布拉斯加的庞德和克莱门茨 (Pound and Clements 1898a, b), 早已走了不那么引人注目的第一步。庞德和克莱门茨在他们划时代的著作《内布拉斯加的植物地理学》(1898b; 也可见 1900 年第二版) 的第一版中, 就开始用**频度** (frequence) 描述美国的一个 36 平方英里乡镇出现的物种; 把频度除以样方 (quadrat) 总数再乘以 100, 就得到**频度指数** (frequence index) 或**百分频度** (percentage frequence)。根据庞德和克莱门茨的用法, **多度** (abundance) 包含着物种个体数及其分布的双重内容, 分布就是说, 植物是单个地存在抑或是大量地成丛地存在。庞德和克莱门茨 (Pound and Clements 1898b) 使用一系列描述性术语, 如**丰富** (copius)、**群集** (gregariou), 来表达物种个体的数目、分布及其规模 (number and distribution of individuals and size)。他们实际上通过清点 5 米见方地块 (25 m²) 上的个体数, 来标定 (calibrate) 这些术语, 并利用几个地块的平均值赋予每个术语一定的数值范围。他们还提出一个多度指数 (abundance index) 的公式:

[132]

$$A = \frac{t \times e \times a}{T}$$

其中, $T$ 是样方中的单位数 (=36), $t$ 是一个物种出现的单位数目, $e$ 是这个物种占据的平均范围 (估计值), $a$ 是每个 25 m² 样方上的个体数。庞德和克莱门茨乐观地认为, 他们公式中唯一的误差来源是 $e$ 值的确定。他们的这个多度指数并未被广泛采用, 甚至包括他们自己在内。但是, 他们在思考多度的过程中, 得到一个重大

结论 (Tobey 1981)。在对北美草原大约观察十年并在头脑中形成植被图景后, 他们断定, 仅凭借观察和经验而 "没有对植物个体进行实际计数", 这样得到的结论是不正确的。庞德和克莱门茨注意到, 两个群落之间的过渡区能更好地体现于由计数得到的数值中, 而不能由其他途径体现。他们明确指出, 他们自己的计数没有考虑与个体 "分布模式" 的关系, 从而承认了植物不是均匀分布的。

　　依赖直接感观观察而导致失败与依靠计数而赢得好处一直是广泛讨论的主题, 后者 "得到的结果足以酬偿所耗费的时间和劳动" (Pound and Clements 1898b)。由此得出的主要结论是, 应致力于发展最好的和最快的方法, 以获得对群落中物种量值的准确计数或其他估计。海洋生物学家、湖沼学家和陆生动物生态学家, 主要是或仅仅是从事 "统计型群落" (statistical community) 研究。这就是说, 对底栖生物和浮游生物等的计数, 往往是他们获得的有关群落的仅有信息。陆生植物生态学家不得不两面应对: 一方面, 他们反对长期的博物学传统, 该传统认为有意义的东西是能直接感知的; 另一方面, 他们必须研究这一问题, 即由计数获得的结果是否能与那些感知识别的东西相吻合。许多人和海克尔一样怀疑, 那些由计数获得的东西, 或是由数学用于群落的生物及集群分布研究而获得的结果, 是否有价值。即使是积极宣扬样方法和数值计量优点的克莱门茨 (Clements 1905: 104) 也写道, "现在生物统计学发展中, 包含的数学太多, 而生物学太少"。在整个生态学历史上, 一直贯穿着对数量方法效用的怀疑。生态学家对群落生物属性定量化的最佳途径或首先识别群落的最佳途径, 并不认同。大多数传统植物生态学家, 即使是大力宣扬数量化方法的人, 都是立足于对基本特征的主观判断而选择所要研究的群落或群丛。

[133]

　　托比 (Tobey 1981) 并不同意庞德和克莱门茨采用的样方法是洪堡的生物地理统计学方法的扩展。托比认为: 那些较早的统计学是 "定性的量化"; 意指只是对存在感的利用 (use of presence), 而不是以实际计数或称重作为确定量值的基础。这一区分引发概念和术语的混用, 它特别充斥于数量植物生态学, 也普遍存在于数量群落生态学。海洋生物学家、湖沼学家、陆生植物和动物生态学家, 不管他们是否是自我意识的生态学家, 在从生物区系的生物地理学转到定量的群落科学时, 全都面临差不多相同的问题。尽管生态学家在这一方向上做出了引人注目的努力, 但是他们仍因不适当的数量化和数学化而受到批评 (McIntosh 1974b, 1976, 1980a)。即便如此, 20 世纪早期的植物生态学仍强调要发展一门数量群落生态学。庞德和克莱门茨把植物地理学家所用的植物区系统计学修改为植被统计学 (1898b)。他们特别感激德鲁德, 因为德鲁德的统计学是基于大地域 (km²), 并且计算这一地域的物种频度——一种植物区系学特征。频度是地域间的定性区别, 反映着一个物种在这一地域的存在或缺失。庞德和克莱门茨以及后来的韦弗和克莱门茨 (Weaver and Clements 1938) 发现, 频度不是一个所希望的量化植被的基础, 尽管一些生态学家仍然发现它是一个有用的特征量, 并且一些人认为, 它比带有某种目的的个体计数更为可取。庞德和克莱门茨改而采用小尺度面积 (25 m$^2$), 并采用他们所说的 "多度" 这一量度。**多度** (abundance) 一词体现了植物个体的三方面内容: 它们的数目、分布和大小。在前面提到的 "多度指数" 中, 他们把植物区系统计学与植被统计学结合起来。庞德和克莱门茨认识到, 不同物种的个体在分布上的变化极大, 所以他们在建立多度类型时采纳了德鲁德的术语, 即将它表述为多产的 (copious) 或集群的 (gregarious)。这里, 他们采用的一项技术, 深具欧洲大陆植物生态学特色, 它主要是由在蒙彼利埃[①] (Montpellier)迅速成长的 J. 布劳恩–布兰奎特 (J. Braun-Blanquet) 学派创造的。欧洲人发展了好几种尺度, 他们把个体的数目和大小分为 5 到 10 个级别作为量化植被的方式。这些数值尺度, 加上恰当的描述性语言 (从稀有到成群), 从过去到现在一直在欧洲大陆广泛应用 (Greig-Smith 1957; Whittaker 1962; Mueller-Dombois and Ellenberg 1974)。

[134]

克莱门茨和他的早期同事庞德曾经主张, 样方法和数值计量对于鉴别群落和群落中的变化是必不可少的。但多少有些反常的是, 克莱门茨自己在以后的研究中却很少采用数量生态学研究方法 (White 1985)。庞德和克莱门茨 (1898b) 在文章中谈到个体数及其变化, 但并没有提供一份样方计数表以支持他们对植被的说明。尽管托比 (Tobey 1981) 认为, 庞德和克莱门茨的工作使 "生态学偏离其本意" (ecology took leave of its sense), 并在一场堪与伽利略联系在一起的革命相比的 "生态学革命" 中将其智慧挂靠到数学上, 但是克莱门茨并没有超越简单计数, 更为复杂的统计学问题是由其他人思考的。即便如此, 克莱门茨仍是数量植物生态学上一位热心的啦啦队长, 是美国著名的样方法的发明者和倡导者。托比 (Tobey 1981) 注意到探究克莱门茨样方法思想起源的困难。1905 年, 克莱门茨发表了生态学的第一部入门书《生态学研究方法》。其中, 他把基本样方的大小减小为 1 m$^2$, 并且, "主" 样方 ("major" quadrat) 的大小从 1900 年的 25 m$^2$ 减小为 16 m$^2$。他重新定义**多度**为 "一个区域个体的总数", 这一含意至今仍然普遍采用。与**多度**同时享用这一定义的还有**密度** (density), 后者已被一些早期的湖沼学家和海洋生物学家采用并在后来更得到绝大多数植物生态学家的喜爱, 但是动物生态学家普遍采用**多度**一词。克莱门茨在 1905 年并没有进一步提及**频度**, 尽管他的确认识到样方大小问题——这是量化频度时最为普遍的问题。

克莱门茨 (Clements 1905) 和其他生态学家一样, 都意识到数量群落生态学中

---

① 法国南部城市。

[135]　一直存在的问题。他写道,如果植被的量测不能获得相应的准确性,那么在环境量测上追求准确性是毫无意义的。在数量群落生态学及其混血后代 "数量生态系统生态学" 中,一个持续存在的问题是,获得对物理属性的精确量测相对容易,但要获得对群落或生态系统的生物学特征的准确量测并解释生物对物理环境的响应,则是困难的。这一困难在丹麦植物生态学家朗克尔 [①] (Raunkaier 1908) 的著作中,说得很清楚。朗克尔和克莱门茨一样,既是样方法的早期拥护者,也是采样统计学的早期探索者。他注意到测量物理环境较为方便,但他写道,"这些所得到的数值并没有告诉我们这些因子和谐合作所产生的生物学价值"。他还谈到复杂环境——后来被称为多维环境——中的常见问题,它们至今仍困扰着生态学家:

(1) "一个因子的同一量值,由于与其他因子的不同组合,可能会有不同的生物效应";

(2) "因子的不同组合可能会有相同的生物学价值"。

尽管这些思想被广泛视为真理,但生态学家和生理学家仍坚持把单因子研究(他们经常因此而受到批评) 视为对整体环境的理想研究的必要开端。

朗克尔是数量群落生态学的一位开拓者,他致力于这一学科与分类学单位——一般是物种——分离。朗克尔采用 "生活型" 作为基本生物学单位,而克莱门茨和大多数其他数量群落生态学家则采用物种作为基本单位。根据朗克尔定义,**生活型** (life form) 基本是指各区域在最严酷季节里能够存活的植物。朗克尔在最初使用生物统计学时,把生活型统计作为 "生物学的植物地理学" (biological plant geography) 基础,但是,他后来针对生活型按比例分布问题,考察了一个地区的植物群系。朗克尔把生活型作为一种生物学量测手段以综合表达环境效应 (指示价值)。这是基于下面的假设: 一个确定的环境会导致不同分类群 (taxa) 的生活型的敛聚。这样,在不同的分类地区之间,有可能进行数量化群落的比较。

[136]　当朗克尔 (Raunkaier 1910) 转向植物群系统计学 (statistics of plant formation) 时,他与庞德和克莱门茨都一致同意,有必要着手 "改善那种基于对植物群落的主观估计而得到的不确定图景"。他也注意到,定性的植物区系比较与植被比较之间的区别。在前者,所有物种是同等地计数; 在后者,将通过某种措施获得的量值作

---

① 克里斯滕 · 克里斯滕森 · 朗克尔 (Christen Christensen Raunkaier, 1860—1938),丹麦植物学家,植物生态学先驱。他的主要贡献是在不利季节的生存策略方案 (scheme of plant strategies to survive an unfavourable season),即生活型 (life form);并且他证明,植物区系的相对多度大体对应于地球气候区。朗克尔的这个方案,后被称为 "朗克尔系统" (Raunkaier system),现在仍然广泛应用,并被视为现代植物策略方案的先驱。1970 年代,格里姆 (John Philip Grime, 英国著名当代植物生态学家) 发展了 "C (competitive, 竞争)S (stress tolerant, 压力耐受)R (ruderal, 杂草型)" 理论,说明植物的适应性策略。

为这一物种在植被中的权重。朗克尔先于后来的陆生生态学家评价了物种的生物量计量问题。他注意到，必须在一个物种数量到达它的最大值时进行生物量测量；并且他认为，由于一个群系的几个物种会在不同时间测量生物量，所以加权处理并不可行。和克莱门茨一样，他承认个体计数不能量测生物量；但他又和克莱门茨不同，因为他转而把样方中的出现率 (occurrence) 用作生物量的估计。

朗克尔的方法是在具有给定面积的样方数 (一般为 50) 中确定他所谓的物种的 "频度" 或 "价" (valency) (即包含某一物种的样方数)。这样，他在样方大小对频度影响的系统探索中走在克莱门茨的前面。他调查了不同群系中样方大小对物种数即**丰度** (richness) 的影响，并探讨样方大小对优势种频度与所有其他物种频度之比的影响。他确定，这一比率的稳定取决于样方大小。这有助于促进他公开宣扬的目的：去寻找一种方法以测量群落中真正的群体性关系。

朗克尔对群落统计学最著名的贡献，是所称的 "朗克尔定律"。他观察到，如果把物种数按 5 个频度等级 (每级间隔 20%) 依次标出，所得到的分布呈倒 J 形曲线。也就是说，频度在前四个等级时下降，但在最高等级 (80%~100%) 时增加。这一思想被广泛推崇为群落的基本数量特性，直至研究表明这一曲线的形状很大程度上是样方大小的函数 (Gleason 1922; Goodall 1952; Greig-Smith 1957)。然而，朗克尔定律已被证明是相当经得起辩驳的，并且在反复的攻击下，仍一直存在于生态学文献之中 (McIntosh 1962; Hanski 1982)。尽管朗克尔专心致志于把频度当作基本量值，而克莱门茨则偏爱对个体计数或者至少是估计个体数目，但他们都一致认为，植物生态学有可能亦有必要利用 "实际数据" —— 如朗克尔 (Raunkaier 1910) 所做的那样 —— 来克服主观估计的不确定性。他们和其他生态学家都面临的困难是，确定哪种数据最能代表真实，以及这一数据怎样才能最好地确定。 [137]

在数量植物生态学的著名的早期探索者中，还有美国的格利森 (H. A. Gleason) 和俄罗斯的拉曼斯基 [①] (L. G. Ramensky)。他们在各自国家群落生态学观点的传统语境中被视为异端邪说而基本不受重视 (Ponyatovskaya 1961; McIntosh 1967, 1975a)。然而，两人都对数量植物群落生态学做出引人注目的贡献。拉曼斯基 (Ramensky 1924) 在一篇对他的开始于 1911 年工作的总结性论文中，预见生态学的未来在于对关系、作用因子与均衡机制进行更为深刻的分析 (引自 McIntosh 1983b)。为此，

---

① 列昂季·格里戈里耶维奇·拉曼斯基 (Leonty Grigoryevich Ramensky, 1884—1953)，俄罗斯植物生态学家。1916 年毕业于列宁格勒大学，1935 年获得博士学位。1911—1928 年在沃洛涅日研究所工作；自 1928 年在国家草原研究所 (State Grassland Institute) 工作。拉曼斯基是 "生物群落是由行为独立的物种个体组成" 思想的倡导者，与美国的格利森相似；并强烈反对当时流行的苏联苏卡乔夫和美国克莱门茨的 "群落是超级有机体" 思想。因而他被苏联科学界边缘化，只是在去世后才恢复名誉。很久以后，西方生态学家才重新发现他的思想的重要意义。

他主张植物生态学 "需要对事实进行定量和方法得到证实的登记"。此外, 拉曼斯基还对广为熟知的 "多度" (abundance) 一词采用另一种定义, 是测度 "地面枝干水平投影的特定面积"①, 也就是所谓的 "覆盖" (cover)。拉曼斯基利用这一量值作为整个样本区域的百分比, 这些样本是对角线为 2 m 的样方。正是拉曼斯基而不是同时代的其他人, 通过详细的表格, 比较群落之间和群落之中的覆盖百分比, 以此证明他对植物群落的论断。他还远远领先于大多数其他数量群落生态学家, 利用标准差作为表述样本差异的工具。他注意到, 当样本面积增大时, 标准差会减少。拉曼斯基做出的另一项工作是敏锐区分一个物种的完全缺失 (–) 与它的缺失 (0); 在后一种情况下, 这一物种还有可能出现②。这一由 "缺失" 表示的绝对定性区分与概率性定量区分的离解, 在后来的数量生态学中依然存在。拉曼斯基和他同时代的美国同行格利森一道, 强调植被在很大程度上是受 (物种——译者) 迁入机遇的影响并在到达群落后通过种间相互斗争而产生的现象, 并且群落的相互作用不会产生各不相同的单位群落, 而是导致植被随环境变化而呈现连续梯度变化。在美国, 格利森, 这位自称为植物生态学中 "犯了错误的好人" 的生态学家, 获得了与拉曼斯基相似的结论, 不过他缺乏像拉曼斯基那样大量的定量化资料的支持 (McIntosh 1975a, 1983b)。

## [138]　　4.5　数量群落生态学问题

在 20 世纪的前几十年, 植物生态学家与当时的海洋生物学家和湖沼学家一样, 都深深卷入描述群落的定量方法的研究之中。然而, 群落在自然界中的存在性和范围, 在很大程度上仍属假设性质。这样, 在描述性或分析性统计学 (analytic statistics) 与定性或综合性统计学之间, 产生了差异 (Oosting 1948)。前者是针对单个地点或群丛——按一般生态学措辞, 即具象群落 (concrete community) ——进行估计或测量; 后者则是对一批地点或群丛, 即抽象群落 (abstract community) 进行估计或测量。对于具象群落的评价, 是按照整个区域的物种是否在此存起, 样本中物种出现的频度, 并通过估计或量测个体数 (密度)、地面覆盖度或活物质重量 (生物量) 来进行。这些量值可以用量度单位 (scale unit) 或数目来表示; 后者可以表示为绝对值或相对值 (百分比)。评估这些量值的手段, 通常是依据一个样区或样方; 它们在大小、形状和数目上会有所变化。同时, 也会设计一些方法, 如把采样限制

① 原文是 "a specific area of horizontal projection of ground shoots"。

② 原文是 "Another perceptive distinction Ramensky made was total absence of a species (–) from absence (0) in which it was possible that a species might appear"。

为沿着一条直线, 或在后来把样本设置在或偏离开空间的某些点, 以解决对样本面积的需求① (Cottam and Curtis 1949; Greig-Smith 1957)。在前几十年中, 大多数群落采样都基于这样的假设: 具象的植物群丛具有同质性。的确, 在欧洲大陆的一个共同实践是: 选择单个样方, 它大得足以包含群落的全部特征, 故称之为 "最小地域" (minimal area)。这一地域或是通过对某些栖息地特征的识别, 或是根据某些生物特性, 主观地加以选择, 从而使它的数据具有代表性。在陆生植被研究中, 这一特征 (characteristic) 或属性 (attribute) 一般是指植被景相 (即生活型), 或是群落的优势种或特征种。生态学中早已存在的一个难题是 "优势" (dominant) 的含意。对大多数生态学家来说, 它显然是指一个群落中最大的或最显眼的组分; 但对其他生态学家来说, "优势" 是指一个物种对整个群落功能的影响, 而不是物种个体的大小或数目。不管采用哪一个标准, 典型的做法是, 通过研究非常小的地域, 通常能够实现对群落同质性的主观识别。在对一般视为 "或多或少" 相似的区域的定量研究中, 一直是这样做的。

正如我们已经看到的, 水生生态学中最早的论争之一是海克尔和亨森之间关于浮游生物的空间分布是否均匀。对这一问题的回答主要取决于他们各自的主观体验。戈德尔 (Goodall 1952) 评论说, 格利森看来是 "定量地研究个体植物分布的第一人"。H. A. 格利森, 经过大量的未曾公布的样方研究, 已跻身于最早运用样方法考查陆生植物个体分布的生态学家之列。格利森 (Gleason 1920) 利用概率理论检验植物是否随机散布, 他发现植物经常以斑块状分布, 这如同海克尔对浮游生物的看法。奇怪的是, 聪明的格利森后来竟违背了他自己的经验, 把植物按随机分布处理。关于生物是随机分布还是非随机分布的 (模式) 之争, 持续了很长时间, 它遍及经验生态学和理论生态学的各个方面。正如后来哈钦森 (Hutchinson 1953)、格雷-史密斯 (Greig-Smith 1957) 和皮罗 (Pielou 1969) 等一大批生态学家所关注的, 分布模式及其判定是一个根本性的问题。最近, 谢弗和勒夫 (Schaffer and Leigh 1976) 申言, 旧时的模式问题仍然具有头等的重要性。他们认为, 用于动物种群的数学模型不适用于植物, 因为植物是成丛成团分布的。其实许多动物也是这样。他们指出, 那些模型的用途是有限的, 它们难以胜任描述丛状分布模式。

物种个体分布研究中的一个基本问题是: 什么是个体? 陆生动物学家和脊椎动物研究者一般比较容易回答这一问题。但对一些陆生植物和各种水生无脊椎动物来说, 回答则比较困难, 甚至是不可能的。研究者对确定个体是否有信心, 普遍影响着对物种分布和数量的说明。有一些标准 (如存在和缺失、覆盖度或大小等),

[139]

---

① 原文是 "to eliminate the need for a sample area by restricting the sample to contacts with or projections on a line or, later, to contact with or distance from points in space"。

可以不受这一问题的影响。但是, 单位面积 (或体积) 的个体数以及与之有关的各种关系, 大多是不确定的, 因为要取决于对 "什么是个体" 的回答。个体数量的传统表述是单位面积的个体总数或平均数, 或者较不常见的是每个个体的平均面积。一些生态学家提出, 最受关注的关系不是平均密度 (单位面积平均数或平均距离), 而是与它的邻居之间的距离; 这种距离主要受生物分布模式的影响。由于大多数生物倾向于结群而居或成丛而居 (其状态可以用各种各样无明显差别的同义词表示), 所以同一物种的个体之间的实际距离很可能小于平均距离。后来那些研究竞争、授粉以及其他现象的学者们主张, 有效的生态学研究需要测量生物间的实际间距。

[140]

　　不管如何定义, 一个群落长期具有的数量特性是物种的特征性数目 (a characteristic number of species)。18 世纪的 "田园牧歌式" 生态学家——这是沃尔斯特 (Worster 1977) 的措辞——吉尔伯特·怀特 (Gilbert White) 曾经评论说, 考察的面积越大, 发现的物种则越多。博物学在这一方面的推论, 清楚见诸 19 世纪生物地理学家和雏形生态学家的阐述: 考察的面积越大, 遇到的物种数目则越多。生物地理学家也对一个地域中每属的物种数 (number of species per genus) 之间的关系表现出明显的数量兴趣。雅卡尔 ① (Paul Jaccard) 对数量生态学的许多领域做出较早贡献, 或许不是第一人。他的名字在 20 世纪的头十年经常出现 (Goodall 1952; Greig-Smith 1957; Connor and McCoy 1979)。戈德尔写道, 雅卡尔最早清晰地表述 "物种数跟随面积增加而增加" 的思想。阿伦尼斯 ② (Arrhenius 1921) 把物种–面积关系表示为数学公式。格利森 (Gleason 1922) 批评阿伦尼斯的公式, 认为它对面积大的地域给出了大得不合理的物种数; 并且格利森还给出替代公式。但是, 不管哪一个公式, 都没有立即被生态学家接受。尽管如此, 一个地域或一个群落的物种数, 仍然广泛地被陆生生态学家和水生生态学家视为一个极具意义的特征量。

---

　　① 保罗·雅卡尔 (Paul Jaccard, 1868—1944), 苏黎世联邦理工学院植物学和植物生理学教授。他开发了表示群落相似性的雅卡尔指数 (Jaccard index of similarity)。他在生物地理学中引入种–属比率。在 1920 年代, 他与芬兰植物学家和植物地理学家阿尔瓦尔·帕尔姆格伦 (Alvar Palmgren) 展开关于种–属比率的解释之争: 雅卡尔以此作为竞争–排斥的证据, 帕尔姆格伦则归因于随机采样。
　　② 奥洛夫·阿伦尼斯 (Olof W. Arrhenius, 1895—1977), 瑞典生物化学家, 植物学家。1921 年他在 *Journal of Ecology* 上发表论文, 提出物种–面积关系的第一个数学公式, 这是依据他对斯德哥尔摩地区植物群落的实证研究。这是对最为一致的生态模式——物种数随着面积增大而增加——的形式表达, 即一种幂函数。这一关系并不普遍成立, 但在相当程度上成立。阿伦尼斯公式特别构成岛屿生物地理学、生态学和保护生物学的理论发展的关键基础, 其中著名的是有着高度影响的岛屿生物地理学的平衡理论。尽管它如此基本并被广泛承认为它在生态学中最接近于规则, 但是, 物种–面积的普遍形式、它的可变性以及潜在的驱动因子和动态含义, 仍在争论中。这是一个活跃的研究领域, 并且仍将如此。

贝克尔 (Baker 1918) 记录不同类型湖底单位面积上的物种数。他说, 沙质湖底的物种最为丰富, 而砾石湖底最为贫瘠。1920 年, 欧洲首屈一指的湖沼学家 A. 蒂纳曼, 确认了两条 "生态学原理" (Hynes 1970):

(1) 一个地点的环境多样性愈高, 构成生物群落的物种多样性愈大;

(2) 一个地点的环境状况愈偏离正常状态, 即偏离大多数物种生活的最佳状态愈远, 在那里生存的物种数目则愈少, 但是能在那里生存的物种的个体数则愈大。

海恩斯 (Hynes) 说, 蒂纳曼后来还增加了第三条原理, 即稳定性-多样性假说,    [141]
它后来被一些生态学家逐渐奉为信条 (Goodman 1975):

(3) 一个地点保持状态不变的时间愈久, 它的生物群落则愈丰富, 愈稳定。

物种数逐渐被视为植物或动物群落的一个重要属性。埃尔顿 (Elton 1927) 写道, "关于一个动物群落的物种总数, 有着某些重要原理"; 但又评论说, 尚不清楚这一原理到底是什么。海恩斯评论说, 英语国家的生态学家无视蒂纳曼的头两条原理, "他们至今仍在反复地重新发现它们, 并把它们奉为新思想, 这不能不使德国科学家震惊"。海恩斯认为, 生态学中的这种狭隘地方主义真是太普遍了, 它已经妨碍生态学的进步。蒂纳曼头两条原理中的物种-面积关系, 被不同的生态学家用作群落的一种属性。那条描绘物种数目随面积而增加的曲线, 也被凯恩 (Cain 1938) 用来确定植物群落的特征面积。凯恩和其他生态学家不久后发现, 这一结果是人为的。戈德尔 (Goodall 1952) 评论说, 物种-面积曲线的内在价值是有限的; 但是, 数量生态学后来的历史表明, 对物种-面积关系的兴趣有着戏剧性的增长。普雷斯顿 (Preston 1948) 探讨物种-面积关系, 并最后断言物种呈 "正则" (canonical)分布 (Preston 1962)。麦克阿瑟和威尔逊 (MacArthur and Wilson 1967) 采用这一思想作为他们《岛屿生物地理学理论》(*Theory of Island Biogeography*) 的要诀。最近, 康纳和麦考伊 (Connor and McCoy 1979) 评述物种-面积关系的所有数学公式, 并提出质疑。蒂纳曼的第三条原理是关于物种数和群落稳定性, 它或许是一份由陆生生态学和水生生态学共享的自然平衡思想和进化论思想的遗产。虽然普遍将它归结于 "古典生态学", 但它的起源尚不完全清楚。一些经典生态学家, 其中包括克莱门茨和坦斯利, 明确指出: 在演替序列的中期, 物种数最高; 在稳态或顶极群落时, 物种数则减少 (Goodman 1975; McIntosh 1980a)。1950 年代, 这一问题又在新理论生态学语境中重新提出 (MacArthur 1955)。麦克阿瑟认为, 食物网的种间联系数目的增加, 会提高群落的稳定性 (stability)。对群落及其特性的兴趣的重新复苏,

[142] 使这一熟知的问题长期存在。一个著名的专题讨论会①的组织者评论说, "确保生命持续性的主要手段, 看来是单位面积的物种数, 即多样性" (Brookhaven Symposia in Biology 1969: v)。这时, **多样性** (diversity) 一词的含意扩展了, 除物种数外, 它还涉及个体分布的比例 (或物种的其他数值量度)。这一讨论会根据经过修正但尚不完全清晰的多样性和稳定性定义, 深入思考多样性和稳定性这一双重问题, 但结果并不令人满意。除定义问题外, 这两种群落特性都未获得让每个人都满意的度量, 人们对数量群落生态学中的这一问题再熟悉不过。

数量群落生态学家面临的另一个主要问题是怎样利用数据资料, 不仅要把群丛 (stand) 描绘为一个群落的单个具象表示, 而且还要比较和分析许多具象群丛 (concrete stand), 以形成一个抽象群落 (abstract community)。不幸的是, **群丛** (association) 一词曾经用来既指具象群落又指抽象群落; 这在植物生态学家中引起出乎意料的混淆。这一比较的实质是: 一个 "同质性" 群落的单个群丛应当是彼此 "相似" 的; 但它与其他同质群落的群丛相比, 其各自相似的属性则不同。欧洲大陆的几个植物社会学 (phytosociology) 学派, 采用 "**恒有度**"② (constancy) 概念描述这一特征, 即在一个群落的群丛中以大约最小百分比 (一般为 50%) 出现的物种③。与这一概念相配的是**确限度**④ (fidelity) 概念, 它是指一个物种被限制于一个群落的程度; 这一概念碰到的麻烦是, 只有一个区域被区分出多个群落, 它才是可量化的。在英国和美国的数量生态学实践中, 从未真正使用过恒有度与确限度。比较群丛或样本之间相似性的数量手段, 是由早期动物生态学家引入的。海洋生物学家,

---

① 布鲁克海文生物学讨论会 (Brookhaven Symposia in Biology) 是布鲁克海文国家实验室 (Brookhaven National Laboratory) 的一项科研活动计划, 专门服务于各个生物学专题。"生态系统中的多样性与稳定性" (Diversity and Stability in Ecological Systems) 是第 22 期布鲁克海文生物学讨论会的主题。三个主要报告是: 弗兰克·W. 普雷斯顿 (Frank W. Preston) 的 "生物界的多样性"(Diversity and Stability in the Biological World); 理查德·C. 莱沃丁 (Richard C. Lewontin) 的 "稳定性含义" (The Meaning of Stability); 爱德华·O. 威尔逊 (Edward O. Wilson) 的 "物种平衡"(The Species Equilibrium)。还有其他发言。会后出版讨论会文集:《生态系统中的多样性与稳定性: 第 22 期讨论会报告》, 1969 年 5 月 26—28 日 (*Diversity and Stability in Ecological Systems: Report of a Symposium* Held May 26–28, 1969, Issue 22)。

② "恒有度" 是采用《植被生态学 (第二版)》(宋永昌著, 高等教育出版社, 2016) 中的译名, 其定义 (第 359 页) 是 "相同面积样地上某个物种 (或分类单位) 出现的百分数"。此外, 作为一个科技术语, 它可译为 "恒定性", 即 "在性质和条件上的一致性与规则性; 不可变性"。引自: *Random House Unabridged Dictionary*。

③ 原文是: species which occurred in some minimum percentage (usually 50 percent) of the stands of a community。

④ "确限度" 是采用《植被生态学 (第二版)》(宋永昌著, 高等教育出版社, 2016) 中的译名, 其定义 (第 359 页) 是 "一个物种局限于某一群落类型的程度"。此外, 作为科学术语, 它可译为 "精准度"。在科学建模领域, 精准度是指一个模型或模拟复制真实世界中一个物体状态、行为、特征或条件的程度。因此, 它是一个模型或模拟的真实性尺度。

如亨森在 1880 年代利用偏离平均值的百分数作为样本间差异的估测。S. A. 福布斯 (Forbes 1907a) 发展了一个指数, 用以比较物种在几个群丛中共同存在的状况。

　然而, 动物生态学家, 特别是陆生动物生态学家, 他们虽然承认植物生态学家是群落生态学的领头人, 但并不效法。戴斯 (Dice 1952) 写道, 对群落的正确认识, 取决于生态学家的能力、知识和过去的经验, 因此本质上是追随欧洲植物生态学家的传统。索斯伍德 (Southwood 1966) 评论说, 动物生态学家界定群落, 一般或是参照植物或参照一种植被因子。在动物群落生态学的这两类标准参照物中, 数量 [143] 群落研究中用得最多的参考文献是植物生态学家的工作, 以及几乎所有的关于分布模式、群丛、物种数研究的参考文献。并且, 将样本整合进群落的数量方法, 或是派生自植物生态学, 或是引证 1940 年代后期及其后的参考文献。大约 1950 年之前, 陆生动物学家将绝大部分精力花在单物种种群以及两物种之间相互作用 (如竞争者或捕食者) 的数量研究上。正如埃尔顿所说, 动物在生态学家接近时有可能躲藏或逃逸, 这会使多物种集群的采样变得困难。不管怎样, 在自我意识生态学开始后的几十年中, 探索群落的数量特性与采样方法的特异性质, 大多出现于植物生态学家的领域, 并常常同样出现于海洋生物学家和湖沼学家的领域。

　戈德尔 (Goodall 1952) 提出一份关于植物分布数量研究的有益概要。它包含的一些思想, 能较为容易地外推到任何种类生物的分布问题。这些研究方法是由 20 世纪前半叶植物学家在发展数量群落生态学时大力推进的。动物生态学家也多途径地研究其中一些关系, 只是有些人看不惯植物生态学家献身于群落数量描述及其发现问题的热忱。阿利 (Allee 1934) 评论将数量方法引入生态学。他引证谢尔福德 (Shelford) 1911 年在池塘演替研究中 "对物理和生物因子的数量估计", 并引述他自己在同一年注意到对数据资料的需要。他指出, 他和谢尔福德 "觉察到这一时代的要求"。阿利还提出: 并非所有生物学关系都能由数量研究揭示; 这一观点后来经常被生物学家重复。他列举对信息的需要, 但它们 "有时当作博物学观察而被轻蔑地抛弃"。戈德尔对热衷于数量群落生态学的人们提出一个有益的告诫, 他说:

> 并不是说整个 …… 生态学都能定量地表示。…… 数量化方法只不
> 过是对描述的一种补充, 而绝不能提供解释。当生态学家充分查阅描
> 述性资料——不管是定性的还是定量的——后, 解释就是他们的心智过
> 程。…… 数量化描述可以极大地促进以至指导这些心智过程, 但不能取 [144]
> 代它们。

克莱门茨和其他早期数量生态学的信奉者们, 对他们的前辈和同代人表示惋

惜,认为他们的工作是 "描述性" 的,是以文字说明植被、它的外形、物种组成、区隔而成的群系,以及它们与环境和它们相互之间在时间和空间上的关系。令人感到讽刺的是,后来克莱门茨的这一数量群落生态学也转而被说成 "只不过是描述",甚至是 "数字占卜术" (numerology),被指责为 "静态" 的。托比 (Tobey 1981) 认为,由于样方法和个体计数的出现,使生态学一度偏离它的本义; 这也正是戈德尔上述评论的真正含义。数量生态学始终存在的问题是,它在多大程度上促进对植被及其分布和功能的描述与理解 (解释)。一些早期植物生态学家内心不主张采用数量方法的主要理由,就是因为在使用数量方法时会失去对植被的直接感知。但是,正如我们所见,它对于许多水生生态学家,则不成问题。在许多生态学家看来,数据资料是描述植被的客观而且更为准确的手段。在 20 世纪初期,利用越来越精细的采样方法产生了大量的有关植被许多不同特征的数据表 (Gleason 1936)。直到1950 年左右,这些基本数据才成为生态学家摆脱直接感知的唯一步骤; 同时,生态学家才第一次摆脱现实,考查以数值表示植被特征的图表。尽管许多研究与数量分析问题有关,但许多生态学家仍然希望,一些人甚至确信,数量群落研究即使不是万灵药方,至少也是客观地评价生物特性的一种手段。1950 年代初,数量群落研究开始它的新的转折——它引入对群落的多变量分析。一种 "有形" (concrete)群落取代地面上相对可感知的实体,成为多维空间中的一块由点构成的云翳。数值方法从对群落的描述转变为对群落分类和排序的多变量方法 (McIntosh 1958b,1967, 1974b, 1976; Whittaker 1967, 1973)。

　　群落识别有两类方法: 一类是根据经验和直觉; 另一类是根据客观的数量分析。长期以来,生态学家对于两者的优劣存在争议。许多人设想,对群落的识别是进行实验性和生理性研究的必要的、至少是有益的开端,因为生物总是受着它们所在栖息地的影响的 (Curtis and McIntosh 1951)。许多生态学家信奉传统的单位群

[145]

落概念,其中有植物生态学家如布劳恩–布兰奎特和克莱门茨 (尽管他们对于单位的看法极不相同),海洋生物学家如 C. G. J. 彼特森和 G. 索森,湖沼学家如 S. A. 福布斯和 A. 蒂纳曼。基于陆生和海洋群落的数量研究的进展,群落单位概念受到质疑 (Jones 1950; McIntosh 1967; Whittaker 1967; Stephenson 1973)。动物生态学家和植物生态学家之间关于群落重要性的分歧,在 1950 年代随着新一代理论动物生态学家的出现而消失; 这些人宣称,群落生态学是属于他们的。当代生态学家在如何看待群落上继续表现出分歧。克里斯廷森和芬切尔 (Christiansen and Fenchel 1977)写道, "考虑到理论生态学的成果,生物群落的问题已解决,或者说差不多不成为问题"; 并且断言,群落生态学家已不再认为,简单的实验和观察会比对群落的 "数据资料的复杂统计分析" 更有成果。然而,托恩和马格纳森 (Tonn and Magnuson 1982)

在对鱼类群落的研究中, 又返回到老的观点, 他说:

> 对这些集群模式 (assembly pattern) 的辨识, 描述了我们所感知的是生态学上引人注目的鱼群结构。它们看来是由维系这一集群的确定性机制导致的。现在只有这些模式得以描述, 一些有意义的专门假说才能通过精细的个体生态学研究或实验性研究得到验证。

# 第 5 章　种群生态学

自我意识生态学的早期传统是, 生态学家或是倾向于研究单个物种, 或是倾向于研究物种集聚。19 世纪新生物学的拥护者们致力于研究物种的形态特性和生理特性, 其典型的做法是实验室工作。雏形生态学家在转向野外生物研究时, 他们把一些生理学家和形态学家的兴趣和技巧, 与生物地理学家和博物学家对物种分布与物种间相互关系的关注结合起来。在 "自我意识" 生态学出现之初 (1896), 最早的术语方面的特色, 是用加前缀的方法创造新词, 如 "autecology" (个体生态学) 和 "synecology①" (群体生态学) (Chapman 1931)。这里 "aut-" 的语义是 "self" (自身的) 或 "individual" (个体的)。但在生态学实践中, "个体生态学" 是对一个物种的一小群个体的研究; 它被视为一个单位。亚当斯 (Adams 1913) 暂时解决了术语上的含混不清。他把生态学分为三类: "个体" (individual) 生态学; "集群" (aggregate) 生态学, 它有着具体的分类学单位; "社群" (associational) 生态学, 它以默比乌斯的生物群落 (biocœnosis) 作为其样板。亚当斯的同代人谢尔福德 (Shelford 1929: 608) 几乎不用 "个体生态学" 这一术语。至少在当时, 谢尔福德认为:

> 生态学是一门关于群落的科学。如果对单个物种与环境关系的研究无须考虑群落, 并最终与栖息地和群落中生物伙伴的自然现象无关, 那么这种研究就不能恰切地认为属于生态学领域。

1910 年第三次国际植物学大会上, 植物生态学家正式采用**个体生态学** (autecology) 和**群体生态学** (synecology) 这两个术语。查普曼 (Chapman 1931: 5) 解释:

> 生态学作为对环境状况与植物物种适应性的研究, 或是表现为与其他生物无关的 "个体生态学", 或是表现为与其他生物相关的 "群体生态学"。

查普曼向动物生态学家确认**个体生态学**的含义。他评论说: 正是生态学的这一与生理学相通的内容, 甚至引起对生态学是否是一门有自身特色的科学的怀疑。
然而, 当转到群体生态学主题以及物种与复杂环境因子的相互作用时, 查普曼清

---

① 在本书中, synecology 如与 autecology 相对, 则译为 "群体生态学", 如是单独出现, 则译为 "群落生态学"。

楚地认识到"这一领域不再属于一般生理学那样的科学,而是更具生态科学的特质"。查普曼对个体生态学的生态学特质的怀疑,还具体表现在近来生态学界有人期望把个体生态学与种群遗传学合并。生理生态学家对种群的生理学属性的兴趣,种群遗传学家对种群的遗传变异和进化的兴趣,以及种群生态学家对种群动力学研究的关注,彼此之间都部分地重叠着,它们现在都包容在**种群生物学** (population biology) 这一术语名下。

自我意识生态学诞生于 19 与 20 世纪之交。它的创立者说明它与博物学和进化论的关系,特别是在解释适应性时;同时也把它与生理学联系起来 (McIntosh 1980a, 1983a)。尽管海克尔把**生态学**定义为生物与它们环境的关系,其中清楚地包含着其他的生物,但是雏形生态学和早期生态学差不多全都集中于生物仅仅与其物理环境关系的研究。例如,动物学家森佩尔 (Semper 1881) 思考无生命环境因子——光、温度和水——对动物的影响。默尼厄姆 (Merriam 1894) 把他的动物分布"定律"建立于动物与温度的关系之上。植物学家瓦明 (Warming 1895) 和施佩尔 (Schimper 1898) 强调植物与水的关系。庞德和克莱门茨 (Pound and Clements 1897) 在评述麦克米伦 (MacMillan 1897) 对植物生态学的经典贡献时,带着某种遗憾地提到,麦克米伦只关心物理环境。在美国,私人基金会卡内基学会 (Carnegie Institution)1903 年资助了最早的生理学–生态学研究;它强调沙漠实验室中对物理环境的测量以及植物的生理响应,从而提供了一个产生于生理学的生态学微宇宙 (McIntosh 1983a)。一些生态学家希望,19 世纪生理学迅速发展的方法,会成为生态学的试金石;甚至使生态学变得没有必要,以至要把它与生理学合并。但是,这种融合并没有出现,生理学和生态学仍然分开着,只不过产生一些由它们结合而产生的新学科,至少是一些"有前途的怪物①" (monsters)。

## 5.1 生理生态学和种群生态学

区分生态学与生理学,并区别由它们结合而成的"生理生态学" (physiological-ecology) 和"生态生理学" (ecological-physiology 或 ecophysiology),绝非易事 (Allee et al. 1949; Andrewartha and Birch 1954; Billings 1957; Tracy and Turner 1982; McIntosh 1983a)。一些较早的术语已经放弃。如:"响应生理学" (response physiology),它主要与动物行为有关;"关系生理学" (relations physiology),或者说,"耐性生理学" (toler-

[148]

---

① 指后文的"生理生态学" (physiological-ecology) 与"生态生理学" (ecological-physiology 或 ecophysiology)。

ation physiology), 则指一个种群——正规地说是单个物种的种群——相对于单个
环境因子的分布和响应 (Allee et al. 1949)。生态学家的问题是, 确定 "什么是生态
学与其母科学之间恰如其分的关系", 以及确定 "什么是生理学对生态学以及对上
述几门复合学科的贡献"。沙漠实验室的早期研究人员利文斯顿 (Livingston 1909)
直言不讳地说:

> 在这里, 生理生态学仅指对在非控制情况下生长的植物进行决定其存在
> 和行为的因子的研究。

谢尔福德描述受控实验室和野外实验。他把动物对环境因子的响应, 定义为生理
生态学。谢尔福德是研究群落并强调它在生态学中的意义的早期动物生态学家之
一。然而, 他也大声疾呼地表达同时代的和后来的其他生态学家的愿望:

> 如果我们知道大多数动物的生理生活史 (physiological life history), 那么
> 其他的大部分生态学问题将会容易解决。(Shelford 1913: 33)

谢尔福德认为, 生理生活史研究, 可以在 "装备精良" 的实验室进行: 这或许预见
了以后的受控环境室、人工气候室和生物气候室。不过, 他强调 "习俗" (mores) 问
题, 即在自然环境中包括有群落的其他生物的生理生活史。1922 年, 谢尔福德出版
《实验室生态学和野外生态学》(*Laboratory and Field Ecology*) 一书。同时, 他设在
伊利诺伊大学的著名的生态动物园① (vivarium), 成为动物实验生态学和动物生理
生态学的卓越传统的所在。

　　无论是过去还是现在, 生态学家使用**个体生态学**、**环境**和**生理生态学**这些术
语时, 都怀有矛盾的心情, 并且看法也不一致。查普曼 (Chapman 1931) 区分**物理个
体生态学** (physical autecology) 与**生物个体生态学** (biotic autecology)。一些生态学
家根据列欧穆 (Réaumur)、普利斯特里② (Priestley)、拉瓦锡③ (Lavoisier) 和范特霍

---

　　① 生态动物园 (vivarium), 是一个保存并养殖动植物的封闭区域, 用于观察和研究。通常, 一
个特定物种的部分生态系统, 是可以在较小尺度上模拟环境条件控制的。引自 *American Heritage
Dictionary of the English Language*, 5th Edition。
　　② 约瑟夫·普利斯特里 (Joseph Priestley, 1733—1804), 英国自然哲学家, 化学家, 教育家, 分
离主义神学家, 自由主义政治理论家, 皇家学会会员。普利斯特里在自然科学上的一大成就, 是
和法国的拉瓦锡各自独立发现氧气。
　　③ 安托万–洛朗·德·拉瓦锡 (Antoine-Laurent de Lavoisier, 1743—1794), 18 世纪的法国贵族
与化学家。处于化学革命的中心, 他超迈同侪之处, 不仅是发现氧, 确定了氧在燃烧中的作用, 更
在于他否定了燃素说。他将化学研究由定性上升为定量, 并制定了元素命名法, 编列了第一份
元素表。他还将米制引进度量衡系统。在生理学上, 他开创性地研究呼吸的机制。

夫① (van't Hoff) 等人关于生物与物理环境关系的研究, 发现生理生态学的历史起源 (Kendeigh 1961; Andrewartha and Birch 1973)。虽然所有生态学家都承认, 环境包括其他生物, 但是那种完全致力于研究物理因子——用更为现代的说法是 "变量" 或 "参量"——的趋势, 仍然难以遏止; 这可能因为它们更易于测量。生理生态学即使不是难以捉摸的, 也是一个多样化的主题。在某种意义上, 它是物理个体生态学, 强调生物个体或其组成部分的内部功能 (Briggs 1980)。在更为典型的意义上, 它着重于自然环境中的生物功能, 强调的是生物整体 (Billings 1957; Andrewartha and Birch 1973)。最近在向生理生态学家调查他们对 "什么是生理生态学" 的看法时, 得到各种各样的答案。这些看法有一个很大的共同之处—— 如果不是完全一致的话, 就是生理生态学涉及自然条件和整个生物 (Tracy and Turner 1982)。

[149]

生物生理响应的早期研究, 大多集中于对环境中物理因素的响应。由于这些研究规范地考查了生物群体—— 即种群——对那些因素的响应, 所以它们构成了种群生态学的一个侧面。这些研究的传统理论基础, 是 19 世纪著名的德国农业化学家李比希② (Justus Liebig) 阐述的 "最小量定律" (law of minimum)。李比希定律指出, 任何过程的速率都受到影响它的最小量或最缓慢的因子的制约。谢尔福德 (Shelford 1911, 1913) 在他的 "耐性定律" (law of toleration) 中, 详细阐述有关制约因子的思想。他主张, 一个种群或物种的分布和功能, 都受到每一个因子的最小值和最大值的制约; 它具有一个介于最大值和最小值之间的最佳值 (optimum), 后来称为 "最适值" (preferendum), 这时生物生长和繁殖得最好。早期自我意识生态学的各种分支, 考查不同物理因素对种群——特别是那些事关经济利益和公众健康的种群——的分布、生长和繁殖的影响。在大多数第一代生态学专著和教科书中, 它们的结构和侧重点都明显地强调生物和种群对物理环境的响应。例如, 查普曼 (Chapman 1931) 在他的先驱性的动物生态学教科书中, 有 146 页用于物理个体生态学, 19 页用于生物个体生态学, 另外 20 页用于两者之间的营养问题。奇怪的是, 他竟认为生物个体生态学在生态学研究中更为普遍。埃格勒尔 (Egler 1951) 强烈

---

① 詹姆斯·亨利·范特霍夫 (Jacobus Henricus van't Hoff, Jr, 他应称 "小范特霍夫", 1852—1911), 荷兰物理化学家和有机化学家, 第一位诺贝尔化学奖获得者。他在化学动力学、化学平衡、渗透压和立体化学方面做出重大贡献。他的这些成果为今天的物理化学奠定了基础。

② 贾斯特斯·弗雷赫尔·冯·李比希 (Justus Freiherr von Liebig, 1803—1873), 有机化学创始人, 对有机化合物分析有重大贡献。他对生物化学和农业化学同样有重大贡献: 发现植物生长的最小量定律; 阐明氮和微量元素是植物营养所必需的, 因而被称为 "肥料工业之父"。他立足于实验室, 将教学、实验和研究结合起来, 被认为是有史以来最伟大的化学老师之一。李比希在 1824 年获得博士文凭后, 由洪堡推荐, 担任小型的吉森大学 (University of Giessen) 的编外教授。李比希是这样认识的, "如果在一所更大的大学里, 或一个更大的地方, 我的精力将会被分散和消耗, 我将难以甚至不可能实现我的目标"。

批评 1950 年以前的植物生态学教科书, 因为它们都致力于单因子的个体生态学。
安德鲁瓦萨和比奇 (Andrewartha and Birch 1973) 在一篇昆虫种群生态学史的论文
中, 从生态生理学开始, 广泛评述物理环境以及昆虫与物理变量的关系。按照他们
的观点, "环境概念是种群生态学理论的极其重要的本质"。当理论种群生态学在
[150]　1920 年代和 1930 年代发展时, 它与生理学和环境有着强有力的关联。它的最早的
拥护者都通晓这些联系。G. F. 高斯 (Gause 1932) 写道, "对种群密度与环境之间相
互关系的研究, 是种群生态学的首要问题"。高斯扩展了谢尔福德耐性定律的定性
观念, 他提出一种专门的数学方式, 描述一个种群与某一环境因子之间的关系, 即
"生态幅度"[①] (ecological amplitude) 的大小:

> 在自然条件下, 不同生物的种群密度与生态因子之间的相关性, 可以通
> 过一条特殊曲线 —— 高斯曲线 —— 来表达。

在早期生态学家中, 高斯和他的俄国同胞拉曼斯基一起, 利用正态高斯曲线的均
值和标准差描述一个物种的生长条件 (McIntosh 1983b)。高斯还利用标准差作为
一个物种的 "生态可塑性" (ecological plasticity) 的特征值 (Gause 1932)。物种种群
相对于一个或多个环境因子的生理耐性范围, 一般可在实验背景下和在自然界中
测得; 它们预示了 "生态位宽度" (niche breadth) 曲线。实验生理学研究中的一个
主要问题在于它的假设: 由实验确定的耐性范围和最适值能够有效地解释和预测
正常栖息地中的物种分布与环境变量之间以及这一分布与种间相互作用之间的
关系。尽管个体生态学能够提供引发联想的证据, 但由于无视这样一些相互作用,
所以严格地说, 它有着局限性 (Macfadyen 1957)。

## 5.2　种群生态学定义和它的前身

种群 (population) 一般定义为 "同一物种个体的集合"。在人口统计学和词源
学上, 它很清楚地是指一个物种, 即智人 (Homo sapiens)。在普通生物学、生态学和
统计学上, 种群的含意不那么直截了当。生物学家和早期生态学家是在集合意义
上使用种群术语的, 用它描述一个地域和一个群体中的全部生物, 例如一个包括无
脊椎动物类、鱼类或鸟类的种群。约翰斯顿 (Johnstone 1908) 像他的许多前辈和同
代人一样, 把种群 (以软体动物为例) 定义为每平方英尺[②]的个体数, 或者指海洋

---

① 生态幅度 (ecological amplitude) 是指一个物种能够生存的栖息地范围, 它由一系列环境条
件构成, 在这些条件的变化范围内, 这一物种能够存活并行使功能。
② 1 平方英尺 $\approx$ 929.03 cm$^2$。

中的整个种群, 但他也把种群描述为具有自身繁殖率和死亡率的每一类生物的个 [151]
体数。著名的实验种群生态学家托马斯·帕克 (Park 1939) 思考了 "单物种" 种群
与 "混合物种" 种群; 他认为, **种群**一词用于这两种情况都毫无困难。除了早先埃
尔顿采用种群动力学一词外, 帕克也提出两个适宜的术语: **种群生物学** (population
biology) 与**种群生态学** (population ecology) (Park 1945, 1946)。**种群**一词的这一双重
含意一直延续至 20 世纪中叶动物生态学的主要文献中 (Allee at al. 1949)。在美国
生态学会术语委员会 (1947) 制定的术语表中, 把**种群**定义为 "一个给定地区全部
生物个体的总数; 有时也在 '同一物种个体' 的含义下使用"。对**种群**一词较为宽松
的用法, 曾是早期生态学的特征; 在经过某些资质审查后, 现已让位于这样的定义:
**种群**是一个物种的个体作为选择单位的数目。长期以来, 一直将物种种群的集合
称为群落 (Dice 1952)。科尔 (Cole 1957) 评述这一术语和种群研究的历史。他承认,
没有一个人, 哪怕是第一流的语言研究者, 在使用非指人的 "种群" 一词时会不犯
错误。现在, 种群生态学作为生态学的一个重要方面 (**an** important aspect)——有
人相信它就是生态学的重要方面 (**the** important aspect)——的自主性 (autonomy)
是不可动摇的。种群生态学, 当它成为一门更为独立的学科时, 一般包括单物种种
群的动力学研究, 以及两物种种群并偶尔也触及三物种种群的相互作用研究, 有
时候, 它还承诺对多物种群落提供一种理论和解释 (Slobodkin 1961; May 1974a)。

对一定类型物种的种群及其属性的兴趣和评论, 可以追溯到古代。科尔 (Cole
1957)、埃戈顿 (Egerton 1967, 1968a, b, c, 1976) 和哈钦森 (Hutchinson 1978), 对此已有
评述。或许可以期望, 蝗虫种群以及引起瘟疫的致病生物种群, 甚至在它们尚未被
视为种群以前, 就已吸引人们关注。对人口增长与具有经济价值的动物种群增长
的特殊关注, 散布于从古代到 18 世纪的文献中, 但是, 并未形成除自然平衡思想外
的其他任何普遍性概念。同样, 对许多人来说, 种群间的相互作用是一个有着实用
价值和思辨价值的问题。他们之中, 本杰明·富兰克林思考鸟类捕食对昆虫的影响
(Otto 1979), A. P. 德坎多勒认识到竞争可能影响生物的地理分布 (Clements 1916)。
马尔萨斯 (Malthus 1798) 在他的解释人口增长的著名的并颇具争议的论文《论人 [152]
口原理》(*An Essay on the Principle of Population*) 中, 提出人口以几何级数增长的
可怕结论与抑制这一增长的惨烈手段。达尔文和华莱士 (Alfred Russell Wallace) 都
从马尔萨斯那里汲取生存竞争的基本思想, 从而激发他们的自然选择概念与环境
制约种群的思想。关于种群增长的正规数学表述, 看来更为令人眼花缭乱。它导
致 1920 年代和 1930 年代理论种群生态学的大量研究, 以及 1950 年代及其后的剧
变。达尔文早已提出生态学的许多基本思想。他也预感到某些生物学家的态度,
那些人很少被种群增长的数学公式所迷惑, 因为有关种群的公式早已隐含在达尔

文的语词模型 (verbal model) 中 (Andrewartha and Birch 1957)。达尔文说:

> 在这一问题上, 我们有着比单纯的理论计算更好的证据, 也就是说有着
> 许许多多记录的例证。它们表明, 在自然状态中的各种动物, 当环境在两
> 三个季节变得对它们有利时, 会令人震惊地迅速增长。(Darwin 1859: 117)

事实上, 对种群增长进行 "纯粹的理论计算" 的先行者远早于达尔文的工作。1838
年, 韦赫尔斯特 (P. F. Verhulst) 早于马尔萨斯, 利用数学获得关于种群增长的著名
的逻辑斯蒂方程① (logistic equation)。但这一成果像孟德尔同样早熟的思想一样,
并未受到注意, 直至 1920 年代被重新发现 (Hutchinson 1978)。看来有些像是一个
诗意的裁决 (poetic justice), 植物学家内格利② (Karl Nageli) 曾经未能正确地评价
孟德尔的研究, 而他自己在植物种群数量研究上做出的颇有前途的开端, 也像孟
德尔和韦赫尔斯特的工作一样受到忽视 (Harper 1977c)。

　　帕克 (Park 1946) 提出了一份关于 "现代种群生态学历史" 的有价值的概要,
将它分为四个大体不同起源: 一对是 "人口统计学" 与 "生物统计学"; 另一对是
"早期生态学" 与 "一般生理学和比较生理学"。他说明上述每一个起源都有一个
实验室种群分支, 并融入现代种群生态学中。正如我们看到的, 生理生态学, 即个
体生态学, 并不容易与现代种群生态学分开。至今, 由于它关注的是阐明影响种群
增长 (即生育、死亡以及与其他种群的相互作用) 的过程, 所以可以不必对它做严
格的定义。帕克的 "早期生态学" 可以包括一般博物学和生物地理学。它们关心
[153]　的一个问题是各种生物门类 (包括种) 的种群分布和最重要的种群现象, 其清晰度
(distinction) 在 "没有", 即 0, 至现在的某一值之间, 它至少应能够碰见并记录。由
于 0 可能是采样强度的函数, 所以这一清晰度不像看上去那样分明。空间限制问
题, 生物地理学意义上的范围边界问题, 或生态学尺度上的局域生境限制问题, 以
及用于解释这些边界和限制的因子问题, 它们都出现在最早和最专业的种群研究
之中, 并且至今仍然存在 (Shelford 1913; Slobodkin 1961)。边界在时间上的清晰度,
是种群研究的另一项内容。一个种群会由于迁入或引进而形成区位 (locality), 或
会因迁出和死亡而减少, 乃至最终的结局——灭绝 (Lack 1954; Green 1959)。

---

　　① 逻辑斯蒂方程 (logistic equation), 或称逻辑斯蒂曲线 (logistic curve)。根据这一方程绘制的
曲线表现为一条 "S" 形曲线。它是 1844—1845 年比利时数学家韦赫尔斯特在研究人口增长时提
出的。在增长的初始阶段, 呈指数形态; 然后, 开始趋向饱和, 增长放缓, 直至最后停止。
　　② 卡尔·威廉·冯·内格利 (Karl Wilhelm von Nageli, 1817—1891), 瑞士生物学家, 以研究
植物细胞分裂与授粉而著名。内格利现在的知名在很大程度上是孟德尔与他徒劳无益的通信
(1866—1873); 他阻止孟德尔继续遗传实验。或许这并不奇怪。他根据自己对植物细胞的研究, 提
出 "种质" (idioplasm) 概念, 并设想为 "遗传特性" 的传送器。由此也不难理解, 他不同意达尔文进
化论的自然选择, 而是主张定向进化 (orthogenesis) 的 "内在完善原理" (inner perfecting principle)。

# 5.3 种群统计和调查

　　帕克 (Park 1946) 在一篇论述种群生态学历史的文章中, 把对自然种群的数量统计视作 "早期生态学" 与 "现代种群生态学" 的联系。大多数早期的种群统计研究, 由于基于栖息地或所用的采集技术, 所以具有多物种性质; 它们在现代意义上属于群落研究。帕克认识到种群数量知识是群落分析所需要的。他也注意到, 默比乌斯的群落定义 "注重的是构成群落的自然种群之间不可避免的相互联系, 而不是由物种展示的具体栖息地的关系"。事实上, 种群生态学的问题和意义, 可以视为群落生态学的开端和终结。斯鲁伯德金 (Slobodkin 1962: 8) 在他的论述种群生态学的著作中, 是这样开头的:

> 如果你在地球表面上的某一地方围起一圈篱笆, 并开列这一篱笆圈内所发现的生物的种类和数目, 你就已经开始定义种群生态学问题。

生态学家正是以这样的方式开始的。并且, 种群作为一个特定区域 (或空间) 中由一个或多个物种构成的具有独特性质的生物群体, 有着至为重要的意义。很清楚, 一个种群有着下列特征:

(1) 空间范围的、区域的和栖息地的边界, 以及生理耐性。

(2) 多度或密度数值。

(3) 在一个区域内的分布或扩散; 为了方便, 普遍说成是均匀的或同质的, 但是后来, 经验家和理论家在经过许多失败后认识到, 它是异质的或具有某种分布模式。 [154]

(4) 个体或集合的大小, 如: 覆盖面积或体积, 或是单位面积重量 (生物量)。

(5) 一些不易定量的属性, 如: 种群在完成其生长和生命周期中的生命力大小和成功程度, 种群在年代和季节方面的特性——它们一般称为物候学和周期性。

(6) 种群中成员之间的 "集聚" 或社会性质。阿利 (Allee 1927, 1931) 对此做过大量的动物研究, 后被称为 "阿利效应"。阿利证明: 当种群密度下降到一定的临界之下时, 其繁殖力则下降。这一观点与经典的种群增长逻辑斯蒂模型的假设相反 (Christiansen and Fenchel 1977)。

(7) "相互关联的性质"。它表现为一个物种与其他物种的种群共居以及可能的相互作用的趋向。当然, 这些只能通过考查在自然界中种群相

互间的分布以及它们的相互作用加以识别。这些研究的范围,从考查
两物种关系,如授粉、捕食或竞争,直到多物种群落。

(8) "动力学"性质。它们表现为由繁殖、死亡以及由迁入和迁出方式进
行的扩散,所导致的变化。

经验种群生态学家参与了所有这些问题,而理论种群生态学家则偏爱忽视**扩散**
(dispersal) 或迁移,以及空间分布的散度 (dispersion) 或模式。种群生态学家寻求理
解数量变化,种群生长,干扰或振荡,稳定性或均衡,以及下降或灭绝等问题。帕克
(Park 1946) 看到,一个重要而且一直存在的关注点是"生产动力学"(dynamics of
production),即所产生的生物量量值。

在"生物调查"或"普查"名义下,19 世纪后期和 20 世纪早期的生物学家绘
制区域物种分布图或物种集群分布图。它们开始时大多是定性的,以后是定量的
(White in press①)。**普查** (census) 一词属于误称,因为很少能做到完全计数;或者,普
查的不是单一物种种群,而是一般通过多物种样方进行计数,有时还会外推到一
个非常大的总数 (Johnstone 1908; Baker 1918)。海洋生物学家和湖沼学家在种群采
样上确实走在陆生动物学家的前面。著名的英国海洋生物学家哈代 (Hardy 1965:
296) 写道:

[155]

> 我们对海床的许多地点上不同软体动物的单位面积种群密度的想法,好
> 于我们对乡村蜗牛的种群密度的想法。我们对世界上许多海洋的每立方
> 米海水小甲壳类动物数目的知识,也远远领先于陆地昆虫的数量信息。

事实上,哈代宣称,作为一门新科学的生态学在海洋方面比在陆地方面更为先进,
因为海洋动物没有驯化,并且政府资助渔业研究而"它本质上是生态学的"。水生
生物学家中存在着一个颇为有趣的分野,一直延续至今。这就是: 底栖生物和浮游
生物的研究者强调群落和群体生态学; 而那些有志于鱼类和水生哺乳动物的研究
者则致力于个体生态学。海洋生物学家和湖沼学家通过拦网、捞斗、拖网等工具,
捕捉以集群方式出现的生物。例如,亨森 (Hensen 1884) 和彼特森 (Petersen 1913) 分
别对浮游生物和底栖生物进行计数。它们有时也统称为**种群**,而且是由单个生物
类目的种群组成——这取决于当时辨识生物的能力。海克尔 (Haeckel 1891) 除了
质疑数学对种群研究的适用性外,他还批评亨森。他说,清点浮游生物的繁重劳动
有可能造成"身心破坏"。海克尔提倡把"质量、重量和化学分析"作为对种群的
恰当量度。事实上,亨森除计数外还测量重量。亨森的工作甚至超越一般对成年
个体的采集和计数。他的浮游生物研究还要确定鱼卵数和幼体数: 他试图从中计

---

① 发表于 1985 年。

算产卵的雌鱼数。这样一种对成年个体总数的估计, 需要确定性别比率 (Johnstone 1908)。对水生动物群落与它们包含的种群的数量调查快速增长, 这些调查明显地表现出生物数目在不同地点、不同时间的差异。这些研究往往在词源学和经验上混淆种群研究与群落数量描述之间的区别。约翰斯顿 (Johnstone 1908) 根据 6 种鱼类一共 90 亿个体的估计, 计算北海的鱼类种群的密度 (个体数 / 单位面积)。除此之外, 约翰斯顿还像陆生植物学家有时对植物所做的那样, 计算了它的倒数, 即平均面积 / 鱼 (条)。其结果是每条鱼占据平均为 60 $m^2$ 的海底面积。约翰斯顿写道, 大量观察指向这一结论: 脊椎动物和无脊椎动物的密度在陆地上较为接近, 但在海洋则相差较多; 这已是现在海洋生态学家的惯常认知。约翰斯顿还指出, 数量方法对研究整个海洋生物的 "动态均衡" 以及一个或几个物种的变化是很有用的。北美五大湖鱼类种群的总变化, 也是 1920 年代关心的问题, 一如海洋渔业观察到的种群下降 (Smith 1968)。尽管种群问题日益得到确认, 但在 20 世纪起初几十年中, 生态学家对种群现象的认识未曾取得根本性进展。一些海洋生物学家冒着有损于身心健康的危险, 采用亨森的计数方法。但和亨森一样, 他们有时也对采集物进行测重和化学分析。一些人反对计数, 认为 "过于疲劳" 会引起计算误差; 他们建议, 时间最好花在对更多样本的估算上 (Lloyd 1925)。

[156]

　　早期湖沼学家也涉及种群、它们的数目以及分布。伯基 (Birge 1898) 跟踪观察地表水体中的水蚤, 其密度为 800 000~1 492 000 个/$m^3$。伯基说, 这一庞大的数量吸引着大量河鲈。伯基还对浮游生物进行计数, 并把**种群**一词用于单物种、多物种, 直至整个软体动物种群。他跟踪观察样本中物种数目的增加和几个物种的垂直分布, 从而发现, 它们除一个物种外其他的均服从一条 "普遍定律", 即当数目达到最大时, 分布也同时是均匀的; 从而预示后来对群落物种数原理的探索。伯基和朱岱 (Birge and Juday 1922) 将浮游生物计数从属于它们的生物量测量, 并对**种群和群落**使用诸如**现存量** (standing crop) 和**生产力** (productivity) 等术语。对浮游生物和底栖生物的持续调查还包括对昆虫羽化及种群的研究, 甚至对高等植物的种群增长的研究 (Pearsall 1932; Frey 1963a)。

　　19 世纪后期和 20 世纪早期, 由于关注商业性鱼类和贝类的种群下降现象, 有

[157]  关它们的研究急剧增长 (Ricker 1977)。人们通过"鳞轮"① (scale ring), 或较为罕见地通过耳石② (ear stone), 来确定鱼的年龄组; 这些技术分别开始于 1898 年和 1899 年。它产生了对种群增长速率和年龄构成的估计, 从而形成鱼类种群研究的一项长期传统。鱼类的鳞轮不是每年都有, 它和树轮问题一样, 对热带不如对温带和寒带水域那样有用。或许由于强调经济物种、制度约束和技术限制, 鱼类的存量大多仅考虑单一物种。许多鱼类种群和无脊椎动物种群的数据, 是从商业性捕捞中推算出来的, 但同时也努力强调基本的种群特性。19 世纪的最后十年, C. G. J. 彼特森在一项早期研究中, 用骨扣 (bone button) 给比目鱼做标记, 从而采用标记-回捕法 (mark-recapture)——先标记再捕获, 考察生物运动。刚进入 20 世纪不久, 乔特③ (J. Hjort) 采用新的鳞轮计龄的技术, 追踪观察鱼类种群——主要是鲱鱼——的年龄分布, 并且说明年龄等级对鱼类多度波动的影响 (Schlee 1973)。乔特敦促对鱼类的生殖率、年龄组和迁移等问题进行研究 (Hardy 1965)。赫里克④ (Herrick 1911) 在他的一篇《美国龙虾的博物学》(*Natural History of the American Lobster*) 专论中, 主要研究它的形态、习性和生长, 但也转而简短地谈到需要恢复和保持种群均衡的问题; 传统的捕获机械、禁捕期、虾体大小的限制、对雌虾的保护、幼虾或成年虾的释放等, 也无不论及。赫里克估计每条雌虾的虾卵数目、它们的存活概率以及雌虾一生排卵总数。他还提出一个合乎逻辑的论点: 如果性别比例是 1:1, 那么每条雌虾必须产出两只能一直存活到成年的幼虾才能保持种群的平衡。许多早期

---

① 亚里士多德可能是最早提出"鱼鳞测龄"天才想法的人。他在《动物志》(*Historica Animalium*) 中猜想, "有鳞的鱼的年龄可以由它的鳞片的大小与硬度告知"(the age of a scaly fish may be told by the size and hardness of its scales)。只是在列文虎克 (Antonie van Leeuwenhoek) 发明了显微镜后, 才真正发现鱼鳞上的圆形线 (circular line), 并且每个鳞片的线的数目相同, 从而正确推断这些数目与鱼的年龄相关。后来经过众多研究者的不断发展和完善, 建立了现在科学的鳞轮法。并且受此启发, 进一步发展了其他的通过鱼的骨质部分测龄的技术, 如耳石、鳃盖骨、脊椎骨等。

② 耳石 (ear stone 或 otolith), 附着在鱼的头盖骨上, 左右对称, 白色, 细小而坚硬, 碳酸钙质地, 被认为是鱼在水中平衡的器官。耳石的切片, 呈黑白相间的同心圆, 这就是鱼的年轮, 黑色代表寒季, 白色代表暖季。

③ 约翰·乔特 (Johan Hjort, 1869—1948), 挪威渔业学家, 海洋动物学家, 海洋地理学家。他是他那一时代最杰出和最有影响的海洋动物学家之一。海洋学家约翰·穆里爵士 (Sir John Murray) 和他合著的《海洋深处》(*The Depths of the Ocean*, 1912), 堪称海洋博物学和海洋学经典。他的研究鱼类种群动力学的论文《北欧大渔业的波动》(*Fluctuations in the Great Fisheries of Northern Europe*, 1914), 是渔业科学发展中的枢纽性研究。

④ 弗朗西斯·霍巴特·赫里克 (Francis Hobart Herrick, 1858—1940), 美国作家、博物学插画家。他在 1888 年获约翰·霍普金斯大学生物学博士, 专长是贝类 (尤其是龙虾) 的胚胎学和生物学。他在伍兹霍尔实验室, 花了 5 年时间考察马萨诸塞州、缅因州和新罕布什尔州沿海一带的龙虾, 最终提交《美国龙虾: 对其习性和发育的研究》(*The American Lobster: A Study of its Habitats and Development*) 的综合报告。赫里克还是一位鸟类学家, 对野生鸟类本能的成因特别感兴趣, 并第一个在野外研究秃鹰。

的水生种群研究以及对底栖生物群落和浮游生物群落的重视,都是基于 "生物关系链" (即营养结构) 思想; 认为鱼类种群受着它的制约 (Baker 1916)。研究所有物种的理性依据, 在大量由生态学驱动的早期普查和调查中是很明显的; 在贝克尔看来, 它来自福布斯 (Forbes 1880b) 阐述的自然平衡思想:

> 能使一个人更清楚地认识有机复合体 (organic complex, 指底栖和浮游生物群落——译者) 的所谓**敏感性** (sensibility), 无过于这一令人印象深刻的事实: 一旦属于这个有机复合体的任一物种受到影响, 肯定会迅速将某种影响施于整个集群。这样, 他不得不明白, 如果不考虑与其他影响的关系, 就不可能成功地研究任何一种影响, 就是说, 对整体进行全面调查, 是满意地认识其中任何一个部分的必要条件。

福布斯借助钟表机构的熟知比喻: 他把一个物种的失去比作表的一个齿轮的脱落。在生态学中, 这种机器模型往往用来说明整体论或层级性研究方法的必要性 (Allen and Starr 1982)。这样, 对各种类型的水生生物的种群调查风靡一时。 [158]

　　在渔业生物学发展的某个时期, 由福布斯雄辩阐明的传统整体论思想, 竟然丢弃了。渔业生物学家转向个体生态学, 强调单一物种的存量和产量; 这使他们与生态学发展的主流脱节。在最近一次论争中, 这一情况得到最为准确地证实; 论争是关于生态学理论对渔业生物学家的实用意义 (Werner 1977, 1980; Kerr 1980; Rigler 1982)。沃纳 (Werner 1977, 1980) 在其数个书评中提出, 渔业生物学和生态学的发展, 在很大程度上是相互独立的; 并且强调, 基础生态学理论, 尤其是群落理论, 对于渔业研究是十分必要的。克尔 (Kerr 1980) 对此加以反驳, 他区分哈钦森 (Hutchinson 1957a) 所说的 "学术性生态学家" 的群落生态学和进化论见解, 与 F. E. J. 弗赖伊 (Fry 1974) 提出的 "基本的渔业式处理" 或 "个体生态学见解"。弗赖伊的见解本质上与谢尔福德的 "耐性" 概念相似; 他把 "耐性区" (zone of tolerance) 扩大为一个将其包含在内的 "阻抗区" (a surrounding "zone of resistance")。为弗赖伊辩护的克尔和对弗赖伊批评的沃纳都同意, 弗赖伊的概念是强调 (鱼类——译者) 对环境的物理化学因子的个体生态学响应。哈钦森的理论化生态位概念也与谢尔福德的 "耐性" 概念有关, 但它还包含生物相互作用, 或一种群体生态学处理。

　　上面的交流在不少方面都是有益的。克尔 (Kerr 1980) 尖锐批评 "学术型生态学" (academic ecology) 与 "学术型理论" (academic theory), 认为它们的见解 "狭隘", 不能理解渔业生态学。他的这一区分表明, 渔业生态学是在非学术的、一般是政府的研究机构中体制化的 (institutionalization), 它们获得不同的资助, 并且研究目的与大多数学术型生态学家无关。1870 年组织起来的美国渔业协会 (American

Fisheries Society) 远早于生态学会; 并且在沃纳看来, 后来的渔业生物学家大多被培养成渔业部门的专家或者是没有多少生态学兴趣的分类学家。沃纳主张: 渔业生物学家应当按生态学家来培养; 并且, 有关种间相互作用和群落的生态学理论, 对渔业种群的有效管理是必要的。不过, 渔业生态学家也曾经发展他们自己的理论种群架构 (Ricker 1954, 1957)。和沃纳一样, 里格勒尔 (Rigler 1982) 注意到湖沼学家和渔业生物学家之间很少互动 (minimal interaction), 他将此归结于他们的 “研究范式” (paradigm) 相当不同。里格勒尔把渔业生物学家的范式描述为: “任何一个鱼类种群的繁殖、生存和产量, 本质上与其他生物的多度变化无关”。他说: 湖沼学家继承福布斯的观点, 甚至超越了他; 他们相信, “他们所研究的系统, 应当恰当地包括整个湖泊或河流, 最近甚至提出应当包括全部流域”。里格勒尔强调, 这些思想应当聚敛并回归到经验论 (empiricism); 为此他辩解, 他的这一立场受到误解和不公正的诋毁。事实上, 这一场讨论的所有参加者都对渔业生态学中不同方面不能相互联系而深感痛惜, 同时也看到双方在改善交流方面的优势。不过, 没有一个人会对任何最终和解抱有希望, 因为长期以来体制和知识上的传统已使两者分开。对生态学来说, 不幸的是它在学术语境中发展起来的大多数概念和理论, 普遍与政府机构拥有的设备、资金和资料无关; 政府关心的是自然资源。尽管一些生态学家个人受雇于政府的渔业部门、林业部门、生物调查机构和猎场管理部门, 并以出色的研究对生态学做出贡献, 但是, 生态科学基本上仍不受大多数这些机构的关注。一个无视职业生态学的突出证据, 就是直到 1977 年在美国公务员制度 (U. S. Civil Service) 中还没有生态学家这一分类 (McCormick 1978), 尽管早在 1920 年已有人向国会提议。

[159]

　　早期陆生植物生态学家, 由于他们所研究的生物是不移动的并且可以看得见, 所以能普遍估计物种的种群多度。但是, 1898 年后, 他们也转而计数。在 19 与 20 世纪之交, 他们得益于这样的情况: 植物分类已相对完善; 并且, 植物与埃尔顿研究的陆生动物不同, 在生态学家接近时, 它们既不会逃逸也不会隐藏。20 世纪早期, 人们通过测量和估计覆盖面积, 即群丛的基部面积① (basal area), 用以补充对植物个体的计数, 并提供一个关于量值大小的指数。林业人员很久以来测量伐木量和生长量, 但这样的 “测量” 一般只限于商业树种与可以利用的木材, 而不是总

---

① 基部面积 (basal area), 指由群丛的树干和茎的横截面占据的面积。它通常是在一棵树的 1.3 m 高度测量, 并按比例放大到 1 hm² 土地, 用以考察和比较森林的生产力和增长率。

生产量。克莱门茨 (Clements 1905) 倡议用 "茎叶干重样方" (clip quadrat ①) 测量草本植物的产量。草原生态学先驱者,如庞德、克莱门茨和韦弗,以及把草原生态学用于牧场管理的先驱者,如桑普森 (A. W. Sampson),他们测量地上草本植物的产量;这与所处的环境以及所受到的放牧的影响有关 (Weaver 1924; Tobey 1981)。这也是为数不多的农业与学术性生态学之间卓有成效的互动的例证之一。农业生物学家在许多方面像渔业生物学一样,没有发展起与生态学的紧密联系。约翰·哈珀在好多年后抱怨说,由农业科学家和牧场管理者进行的作物与牧场植物和野草的种群研究,在很大程度上被后来的生态学家忽视 (White 1985)。他们再次主要因个体生态学与群体生态学而分开:农业生物学家致力于种群的生长和产量,而大多数生态学家则把种群作为群落成员的样本。

[160]

尽管陆生动物生态学家在 19 世纪对数目有限的鸟类种群进行过普查,但是所有人——包括陆生动物生态学家自己——在种群和群落研究方面落后了 (Lack 1954)。像以往一样, S. A. 福布斯又走在前面;他在伊利诺伊州中心的样区进行鸟类调查,说明鸟类分布与各种栖息地类型的关系。W. L. 麦卡蒂② (McAtee 1907) 在 4 平方英尺范围内进行非常精细的普查,对那里 "所有用作鸟类食物的植物和动物进行计数"。福布斯曾经指出,应用昆虫学早在**生态学**成为熟知的名词之前,已经是生态学;但是,很少有应用昆虫学家凭借他们的观察,为自己贴上生态学家的标签。尽管如此,早已成立的美国经济昆虫学家协会的一些成员,也名列美国生态学会的 307 个创始会员之中 (Burgess 1977),并且,昆虫学家在种群生态学的主要先驱者中也是赫赫有名的。在对生态学具有理论意义和经验意义的最早的动物种群研究中,有经济昆虫学家和寄生虫学家 R. 罗斯③ (Ross 1911) 以及当时美国农业部昆

---

① clip quadrat 的翻译,大体有两类。一类着眼于这一概念的实际内容。在大陆多译为 "茎叶干重样方";台湾的教育研究院则译为 "干物量方框"。另一类着眼于其技术特点,将它译为 "刈割样方" "剪除样方"。两类比较,着眼于实际内容优于着眼于技术特点。在着眼于实际内容的译法中, "茎叶干重" 的译法优于 "干物量",因为后者没有明确排除根重。在着眼于技术特点的译法中, "刈割" 优于 "剪除",因为 "剪" 是允许的,而 "除" 是不对的。

② 沃尔多·李·麦卡蒂 (Waldo Lee McAtee, 1883—1962),美国生态学家和鸟类学家。他对鸟类和哺乳动物的饲食习性进行了大量研究,并描述了 460 种昆虫新种。他长期在美国农业部生物调查局 (Bureau of Biological Survey) 及其后继者美国鱼类和野生生物管理局 (United States Fish and Wildlife Service) 工作 (1904—1947);同时也是《野生生物评论》(*Wildlife Review*) 的编辑 (1935—1947)。

③ 罗纳德·罗斯 (Ronald Ross, 1857—1932),英国医生,皇家学会会员,皇家外科医师学会会员,勋爵。他因对疟疾传播的研究而获得 1902 年诺贝尔生理学或医学奖,这是英国第一个诺贝尔奖。1897 年他发现蚊子胃肠道中的疟原虫,证明疟疾是通过蚊子传播的,从而奠定治疗这一疾病的方法基础。他在印度医疗服务处 (Indian Medical Service) 工作 25 年。正是在此期间,他做出开创性的医学发现。罗斯是一个多才多艺之人,写过诗,出版过小说,谱过曲。以后,他返回英国,成为利物浦大学热带医学院教授和热带医学研究所主席, 10 年后, 1926 年他成为罗斯研究所 (Ross Institute) 所长和热带病医院 (Hospital for Tropical Diseases) 院长,直至去世。

虫司负责人霍华德① (L. O. Howard) 和他的同事 W. F. 费斯克② (Howard and Fiske 1911) 所做的研究。罗斯 (Ross 1911) 开发了表示人群疟疾发生与按蚊种群之间关系的数学方程。运用这些方程，他阐述了一条 "定律"：疟疾的存在需要一定数目的按蚊；并且，当按蚊种群超过这一维持水平并有少量增加时，将会使疟疾发病率有较大幅度上升。霍华德和费斯克 (Howard and Fiske 1911) 在处理用寄生虫控制害虫种群问题时，虽然不如罗斯那样正规的数学化，但他们注意到种群调节的关键问题。他们区分出两类因子：一类诸如暴风雨，它们能以一个固定的百分比消灭种群，不管这一物种是稀有的还是普遍的，也就是说，与物种多度无关；另一类是 "兼性" 因子③ ("facultative" factor)，诸如捕食者或寄生者。他们认为，这两类因子的作用极为不同。他们写道：

[161]

> 自然平衡只能经由兼性机制 (facultative agency) 的运行才能得以维持。
> 这一机制在所讨论的昆虫的多度增加时，会使其个体数以更高的比率死
> 亡。(Howard and Fiske 1911: 169)

他们这一 "假设" 的实质是，只有当寄生者的数目增长直接取决于其宿主数目的增长时，寄生者才能够对有害生物加以控制。霍华德和费斯克的这一假设，后来称为 "密度相关的种群调节理论" (the theory of density-dependent population regulation)。他们即使不是第一，也是早期阐释者。几十年来，这一理论逐渐赢得动物生态学家的注意。C. J. 克雷布斯提出了它的生命力和对它的争议 (Krebs 1979)；克雷布斯责备，"这种密度相关的调节模型，是生态学家的燃素说 (phlogiston theory)；它过去是有用的，但现在则成为前进的障碍"。

　　奇怪的是，尽管这些显著的生态学进展是基于寄生虫方面的研究，但总的来

---

　　① 利兰·奥西恩·霍华德 (Leland Ossian Howard, 1857—1950)，美国昆虫学家。康奈尔大学毕业后，进入美国农业部工作，1894 年成为昆虫局 (Bureau of Entomology) 局长，在数个大学开设昆虫学讲座。他担任过美国科学促进会 (American Association for the Advancement of Science) 秘书长，美国国家博物馆 (United States National Museum) 名誉馆长。1916 年，入选美国国家科学院院士。

　　② 威廉·富勒·费斯克 (William Fuller Fiske, 1876—1941 之后)，美国昆虫学家。1890 年代，他在新罕布什尔州农业与机械艺术学院 (New Hampshire College of Agriculture and Mechanical Arts) 工作。1903 年，担任佐治亚州助理昆虫学家 (Assistant State Entomologist of Georgia)，并被任命为美国南部诸州研究森林昆虫问题的现场特别代表 (Special Field Agent)。几年后，他到新英格兰地区梅尔罗斯市，转任舞毒蛾 (gipsy moth) 实验室主任。他因研究舞毒蛾和棕尾蛾的寄生虫而知名。这使他在 20 世纪前期走遍美国和西欧，并到乌干达研究昏睡病 (sleeping sickness)，后消失在非洲。他至少活了 65 岁，因为他的名字曾经在里斯本–纽约的 Excambian 号客轮的乘客名单上。

　　③ "兼性" 因子，"兼性"，即两头兼顾，是指密度相关种群控制理论的 "在高密度时限制增长，并在低密度时促进增长"。

说寄生虫学并没有和生态学合并。美国生态学会的创始成员中, 寄生虫学家是很少的 (仅 3 人)。长期以来存在的不正常情况是, 寄生虫学家在生态学形成的年代里始终避开它, 他们从不用生态学术语清晰地表述寄生虫学, 尽管它是生物学科中最为生态学的。而生态学家反过来也对寄生现象明显不感兴趣, 他们更倾心于捕食和竞争, 将它们视为重要的两物种作用的生态过程。

在 1920 年代和 1930 年代, 生态学家自身数量不多。到 1925 年, 美国生态学会成立已近 10 年, 其会员如同那时刚刚重新发现的逻辑斯蒂曲线所表示的那样, 才接近 600 人; 并且这一状况一直延续到 1950 年 (Burgess 1977)。英国生态学会到 1930 年左右有大约 450 名会员, 主要是植物学家。颇为有趣的是, 美国动物生态学家在生态学的最早岁月和美国生态学会成立过程中, 数目较多, 也较为活跃。学会的第一任主席是一位动物学家, 它的第一种学术期刊《生态学》(*Ecology*) 同时包含植物和动物论文。英国生态学会主要是由植物学家发起的。在它成立后的头 20 年 (1914—1933) 中, 有 9 位主席是植物学家; 它的第一种出版物《生态学学报》(*Journal of Ecology*) 主要是植物学的。1917 年, 新成立的美国生态学会的会议摘要发表在英国《生态学学报》上, 并带有一个附注, 说, "将会看到, 动物生态学在研究规划中占有突出的地位"。O. W. 理查兹[①] (Richards 1926) 评论英国对动物生态学的忽视; 埃尔顿也指出这一点 (Elton 1933; Worthington 1983)。虽然英国植物生态学家比较活跃, 但他们并未因此在学术界和政府中获得地位; 这一受压抑状况一直延续到 1940 年代。然而, 动物生态学和湖沼学都引起政府兴趣并获得资助, 其表现是 1930 年淡水生物学协会和 1932 年动物种群局的成立 (Le Cren 1979; Duff and Lowe 1981; Worthington 1983)。《动物生态学学报》(*Journal of Animal Ecology*) 也在 1932 年由埃尔顿编辑出版, 而 1925 年前很少有陆生动物种群研究成果得以出版。D. 拉克 (Lack 1954) 在他的属于第一批研究自然界动物种群数量调节的著作中谈到, "一些生态学家对是否有能力解决种群问题表示失望"。他评述早期对动物种群的长期普查大多是针对鸟类, 而针对哺乳类和无脊椎动物相对较少。最早进行的对一种蛾的普查开始于 1880 年; 对一种鸟 (大羽冠鹛鹛) 的普查开始于 1860 年 (Harrisson and Hollom 1932)。大多数早期动物种群记录是由业余鸟类学家、经济昆虫学家或出于经济原因的渔业人员做的; 他们并非主要为解决生态学问题,

[162]

---

① 欧文·韦斯特马考特·理查兹 (Owain Westmacott Richards, 1901—1984), 皇家学会会员, 帝国理工学院动物学和应用昆虫学教授 (1953—1967)。他的最主要成就是在奥古斯都·丹尼尔·伊姆斯 (Augustus Daniel Imms, 皇家学会会员) 去世后, 和理查德·加里斯·戴维斯 (Richard Gareth Davies, 1920— , 英国昆虫学家, 曾在帝国理工学院担任过昆虫学教授) 合作, 不断更新《伊姆斯普通昆虫学教程》(*Imm's General Textbook of Entomology*) 和《伊姆斯昆虫学纲要》(*Imm's Outlines of Entomology*), 使之和伊姆斯在世时一样, 一直是昆虫学领域的重要的标准教科书。

这些问题实际上也没有清晰表述过。

　　20 世纪头十年标志着统计学兴起以及将它引入生物学 (包括生态学)。早在 1907 年, 乔特敦促在渔业中采用保险统计 (actuarial statistics) (Hardy 1965)。珀尔 (Pearl 1914) 注意到统计科学对生物学的重要贡献, 即: ① 根据群体自身属性描述一个群体; ② 估计可能的误差; ③ 针对一系列特征或事件之间的差异, 量测其关联性或相关性。不同派别的生态学家曾经证明, 根据个体数、样本中出现的频数以及用绝对值和相对值 (百分比) 计算生产力或生物量, 就能有效地描述种群。海洋生态学家, 如亨森, 曾经使用样本与均值的百分比偏差 (虽然没有附有概率估计), 作为样本间差异的测度。拉曼斯基 (Ramensky 1924) 和高斯 (Gause 1924) 采用标准差描述种群变化。福布斯 (Forbes 1907a) 曾经提出物种间关联性的测度, 并由谢尔福德 (Shelford 1915) 和迈克尔 (Michael 1921) 做了详细说明。迈克尔重新检验福布斯指数, 发现它作为一个有用的系数尚不合格。他的文章道出了一个两难窘境: 生物学中的数量方法是应当由数学家发展起来, 还是应由生物学家发展, 抑或是由两者合作发展? 这在后来成为生态学的流行病。迈克尔的答案是, 要求生物学家"精通"数学; 并且强调, "**这意味着革新**"。这篇文章的编辑 (坦斯利) 虽然承认需要适当的微积分和统计学训练, 但他怀疑, 要求生物学家精通数学的时机是否成熟。尽管许多生态学家几十年来竭力回避数学, 但数学生态学和统计生态学的全部影响在 1921 年开始得以发挥。围绕数学的用途和对数学的需要而进行的延绵不断的论争, 开始于海克尔, 并在 1920 年代和 1930 年代繁盛一时, 以后又在 1950 年代重新点燃。帕克 (Park 1946) 描述的 "自然种群的数量普查", 尽管获得不同等级的精确性, 并且对样本作为种群代表的可靠性进行有限的检验, 但它表明的是早期生态学家对生物数目的志趣。这种志趣遍布生态学的所有领域, 从而产生埃尔顿 (Elton 1933) 所称的种群 "统计学"。这一名称指的是种群的描述性统计学, 等同于某一时刻的个体数。埃尔顿把它与表示种群在时间上变化的 "种群动力学" 进行对比, 并做出一个形象的比拟; 他把统计学比作一张静止的照片, 而把动力学和演进比作运动着的画面。这是一个简明而又符合逻辑的区别, 但并非所有的种群普查都是纯描述性的, 仍有少数普查致力于出生率、存活率、死亡率以及种群的迁移和扩散。它们后来成为新的动态种群生态学时代的要义。跟踪种群变化的长期特别是重复性的研究, 除了有商业价值的物种种群外, 对其他物种极少涉及。

　　早期的植物生态学家, 因他们不恰当地注重定性或定量地描述植被而对种群动力学缺乏兴趣, 普遍受到批评。坦斯利 (Tansley 1923) 写道, "在某些领域, 将描述性科学嘲弄为根本不是科学, 已成为时尚"。坦斯利评论说, 植物生态学应当超越描述而进行因果关系的探讨。在将近 60 年以后, 这一愿望又在当代最重要的植物

[163]

[164]

种群生态学家约翰·哈珀 (Harper 1982) 的一篇题为《描述之后》(*After Description*) 的文章中重新提出。哈珀说明, 坦斯利强调的因果关系是要求:

> 致力于研究个体植物的生与死, 即一种还原论处理。因为只有这样, 才最有可能揭示那些现正起着作用、决定着植物分布和多度的力量。

多少有些讽刺的是: 在坦斯利时代, 有缺陷的描述是用语言表达的, 或是博物学式的描述; 但到了哈珀时代, "仅仅是描述" 这一颇含轻蔑意味的措辞, 主要是针对种群和群落的统计学描述, 即使这些描述与群落的种群演替或变化有关。

植物生态学家早已实践斯鲁伯德金的名言: 用篱笆在地球表面上围一块地方, 开列其中的生物种类和个体数的清单, 这就是种群生态学的开始。为了避免放牧动物进入, 篱笆有时是实实在在的 (圈地), 然而更为经常的是, 篱笆是抽象的, 它围的是一块看上去同质的植被, 并且对其中的小块进行采样, 用以代表这一整体 (Clements 1905; Goodall 1952; Greig-Smith 1957; Mueller-Dombois and Ellenberg 1974)。虽然这些生态学家一般并不关注植物个体的繁殖和存活问题——它已成为种群生态学的关键难题, 但是他们的确提出一些有意义的种群问题。其中不少是关于怎样合理和准确确定有多少物种和个体存在。有关优势种和从属种的区别, 有关将要成为优势种或数量相对很大的物种的习性, 是主要关注之所在。这样, 如哈珀所提倡的, 对植物分布和多度的研究, 成为对植物个体生存和死亡研究的必要前提, 或与之并行。为了解释种群如何运行, 有必要弄清楚它是怎样的情况。

尽管大多数陆生植物生态学家热衷于群落, 例如植被, 但他们必然会与其中的物种和种群打交道。他们如同水生生态学家同行那样, 对一块地域的个体进行计数 (多度或密度), 并以各种方法——一般通过植物在地面的投影面积 (覆盖面积或基部面积)——进行估值。陆生植物生态学家和美国西部数个实验牧场 (experimental range) 的早期管理者们, 倡导对植物种群的大规模定量研究。不幸的是, 这些研究最后很少得以发表 (White in press[①])。 [165]

陆生植物生态学家, 像海洋生态学家一样, 一般假设同质性是群落和它的种群的属性, 很少注意情况是否真的如此。戈德尔 (Goodall 1952) 写到, 1920 年 H. A. 格利森第一个定量研究植物个体的空间分布。格利森意识到样方的大小和数目对种群估计的影响。他是第一批把概率用于野外种群考查的生态学家, 也是第一批利用概率理论设计种群丛状分布的估值方法的生态学家 (McIntosh 1975a)。种群分布是均匀还是不均匀, 是随机还是具有某种模式, 这一问题凸现于 1890 年代的生态学, 其间伴同着海克尔对亨森的浮游生物理论的批评。从那时起, 它一直是种

---

① 此书出版于 1985 年。

群、群落和理论生态学的绊脚石。早在 19 世纪前期, 已提倡采用某些空间分布特征, 如个体的平均面积, 或更为有意义的, 直接测量生物之间的距离, 来描述种群分布, 但是直至现在它们仍很少使用 (Goodall 1952; Greig-Smith 1957)。如果植物物种是像格利森所想的那样随机分布, 那么 "频度", 即存在某一种生物的样地数目, 就会解决许多采样问题。由于物种普遍呈丛状分布, 并且由于样地面积大小对频度的影响, 所以采用频度作为种群的精确估测手段是不合适的。不过, 如果结合密度计数, 频度的确可以用作表示分布同质性的一个粗略的指示 (Curtis and McIntosh 1951a; Goodall 1952; Greig-Smith 1957)。"频度" 在样方中的另一用途是确定两个物种的共同出现, 并以此作为表示它们之间关联性的手段, 这一方法早已由 S. A. 福布斯 (Forbes 1907a) 采用。格利森 (Gleason 1925) 记录成对物种的联合出现, 他把这一记录与根据它们单个物种频度所得到的期望值进行比较, 不过他没有进行显著性检验。在 1930 年代和 1940 年代, 种间关联性 (interspecies association) 检验已缓慢地进入数量植物生态学中, 并且在 1940 年代后期, 它也被动物生态学家采用 (Cole 1949)。种间关联性本身表明它不是随机的; 并且提出, 无论是物种之间的生物学互动, 还是与环境的相似或相反的关系, 都取决于种间关联性是负还是正。种群的数量测度, 也用来检验植被与环境之间的相关性, 从而考察植物物种对环境变量 (特别是对土壤特性) 的耐性。许多此类研究通常遇到的问题是无法推测相关性的原因, 因而经常被批评为对生态学的 "描述式相关性处理" (descriptive-correlative approach)。

[166]

　　1930 年代的动物生态学文献中, 大量研究只是指出单物种种群或多物种种群的个体数, 很少考虑是如何获得这一观察值的, 或者说它们是否会变化以及怎样变化。《动物生态学报》在 1932 年创刊时, 近 70% 的刊出文章采用定量方法; 到 1970 年, 这一数值上升到 100% (Taylor and Elliot 1981)。许多具有种群统计学内容的研究, 也提出一些涉及种群动力学因子的问题。埃尔顿像他之前的谢尔福德一样, 与植物生态学家一道, 重点强调群落。安德鲁瓦萨声称, 埃尔顿预测, "控制自然界中动物分布和数量的法则, 会从群落研究中诞生"。然而在安德鲁瓦萨看来, 相反的观点则更接近真理: "在我们能够对群落中种群之间相互关系的认识取得飞跃之前, 我们必须首先发现控制动物分布和多度的法则" (Andrewartha 1961: 5)。事实上, 谢尔福德和埃尔顿都把他们的注意力转到种群上, 纵令是采用不同方式。

　　查尔斯·埃尔顿显然是动物生态学的杰出人物 (Hardy 1968, Cox 1979)。埃尔顿与 19 世纪早期强调实验室工作的动物学分道扬镳, 在使生态学成为 "对活态生物与其环境的关系进行定量和实验性研究" 的进程中, 他是一个开拓者。埃尔顿的名言是, 生态学是 "科学的博物学"。埃尔顿的早期工作, 涉及群落调查; 这显然是他的名著《动物生态学》(*Animal Ecology*) (Elton 1927) 的重点。该书的主要贡献是, 把以前散布于生态学文献中的许多概念, 综合进一个逻辑严谨的语词模型 (verbal model)。这些概念包括食物链、数量金字塔和生态位。埃尔顿也强调生态学在群落演替、周期性变化和节律性方面, 在种群变异方面, 以及种群扩散方面的动态传统。考克斯 (Cox 1979) 认为, 埃尔顿想要 "创造一种动物群落的社会学和经济学"。考克斯相信, 这是由埃尔顿与哈德森海湾公司的交往促成的。尽管埃尔顿早年强调群落, 但是他的主要注意力仍放在种群。1925 年, 他作为哈德森海湾公司的生物学顾问, 利用皮毛收益中的数据开始对毛皮动物的数量波动与种群的长周期性 (long-term cycle), 进行广泛研究。1932 年, 埃尔顿组织 "动物种群局" (Bureau of Animal Population, BAP), 其目的是 "认识野生种群的数量波动"。同时, 埃尔顿着手对田鼠种群的研究, 从而产生他的名作《田鼠、家鼠和旅鼠》(*Voles, Mice, and Lemmings*) (Elton 1942)。埃尔顿甚至在对动物种群进行广泛研究以前, 其思想发展已与当时生态学确认的观念相对立。他挺身而出, 断然反对自然平衡观念。他说:

[167]

> 自然平衡并不存在, 或许从来就不存在。野生动物的数目总是或大或小地永恒地变化着。并且这些变化在时间上一般是无规则的, 在幅度上一直是无规则的。(Elton 1930: 17)

在这一过程中, 他抨击广泛流行的 "钟表机构" 的比喻; 它曾被 S. A. 福布斯 (Forbes 1880b) 和其他生态学家采用。埃尔顿的理由是, 一个作为 "齿轮" 的动物, 每一个都有它自己的 "发条", 并且有权迁移到另一个 "钟表" 中 (Elton 1930)。埃尔顿强调动物的迁徙能力, 并将它称为 "动物对环境的选择", 而不是更为普遍的 "环境对动物的选择"。达文波特 (Davenport 1903) 在好多年前曾强调过这一点。

在美国动物生态学家中, 奥尔多·利奥波德表现出一些与埃尔顿或相似或相反的兴趣。利奥波德是在耶鲁林学院接受森林管理人员培训。他 1909 年毕业, 并被当时成立不久的美国林务局 (U. S. Forest Service) 雇用 (Flader 1974)。1915 年, 他的主要注意力转到鱼类和野生生物保护上, 应和了当时广泛流行的对种群枯竭的关注。弗拉德 (Flader 1974) 说, 在那些年, 自然保护对利奥波德的吸引力超过尚不成熟的生态科学。随着利奥波德对美国森林产品实验室 (U. S. Forest Products Laboratory) 的一次走访, 他的兴趣又转到狩猎管理上。1928 年, 他在体育、军队和弹药制造者协会 (Sporting, Arms and Ammunition Manufacturners Institute) 的资助下, 开始一系列狩猎的调查。从此, 他的注意力已不再变更地投入与野生动物种群有关的科学、实践和政治活动中。当时, 各州和联邦机构 (包括著名的美国生物调查所 (U. S. Biological Survey)) 对猎物和害虫种群的兴趣蓬勃增长, 并激发起对具

[168] 有不同科学价值的猎物种群进行调查。其中一些, 如 H. L. 斯托达德[①] (Stoddard 1932) 对北美山齿鹑 (bobwhite quail) 的调查, 以及 A. 默里[②] (Murie 1944) 对麦金利山的狼的调查, 都是对野生生物种群的生活史和管理的经典研究。利奥波德撰写《狩猎管理》(*Game Management*) (Leopold 1933) 一书, 这是野生动物管理的开山之作。当时, 这种管理才刚开始成为一项职业。弗拉德 (Flader 1974) 注意到, 利奥波德书中的参考文献仅有 1 篇标明是生态学 ("生态位") 方面的; 从而评论说, 直到 1930 年代中期, 利奥波德才开始以更为正规的生态学方式思考。利奥波德曾在 1931 年讨论生物周期 (biological cycle) 的麦泰曼克[③] (Matamek) 会议上与埃尔顿相遇; 他们对种群周期有着共同的兴趣。1933 年利奥波德被任命为威斯康星大学农学院新设立的狩猎管理教授。1930 年代中期, 利奥波德和他的学生们发现, 生态学研究对于种群管理是必要的。不过, 他面对政界和公众反对依据科学知识指导政策制定, 不得不终身为应用科学管理而奋斗。1939 年, 威斯康星大学建立野生动物管理系, 利奥波德开设一门野生动物生态学课程。早在 1914 年, 他开始在他主管区域内进行鹿的普查。他继续发展对鹿的种群的兴趣, 其中包括凯巴布高原[④] (Kaibab Plateau) 种群, 它已成为说明野生动物种群兴盛衰败的著名样例。只是对这些事件的传统解释, 后来一直存在争议 (Caughley 1970; Burk 1973; Miller 1973)。利奥波德并没有把理论种群生态学纳入他对种群的思考。和埃尔顿不同, 他坚定拥护广泛流行的 "自然平衡" 或 "均衡" 思想以及把土地视为有机体的观念——有时会因干扰而偏离 "原初的健康" 状态。他把种群视为向动态均衡状态的趋近, 并由抑制生物趋势的环境阻抗因素维持着。很明显, 他的这一思想是受查普曼 (Chapman 1931) 的电路比喻的影响。尽管他承认有一批影响种群生产力的因子, 但他仍把猎杀和捕食列为首位。利奥波德推断, 自然捕食者可能会控制鹿的种

---

① 赫伯特·L. 斯托达德 (Herbert. L. Stoddard, 1889—1970), 美国博物学家。他由博物馆标本制作师开始, 逐步成为鸟类学家、野生生物学家、森林学家、生态学家, 最终成为 20 世纪最重要的自然保护主义者之一。1924 年斯托达德受聘进行山齿鹑种群数量下降问题的调查。其成果是他影响深远的著作 (1931) ——《山齿鹑:习性、保存和增长》(*The Bobwhite Quail: Its Habits, Preservation, and Increase*)。1935 年他获得美国鸟类学会的威廉·布鲁斯特纪念奖。

② 阿道夫·默里 (Adolph Murie, 1899—1974), 博物学家, 作家, 野生生物学家。他是第一位研究狼及其自然栖息地 (先后在黄石国家公园和德纳里国家公园) 的科学家, 并率先在亚北极的阿拉斯加地区对狼、熊、其他哺乳动物和鸟类进行实地研究。在保护狼免遭灭绝, 保护德纳里国家公园 (Denali National Park) 和北极国家野生动物保护区 (Arctic National Wildlife Refuge) 的生物完整性方面发挥了重要作用, 被称为 "德纳里荒野的良心" (Denali's Wilderness Conscience)。1965 年, 他获得美国内政部最高荣誉 "杰出服务奖" (Distinguished Service Award)。

③ 麦泰曼克 (Matamek), 地名, 麦泰曼克河 (Matamek River) 河口, 位于加拿大魁北克东 300 英里, 圣劳伦斯湾北岸。

④ 凯巴布高原 (Kaibab Plateau), 位于美国亚利桑那州北部, 是科罗拉多高原的一部分, 南部与大峡谷 (Grand Canyon) 接壤, 平均海拔约 2817 m。

群。由于他具有从道德角度阐述生态学和种群问题的禀赋, 他谈到他自己 "消灭狼的罪过"。与埃尔顿相比, 利奥波德很少涉及科学生态学, 他对种群管理问题的关心甚于对种群理论的关心。他把对生态学的关注转到伦理、道德和美学以及科学、资源管理和公共政策等问题 (Leopold 1949)。

在 1930 年代和 1940 年代, 对自然种群的研究, 以及对确保足够采样问题的研究, 遵循着埃尔顿、利奥波德等生态学家的传统 (Allee et al. 1949; Lack 1954, 1966; Bodenheimer 1958)。博登海默 (Bodenheimer 1958) 注意到 "推动生态学进展的两个最伟大的步骤": 第一是把种群的数量变化置于一切研究的中心; 第二是补偿原理。**补偿** (compensation) 是指一个种群能够对压力产生反作用的倾向, 以维持它的数量。博登海默确认, 尼科尔森 (A. J. Nicholson) 和埃林顿 (P. A. Errington) 是与这两大步骤有关的著名人物。尼科尔森主要从事昆虫及受迫种群的密度相关控制 (insects and stressed density-dependent control of population) 研究。埃林顿研究哺乳动物, 是一位卓越的捕食研究权威, 他承认存在着多样的控制种群的机制。博登海默解释动物种群研究中存在的隔阂。作为了解这一问题的入门, 他推荐雷切尔·卡森 (Rachel Carson) 对鲭鱼 (mackerel) 的研究, 斯托达德 (H. L. Stoddard) 对北美山齿鹑的研究, 拉克 (D. Lack) 对歌鸲 (robin) 的研究, 以及费希尔[①] (J. Fisher) 对暴风鹱 (fulmar) 的研究。他说, 这些研究具有 "摆脱一切图表、数字和公式" 的优点。

植物生态学家研究群落而动物生态学家研究种群, 已司空见惯 (Cox 1979)。情况的确如此, 20 世纪前 50 年陆生植物生态学家根据不同学派的观点并花费很多精力, 对群落进行描述、分类和制图 (Whittaker 1962)。他们对群落的兴趣得到对其中种群进行大范围采样的支持, 也得到关于种群变化原因的各种推论的支持——只是它们往往未经证实。同样真实的是, 理论种群生态学以及与此有关的实验研究, 主要是由动物生态学家和非生态学家进行的。陆生动物生态学家集中研究单个种群的生物数量以及其中的变化, 他们甚至进而定义生态学为对动物数量的研究。颇为有趣的是, 为什么 (陆生植物生态学家与动物生态学家在研究兴趣上的——译者) 差异会得到如此普遍确认, 它在多大程度上是正确的。可以肯定, 植物生态学家早在 1919 年就已关心种群现象, 其著名者如瓦特 (A. S. Watt) 对林地的研究。瓦特后来对窗相更替 (gap-phase replacement) 现象的研究以及对由兔子引起的放牧问题的研究, 也都与种群现象有关。克莱门茨和坦斯利都对 "竞争" 这一个动物种群生态学家最热衷的问题, 进行实验性研究。克莱门茨、韦弗和汉森 (Clements,

[169]

---

① 詹姆斯·麦克斯韦·麦康奈尔·费希尔 (James Maxwell McConnell Fisher, 1912—1970), 英国博物学家, 鸟类学家。他是国际自然保护联盟 (INCN) 和皇家鸟类保护学会 (RSPB) 的领导成员。他还是作家, 编辑, 播音员, 研究吉尔伯特·怀特的权威。

[170]

Weaver and Hanson 1929) 出版了论述竞争问题的第一本重要专著, 并对这个术语给出明确的定义, 而那时一些动物生态学家, 如 A. J. 尼科尔森 (Nicholson 1933), 仍弄不清它的含义。由于动物种群采样的困难 (正如埃尔顿已经看到的), 陆生动物生态学家已将他们的重点转向传统的单物种种群。植物生态学家发现, 可以有效地一次对几个物种进行采样。一些植物生态学家相信, 有必要建立有关物种的群落和环境语境, 使得个体生态学研究能最为有效地进行 (Curtis and McIntosh 1951)。植被在形态和组成上的醒目变化, 对不定期的观察者是很明显的。它向植物生态学家提出挑战, 要求为这些变化寻找或提供一个有序的整理。采集多物种数据相对容易, 这使得对植物群落的重视长盛不衰, 另一部分原因是群落间的差异太多。在 1940 年代和 1950 年代, 新的采样和数据分析方法着眼于植物生态学家关注的采样问题、分布模式问题以及群落中的物种关联性问题 (Greig-Smith 1957)。单物种种群统计学以及有限的两个物种相互作用, 曾激发起动物生态学家的兴趣, 却基本上被植物生态学家忽略, 尽管索尔兹伯里[①] (Salisbury 1942) 关于植物繁殖的研究指向那一方向。不论原因如何, 植物种群动力学研究是落后了。哈珀 (Harper 1967) 就种群统计学写道, 它从未 "得到来自植物生态学的动力"; 他在后来又说, 植物生态学家 "基本忽略种群现象" (Harper and White 1974)。E. O. 威尔逊 (Wilson 1969) 在谈到哈珀时甚至说, 他是 "第一位用他自己的种群生态学语言与动物生态学家交谈的植物生态学家"。植物种群生物学在 1970 年代被说成是 "另一场革命", 是生态学中流行的一个范式变化。事实上, 这场革命被描述为 1970 年代 "生态学领域中最重要的事件" (Antonovics 1980)。

这一场特殊的革命, 期望在 1980 年代把进化生物学、生理生态学和种群生态学融为一体。这一期望的实质是: 对种群现象的深入研究将会产生一种普适理论, 从而可以扩展到包括群落现象。而群落是植物生态学家长期以来从事的问题, 也是激发 1950 年代出现的新理论生态学旗下的动物生态学家兴趣的问题。现在尚不清楚, 这一融合能否把植物种群生态学家和动物种群生态学家带到一起。谢费和勒夫 (Schaffer and Leigh 1976) 质疑主要基于动物的种群理论对植物的关联

[171]

性。哈珀 (Harper 1980) 也注意到植物的特质, 从而提出: 基于植物种群的观察和理论, 可能不容易与基于会移动动物的观察和理论相融合。当代植物种群生态学家

---

①爱德华·詹姆斯·索尔兹伯里 (Edward James Salisbury, 1886—1978), 英国植物学家和生态学家, 皇家学会会员 (1933)。他的贡献主要在植物生态学和英国植物区系。他首先关注森林生态学; 以后开拓了关于植物种子大小、繁殖力以及与生境的关系 (seed size and reproductive output of plants in relation to habitat) 的新方向; 他还进行园林野草和沙丘植物的生态学研究。索尔兹伯里 1929 年成为伦敦大学学院 (University College London) 的奎因植物学教授 (Quain Professor of Botany); 1943—1956 年任皇家植物园——邱园园长。

关心的另一个问题, 与世纪之交时生态学家一样, 是关于 "适应性" 的含义和辨识 (Antonovics 1980; Harper 1982)。哈珀认为, 这个词已丧失其价值。由于所有这一切困难, 某些植物种群生态学家像许多动物种群生态学家一样地相信: "终极的生态学解释" 必须来自建立在基于 "个体植物生与死" 的种群研究上; 这是 "一种还原论处理" (Harper 1982)。

## 5.4 理论种群生态学

1920 年代可以视为动物生态学的分水岭。这十年中, 产生了像埃尔顿《动物生态学》这样一本阐明生态学真谛的经典。同时非常重要的是, 数学种群理论也得以形成和发挥作用, 并且按后来数学生态学家的看法, 给予埃尔顿总结为生态学本质的大多数思想以新的见解 (Christiansen and Fenchel 1977)。1920 年代, 随着理论数学种群生态学的形成, 一个新的分野开始出现在两类人之间: 一些人, 他们把群落——后来称为生态系统——视为进行种群表演的生态剧院, 视为了解种群或物种功能的关键; 另一些人, 他们宣称必须充分了解物种种群的活动状况, 并视之为认识群落的前提。理论数学生态学的发展, 伴同着日益增长的在实验室进行的实验种群研究, 从而建立帕克 (Park 1946) 所说的 "现代种群研究" 中 "自然种群" "实验种群" 和 "理论种群" 的三位一体。这样搭建起来的生态剧院的舞台, 用以广泛讨论三位一体中每一部分的相对优势, 以及彼此间延续至今的关联性。对自然生物种群中的集聚现象进行普查或计数的传统, 曾是自我意识生态学诞生的表征之一。它特别表现在底栖生物和浮游生物的研究中, 也表现在范围较小的陆生动物种群研究中。埃尔顿和米勒 (Elton and Miller 1954: 463) 在一篇评述动物群落调查的文章中, 对群落研究和种群研究之间联系的持久性, 提出一种有趣的看法:

> 由于生物关系中 (大多数) 主要类型······ 存在于不同物种之间, 这意味着需要对自然界中物种关联性进行某些考查, 以便认识它们之中每一个物种的种群生态学。

[172]

1920 年代标志着理论数学种群生态学的开端。按照斯库多和齐格勒 (Scudo and Ziegler 1978) 的说法, 那时是它的 "黄金时代"。在生态学中, 没有其他任何方面能比自然种群普查传统与模拟或实验传统, 更能表现 "归纳–经验性处理" 与 "演绎–理论性处理" 之间的对立; 这里的模拟是针对抽象种群进行的, 而实验是通过受控种群来检验数学模型和理论。幸运的是, 最近几项对生态学历史的研究, 都与理论种群生态学和它最早的无所不在的模型——逻辑斯蒂曲线——有关 (Scudo 1971, 1982, 个人通信; Scudo and Ziegler 1978; Hutchinson 1978; Ohta 1981; Kingsland 1981, 1982, 1983, 1985)。在 18 世纪末, 马尔萨斯已经认识到人口以几何级数增长的趋势。在 19 世纪早期, 已出现对人口增长的数学理论的明显兴趣; 其著名者是韦赫尔斯特在 1838 年建立的逻辑斯蒂曲线, 但它几乎没有受到关注。在 20 世纪早期, 生物个体增长的数学模型, 激发一批生物学家的兴趣。他们之中有动物学家兼遗传学家雷蒙德·珀尔 (Raymond Pearl)。珀尔对人口问题的兴趣是受第一次世界大战后在欧洲马尔萨斯思潮中赫伯特·胡佛 (Herbert Hoover) 工作的激励。那时有两个突出问题: 一是人口对有限的生活资料的压力; 一是人口统计学。1920 年, 珀尔和里德[1] (L. J. Reed) 重新发现没有受到注意的韦赫尔斯特的逻辑斯蒂方程。珀尔通过卓有成效的公关活动, 支持把逻辑斯蒂方程作为人口增长的 "定律", 从而取得与韦赫尔斯特迥然不同的结果 (Kingsland 1981)。珀尔得出 "种群是一个整体" 的思想。1927 年他做了更清晰的表述: "不论哪一种生物种群, 本质上都会聚集成一个整体, 并具有生长和其他诸如此类方式的行为" (引自 Kingsland 1981: 48)。这样, 那种传统上充溢于群落生态学的整体论观念, 又明确地引入理论种群生态学中。珀尔和里德认可逻辑斯蒂方程的两个关键假设: ① 一个种群的增长速率正比于它当时的个体数; ② 在任何地区都存在尚未利用的支持性潜力 (Kingsland 1981)。逻辑斯蒂曲线描述了一个种群在时间上的增长, 在图上表现为 S 形曲线。它在数学上有多种表示, 其中最普遍、最容易理解的是微分方程形式:

[173]

$$\frac{\mathrm{d}N}{\mathrm{d}t} = rN\left(\frac{K-N}{K}\right)$$

方程中, $r$ 和 $K$ 是常数。$r$ 表示种群在一个没有约束的环境中的最大增长率; $K$ 表示一个种群的数量上限或渐近值。$r$ 后来又逐渐具有其他含义, 这样, 原先的含义在它后来的用法中往往用 $r_{max}$ 表示。$N$ 是个体数目。逻辑斯蒂方程的曲线表明, 真正的增长速率随着 $N$ 逐渐趋近于 $K$ 而减小。珀尔把这种逻辑斯蒂方程称为是

① 洛厄尔·雅各·里德 (Lowell Jacob Reed, 1886—1966), 美国著名生物数学家, 1953 年成为约翰·霍普金斯大学第 7 任校长。里德 1915 年获宾夕法尼亚大学数学博士学位。1918 年任职约翰·霍普金斯大学公共卫生学院组织生物和人口统计学系, 并创造了术语 "biostatistics" (生物统计学); 1925 年任系主任, 1947 年任主管医学活动的副校长。他和珀尔发展了著名的关于种群增长的逻辑斯蒂模型。他与流行病学家韦德·汉普顿·弗罗斯特 (Wade Hampton Frost) 合作创立了著名的里德–弗罗斯特流行病模型 (Reed–Frost epidemic model)。

一条可以与波义耳[①] (Boyle) 定律和开普勒[②] (Kepler) 定律相比的定律, 它既能用于预测人口增长, 也能用来描述这种增长。由此, 他激发起人口统计学界相当大的敌意, 从而导致珀尔与他的批评者之间长期的、有时是尖刻的相互指责 (Kingsland 1981)。已经公布的有关动物种群增长的各种曲线, 表面上看都与逻辑斯蒂曲线符合得很好; 但实际上, 有些曲线则不符合。阿利等人 (Allee et al. 1949) 认为, "由于一个作者不愿意发表不合适的成果", 所以已发表的文章可能迎合了作者的偏好。但阿利等人并未 "很严肃地" 提出这一反对。

1921 年, 珀尔邀请受过物理学训练的洛特卡 (A. J. Lotka) 来到他的实验室工作。洛特卡多年来一直从事进化、种群增长以及这些问题的数学表达等研究, 但直至 1923 年左右, 他才对逻辑斯蒂方程感兴趣。洛特卡对待逻辑斯蒂方程的态度, 不像珀尔那样教条, 并把他的观点写入《物理生物学原理》(*Elements of Physical Biology*) (Lotka 1925) 一书中。这是一本种群理论的里程碑著作。洛特卡在书中把关注点放到罗斯 (Ronald Ross) 的疟疾方程, 指出罗斯曲线相似于逻辑斯蒂曲线。他还评论汤普森 (W. R. Thompson) 数学地分析寄生物对其宿主影响的研究。由于发现汤普森公式不适用, 他发展出一对微分方程用来表示寄生物 (或捕食者) 对宿主 (或猎物) 的影响。这些方程产生了这两个种群的周期性干扰。洛特卡提出 "通用种群学" (general demology) 研究, 并评论一些野外研究, 特别是关于水生生物的研究。他说, 这种研究之所以容易开展, 是由于它是三维水生系统, 并能与实际渔业问题联系起来, 而后者可以确保 "大量的财政支持" —— 这一点直至最近仍是生态学研究中一个颇不寻常的特征。洛特卡自己的工作是致力于抽象的单物种与两物种情况。 [174]

沃尔泰拉 (Vito Volterra) 是一位数学家, 他与珀尔和洛特卡无关, 独立地获得两物种相互作用的方程 (Scudo 1971; Kingsland 1981, 1982)。沃尔泰拉早年曾对数学

---

　　[①] 罗伯特·威廉·波义耳 (Robert William Boyle, 1627—1691), 英国自然哲学家, 化学家, 物理学家, 发明家, 皇家学会会员。他是现代化学的奠基者之一, 也是现代实验科学方法的先驱之一。他最为著名的是波义耳定律 (Boyle's law), 说明在一个温度恒定的封闭系统中气体的绝对压强和体积之间的反比关系。
　　[②] 约翰尼斯·开普勒 (Johannes Kepler, 1571—1630), 德国数学家, 天文学家, 占星家。开普勒是 18 世纪科学革命的关键人物。他在《新天文学》(*Astronomia Nova*)、《世界和谐》(*Harmonices Mundi*) 和《哥白尼天文学概要》(*Epitome of Copernican Astronomy*) 中提出著名的行星运动三定律。这些工作成为牛顿发展万有引力理论的基础之一。

生物学感兴趣, 但他的生态学兴趣则来自他女儿与动物学家翁贝托·德'安科纳[①] (Umberto D'Ancona) 的婚姻。安科纳关心鱼类种群。沃尔泰拉试图从数学上解释自然平衡。他的工作由逻辑斯蒂方程开始, 并通过与洛特卡不同的途径, 获得两物种相互作用的方程。哈钦森和迪弗 (Hutchinson and Deevey 1949) 对此写道:

> 或许, 普通生态学中最为重要的理论发展, 是沃尔泰拉、高斯和洛特卡把
> 逻辑斯蒂方程用于两物种情况。

此后, 逻辑斯蒂方程及其扩展形式广泛应用于两物种相互作用——竞争、捕食和寄生。其间, 沃尔泰拉的一项发现多少被忽视了。他宣称, 他曾经 "别出心裁地" 把种群生态学的 "基本定律" 应用于 "$n$ 个物种共栖" 的情况, 也就是, 应用于群落 (Chapman 1931)。沃尔泰拉的 $n$-物种模型基本上没有受到注意, 直到 1950 年代才再次被发现 (Scudo 1971, 1982, 个人通信)。种群生态学与群落生态学之间因普遍存在的隔离而造成的损失, 也表现于洛特卡和沃尔泰拉探求比种群更大的目标。正如勒夫 (Leigh 1968) 强调, 洛特卡和沃尔泰拉都注意到群落, 并把它表征为一个状态矢量, 其每一分量对应着群落中的一个物种。洛特卡远比沃尔泰拉更为雄心勃勃, 他的目标是一种关于生命、意识和人类社会组织的动力学。直至 H. T. 奥德姆 (Odum 1971) 扩展洛特卡的研究内容, 才再次见到这一目标。沃尔泰拉的研究给予生态学家一种前所未有的清晰见解, 当时他的一篇关键性论文被译为一本早期生态学教科书《动物生态学》(Chapman 1931) 的附录。

高斯 (G. F. Gause) 的工作明确表明, 群落是理论种群生态学和实验种群生态学的焦点。高斯是俄国一位青年动物学家, 是莫斯科大学编外讲师 (privatdocent) 阿尔帕托夫[②] (V. W. Alpatov) 的学生。阿尔帕托夫曾在雷蒙德·珀尔的实验室中工作近两年, 并吸收了珀尔对实验种群生态学和理论种群生态学的某些兴趣。他把这些兴趣传给高斯, 后者曾从事自然昆虫种群研究, 并把昆虫种群密度与环境变量——如温度、湿度和蒸发量——联系起来。这些研究属于生理生态学模式, 高斯 (Gause 1934) 在他的题为《生存竞争》(*The Struggle for Existence*) 一书中也强调, 生理学是生态学追随的模式。他写道, "生物之间错综复杂的关系, 是以明确的

[175]

---

① 翁贝托·德'安科纳 (Umberto D'Ancona, 1896—1964), 意大利生物学家。猞猁科学院 (Accademia dei Lincei, 意大利国家科学院的前身, 是成立于 1603 年的世界最早的科学院) 成员, 法国科学院通讯院士。德'安科纳的研究领域是海洋生物学, 兴趣遍及生理学、水生生物学、海洋学、进化论。1926 年他与数学家沃尔泰拉 (Vito Volterra) 的女儿结婚。在与沃尔泰拉讨论减少捕鱼对鱼类资源存量的影响时, 激发了沃尔泰拉对生物数学的兴趣, 从而产生后来所称的洛特卡–沃尔泰拉的捕食者–猎物模型。

② 编外讲师是日耳曼语系国家中的一种大学教职, 其报酬直接来自学生的学费。弗拉基米尔·W. 阿尔帕托夫 (Vladimir W. Alpatov), 在莫斯科大学任教。1920 年代中期, 他在美国约翰·霍普金斯大学雷蒙德·珀尔 (Raymond Pearl) 的保健与公共卫生学院学习。

生存竞争的基本过程作为基础的"(Gause 1936)。他说, 研究自然界中这些"基本过程"的途径, 是把它们从自然群落的复杂性中提取出来, 并减少变量数目。高斯证明逻辑斯蒂方程及相关方程对实验生态学的用处。金斯兰 (Kingsland 1982) 认为, 逻辑斯蒂曲线是一个颇有成果但同时又令人很不满意的种群增长模型。她注意到:

> 那些对逻辑斯蒂曲线的合法地位负有责任的人, 在其早期应用岁月里, 都曾不同程度与珀尔有过直接接触。这些个人接触使得逻辑斯蒂曲线尽管受到严厉批评, 但也变得易于接受。

不管对逻辑斯蒂方程的批评如何, 由它倡导的数学种群生态学, 已经成为并继续成为生态学中最活跃的领域之一。哈钦森和迪弗 (Hutchinson and Deevey 1949) 说:

> 是种群生物学而不是遗传学, 已成为生物学中的唯一分支, 它发展了独立于物理科学之外的自主的定量化理论。

也许可以对此质疑: 数学种群理论是怎样自主或独立于物理科学之外的? 它的一些主要支持者, 从洛特卡和沃尔泰拉到罗伯特·梅① (Robert May), 都是数学家或物理学家; 它的好多理论基础也明显取自物理科学。这一点在那些竭力把生态学转变为"硬科学"的人们眼里, 是一个长处; 但在那些对"物理学崇拜"表示不满的人们眼里, 则是一种罪过。金斯兰 (Kingsland 1981) 追溯逻辑斯蒂方程和种群数学理论的明确的物理学起源。珀尔获得他的概念, 部分源自对个体生长的物理-化学类比, 他把密度影响比作气体动力学。洛特卡则把有机成分和无机成分按一个系统处理, 并把种群视为一个以物质和能量交换为标准的化学系统进行分析。他主要凭借热力学第二定律, 把生物视为忙于能量竞争。他的宏大主旨是, 进化会增强系统中的能量流与物质流。金斯兰注意到: 洛特卡希望的听众包括物理学家。然而, 正是 C. C. 亚当斯告诉洛特卡, 他的工作与生态学的联系。沃尔泰拉也采用和洛特卡一样的物理学类比, 尽管文字上不那么相似, 但实际上都是与数学问题打

[176]

---

① 罗伯特·麦克雷迪·梅 (Robert McCredie May, 1936—2020), 出身澳大利亚的著名数学理论生态学家, 英国皇家学会会员, 英国皇家工程学会会员。1959 年获悉尼大学理论物理博士, 1959—1961 年任哈佛大学应用数学讲师, 1962—1972 年返回悉尼大学任理论物理高级讲师、副教授和教授, 1973—1988 年任普林斯顿大学动物学教授, 1977—1988 年担任大学研究委员会主席, 1988—1995 年任英国皇家学会研究教授, 以及帝国理工学院和牛津大学联合教授 (joint professorships)。梅关注动物种群动力学以及自然群落复杂性和稳定性之间的关系。他在数学种群生物学领域取得重大进展, 在 1970 年代和 1980 年代的理论生态学中发挥了关键作用。他还将数学应用于疾病研究和生物多样性研究。梅后来在多个学术服务与公共服务机构中担任要职。

交道。昆虫学家 A. J. 尼科尔森开发了两物种相互作用的语词模型, 并引导他的一位物理学家同事贝里 (V. A. Bailey) 提出一种数学表述 (Nicholson and Bailey 1935)。尼科尔森设想自然界中存在着一种类似于机械的平衡, 贝里则把生物当作一个气体分子来处理, 用以证明尼科尔森的思想。尼科尔森 (Nicholson 1933) 把一个种群与其环境的平衡, "简单地比拟" 为干扰环境中的一个气球, 它服从气体定律而上升下降。最初的数学表达式一般都假设: 所有个体都是一样的; 环境是同质的并保持不变。

对数学种群生态学理论的批评早已开始, 并且一直延续至今。查尔斯·埃尔顿在评论洛特卡的著作时, 说出后来许多生态学家的共同遗憾:

> 他像大多数数学家一样, 把一个满怀期望的生物学家带到了池塘边上, 并开导说, 一次好的游泳会有助于他的工作, 然后把生物学家推了下去, 并让他沉溺。(引自 Kingsland 1981: 249)

阿利 (Allee 1932) 评论查普曼那本附有沃尔泰拉论文的教科书, 并呼吁更简单易懂的数学。不过, 许多批评并不直指数学, 而是指向那些方程中的简单化假设; 它们有的做过解释, 有的则未做。对数学模型的批评普遍是依据生态学家的观察。这些观察表明, 生物行为并不像气体分子; 但那却是种群理论的共同假设。斯坦利 (Stanley 1932) 评论说:

> 对沃尔泰拉工作的批评, 可以置于这样的基础上: 为了简化数学处理, 他做了太多的假设, 以至在任何生物学名册上, 也无法找出符合上述条件的生物实体。

玛格丽特·那斯[①] (Margaret M. Nice) 是有关自然种群的一项经典性研究的作者, 她写道 (Nice 1937: 207):

> 我对种群问题理论的主要批评是 …… 它们依靠过少的事实, 来表述过多的理论。它们的作者概括得太多, 简化得太多。

那斯表达了许多从事自然种群甚至实验种群研究的生态学家的共同关心: 在简单的数学表达式中, 自然种群的多样性和复杂性未能有效地体现。她承认, 博物学家

[177]

---

① 玛格丽特·莫尔斯·那斯 (Margaret Morse Nice, 1883—1974), 杰出的美国鸟类学家, 研究鸟类的生活史。她是科学界少有的三好学者: 好母亲, 她生有 5 个孩子, 在哺育期间, 侧重于对儿童心理学的兴趣, 就幼儿的词汇、句子长短、语言开发等论题发表了 18 篇论文; 好妻子, 与丈夫相守高龄 (91 岁), 晚于丈夫 2 个月离世; 好科学家, 是世界顶尖的鸟类学家之一。她发表了近 250 篇论文, 3000 篇书评, 数部著作。她对北美歌莺 (song sparrow) 的研究 (*Studies in the Life History of the Song Sparrow*, I. 1937; II. 1945), 是鸟类生活史领域的里程碑式著作。

也应为这一过失分担责任,因为他们没有给理论家们提供研究所需要的数据。她和其他生态学家一道强调,"在我们能够有把握着手研究精致的理论之前",有必要"智慧地并自觉地搜集大量的事实"。具有讽刺意义的是,托马斯·帕克 (Park 1939)在一次讨论他对理论和实验种群生态学研究所做的评论时说,甚至那斯自己不同寻常的长达 7 年的研究,对说明种群稳定性都算不上足够长。由此他提出,尽管许多生态学家对 "理论是否适用于自然种群" 的这一众所周知的问题持有保留意见,但是 "黄金时代" 的理论数学生态学仍然取得进展。1949 年,帕克和他的著名的同事们都认为,"理论种群生态学在影响生态学思想方面,没有取得很大进展"。尽管如此,他们在理论指导下的实验方面仍然看到 "光明的前景" (引自 Allee et al. 1949: 271)。F. E. 史密斯 (Smith 1952) 评论理论种群生态学家 "对应用领域的深刻影响",但是,他把在这一领域中广为流行的几种数学表达式说成是假说。在史密斯看来,"由于有着除指数增长概念外的其他可能性,所以把任何一种解释都称为'理论',是一种术语上的误用"。理论数学生态学在 1950 年代刚开始复苏,史密斯写道,"这些概念,例如像韦赫尔斯特–珀尔的逻辑斯蒂方程、洛特卡–沃尔泰拉方程,它们的被接受程度是令人吃惊的"。

很清楚,按当代生态学术语,这些数学表达式和它们所依据的科学假设,都是 "有适应力的" "有弹性的" 和 "持久性的"。生态学家努力使数学种群理论更紧密地接近生物学实际状况,这始于 G. E. 哈钦森 (Hutchinson 1947) 的工作,他给逻辑斯蒂方程增添了一个时滞项。瓦特 (Watt 1962) 评论种群理论,他注意到,沃尔泰拉、洛特卡以及尼科尔森和贝里的结论,都确实是由他们的假设推演得来的,但是,"这些假设并非取自生物学的实际情况"。当代理论生态学方面的著作,仍然是从这些主干方程 (workhorse equation) 开始,再做一些修正和扩充;并且在评论它们的应用进展时,很少谈及早期及其后对它们提供的解释或预测效用的怀疑 (May 1976; Christiansen and Fenchel 1977)。不过,梅 (May 1981a) 评论说,这些经典决定论的逻辑斯蒂方程,难以产生随机动力学,却会产生一条缓慢接近的渐近线。用梅的话说,"能看到数学生态学告知 (inform) 理论物理学,是事物一般次序上令人愉快的倒置"。当然,真正的问题是,它怎样恰当地告知生态学。斯鲁伯德金 (Slobodkin 1975) 为种群生物学领域的数学家们开列了一份应该做什么与不该做什么的清单。他注意到一个密切相关的问题,即数学理论家们有着躲避批评的倾向。斯鲁伯德金建议,数学家应当先学习生物学,然后再创造出新的合适的数学,他们不应当将了解得很肤浅的生物学充塞进那些由水力学、热力学、经济学和其他学科所创造的数学模式中。

[178]

# 5.5　理论生态学、竞争和平衡

　　现代种群生态学家通常将理论种群生态学历史,解释成似乎理论导致了竞争思想,并且成为群落构成理论和生态位理论的基础。G. E. 哈钦森 (Hutchinson 1978)说,沃尔泰拉的数学激励了高斯; 通过高斯的实验研究, 竞争排斥语境才真正进入生物学家心中, 并从此被称为高斯定律。戴蒙德 (Diamond 1978) 在一篇题为《生态位偏移与种间竞争的再发现: 为什么野外生物学家长期以来忽视广泛存在、达尔文早已印象深刻的种间竞争证据?》(*Niche Shifts and the Rediscovery of Interspecific Competition: Why Did Field Biologists So Long Overlook the Widespread Evidence for Interspecific Competition That Had Already Impressed Darwin?*) 的论文中, 提出这一问题。正确的回答是: 他们并没有忽视它。戴蒙德为此提出的几条理由受到杰克逊 (Jackson 1981) 的有效反驳。杰克逊指出: 生态学家, 特别是植物生态学家, "并不需要用生态位的数学表达式去掌握同一种思想"。他认为, 在正规的种群理论存在之前, 他们已经有 "一种发展得很好的理论构架, 即演替"。杰克逊评论美国和英国生态学杂志上关于竞争排斥概念和生态位理论的历史, 进而得出结论: 关于种间竞争的许多研究, 或者远早于洛特卡、沃尔泰拉、高斯以及他们后继者的数学理论, 或者独立于它们而发展起来。他看到数学种群理论家忽视早期生态学家的成果, 他说:

> 许多可以视为有关竞争的现代生态位理论之源的工作, 不是数学, 而是早已在 1914 年由许多植物生态学家, 特别是英格兰的植物生态学家, 恰当地表述和认识。

由于许多当代理论生态学的支持者把 "现代" 生态学视为主要受 1920 年代到 1930 年代以及 1950 年代到 1960 年代的理论生态学的激励和引导, 所以, 杰克逊对生态学在竞争方面取得进展的途径的评价, 是一个有用的、适时的和经得起考验的说明 (引自 Schoener 1982)。

[179]

　　F. E. 克莱门茨与他的同事 J. E. 韦弗和 H. C. 汉森 (Clements, Weaver, and Hanson 1929) 在一篇论述竞争的早期论文中, 评论了马尔萨斯、德坎多勒、达尔文和内格利的工作中关于竞争的早期思想。瓦明 (Warming 1895) 报告说, 竞争会限制植物物种在某一生境中的生存, 并迫使它在另一种生境中生长, 从而使这一物种在适合它的土地上出现。他预言后来生态学家对竞争问题的兴趣; 他说, "鉴于植物为了栖息地而利用各自武器相互驱逐, 所以很少有哪种生物学工作, 能比确定这一武器的性质更具吸引力"。在克莱门茨看来, 植物竞争的实验研究, 开始于他自己在 1903 年的工作; 它同时包括野外和温室实验 (Clements 1905; Clements, Weaver, and Hanson 1929)。克莱门茨注意到结果是植物数量减少或消失。他也引证坦斯利的推断; 后者认为: 植物 (拉拉藤属, *Galium*) 单独或一起生长时, 其生境会有差别。这是后来所称的 "生态位分离" 的最早的实验例证之一。植物生态学家研究竞争之于演替的关系。最为大量的是物种的互补 (complementary) 情况, 它们为了躲避竞争而占据不同的土壤深度、不同的季节以及不同的空间层次。其中的一些研究错将生态位分离推断为竞争。在其后非常大量的动物生态位分离研究中, 也发生这一错误; 它们假设竞争是物种在空间、栖息地和形态上的分离之源 (Connell 1980)。早期生态学家清晰地阐明竞争的意义: "竞争是对演替施加一种控制性影响" (Weaver and Clements 1938: 164)。虽然陆生植物生态学家有着这样一种优势, 即植物总是站着不动, 但是, 他们也有着这样一种困难, 即植物的不同部分, 如根和芽, 由于在不同环境中生存并相互作用, 从而需要把根竞争与芽竞争区分开来 (Jackson 1981)。在其他早期的植物学实验观察中, 物种间的竞争可能由于优势种的牧用 (grazing) 而掩盖着。植物生态学家对竞争的研究, 好多都与演替过程中一代又一代的物种入侵和替代有关。鉴于这一兴趣, 在 1920 年代和 1930 年代没有推进植物的实验种群统计研究是令人讶异的, 而当时动物种群统计学正进行得如火如荼。虽然植物生态学家和林业人员注意到树龄结构, 并普遍地 (同时也是犹犹豫豫地) 根据个体大小的等级对其加以推断, 但是第一个生命表意义上对植物种群的精算分析① (actuarial analysis), 是 1959 年对长叶车前 (*Plantago lanceolata*) 的研究 (Sarukhan and Harper 1973)。克莱门茨和他的同事们的一份重要遗产, 是对竞争的明晰定义, 他们认为:

[180]

> 当单个必要因子的即刻供应低于植物的联合需求时, 竞争就开始了。
>
> (Clements, Weaver, and Hanson 1929: 317)

关于动物的单物种与两物种的种群动力学实验研究, 的确在数学理论方面取得重要进展。珀尔开始对果蝇 (*Drosophila*) 的研究, 是为了研究密度对产卵能力和

---

① 精算分析 (actuarial analysis) 是一种由金融公司使用的资产债务分析, 以确保他们有资金去支付所承担的债务。保险与退休投资产品是两种普遍的需要精算分析的金融产品。精算分析一般由金融公司用来管理产品风险。此类工作多由受过高等教育、具有资质的职业统计员进行; 他们着眼于保险产品与客户的相关性风险。

种群增长的影响。他和同事们研究死亡率和存活率,并强调同生群① (cohort) 的仔细研究和对生命表的利用; 但是, 正如迪弗 (Deevey 1947) 所说, 生态学家正 "忙于其他"。尽管如此, 实验种群生态学的传统得以建立。这个传统的重要序列开始于1928 年查普曼对谷盗甲虫 (*Tribolium*) 的研究, 继之以帕克的著名实验研究 (Park 1946; Allee et al. 1949; Watt 1962; Park 1962; Kingsland 1981, 1982)。早期曾经期望,实验研究或自然种群增长的研究会证实逻辑斯蒂方程是一条 "定律"; 现在这种期望消失了。但是, 由于数学理论激发起许多关于种群和生活史现象的讨论,所以它所具有的启发性作用的优点, 得到确认。

高斯 (Gause 1934) 呼吁对生存竞争的 "基本过程" 进行实验性研究。他对竞争是如此重视, 以至他的理论影响——竞争将导致竞争者之一或是死亡或被排斥——逐渐被称为高斯原理, 或高斯定律, 或者更描述性地称为 "竞争排斥原理" (Hardin 1960)。高斯注意到坦斯利的早期实验研究以及克莱门茨、韦弗和汉森 (Clements, Weaver, and Hanson 1929) 评论过的那些研究, 但他认为——当然是不正确的 "认为"——他们关心的是生物个体的发育, 而不是研究一个物种在数代时间内被另一个物种所取代。他也注意到, 很少有动物竞争研究能提供关于竞争排斥——即一个物种被另一个物种所取代——的精确数据。高斯明确定义 "一个有[181]限的微宇宙中为数不多的物种为共同场所而竞争" 的基本过程。在高斯的实验研究中, 他把这一基本过程详细解释为种群增长、竞争和捕食。但是, 他像洛特卡和沃尔泰拉一样强调, 他的最终目标是研究整个群落。他除了强调种群, 还是当时占统治地位的整体论生态学的支持者。高斯甚至采用某些哈拉维② (Haraway 1976) 确认的有机体论标准。高斯写道:

> 如果我们走到一个极端, 把自然界中生存竞争 (struggle for life) 的复杂现

---

① 一个用于生物学、生态学、社会学、临床医学的分类单位术语,意指具有共同的 "定义特征" (defining characteristic) 的生物个体 (包括人) 类群。这一特征可以是形态、年龄、出生日期、地理区位、历经事件等。在我国, 生态学中与生命表 (life table) 有关的 cohort, 被译为 "同生群",意指同一时段出生的同一物种个体。其实, 就生命表而言, 更准确的译法应是 "同龄群", 因为生日除意味着 "年龄", 还可以包含其他含义。

② 本书引用的是哈拉维在耶鲁大学动物学系师从哈钦森时的博士论文《追寻组织性关系:20世纪发育生物学的有机体论范式》(*The Search for Organizing Relations: An Organismic Paradigm in Twentieth-Century Developmental Biology*, 1970), 后以《晶体、结构和场: 20 世纪发育生物学的有机体论隐喻》(*Crystals, Fabrics, and Fields: Metaphors of Organicism in Twentieth-Century Developmental Biology*) 出版 (Yale University Press, 1976)。唐娜·J. 哈拉维 (Donna J. Haraway, 1944—), 后任美国加利福尼亚大学 (圣克鲁兹分校) 意识史系 (History of Consciousness Department) 与女权主义研究系 (Feminist Studies Department) 教授, 是科学和技术研究以及当代生态女性主义 (ecofeminism)、后人文主义 (post-humanism) 和新唯物主义 (new materialism) 研究的国际知名学者。尤以《赛博格宣言》(*A Cyborg Manifesto: Science, Technology, and Socialist-Feminism in the Late Twentieth Century*, 1985) 称著于世。

象简单地视为初级过程 (elementary process) 之和, 那将是不正确的。⋯⋯
这一生存竞争的初级过程是在 (自然界) 由非常多样的生命体组成的总
体中发生的。这个总体表现为一个整体。其中发生的彼此分开的初级过
程, 并不足以解释它的所有特性。但这个总体作为一个整体的变化, 却有
可能对其中进行的那些生存竞争过程施加影响。(Gause 1934: 2)

高斯吁求这种整体–部分关系, 它从 F. E. 克莱门茨到 E. P. 奥德姆一直充斥于生
态学。高斯承认, 整体与它的各部分之和之间存在着区别; 人们常常以各种各样
的方式对此加以阐述, 但从未有效地使之量化 (McIntosh 1981)。然而, 高斯将他那
个时代的群落生态学比作 19 世纪的生物物理学。他说, 生物物理学是通过对其部
分 (即 "初级过程") 的卓有成效的研究而取得进展的, "于是, 唯一要处理的问题是,
把生物当作一个构成整体的系统来研究"。高斯的比拟是颇有问题的, 因为博物学
家、雏形生态学家和 "自我意识" 生态学家, 一直确信群落是一个整体, 并尽力研
究了几十年。对整体中的部分 (种群) 及其初级过程的正规的理论研究, 是在 1920
年代和 1930 年代才开始的。

高斯期待简单的实验种群研究的效用, 以便能将这些研究的经验外推到复杂
的自然群落。这一想法成为此后几十年对多种门类生物进行大量研究的基础。许
多人断言, 这样的研究是真正认识群落的最好的甚至是唯一的途径。勒夫 (Leigh
1968) 或许未经深思熟虑, 就把这一研究方案说成是失败。他过于挑剔地认为, "由
于简单的实验室群落太不稳定和飘忽不定, 以至于不能表现出有规律的行为"。梅
(May 1976), 这位现代理论种群生态学的主要阐述者, 写道:

> 对于有着许多物种的群落, 试图根据种内和种间相互作用来描述单个物
> 种的种群动力学, 一般是非常困难的。

[182]

这一困难的实质是: 并不容易将单物种种群和双物种种群的数学模型扩展到更为
复杂的多物种混合情况, 也不容易扩展到逻辑斯蒂方程及其衍生方程的非真实生
物学假设① (biologically unrealistic assumption) 不能成立的情况。梅提出另一种处
理办法: 不去分析种群, 而是关注群落的集合 (collective) 或集聚 (aggregate) 特性,
如能流、营养组织、物种–面积关系和多样性。

高斯 (Gause 1936) 在他的《生物群落学原理》(The Principles of Biocœnology)
一文中指出, 对群落的植物学调研, 以及包括动植物的 "可以定义的结构单位的确
立", 已经 "自动地将观察和思考导向更大的准确性"。他像一些后来的动物学家

---

① 参见 [172] 页的 "逻辑斯蒂方程的两个关键假设", 以及后面埃尔顿、阿利、坦斯利、那斯、
帕克等人对以逻辑斯蒂方程为基础的数学生态学的评论。

那样, 在谈及群落结构时, 颇有信心地认为, 群落 "包括彼此之间具有固定数量关系的确定组分"。他引用埃尔顿的话, 一个群丛的物种总数是固定的, 并可根据一些重要的原则确定。高斯确信, 有组织的群落是一个整体; 从而使他提出 "一个物种一个生态位" 的观念。这一观点在几十年后 1970 年代生态位理论全盛时期, 才又再次出现。高斯也谈到群丛问题, 认为它是一个具有显著特点的物种组合体, 并能与其他群丛截然区分。他还注意到, 大多数植物学家把群丛处理成相对有区别的。然而, 他是引证格利森个体论概念的为数极少的生态学家之一, 在 1920 年代, 这个概念几乎是反对当时流行的有机体群落单位概念的孤零零的声音 (McIntosh 1975a)。十分有趣的是, 高斯并没有引证他自己的同胞 L. G. 拉曼斯基; 拉曼斯基如同格利森一样, 清晰地表达对当时流行的群落见解的批评。

[183] 　 高斯对生物群落学 (biocenology) 原理的评论是有益的; 它提出从过去到现在一直激发生态学家兴趣的大部分重要问题, 如: 模式、密度和频数的关系, 物种数和个体数的关系, 以及群落稳定性或均衡与这些结构组分的关系。高斯辨识两类群落: 不稳定群落与稳定即成熟的群落。高斯认为: 在生物群落发展 (演替) 的早期阶段, 所有的基本物种都增长很快; 但是到后来, 只有少数物种, 由于 "生物群落关系" 而居于优势地位, 并压制着其他大多数物种。在谈到湖泊作为一个生物群落时, 高斯比后来的生态学家更为自信地写道, "可以完全有把握地说, 这个生物群落经历了有规律的发展, 并保持一定的稳定性"。不过他也承认, 在温带淡水水体中, 从未达到系统的最终稳定。高斯在总结他的评论时, 提出由野外研究产生的两个根本性问题: ① 物种稳定组合的规则; ② 尽管外部条件不间断变化, 一个生物群落仍可分隔为单个的自然单位或类型。高斯 (Gause 1934: 11) 注意到数学家与生态学家之间的鸿沟, 他写道:

> 由于生物系统的复杂性质, 使得与实验无关的数学研究意义不大, 并使得这里的理论工作的可能性, 与物理和化学中得到承认的理论工作相比, 变得狭隘。

尽管如此, 他仍向生物学家保证, 能够利用实验方式对基本过程进行成功分析, 并能 "借助于微分方程从理论上加以解释"。

　 托马斯·帕克 (Park 1939) 评述解析性种群研究的发展, 以及它们与一般生态学的关系。帕克那时已经建立他在动物种群实验研究领域的光辉生涯。他带有保留地赞同, 逻辑斯蒂方程是 "一个有价值的种群统计学工具", 但他也注意到它与实验结果的冲突。他觉察到数学方程和实验种群的互动, 但是他在谈到种群数学家时说: 与他们公开宣布的阐明群落的愿望相反,他们至今并没有给群落分析增添多少有真实价值的材料。这一点可以归因于下面的事实：他们所研究的问题一直以过于简化情形作为必要条件。

金斯兰 (Kingsland 1982) 评论说，虽然帕克在雷蒙德·珀尔的实验室度过了四年时间，但他既不相信逻辑斯蒂方程是一条定律，也不相信它能够预测种群增长。不过，金斯兰注意到，在阿利等人 (Allee et al. 1949) 的书中帕克论述种群增长的那一节内容，仍强调逻辑斯蒂方程作为种群统计学工具的优点，并认为它为把种群生态学确立为一门学科起着重要作用。

生态学长期以来熟知的竞争排斥思想，在数学种群生态学中得到公式化表示，在实验中得到细致入微的检验，并且从自然种群的分布中得到普遍的肯定。这一思想已经并继续成为种群和群落生态学的基石。克莱门茨 (Clements 1909) 把达尔文的 "竞争法则" 引为根本性法则，他说： [184]

> 同属 (genus) 物种，即使发生变化，它们在栖息地和个体素质方面仍有着许多相似性，并且在结构上总是相似的。如果它们坠入相互竞争，那么它们之间的斗争一般来说比不同属物种之间的斗争更为严酷。

由这一推理得出的广泛流行的假设是，在同一地点不可能发现非常相近的物种。这是一个有着很长历史的观念。J. B. 斯蒂尔 (1894) 在研究菲律宾群岛的鸟类分布时看到，"在任何一个地点，每一类鸟仅有一个物种为代表"。研究植物的生物地理学家和生态学家，其著名者有保罗·雅卡尔 (Paul Jaccard)，研究了生物的属与种 (species) 的比率，它接近于 1，从而得出结论，相似的物种被淘汰了 (Spalding 1903)。当时最著名的鱼类学家乔丹 (David Starr Jordan) 提出后来被人们称为的 "乔丹定律" (Jordan 1905)：

> 如果确定某一地区的某一物种，那么，与这一物种最接近的相似物种将既不可能在同一地区发现，也不可能在遥远地区发现，它反而会在一个相邻的用某种障碍物明显隔开的地区发现。

1944 年，英国生态学会在一个题为 "同源物种的生态学" (The Ecology of Closely Allied Species) 的专题讨论会上，提出这一问题。讨论会把高斯的 "两个具有相似生态学的物种不能在同一地区生活" 的论点，置于讨论的中心 ("The Ecology of Closely Allied Species" 1944; Hardin 1960; Caswell 1982a, 个人通信; Jackson 1981)。这次会议的简报中谈到，"所表达的看法本身明显分裂"；这对活跃于 1970 年代的生态学家只能产生一种似曾相识的感觉。尽管埃尔顿在他的《动物生态学》(*Animal Ecology*)

(Elton 1927) 中, 对竞争的意义曾经表示过怀疑, 但在那次会上, 他、戴维·拉克 (David Lack) 和瓦利 (G. C. Varley) 一道支持高斯原理。拉克 (Lack 1973) 后来在他的自传中写道, "这几乎是我们一生中唯一的一次 …… 查尔斯·埃尔顿和我站在同一边"。拉克把他的辩护置于实际观察的基础上。这些观察表明, 当竞争物种消失或迁移, 生态位就区分开来, 栖息地也会发生生态释放或扩展。瓦利则强调与竞争有关的死亡在进化方面的影响。他主张, 竞争的结果应当是适应性的扩展, 例如在采食习性、并可能在采食结构上, 产生差异。埃尔顿从群落构成角度主张, 属 (genera) 的很大部分是由单个物种作为代表。不幸的是, 没有一篇反对高斯原理的论文在后来得以发表; 同时, 也未出现 "生动活泼的讨论", 使得赞成与反对的论点保持公正的平衡, 乃至发表。布莱克曼博士 ① (Dr. Blackman) 认为, 排斥现象并不一定会出现。戴弗船长 (Captain Diver) 和斯普纳夫人 (Mrs. Spooner) 认为, "数学和实验方法是严重地过于简单化了"。戴弗提出了一个困难问题: 如何定义 "相似" 生态学 ("similar" ecology)。他认为, 由于其他因素使得种群保持在低于发生竞争的水平, 所以会缺乏物种之间竞争的直接证据。凯斯韦尔 (Caswell 1982a, 个人通信) 注意到, 这次专题讨论会上的所有论点, 在后来 30 年中都陆续得到详细阐述。他还评论说, 戴弗的那个问题, 以后又由那些批评 "竞争是群落理论基础" 的人们再次提出; 他们认为, 其他因素已使得竞争排斥理论所要求的均衡条件变成不可能 (Wiens 1977, 1984; Diamond 1978; Schoener 1982)。

[185]

哈丁 (Hardin 1960) 评论说, 高斯原理是在那次会议上诞生的, 但并非在那次会议上赢得信任。它已在生态学文献中孕育了很长时间, 其时间之长取决于这一观念的力矩。杰克逊 (Jackson 1981) 把这种观念追溯到植物生态学的更早时代。在杰克逊看来, 1940 年代哈钦森和拉克各自在考虑竞争和生态位时, 由于忽视了陆生植物生态学, 从而错误地解释了文献。杰克逊说, 生态学中的竞争概念, 由于采用沃尔泰拉、洛特卡和高斯的具有正规数学理论的方程, 因而发生偏向; 并且所有关于竞争的方程, "都是针对均衡情形定义的"。

奇怪的是, 虽然哈钦森 (Hutchinson 1940) 曾把植物生态学说成是 "患了关节炎", 但他的确把逻辑斯蒂曲线与一个生物群落的成长——即演替 ("一个演替序列的发展")——联系起来。哈钦森强调, 演替序列的组分并没有遗传学上的延续

---

① 弗雷德里克·弗罗斯特·布莱克曼 (Frederick Frost Blackman, 1866—1947), 英国植物生理学家, 皇家学会会员 (1906)。他先学医, 后在剑桥大学学习自然科学, 获理学博士学位。他一直在剑桥从事植物生理学研究, 特别是光合作用研究。布莱克曼的主要工作包括: 植物的同化作用与呼吸; 研究植物碳酸交换的新方法; 叶片与大气气体交换的途径; 温度对二氧化碳同化的影响; 叶对创伤性刺激的反应。1905 年布莱克曼提出 "限制因子定律" (law of limiting factors)。他指出, 当一个过程依赖于多个因子时, 它的速率是受最慢因子的速率限制。这一定律适用于光合作用速率。

性。但是,他赞同当时流行的观点: 先锋植物在 "为不同性质的后继者准备充分的条件方面, 起着根本性作用", 并且为支持 "数量更大的植物区系" 而改变基础条件。哈钦森还评论说, 湖泊会从贫营养迅速发展到营养良好, 并会在一种营养状态上保持很长的均衡时间。此外, 他说, 湖泊的生长曲线类似于同质种群的单个个体的曲线, 它具有生物群落的特征。一般而言, 这符合高斯的观点。

尽管高斯是在 1930 年代对生态学做出重大贡献, 但哈丁 (Hardin 1960) 认为, [186] 那条归功于高斯的竞争排斥原理, 一直是现代生态学的强有力的组成部分。K. E. F. 瓦特把它变成两条原理 (McIntosh 1980a)。哈丁 (Hardin 1960) 注意到, 这条原理已成为持续论争的主题, 因为它存在着内在的循环论证 (circularity) 的问题。亚拉 (Ayala 1969) 报道一个实验, 证明竞争物种能在一种稳定的均衡中存在。当时, 尽管高斯 (Gause 1970) 已从生态学退休, 但还是站出来反对这一论断。他的理由是, 这两个假想的竞争物种实际上占据着不同的生态位。亚拉 (Ayala 1970) 对此做出反应; 他维护他的竞争排斥原理无效的论点, 但也注意到一个长期存在的问题, 即 **"竞争和生态位** 的定义是否合适"。实际上, 这两个术语的可互换性, 已指明哈丁所说的循环论证的问题。尽管如此, 哈丁根据生态学和种群遗传学研究的历史, 曾满怀信心地断言:

> 我们是站在一个认识复兴的门槛上; 这种复兴由于明确地承认了竞争排
> 斥原理而有着实现的可能。

从 1950 年代到 1970 年代, 差不多整个理论生态学都建立在竞争排斥原理之上, 但是, 它能否构成认识上的复兴, 仍处于争议之中。无所不在的平衡 (balance)、稳定性或均衡 (equilibrium) 等特性问题, 也出现并一直存在于种群生态学, 亦如在群落生态学。从事动植物种群调查或普查的生物学家和生态学家都一致相信, 在没有人类干扰的情况下, 它们是处于或趋向于一个稳定或均衡数目。默比乌斯 (Möbius 1877) 描述一种具有适中个体数的 "生物群落均衡"。S. A. 福布斯将由生存竞争而导致的良性结果说成是相互作用种群之间的一个均衡 (Forbes 1887)。根据福布斯的动态观点, 种群处于振荡之中, 但振荡又保持在一定范围之内并且趋向于均衡。亚当斯 (Adams 1913) 辨识出 "一种生物基准、最佳状态或平衡: 即在一定条件下, 各种关系会向它趋近, 并在某个时刻, 将会建立起均衡状态"。谢尔福德 (Shelford 1913) 把群落描述为竞争着的生物在数量上的平衡。查普曼 (Chapman 1931) 把均衡概念推崇为 "生态学领域中最有成果的概念之一"。他竭力颂扬当时由沃尔泰拉发展的生物均衡理论, 但他注意到, 除了物理环境的破坏会引起种群干扰外, 生物系统自身也会产生干扰。

[187]　　　埃尔顿 (Elton 1933) 思考了导致产生 "每个物种最佳数量密度" 的机制; 但他也注意到, 没有一个种群会 "在很长的时间内" 保持不变。H. S. 史密斯[1] (Smith 1939) 在新的种群理论语境中, 将种群均衡描述为变化率接近于 0。阿利等人 (Allee et al. 1949) 提出 "在自然界中一种基于长期种群关系的比较型平衡 (a comparative balance )", 从而支持埃尔顿关于种群恒定变化的评论。埃尔顿所说的 "很长时间" 究竟有多长, 尚不清楚。斯鲁伯德金 (Slobodkin 1955) 评论说, "足够长时间" 是种群均衡的必要条件, 因为种群必须处于 "均衡的年龄结构" 之中。关于种群均衡和有关术语的不同观点, 一直存在。博登海默 (Bodenheimer 1958) 试图廓清平衡或均衡观念; 他注意到, 其含义不同于物理学均衡。埃尔利希和比奇 (Ehrlich and Birch 1967) 把有关种群大小的平衡思想, 说成是 "可以证明的错误"。1960 年代和 1970 年代产生有关稳定性含义的范围广泛的论述与讲演 (Brookhaven Symposia in Biology 1969), 并给有关均衡和非均衡理论的讨论加温 (Lewin 1983)。康奈尔和苏沙 (Connell and Sousa 1983) 转而同意题为《论证明生态学稳定性或持续性的证据》一文的看法; 他们建议, "一个人在采用以均衡为前提的理论之前, 应当确定种群是否稳定"。

　　平衡或均衡的传统, 非常强烈地浸透于博物学和早期生态学之中, 它导致关于维持种群均衡的因子或控制失去均衡的种群因子的形形色色假设。克莱门茨 (Clements 1905) 设想, 种群不断被取代, 直至到达一个相对稳定的顶极状态: 在这一状态中, 种群是自我维持和稳定的。在最早期的解释中, 有霍华德和费斯克 (Howard and Fiske 1911) 根据他们把寄生生物引入害虫防治的研究而做出的说明。他们将种群的自然平衡看成是靠一个兼性机制 (facultative agency) 的运行维持的; "这个机制在害虫多度增加时将施加影响, 使比例过高的个体数受到破坏"。他们说, 这一密度相关型生物控制的经典说明, 导致把寄生当作 "控制种群活动的最敏

---

　　[1] 亨利·斯考特·史密斯 (Harry Scott Smith, 1883—1957), 美国昆虫学家, 加利福尼亚大学河滨分校教授, 生物害虫控制领域的开创者。1908 年毕业于内布拉斯加大学, 后进入美国农业部昆虫局工作。1912 年在意大利与昆虫学家菲利波·西尔韦斯特里 (Filippo Silvestri) 合作, 证实苜蓿叶象甲 (alfalfa weevil) 的天然捕食者。1919 年, 他在《经济昆虫学学报》(*Journal of Economic Entomology*) 发表《论用生物方法控制昆虫的几个方面》(*On some phases of insect control by the biological method*), 第一次提出 "生物控制" (biological control) 概念, 意指利用天敌, 而不是杀虫剂, 控制害虫。他发起了联邦政府批准的第一个野草控制项目, 通过引进澳大利亚昆虫, 控制克拉马斯杂草 (Klamath weed)。他还创立了昆虫病理学实验室 (Laboratory of Insect Pathology)。

感因素"。这个关于种群处于或趋于均衡的理论, 受到乌沃罗夫[1] (Uvarov 1931) 的质疑, 认为它 "直接与事实相左"。乌沃罗夫和埃尔顿一道, 对自然平衡概念表示怀疑, 并且反对 "具有相对稳定的 '正常数目', 或围绕这个 '正常数目' 的始终如一的动荡, 是种群的特征"。他还质疑生物因素在维持平衡中的首要地位。他相信, 种群控制的关键是气候因素的影响。昆虫研究恰好说明有关种群平衡的这一分野, 因为昆虫学家在发展和极化平衡概念与控制种群因子概念方面, 一直起着突出的作用。十分奇怪的是, 昆虫学家查普曼竟然提出理由, 要 "考虑使昆虫生态学脱离动物生态学" (Milne 1957)。[188]

查普曼、珀尔和高斯的实验研究, 被澳大利亚昆虫学家 A. J. 尼科尔森 (Nicholson 1933; Nicholson and Bailey 1935) 当作自然界存在动物种群平衡或均衡的证据。尼科尔森与物理学家贝里 (Bailey) 合作, 研究竞争以及动物与其环境关系的问题, 并且认为平衡概念受到来自观察和实验的支持。尼科尔森 (Nicholson 1933) 说, "现在普遍否定 …… 自然平衡的存在"。事实上, 平衡被广泛设想为一个特征; 而尼科尔森仅引证乌沃罗夫和博登海默的看法作为反对意见。尼科尔森相信, 动物种群在正常情况下是处于均衡之中, 并仅在有限的范围内动荡。他借用气球的 "气体定律" 来类比, 并解释一个种群如果其环境发生变化它会怎样变化, 并且它会怎样迅速地达到 —— 假设它已稳定 —— 与新环境的均衡。此外, 他主张, 种群平衡是由控制种群密度的支配因子维持的; 并且断言, "竞争看来是能够实行这一管控方式的唯一因子"。尽管长期以来一直设想竞争是限制种群与确立群落结构的主要因素, 但是, 尼科尔森所称的 "密度依赖型种群调节" 理论, 加剧这一已经存在几十年的争论。尼科尔森关于 "竞争" 是首要因素这多少有些武断的主张以及他的大量的实验, 吸引了众多注意。虽然他对竞争的定义并不明晰, 但他的立场是 "平衡是由竞争产生并维持的"。事实上, 他的思想多少有些循环论证。他说, 竞争 "有能力产生平衡", 并且说, "任何产生平衡的因素几乎必定是某种竞争"。这些因素包括对生存所需事物的限制以及被天敌发现的容易程度。尼科尔森对数学的重视是一些种群生态学家不能接受的。W. R. 汤普森[2]在 1920 年代曾深深地迷恋数学生态学, 但他在 1930 年代激烈反对尼科尔森的思想 (Kingsland 1983)。汤普森表达一[189]

---

① 鲍里斯·彼得罗维奇·乌沃罗夫 (Boris Petrovitch Uvarov, 1886—1970), 俄裔英籍昆虫学家, 皇家学会会员 (1950)。1910 年毕业于圣彼得堡大学生物系, 先在斯塔夫罗波尔、后到第比利斯从事蝗虫控制研究。1920 年移居英国。1945 年, 乌沃罗夫和他的研究小组受命在伦敦组建蝗虫控制研究中心 (Anti-Locust Research Centre)。其后 14 年, 这一中心成为世界上最重要的蝗虫研究实验室。乌沃罗夫在分类学、形态学、生物统计学、种群生物学和蝗虫控制领域做出重大贡献。

② 威廉·罗宾·汤普森 (William Robin Thompson, 1887—1972), 加拿大生物学家, 皇家学会会员 (1933)。

种人们熟知的论点: 种群生物学主要是由独特和复杂的事件构成的, 因此, 不可能有一般化的理论数学模型。

1954 年出现两个里程碑, 一在种群生物学, 一在种群密度依赖控制的争论。拉克 (Lack 1954) 在他的著作《动物数量的自然调节》(*The Natural Regulation of Animal Numbers*) 中, 力图做出总的评价。拉克支持尼科尔森的密度依赖思想, 只是他把这一点归结于包括食物短缺、捕食和疾病等相互作用的复杂关系。拉克对竞争 (即高斯原理) 的认识是明确的。他从物种在食物习性、栖息地使用以及形态置换[1] (morphological displacement) 的区别上进行推断。安德鲁瓦萨和比奇 (Andrewartha and Birch 1954) 坦率地表示不同意密度相关型控制的概念。他们认为: 物种无规则地动荡着; 它们可以被各种因子, 主要是气象因子加以控制, 但并不是在平衡或调节意义上的控制, 因为这些因素发挥作用的过程不取决于种群密度。直到 1958 年, 面对与澳大利亚和其他同行的实质性论辩, 尼科尔森认为:

> 基于肯定是无可辩驳的事实所做的逻辑推论, 不但表明种群是可以由密度引起的对增长 (multiplication) 的阻滞进行自身调节, 而且表明这一机制是根本性的。(引自 Andrewartha and Birch 1973)

这一问题存在于 1930 年代, 1950 年代, 并在 1980 年代又重新复活。它已不简单是单个种群能否视为处于或接近处于稳定的均衡状态, 而且是一个群落是否应 "最好理解为处于或接近处于稳定的竞争均衡状态的种群集合" (Caswell 1982a, b)。

凯斯韦尔 (Caswell 1982a) 注意到, 尼科尔森受沃尔泰拉和洛特卡的理论数学研究的影响很大, 而拉克并未受影响, 但他们都在密度依赖理论的支持者之列。他们像达尔文曾经主张的那样, 一致认为种群有能力以指数方式增长或者灭绝。为了使种群维持在这两种状态之间, 控制因素必须在高密度时限制增长, 并在低密度时促进增长。关于种群的密度依赖控制和密度无关控制的问题, 一直长期存在着, 并且被对这些术语含意的解释, 干扰得混乱不堪。例如, 米尔恩 (Milne 1957) 评论说, 他对种群控制的定义是符合事实的, 并 "没有与这种现象如何发生的理论相冲突"。他认为, 尼科尔森的竞争引起的密度相关控制理论在这方面是不周全的。尼科尔森理论虽然得到广泛承认, 但也受到攻击, 特别受到昆虫学家安德鲁瓦萨和比奇 (Andrewartha and Birch 1954) 的攻击。安德鲁瓦萨和比奇从昆虫生态史角度评述这一论争; 他们认为, 一个种群达到能引起 "对种群增长起阻滞作用" 的密度上限 (*K*) 的概率是很低的, 并且对种群控制也是不重要的 (Andrewartha and Birch

[190]

---

[1] 形态置换 (morphological displacement) 是性状置换 (character displacement) 中的一种。性状置换是一种生态现象。它是指生活在同一地理区、占据相似生态位的相似物种, 为了最小化生态位重叠并避免竞争排斥, 而使性状区别化。这些性状涉及形体、行为、生理。

1973)。争论又转到均衡假设上。安德鲁瓦萨和比奇评论说，"这个争议等待着哲学上的解决方案"。像其他许多哲学讨论那样，这一解决方案要等很长时间。这种讨论现在仍在有关种群和群落均衡状态的论争中继续 (Wiens 1977, 1984; Caswell 1982a, b; Schoener 1982; Willson 1981; Strong et al. 1984)。

1957 年曾举行过一个关于种群生态学的专题讨论会。它把人口统计学家和动物生态学家召集到一起，尽管他们在理论上很少有一致的看法。这次研讨会的一个突出成果是哈钦森 (Hutchinson 1957a) 以《结束语》(Concluding Remarks) 形式发表的论文。它无疑是种群生态学历史上最隐晦的题目之一，它掩饰的是那门学科兜售最多也是争议最多的成果，即生态位理论的表述体系。哈钦森把研讨会描述为"一个异质的不稳定种群"，然而这倒是特别贴切。一位参加者认为，逻辑斯蒂方程是无用的；哈钦森对此持相反看法。他说：

> 动物种群统计学家近于一致的做法是，开始考虑对这一备受误用的函数进行某些适当的即便是不自觉的修正。

赛利 (Sale 1977) 注意到，这个传统延续到现在；他评论说：

> 一个得到当前一致认可的公正表述是：热带群落是一个成熟而又均衡的群落；它有着众多物种；这些物种的共存，可以利用以洛特卡-沃尔泰拉的竞争和捕食方程为基础的理论进行令人满意的解释。

关于种群，哈钦森也确认，"兴趣上的差异可能是一些争论的根源；那些争论曾使得对这个题目的讨论变得生动活泼，但也时常使它有失体面"。他注意到，从事试验的实验室工作者倾向于除少数几个因子外其他全部因子保持恒定，并倾向于有计划地使这少数几个因子发生变化；而野外工作者则强调变化着的环境。他没有指明，在恒定和同质的假设下，理论家们忽视了哪些环境变化。哈钦森引人注目的评论是：

> 初始的观点差异并非唯一的困难。…… 非常有可能的是，初始观念上的差异经常会引起数据解释上的差异。

这样，哈钦森概括了种群生态学中存在多年并将继续存在的问题。

哈钦森《结束语》的责任，正是我们可以结束这一章讨论的合适话题。哈钦森根据竞争排斥原理，提出对生态位的系统表述。**生态位** (niche) 表示一个种群在 $n$ 维超空间中的响应；在这个 $n$ 维超空间中，要考虑"全部的 $X_n$ 变量，其中既有物理的，又有生物的"。一个物种的多维生态位概念的引入，与戈德尔 (Goodall 1954) 以及布雷和柯蒂斯 (Bray and Curtis 1957) 在植物群落生态学中同时引入多变量方法, 是并行不悖的。当然, 生态学家很久以前曾认为, 他们所研究的实体是极度复杂的, 或许由于过于复杂以至超越人类的心智。多维分析看来能极好地适用于处理公认的多因子问题, 这些因子影响着群落中的一个物种和多个物种。基本上在 1950 年代中期, 开始借助多方差分析把多因子引入一个统一的种群和群落理论之中 (Whittaker 1973)。

　　怎样才能最好地研究与群落有关的种群特性的问题, 一直存在于生态学中。斯鲁伯德金 (Slobodkin 1961) 像许多较早的种群生态学研究者如高斯 (Gause 1936) 那样, 将复杂群落设想为 "较为简单的系统的集合", 并且, "同一法则在较为简单的系统中运行与在较为复杂的系统中运行是一样的"。斯鲁伯德金描述一个介于非常小的系统与非常大的系统之间的棘手的中间地带, 如景观; 如阿伦和斯塔尔 (Allen and Starr 1982) 指出, 这正是生态学问题发生之处。斯鲁伯德金也谈到野外生态学家中流行的信念: "实验家和理论家的所有结论, 最终必须以这样一种方式表述, 使得它们能够接受野外检验"。这才是生态学家广泛接受的对数学理论、模型构建以及种群的实验室试验的正确性的基本证明。不过, 过去和现在都会有一些生态学家, 他们相信无论理论模型还是实验性微宇宙, 都不能有效地表达自然界的复杂性。这些不同学派之间的紧张关系, 从一开始就深深嵌入自我意识生态学的历史。为着经验和理论目的, 对野外种群的充分量测, 无论是静态的还是动态的, 都是生态学家持续关注的问题。发展种群生态学的理论基础并扩展到群落或生态系统, 已证明是困难的, 并使一代代生态学家受挫 (May 1976, 1981a; Brinck 1980; Gordon 1981)。

# 第 6 章　生态系统生态学、系统生态学和大生物学

　　和**生态学**一词一样,**生态系统**① (ecosystem) 作为一个概念使用,已有很长的历史。在它提出时,已有一些与之相当的同义词。这说明,这一概念产生的时机已经成熟。但是,从这个词的发明到它广泛应用于生态科学,其间有一段停滞。英国植物生态学家坦斯利 (Tansley 1935) 是在讨论植物群落及其演替的 "超级有机体" 概念的语境中,引入**生态系统**一词的②。"超级有机体" 概念是由 F. E. 克莱门茨在 1905 年前后提出的,并在 1930 年代得到南非植物学家约翰·菲利普斯 (John Philips) 的强烈宣扬。坦斯利评论说,菲利普斯的文章 "使人情不自禁地想起说教——对

---

　　① 生态系统 (ecosystem),一个极为重要的现代生态学概念。它由坦斯利 (A. G. Tansley) 于 1935 年提出。1942 年,由林德曼 (R. Lineman) 用作营养动力学研究的概念构架,开辟了生态学研究的新方向。1953 年,奥德姆兄弟 (brothers E. P. Odum & H. T. Odum) 在其生态学教科书《生态学基础》(*Fundamentals of Ecology*) 中,用生态系统概念建构整个生态学体系,并且随着新版的不断更新,逐渐具有清晰的条理性和逻辑力量。1964 年以后的 10 年,生态系统成为支撑美国国际生物学规划 (IBP–US) 的概念基础,从而产生前所未有的影响。它催生了 "生态系统生态学" (ecosystem ecology) 与 "系统生态学" (systems ecology);并且开创了以 "哈巴德溪试验林" (Hubbard Brook Experimental Forest, HBEF) 为代表的 "长期生态研究" 及其网络。1989 年英国生态学会为庆祝 75 周年,由会员投票 (645 票,10 分制) 评选 "最受欢迎" (most popular) 的生态学概念。在最终 50 个概念中,"生态系统" 票数与得分 (ecosystem, 447 票, 5.18 分) 均远高于第 2 位的 "演替" (succession, 347 票, 2.98 分),并且在位居前十的概念中,"能量流" (energy flow, 第 3 位)、"物质循环" (material cycle, 第 7 位) 和 "生态系统脆弱性" (ecosystem fragility, 第 10 位) 都是直接依附于 "生态系统" 概念的。2016 年,同样是为庆祝英国生态学会 100 周年而推出 100 个对生态学未来发展最有意义的基础生态学问题。在 6 个类目中,"生态系统与运行" (ecosystem and functioning) 名下有 15 个问题。还有一些与生态系统有关的问题,被分散到其他类目中。在《确定 100 个基本生态学问题》(*Identification of 100 fundamental ecological questions*, 2013, by William J. Sutherland, et al.) 一文中,生态系统的词频是最高的 (49),远高于群落 (28)、种群 (30)。
　　② 关于 "生态系统" 一词的创造,在 20 世纪 90 年代,还出现一件学术轶事。坦斯利为了寻找一个术语以准确表达一个环境单位,其中包含着生物组分、非生物组分以及它们之间的相互作用。坦斯利向他牛津大学植物系的年轻同事克拉彭 (A. R. Clapham, 1904—1990, 1944 年任谢菲尔德大学植物学教授,后任校长。他是皇家学会会员,曾任英国生态学会主席) 征求意见。克拉彭提出 "ecosystem"。坦斯利在考虑后完全接受了它。1983 年,克拉彭将此事告诉了他的儿子。事情在 1991 年以私人通信方式被披露出来,转引自 Willis, A. J. 1997. *"The ecosystem: an evolving concept viewed historically"*. *Functional Ecology*, 11(2): 268-271.

一种宗教或哲学教条的封闭体系的鼓吹"。这种风气在后来一些人阐述 "系统生态学" 时, 仍然存在, 故被戏称为 "神学生态学" (theological ecology) (Van Dyne 1980)。

戈德温 (Godwin 1977) 指出: 坦斯利如同他那一时代的许多生物学家, 是一个 "惊人地不受专业局限的人"; 他具有 "广阔的文化素养, 熟悉许多学科"。这些正是生态系统概念所要求的。坦斯利曾广泛涉猎哲学和心理学, 并和弗洛伊德①(Freud) 一道做过研究; 或许正是这一点, 影响了坦斯利的生态学思想。坦斯利把生态系统定义为:

> 一个物理学意义上的整个系统, 它不仅包括生物复合体 (organism-complex),
> 而且包括构成我们称为地生物集群 (biome) 的环境的整个物理因子复合
> 体 (the whole complex of physical factors), 即最广义上的生境因子。(Tansley
> 1935)

坦斯利认识到系统的等级结构, 并特别说明, 生态系统是介于原子和宇宙之间的系统序列中的一个层级。尽管坦斯利确认**地生物集群**是一种生态系统, 但他允许生态系统 "具有最为多样的类型和大小"。这样简洁的概括, 仍存在于这一术语的现代使用中, 只是诸如 "生态系统是什么" "它的属性和边界怎样" 等问题, 尚不清楚。

[194]    坦斯利认为, 生态系统 "是地球表面上自然的基本单位"。在 1975 年召开的生态学理论和生态系统模型的专题讨论会上, 生态系统作为一个合理的研究单位, 是 "本质上没有异议" 的共识之一 (Levin 1976)。

在博物学和早期生态学中, 关于自然界统一性、生命链 (the chain of being) 或自然平衡的整体论传统, 被视为生态系统概念的前身。一些生态学和现代自然著作以及环境运动的思想, 一直强调这一整体观 (McIntosh 1960, 1963; Bakuzis 1969; Major 1969; E. P. Odum 1972, 1977)。然而, 自然界中生命与非生命特性之间常见的即便是细微的区别, 对于无生命地球的历史演进的认识, 以及一个由纯粹物理系统经过覆盖其上的生命系统的改造而形成初级演替的基本生态学概念, 所有这些都有助于早期生态学思想中有生命的 (即生物的) 与无生命的 (即非生物的) 分离。在克莱门茨的顶极群系 (climax formation) 概念及其后来的同义词 "地生物集群" (biome) 概念中 (Clements and Shelford 1939), 由生物组成的群系是结果, 气候则是原因。环境作用于种群, 种群又**反作用于**环境; 这一环境被一致定义为 "**物理-化学环境**" (physical-chemical environment) (Allee et al. 1949)。尽管绝大多数生态学家清楚意识到生物和物理环境是相互关联的, 但是许多早期生态学研究只是致力于

---

① 西吉斯蒙德·希洛莫·弗洛伊德 (Sigismund Schlomo Freud, 1856—1939), 奥地利神经学家。他创造了精神分析法, 即通过病人和精神分析学家之间的对话来治疗精神病理问题的临床方法。

确定环境对生物——如种群或多种群集合、植被或群落——的影响 (乃至成因),
很少研究生物对环境的反作用。坦斯利 (Tansley 1920) 还创造了两个术语: "**内生型**" (autogenic) 和 "**外生型**" (allogenic)。尽管坦斯利并没有定义它们, 实际上它们
分别表示生物作用对演替的影响以及物理作用对演替的影响; 这进而加深了生命
与非生命之间的区别。然而, 海克尔对**生态学**的原初定义, 明确指出一个生物体的
环境同时包括无生命的物理环境以及其他生物。植物群落的环境中有动物, 动物
群落的环境中有植物; 生态学家对此很熟悉。然而, 如果一个人谈论的是一个区域
的整个生物群, 那么剩下的环境只是无生命的物理环境。生态学对于**环境**的定义,
既非始终一致, 也非水晶般明晰。一些人试图通过 "数学分类" (Haskell 1940)、"语
言分析" (Mason and Langenheim 1957) 或 "语义学" (Maelzer 1965) 来使这些定义明
晰, 但无显著助益。定义 "环境" 的困难性, 未能完全从当代生态学中消失 (Billings
1974; Niven 1982)。

林德曼 (Lindeman 1942)、斯焦尔思 (Sjors 1955)、梅杰 (Major 1969)、奥德姆 (E. P. Odum 1972)、舒加特和奥尼尔 (Shugart and O'Neill 1979)、范·戴恩 (Van Dyne 1980) 以及戈利 (Golley 1984), 都评述过生态系统概念的历史。坦斯利的这个词正
好落在早已准备好的土地上。水生生态学深受考虑物理环境思考的主导, 因而特
别适合生态系统概念, 因为该概念一直重视物理特性。S. A. 福布斯 (Forbes 1887)
曾经把湖泊描述为**微宇宙** (microcosm); 明确地把**所有**生物属性和物理属性统合
到单个实体中。默比乌斯的**生物群落** (biocœnose) 概念, 指的是与环境有关的生
物社区。它后来由俄国植物生态学家苏卡切夫[①] (Sukachev 1945) 扩展为**生物地理
群落**[②] (geobiocenose), 这个独立提出的术语成为**生态系统**的同义词。湖沼学家蒂纳

[195]

---

[①] 弗拉基米尔·尼古拉耶维奇·苏卡切夫 (Vladimir Nikolayevich Sukachev, 1880—1967), 俄罗斯 (苏联) 地植物学家, 地理学家, 苏联科学院院士。1940 年代, 他提出著名的 "生物地理群落" (biogeocenosis)。这一概念受维纳斯基思想的巨大影响, 是俄罗斯地植物学和生物地理学的思想结晶和逻辑发展。俄罗斯学术界认为, 苏卡切夫的 "生物地理群落" 既是维纳斯基 "生物圈" 概念的基本结构单位, 又是其 "生物地球化学循环" 的基本单位。

[②] 生物地理群落(biogeocenosis), 原著误引为 "geobiocenose"。它由苏卡切夫在 1940 年代提出, 并不断发展和完善。苏卡切夫晚年的定义是, 生物地理群落是地球表面上一个特定区域的同质自然现象的组合, 包括大气、矿层、植物、动物、微生物、土壤和水的状况; 具有它自己专有的组分相互作用的形式, 以及它们之间、它们与其他自然现象之间的物质和能量交换的特定方式; 并表现为一种内在的、持续运动和发展中的、矛盾且辩证的统一。这一概念后来又由新一代俄罗斯生态学家进一步拓展和精确化, 表现为: 包括水面; 取消 "同质性"; 以 "流" (flow) 取代 "交换" (interchange); 增加了 "信息流"。国际生态学界曾将 "生物地理群落" 视为 "生态系统" 的同义词。但苏卡切夫反对这一提法, 认为: 两者的结构和功能虽有较大相似, 但时空性质并不一致。生物地理群落有明确的时空尺度, 但生态系统是不确定的, 可以从蚁穴到生物圈。或可认为: 生态系统是一个认识论和方法论概念, 而生物地理群落则是本体论、认识论和方法论概念。

曼 (Thienemann 1918) 曾提出**生物系统** (biosystem) 一词。昆虫学家弗里德里希斯 [1] (Friederichs) 提出**全群落** (holocœn 或 holocœnosis), 这个词和生物地理群落一样, 主要在欧洲使用 (Evans 1956)。其他生态学家也采用这一思想, 只是没有冠以某个名称。奥尔森 (Olson 1958) 将考勒斯 (Cowles 1901)《自然地理生态学》(*Physiographic Ecology*) 一书中生物和环境的早期联系, 形容为 "考勒斯 …… 把物理与生物丝线织入一块表现出规则图形的布上"。奥尔森评论说, 那种把演替视为 "生物群落及其栖息地——坦斯利后来将它们统称为生态系统——的演变" 的思想, 使演替概念像 "着了火一样" 迅速在早期生态学中传播开来。詹尼 [2] (Jenny 1941) 把土壤群系视为能作为动态系统处理的开放系统; 其特征可以表示为所有影响它的生物或非生物因子的函数。梅杰 [3] (Major 1951) 后来在研究植被时采用这一公式表述。梅杰看到, 具有代表性的几种因子能够确定一个生态系统。在 1920 年代和 1930 年代, 许多生态学家都不满意当时成为大多数生态学研究特征的零零碎碎的处理方式。许多人敦促植物生态学家和动物生态学家走到一起, 但只获得有限的成功。泰勒 [4] (Taylor 1927) 以生态学一直被植物学家把持为理由, 敦促需要 "生物生态学" (bioecology)。阿利 (Allee 1934a) 承认有一类 "超级有机体式的联合体; 它不仅存在于植物和动物之间形成生物群落, 而且还存在于生物集群和环境之间"; 他建议用一个超级复合词 "地理生物生态学" (geo-bio-ecology) 来描述这一关系。他还评论

---

[1] 卡尔·保罗·特奥多尔·弗里德里希斯 (Karl Paul Theodor Friederichs, 1878—1969), 德国知名动物学家和昆虫学家。他在 1906—1918 年出版数本动物观察著作。先后在德国罗斯托克大学、美国明尼苏达大学、波兰波兹南大学、德国哥廷根大学任教。他在 1927 年、1934 年、1937 年提出并阐述 "全群落" (*holocœn* 或 *holocœnosis*) 概念, 强调这是一种自然单位, 如同生物群落 (biocenosis) 是一种生命单位一样。

[2] 汉斯·詹尼 (Hans Jenny, 1899—1992), 土壤科学家。他生于瑞士巴塞尔, 长期在美国工作, 1949 年任美国土壤科学学会主席。1922 年在瑞士联邦理工学院获农学学士, 1927 年因离子交换反应的论文获科学博士。1941 年出版《土壤形成因子: 定量土壤学系统》, 赢得国际认可。由于詹尼对门多西诺侏儒林的著名研究, 这一林区被命名为 "加利福尼亚大学詹尼侏儒林保护区"。

[3] 杰克·梅杰 (Jack Major, 1917—2001), 美国加利福尼亚大学戴维斯分校植物学教授。他的学术兴趣由杂草、农作物, 逐渐转到高山植被。作为一位理想的科学家, "他研究自然不是因为自然有用, 而是因为它的美丽, 可从中获得乐趣"。梅杰的阅读和学术交友的领域广泛, 触类旁通, 富有远见。梅杰因对法、德、俄的生态书籍的大量评论而闻名。当时美国生态学会主席理查德·米勒 (Richard Miller) (1975) 曾说, "梅杰的评论不断指出我们对美国生态系统的知识差距, 并为卓有成效的新研究指明方向 …… 如果没有他的专心致志的努力, (我们) 将会极度贫乏"。为此梅杰获授第一届 "杰出服务引证奖" (Distinguished Service Citation)。

[4] 瓦尔特·佩恩·泰勒 (Walter Penn Taylor, 1888—1972), 美国生物学家和教育家, 同时在多所大学任教, 以研究美国西北部的鸟类保护而著名。1914 年获加利福尼亚大学博士学位。1909—1911 年任加利福尼亚大学伯克利分校脊椎动物博物馆助理馆长, 1911—1916 年任哺乳动物博物馆馆长。1916 年进入美国农业部生物调查局 (Biological Survey) 任助理生物学家。1935 年任美国生态学会主席。1951 年在美国内政部鱼类和野生生物管理局任高级生物学家, 直至 1961 年退休。

说, "由于未能认识这种动物 – 植物 – 环境关系的本质上的统一性, 从而延缓了海洋研究的进展"。当时的美国生态学会主席泰勒 (Taylor 1935) 写道: "生物生态学把生物和环境强调为巨大的整体性问题, 是一件令人鼓舞的事"。不过, 克莱门茨和谢尔福德的著作《生物生态学》(*Bio-Ecology*) (Clements and Shelford 1939), 并未满足对生物和物理环境进行一体化处理的理想, 尽管那是生态学家一直寻求的, 也是生态系统概念所描述的。那几个术语的提出, 以及对有机成分和无机成分的内在统一性的明确认识, 创造了一个非常适宜生态系统概念的气候。**生态系统**最终成为深受喜爱的术语; 它设想包含着由生物群落和物理环境组成的整个复合体。对这一复合体的研究, 被一致命名为**生态系统生态学** (ecosystem ecology)。 [196]

与许多生态学家一样, 人们是从雷蒙德·林德曼 (Lindeman 1942) 的著名论文《生态学的营养动力学方面》(*The trophic-dynamic aspect of ecology*) (可悲的是, 在他去世后才得以发表) 中, 看到生态系统生态学的诞生。这一很有前途的孕育, 却有一个极为艰困的分娩的序曲。林德曼的论文现已广泛推崇为生态学——特别是湖沼学和生态系统生态学——的里程碑论文之一。它最初被美国《生态学》杂志拒稿, 但最终又由它发表。在这一过程中, 它曾面对两个著名湖沼学家的强有力的否定性评论; 后来仅是由于第三位著名湖沼学家的干预并由托马斯·帕克做出勇敢的编辑部决定①, 才得以面世 (Cook 1977)。林德曼接受过数量生态学的训练; 并且巧得很, 他来自数量生态学发祥地之一的明尼苏达大学。在那里, 他受到库珀 (W. S. Cooper) 的重大影响 (Cook 1977)。事实上, 林德曼的 "生态学的营养动力学" 概念, 遵循着经典的群落概念的思考, 并导致对演替的解释; 这与坦斯利在那篇创造**生态系统**一词的文章中所做的十分相似。林德曼采用坦斯利的生态系统概念, 认为它在 "解释动态生态学的数据方面具有根本的重要性", 从而把它与生态学中传统的演替观点联系起来。但是, 林德曼为生态学的动力学增添了新的范畴。他把营养动力学的基本过程描述为能量在生态系统中的输运, 并采用那时已为湖沼学家熟悉的有关生产和主要营养类型的术语: 生产者 (自养者)、消费者 (异养者) 以及分解者 (食腐者)。林德曼解释他采用生态系统概念的理由; 他说, 把生态系统中生命部分与非生命部分区分开来, 简直是不可能的。他认识到——但不是考林沃克斯和巴奈特 (Colinvaux and Barnett 1979) 提出的 "引进"——能量在埃尔顿金字塔的连续食物等级谱上的递增性耗减; 这一点以前曾由森佩尔 (Semper 1881) 和彼特森 (Petersen 1918) 根据基本热力学原理做过解释。林德曼试图对这一耗减做出符合实际的定量估计。他阐明: ① 食物链每一等级的生产效率概念, 它由呼吸与生长的关系确定; ② 食物链的一个等级的生产力相对于它前面等级——特别是紧 [197]

---

① 对于该过程, 后文 ([197] 页) 已做进一步解释。反对者是朱岱和韦尔奇, 支持者是哈钡森。

挨着的前一级——的生产力的比率。后者被阿利等人 (Allee et al. 1949) 称为 "林德曼系数"。但不久它就淹没于其他效率的洪流之中，这些系数表示着生态能量学中的重要性等级 (Kozlovsky 1968)。

林德曼对生态系统生态学的贡献在于：① "强调营养功能——特别是定量关系——在确定经由演替形成的群落模式的主要作用"；② "确定生态学的一个新的理论导向的正确性"；③ "确认生态学的一个基本动力学过程是能量流，通过它，能够把生物的季节性营养关系整合到群落演变的长期过程中" (Cook 1977)。C. E. 哈钦森在给林德曼的这篇论文所加的附言中强调，林德曼以一种 "适宜于富有成果的抽象分析形式" 表述湖泊动力学。哈钦森早前曾批评当时生态学中的里程碑著作《生物生态学》，因为它缺少数学。然而，他对林德曼的工作却写道，其意义在于把复杂的生态系统分解为

> 成对的数字：一个是整数，决定着等级；一个是分数，决定着效率。这些数字甚至可能会对生物群落的数学处理的尚未发现的方式，提供某种线索。

哈钦森在当时和以后，通过告诫和示范，努力鼓励将抽象的数学分析用于生态学。关于发表林德曼论文的这场争论，是生态学历史上的一个分水岭。当时资深的湖沼学家对这篇论文不以为然 (Cook 1977)。钱西·朱岱 (Chancey Juday) 断言，湖泊 "难以适合数学公式"；他的话使人想起海克尔对亨森的浮游生物计数的数学处理的批评。保罗·韦尔奇 (Paul Welch) 反对林德曼论文缺少数据，他建议把手稿先放上 10 年，看看在这一期间湖沼学产生的结果。G. E. 哈钦森成功地促使这篇文章发表。林德曼承认哈钦森对于这篇论文的贡献，哈钦森的贡献也见诸他给《生态学》(Ecology) 编辑托马斯·帕克的信。信中说，这篇论文审阅者提出质难的大部
[198] 分具体论点，"应当由我，而不是由林德曼，承担责任"。哈钦森一直依照林德曼生态营养动力学的演替和能量路线进行思考。他建议应当重视生物；这一点已体现在生态系统生态学中。哈钦森和沃莱克 (Hutchinson and Wollack 1940) 注意到，一个湖泊的生长曲线，性质上类似于单个有机体。他们也确认生态学上的一个分野；这一分野随着生态系统生态学的发展，越来越明显。他们说，生态学的一种方法是根据各个物种以及它们的相互关系，进行 "生物社会学" 性质的研究；另一个方法则是把一个空间与周围隔离出来，研究物质和/或能量经由这一空间边界的传输。

在后一方法中, 生物量比物种分类更为重要。这样, 由维纳斯基[1] (Vernadsky 1944) 倡导的 "生物地球化学"[2] (biogeochemical) 方法, 具有至高无上的重要性, 并在由伯基和朱岱早期开始的水生生态学研究中得到承认。

　　为一项科学贡献确定荣誉或责任通常是困难的。在生态学中, "实验上的关键点" 或者更为新近的说法 "突破", 常常是为了从资助单位获取经费, 一般并不实事求是。生态学的许多重要人物获得认可, 主要是因为他们把其他人工作中彼此根本不同的内容有规律地综合到一起。例如, 查尔斯·埃尔顿并未发现食物链、数量金字塔或生态位, 但他确实把这些概念综合到一个对生态学有用的构架之中 (Elton 1927)。林德曼则把营养等级的数据与 G. E. 哈钦森关于湖泊动力学 "主要是一个能量输运问题" 的观点, 结合起来。那些营养等级的数据来自林德曼在明尼苏达州雪松溪沼泽[3] (Cedar Creek Bog) 所做的毕业研究。它表现了林德曼在与 W. S. 库珀的合作下, 对旧式 "动态生态学" 及其主要演替原则的深刻认识。这种综合也很明显地表现在林德曼把湖沼学家发展起来的湖泊生产和富营养化过程的思想与主要属于陆生生态学家领域的演替概念联系起来。林德曼文章的标题和小标题表明, 他早于奥德姆 (E. P. Odum 1968) 提出对生态能量学思想的评述; 这包

---

　　[1] 弗拉基米尔·伊万诺维奇·维纳斯基 (Vladimir Ivanovich Vernadsky, 1863—1945), 俄国与苏联矿物学家, 地球化学家, 苏联科学院院士, 是地球化学、生物地球化学、放射性地质学的奠基人之一。他因提出和阐述 "生物圈" (biosphere)、"活物质" (living matter) 和 "生物地球化学" (biogeochemistry) 而享誉世界。"生物圈" 一词最早由奥地利维也纳大学地质学家爱德华·休斯 (Eduard Suess) 在 1875 年提出, 但将它发展为生态学理论则是维纳斯基 (1911)。真正的转折点是 1912 年维纳斯基的纲领性论文《论地壳的气体交换》。他从全球地质化学角度思考生命, 提出几乎地球上的所有气体都是生物造成的, 且都涉及循环过程。1918 年他发起生物地球化学的系统研究; 1923 年第一次正式提出 "生物地球化学" 概念; 1926 年出版名著《生物圈》。他与英国同位素权威弗雷德里克·索迪 (Frederick Soddy) 的交流, 使得活物质中同位素构成和放射性元素研究成为维纳斯基的一条重要思路。维纳斯基的 "生物圈" "生物地球化学" 和 "活物质" 构成了一个完整的新科学思想体系, 成为他对现代科学的最重大贡献。

　　[2] 生物地球化学 (biogeochemistry) 是维纳斯基创立的新学科。它的研究对象是支配自然环境构成的化学、物理、地质和生物过程; 这一自然环境包括生物圈、冰冻圈、水圈、土壤圈、大气圈、岩石圈。它着重研究化学元素的循环, 它们与活物体 (living things) 的相互作用, 以及经由地球生物系统的时空输运而在活物体中合并, 即生物地球化学循环, 其中特别重视碳、氮、硫、磷循环。生物地球化学是一门高度跨学科的科学, 包括大气科学、生物学、生态学、地球微生物学、环境化学、地质学、海洋学、土壤科学等。

　　[3] 雪松溪沼泽 (Cedar Creek Bog), 即雪松沼泽湖 (Cedar Bog Lake), 是明尼苏达大学 "雪松溪生态系统科学保护区" (Cedar Creek Ecosystem Science Reserve) 的一部分, 它最初是由沼泽开始的。保护区面积约 22 km², 包括三个自然生物群落 (高地森林、草原、低地沼泽和草甸)。其土地由明尼苏达大学在 1929—1940 年购买, 现由明尼苏达大学和明尼苏达科学院共同管理, 现有 900 余块长期实验研究用地。林德曼的工作使之被视为现代生态系统生态学的诞生地, 并在 1982 年被国家科学基金会指定为 "长期生态研究基地", 现已成为国际著名的生态学研究中心。它曾被称为 "雪松溪自然历史区" (Cedar Creek Natural History Area), 1975 年被国家公园署指定为国家自然地标 (National Natural Landmark)。

括群落概念、营养动力学、定性的食物循环、植物的初级生产量、动物的次级生产量、效率、埃尔顿金字塔以及演替中的营养动力学。其中, 营养动力学思想, 特别是由此引起的定量化, 主要是湖沼学的产物。当科兹洛夫斯基 (Kozlovsky 1968) 评述营养效率这一论题时, 他能够编列的所有定量例证都是水生系统的。恩盖尔曼 (Engelmann 1966) 思考陆生生态学家在能量生态学领域姗姗来迟的原因, 并将戈利 (Golley 1960) 列为按林德曼思想产生陆生模型的第一人。恩盖尔曼把陆生生态学家的滞后, 归结于水生系统具有相对清晰的边界, 物理成分容易测量并且相对恒定, 以及水生生物区系相对简单性——这一点不大令人信服。

[199]

　　生态系统概念显然是在 1940 年代流传开来的。许多文献在回顾时都承认, 林德曼根据营养动力学来理解生态系统功能这一贡献的重要性。但是, 对这一贡献的响应并未即刻到来。当时的植物生态学教科书几乎没有注意林德曼的工作。20世纪中期的一本重要的动物生态学概论 (Allee et al. 1949), 尽管囊括所有被林德曼综合到一起的论题, 但它也仅在主要是进化语境下使用生态系统概念。把生态系统概念送到生态学前沿的主要贡献者, 是 E. P. 奥德姆[①]。他围绕生态系统及其结构和功能 (Burgess 1981a), 编撰了具有相当影响力的教科书 (E. P. Odum 1953)。奥德姆以湖泊为例, 定义生态系统。接受生态系统概念时的普遍迟缓以及解释这一概念时的分歧, 可清晰见诸埃文斯 (Evans 1956) 的论文。埃文斯仍像坦斯利那样, 强调生态系统应当是 "生态学的基本单位"。他简明扼要地指出, 生态学 "首要关心的问题是经由一个给定的生态系统的物质和能量的量值以及它们的比率"。1960

---

　　[①] 更准确地说, 应是奥德姆兄弟。尤金·普莱森茨·奥德姆 (Eugene Pleasants Odum, 1913—2002), 又称吉恩 (Gene), 与霍华德·托马斯·奥德姆 (Howard Thomas Odum, 1924—2002), 又称汤姆 (Tom), 是当代杰出的美国生态学家兄弟。奥德姆兄弟志同道合, 同时做出世界级学术成就。他们工作领域时交融、时分离而协调, 终身相持相守, 连去世也仅差一个月 (吉恩逝于 2002 年 8 月 11 日, 汤姆逝于同年 9 月 10 日)。他们立足并发扬 "生态系统" 概念, 共同推动创立生态系统生态学 (ecosystem ecology) 和系统生态学 (systems ecology)。吉恩接受并继承其导师、伊利诺伊大学的谢尔福德 (Victor Shelford) 的 "整体大于部分之和" 思想的影响, 他的贡献主要在概念和理论、甚至哲学层面。他在教科书《生态学基础》中用生态系统概念和整体论 (holism) 思想, 将整个生态学知识组织成一个逻辑清晰的条理化体系。在哲学层面, 他为整体论辩护是科学的、有力的。他对生态系统演进 (ecosystem development) 的思想 (或称假说) 是很有启发性的。在相当程度上, 吉恩的上述思想为现代环境运动输送了科学基础。汤姆的导师是耶鲁大学的哈钦森。他的博士论文《锶的生物地球化学》(The Biogeochemistry of Strontium), 使他具有 "集成" 和 "整合" (integration) 思想, 他的物理、化学和工程学方面的训练, 使他能够在多领域实施这种整合的工具。他为生态系统生态学和系统生态学创造了一套 "能流线路语言" (energy circuit language), 并开创了众多新的跨学科领域: "生态工程" (ecological engineering)、"生态经济学" (ecological economics)、"生态系统科学" (ecosystem science)、"湿地生态学" (wetland ecology)、"河口生态学" (estuarine ecology)、"生态模拟" (ecological modeling)。汤姆的工作使得生态学理论转化为世界生态和环境事业的成功实践。奥德姆兄弟分别或同时获得美国或国际学术奖, 其中最重要的是 1987 年瑞典皇家科学院颁发的诺贝尔奖级的克拉福德生态奖 (Crafoord Prize in Ecology)。

年代,生态系统生态学家抓住这一思想,转而量测生态系统的物质流和能量流,并发展了一种能够集成所获得的大量数据的理论构架。不过,埃文斯也看清早已由哈钦森和沃莱克 (Hutchinson and Wollack 1940) 注意到的生态学上的分野;它至今依然存在。埃文斯写道:

> 然而,几乎具有同等重要性的是,存在于具体生态系统的生物类型以及
> 它们在生态系统的结构和组织中所扮演的角色。

埃文斯提出两类生态学家的区别: 一类生态学家关注的是生态系统作为一个整体的 "功能" 特性,即它的物质或能量的输入-输出关系; 另一类生态学家关注的是具体种群、它们的动力学、遗传学、生活史以及进化。这种差异明显地表现在被普遍称为的 "生态学革命" 或 "新生态学" 中; 它们出现于 1950 年代和 1960 年代,并成为后继生态学的主要特征 (E. P. Odum 1971, 1977; Levin 1976; McIntosh 1976; Burgess 1981a)。

　　这种 "新的" 或 "革命的" 生态学, 实际上是以两种形式出现: 一种是宣称要以生态系统生态学的模式, 对生态系统进行新的处理方法; 另一种是理论的数学种群生态学的复苏, 它突出表现于罗伯特·麦克阿瑟[①] (Robert MacArthur) 的工作 (Cody and Diamond 1975; Fretwell 1975; McIntosh 1976, 1980a)。生态系统生态学也有着它自己的不同派别, 这使得在追溯其发展过程和研究内容时产生困难 (Watt 1966; Van Dyne 1969; Patten 1971, 1972, 1975b; Levin 1975, 1976; Likens et al. 1979; Shugart and O'Neill 1979; Horn Stairs and Mitchell 1979; Van Dyne 1980; Kitching 1983)。乔治·范·戴恩[②] (George Van Dyne) 就橡树岭国家实验室环境科学实验 [200]

---

　　① 罗伯特·麦克阿瑟 (Robert MacArthur, 1930—1972), 美国生态学家。在群落生态学和种群生态学的众多方向具有主导影响。1953—1957 年在哈钦森指导下获得耶鲁大学博士。1957—1958 年在牛津大学师从拉克 (David Lack, 著名鸟类学家和进化生物学家) 进行博士后研究。回国后, 麦克阿瑟先后在宾夕法尼亚大学和普林斯顿大学任教授。哈钦森、拉克, 和他的物理学家哥哥在激励他独特的数学与生态学交融的兴趣方面起着支配作用。麦克阿瑟在生态位细分中做出重要贡献, 他和威尔逊 (E. O. Wilson) 的《岛屿生物地理学》不仅改变了生物地理学领域,从而推动了群落生态学发展, 而且导致现代景观生态学的产生。他提出的 "假说-验证" (hypothesis testing) 的研究方法, 使生态学研究由描述性进入试验性, 推动了理论生态学的发展。
　　② 乔治·范·戴恩 (George Van Dyne, 1933—1981), 美国系统生态学先行者,是科罗拉多州立大学美国自然资源生态学实验室的第一任主任。他在科罗拉多州立大学学习动物科学; 在达科塔州立大学获得牧场科学硕士学位; 在加利福尼亚大学研究牧场生态系统的数学模型,获得博士学位。然后他去了橡树岭国家实验室, 并领导那里的环境科学部门。在美国 IBP 期间, 他是核心研究项目领导者之一,并主持美国草原地生物集群 (Grassland Biome) 研究。

室① ——生态系统生态学的堡垒之一—— 的贡献, 做过一次讲演 (Van Dyne 1980); 他断言, "1964 年吉恩·奥德姆真正将 '系统生态学' 一词写到黑板上" ②。奥德姆 (Odum 1964) 说:

> 这样, 新生态学是一种系统生态学; 换句话说, 这一新生态学所研究的是
> 超越个体和物种的组织层次的结构和功能。

"系统生态学", 部分地转向 "生态能量学" (ecoenergetics)。查普曼 (Chapman 1931) 早已采用电学术语——**电势** (potential) 和**电阻** (resistance) ——来比拟种群增长; 现在这一比喻则扩大到用于生态系统的能量流, 甚至更为令人震惊的是, 进一步扩大为 H. T. 奥德姆更加复杂的能流线路图 (energy-circuit diagram) (E. P. Odum 1968; H. T. Odum 1971, 1983)。E. P. 奥德姆 (Odum 1968) 指出, "生态能量学是生态系统分析的核心"。严格地说, 这一核心起源于 A. T. 洛特卡 (Lotka 1925) 的思想。洛特卡更被广泛公认为另一门 "新" 生态学——理论种群生态学——的奠基人之一。洛特卡曾经主张, 进化会使能量吸收最大化, 从而提高生物的代谢速率。他写道, "这种净效果将使得通过有机自然界系统的能量通量最大化"。阿利等人 (Allee et al. 1949: 598) 评论说: "这些生命表现形式的普世意义困惑着科学心智"。尽管如此, 洛特卡的 "最大能定律"③ (law of maximum energy), 对于仍难以捉摸的用于研究生态系统分析、演替和文明的能量方法, 是一个激励 (H. T. Odum and Pinkerton 1955)。

E. P. 奥德姆主张, 新生态学是 "系统生态学"。这个论断并不是 "生态系统生态学中一场革命在进行中" 的第一次正式宣告, 而是如范·戴恩所说, "将它写到黑板上"。奥德姆也注意到, 主题词 **系统生态学** 是一种对生态系统生态学的别具特色的处理。他做了一个类比: 生态学家把生态系统作为基本研究单位, 就像分子生物学家把细胞作为基本研究单位一样。奥德姆除了欢呼新生态学的到来, 他

---

① 橡树岭国家实验室 (Oak Ridge National Laboratory, ORNL), 坐落在田纳西州的橡树岭镇 (Oak Ridge), 最早是曼哈顿项目的一部分, 现已成为美国能源部属下最大的多领域科学技术国家实验室, 主要涉及核物理、能源科学、材料科学、高性能计算机、系统生物学以及国家安全问题。它在这些领域的工作, 均属全球顶尖水平。它的环境科学部 (Environmental Sciences Division) 是 ORNL 的一个多学科的研究和开发部门, 有着 60 余年在地方、国家和国际层面从事环境研究的历史。1964—1974 年, 这里成为美国 IBP 的一个研究重镇和系统生态学发祥地。

② 原文是 "put the term 'systems ecology' on the board", 意指 "使 '系统生态学' 一词公开化", 或 "使 '系统生态学' 一词众所周知"。

③ 洛特卡的 "最大能定律" (Lotka's law of maximum energy)。洛特卡早期研究能量学和热力学在生命科学中的应用, 提出 "进化的能量学" (energetics of evolution, 1922)。他认为, 达尔文的自然选择概念可以量化为一个定律, 即: 进化的选择原则是有利于最大化有用能量流转换 (maximum useful energy flow transformation)。霍华德·奥德姆后来将这一定律作为他的系统生态学的一个核心指导, 并称为 "最大功率原理" (maximum power principle)。

还确认对系统生态学的降临有着不同反应的两个阵营。一个阵营不能理解 "系统生态学新在哪里"; 奥德姆对此感到奇怪, 因为 "所有一切都再明显不过, 事实上也是不证自明的, 任何一个学童都知道, 整体不是它的各部分之和"。另一个阵营则是那么一群人, 他们 "不相信: 系统生态学在生态学层面有任何的新的或不同的东西, 并且这些东西是不能通过把整体分割为较小部分的还原方法, 或通过从部分直到整体的不断延展的知识, 加以解释的" (E. P. Odum 1964)。奥德姆并不是认识到生态学中整体论方法与还原论方法之间差别的第一个人, 但他的话标志这一方法论上的分隔依然明显。此外, 奥德姆把这个新的 "系统生态学" 与整体论联系起来, 并把生态系统描述为 "结构和功能的基本单位", 认为 "生态学家可以围绕这一概念团结起来"。哈钦森 (Hutchinson 1964) 类似的对比方式确认对湖泊系统的不同研究方法: 一种是 S. A. 福布斯、克莱门茨、伯基、蒂纳曼与阿利的整体论的扩展, 这种方法早已渗透到生态学中; 另一种是由哈钦森和罗伯特·麦克阿瑟所复苏的洛特卡–沃尔泰拉黄金时代的还原论式数学种群生态学的扩展。奥德姆清晰描绘这两种阵营。他把他自己放在整体论者的前列, 并向读者指出 "还原论哲学的缺陷"。在过去 20 年中, 生态学的许多方面都必须看成是这两个阵营的对立。它们不单纯是科学或技术的原因, 而且还有哲学的原因——关于 "如何从事科学" 的根本分歧, 有时是相当教条的判定。如果对生态系统的功能性处理只存在一种分野, 那么情况倒也简单明了。那时, 生态学家会像西部影片中表现的那样, 被分为戴白帽的和戴黑帽的。然而, 在奥德姆所说的两个阵营中, 每一个都有各自的子派别以及一系列立场 (Levin 1976; McIntosh 1976, 1980a; Burgess 1981a)。

那些后林德曼时代的与生态系统概念有关的生态学家, 把他们自己分为若干子派别。一个可以用来识别他们的标准是, 他们在多大程度上认同下面的观点: "系统分析" 是 "系统生态学" 的 "未来的浪潮" (E. P. Odum 1971)。由于对生态系统生态学有着不同的处理方式, 从而使情况变得复杂化; 并且由于系统生态学也有着各种不同的形式, 而且每种形式都得到新一代的 "系统生态学家" 鼓吹, 从而使情况变得更加严重。很明显, 宣布为 "系统生态学" 的第一条理由, 是基于生态系统概念 (Patten 1966)。然而, 生态系统概念一直未被充分地使用, 直到一些学科 (控制论、运筹学、一般系统论) 结合成为 "系统科学" 并逐渐介入生态系统分析, 情况才得以改变。范·戴恩 (Van Dyne 1966) 探讨 "生态系统、系统生态学和系统生态学家" 之间的关联, 并将 **系统生态学** 简洁定义为 "研究生态系统的发展、动力学与解体" (development, dynamics and disruption)。这样, 系统生态学得以公示。生态学家不得不面对一大批有关系统分析和生态学的著作 (Watt 1966; Patten 1971, 1972, 1975a; Jeffers 1978)。各种新的表述——"生态系统生态学" (ecosystem ecology)、"生

[201]

[202]

态系统分析" (ecosystem analysis)、"对生态系统的分析" (analysis of ecosystems)、"系统分析" (systems analysis) —— 使一些生态学家感到困惑: 他们是在研究栗子颜色的马, 还是研究马一样颜色的栗子? 在系统生态学的面目变得清晰后, F. E. 史密斯 (F. E. Smith 1975b) 阐述这一分隔的基础。史密斯在发展大尺度生态系统研究的关键年代, 是国际生物学规划 (International Biological Program, IBP) 的生态系统分析项目 (1967—1969) 负责人。他对**生态系统生态学** (ecosystem ecology) 和**生态系统的系统科学** (ecosystems systems science) 做了区别, 他说:

> 前者是生态学的一个门类, 因而它也是生物学的一个分支; 后者是系统科学的一个门类, 它起源于数学和工程科学的众多领域。

舒加特和奥尼尔 (Shugart and O'Neill 1979: vii) 指出, "系统生态学是一门新的振奋人心的生态学分支, 这一领域是以数学模型用于生态系统动力学为特征的"。这种将系统分析或系统生态学等同于生态系统生态学的倾向是令人沮丧的, 它或许主要出于一种词源上的联系 (Kitching 1983)。斯普尔 (Spurr 1964) 评论**生态系统**概念时曾说, "这样一种系统, 如果不用系统分析和计算机, 那么应该怎样来研究呢?" 基欣 (R. L. Kitching) 提出一个逻辑, 据此, 整个生态学都是系统生态学。系统生态学甚至被一些人视为超越生态学的学科。E. P. 奥德姆 (E. P. Odum in press[1]) 写道:

> 不久以前, 生态学普遍被认为是生物学中研究生物与环境关系的分支; 后来, 在环境意识大为高涨的年代 (1968—1981), 一个生态系统生态学的学派诞生了。它认为, 生态学不只是生物学的一个分支, 而且是一门新的学科 —— 它把自然界中人的相互依赖关系中与生物学、物理学和社会科学有关的内容综合到一起。

[203]

## 6.1  生态系统生态学

在过去 20 余年中[2], 生态学家曾经面对一场 "革命", 产生一门超越生物学传统的崭新学科 (E. P. Odum 1971), 或一场 "火枪下的婚姻[3]", 产生一个 "混血儿" (Patten 1971), —— 究竟采用哪一个比喻, 取决于一个人自己的选择。在由 "革命" "火枪下的婚姻" 或其他夸张性表达方式引起的混乱中, 受到影响的往往是, 生态

---

① 发表于 1986 年。
② 指 1960 年代到 1980 年代。
③ "shotgun marriage", 美国口语, 意为 "强迫婚姻"。

系统生态学不能再与系统生态学或系统分析保持相同的研究范围 (Kitching 1983)。生态系统生态学, 即对生态系统的研究, 有好多种形式; 其中有一些避开与系统分析有关的 "革命" 和 "杂交"。被广义称为 **生态系统生态学** 的那种对生态学的处理, 给一些主要接受生物学训练的生态学家造成困难, 因为它引进其他学科内容, 这些内容对大多数生态学家是相当陌生的, 但对于理解 "生态系统的结构和功能" —— 这成为 **生态学** 的一个新定义 —— 又被认为是至关重要的。从生态学诞生之日起, 生态学家已经知道他们需要从其他学科补充对生物的了解。现在, 在考察生态系统的物理属性以及生态系统的物质流、能量流模式与速率时, 这一看法正经受考验。这些内容构成生态系统生态学语境中的结构和功能。生态系统生态学的特质之一, 就是它强调甚至完全致力于生态系统的非生命过程, 并追求一种超越传统生态学家的综合物理学、化学、地质学、地球化学、气象学和水文学的知识层次。它也要求在仪器、技术和计算 (这些在第二次世界大战后都可以获得) 方面的新技能, 以便在日趋复杂的水平上量测生态系统参数, 并分析大型数据库。

追踪生态系统生态学发展的困难之一是, 让研究实践配得上以不同面目出现的新生态系统生态学的美妙言辞。由于生态系统已成为 "能使生态学家团结起来" 的基本单位, 这个概念经常被相当不严谨地使用。可以肯定, 传统生态学明显具有生态系统思想的要素。早期生态学家已清楚认识到, 陆地和湖泊的演替总是伴同物理环境的相应作用; 它部分地由生物引起, 并且又部分地影响着生物。有机质的积累、营养供应的变化、生物引起的物理环境的调节以及种群的变化, 所有这些都是演替的要义。的确, 正如我在其他地方指出, 一些生态系统生态学家, 在他们各自的生态系统生态学版本中, 暗自采用克莱门茨的思想 (McIntosh 1980a, 1981)。克莱门茨确认的稳态实体就是顶极, 它包括所有的演替阶段。生态系统生态学家不管属于哪一类型, 都确认: 生态系统是自然的功能单位, 或是自然的一个功能单位; 它由物种种群或这些种群的集合构成, 并通过多种相互关系而联系在一起。这些关系中较为重要的有食物网、有机废弃物 (organic debris)、无机矿物质、大气和水[1], 以及无机组分与有机组分之间的物质流和能量流。生态系统一般由研究者给予各种各样的界定, 其量测内容包括生态系统的输入和输出, 以及它的整体的、"集聚的" 或 "宏观的" 性质。各种生态学家总是致力于生态系统的特定方面的研究, 比如能量流、生产力、物种多样性或营养流 (MacFadyen 1964; Engelmann 1966; Phillipson 1966)。理想的做法是对生态系统做整体性思考, 其目的是把各个部分综合起来, 从而把生态系统作为一个单位。对湖泊的早期处理是福布斯意义

[204]

---

[1] 原文为 "atmospheric gases and of water"。译者认为, 其中的 "of" 可能是由于笔误, 因而是多余的。

的 "微宇宙"; 它需要将石灰加入整个湖中以观察湖泊的物理性质和生物特性的变化 (Hasler, Brynildson, and Helm 1951)。在以生态学角度观察森林的林场管理人员中, 一些人, 如约瑟夫·基特里奇 (Joseph Kittredge), 思考森林与环境的相互作用 (Kittredge 1948)。其他森林生态学家则注意把生态系统当作一个由群落与栖息地/场所的特征组成的景观单位, 进行描述和分类; 其目的是为生态系统提供一个分类体系 (Rowe 1961)。

[205]
　　生态系统生态学的一个主要发展, 是它对众所周知的论断——生态系统的确是非常复杂的——的响应。探讨生态系统的生态学家认识到, 这些研究将不同于传统的小尺度、低费用研究。到 1950 年代早期, 大多数概念已经准备就绪, 但对于 "大尺度的复杂的研究问题需要一个大规模的、多学科的并具有良好资助的研究机构" 的认识, 却进展甚缓。或许可以说, "哈巴德溪生态系统研究①" (HBES) (Bormann and Likens 1979a, b) 就是第一个这样的项目; 它致力于针对具体生态系统的结构和功能, 发展一种详尽的、综合性的研究, 并开发一种关于复杂得令人眼花缭乱的自然生态系统的模型, 哪怕至少是一个这样的生态系统。这一项目开始于 1963 年, 获得国家科学基金会的中等强度资助 (按照现在的说法)。一起从事这项长期的多学科的生态系统研究的有: 陆生植物生态学家博尔曼 (F. H. Bormann)、湖沼学家利肯斯 (G. E. Likens)、地球化学家约翰逊 (N. M. Johnson) 以及森林生态学家皮尔斯 (R. S. Pierce)。博尔曼和利肯斯, 与其他具有生态系统生态学思想的生态学家一样, 把注意力转向发展 "一种高度涉及非生命与生命过程的生态系统模型"。根据美国林务局 (U. S. Forest Service) 在哈巴德溪试验林采集气象和水文的背景数据, 他们开始考察一块小流域的河水化学以及详细的输入-输出关系。最初选中的小流域是因为它的地质基质层构造是不透水的, 其区域内是北方阔叶林区, 还包含水系和湖泊。博尔曼和利肯斯将生态学协作技巧和背景引进这项研究, 从而有利于他们对这一有限区域的陆生和水生生态系统之间的相互作用进行长期调研。哈巴德溪生态系统研究的主题, 着眼于这个特定小流域的生态系统是怎样运行的, 要提供有关生态系统参数的信息, 并特别强调要包括对生态系统的实验性操控 (experimental manipulation)。哈巴德溪试验林突出的优越之处在于, 它

---

　　① 英文名为 "Hubbard Brook Ecosystem Study" (HBES)。Hubbard Brook, 即哈巴德溪, 位于新罕布什尔州白山 (White Mountains) 的伍德斯托克镇 (Woodstock) 和桑顿镇 (Thornton)。1955 年美国林务局在此建立 "哈巴德溪试验林" 作为野外实验室, 研究森林覆盖与河流水质和水量的关系。1963 年在国家科学基金资助下, 开展 "小流域的水-矿物循环的相互作用" (Hydrological-Mineral Cycle Interaction in a Small Watershed) 研究。这一研究后来发展为一系列时间维的纵向研究, 统称为 "哈巴德溪生态系统研究"。1988 年, "哈巴德溪试验林" 被指定为长期生态系统研究地。现在, 这里的研究人员来自达特茅斯学院、耶鲁大学、康奈尔大学、锡拉丘兹大学、纽约州立大学环境科学与林业科学学院、新罕布什尔大学、基恩州立学院、佛蒙特大学。

提供几块相似的流域，从而容许把其中一些用作毗邻流域生态系统实验的参照地 (reference site)。整个生态系统实验，并非完全史无前例，但是它们肯定是不寻常的；而且，能够获得用作控制或用作对照的生态系统，更是非同寻常。流域技术的采用，可以对关键营养成分的输入-输出关系进行测量，并对营养收支进行计算。生态系统中生物组分的活动，特别是它们与水和营养流等物理特性的关系，是早期的哈巴德溪研究的首要关注点。

在由哈巴德溪项目代表的生态系统研究中，另一项里程碑性的工作是走向 "大生物学" (big biology)。传统上，一项生态学研究是由单个研究者加上一两个同事，或许还有几个学生或技术人员，一道进行。传统生态学家曾经被说成是背包里有几段绳子和一个 pH 表进行工作。哈巴德溪工作的一个主要优势，在于它在单一地点连续地进行大量彼此配合的工作。哈巴德溪的早期研究规划主要与森林生态系统的生物地球化学有关；后来的工作则集中于整个森林的结构、功能，尤其是它的演进 (即演替)，以及这个生态系统对外部干扰——如森林皆伐 (clear-cutting)——的响应。这项研究规划通过与来访的研究者和研究生的合作，实现多学科处理。在头 18 年中，大约有 150 人，其中包括 50 名高级研究者参与这项研究，并产生 450 多篇论文。发表论文的数目随时间有着稳定的增长；从 1962—1966 年间平均约 2.4 篇/年，到 1978—1980 年间平均约 36 篇/年。在最近这一时期，研究成果最多。已发表的论文涉及生态系统过程与有关问题的不同方面，它说明哈巴德溪生态系统研究日益增长的多样性。在 1978—1981 年，关于生物地球化学循环的工作一直针对单个营养循环之间以及不同生态系统之间的相互作用。配合这项研究的是对调节森林与河流生态系统中的营养通量和营养循环过程的研究，以及对大气污染与生态系统胁迫 (ecosystem stress) 之间关系的研究。早期的演替研究，已明确扩展为对生态系统演进与生态系统对干扰响应 (即扰动) 的持续研究，以及在较为新颖的标题——生态系统的 "复原" (recovery) 和 "恢复力" (resilience)——下的工作。这些研究在探讨生态系统对外界各种尺度干扰的响应时，特别涉及模拟模型和所谓的斑块理论 (patch theory)。对能量流和生产力的研究，开始成为生态系统研究的另一项熟知的方面。工作范围的扩大，表现在对种群动力学、具有相同利害关系的生物集群以及生态位的研究上，因为这些都与森林和湖泊生态系统中的群落结构有关。生态学家对很长时间尺度演替的传统兴趣，表现为对哈巴德溪地区冰后期生态系统变化的研究。归类为 "小生态学" (little ecology) 的哈巴德溪生态系统研究的内容，显示了生态学研究观念的总体变化 (Cantlon 1980)。

[206]

也许, 哈巴德溪研究中的真正难题, 是它发展的 "生物量累积模型" (biomass accumulation model)。这个模型根据生态系统生物量在经受皆伐引起的严重干扰后的变化, 把生态系统的演进分为四个阶段。然而, 博尔曼和利肯斯 (Bormann and Likens 1979b: 3) 否定建立一个整体论的生态系统模型的想法, 他们写道:

[207]
> 我们没有这样一个庞大的计算机化的模型: 它能将一个动态系统的所有
> 生命和非生命成分都漂亮地联系在一起, 还能将它们相互作用的详细情
> 况通过与计算机的对话表达出来。

不过, 他们的生物量累积模型的思想, 受到模拟森林生长的 JABOWA① 模型 (Botkin, Janak, and Wallis 1972) 的影响。JABOWA 模型通过模仿每个物种行为来计算生长响应, 并且将这些行为定义为是受到有限数目的非生物属性影响的同样是有限数目的特征量。这个模型预测在皆伐几百年以后达到的稳定状态。生物量累积模型提出应把生物量的稳态发展作为一个生态系统参量。一个引人注目的发现是, 那个具有最大生物量的阶段, 并不是稳态, 而是在稳态之前。

由哈巴德溪生态系统研究获得的数据, 也被用来检验 E. P. 奥德姆 (E. P. Odum 1969) 在一篇讨论生态系统演进概念的重要论文中提出的与生态系统演进 (ecosystem development) 有关的某些趋势。这些数据对奥德姆设想的对生态系统行为的解释, 产生根本性矛盾。维托塞克和赖纳尔斯 (Vitousek and Reiners 1975) 以及博尔曼和利肯斯 (Bormann and Likens 1979b), 都不同意奥德姆 (E. P. Odum 1969) 对生态系统的总体趋势——营养损失——的解释。他们认为, 哈巴德溪的数据表明, 森林发育的稳态或成熟阶段 (顶极群落) 与较早阶段相比, 有更高的营养损失, 这一结论完全与奥德姆提出的在以后的稳态阶段中营养损失最小的说法相反。当把这些结论用于北方阔叶林和其他生态系统时, 又继而产生它们是否具有普适性的问题。伍德曼西 (Woodmansee 1978) 质疑这两种营养流模式对草地生态系统是否适用。这些矛盾说明那种 "力图对所有陆生生态系统构建普适模型" 的愿望所面临的众所周知的问题 (Gorham, Vitousek, and Reiners 1979)。

哈巴德溪研究是一个不采用系统分析方法而进行生态系统分析的样例。虽然它与其他生态系统研究一起, 都在探寻生态系统的属性, 并和它们一样, "高度涉及非生命过程", 但它是致力于在单个小块区域进行非常详尽的分析。它与其他的生态系统分析方法相比, 显得更为经验性, 更具实验性, 很少涉及抽象的概括和数学表述。在大约 80 位合作的科学家中, 仅有一位是系统分析专家。在其他

---

① JABOWA 是 Janak, Botkin 和 Wallis 三人姓氏的头两个字母的结合: Ja-Bo-Wa, 从而构成 JABOWA。

生态系统生态学研究中进行 "殖民" 的工程师、物理学家和数学家, 在这里不见了。哈巴德溪长期而且深入研究的一个附带成果是, 它被指定为联合国教科文组织 (UNESCO) 资助的一个规划项目①中的 "生物圈保护区" (Biosphere Reserve)。它也被指定为 "长期生态学研究" 项目 (Long Term Ecological Research) 潜在网络的一个地点 (Report for the National Science Forndation 1977; Lauff and Reichle 1979)。随着财富和技术发展而污染问题加剧, 要求对生态系统进行长期的环境研究和监测, 是一个国家的紧迫要求。这是很好理解的。

　　生态系统生态学以不同的面目出现。尽管许多生态系统生态学家强调非生命组分和过程, 但是仍有少数人在寻找生态系统的整体或宏观性质时转向 "生物属性"。莱恩、洛夫和莱文斯 (Lane, Lauff, and Levins 1975) 在《生态系统分析中采用整体论方法的可行性》一文的工作, 就是依据生态系统层次的 "整体性" 参数。他们采用生态位宽度、生态位重叠度、经典逻辑斯蒂方程中的 $K$ 值、群落多样性以及来自信息论的普遍存在的香农–韦弗测度② (Shannon-Weaver measure), 它们以各种比率形式描述群落结构的 "宏观性质"。其基础数据是标准的种群量测。他们断言: "认为由于生态系统过于复杂、过于变动, 以至于不可能对它进行整体性研究的想法, 应当尽快排除"。这些作者对 "还原论和整体论方法在意识形态上的分野" 感到痛惜; 并且呼吁, 应首先描绘生态系统的整体性质, 再利用还原论程序逐步 "弄清群落不变量的潜藏机制"。这里, 有待解决的主要问题是 "不变量" 的确定。

　　威格尔特 (Wiegert 1975, 1976) 描述另一种发展生态系统层次理论的途径。与大多数生态系统生态学家不同, 他提倡从组分种群 (component population) 或营养集团③ (trophic group) 开始, 模拟它们的相互作用, 最终预测生态系统的或 "大尺度" 的性质。威格尔特的假设本质上是逻辑斯蒂方程, 他断言这些方程能适用于生态系统模拟。威格尔特已将这些技术用于对热泉 (thermal spring) 的实验性研究, 热泉是一种特别简单的生态系统, 一块盐沼地。他开发数学模型, 用来 "表示物质和能量向生物组分 (biotic component) 的输运"。

　　这些研究者和其他作者, 提供了数量急剧增长的生态系统研究的文献, 它们代表着极为多样的生态系统研究方法。他们的工作可能够不上真正的生态系统研究, 这取决于不同生态系统生态学家采用的标准。不过, 他们都一致认为, 生态系

[208]

[209]

---

　　① 这是指联合国教科文组织的 "人与生物圈" (Man and Biosphere, MAB)。"生物圈保护区" (Biosphere Reserve) 是其中的一个项目。截至 2016 年 3 月, 全球的生物圈保护区已达 669 个。它们分布于 120 个国家, 其中 16 个是跨国的。
　　② 即 "香农–韦弗多样性指数" (Shannon-Weaver index of diversity), 见 [122] 页脚注。
　　③ 意指在营养动力学意义上有联系的生物集群。

统是一个基本单位, 并且确定, 生态系统的性质及其变化是动态过程 (Levin 1976)。

## 6.2　系统生态学

E. P. 奥德姆认为, 从 1968 年到 1978 年的十年, 是 "系统生态学" 崛起的年代。在这一期间, 一般生态学家面对的困难之一, 是弄清 "什么是系统生态学", 或者说 "它真的存在吗?" 对于这一困难, 往往还添加了一种倾向, 即一些团体把系统生态学等同于生态系统生态学, 或者至少暗示, 系统生态学是研究生态系统的复杂性所不可缺少的。当系统生态学进入生态学时, 它以不同的面目出现, 并来自不同的起源, 而且通常出现于一般生态学刊物之外。例如, 范·戴恩 (Van Dyne 1980) 评述系统生态学的起源, 并开列了 66 篇参考文献, 其中只有 16 篇称得上是生态学的。舒加特和奥尼尔 (Shugart and O'Neill 1979) 评述了在传统的学术刊物体制中交流系统生态学成果的困难。系统生态学进入生态学, 带来了新的术语、新的技巧、新型的培训内容以及 —— 在某些人眼里是最重要的 —— 新的哲学。范·戴恩提出了一份颇为有用的关于系统生态学崛起的大事年表, 它可以由舒加特和奥尼尔 (Shugart and O'Neill 1979) 著作中的参考文献作为补充。系统生态学的开拓者们, 如同任一地方的开拓者, 都是高度个人化的, 所以追溯他们的每一项贡献是不可能的。但很明显存在着起源的中心、领导人、相互间切磋, 以及一个由科学社会学家追求的彼此引证的网络; 他们形成了 "隐形学院" (invisible college) —— 这对早期系统生态学群体来说, 是一个异常恰当的名称。

1950 年代早期和中期的生态学家, 开始在野外生态系统中研究能量学, 他们努力按照林德曼的格式构造能流图 (H. T. Odum and E. P. Odum 1955; H. T. Odum 1957; Teal 1957)。一项引人注目的发现是生物废弃物 (detritus) 食物链, 或称分解者食物链。它很大程度上被林德曼所忽视, 这个食物链比食草食物链大得多。而食草食物链, 由于它对人类的巨大的经济重要性, 在传统的生产力研究中是首先受到考查的。当时也在实验室生态系统中检验了能量在种群和营养级之间输运的详细情况。这种实验室生态系统由三类物种组成; 其中, 实验人员即 L. B. 斯鲁伯德金和他的学生们作为捕食者[1] (Richman 1958; Slobodkin 1959)。这些研究使斯鲁伯德金提出一个假说, 即各营养级之间有着近似于 10% 的传输效率, 它可作为生态系统的一个特征。森佩尔 (Semper 1881) 和彼特森 (Petersen 1918) 的示意型计算, 曾经使用 10% 这一数字表示相邻营养级间生物量的减少。无疑, 这是为了算术上

[210]

---

[1] 这是一个模拟水塘的实验室水蚤生态系统。

的方便。斯鲁伯德金后来尽力表明, 他的假说是未经证实的; 并且事实上, 这一假说也遭到了来自经验和理论上的反对 (Slobodkin 1972)。尽管如此, 这个算术上方便的 10%, 仍然使一些人提出 "10% 定律" (10 percent law) 或 "10% 常数" (McIntosh 1980a)。

H. T. 奥德姆在复苏洛特卡的 "最大能定律" (law of maximum energy) 以及对顶极群落引入输入–输出和能量–熵的解释方面, 是一个主力。这样, 生态学、演替和文明可以建立在热力学第二定律之上 (H. T. Odum and Pinkerton 1955)。马格莱夫 (Margalef 1958) 通过引进对群落的 "序信息" (order-information) 或 "负熵[①]" (negentropy) 的测量, 把生态学和信息论联系起来。马格莱夫认为信息论会实现一种生态系统理想, 即把 "某些概念在一个更高层次上普遍化, 它同时包括着生命和非生命, 彼此没有任何优先"。马格莱夫进而将他的这一想法扩展到用来衡量创造天地万物中所包含的信息的价值。信息论将香农–韦弗信息方程[②] (Shannon-Weaver information equation) 引入生态学, 用来测度不同的事物, 常常精确到毫无根据的小数位数目。帕顿 (Patten 1959) 试图从控制论角度研究生态系统, 他把 "序" 和 "信息" 与演替和顶极群落中的 "复杂性" "多样性" "生产力" 和 "稳定性" 整合到一起。这为玻尔兹曼–普朗克方程[③] (Boltzmann–Planck equation) 代表的统计力学进入生态学提供了入口。信息论被广泛宣扬为会使生物学前途一片光明, 但约翰逊 (Johnson 1970) 评论说, 这一希望一直没有实现。加卢奇 (Gallucci 1973) 指出, 没能证明以香农工作为基础的信息理论能用于生态学。不过, 马尔霍兰 (Mulholland 1975) 仍然从 "信息论稳固的数学基础中" 看到一个具有稳定性指数的生态系统生态学的前景。一些生态学家把生态系统视为控制论系统 (Margalef 1968; E. P. Odum 1971)。它后来激起率直的反对, 认为生态系统既不是有机体, 也不是控制论系统 (Engelberg and Boyarsky 1979), 由此引发对生态系统是控制论系统的激烈论辩, 并在生态学家中造成一定的混乱 (Knight and Swaney 1981; McNaughton and Coughenour 1981)。乔丹 (Jordan 1981) 提出 "生态系统是否存在" 的问题, 这对信仰坚定的生态系统生态学家来说, 回答是肯定的。由于 "生态系统服从热力学定律"

[211]

---

① 负熵 (negentropy) 来自量子物理学家薛定谔 (Erwin Schrödinger) 在科普著作《生命是什么》(*What Is Life*) 中提出的 "negative entropy"。后来物理学家布里渊 (Léon Brillouin) 将它缩减为 "negentropy"。在信息论中, 负熵是用来测量对正常状态的偏离。在生物学语域中, 一个生命系统的负熵, 是指它输出熵以维持它自己低熵。换言之, 负熵就是反向熵, 意味着生物的组织、结构和功能变得更加有序。

② 即 "香农–韦弗多样性指数", 见 [122] 页脚注。

③ 玻尔兹曼–普朗克方程 (Boltzmann–Planck equation) 是统计力学中一个概率公式, 用来表示热力学系统中熵与原子或分子状态数的关系。它的数学形式是: $S = K_B \ln W$。其中, $S$ 表示熵, $W$ 表示状态数, $K_B$ 是玻尔兹曼常数。这一公式最早由玻尔兹曼 (Ludwig Boltzmann) 在 1872—1875 年导得, 后由普朗克 (Max Planck) 在 1900 年赋予它现在的形式。

这一论点似乎不容置疑, 所以这些定律已抬升到生态学原理的高度 (Watt 1968)。平衡态系统和非平衡态系统热力学, 被推崇为生态系统理论的一个基础。哈贝尔 (Hubbell 1971) 在论及 "潮虫与系统" 的独特联系时, 提出相反的观点, 他说, "期望热力学定律足以解释生物系统的组织和功能, 是不现实的"。其他的生态学家也对那种强调能量和热力学的做法, 提出质疑; 他们的理由是 "动物不是弹式热量计 (bomb calorimeter)" (Goldman 1966)。尽管如此, 约翰逊 (Johnson 1981) 最近创立 "一个基于热力学的生态系统起源的普适理论"。生态学似乎成为吸引各种数学理论竞相一展身手的领地, 当已经证明信息论的作用是有限时, 突变论又跃而填补空白, 尽管鲜有成功。

虽然还有几个更早的研究者进行过生态系统分析的尝试, 但范·戴恩 (Van Dyne 1980) 仍把橡树岭国家实验室的植物生态学家杰里·奥尔森 (Jerry Olson) 提名为 "系统生态学之父"。他的根据是, 奥尔森 (Neel and Olson 1962) 利用线性微分方程为生态系统建模, 并用模拟和数字计算机完成生态系统模拟。舒加特和奥尼尔 (Shugart and O'Neill 1979) 断言, "系统生态学的一个最可信赖的标志, 是运用数学模型"。根据这一标准, 他们也把系统生态学领域最早的报告和生态模型新时代的开端 (Burgess 1981a) 归功于奥尔森。当然, 如果知道生态学渊源关系的早期历史, 就有可能出现其他看法。当时, 橡树岭国家实验室的放射性生态学研究组和其他一些单位都关注生态系统, 特别关注物质在系统不同组分之间的运动, 这明显与早期跟踪核武器试验中放射性尘埃问题有关 (Auerbach 1965; Reichle and Auerbach 1972; Woodwell 1980)。范·戴恩引证为系统生态学 "真正突破" 的那篇论文, 是一个模拟同位素在生态系统中运动的计算机模拟模型。原子时代既带来 1940 年代后期放射性物质在研究自然环境中的应用 (Hutchinson and Bowen 1947), 又引起放射性对生物个体和生态系统的破坏性影响的威胁 (Woodwell and Whittaker 1968)。一些生态学家声称, 放射性生态学在 1940 年代初期就已开始, 但是, 那些早期案例, 看来主要涉及生物对放射性的生理响应与器官响应 (Whicker and Schultz 1982)。这又使人想起查普曼 (Chapman 1931) 关于难以区分个体生态学与生理学的评论。沃尔夫 (John Wolfe 1969) 是华盛顿政治舞台上的第一批生态学家中的一个。他认为, 1955 年关于放射性效应的早期研究, 说明美国原子能委员会开始对生态学感兴趣。沃尔夫评论说, 许多早期利用放射性示踪元素进行的关于放射性影响的生态学研究, 被混同为健康物理学。他希望有一天, 这种研究会纳入生态学历史, 但这一愿望至今仍待实现。奥尔森 (Olson 1964, 1966) 在一份非生态学杂志上, 评论放射性生态学的范围和利用放射性示踪元素对生态系统结构进行的早期实验性和模型化研究。他阐明的主要结论一直存在于生态系统研究中, 不管有无放射性

[212]

物质。奥尔森写道:

> 陆地、淡水或海洋等生态系统所固有的复杂性, 并不一定妨碍为初步计
> 算进行数学模拟, 从而用于判断环境中的核素运动是否会对人类有重
> 大影响。不过, 生态的复杂性确实要求在局域应用条件下更为仔细的分
> 析——在哪些地方这种核素运动可能对人类健康是有意义的, 或者对
> 诸如生态输运或放射性作用这样的基本问题的研究是有意义的。(Olson
> 1966)

关于放射性对环境的影响, 借用约翰·坎特伦 (Cantlon 1970) 的说法, 已由早期强
调 "环境卫生" (environmental heath) 转变为注重 "环境本身的健康" (the health of
the environment)。这一转变使橡树岭国家实验室的生态学小组成为范·戴恩 (Van
Dyne 1980) 所说的系统生态学的主要中心。

　　系统生态学被推崇为特别适合长期以来一直使生态学家牵挂的那些问题, 即
那些涉及大尺度的有着非常巨大复杂性的生物群落或生态系统问题。早期生态学
家曾一致认为, 数学能够给有关这种复杂性的论断以精确的说明。由系统生态学
提出的解决办法, 是一种与洛特卡–沃尔泰拉黄金时代的经典理论数学种群生态
学不同的数学处理。它的主要成分是那些 "由系统分析、运筹学和控制论发展起
来的技术和方法" (Shugart and O'Neill 1979)。按照瓦特 (Watt 1968: 5) 的看法, 生
态系统的复杂性是这样的:

[213]

> 即使那些依据因过于简单而失去实际意义的假设而得到的数学模型, 用
> 传统的 "纸–笔" 方法也是不能求解的。因此, 问题的重点, 已由强调数学
> 技巧的智慧, 转变为一种较为现实主义的做法, 即利用计算机模拟来代
> 替纸–笔求解。

他提醒说, 这要求了解有关过程, 使得数学模型的计算机模拟能够与自然相仿, 并
能对实验进行补充, 或者像一些人提议的, 进行一些在自然界不可能进行的实验。
系统生态学家经常将这样一些模型, 视为致力于发展生态学理论 (Patten 1975a)。
其他生态学家对这一前景很少乐观。梅 (May 1974b), 这位新生态学建模者行列中
的 "纸–笔求解" 者认为, 系统分析方法 "看来并不有助于产生普适的生态学原理,
它也没有宣布这样做"。梅的后一半说法并不代表绝大多数系统分析拥护者的立
场, 他们声称正在发展生态学理论和原理用作管理的基础。尽管如此, 正如瓦特所
说, 计算机的使用, 促使那些大尺度的系统模型随着由奥尔森发端的尝试而风靡
一时。在舒加特和奥尼尔看来, "现在字面意义上已产生了几百种模型"。由于他

们指的仅是系统模型, 如果再加上由种群生态学家产生的为数更多的模型, 这真是一个使生态学家难堪的时刻 (McIntosh 1980a)。梅 (May 1973) 评论说, 一些系统模型 "或许能从在线的焚烧装置中最大地获益"。尽管如此, 系统生态学仍盛行于 1960 年代, 并宣称它利用数学优势推进了生态学理论。

# 6.3　国际生物学规划

[214]

在 1960 年代, 紧随早期研究者闯入系统生态学新领域的, 是一股把系统分析嫁接到生态学从而对生态系统进行科学研究的洪流, 其中引人注目的, 还有以国际生物学规划 (International Biological Program, 简称 IBP) 为代表的把生态学引进 "大生物学" (big biology) 的活动; 它对系统生态学的发展是至关重要的 (Smith 1967, 1968; Worthington 1975, 1983; Clapham, Lucas, and Pirie 1976; Blair 1977a; Burgess 1981a)。史密斯 (F. E. Smith 1967) 在 IBP 的生态系统分析规划 (Analysis of Ecosystems Program of the IBP) 的第一个年度报告中, 深入思索如此热衷于生态系统分析的原因, 并且判断说, "不管什么原因, 生态学家中的一场革命正在进行, 而 IBP 适逢其中"。更为可能的是, IBP, 至少是它的美国分部, 带领全部人马走在前面, 并为一种非同寻常的生态学研究途径的脱颖而出创造机会。杰里·奥尔森 (Jerry Olson 1983, 个人通信) 在给乔治·范·戴恩 (George Van Dyne)—— 一位大尺度生态系统研究的开拓型管理者——的悼词中, 提出一个令人信服的军事–生态学比拟。他把系统生态学比作一个 "滩头阵地, 或一个移动的沙丘; 它对于那些打算殖民并又能够忍受这个空旷的骚乱环境压力的入侵科学家, 是相当开放的"。这个比拟, 是经典的克莱门茨演替和海上战争的混合产物。它恰如其分地适合机会主义型的或开拓型的科学家们, 他们已准备好获取和占领一个新知识领域的滩头阵地。IBP 的成立向生态学研究提供新的前所未有的经费资助。这或许使人想起一个新近的比拟, 它是用生态学修辞表述的: IBP 激发那些善于瞄准机会的 "物种" (指一些生态学家——译者) 的竞争能力, 以攫取新近能够获得的 "食物", 这里指的是研究经费。对于那些先受其他学科训练然后再进入生态学的人, 殖民化一词是一个受人喜爱的比喻, 所以可以把这个滩头阵地, 视为新生态学的 "海盗" "北欧入侵者" 或许还有 "弗朗西斯·德雷克①" 们的登陆场。无论怎样, 在 1960 年代中期, 人们看到的是由许多生态学家推动的以引人注目的新颖方法研究生态学的两件事物的

---

① 弗朗西斯·德雷克爵士 (Sir Francis Drake, 1540 或 1543—1596), 英格兰航海家, 探险家, 1581 年被伊丽莎白女王一世封爵。

并峙: 一个是以系统分析方法研究功能性生态系统; 另一个是一项国际性生物学研究的体制化 (指 IBP——译者)。后者由于当时流行的 "环境革命" 而获得巨额资助 (Worthington 1975)。如果不考虑 IBP, 那么生态系统生态学、整个生态学或系统生态学的历史, 是不完整的。伯吉斯 (Burgess 1981a) 指出, "完全可能, 美国生态学在过去三十年中最重要的单个事件是参加国际生物学规划"。

国际生物学规划是受到早先国际极地年 (International Polar Year) 和国际地球物理年 (International Geophysical Year) 的成功的激励, 它首先由欧洲和英国的生物学家在 1959 年开始策划。经过数年的初步讨论, 它的第一次正式亮相是在 1964 年; 当时国际科学联盟理事会 (International Council of Scientific Union, ICSU) 成立一个 [215] 委员会, 负责规划以 "生产力和人类福祉的生物学基础" 为主题的研究。那一期间, 英国和美国的生物学团体仍由生理学、生物化学和分子生物学主宰, 一度明显表现出对这一项目不感兴趣。瓦丁顿 (C. H. Waddington) 是一位著名的遗传学家、当时是生物科学国际联盟 (International Union of Biological Sciences, IUBS) 的主席, 并且与 IBP 的早期规划关系密切。他认为, 由分子生物学家把持的领导层对世界生产力和生态系统的研究前景的反应是, "研究任何大于大肠杆菌的生物, 只会把这一课题搞混" (Worthington 1975)。然而, 瓦丁顿支持当时在林德曼工作影响下正在生态学中发展的思想, 即 "应当把生态学视为能量流动与处置问题"。这一思想成为 IBP 的基础, 并告知 W. F. 布莱尔 (W. F. Blair); 他当时是美国生态学会主席。布莱尔是美国国家科学院 IBP 特别委员会的成员。他在名之为《大生物学》(Big Biology) 的关于 IBP 的高度个人化的记事中, 记载了早期阶段美国参加 IBP 的策划内情 (Blair 1977a)。其中包括美国生态学会就这一规划的前景进行的投票; 规划赢得 104 票支持。里面有 1/4 响应者是生态系统专家; 在 1964 年, 他们在生态学家眼中只不过是一丝微光。他们中的大部分, 战略性地分布于三个中心: 佐治亚大学 (University of Georgia)、橡树岭 (Oak Ridge) 国家实验室、汉福德 (Hanford) 国家实验室, 其中后两个主要是由美国原子能委员会资助。佐治亚和橡树岭为 IBP 提供了巨大的推动力和关键性人员。

布莱尔 (Blair 1977a) 记录了许许多多赞成和反对美国参加 IBP 的信息。这些信息显示了 1960 年代生态学在美国国内和国际科学界中的地位, 因而特别有意义。由于 IBP 关注而获得认可的世界性生物学问题根本上是一个生态学问题, 并且 F. E. 史密斯 (F. E. Smith) 也认为, IBP "把一个微不足道的学科抬升到举足轻重的地位", 但是在 IBP 开始时生态学和生态学家很明显是 "微不足道" 的。拉·蒙特·科尔 (La Mont Cole) 评论说, 由美国国家科学院掌管的 IBP 早期计划, 竟没有让这个庄严机构中仅有的两名生态学家成员沾边。谈得更多的是把一个非生态

[216] 学家任命为 IBP 美国国家委员会的主席。布莱尔对此是反对的。他对任命非生物学家——更不用说是非生态学家——来领导一个主要属于生态学的研究规划, 感到震惊。但是, 美国国家科学院院长赛茨 (Seitz) 的回答是, 他的顾问委员会 (无疑也没有生态学家) 建议说, 这个规划应当从一开始就 "掌握在一个精通国际事务和影响科学的各种国际问题的科学家手中"。可能没有一个生态学家是合格的。然而, 在 1968 年 1 月, 布莱尔被提名为 IBP 美国国家委员会 (USNC/IBP) 主席。这里追溯 IBP 以及英国和美国介入的纷繁复杂情况, 未必合适。对美国参加 IBP 具有特别意义的, 是美国国家委员会在马萨诸塞州威廉斯敦 (Williamstown) 的一次会议。会议的成果是形成一个关于 "生态系统分析" 的综合性研究纲要 (Integrated Research Program (IRP) on "Analysis of Ecosystems"), 并以 F. E. 史密斯作为它的负责人。一些生态学家反对这一任命, 理由是史密斯本人的工作主要在种群生态学领域。不过, 在 1960 年代, 史密斯正从事三物种群落的计算机模拟, 并且他对确立生态系统研究作为美国 IBP 的主题起了作用。这个 "生态系统分析" 的研究纲要, 成了美国 IBP 的主体, 并得到最大的经费资助。"生态系统分析" 的第一个年度报告提到, 关于系统分析的作用曾经成为一次工作会议的主题; 这次会议 "对研究纲要的发展有着深刻的影响"。这一报告提到的另一项成果是成立一个顾问机构, 以便与系统分析的专业领域保持持续的联络。这样, 早在美国 IBP 的开始筹划时, 系统分析已经正式引入, 只不过起初顾问们的贡献已证明是不能令人满意的。

　　没有批评, 美国 IBP 就没有发展。一些生态学家和行政官员, 包括控制这一研究纲要经费的那些人, 并不相信它的那些优点。小柯尔 (H. Curl, Jr. 1968) 在给《科学》杂志的一封信中写道, "有这么一些人, 他们连 '群落由什么构成' 都没有取得一致看法, 因而非常不可能对群落的国际合作研究能够意见一致"。"生态系统分析" 研究纲要的报告表明, 早期 "对 IBP 的科学资助, 远比建议的资助水平强有力得多"。1969 年, 即进入 IBP 实施阶段的第二年, F. E. 史密斯辞去 "生态系统分析" 研究纲要的负责人职务, 他列数在努力推进这个 IBP 研究纲要时遭受的挫

[217] 折。他的临别赠言是, "我们不应当自我欺骗地相信, 这些与环境管理有关的研究所享有的全国优先地位, 是不会被忽视的" (F. E. Smith 1969)。起初人们曾希望, 美国对 IBP 的支持主要会来自负责环境和生物生产事务的联邦政府机构正在进行的数个项目。但这些机构很少有兴趣愿意将资金挪用于 IBP。最终, 美国 IBP 经费的主要部分, 是由国家科学基金会和原子能委员会资助的。那时, 原子能委员会下面已有几个相当活跃的生态学研究团体。为确保 IBP 的专项经费, 需要花大气力去赢得总统和国会层次对环境问题的认同, 并使他们认识到, 生态学具有解决这些问题并指导制定管理政策的能力。布莱尔 (Blair 1977a) 评述生态学由学术

机构中少数人从事的学科推进到 "大生物学" 的困难。这时的 "大生物学" 队伍, 要求由不同研究机构的众多人员组成, 并从事着大尺度的涉及数个机构的研究。这时的主要困难在于: 华盛顿重要的权力机构缺乏对生态学的理解, 并且在关键性位置上没有生态学家。只是在第二次世界大战后, 约翰 · 沃尔夫和斯坦利 · 凯恩这样的生态学家才在华盛顿初露头角; 他们仍很少。1968 年美国生态学会公共事务委员会试图把一名生态学家送进总统科学顾问委员会, 但未成功。生态学家基本上不是国家科学院行政机构中的成员或组成部分。在国家科学管理署 (National Science Board), 除了西尔斯 (Paul B. Sears) 在那里服务了一个任期外, IBP 以前再无生态学家代表; 而这个机构掌握着国家科学基金会的政策, 那时它是生态学基础研究的主要经费来源。里普利 (S. Dillon Ripley 1968) 是史密斯学会 (Smithsonian Institution) 的秘书和华盛顿科学界的一位显赫人物。他在向美国国会科学研究和发展专门委员会的证词中正确地指出, "在科学决策机构中, 生态学家肯定没有很大的政治发言权"。然而, 当时美国 IBP 国家委员会主席里维利 (Roger Revelle) 在他的证词中, 不正确地解释生态学未能得到应有重视的缘由。他说:

> 生态学已经不可避免地要落后于实验生物学, 因为在它能够着手研究整 [218]
> 个生物和它们的相互关系之前, 必须获得分子水平、细胞水平以及许多
> 方面是器官水平的基本信息。

如果说生态学真的落后, 那么理由并不是这个, 因为生态学不需要依靠实验室科学来研究整个生物和群落。开诚布公地说, 这是由于研究经费支持上的落后。尽管如此, 里维利仍然宣称, "生态学的机会已经到来。这 (IBP —— 译者) 是一个推动生态学前进并使我们在全体美国科学家中享有正式支持和权益的手段" (Subcommittee on Science Research and Development 1968)。

由 W. F. 布莱尔领导的美国生态学会公共事务委员会, 为 1968 年举行的向 IBP 拨款的关键性国会听证会, 准备了一份题为《生态学和生态系统研究的重要性》(*The Importance of Ecology and the Study of Ecosystems*) 的报告 (Blair et al. 1968)。报告中不无夸张地谈到, 可望在生态系统分析领域取得重大进展。报告强调了这些研究对解决环境问题的前景; 当时, 美国公众、最终还有美国国会, 才为时已晚地意识到, 环境问题具有头等重要的利害关系。或许, 该委员会预想的对生态学来说最引人注目的变化是, "生态学家将不得不收敛起他们传统的单干作风, 学会和谐而又有效地在一支庞大的队伍中工作"。获取经费的曲折过程是经由国会进行的。正如布莱尔指出, 当时美国国家科学院院长菲利普 · 汉德勒 (Philip Handler) 并不热情支持, 与事无助。幸运的是, 由于许多生态学家和其他一些科学家的热忱, 由于

美国生态学会的积极支持, 以及由于国家科学基金会 (National Science Foundation, NSF) 生物医学部与一些关注环境事务的国会议员的兴趣, 从而缓解了 F. E. 史密斯一度抱怨的预算短缺问题。国会通过了给 IBP 的经费。IBP 最初资金主要由生物医学部的预算提供; 新的资助则由国家科学基金会为 IBP 预算设立专项。1969 年, 生物医学部 (BMS) 组织一个不同的 "生态系统研究纲要", 去评审和资助生态系统研究。对这个研究纲要的资助, 从 F. E. 史密斯所说的 "微不足道" 的 60 万美元增加到 1970 年的 300 万美元, 再增加到 1971 年的 600 万美元。在 IBP 的 "生态系统分析" 项目开展的高峰年 (1973), 它获得了约 850 万美元的资助; 经费主要来自国家科学基金会。在执行 IBP 的整个过程中 (1968—1974), 总计近 2700 万美元用于生态系统研究的各个方面。IBP 也包括着其他一些项目, 如害虫、遗传物质、保护以及人类适应能力, 但全部经费的近 3/4 花在生态系统项目上 (National Academy of Science 1974)。尽管正式的 IBP 在 1974 年宣告结束, 在后续的生态系统项目中, 对项目的资助, 继续在这一名义下进行。依照传统生态学标准, 经费数目是非常巨大的。这对改变生态学研究途径和许多生态学家思考生态学的方式, 很有帮助。用弗兰克·布莱尔的说法, 生态系统生态学已成为 "大生物学"。并非所有生态学家都为这一前景感到高兴。一些人注意到由生态系统研究引起的大尺度研究项目的倾向, 并且他们也对过于强调管理表示不满。其他人认为, 这样做使得研究经费的获取并非凭借研究自身特长。然而很清楚, 直到那时, 美国对 IBP 的一项主要贡献, 是它主要推动大尺度的、精于管理的并期望成为综合性的生态系统分析。生态系统概念, 从营养角度使之定量化的努力, 以及 1950 年代引入能量流、物质流和以系统分析作为理解生态系统的途径, 所有这些工作在 1960 年代后期和 1970 年代早期都已制度化、计算机化并精于管理。一份 IBP 报告评论说: "不幸的是, 自去年 11 月以来, '大生态系统科学' 的行政与资金职责, 已经阻止我们研究项目取得任何有意义的进展" (Eastern Deciduous Forest Biome 1972)。这里并不是向这个研究规划抹黑, 而是提出在新尺度的生态系统研究中突然出现的问题。除了常规活动外, 时间也花在阶段性报告、现场进展报告、新的研究建议、雇用数量空前的人员以及为进行这些活动而举行的无穷无尽的会议上。范·戴恩 (Van Dyne 1972) 详细地叙述在组织和管理草原地生物集群 (Grassland Biome) 项目中异乎寻常的问题, 这个项目是 IBP 中资助最早且最大的综合性生态研究项目。

　　英国生物学家, 像瓦丁顿 (C. H. Waddington) 和沃兴顿 (E. B. Worthington), 虽然他们并不都是生态学家, 但对创立 IBP 并带领它通过十年考验, 做出突出贡献 (Clapham, Lucas, and Pirie 1976)。瓦丁顿评论说, 在发起 IBP 的聚会上, 几乎没有生态学家。肯德鲁[①] (John Kendrew) 曾多次被引证说, 在 IBP 开始时, 生态学是 "一个除一帮有数的环境专家或少数名不见经传的专家外几乎所有人都不了解的名词"。不管这是否是他的原话, 它意味着这样一个事实: 直至 1964 年, 生态学几乎仍然不是一个日常词汇。因此, 根据 1950 年代对人类需求和环境恶化等主要问题的认识, 去判断一项基本上属于生态学研究规划的国际活动是合理和正当的, 就显得特别有意义。按瓦丁顿的话说, 它的中心主题是:

[220]

> 基于能量流和生产力的生态学, …… 与基于人类与生物圈其他部分联系的人类生物学, 应当被视为生物学的主要和基本的部分 (Clapham, Lucas, and Pirie 1976: 501)。

瓦丁顿同意 F. E. 史密斯的说法, IBP "把生态学从一个默默无名的受忽视的生物学分支变为一个主要分支"。这是一个科学上预适应性 (preadaptation) 的恰当例证: 在对生态学的需求变得普遍明显之前, 曾花了 3/4 世纪的时间对其从事基础研究。关于生产力、营养结构、养分循环、能量流以及它们与环境关系的思想, 已经建立半个世纪, 并早于 IBP 二十年, 由林德曼系统地总结在他的营养方面的论文中。

英国对 IBP 的处置与美国迥然不同。研究经费由通常渠道提供, 这也曾是美国 IBP 的规划者们的早期愿望。英国对 IBP 并无特殊资助。英国皇家学会是英国负责 IBP 的国家机构, 但是几乎没有那些成为美国 IBP 特征的对研究项目的大规模组织和管理。英国 IBP 国家委员会或许认定, 尽管一个研究项目可能对 IBP 有用, 但是经费的获准仍要取决于研究理事会惯常对其科学价值的独立评价。因此, 英国决定拨出用于 IBP 的款项不是轻而易举的。

可以肯定, 英国对 IBP 的贡献不是建立在像美国那样相当宏伟的规模上。或许这是英国做法的特点。它没有美国在为 IBP 申请经费的活动中那样言过其实的宣扬。在当时削弱预算蔚然成风的情况下, 为了从美国国会获得对 IBP 的专项经费, 这种言过其实的宣传或许是必要的。在听证会上, IBP 拥护者面对国会委员会许下不少愿。生态学在 IBP 中一些被推定的失败, 只是因为它们配不上为争取经费所做的言过其实的承诺。IBP未能兑现以其名义做出的承诺——产生 "预测力" "改善世界性生产力" 或者 "为解决人口剧增的危险提供希望"。当生态学的自我标榜超过它实际成就时, 它就会面临经济问题 (McIntosh 1974a; McCloskey 1983)。生态学在 IBP 生态系统研究纲要中取得的实实在在的成绩, 往往被对它未能实现承

[221]

---

① 约翰·考德利·肯德鲁 (John Cowdery Kendrew, 1917—1997), 爵士, 皇家学会会员, 英国生物化学家、晶体学家, 1962 年诺贝尔化学奖得主。他在卡文迪许实验室研究小组的方向是含血红素蛋白质的结构。

诺的批评所掩盖, 而那些承诺本来就是不可能实现的。

# 6.4　系　统　分　析

　　范·戴恩 (Van Dyne 1980) 曾经评论说, E. P. 奥德姆在 1964 年把 "系统生态学" "写到黑板上"①。系统生态学在 1964 年出现, 对于绝大多数生态学家是突如其来的; 并且在此后许多年, 许多生态学家的感觉依然如此。大多数生态学家都意识到生态系统以及包容在系统生态学中的生态系统属性。"系统生态学" 这一名称看上去很是单纯; 甚至从词源上看, 对于生态系统分析和生态系统生态学也很自然。1960 年代中后期以及 1970 年代早期, 介绍系统分析的文章已经出现; 有一些处于不显眼的位置, 有一些使用许多生态学家难懂的语言和符号。K. E. F. 瓦特 (Watt 1966) 出版了第一本生态学领域系统分析的著作。他描述系统分析的性质, 并把**系统** (system) 定义为 "一个相互关联过程的复合体, 这些过程是以许多互为因果的作用路径为特征的"。他还阐述一个公理: 一个系统必须作为整体来研究。不过, 他又补充一个 "用于实际操作的准则: 一个特别复杂的过程, 最好先分割为许多非常简单的组分单位 (unit component)", 以适合于最后构成模型。瓦特展望生态学的发展, 他说, 那种用于系统量测的 "单调费力" 的工作会从一个研究项目中的 80% 减少到 63%, 而系统分析工作会从 0.9% 代偿性地增加到 27%, 从而使研究者将有时间 "从事高水平的思考"。尽管瓦特盛赞整体论思想, 但在他的著作中, 研究的只是种群问题、数据获取与数据分析, 几乎没有进行生态系统分析, 也没有提到在其他系统方法中十分强调的能量学、营养流或生态系统的物理属性。范·戴恩 (Van Dyne 1966) 对系统的定义更为简洁, 他说, "一个系统是一个按照特别途径运行的组织"; 并且补充: 它必须作为一个整体来研究。他在橡树岭国家实验室的系统生态学研究组, 宣布一个新的研究规划, 并做了一个颇为有趣的评论:

[222]

　　这一生态学研究领域既未清晰定义, 所有生态学家对它的看法亦不尽相同。与其他新领域一样, 系统生态学为吵吵嚷嚷的怀疑主义者所困扰 (他们基本上是在旧的条件下工作得很好的人), 而支持它的主要是一些冷漠的拥护者 (他们大多是在新的条件下可以工作得很好的人)。

范·戴恩在有一点上说错了: 系统生态学从过去到现在的确受到 "吵吵嚷嚷的" 和 "充满怀疑的" 批评, 但正如我们下面将见到的, 它的拥护者从过去到现在绝不是

---

　　① 原文是: put "system ecology" "on the board"。

"冷漠的"。

范·戴恩、J. S. 奥尔森和 B. C. 帕顿开设了可能是系统生态学的第一门大学课程 (Patten 1966)。作为对"新生态学"的指导,它申明的目的是: ① 鉴识生态学和数学之间天然的亲缘关系; ② 熟悉能够采用的所有主要的系统分析技术; ③ 具有相当的利用模拟和数字计算机的技巧。这些都在作为系统生态学特色的属性之列。按照范·戴恩和其他系统生态学家的观点,系统生态学明确无误是针对生态系统的研究 (Kitching 1983)。帕顿 (Patten 1971) 将他编辑的多卷本系统分析著作的第一本,说成是一本关于"生态学由'软'科学的群体生态学向'硬'科学的系统生态学过渡"的书。在这本既包括单物种的种群模型又包括生态系统模型的书中,系统生态学与群体生态学的联系使人误解。系统分析可以用于任何系统,不管是不是生态学的。但是在许多生态学家心目中,它分析生态系统的效能是最为重要的。

为了启发生态学家认识系统分析及其对生态学的优长,这样的活动风靡一时。戴尔 (Dale 1970) 解释生态学中的系统分析,他把**系统**定义为"各个部分以及这些部分之间具有某种关系的集合"。此外,他把**系统分析**空洞地定义为"科学方法在复杂问题中的运用",并把它的特征描述为高等数学和统计学方法再加上计算机。多少有趣的是,1960 年代宣称新奇的其他生态学方面①,尽管也强调数学和统计学,但却对广泛使用计算机以及成为系统生态学特征的"嘎扎嘎扎"计数,表示不满;他们更喜欢"铅笔和纸"的数学。戴尔 (Dale 1970) 说:

> 系统分析已被描述为用作生态系统研究与比较的大有希望的构架。……
> 但在生态学中,明确地使用系统方法的例子几乎没有: 既无法从已有的
> 例子中弄清一个系统是什么,做些什么,有什么限制,也无法弄清这一构
> 架怎样配得上生态学的多样性。

[223]

有几位评论者都注意到,系统分析在生态学中的易变性 (versatility),或许还缺乏明晰性 (clarity)。这些问题可见诸瓦特 (Watt 1966)、范·戴恩 (Van Dyne 1969) 和帕顿 (Patten 1971, 1972, 1975a) 的著作; 这些书中都有这样一些章节,谈及系统分析的"性质""入门"或"初步"。

凯斯韦尔等人 (Caswell et al. 1972) 也评论向生态学家进行系统分析启蒙的各种方案的效果:

> 对于系统科学到底是什么,很少有一致的看法。以至许多经过启蒙的生
> 态学家虽带回一大堆令人眼花缭乱的分析和计算工具,却很少对这门学

---

① 可能是指麦克阿瑟学派与理论数学生态学在种群研究方面的工作。

科本身有任何认识。

凯斯韦尔等人出版《生态学家的系统科学入门》(*Introduction to Systems Science for Ecologists*) 一书; 它一开始就以类似韵文的格调写道:

> 一个系统是客体的集合…… 一个客体可以用一组行为来描述。一种行
> 为是一组活动的时间序列。一项活动则是一种行为特征的瞬间表现。

生态学家被告知, 这种对于研究对象的 "分离体" 描述 ("free-body" description), 是系统科学的主要见解; 它几乎不能消除生态学家的困惑。但是, 正如这些作者所说, "然而一切均未失去", 这时引入 "状态概念" (concept of state), 想必会解决问题。后来在普通教科书中出现的对系统生态学的讨论, 有时则带着要使人消除疑虑的简单化:

> 系统生态学的基本工具很少。它需要的是: 关于自然系统的知识, 对它
> 的功能的了解, 有关各重要参数与变化速率的量值数据, 以及对用于构
> 造解决问题模型的技术的认识。(Reid and Wood 1976: 309)

[224]

根据奥德姆与平克顿 (Odum and Pinkerton 1955) 描述的能量学概念以及马格莱夫① (Margalef 1958) 采用的信息论, E. P. 奥德姆 (E. P. Odum 1969) 发展了一个包括 24 种 "预期趋势" 的理论框架, 用以说明生态系统成熟 (ecosystem maturation)。奥德姆混淆了演替与富营养化 (Carpenter 1981), 并且实质上重申了克莱门茨在许多年前提出的某些演替特征。尽管如此, 奥德姆提出的趋势代表了整体论生态系统的特性, 它们一度成为对生态系统进行系统分析的核心问题。奥德姆的趋势还包括系统成熟标准; 它被定义为最大生物量、生产力、营养保持量以及单位能量流所维持的信息量。一些后来的系统模型构造者, 甚至将这些 "趋势" 视为已经得到证实的自然法则, 而不是奥德姆设想的假说性趋势 (Gutierrez and Fey 1980)。奥德姆评述了在这一关键时期的困难, 即如何促使科学家和资助机构发展和支持 IBP 对景观单位的功能性研究。尽管许多科学家嫌弃系统分析, 但是对生态系统的系

---

① 雷蒙·马格莱夫·洛佩兹 (Ramón Margalef López, 1919—2004), 西班牙生物学家, 生态学家, 巴塞罗那大学生物学院教授, 西班牙最杰出的科学家之一。他曾在应用生物学研究所 (1946—1951) 和渔业研究所工作, 并在 1966—1967 年担任所长。他创建了巴塞罗那大学生态系, 并成为西班牙第一位生态学教授。在那里他培养了众多生态学家、湖泊学家和海洋学家。1957 年他作为巴塞罗那皇家艺术与科学学院成员发表 "生态学中的信息论" (Information theory in ecology) 的就职演讲, 赢得世界关注。他的另一篇开创性论文是 1963 年发表于《美国博物学家》(*American Naturalist*) 上的《论生态学的某些统一原则》(*On certain unifying principles in ecology*)。1968 年根据他在芝加哥大学的客座演讲而出版的著作《生态学理论透视》(*Perspectives in Ecological Theory*) 巩固了他作为现代生态学主要思想家之一的地位。他多次获得国家和国际重大学术奖。

统论处理仍然盛行一时,并且越演越烈,以至这里无法详细列举。系统生态学的拥护者们完全不是范·戴恩 (Van Dyne 1966) 所说的那种 "冷淡的支持者"。至少,一些人沉迷于夸夸其谈,并且那些向生态学做出的系统分析承诺也广受喝彩。E. P. 奥德姆 (E. P. Odum 1971) 列举了生态学中系统分析的几位先驱人物: 范·戴恩、J. 奥尔森、B. C. 帕顿、霍林 (C. Holling) 以及 H. T. 奥德姆,他们使生态学发生 "革命"。G. M. 范·戴恩 (Van Dyne 1969) 评论说,这个生态学革命仅是开始。B. C. 帕顿 (Pattern 1971) 在其生态学系统分析的早期著作的序言中,把这一点称为 "令人鼓舞和乐观地说明,科学机制对新近获得尊重的事物真相 (truth of existence) 的基本适应力",并且是 "年轻人的创造,这时美国青年正在检验——要不然就修改和重新认识——当代文明生活的伦理和道德基础。"

E. P. 奥德姆 (E. P. Odum 1972) 引证哈钦森 (Hutchinson 1964) 所区分的两种生态学研究方法[①]。哈钦森认为: 一种是总体论或**整体论** (hological 或 holistic) 方法,即把生态系统当作一个黑箱,它仅考虑输入和输出;与此相反,另一种是分部论或**还原论** (merological 或 reductionist) 方法,它试图根据各个部分来构造整个系统。哈钦森把 E. A. 伯基作为前一种方法倡导者的榜样,把 S. A. 福布斯作为后一种方法者倡导者的榜样。虽然两个先驱生态学家都公开宣布是 "湖泊是一个有机体" 观念的拥护者,但是,哈钦森说,他们选择不同的方法来认识湖泊。按照奥德姆的观点,一体化或整体论方法就是 "对种群、群落和生态系统的公式化模型处理,这已被称为系统生态学",只是许多系统生态学家很少对种群、甚至对群落感兴趣,并且许多人也并不局限于严格的输入–输出关系。生态学的整体论方法与还原论方法的区别,经常成为 1960 年代和 1970 年代关于如何从事生态学研究的论争之源 (MacFadyen 1975; Smith 1975a; Innis 1976; Woodwell 1976; Harper 1977b; E. P. Odum 1977; McIntosh 1980a, 1981; Allen and Starr 1982)。

[225]

史密斯 (Smith 1975a) 和麦克法迪恩 (MacFadyen 1975) 分别是美国生态学会和英国生态学会的前主席,他们对这两种生态学研究方法有着一致的看法。他们认为: 一种方法是对生态系统的系统分析,它强调生态系统的整体的甚至是有机体式的性质;另一种是种群动力学方法,它认为生态系统可以从对物种种群、它们的生活史以及它们相互关系的还原论研究中得到最好的理解。E. P. 奥德姆 (E. P. Odum 1977) 认为, "新生态学是整体论的",并认为 "生态演进过程中萌生的新的系统特性" 是不能由物种层次的过程加以解释的。哈珀 (Harper 1977b) 尖锐地批评 "系统方法的危险性",并且敦促生态学家应膺服以罗伯特·麦克阿瑟为代表的种群理论

---

[①] 奥德姆在这里将 hological 和 holistic, merological 和 reductionist 视为同义词,但哈钦森并不认同。参见 [75] 页脚注。

家的领导。伊尼斯 (Innis 1976) 对两者都有保留。许多讨论徒劳无益地转向生态系统的 "萌生性质" (emergent property) 概念以及 "整体是否大于它的各部分之和" (Salt 1979; McIntosh 1980a, 1981)。将生态系统生态学与系统生态学之间的区别视为生态学中整体论与还原论的区别的延伸, 是不正确的。一些系统生态学家批评其他的生态系统分室模型 (ecosystem compartment model) 是还原论的 (Mann 1982), 并强调 "我们需要新的生态学理论, 以便将种群的集聚性质 (cumulative property) 与整体的 '萌生性质' 联系起来" (Ebeling 1982)。莱文斯和莱沃丁 (Levins and Lewontin 1980) 认为, 系统生态学的计算机模型不是整体论的, 而只不过是一个大尺度的还原论模型, 其中的整体 (即生态系统) 就是 "天然" 地规定的 "部分"。阿伦和斯塔尔 (Allen and Starr 1982) 也注意到大多数生态系统模型是大尺度的还原论处理, 并提出一种 "还原论–整体论的双重战略" (a dual reductionist-holist strategy)。无疑, 生态系统既可以作为生物种群及其栖息地的集合来研究, 又可以作为产生特定过程的景观区域来研究。那种把种群性质与生态系统的 "萌生" 性质联系起来的理论能否找到, 或者至少说, 能否对此取得一致看法, 仍然有待于新一代生态学家去决定。正如一位理论生态学家评论的, 这或许是因为生态学至今仍未有它的伽利略或牛顿。

[226]　　　英国和美国在生态学和 IBP 项目上的显著区别, 也见之于对系统生态学的看法上。尽管英国的 IBP 也着眼于生态系统, 一些工作也开发模型, 但没有一个人像美国某些生态学家那样狂热地欢呼以系统生态学形式出现的 "新" 生态学。事实上, 范·戴恩 (Van Dyne 1980) 所说的 "冷漠" 一词一般可以适用于英国。勒克让 (Le Cren 1976) 评论说, 1960 年代生态学家逐渐意识到系统分析的潜在价值, 但这一发展对英国 IBP 来说来得太晚, 仅由一些在美国较晚从事这一工作的人们使用这一方法。实际上, 如我们所见, 美国 IBP 从一开始就浸淫于系统分析。IBP 开始倡导时, 在美国并没有唤起很大的热情; 直至生态系统分析成为主题, IBP 才获得热情接纳。关于数学模型的普遍应用, 勒克让比美国 IBP 的大多数主要人物都缺乏信心。他评论模型的局限性, 认为它们解释生态系统的运行并不有效。勒克让低调质疑生态系统模型, 但他的加拿大湖沼学同行里格勒尔 (F. H. Rigler) 表现得更为激烈。里格勒尔 (Rigler 1976) 把他与 "新" 生态学家相比, 称自己为 "老调子"。他在对生态学系统分析方面一本里程碑专著①的评论中, 提出一个曾撞击许多生态学家的问题: "我们自己学科的一个分支竟超越于我们一些人之外"。实际上, 里格勒尔忽视生态学系统方法倡导者们提出的论点: 系统生态学**不是**生态学的一个

---

　　① 指《生态学的系统分析与模拟》(B. C. Patten. *Systems Analysis and Simulation in Ecology*, Vol 1, 1971; Vol 2, 1972; Vol 3, 1975)。

分支, 它是由一个被称为系统分析的东西与一个被称为生态学的东西**合并的复合体** (a merger of a complex)。有些言过其实的说法甚至提出, 与其说它是 "合并", 不如说是 "接管" (takeover); 其结果不仅超越生态学, 而且也超越生物学。里格勒尔在多少有些讥讽的评论中指出, 系统生态学多的是许愿, 少的是绩效。

在英国, 主要是杰弗斯 (Jeffers 1972, 1978) 编辑的两本书, 它们讨论系统分析在生态学中的前途。在较早的一本书中, 系统分析只是当作数学模型的一个方面。后来, 杰弗斯 (Jeffers 1978) 呼应他的美国同行的 "对 '系统分析是什么' 缺乏认识"的说法, 出版第一本系统分析用于生态学的入门书。与一些美国生态学家不同, 他把这种生态学的系统分析说成是 "生态学的新分支", 而不是 "两门学科混血" 或一门 "新的学科"。杰弗斯指出, "系统分析的运用, 很少已达到发表水平, 所以, 不容易找到实际例子加以引证"。尚不清楚, 杰弗斯是否故意忽视直至 1978 年仍充斥于美国生态学的为数浩瀚的系统分析文献, 或者他并不把它们看作是 "实际例子"。无论如何, 在英国, 杰弗斯是里格勒尔的 "老调子" 旷野中发出的唯一有关系统分析的呼喊, 然而在美国 IBP 由系统分析引发的生态学革命的语境中, 杰弗斯看来是非常没有生气的。 [227]

尽管部分生态学家有所保留, 但生态学中系统分析的重要性, 仍得到普遍而强烈的表达; 例如, 有一个题为 "系统生态学: 我们由此走向何处" (Systems Ecology: Where Do We Go from Here?) (Innis 1975) 的专题讨论会; 或许可以给它再加上一个副标题 "我们怎样由此及彼? " (How Did We Get Here from There?)。在伊尼斯 (Innis) 看来, 生态学处于革命中, 即处于库恩范式的变更中。他错误地表述库恩的思想, 认为旧的范式正显露不足, 而 "新的范式刚开始接受但尚未清晰地阐明"。库恩的论点是, 一个科学群体在获得新的更完善的范式之前, 总是依附于一个旧的范式, 尽管它有着明显的弊病。在 1975 年, 系统范式尚未被许多生态学家所接受, 也未被他们所理解; 它肯定未能清晰地阐释, 甚至它的许多拥护者也有这样的看法。伊尼斯抱怨说, "科学家的活动总是与非科学相邻, 并且充斥着哲学"。专题讨论会的另一个参加者 B. C. 帕顿 (Patten 1975c), 提出如下观点:

> 系统方法是一种哲学, 一种由数学形式和一套工具构成的理论。…… 从长远来看, 对生态学具有潜在重要性的不是工具, 而是其哲学和数学。

系统分析能对生态学中许多颇具特色的问题, 做出最好的表述。一些生态学家将此视为发展生态学理论的一条途径: "系统分析已经开始把有关生长、持久性和新陈代谢等彼此毫不相干的原理, 综合到一个有关生态系统功能的整体论理论中" (O'Neill and Reichle 1979)。这一期望中的理论, 着眼于系统的总体性质 (即宏观或整体性质),如生物量、生产力、营养循环,并"尽可能少地考虑物种类型"。传统生态学中关键的理论构想——演替——被用系统语言重新加以表述:"演替不是一个不同系统的序列,而是一个随着时间有着过渡性物种和种群交换的单个系统"。这一说法稀奇地令人想起克莱门茨的顶极 (climax)——包括所有演替阶段和所在地区的环境变化。事实上,它表明,一个地点或区域可以根据任何一种连续性特性 (如生产力或营养流) 而定义为生态系统;它能随时间进行量测以表征这个系统。

[228]

　　一些生态系统生态学家提出,E. P. 奥德姆在生态系统语境中把克莱门茨生态学中的残留物实质上当作克莱门茨方法的成果 (MacMahon 1980)。事实上,麦克曼亨 (MacMahon) 在生态系统研究的语境中,重新复活一些曾被丢弃的克莱门茨术语。马克斯和博尔曼 (Marks and Bormann 1972) 也把早期的演替物种描述为一个更大生态系统的一部分,即使它们在顶极时不存在:

> 那些特别能适宜开发受干扰条件的演替物种,应当被视为生态系统的不可分割的组成部分,尽管它们最终会从顶极群落中醒目地消失。

伍德威尔和博特金 (Woodwell and Botkin 1970) 认识到生态系统生态学的这一趋向,他们写道:

> 在悄悄地但又渐进地接受克莱门茨的"群落是一个有机体"这一经典论断时,有些东西在复苏。…… 这一概念 (指群落的有机体论——译者)虽不起源于克莱门茨但却出自他笔下,至少在美国几乎肯定是破坏性挑衅。

奥尼尔和吉丁斯 (O'Neill and Giddings 1979) 还认识到生态系统与雏形生态学和古典生态学之间的联系:

> 早期生态学学者 (如 Marsh 1885; Clements 1916) 早已具备朦胧的生态系统思想:它是能长期存在的稳定实体,即使会有种群的加入或离去。

　　一本内容最为广泛、用于生态学理论的系统分析文集,是哈尔芬 (Halfon 1979)编辑的《理论系统生态学》(Theoretical Systems Ecology)。这本著作以其作者中没有生态学家而闻名。这看来是十分符合逻辑的,因为舒加特和奥尼尔 (Shugart and O'Neill 1979) 把系统生态学描绘为一个"工程学、数学、运筹学、控制论和生态学经杂交产生的茁壮产儿";这里将生态学家置于明显的少数。其他系统生态学家也曾把系统生态学说成是生态学和工程学的产物,甚至说成是这些学科的强迫婚姻 (shotgun marriage) (Levins 1968b; H. T. Odum 1971; Patten 1971)。帕顿 (Patten

1971) 说, 一本由他编辑的书是 "用系统科学家的语言写的", 其目的是 "证明生态学是能够用系统科学的术语多彩多姿地表达, 从而产生它们之间不可避免的亲缘关系"。系统生态学的文献的确充塞着这些术语。生态学家一直存在的一个主要问题是, 要弄懂往往潜藏于系统分析术语中的生态学 (Watt 1966; Dale 1970; Patten 1971, 1972, 1975a; Caswell et al. 1972; Levin 1976; Halfon 1979; Shugart and O'Neill 1979; Gutierrez and Fey 1980)。舒加特和奥尼尔 (Shugart and O'Neill 1979) 为了区别生态系统的系统论研究与其他的生态学研究, 对系统方法的 "独特属性" 做了一个简易的总结: [229]

(1) 思考的是大时空或组织尺度的生态现象;
(2) 从一些传统上与生态学无关的领域引进方法论;
(3) 强调数学模型;
(4) 着眼于使用数字和模拟计算机;
(5) 希望用数学形式表述有关生态系统性质的假说。

很难确定上述属性中哪一个是真正 "对症的", 它们肯定不是系统生态学所独有。传统生态学研究也包含大的空间或时间尺度。的确, 老式的地生物集群 (biome), 这个仅小于生物圈的最大的生态实体, 就是 IBP 所喜爱的空间尺度。系统生态学家和早期生态学家一样, 都强调其他学科 (如物理学、化学、气象学、特别是数学) 对生态学的意义。一些系统生态学家回过头来又强调早期生态学家所重视的生境的物理属性。这曾一度成为学术幽默的对象, W. C. 阿利 (Allee 1934a) 写道, "一个聪明的大学校长曾说过, 生态学看来是研究没有猪的猪圈"。数学模型在生态学中无所不在。尽管系统生态学使用的是大型计算机模型, 但一些数学生态学家仍把这种模型贬为俗不可耐。此外, 一些不是系统生态学家的生态学家也广泛提倡和运用计算机和假说。尽管如此, 系统生态学家以新品种、混血儿或其他名称突然出现, 仍是 1960 年代生态学中独树一帜的发展。

范·戴恩 (Van Dyne 1980) 以及舒加特和奥尼尔 (Shugart and O'Neill 1979) 一致确认, 系统生态学起源于用微分方程组表达的生态系统计算机模型。或许, 所用的模型的大小和形式, 是系统生态学最具特色的属性。数学模型在生态学中并不新鲜。在 IBP 早期出版物中, 有着关于生态学数学模型的范围广泛的文献目录 (O'Neill, Hett, and Sollins 1970; Kadlec 1971)。生态学中数学模型概念的范围之广阔, 表现得十分明显。使我吃惊的是, 我的研究也在这两份文献目录中, 尽管我对建模一无所知。A. J. 鲁特 (Rutter 1972) 也谈到同样的感觉: 他把自己比作莫里哀 [230]

笔下《贵人迷》(*Le Bourgeois Gentilhomme*[①]), 这位先生啰啰唆唆地讲了 40 年散文 (prose), 自己却并不知道。上面引证的这两份文献目录是想要证明, 在 IBP"生态系统分析"项目中广泛运用数学模型是合理的; 的确, 模型应起着主要作用。许许多多的座谈会、讨论会、文章和书籍, 都思考生态学中更为新颖的模拟及其对生态学的意义 (Goodall 1972; Innis 1975a; Pielou 1981)。伊尼斯 (Innis 1975a) 评述由于引入系统模型而产生的争议, 并将它归因于所提出的数学模型比过去的多, 归因于实践生物学家把数学视为威胁的观念, 归因于强迫生物系统服从所使用的数学工具。可以肯定, 一些生态学家会继续海克尔、朱岱、那斯以及其他人的传统, 认为大多数数学模型中的简单假设会败坏它们在研究生态系统复杂性中的用途。无疑, 一些生态学家感到 1960 年代和 1970 年代数学模型洪流的威胁。但尚不清楚, 他们的担心是否完全出于伊尼斯的设想: "20 岁以上的人们学习数学有困难" (Innis 1975b)。只是有时缺乏充足证据表明数学模型之于应当学习必要数学知识的关联性 (K. E. F. Watt 1975; Hedgpeth 1977; Pielou 1981)。对系统分析关联性的怀疑, 产生于大批物理学家、工程师和数学家进入生态学, 并有时将令人眼花缭乱的数学应用于他们很少了解的这门学科。IBP 采取的部分做法是, 通过对生态系统进行团队研究来缓解这一问题。这时, 数学建模者将和生态学家一起成为研究队伍的成员。然而, 正如哈尔芬 (Halfon 1979; 11) 写的:

> 数学模型建构和系统方法之间存在着差别。建模者需要对一个给定的系统, 构造合适的数学模型。但对理论家来说, 他们的兴趣在于分析本身, 而不是实际系统。

[231] 某些系统生态学家看来是强调模型本身, 而不是强调他们力图要阐明甚至要预测的系统, 史密斯 (Smith 1975b) 对生态系统模型提出如下的论点:

> 我发现, 这**一特定** (ad hoc) 类型的模拟, 从模拟给定的生态系统行为看, 是能够令人满意地**利用** (using) 生态学。但从获得对于生态系统生态学的新见解看, 它们对**研究** (doing) 生态学是无用的。

詹姆森 (Jameson 1970) 曾经思考数学家与生态学家之间的恰当关系, 他强调, 生物学家最好通过数学家的帮助而成为主要的建模者。然而, 许多数学模型主要甚至完全是由仅具备数学知识的非生态学家发展起来的。在为一些已经建成的、代价昂贵的模型辩护时, 普遍听到的抱怨是: 模型是精致的, 但生态学家疏忽了用数据来检验模型。生活中的显而易见的事实是, 一个具有丰富想象力的数学家或生物

---

① *Le Bourgeois Gentilhomme*, 是法国剧作家莫里哀的由音乐、舞蹈、歌咏构成的五幕芭蕾喜剧 (1670), 中文译名为《贵人迷》。讽刺资产阶级的社会攀比和附庸风雅的性格。

学家创造模型的速度, 远比一支生态学家小队获取数据用以检验模型的速度快得多。伊尼斯和奥尼尔 (Innis and O'Neill 1979) 在其著作《生态系统的系统分析》(*Systems Analysis of Ecosystems*) 的序言中, 承认这一点:

> 模型是容易建立的。随着建模越来越普遍, 会有越来越多的与系统分析有关的科学家进入这一领域, 从而使得建模变得更为容易。但是, 我们在分析和解释上面临的挑战则更为巨大。

杰弗斯 (Jeffers 1978: 22) 也认识到这一现象, 他写道:

> 数学模拟是一个十分令人着迷的职业, 以至于建模者很容易抛弃现实世界, 而让自己沉溺于为抽象的艺术形式而使用数学语言。

建模者并不很留心这些警告, 所以生态学家面临的挑战之一, 是如何对付形形色色的模型。计算机巨大的容纳能力产生了模型的多样性; 而多样性则要求提供足够的或恰当的系统量测。这一普遍存在的问题给生态学家造成根本性困难, 不管他是置身于 IBP 内还是 IBP 外。

系统生态学文献中有许多是系统理论和系统分析。对于非系统生态学家, 问题在于系统理论和系统分析有多种形式, 并且都已用于生态学。路德维希·冯·贝塔朗菲 (Ludwig von Bertalanffy) 这位生物学上的经典人物, 把系统理论应用于生理学 (Bertalanffy 1951, 1968)。他听上去差不多是一个克莱门茨主义者, 因为他描述了 "整体 (wholeness) 原则、组织 (organization) 原则以及动态相互作用 (dynamic interaction) 原则"。它们都以有机体论形式出现于生物学, 并与 "过去生物学中的解析 (analytical) 原则、累加 (summative) 原则以及机械论 (machine theoretical) 原则" 相对立 (Bertalanffy 1951)。然而, 和大多数系统理论评论者一样, 贝塔朗菲注意到系统理论的起源特别混杂。拉兹罗 (Lazlo 1972) 在他的著作《一般系统论的关联性》(*The Relevance of General Systems Theory*) 中, 研究了这个生态学家经常碰到的问题。许多生态学家并不愿意探索系统生态学的任何起源。一个最为有益的评论来自利林费尔德 (Lilienfeld 1978) 的著作《系统论兴起》(*Rise of Systems Theory*); 它确认 6 种起源, 并且这些起源都在系统生态学文献中得到引证。尽管利林费尔德是系统思想和系统哲学的众多批评者之一; 但是, 甚至连他的一个被批评对象也承认, 他对系统思想家们的思想做出了最清晰的总体观察 (Lazlo 1980)。利林费尔德说, 这种始终与生态学混杂在一起的系统思想的起源, 包括:

(1) 贝塔朗菲的 **生物哲学** (biological philosophy);

[232]

(2) **控制论** (cybernetics), 它与维纳[①] (Norbert Wiener) 有关; 也与阿什比[②]
(W. R. Ashby) 著作中的机械、反馈和自动化等概念有关;

(3) **信息理论** (information theory), 它以香农和韦弗的工作为基础;

(4) **运筹学** (operations research), 它出现于第二次世界大战期间;

(5) 冯·诺依曼[③] (von Neumann) 和摩根斯特恩[④] (Morgenstern) 的**博弈论**
(game theory);

(6) 用于模拟复杂系统的**计算机技术** (computer techniques for simulation),
如福雷斯特[⑤] (Forrester) 提倡的那样。

一个主要的系统论理论家写道, 生物学家必须知道物理学、化学和系统理论 (Mesarovic 1968)。常常要求生态学家应在他们传统本领之外, 再增加一些系统思维。但是, 一个不无道理的问题是, 究竟应增加哪种思维。生态学中最广泛接触的系统分析, 是作为一种方法, 并且主要是数学模型。但正如帕顿坚持的, 它还有着哲学的弦外之音, 甚至利林费尔德还认为, 它是一种意识形态。生态学家并不容易辨认它们之中哪些是暗指系统生态学经常讨论的内容, 也不容易确定它是否是一种方法、哲学或是一种意识形态。或许, 事情还不仅仅是这些。罗森 (Rosen 1972) 写道:

---

[①] 诺伯特·维纳 (Norbert Wiener, 1894—1964), 美国数学家, 哲学家, 麻省理工学院数学教授, 后来是随机过程和噪声的早期研究者; 这些工作与电子工程、电子通信以及系统控制有关。他创造了控制论 (cybernetics), 并将反馈概念规范化, 从而对工程科学、系统控制、计算机科学、生物学、神经科学、哲学和社会组织均产生巨大影响。

[②] 威廉·罗斯·阿什比 (William Ross Ashby, 1903—1972), 多称为罗斯·阿什比 (Ross Ashby)。阿什比是英国精神病学家, 控制论的先驱, 英国控制论学派的奠基者, 研究发生在机器和生命体中的通信和自动控制系统。他的两本书,《设计大脑》(*Design for a Brain*, 1952) 和《控制论导引》(*An Introduction to Cybernetics*, 1956) 都是里程碑式的作品。它们将精确的逻辑思维引入新生的学科中, 并具有很高的影响力。

[③] 约翰·冯·诺依曼 (John von Neumann, 1903—1957), 匈牙利裔美国人, 一位科学领域的通才。他是数学家, 研究遍及基础数学、泛函分析、遍历性理论、几何学、拓扑学、数值分析; 他是物理学家, 研究遍及量子力学、流体力学、量子统计力学; 他是经济学家, 和摩根斯特恩一道创立博弈论 (game theory); 他是计算机科学家, 奠定了电子计算机的结构和工作原理。他参与了曼哈顿项目, 开发了与核爆有关的数学模型。

[④] 奥斯卡·摩根斯特恩 (Oskar Morgenstern, 1902—1977), 出身德国的经济学家, 他和冯·诺依曼合作, 创立了博弈论的数学方法并推动其在经济学中的应用。

[⑤] 杰伊·赖特·福雷斯特 (Jay Wright Forrester, 1918—2016), 美国计算机工程师和系统科学家。他是麻省理工学院斯隆管理学院的教授, 系统动力学 (system dynamics) 的创始人。这一理论和方法是对动态系统中对象之间的交互作用进行模拟, 其成果有《工业动力学》(*Industrial Dynamics*, 1961),《城市动力学》(*Urban Dynamics*, 1969),《世界动力学》(*World Dynamics*, 1971)。这一理论最有影响的工作, 是福雷斯特团队的成员多内拉·梅多斯 (Donella H. Meadows)、丹尼斯·梅多斯 (Dennis L. Meadows) 等人, 在罗马俱乐部支持下完成的《增长的极限》(*The Limits to Growth*, 1971)。尽管极具争议, 但它开启了对可持续发展思想的思考。

在系统论总题目下正在发展的思想和概念体系, 相当于一次深刻的科学    [233]
革命, 像早前伽利略和牛顿所做的那样, 将深刻地改变人类思想。

广义上, 系统论是根据系统原理发展成一门统一的科学的尝试。系统论的许多术语都和生态学相通, 尽管其意义不尽相同 (参见**适应性**, **边界**和**环境**, **变化**, **动态**, **平衡**, **增长**, **稳定性**——Young 1956)。一般认为, 生态学有太多的东西能向系统思想学习。诺伯特 · 维纳 (Nobert Weiner), 这位主要的系统理论家之一和控制论奠基人, 他的思想是有机体论的, 并且本质上是生态学的 (Rider 1981)。尽管如此, 阿伦和斯塔尔 (Allen and Starr 1982) 思考生态学如何利用那些超越机械控制论的一般系统论思想的问题。他们的做法是, 强调等级, 把系统理论当作一个 "可以发展生物学新思想的概念框架"。他们认为, 尺度问题具有关键重要性; 并且看来很清楚, 生态学的许多论争往往起源于生态学家从不同尺度来观察具有生态学意义的客体。

戴维 · 柏林斯基 (Berlinski 1976) 对系统分析做出毫不留情的否定性评述; 他谈到系统思想的几个起源, 并主要考察它们的数学基础, 正如其他评论者指出, 柏林斯基虽不是一个组织得很好的批评者, 但他的立场是毋庸置疑的。在近来的学术讨论中, 很少见到这样措辞的批评: 从 "乱糟糟" "浅薄" 到 "毫无意义" "逻辑上粗俗不堪" 以及 "胡说八道的科学哲学"。柏林斯基对一般系统论的总结: "它是一场空洞无物的运动。……伟大的抱负因缺乏伟大的理论而显得力不从心"。生态学家很难评价柏林斯基对系统思维基础的批评的公正性, 而这种思维正是系统生态学据以进行预测的基础。一位评论者 (Bailey 1978) 发现, 柏林斯基的一些论述是如此抽象以致毫无意义; 另一个评论者萨斯曼 (Sussman 1977) 虽然赞赏柏林斯基的做法和他的数学知识, 但也概述柏林斯基未能使系统分析的支持者信服的原因。这些可以视为反驳对系统生态学批评而做的一致辩护, 它们是:

(1) 批评者并不了解他的批评对象。

(2) 系统分析仅是在解释复杂性方面的第一个尝试, 所以结果不会立即像所期望的那样。

(3) 批评者过于苛求了。    [234]

(4) 即使批评者现在是对的, 系统理论在未来也将发挥作用。

利用上述理由为系统理论进行生气勃勃辩护的是拉兹罗 (Lazlo 1980)。对于柏林斯基从数学上对系统方法的批评, 拉兹罗的反驳可以简单归结为, 系统理论是一种哲学而不是一种数学方法。拉兹罗欢迎对系统理论的批评, 因为这对初出茅庐尚未经受系统思想影响的青年知识分子具有教育功能。拉兹罗预言, 对系统理论的一系列批评, 最终会导致采用系统的 "观念体系" (conceptual universe), 并实际上将成为系统理论的一部分。的确, 这对那些严肃地接受帕顿的 "系统生态学即哲学" 的生态学家来说, 是令人陶醉的麻醉剂。它为生态学展示了一项新的多少有害的副业, 而且它甚至比早期呼吁生态学家学习数学和计算机程序更为困难。

# 6.5　生态系统生态学的现状

　　IBP 在 1974 年正式结束, 刚好与第一届国际生态学大会的时间相重合。这次大会文集以《生态学中概念的统一》(*Unifying Concepts in Ecology*) 为题出版 (van Dobben and Lowe-McConnell 1975)。生态学自第一次出现于主要科学大会的议程上 (Drude 1906) 到这次大会召开, 已经 70 年。1974 年的 "概念统一", 实质上是指 IBP 的关注——生态系统的结构、功能和管理。并非所有思考过的概念都是新的或统一性的。稳定性和演替就是明显的关注点; 它们的范围延拓了, 但其内涵却很少一致。在 1974 年会议上, 恰恰是这个题目受到一名会议参加者的抨击; 他认为, 生态学存在的一个主要问题就是它总在研究概念, 而不是研究理论及其在预测和可证伪性方面可能的功过 (Rigler, 1975b)。这一批评与针对 IBP 希望发展大尺度生态系统模型的批评是一致的; 那一批评认为, IBP 的这一愿望 "由于缺乏坚实的理论, 显得不切实际" (National Academy of Sciences 1974; Boffey 1976)。IBP 在其开始前、整个过程中以及在 1974 年正式结束后, 都一直受到批评性评论。它经受来自相关

[235]

科学社团、资助竞争中的对手以及提供经费的政府机构的彻底审查与批评。很少见到像 "革命" 与 "研究范式变更" 等如此热烈的吹捧。但是想要在生态学名义下实现如下狂妄的承诺并不容易:

> 充分认识自然战略, 以便为农场、林区和渔业的管理人员提出操作建议, 为享有公共水域或气候区的市政当局设计新的人口中心, 并重建已有的中心。…… 我们需要知道, 我们能做什么与不能做什么, 我们应当做什么与不应当做什么; 所有这些都要以坚实的科学事实为根据。这就是 IBP 提议要做的事情。(Blair 1977a: 94)

并且, 所有这一切要在 5 年执行期内完成。

　　那些为 IBP 支持的系统生态学研究做辩护的人们, 强调的理由之一是 IBP 本身是一个试验, 是一个在经费并不宽裕的条件下为突破小尺度的短期的生态学研究而做的真正的开拓性尝试 (Auerbach, Burgess and O'Neill 1977)。许多传统生态学

研究往往没有经费或只有很少经费。一些广受批评的描述性生态学研究之所以进行，很可能是因为它们既不大花钱又十分必要，而不是一些人有时暗示的是因为研究者缺乏智慧。1967 年，由于突然认识到 "严重的环境问题要求人们对自然和人工生态系统如何运行有更好的了解"，从而产生了一个应急的研究规划，而当时生态学尚未做好准备。卡彭特 (Carpenter 1976) 做出一个对比：一方面既缺乏有关生态系统描述和功能方面的知识，另一方面又无能力预测生态系统的行为——这是在环境问题高度政治敏感的时代，行政和司法人员高度期望的。卡彭特也注意到，缺少对生态系统的历史和现在的基准信息 (baseline information) 的长期投资，就是说，"在生态学数据方面，并没有做过类似于美国地质调查局或美国农业部的土壤图绘制那样的工作"。

评价 IBP 的部分困难在于，它是在一个被忽视的科学领域中的正式行动，试图根据计划好的和统一管理的方案以取得大规模进展。它是生态学中以 "综合团队" (integrated team) 方式，期望达到迄今在生态学领域尚不知晓的多学科集成水平。它是一个小型 "曼哈顿项目"① (Manhattan Project) 联盟，但对 "原子弹是否爆炸"，或研究 (如癌症治疗) 是否取得 "突破"，缺乏有效检验。作为一项前所未有的并最终在生态政治领域赢得成功的活动，它的拥护者有根有据地宣称，它确保了资金并且达到一般在生态学中尚未达到的目的。或许，对 IBP 评价的最大制约在于，那份应当在规定的截止日期时准备好的正式评论尚未成熟。对 IBP 及其对生态学影响的评价，有必要等待那些预期的 30 到 40 部综合文集及其解读 (digestion) 的全部出版；而这些事需要由生态学家来做，而不是规划或资助单位。

[236]

正如所期望的，美国国家 IBP 委员会准备的报告对取得的成果还是欣赏的，并且认为，"美国 IBP 在建立生态系统科学方面名正言顺地起着主要作用" (*U. S. Participation in the International Biological Program* 1974)。受国家科学基金会委托的第二份报告 (Battelle Columbus Laboratories 1975; Mitchell, Mayer, and Downhower 1976) 局限于三个大型地生物集群研究项目，并将它们与 1969—1974 年间发表的非地生物集群 (non-biome) 研究进行比较。这份普遍持有负面看法的报告提出一些反对意见 (Auerbach, Burgess, and O'Neill 1977; Gibson 1977; Blair 1977b)，以及对反对意见的反驳 (Downhower and Mayer 1977)。或许米切尔 (Mitchell)、迈耶 (Mayer) 和唐豪 (Downhower) 等人报告中最值得指出的结论是：

---

① 曼哈顿项目 (Manhattan Project)，指美国第一颗原子弹研发项目 (1942—1946)。项目由美国陆军工程兵团格罗夫斯 (Leslie Groves) 少将负责。物理学家奥本海默 (J. Robert Oppenheimer) 领导的洛斯·阿拉莫斯实验室 (Los Alamos Laboratory) 负责原子弹设计。由于项目的军队部分被指定称为 "曼哈顿区" (Manhattan District)，"曼哈顿" 一词逐渐成为整个项目的官方代号。

由于 IBP 的原定目标和研究计划在规划执行过程中不断修改和扩大, 所以, 关于系统分析和模拟技术对这一研究规划做出贡献的能力, IBP 只能给人以既平淡又耗资巨大的教训。

对美国 IBP 的第三个评价是由美国国家科学院的一个委员会进行的 (National Academy of Sciences 1975)。它断言, IBP 在所有主要目标方面都做出重大贡献, 但大多未能达到助其立项的华丽言辞。这个报告也注意到, IBP 在建立大型生态系统模型上的失败。它表达了一种想法, 即 IBP 有时过于强调模型, 并且建模者与野外科学家之间的信息交流亦不充分。然而, 它的总结性结论是, " (它) 对科学做出了根本性贡献"。看来很清楚, 追求大尺度生态模型并不成功; 但毋庸置疑, 较小尺度过程的模型和模拟作为生态系统研究的一种方法, 将会继续成为生态学中有价值的一部分。

[237]　　对英国 IBP 的评价没有多少争议, 因为那里少有许愿以及财政上的情绪化投资 (Clapham, Lucas, and Pirie 1976)。看法上的一致性是令人满意的。M. W. 霍尔德盖特 (M. W. Holdgate) 承认, 英国曾经不想要 IBP, 但结果无疑是有益的。C. H. 瓦丁顿注意到研究方法的根本改善和标准化。E. D. 勒克让强调以新的途径对青年生态学家进行培训以及范围大为扩展的湖沼学领域。沃兴顿的评论认为, 一直缺乏对植物与动物、陆生生态与水生生态之间的整合。勒克让甚至注意到 IBP 中淡水部分和海洋部分之间缺乏足够的联系。英国生态学很少像美国那样受 IBP 和生态系统分析的影响 (Duff and Lowe 1981)。一些欧洲大陆 IBP 项目受到的影响颇为明显 (Argen, Anderson, and Fagerstrom 1980), 不过这里对此不予考虑。一个更有意义的对 IBP 成功的评价, 将会出现在未来生态学的发展中。根据布莱尔 (Blair 1977b) —— 他一开始就是公认的 IBP 拥护者 —— 的观点, 它的主要成就在于把生态系推举为生态学研究单位。布莱尔同时也把新一代生态系统建模者的出现归功于 IBP; 这些人 "以他们的年轻、长发、便服为标志", 他们对生态学的影响将是持久的。他引证克拉彭 (A. R. Clapham) —— 英国 IBP 主席 —— 的话, 克拉彭说, "50 年以后, 人们将会指着生物学上的重大进展说, 这是 IBP 的一项直接结果。"

由于对 IBP 的压力已经消释, 并且 IBP 出版的高潮亦已过去, 这些半官方的声明肯定将政治、管理和财政成分与生态学家赞成和反对的科学判断混合在一起。对 IBP 的评价, 由于它对生态学的多方面影响而复杂化。一些人认为, "系统生态学作为一门已经命名的学科, 由于 IBP 的综合性地生物集群研究的推动, 正在发挥真正的重要性" (Patten 1975a)。纽豪尔德 (Neuhold 1975) 对美国 IBP 的几个地生物集群的模拟, 提出一个概括性看法; 他注意到大力推行的整体论思维模式对所有参加者的有益影响。纽豪尔德补充说,生态系统模型一般包括时间变化而忽视空间变化。令人吃惊的是,生态系统研究和种群研究都遭遇同样现象,即模式 (pattern); 这会混淆为轻易的泛化 (easy generalization)。K. E. F. 瓦特是 E. P. 奥德姆所说的系统生态学的革命性先驱之一。他应当适合评论几个地生物集群的生态系统模型 (Watt 1975)。瓦特说,所有的地生物集群模型都 "注意把非生物因子作为这些系统背后的最终驱动者"; 他还强调缺乏对非生物数据的可变性的考虑。 [238]
他提出一个总的严厉批评:

> 在模拟生态学现象的 20 年中,或是未能描绘出他们声称要描绘的生态现象,或是包含着内在数学问题,甚至更糟的是这两种问题同时存在。

他质疑线性系统理论在生态学的应用。而最近帕顿 (Patten 1975b) 根据复杂的非线性系统会趋向于线性化,证明这种线性处理方法是合理的。瓦特展望说:

> 现在的生态学理论可能会被线性系统理论的浪潮冲刷掉,这完全是因为可以获得大量的标准线性系统方法。

福因和杰因 (Foin and Jain 1977) 评述 IBP 以后系统分析和种群生物学的状况以及上面提到的关于 IBP 的几个报告。他们的结论是:

> 我们也许已领悟到,大量的经费、整体性方法和数学模拟,并不一定能克服那些妨碍科学知识增长的传统壁垒。

他们认为,IBP 未能产生一种深刻而又具有普遍意义的生态系统层次理论; 从而建议,需要把更多的研究集中于种群动力学上。福因和杰因开出的药方是,重视种群的各种参数,如优势度、生态位关系、种群过程 (死亡和生存, 扩散和定居), 以便为数学模拟提供基础,使之成为一个 "符合逻辑的结果"。福因和杰因呼吁 "发展一种将斑块状分布与整个生活史相联系的模型,这种模型最终将成为在群落构架中对种群数据进行重新整合的主要工具"。他们未能看到: 从 1920 年代起,传统种群模型一直特征性地忽视这种斑块模式; 并且最近在模式测量以及将模式综合进种群理论的努力,也一直未能成功。谢费和勒夫 (Schaffer and Leigh 1976) 甚至认为,模式妨碍着标准的种群理论应用于植物种群。无论怎样,大多数系统生态学家都不可能被这种种群理论方法的呼吁所动摇; 他们往往认为,它不能用于生态系统层次的现象。例如,帕顿 (Patten 1976) 写道:

> 我相信,沃尔泰拉的系统过于狭隘并且过于局限,以至不能据此建立整个生态学研究范式。理论生态学——种群、群落和生态系统——应当从 [239]

模型中涌现，它对可获得系统的时间发展过程进行最具普遍性、最为综合和最现代化的模拟。为此，一般系统论是值得推荐的。

生态学家同意，生态系统是生态学的一个重要方面。一些人把它作为基本单位 (the fundamental unit)，并致力于生态系统的模式和过程，并认为这对控制它的组成部分是至关紧要的。一些传统的生态学家，如克莱门茨，以及现代的生态系统生态学家，把生态系统视为一个进化单位 (McIntosh 1981)。帕顿 (Patten 1975c) 对此做了明确的说明：

> 生态系统允许包括生物组分和非生物组分，它们一同演变 (change) 和进化 (evolve)。这样，生态系统这一术语就意味着是一个协同进化 (co-evolution) 单位。

其他生态学家把生态系统视为种群以及它们为获得资源而相互作用的结果。这些生态学家根据物种之间竞争性相互作用、生态位以及群落系数矩阵，考查生态系统结构，但是并不把群落或生态系统本身视为进化实体。

> 群落中并不存在从事控制和组织的核心，也不存在指向一个核心控制系统的进化。…… 群落进化是物种进化和物种行为的结果。(Whittaker and Woodwell 1972)

生态学家对于生态系统的观念是相左的，他们并不都认同系统哲学。但帕顿认为，这个哲学对于生态学比它的具体方法和技术更为重要。

对生态系统生态学、系统生态学和 IBP 持续进行的评价，是发展对生态系统复杂性进行有效的经验与理论研究的一部分。这种复杂性长期以来一直困扰着生态学家。生态系统生态学继续成为美国国家科学基金会资助的生态学规划中的一个基本部分。过去 20 年中，在 IBP 内外所做的广泛努力已经增加了对生态系统如何发挥作用的了解。对于生态系统以及所涉生理和无机过程的营养物数量、存储和输运方面的知识，取得巨大的进展。在过去 20 年，由生态系统研究获得的有关生态系统功能的知识，可以包括污染物和有毒物质在生态系统的运动 (Loucks 1972)，只是对生态系统理论在应用生态学方面的前景尚看法不一 (Carpenter 1976; Suter 1981)。看来很少有人怀疑，这些知识会使生态学家对许多特定的生态系统问题做出更为有效的回答。仍然有待解决的问题是，生态学家是否已经具有或是否有希望具有——特别是引入它的某一非生态学形态的系统思维时——认识和预测生态系统响应的能力，以及对由此产生的问题给予普遍解决的能力。

系统分析和数学模型用于生态系统生态学的最为人熟知的理由之一，是它们的启发性作用。必须说, 正是系统分析及其生态模型, 它们引入重要的集腋成裘式 (serious and concentrated) 思想, 用以洞察语词和数学复杂性, 而这些语词和数学复杂性原本是要取代生态系统的内在复杂性的。这些的确促使生态学家努力去清晰地、分门别类地思考生态系统的结构, 并且将注意力从生态系统任一部分的物质量值, 即 "库" (pool) 的大小, 转到生态系统中的变化过程。建模者和数学理论家的共同抱怨是, 缺乏合适的数据以检验他们的模型; 这些模型把生态学家注意力集中于生态系统功能的不同方面。特别明显的是, 缺乏对生态系统参数的长期测量。事实上, 许多变量已证明对认识生态系统过程很有价值, 但它们的测量方法直到最近几年仍不合适。IBP 明显促进了测量方法的发展和标准化。鉴于明显需要对生态学数据和生态系统参数进行长期监测, 其响应是提议建立一个战略性地分布于不同地区的长期生态学研究网络 (a network of Long-Term Ecological Research, LTER) (Lauff and Reichle 1979)。已经认识到, 一些发生于地下和水生系统沉积物中的非常有意义但鲜为人知的事物, 实际上是掩埋在大量生态系统研究中。这些隐藏着的总体上难以测量的部分生态系统, 其影响由于 E. S. 迪弗①的《为泥淖辩护》(In Defense of Mud) 评论 (Deevey 1970) 而引人注目。更为有意义的是新一代青年生态学家, 他们或亲身或间接地经历着生态学活动范围与生态学研究方法的 "量子跃迁"。他们置身于一场测量生态系统特性的方法和技术革命中, 同时也置身于随之而来的利用计算机去集成研究结果的技术革命中。仍然有待证明的是, 由上述两种革命的 "辛苦劳动" 而节省的时间, 是否会转化为瓦特 (Watt 1968) 在一开始就预言的 "一种高层次的思想"。

[241]

---

① 小爱德华·史密斯·迪弗 (Edward Smith Deevey Jr. 1914—1988), 美国著名生态学家, 古生态学家, 美国生态学会主席 (1969—1970), 美国国家科学院院士。他在耶鲁大学师从哈钦森, 于 1938 年获得动物学博士学位。其后在大学与自然博物馆任职。他是一位富有创造精神的开拓者, 在定量孢粉学和古生物学、自然同位素循环、生物地球化学、种群动力学、淡水浮游动物的系统分类学和生态学等多个领域, 均有突出贡献。他还推动生命表在生态学中的使用。迪弗于 1982 年获得美国生态学会的杰出生态学家奖。

# 第 7 章　生态学的理论研究

对理论生态学的讨论, 一般像对生态学一样, 总是困扰于下列问题: 确定什么是理论生态学, 弄清它怎样发展, 甚至它应当成为什么。思考理论生态学的困难在于, 它需要一些概念: 什么是理论, 什么是生态学, 以及它们如何结合。近来一些讨论理论生态学的作者, 以一种急于使人消除误解的简单化来解决我提出的这些问题。例如小勒夫 (E. G. Leigh Jr.) 在一篇以 "生态学理论的历史概略" 开头 (Leigh Jr. 1968) 的文章中, 径直提到 "数学生态学的开拓者洛特卡和沃尔泰拉"; 斯库多和齐格勒 (Scudo and Ziegler 1978) 则称他们为 1920 年代 "理论生态学的黄金时代" 的奠基人。罗伯特·梅 (May 1974a) 是第一本直截了当地题为《理论生态学》(*Theoretical Ecology*) (May 1976) 一书的编者, 他也提出相似的历史说明, 但忽略了洛特卡。他说: "由于沃尔泰拉开创性的并始终起着核心作用的贡献, 使理论生态学在 1920 年代获得一个良好开端"。这种数学理论和生态学结盟的观点早已在《理论和数学生物学》(*Theoretical and Mathematical Biology*) 一书 (Waterman and Morowitz 1965) 中得到表述: "在生物学中很少有哪个领域像生态学那样受着理论数学研究的巨大影响" (Morowitz 1965)。一本题为《数学生态学导引》(*An Introduction to Mathematical Ecology*) 著作的作者写道, "生态学本质上是一个数学问题" (Pielou 1969: v)。数学理论对于生态学的巨大推动, 被认为超过了埃尔顿对于生态学的理论贡献 (Christiansen and Fenchel 1977)。在克里斯廷森和芬切尔看来, 数学生态学家致力于用易于处理的方程形式来表述生态学系统的复杂性质, 这样做有着如下几个优点: 防止错误的结论, 廓清需要解决的问题并容许精确性至少在数量级水平上的预测。上述所有作者都同意, 数学生态学是对非数学生态学的一个改进。

## 7.1　理论生态学中的革命

弗雷德威尔 (Fretwell 1975) 认为, 罗伯特·麦克阿瑟在 1950 年代和 1960 年

代 "领导和保护" 了一个重新复苏的理论数学生态学派。麦克阿瑟把生态学家分为两个阵营: 他称一个阵营为 "简单化理论的批评者"; 对于另一个阵营, 他说, 由于 "其主要兴趣在于建立一门科学的生态学, 所以它对生态学数据进行整理, 用作检验理论的例证, 并且它把大部分时间用于编织理论, 以便解释尽可能多的数据" (MacArthur 1962)。很明显, 后一阵营就是后来所称的 "理论生态学: 一门预测科学的开端" (Kolata 1974)。人们认为, 这一阵营在对抗反理论的故步自封的生态学家的革命中, 常常是由麦克阿瑟和他的同道们定调的 (Cody and Diamond 1975; Fretwell 1975)。然而, 保罗·戴顿 (Dayton 1979) 评论说, 生态学被划为众多 "阵营"。他对这些阵营之间缺乏交流而惋惜; 并且认为, 1960 年代和 1970 年代的宗派主义使这些阵营更难相处。麦克阿瑟对于理论与反理论两个阵营的直截了当的区分, 是在他对一本里程碑性的理论种群生态学著作《动物种群的生长和调节》(*Growth and Regulation of Animal Populations*) (Slobodkin 1962) 的评论中做出的。那本著作表达了 1960 年代对理论生态学前景普遍存在的乐观情绪。L. B. 斯鲁伯德金试图以数学和语言来阐述生态学的通用理论的基础, 并将它与进化和遗传学联系起来。用斯鲁伯德金的话说:

> 我们可以有理由期望, 最终将会获得一个全面的生态学理论。它不仅会对土地利用、害虫灭除以及开发等问题的实际解决提供指导, 而且允许我们从地球表面的初始条件 (来自地质数据) 出发, 去构造一个模型。这一模型将把遗传学和生态学结合起来, 从而针对地球上的进化, 解释过去, 预测未来。(Slobodkin 1962: 192)

斯鲁伯德金是 1950 年代和 1960 年代的少数生态学家之一, 他们致力于勾画一个能产生 "有预测能力的生态学理论" 的方案 (参见 Bray 1958; Margalef 1968)。他评论说, "运作步骤几乎可以肯定是将现有的种群动力学、种群遗传学和种间竞争理论加以扩充"。他的估计并不过分离谱, 因为这一期间的一个重要发展是努力把理论种群生态学和理论种群遗传学融合到一起。并不只有斯鲁伯德金一人持乐观态度。海尔斯顿是斯鲁伯德金的一篇纯思辨性并引起争议的论文 (Hairston, Smith and Slobodkin 1960) 的合作者之一; 此文在 1960 年代的生态学家中, 以作者们姓氏的首个字母的缩写 HSS 而著称。他在一篇回顾性文章 (Hairston 1981) 中写道, "当我们写那篇论文时, 我们对于生态学的未来是乐观的; 并且我们相信, 一个包容着野外工作的理论, 或许不久就会产生。"

[244]

　　麦克阿瑟认为, 那些批评简单化理论的人, 是一些反对使生态学成为一门科学的人们。他的这一看法, 在 1960 年代和 1970 年代数量众多的生态学评论者中很流行。这些人不满于生态学理论的缺乏, 并强调理论对于生态学要发展成为一门科学的重要性 (McIntosh 1980a)。克拉格 (Cragg 1966) 断言, "没有生态学理论, 谈论生态学研究的进展与时效性就没有意义"。盖茨 (Gates 1968) 敦促, "生态学在取得显著进展之前, 必须要有一个强有力的理论基础"。K. E. F. 瓦特 (Watt 1971) 呼应人们所熟知的问题, 早期生态学家仅有大量数据但缺少普遍化理论, 他说, "如果我们不能发展一个强有力的能把生态学的所有部分统到一起的理论核心, 我们将会在一个彼此无关的信息狂潮中被冲刷进大海"。在这一时期, 少数生态学家把理论生态学的主张, 视为对反对理论的旧体制的英勇抗争; 这种体制阻挠甚至挑剔由通晓数学的理论生态学家进行的改变生态学研究方式的努力 (Fretwell 1975)。如果说曾经存在着阻挠, 那么它也是失败了的, 因为到了 1974 年, 所表现出的担心已经是 "数学生态学已经正式建立, 而且看来推行着一种竞争排斥政策" (Van Valen and Pitelka 1974)。理论生态学在文献方面的成功, 肯定是最引人注目的。在 1970 年代, 理论生态学在不到三年的时间内, 论文数量估计增加了两倍。这种论文数目的爆炸和无数学术刊物的出现, 表现出令人震惊的繁荣 (May and May 1976)。数学理论生态学, 借用其亲本逻辑斯蒂方程 (parental logistic equation) 的符号, 正处于 $r$ 或指数阶段 (Patil and Rosenzweig 1979)。它被普遍称为是一场 "革命", 或被说成是为生态学发展成为一门预测性科学而提供的知识上的荷尔蒙:

[245]

> 生态学在过去几年中已经引人注目地成熟起来。它从起初的一门描述性科学, 发展成为一门崭新的基于数学的进化生态学。(Craig 1976)

科迪和戴蒙德 (Cody and Diamond 1975: vii) 宣称:

> 20 年来, 新的范式 (paradigm) 已将生态学的大部分领域转变为结构完整的预测性科学。它把强有力的定量化理论与对自然界中广泛分布的模式的识别结合起来。生态学的这一场革命在很大程度上是由于罗伯特·麦克阿瑟的工作。

对于生态学理论上的这一场革命, 另一种看法是, 由于经验性研究萎靡不振, 生态学已被那些未经检验和不能被检验的理论所困扰。戴顿否认, 他那篇后来被列为 "经典引证文献" 的论文, 是出于理论的激励。他写道:

> 生态学看来常常被魅力超凡的数学家们发起的理论浪潮所左右, 从而不能认识到合格的生态学应当坚持以博物学为基础, 并利用恰当的科学方法辟路前进。(Dayton 1980)

尚不清楚, 戴顿心目中的魅力超凡的数学家是谁。不过, 哈钦森 (Hutchinson 1975)

以前曾经指出, 需要用确切的博物学知识来为数学抽象调音; 他还评论说, "麦克阿瑟确实了解他的调音器"。

"恰当的科学方法", 是许多理论生态学讨论的核心。常常被颂扬为理论生态学家之首的麦克阿瑟 (Hutchinson 1975: McIntosh 1980a) 也承认, 最好由野外博物学家来为生态学 "创造并非平庸的理论", 不过他又补充一个附加条件: 这些人 "应当知道科学到底是什么" (MacArthur 1962)。生态学是否是一门合格的科学, 它的最早的批评者和实践者们曾经争论过。但许多人认为, 它在 1960 年代终于成为一门科学。对于生态学正在成为科学有着各种主张, 如 "实验性的" 科学、"现代的" 科学、"成熟的" 科学、"预测性的" 科学、"研究普遍规律的" 科学、"硬" 科学或 "数学理论化的" 科学, 加之西尔斯 (Sears 1964) 把生态学描述为一门 "颠覆性" 学科, 意味着在生态学家中对于 "恰当的科学方法" 或 "科学到底是什么" 已有一致的认识。除 "颠覆性" 这一称呼外, 其他的说法都伴同着一种主张或暗示: 以前的生态学是描述性的、旧式的、不成熟的、静态的、软的、非理论化的, 并且是由不 "懂得科学到底是什么" 或者至少不懂得后来一代生态学家所信奉的 "科学到底是什么" 的博物学家所从事。主要问题来自这样的事实: "科学到底是什么" 的观念以及生态学应如何适应这一观念, 在整个科学家中, 特别在生态学家中, 同时也在作为 "什么是科学" 的仲裁者的哲学家中, 对它的答案是摇摆不定的。此外, 一些热衷于理论生态学具体构想的生态学家, 在表达他们对科学的看法以及这些看法对生态学的实际重要性时, 既不明显一致, 也不透彻。他们对于科学到底是什么没有统一的见解。

1960 年代, 由于普遍意识到环境危机, 生态学一下子成为关注的焦点。生态学思想和生态学家应当介入环境问题, 这样的事并非前所未有。草原生态学的出现, 部分就是出于对早期环境危机的响应 (Tobey 1981)。渔业资源的下降, 导致水生生态学中一个重要方面的发展。陆生动物生态学, 特别是昆虫种群生态学, 是由于人们注意到昆虫种群对农业和人类健康的影响而产生的。在 1960 年代, 本质上的不同是: 环境危机已经引人注目地获得广大公众和政府政策制定者的认知; 并且, 生态学作为一门公认的具有研究环境问题能力的科学, 也被紧抓不放。在公众和政府看来, 科学是由准备用来解决问题的法则、理论和模型构成的理想化的客观实体。尽管生态学家对在经验基础上研究问题有着广泛经验, 并取得某些成功, 但在 1960 年代, 他们面对的是一个双重问题: 既强烈要求生态学家去发展这门学科内蕴的理论生态学, 又要求他们根据尚未完善的理论, 对许多应用性问题提供专门指导。用斯鲁伯德金的说法, 要他们制造没有 "理论" 秸秆的 "经验" 之砖。"系统" 生态学家和 "理论" 生态学家之间的明显分野, 部分是由于前者中的一些人希

[246]

望发展一种由管理导向的生态工程, 而后者则希望根据进化理论产生一门理论科学 (Levins 1968b)。然而, 遍布于当代生态学的这一分野, 不管哪一方都不向对方让步。理论生态学家宣称, 有效的资源管理和公共政策, 要求依据数学种群生态学来发展生态学理论。而系统生态学, 尽管它从工程学中借来方法、模型和人员, 尽管一些系统生态学家把它视为工程学和生态学的融合, 但还是被褒扬为一种高级的理论生态学。一些人甚至把系统生态学说成已超越作为生物学的出身卑微的分支, 而成为一门 "泛生态学" (metaecology) (E. P. Odum 1977)。

[247]

## 7.2　作为哲学家的生态学家

在生态学 "开始成为一门预测性科学" 的年代, 怀抱各种信念的理论生态学家, 对 "科学到底是什么" 给予明确但又有些狭隘的引导。他们常常深入各种门类科学哲学的浩瀚文献中, 寻求支持。一些人认为, 生态学应当追随以物理学为代表的理论科学模式。复杂的并且明显具有异质性的生物系统, 将会由一个建立在一大堆普遍性法则、原理、常数和数学模型之上的理论生态学来处理。其他一些人则怀疑: 生态学, 甚至很大程度上还有生物学, 是否能够或者是否应当在产生用以解释和预测自然界规律的普遍理论方面, 像物理学那样发展。18 世纪发展起来的博物学与经典物理学迥然不同; 它强调定性的、历史的和具象的, 并且诞生了生态学和进化生物学 (Lyon and Sloan 1981)。这种博物学的从事者在 20 世纪生态学中有着他们的继承人。生物哲学评论者们很少相信生物学只是一门不成熟的物理学 (Simon 1971; Ruse 1973; Hull 1974)。一些进化生物学家明确表示, 生物学事实上是一门自主科学, 不应当指望它服从由物理学形成的科学模式 (Ayala 1974; Mayr 1982)。

显然, 评价理论生态学的部分困难, 不仅由于传统上生态学家的多样性与生态学所研究的自然组织的内在复杂性, 而且由于一般关于科学——特别是生态学作为一门科学——的哲学认识上的若干歧异 (Morales 1975; MacFadyen 1975; McMullin 1976; McIntosh 1980a, 1981a; May 1981a; Willson 1981; Niven 1982)。这些歧异必须明确加以说明; 并且, 即使不能解决, 至少必须有条有理地讲清楚, 使得生态学理论能够清晰地系统表述, 并能进行有效验证。关于生态学理论的许多争论, 普遍是因为几种生态学传统从一开始就彼此缺少了解。最近几十年, 由于理论生态学家中的敌对 "阵营" 各自坚信自己对 "科学到底是什么" 的理解是正确的, 从而使得这种争论愈演愈烈。最近的生物哲学书籍或是由某些生态学家提出的科学哲学的解释, 都不能证明那种要把生态学按照某一科学哲学铸就的信心是有道理的。罗

[248]

伯特·梅 (May 1981a) 作为当代理论生态学的一个仲裁者,指责对 "科学研究途径 (The Way To Do Science) 的简单幼稚的公式化表述",尤其是由 "空谈理论的义务警员们" 推进时。他甚至提出,费拉本 (Paul Feyerabend,参看 Broad 1979) 的极端观点 "科学并不完全是一种合乎理性的追求",可能比培根和波普尔的观点更为可取。认为生态学想要成熟就应遵循经典科学的观念属性,可能不完全合适。一些理论生态学家质疑的正是这一点 (Slobodkin 1965)。梅 (May 1981a) 修正他早先对生态学的数学理论的强调,并且承认,生态学理论会以许多形态出现,其中包括语词模型 (verbal model)。

在 1960 年代和 1970 年代,呈现给生态学家的最受喜爱的食谱中,有 "假说–演绎哲学" (hypothetico–deductive philosophy),即熟称的 "H–D" 方法;它被推崇为从事科学研究的恰当途径。它是否适合于生态学家,抑或可能被生态学家所忽略,已成为共同话题。弗雷德威尔 (Fretwell 1975) 宣称,1955 年以来的 20 年,美国《生态学》杂志发表的立足于假设–演绎方法的文章,增加了十倍。罗森兹威格 (Rosenzweig 1976) 写道,"生态学现在正在成熟",并将此归功于那些生态学家,他们主张 "首先产生假设、再在受控实验中反证假设"、从而发展了 "假设–演绎哲学"。假设–演绎方法有着多种含义不同的哲学渊源。鲁斯 (Ruse 1973) 把假设–演绎体系,说成是物理科学理论意义上的公理体系。一般地说生物学,具体地说生态学,至今尚不能用公理方式来阐述,所以罗森兹威格和弗雷德威尔心中是不可能有这样的主张的。更为可能的是,他们想到的是卡尔·波普尔[①] (Karl Popper) 的科学证伪概念 (falsificationist conception of science);这一哲学是说明科学应当如何运作。它现已成为填补逻辑实证主义隐退而留下空缺的几种哲学之一,并且一直被引荐给生态学家 (Jaksic 1981)。然而麦克法迪恩 (MacFadyen 1975) 评论说,"一些生态学家发现,很难看出我们的科学能在多大程度上符合波普尔和梅达沃[②] (Medawar) 的

---

[①] 卡尔·莱曼德·波普尔 (Karl Raimund Popper, 1902—1994),英国学术院院士 (Fellow of the British Academy, FBA),皇家学会会员,奥地利–英国哲学家。他被认为是 20 世纪最伟大的科学哲学家之一。他在科学方法上以反对归纳法、推崇经验证伪 (empirical falsification) 而著称。他认为,经验科学中的理论不可能被证实,但能被决定性试验证伪。在认识论上,他反对古典的知识证实论 (justificationist account of knowledge),主张以批判理性主义 (critical rationalism) 取而代之,被评为 "哲学史上批评主义的第一个非证实哲学" (the first non-justificational philosophy of criticism in the history of philosophy, by Stephen Thornton, 2015)。波普尔的政治哲学是崇尚自由民主,相信繁荣的开放社会,并试图调和民主政治下自左至右的所有意识形态。

[②] 彼得·布莱恩·梅达沃 (Peter Brian Medawar, 1915—1987),出生在巴西的英国生物学家,他研究移植排斥 (graft rejection),发现并证明获得性免疫耐受性 (acquired immune tolerance)。印证了伯内特 (Sir Frank Macfarlane Burnet) 的理论预测。梅达沃的工作是对移植免疫学的奠基性贡献,因而被称为移植之父。因获得性免疫耐受性方向的工作,他与伯内特共获 1960 年诺贝尔生理学或医学奖。梅达沃通晓音乐、歌剧、哲学以及科学文化,是卡尔·波普尔的好友。

[249]　假设－演绎形象"。他注意到由于 "演绎方法的误用" 而引起的问题。戴顿 (Dayton 1979) 评论哲学家们最近的几种观点, 发现 "哲学家自己似乎很少有共同之处"。然而, 他引证波普尔的话概括波普尔众所周知的立场。波普尔说, "科学方法就是大胆猜想, 并机智而又苛刻地试图否定它们"。戴顿文章的一部分是讨论将这一学说用于生态学或许还有其他科学的困难性。的确, 生态学有着它的 "大胆猜想" (bold conjecture), 甚至是糟糕的推测 (rank speculation); 这些在生态学文献中屡见不鲜。斯鲁伯德金 (Slobodkin 1962) 坦率地把他的种群生态学著作最后一章的标题设为 "思辨 (speculation)"。他猜想, 一个理论群落生态学, 将会建立在有根有据的普适性概括的基础上; 这种概括 "将对那些可能采纳的生态学理论的性质做出严格限制"。然而已经证明, 做出限制是困难的。甚至更难做到的是波普尔所要求的那种否定假说或理论的 "苛刻努力", 而否定猜想或推测则容易得多。戴顿 (Dayton 1979) 思考了固有地不可检验的假说的问题, 并列举在波普尔之前就已由钱伯伦 (T. C. Chamberlain) 在 1890 年认识到的更难以调解的问题; 这一问题是如此具有说服力, 以至《科学》杂志的编辑认为, 这篇文章值得在 75 年后重新发表 (Chamberlain 1890)。钱伯伦是一位地质学家。他先于植物生态学家, 在 1870 年代已对威斯康星州的植物群落进行描述, 并影响了后来芝加哥大学的 H. C. 考勒斯。钱伯伦指出了科学家中的一种危险倾向: 他们力图获得一个假说, 继而忽视它的缺陷, 甚至回避寻找证据暴露这些缺陷。他说, 这一倾向导致了对处于 "统治地位的理论" (ruling theory) 的保护。波普尔的思想是对假说进行严格检验和证伪, 以此消除假说的不健全之处。这实质上提出一个问题: 由钱伯伦雄辩地说明的那种倾向 —— 不管其哲学上的优劣 —— 所引起的智力夭折和散逸的问题。戴顿同样提出假说检验中的问题: "信仰者们对一个学说的忠诚, 会使他们丧失对这一学说的敏锐批评能力"。理论上讲, 这一困难应当通过恰如其分的客观性与愿意抛弃不合适的假说和模式的心态, 加以克服。不幸的是, 在各生态学学派或隐形学院 (invisibal college) 中, 流行的倾向是证实 (verify) 而不是证伪 (falsify), 或者以更为哲学化的说法, 是使某些思想 "具体化" (reified) (Caswell 1976; Dayton 1979)。最近, 罗迈斯伯格 (Romesburg

[250]　1981) 呼吁将 H–D 方法用于有关野生生物的应用生态学。由于研究野生生物的生态学家未能利用 H–D 方法来检查野生生物科学中的错误, 所以罗迈斯伯格不赞成将野生生物科学与医学研究相比。然而, 在他的这篇文章中, 对于将这一 "科学方法" 应用于生态学存在着明显的不同看法。例如, 罗迈斯伯格写道, "从未打算用建模作为探索科学知识的手段"。他的这一说法是基于他认为模型不具备有效的预测能力。相反, 新一代的生态学建模者认为, 模型会导致假说和理论, 或者其本身就是假说和理论; 并且认为, 模型的主要优越之处在于, 它们将产生一门有预测能

力的科学 (McIntosh 1980a)。

在探索生态学理论时, 普遍碰到的另一个哲学思考是演绎法相对于归纳法的优点。传统生态学家普遍因过度专注于归纳法而受到批评。但是, 一些知名的早期生态学理论是特别注重演绎的。哈钦森 (Hutchinson 1963) 称 S. A. 福布斯的 "微宇宙" 是 "在发展美国湖沼学中第一个重要的理论生态学构想"。福布斯 (Forbes 1887) 在提出这一理论时采用显而易见的演绎方法。并且, 他特别否定 "归纳法足矣" 这个哲学上常见的论点。他说:

> 如果单纯通过归纳来确定自然界原初的规律, 那么必定需要对世界上的所有部分进行非常大量的观察。这将需要花费非常长的时间。如果我们首先求助于 "寻找通往终点的捷径" 的原则, 就可以获得更为正面的、更令人满意的结论。

克莱门茨 (Clements 1904, 1905) 发展他的 "顶极群落是一个超级有机体" 的颇有影响力的演绎性理论, 这一普遍性概括肯定出现在有任何归纳基础之前。不过, 其他的雏形植物生态学家和早期生态学家都坚定地执持着归纳法立场。森佩尔 (Semper 1881) 在令人瞠目的标题 **"最后的警告"** 下, 对那种根据一般假设进行理论解释的恶习提出告诫。然而, 森佩尔也预见到, "在方法论中需要逐渐引入哪怕是有机体论的观点, 以确定在机理方面真正起作用的 (即生理学的) 原因"。斯派尔汀 (Spalding 1903) 写道:

> 事实的累积和表述, 正如实际情况显示的那样, 应该花费生态学研究时间的 9/10, 也可能 99/100。假说是非常吸引人的, 但是, 如果要求那些自身正忙于观察的人们也表现出对宇宙理论的热切追求, 那么我们就全错了。现在生态学研究者的真正主要的任务是, 充分、确切、完整和自始至终地查明与记录事实。

[251]

然而, 亚当斯 (Adams 1913) 把地质学家范赫斯 (Charles Van Hise) 引为生态学家的典范, 并引证他的话说:

> 当我听到一个人说, 他观察到某个事实, 并且他的发现不受任何理论所左右, 我把这种声明不仅视为是对他本人工作的指责, 而且认为这一立场是不可能的。

在范赫斯看来, 只要对需要采集的事实进行选择, 就意味着要受到某种有关它们重要性和意义的理论的指导。后来的生物哲学家和生态学家认同这一立场。不过,公开的和非公开的对生态学的归纳性研究一直存在。劳普 ① (H. M. Raup) 持续进行的工作, 就是坚定的和值得自豪的归纳法, 是培根主义的, 是与演绎理论、至少与克莱门茨理论背道而驰的。人们认为, 劳普自 1930 年代开始的研究是通过归纳法来接近 "真理" 和 "真实", 并且无视 "那些试图兜售仓促的演绎性解释的小贩们的尖声吆喝" (Stout 1981)。生态学中的归纳性方法, 一直延续到现在的生态学中, 甚至出现在一些未曾想到的地方。约翰·哈珀 (John Harper) 是一位公开申明生态学是一门有预测能力的理论科学的生态学家, 他写道:

> 我以为, 正是从对**个体**的重复性研究中, 如瓦特对于一个具体的局域环境中植物**个体**所做的研究, 大多数生态学普遍原理才可能产生。它们中的许多可能是概念, 而不是定律。(Harper 1982)

亚当斯 (Adams 1913) 再次把 1802 年地质学家普雷费尔 (J. Playfair) 的观点引为很好的建议; 普雷费尔说: "的确, 真理就是: 在自然界探求中, 理论工作与观察工作必须携手并进"。这里所说的 "真理", 在近两个世纪后的今天, 得到回音:

> 然而, 极为关键的是, 理论现在必须与经验工作协调一致地发展, ……以避免拼凑……大量平淡无用的理论的危险——它们并不关注动物实际上有能力做什么, 而这才是真正重要的问题。(Werner and Mittelbach 1981)

这是一个好极了的建议, 现在仍需始终如一地在生态学家中传播。对归纳性生态学的批评与对演绎性生态学的褒奖, 或者相反, 都是一再经常地出现的。

[252]　　或许生态学理论家中涉及面最大、时间最长、并最少有结论的论争, 发生于传统整体论者 (traditional holist)、新整体论者 (neoholist) 与有意识或无意识的还原论者 (knowing, or unknowing, reductionist) 之间, 后者 (指无意识的还原论者——译者) 有时也把自己说成是整体论者 (Levins 1968b; Allen and Starr 1982)。大多数传统生态学家, 从 S. A. 福布斯, E. A. 伯基, F. E. 克莱门茨和 A. 坦斯利, 到 A. 利奥波德和 W. C. 阿利, 都是明白无误的整体论者; 他们都把群落视为——或至少像——一个有机体 (Bodenheimer 1957; McIntosh 1976, 1980a)。整体论在当代理论生态学中一直是一个重大的主题。只是许多整体论者把他们自己, 说得糟些, 是严阵以待地

---

① 休·米勒·劳普 (Hugh Miller Raup, 1901—1995), 美国植物学家、生态学家和地理学家。他的工作领域包括博物学与自然资源管理, 其研究空间遍及热带、温带与寒带。他长期在哈佛大学担任植物学教授和其他职务 (1932—1967), 工作单位包括哈佛阿诺德树木园 (Harvard's Arnold Arboretum)、植物系、森林系、哈佛森林 (Harvard Forest)。从哈佛退休后, 他在约翰·霍普金斯大学地理系担任 3 年访问教授, 主要是在东北格陵兰岛 (North-East Greenland) 的梅斯特斯维 (Mestersvig) 研究植被与北极景观环境的关系。

应战还原论恶魔的少数派; 说得好些, 是发展与还原论的共存关系。前者 (指少数派——译者) 特别申明, 要求把问题中的子组分整合到一个更大的功能整体中; 他们所不满的是, 这一努力:

> 遭到许多学术社团的激烈抵制, 从而使那些社团和学者丧失整体论观点。这些抵制的令人汗颜的方面, 与其说是他们自己拒绝接受整体论观点 …… 不如说是他们终止了其他人试图接触整体论的尝试。(Cairns 1979)

E. P. 奥德姆 (E. P. Odum 1977) 承认, 科学应当既是还原论又是整体论的。但他又明确指出, 现在是前者做得太多, 而后者做得太少。奥德姆写道: "在各学术门类中, 生态学作为少数献身于整体论的学科之一, 显得特别突出"。不过他也认为, "即使是经济学, 也正在这一方向上奋斗"。有些生态家, 如米勒 (C. H. Muller), "在 1950 年代就已感到, 并在现在仍然感到, 对还原论向生态学入侵的普遍厌恶" (Muller 1982)。然而, 马格莱夫 (Margalef 1968) 认为, "被称为还原论的那种方法, 在生态学中是非常有效的"。虽然科林沃克斯 (Colinvaux 1982) 写道, 自坦斯利以来生态学家已经摒弃整体论, 但在生态学中一直经常看到还原论和整体论的毫无意义的两军对垒 (Rosen 1972; Lane, Lauff, and Levins 1975; MacFadyen 1975, 1978; Innis 1976; Lidicker 1978; Salt 1979; McIntosh 1980a, 1981; Cody 1981; Harper 1982)。李迪克尔 (Lidicker 1978) 认为, 生态学中对种群动力学的处理, 主要是还原论的, 已经占统治地位达 35 年。科迪 (Cody 1981) 试图保护整体论, 反对还原论, 他说:

> 对我来说, 这就是生态学的真谛。只有这样, 一个人才能在实验性还原论和世俗的陈规旧套的大海上得以生存, 不致沉没①。

在科迪的评论中, 伴随着整体论的有时是虔诚的联想; 相反, 伴随着还原论的是 "世俗的陈规旧套"。关于 "生态学家经常对还原论的抨击", 麦克法迪恩 (MacFadyen 1978) 说, "我认为它是绝对正当的"。他的这一看法的依据是: 生态学研究的是复杂系统, 其本身有着动态性质。 [253]

在生态学文献中, 对还原论与整体论的攻击确实是习以为常的, 并经常与进化生物学研究关联着。有些人对两者都反对。整体论生物学家向还原论生物学团体发起的一而再、再而三的攻击, 可能希望会导致还原论的消亡和葬送。莱沃丁 (Lewontin 1983) 写道, 他看到还原论僵尸上周乘他的系里 (哈佛大学) 的电梯升天

---

① 原文是 "only thus can one keep one's nose above water in the sea of experimental reductionalism and secular pedantry that currently threaten to swamp the field"。

了[①]。莱沃丁 (Lewontin 1968) 曾一度把 "那些坚持认为生态学和进化问题是如此复杂以至除非进行整体论表述则不能处理的" 生物学家, 贬为 "集邮者"。莱沃丁同样严厉批评将 "笛卡尔式的还原论" 用于进化生物学 (Levins and Lewontin 1980; Lewontin 1983)。莱沃丁是一个把种群遗传学引入生态学的主要倡导者 (Lewontin and Baker 1970), 并不时为生物学家做些哲学评论。他的观点值得重视。莱沃丁坚决反对笛卡尔式还原论与他命名为 "蒙昧主义" 的整体论。他认为, 可以同时拒绝通常的整体论和还原论, 而在辩证唯物论语境中处理生物学问题。他说:

> 唯心的整体论把整体视为某种理想化的组织原则的化身; 而辩证唯物论则把整体视为在它与它自己的部分相互作用中、在与它所隶属的更大整体的相互作用中的不确定的结构。整体和部分并不完全由彼此决定。
>
> (Levins and Lewontin 1980)

莱文斯[②] (R. Levins) 是莱沃丁上述文章的合作者, 他是一位明白无误的整体论者 (Lane, Lauff, and Levins 1975), 但他大概不会去鼓吹 "唯心主义" 或 "蒙昧主义" 的整体论。

　　整体论者与还原论者的对立, 在生态学发展的不同时期都会出现。哈钦森 (Hutchinson 1964) 写道, 1915 年, E. A. 伯基关于湖泊热收支的思想是 "整体论的", 隐含着单个状态变量; 而 S. A. 福布斯的湖泊 "微宇宙" 思想是 "分门别类式的" (merological), 隐含着许多状态变量。尽管福布斯研究的是昆虫和鱼类, 而伯基在接触热收支之前一般关注的是浮游生物, 但是福布斯和伯基都信奉 "湖泊是一个有机体" 的观念, 并且福布斯明确地表示, 整体决定着部分。然而, 哈钦森的区分预兆了不同流派的理论生态学的分离。一种流派的理论生态学是依据 "宏观" 变量 (如能量) 来研究整体; 而另一种流派的理论生态学则是着眼于大量的部分, 即 "微观" 变量 (Orians 1980)。理查森 (Richardson 1980) 认为, 克莱门茨的有机体群落概念与它的长期潜在的对手 H. A. 格利森的个体论群落概念之间的漫长论争, 是由

[254]

---

　　[①] 原文是 "he saw the corpse of reductionism going up in the elevator of his department last week (at Harvard University)"。

　　[②] 理查德 · 莱文斯 (Richard Levins, 1930—2016), 种群遗传学家, 生物数学家, 科学哲学家。受父祖辈和霍尔丹 (J. B. S. Haldane, 见 [260] 页脚注) 的影响, 他自小接受马克思主义。1956 年获哥伦比亚大学博士学位。他长期在波多黎各和古巴任教, 1967 年回到美国, 与莱沃丁 (Richard C. Lewontin) 结识, 开始了在生态遗传学和科学哲学的长期合作。莱文斯的主要科学贡献有两方面。其一是种群遗传学。他突破传统的环境恒定不变思想, 他的《变化环境中的进化》(*Evolution in Changing Environments*, 1968) 创造性地以数学模型揭示, 果蝇不断选择不同性状以适应不断变化的环境, 但并非要最大限度地适应, 甚至可以包括自身灭绝。其二是提出 "空系种群" (metapopulation) 概念。在其后 20 年, 生态学中出现一场 "meta-" 型概念革命, 以致可称为 "meta-ecology"。

于他们个人对整体论与还原论的不同天赋。理查森提出, 他们对生态学的整个智力处理方式, 不可能是受他们所从事的领域的影响。托比 (Tobey 1981) 写道, 克莱门茨的整体论的有机体观念, 是通过阅读斯宾塞 (Herbert Spencer) 著作以及他与具有同样信仰的社会科学家的密切交往, 而受到影响的。这看来比来自北美大草原对克莱门茨的影响, 更有道理。格利森的个体论概念的起源尚未透彻地探讨过, 但是, 俄国生态学家拉曼斯基曾提出一个本质上相同的概念。拉曼斯基和克莱门茨一样, 工作在草原地区 (McIntosh 1975b, 1983b)。

理查森 (Richardson 1980) 根据许多整体论生态学家的一致主张来区别整体论生态学家与还原论生态学家, 这一主张是: 整体有着它自身独有的萌生性质 (emergent property), 并且整体大于它的各部分之和。这一命题并非起源于生态学家, 但在早期的 "自我意识" 生态学中, 已经不断提及部分之和与整体的关系, 并一直延续至今 (McIntosh 1981)。1935 年, 坦斯利多少有些厌烦地发问, 部分之和到底有无意义。但是这一特性始终存在着。F. E. 史密斯 (Smith 1975a) 在对美国生态学会的主席致辞中说, "可以识别关于生态系统的两种极端观点"。按照一种观点, 生态系统是作为它的各部分之和而出现的, "对这一整体的一切认识, 必须从它的各部分中推演出来"; 对另一群人来说, "生态系统有着自身独有的属性, 它引导着物种进化, 而不是由物种进化所产生"。约翰 · 哈珀 (Harper 1982) 呼吁, 要 "相信" "事物的复杂性并不大于它的各部分的活动以及它们的相互作用之和"。然而, 按整体论的观点, "它们的相互作用" 正是使整体大于部分之和的东西。哈珀是这样看待决定着生态学的哲学的, 他说:

> 具有重要意义的是, 我们的陆生生态学知识是由两种对立的哲学决定的: 一种是基于群落史的个体论解释; 一种是整体论解释, 它把群落看成是受着有限资源约束力左右或是驱向某种稳定的制约状态。(Harper 1977b) [255]

哈珀的哲学极性, 或许没有准确表达生态学的所有立场, 因为某些反整体论哲学的人们也把群落视为受资源控制而处于稳定或均衡状态。这里或许还存在某种程度的自作主张的区隔, 使得对生态学家的哲学定位更为复杂化。莱沃丁 (Lewontin 1983) 突出辩证唯物论, 用以拒绝关于部分之和以及整体的萌生性质方面偏极化论点, 他说:

> 不是整体大于它的各部分之和, 而是各部分本身在它们的相互作用过程中被重新定义并被再创造。

然而, 著名的且坚定的整体论者, 如 E. P. 奥德姆, 继续提出克莱门茨的一些思想。克莱门茨认为, 在较高的组织层次上会萌生独特的 "宏观" 性质, 并且, 这些萌生性质会控制这一组织层次的组成部分, 从而有必要对整体加以解释。E. P. 奥德姆 (E. P. Odum in press[①]) 把这一观点主要归因于哲学家和生态学家, 他说:

> 生态学家, 同时还有哲学家, 很长时间以来一直认为, 在生物体以上的组织层次上, 整体大于它的部分之和。

并非所有哲学家都同意这一观点 (Macklin and Macklin 1969), 并且生态学家 G. W. 索尔特 (Salt 1979) 最近也加入坦斯利的行列, 对萌生的含意提出质疑。索尔特把 "萌生" 性质说成是一个并不很有意义的 "假货" (pseudocognate); 并且认为, 所谓的 "萌生" 性质就是 "组合" 性质 ("collective" property), 它们是简单地叠加, 并不大于各部分之和。索尔特注意到确认萌生性质的困难性, 并说它们在生态学中的含义是不清晰的。其他一些生态学家转而求助于哲学文献以考查索尔特的论点。埃德森 (Edson)、福因 (Foin) 和纳普 (Knapp) 主张, "萌生" 问题对生态学是无关紧要的, 并且还阻碍它前进 (Edson, Foin, and Knapp 1981)。生态学家总是在不同的组织层次上工作, 从个体生物和种群, 到有着具体物种类目的群落、地生物集群或动植物聚集体、不同类型的景观单位以及最具包容性的生态系统。它们之中每一个都需要不同的方法和概念, 并且经验上它们也是相当不同的。

[256]        生态学家所碰到的很多分歧, 起源于他们对还原论、整体论、萌生性质的立场。一些人拒绝萌生性质思想和相关的组织层次概念。如果认为组织层次有着它们自己的性质, 并且这一层次的理论不是基于单物种种群行为, 将是一个错误。哈珀 (Harper 1982) 拒绝那种 "近乎宗教的观念", 即群落具有多于它的部分之和的性质。其他人则强烈信奉着组织层次的概念, 并坚持认为, 这样的组织层次具有不能从较低级的组织层次所能看清的独特法则或性质。阿伦和斯塔尔 (Allen and Starr 1982) 在他们那本明确题名为《等级》(Hierarchy) 的著作中写道, 生态学中的萌生性质是由观察事物时采用的尺度引起的。他们辨识出两种类型。他们说, 一类只是由于观察者并不充分了解, 以至萌生性质在对部分做进一步研究时消失了。一些生态学家把所有的萌生性质都归因于这种疏忽; 并且主张, 至少 "在原则上", 所有性质都能通过它的各部分的充分知识加以认识。然而, 阿伦和斯塔尔又说, 整体中有一些性质属于真正的萌生性质, 并且本质上是不能还原为部分的。他们断言, 这些性质必须在恰当的等级水平上进行考查, 而且只能通过适合于这一等级水平的法则进行解释。

---

① 此文发表于 1986 年。

# 7.3 生态学理论和进化

除了生态学家对于哲学立场的偏好外, 评价生态学理论的另一个困难是认识所考虑的生态学理论是什么, 或识别不同名目下的过多的理论。传统的生态学家普遍把他们的思想称为概念或原理, 很少称为理论 (McIntosh 1980a)。然而, 几位早期生态学家强调, 需要用理论来统率不断增长的生态学资料。他们中有埃尔顿; 他写道 (Elton 1927: 188), 生态学方法:

> 需要整个儿的大修, 以便使过去一千多年来搜集的丰富但又彼此隔离的
> 事实, 融入一个有效的理论中。这一理论将使我们能了解自然界动物生
> 活的一些普遍性机制, 特别是获得对控制动物数量的手段的新的见解。

尽管有这样的呼吁, 但是, 那本 20 世纪中叶最重要的动物生态学概论的作者们 (Allee et al. 1949) 注意到, "生态学家普遍与生物学理论无关"。鉴于最近几十年生态学理论的泛滥, 令人吃惊的是, 当代的生态学教科书和生态学专著, 很少在索引中列出 "理论" 条目, 甚至把它列于通常与生态学理论有关的主体词—— 例如 "竞争" "平衡" "觅食" "生态位" 或 "种群"—— 之下。最近的《生物学的理论概念辞典》(*Dictionary of Theoretical Concepts in Biology*) (Roe and Frederick 1981) 中, 列出许多属于生态学的 "理论"。但它们中有许多很难算得上理论: 或是已经过时, 或是标新立异地命名, 或是只由一个或少许几个人采用的怪僻用法。生态学和生物学一样, 普遍因其缺乏明晰的可以检验的理论构架而受到批评 (Haskell 1940; Bray 1958; Slobodkin 1961; Orians 1962; Waterman and Morowitz 1965; Peters 1976)。路易斯 (Lewis 1982) 敦促, 在讲授生物学时应当更有效地使用规范的理论假设, 以帮助学生、其次是职业生物学家领会生物学理论。尽管理论生态学是当代生态学极力兜售的内容之一, 但是, 在生态学家中, 要寻找对已经建立的理论、它们的基本前提、起源、甚至它们的名称或代用名的一致意见, 绝非易事。F. E. 史密斯 (Smith 1976) 写道, "当前生态学中的一种倾向是, 把假说说成理论, 或是通过反复灌输来加强对概念的信任。这一倾向已引起对 '什么已经获得证实' 与 '什么一直仅仅是假设' 的混淆"。

对于理论生态学, 不同的旁观者有着各种不同的看法。并非所有人都相信它起始于 1920 年代的数学生态学。格拉肯 (Glacken 1967) 和埃戈顿 (Egerton 1973) 把它归结于自然平衡概念; 埃戈顿将它视为 "最古老的生态学理论"。或许可以认为,

[257]

这一概念存在于神佑①博物学 (providential natural history) 传统中; 并且认为, 林奈和布封的科学著作并不是生态学理论, 因为它们是以一种与自然平衡不同的知识语境写成的。科学史学家斯托佛 (Stauffer 1957) 认为, 达尔文对自然界经济的进化论阐释是一个 "基础性生态观", 只是尚未成为里格勒尔 (Rigler 1975b) 所希望的可以证伪的理论。不过, 斯托佛和许多生态学家仍把生态学的奠基归功于达尔文 (Spalding 1903; Cowles 1904)。虽然历史学家伏兹莫 (Vorzimmer 1965) 认为, 达尔文自己并不重视他对生态学贡献的意义, 但是, 伏兹莫确信, 达尔文认识到 "物种形成 (speciation) 取决于进行自然选择时的条件"。他补充说, "这就是生态学得以进入的楔口"。根据这一理由, 植物生态学家哈珀 (Harper 1967) 宣称, "那种主张经由自然选择而进化的理论是一个生态学理论, 它建立于可能是所有生态学家中的最伟大人物②进行的生态学观察的基础上"。如果接受这一论点, 那么早期生态学家经常宣称的 "生态学的功能是阐明适应性" 也完全适合成为一种生态学理论。事实上, 考勒斯 (Cowles 1908) 在哈珀之前就已写道, "对自然选择的解释, 是一个野外研究问题, 即一个生态学问题"。考勒斯 (Cowles 1909) 把拉马克主义关于直接适应 (direct adaptation) 的理论, 说成是 "一切生态学理论中最有害的"。当时, 生态学家如克莱门茨 (Clements 1909) 和生物学家如鲁兹 (Lutz 1909), 仍然相信物种是受环境影响而演变的。并且, 鲁兹引证达尔文的话, 说他对未能 "充分权衡除自然选择外的食物、气候等因子的直接影响" 而感到遗憾。自然选择的思想, 无论用什么尺度来衡量, 都是一种生态学理论。一些不太知名的生态学家如查尔斯·罗伯逊③ (Robertson 1906) 认为, 物种形成 (speciation)"是唯一的生态过程"。按罗伯逊的先见之明, "物种是由非竞争性习性表征, 而不是由适应性结构表征"。他说, 新的物种是通过竞争、再经由自然选择而产生。

[258]

　　早期的动物生态学家, 如谢尔福德 (Shelford 1913), 对结构的适应性是否是生态学的合适基础, 没有把握。作为一个有效的假说, 他强调, 在一个地方生存的动物, 也会 "碰巧发现还有其他能够适应它们的地方"。亚当斯 (Adams 1913) 区别适应性作为 "过程" (process) 与作为 "产物" (product) 之间的不同含义。他认为, "过程" 是生态学的, 而 "产物" 是进化论的。他声称, 对进化的解释应建立在 "活态动物生态学" 的基础上。然而, 阿利等人 (Allee et al. 1949) 评论生态学家在发展

---

　　① 神佑 (providential)。在基督教中, 神佑观 (providentialism) 是指一种信仰, 认为地球上的一切均由上帝支配 (引自 *Oxford Dictionaries*)。

　　② 指达尔文。

　　③ 查尔斯·罗伯逊 (Charles Robertson, 1858—1935), 美国蜂类昆虫学家。他单独对单一地区的访花昆虫 (flower-visiting insect) 进行最缜密的研究, 并于 1928 年出版专著《花与昆虫》(*Flowers and Insects*)。

进化原理上表现出的 "令人惊讶的沉默"。他认为，正如哈珀曾经指责过的，生态学家一度把 "他们的" 理论基本上托付给遗传学家和分类学家。尽管如此，关于物种形成的新达尔文主义观点的基本内容，已成为生态学家的惯常智慧。哈钦森 (Hutchinson 1959) 明确阐述这一点，并将它与种群理论联系起来：

> 我赞成这样的观点：自然选择的过程是与生物隔离及其后来对分布区域的相互入侵联系在一起的；这一过程导致分布区重叠的物种进化；当处于均衡状态时，这些物种将遵循沃尔泰拉-高斯原理，占据各自独有的生态位。

尽管生态学家对参与发展进化理论表现出 "令人惊讶的沉默"，但在一些人眼里，生态学仍被视为发展进化论思想的关键。吉塞林 (Ghiselin 1980) 坚持认为，"达尔文进化论基本上是生态学问题，而不是分类学问题"。E. B. 福特 (Ford 1980) 写道，在 1930 年代和 1940 年代发展综合进化理论 (evolutionary synthesis) 时，六个基本步骤之一是，"通过生态学和实验遗传学的结合，研究演进中的进化问题"。这一未曾提及的结合早在 20 世纪初已经开始，并且是由一个相当规模的研究团体着手这个由进化论、遗传学、分类学和生态学构成的交叉课题。这项工作的大多数发表于非生态学杂志，并且它们在学术上一般划归于分类学或遗传学，而不属当时尚未完善的生态学。生态学家明显缺乏话语权。环境对物种形成的影响的经典性——虽然是不正确的——试验，是法国植物学家加斯顿·博尼埃[①] (Gaston Bonnier) 做的。他报道说，他把一个物种的低地形态 (lowland forms of a species) 移栽到山地，或者反过来进行，每一个都向着对应的物种形态转化 (Stebbins 1980)。美国生态学家 F. E. 克莱门茨和几个著名的古生物学家一道，坚持相信拉马克的进化论。并且，克莱门茨开始在他的山地实验室进行类似的实验。1928 年他宣称，他已发现 "有可能把几个林奈物种进行组织学和形态学上的相互转化" (引自 McIntosh 1983a)。

[259]

---

① 加斯顿·尤金·马利·博尼埃 (Gaston Eugène Marie Bonnier, 1853—1922)，法国植物学家和植物生态学家。他长期在索邦大学 (即巴黎大学) 任教，1887 年成为植物学教授。他在枫丹白露建立植物生物学实验室 (Plant Biological Laboratory)，将阿尔卑斯山和比利牛斯山的高山植物与枫丹白露植物园之间进行移植研究，是实验植物生态学的早期倡导者。他和他人一同创办科学刊物《植物学评论》(Revue Générale de Botanique)，为其工作直至去世。

克莱门茨曾和分类学家哈尔① (Harvey M. Hall) 一道工作, 但是当哈尔参观克莱门茨的实验地时, 他发现记录方法是十分肤浅的, 并不足以支持克莱门茨的上述说法 (W. M. Hiesey 1983, 个人通信)。哈尔在 1926 年开始建立自己的移栽园 (transplant garden), 坚持对无性繁殖 (clonal, 即克隆——译者) 材料与移植 (transplant) 进行小心翼翼的记录和拍照。到他 1932 年去世时, 他已加入瑞典植物学家杜尔松② (G. Turesson) 的行列, 反驳博尼埃和克莱门茨的看法 (Turesson 1922)。哈尔和杜尔松间接地联合起来, 建立起一种传统, 持续研究植物的表型③ (phenotype) 和遗传型④

---

① 哈维·门罗·哈尔 (Harvey Monroe Hall, 1874—1932), 美国植物学家, 因研究美国西部植物分类而知名。他在加利福尼亚大学获得博士学位 (1906), 后任植物学教授。他为大学标本室增添了 20 多万份标本。1919 年, 他进入卡内基学会植物科学处 (设在斯坦福大学) 为生态学家克莱门茨工作。他们试图通过相互移植的生态试验, 探讨为分类学服务的实验方法。这些试验可以研究植物适应性, 但不能说明植物变化的遗传学机制。1924 年他与遗传学家朋友巴布科克 (E. B. Babcock) 合作, 探讨分类型与种系遗传学 (phylogenetics) 的关系。哈尔开始组织自己的团队。1926 年招聘了凯克 (David Daniels Keck) 和希斯 (William McKinley Hiesey), 1931 年招聘了克劳森 (Jens Christen Clausen)。由此产生克劳森–凯克–希斯的植物物种进化的试验研究。

② 戈特·威廉·杜尔松 (Göte Wilhelm Turesson, 1892—1970), 瑞典进化植物学家。他对生态遗传学有重要贡献, 并创造了两个术语: "生态型" (ecotype) 和 "无性种" (agamospecies)。他对已适应本地的植物种群的研究证明, 植物种群的分化有着遗传基础, 并且在很大程度上来自自然选择。而当时的大多数研究认为, 这一分化是由于表型可塑性 (phenotypic plasticity)。正是基于自己的研究, 他提出 "生态型" 概念。杜尔松的思想和发现对植物生态遗传学有着持久的影响。因而他在国际上多次获得奖项和荣誉头衔。

③ 表型 (phenotype), 是生物体可观察到的特征或性状的合体, 如形态、发育、生化或生理特性、行为和行为的产物 (如鸟窝)。表型受遗传因素、环境因素以及两者相互作用的影响。如果同一物种种群存在多种不同表型, 它就被称为 "多形态" (polymorphic)。常被引证的样例有拉布拉多犬的颜色; 它们分为黄、黑、褐色。术语 "表型" 和 "遗传型" 是由丹麦遗传学家威廉·约翰逊 (Wilhelm Johannsen, 1857—1927) 于 1911 年首先提出的。约翰逊对 "遗传型" 和 "表型" 的区分与当时奥古斯特·魏斯曼 (August Weismann) 对 "胚质" (germ plasm) 和 "体细胞" (somatic cell) 的区分是相似的; 他们都反对当时流行的某些进化论观点。约翰逊反对一些进化论者的 "选择产生逐渐遗传变异" 的主张。为此, 他后来在专著《遗传的要素》(The Elements of Heredity, 1905) 中, 针对达尔文 "泛生论" (pangenesis) 的 "共同胚芽" (common pangene) 概念, 专门创造 "基因" (gene) 一词。该书成为遗传学的奠基性教科书之一。魏斯曼则提出 "种质论" (germ plasm theory, 1892), 认为: 只有生殖细胞 (germ cell) 才有遗传功能; 体细胞 (somatic cell) 则没有。它们之间的关系是单向的, 生殖细胞能够产生体细胞, 但不受体细胞影响; 遗传信息不能经由体细胞到生殖细胞再到下一代。遗传学界将此称为 "魏斯曼壁垒" (Weismann barrier)。这是对拉马克主义的遗传学地位的关键否定。约翰逊和魏斯曼的工作都导向现代综合 (modern synthesis) 进化论; 尤其是魏斯曼壁垒, 被视为现代综合进化论的核心。然而, 当代遗传学发展, 使得 "表型" 概念在 "表观遗传学" (epigenetics) 中找到位置。

④ 遗传型 (genotype), 是细胞的基因构成部分, 它决定着生物或人的部分特征。它由丹麦遗传学家约翰逊提出。遗传型是决定表型的三要素之一, 其他两个是环境因素、环境因素与遗传因素的相互作用。需要注意的是: 并非所有具有相同遗传型的生物都看上去相同, 同样, 并非所有看上去相同的生物都有相同的遗传型; 因为它们的外貌和行为会受到环境和生长条件的影响。

(genotype) 与环境之间的关系。1926 年哈尔雇用大学毕业生希斯[1] (W. M. Hiesey) 作为他的 "移植助手"。杜尔松则推荐克劳森[2] (Jens Clausen), 后者是华盛顿卡内基学会的工作人员 (Stebbins 1980)。这样, 希斯、克劳森与凯克[3] (D. D. Keck) 一道, 扩展哈尔制定的研究方案, 并且从 1940 年起发表著名的系列论著《物种本性的实验研究》(*Experimental Studies on the Nature of Species*), 它清晰地建立起与环境相适应的植物物种的遗传谱系 (genetic race) (Clausen, Keck, and Hiesey 1940)。 [260]

　　对动植物遗传生态学或生态遗传学的研究, 早在它们命名之前就已经开展, 并且其主要事件和方法是并行发展的。E. B. 福特[4] (Ford 1980) 认为, 他开始于 1920 年的著名研究, "将遗传学带到野外"; 这符合早期生态学 "让生物学回归野外" 的规范。动物遗传生态学利用 "人工集群" 技术, 把原生地点的动物 "移植" 到最初没有这一动物的地方, 并且让具有已知基因的生物加入新地点的缺乏这一基因的现存种群中。福特注意到, 在 1920 年代, 动物学家并不看重实验遗传学。然而, 他坚持自己的研究, 并出版了论述种群的遗传学基础的著作 (Ford 1931)。此后, 生态遗传学方面的研究才慢慢累积起来。尽管福特重视他和费希尔[5] (R. A. Fisher) 的合作, 但正如以后的理论种群遗传学的批评者提到的, 费希尔与赖特[6] (Sewall Wright) 和

---

　　[1] 威廉·麦金利·希斯 (William McKinley Hiesey, 1903—1998), 美国植物学家, 专攻生态生理学。他是著名的克劳森三人研究团队的成员。1949 年, 三人共获植物学玛丽·索珀·波普纪念奖 (Mary Soper Pope Memorial Award in botany)。

　　[2] 延斯·克里斯滕·克劳森 (Jens Christen Clausen, 1891—1969), 丹麦–美国植物学家、遗传学家、生态学家, 是植物生态遗传学和进化遗传学的开拓者。1931 年, 他受哈尔之邀, 作为卡内基学会的工作人员, 在斯坦福大学植物生物学系, 对加利福尼亚本地植物的进化过程进行生态遗传学研究。这一研究是跨学科的, 包括遗传学、生态学和植物分类学, 因而克劳森的团队包括分类学家凯克和生理学家希斯。项目历时 20 年。其间, 他们实施了植物生态学上的几次经典实验, 看到在不同高度 (近于海平面、4000 英尺、10 000 英尺, 1 英尺 ≈ 30.48 cm) 上的物种形成。克劳森、凯克和希斯根据这一工作合著了五卷本《物种本性的实验研究》。克劳森除了与其他两人共获植物学玛丽·索珀·波普纪念奖外, 他还在美国、瑞典和丹麦获得众多学术荣誉。

　　[3] 戴维·丹尼尔斯·凯克 (David Daniels Keck, 1903—1995), 美国植物学家, 从事被子植物分类学和遗传学研究。1925—1950 年, 他在卡内基学会工作, 和克劳森、希斯合作, 进行植物物种进化与分类学研究。这一成果使得三人共获植物学玛丽·索珀·波普纪念奖。

　　[4] 艾德蒙·布里斯科·福特 (Edmund Brisco Ford, 1901—1988), 英国生态遗传学家, 皇家学会会员 (1946)。他是英国研究自然选择在自然界中作用的生物学家中的领袖。他长期的研究对象是蝶、蛾等鳞翅目昆虫, 研究主题是遗传多态性。他研究自然种群的遗传学, 并开创了生态遗传学领域。

　　[5] 罗纳德·艾尔默·费希尔 (Ronald Aylmer Fisher, 1890—1962), 英国统计学家和遗传学家, 皇家学会会员, 被认为是 "只手打造现代统计学基础的天才"。在遗传学领域, 他利用数学将孟德尔遗传学和自然选择结合起来, 以现代综合进化论的形式, 复活了达尔文主义。他从事生物统计学研究, 是种群遗传学的三个主要创始人之一。

　　[6] 休厄尔·格林·赖特 (Sewall Green Wright, 1889—1988), 美国遗传学家。他和费希尔、霍尔丹共同创立了种群遗传学, 将进化与遗传学结合起来, 对发展现代综合进化论做出关键贡献。

霍尔丹[①] (J. B. S. Haldane) 联手发展的关于进化的数学理论, 并不专门包含生态学问题。L. R. 戴斯[②] (Dice 1947) 考查鹿鼠 (deer mice) 皮毛的颜色及其与生活背景的关系, 以及与捕食引起的选择的关系。在阿诺德和安德森 (Arnold and Anderson 1983) 看来, 理论生态遗传学开端的标志, 是列文 (H. Levene) 对遗传均衡 (genetic equilibrium) 与多维生态位 (multiple niche) 关系的研究 (Levene 1953)。虽然福特说, 他在 1928 年已开始计划他的《生态遗传学》(*Ecological Genetics*) 一书, 但该书直到 1964 年才出版 (Ford 1964)。在同一年, 赫斯罗普–哈里森 (J. Heslop-Harrison) 发表了他的综评《遗传生态学 50 年》(Heslop-Harrison 1964)。然而, 直至 1969 年, E. O. 威尔逊仍然认为生态遗传学处于初始阶段, 因为它仍由果蝇研究主宰着 (Wilson 1969)。

尽管生态遗传学如亚当斯 (Adams 1913) 所建议的那样, 把适应作为一个生态过程来研究, 但是在很大程度上仍是遗传学家和分类学家的产物。福特 (Ford 1964) 引证的参考文献中仅有 4 篇发表于生态学刊物。直至 1950 年代, 生态遗传学才更为紧密地与生态学的其他内容整合。A. D. 布拉德肖[③] (Bradshaw 1952,

---

① 约翰·伯登·桑德森·霍尔丹 (John Burdon Sanderson Haldane, 1892—1964), 英国科学家, 皇家学会会员, 他在生理学、遗传学、进化生物学和数学领域均有建树。他对统计学和生物统计学做出创新性贡献。他的第一篇论文是证明哺乳动物中的遗传联系, 以后的 10 篇论文 (1924—1934), 冠名为《自然和人工选择的数学理论》(*A Mathematical Theory of Natural and Artificial Selection*), 解决自然选择的数值表达形式化, 从而帮助创立种群遗传学。他第一个研究自然选择与突变和动物迁移之间的相互作用。这些工作在创建现代综合进化论中起着关键作用。他在研究自然发生论时, 提出 "原始汤" (primordial soup, 1929) 理论, 成为生命的化学起源的模型基础。

② 李·雷蒙德·戴斯 (Lee Raymond Dice, 1887—1977), 美国哺乳动物学家, 生态学家, 人类遗传学家, 密歇根大学教授。1930 年代他发现白足鼠 (*Peromyscus*) 的多基因遗传。他通过 1920—1930 年对美国西南至墨西哥的野外生物研究, 认为当时的 "生命区" (life zone) 概念不足以模拟生物分布模式, 从而提出 "生物省" (biotic province) 概念, 用以特征化在气候、土壤和地形上具有连续生态相似性的区域。他还推导一种相似性系数, 即 "戴斯指数" (Dice index), 用以表达生物样本之间的关联度。

③ 安东尼·戴维·布拉德肖 (Anthony David Bradshaw, 1926—2008), 英国进化生态学家, 皇家学会会员。1982—1984 年任英国生态学会主席。布拉德肖的学术成就由两部分组成。一是在威尔士大学, 包括博士论文在内的进化生态学基础理论研究, 主要发现包括: (i) 发现同域分化 (sympatric divergence) 现象, 从而对加利福尼亚三人组 (希斯、克劳森与凯克, 见 [259] 页) 以及进化生物学家恩斯特·迈尔提出质疑。(ii) 提出并证明 "遗传型环境相互作用"。(iii) 提出环境对表型的影响与遗传影响同样重要, 并且这些影响可以进化。(iv) 在废弃矿山的植物实验研究中, 发现非常短距离的种群分化与金属耐受现象, 表明相似的共存植物对单一环境因素 (如 Ca, N, P, pH) 的不同分化响应。布拉德肖在表型可塑性方面的系统研究和发现, 使他成为 20 世纪最重要的进化生物学家之一。二是在利物浦大学, 他将主要精力放在将表型可塑性理论用于各类土地的植被恢复, 开创了 "恢复生态学" (restoration ecology), 从而成为少见的成功跨越基础科学与应用科学鸿沟, 先有重大理论发现、再将它广泛应用于生态和环境实践的科学家。由于他对世界生态和环境保护的贡献, 在英国环境署发起的 "世界历史上百名生态英雄" (top 100 eco-heroes) 评选中, 他与达尔文并列。

1972) 开始他的关于矿山尾矿的遗传生态型 (genetic ecotype) 的研究, 从而开创了安东诺维克斯 (Antonovics 1976) 所称的 "一种崭新的生态遗传学"。H. B. D. 凯特莱威尔[①] (Kettlewell 1955) 报告了他对鳞翅目昆虫工业黑化的著名研究。C. 麦克米伦[②] (McMillan 1959) 研究植物生态型对草地群落组织在栖息地变化梯度方面的影响。L. C. 比奇 (Birch 1960) 研究遗传学与种群生态学的关系。在老的和新的生态遗传学研究中, 生态学家面临的一个困难是使亚种进化类型 (subspecific evolutionary category), 如生态型[③] (ecotype), 适合于一种生态学构架, 或者利用物种作为生态单位 (ecological unit)。对生态学家来说, 传统的研究单位是物种。并且, 生态学家普遍假定: 物种是最适宜于定义群落的标准; 甚至假定, 物种是一个有用的环境 "指示物"。一些早期植物生态学家, 避免采用物种作为他们的基本生态单位, 而是采用植物的生长型 (growth form) 或生活型 (life form) 来描述一个区域。朗克尔 (Raunkaier 1904) 发展了一个得到广泛使用的生活型体系; 他特别采用生活型分布的统计, 作为测量一个区域植物–气候关系的基础。它们或其他生长型 (如常绿型) 的使用, 可以避开因使用分类学物种作为生态描述单位而出现的问题。但是, 物种仍然是可供选择的单位, 并且物种的生活史特性近来被推崇为理论生态学的基础。

[261]

生态遗传学使得分类学物种 (taxonomic species) 的遗传变异与相应于不同环境的亚种遗传型 (subspecific genotype) 的个体生态伴生差异 (concomitant difference), 变得引人注目。19 与 20 世纪之交的分类学家, 如格林 (E. L. Greene) 经常受到责难, 因为他主张种群像物种一样, 它们的差异仅是在不同环境中生长的结果 (McIntosh 1983c)。像 H. C. 考勒斯这样的生态学家则相信, 如果承认环境诱发的变异, 那么许多已经命名的植物就会减少。湖沼学家尽力解决水生生物因环境诱发而产生的多

---

① 亨利·伯纳德·戴维斯·凯特莱威尔 (Henry Bernard Davis Kettlewell, 1907—1979), 英国遗传学家、昆虫学家。他的飞蛾实验被引证为自然选择作用的最清晰的经典示范。关于蛾的工业黑化, 他在 1952—1972 年的三次调查发现: 深黑色表型多发生在工业地区; 浅黑色表型多发生在农村地区; 以及鸟类对蛾的偏食。他在污染严重的工业地区与未受污染的农村, 进行释放与捕捉带有标记的飞蛾的实验, 再次证明了他过去的观察。凯特莱威尔的发现在相当一段时期内引起英美学术界的批评与反批评。重新检视和验证凯特莱威尔的研究, 证明他是正确的, 同时也证明自然选择作为一种进化力量的有效性。

② 卡尔文·麦克米伦 (Calvin McMillan, 1922—1997), 美国植物生态学家, 1948 年获犹他大学硕士, 1952 年获加利福尼亚大学伯克利分校植物学博士, 导师是梅森 (H. L. Mason)。他先后在内布拉斯加大学和得克萨斯大学任教。1960 年获美国生态学会默瑟奖, 论文题目是《北美中部草原生态型变异的作用》(The role of ecotypic variation in the distribution of the central grassland of North America, *Ecological Monographs* 29: 285-308)。

③ 生态型 (ecotype)。在进化生态学中, 生态型有时也称 "生态种" (ecospecies), 是适应特殊环境的遗传型。生态型由于表型差异太少而不能归类亚种。它可以发生在同一地理区中的不同栖息地, 也可发生在相隔遥远的相似生态环境。而亚种可以存在于不同的栖息地。动物的生态型又可称为 "微亚种" (micro-subspecies); 它们具有深受当地环境影响的不同特点。地理上相邻的生态型是可以交配的。

形态问题。随着生态遗传学的发展,把基于遗传的变异与环境诱发的变异加以区别的问题变得严重起来。植物学家一般把亚种遗传型 (subspecific genotype) 识别为 "生态型" (ecotype),而动物学家则不采用生态型概念。麦克米伦 (McMillan) 致力于把生态型纳入生态学中,但追随这一做法的人不多。柯蒂斯 (Curtis 1959) 强调在野外使用遗传型或生态型时的信息困难。奎恩 (Quinn 1978) 评论植物生态型的历史,并得出结论: 它既不是一个合适的进化单位,也不是一个合适的生态单位。哈珀 (Harper 1982) 强调利用物种作为生态单位的问题,并且强调 "分类学类目并不适合用作生态学类目"。哈珀敦促,为了解释物种分布,需要对物种的个体生态学和遗传学做详尽研究。同时,他恰如其分地把 A. S. 瓦特在植物生态学历史上的许多杰出贡献,称为值得效法的榜样。避开物种变异问题的另一条途径是让对生物群① (biota) 的兴趣最小化,并且像一些系统生态学家所做的那样,强调非生物属性。然而,哈珀认为, "从对自然群落的系统研究中,或许可以指望的仅是对生态系统的肤浅概括"; 并且,问题依然存在。很明显,一个物种可能包括相当多的基因变异② (genetic variation)。这些由基因变异与栖息地模式结合而成的问题,是生态学家和进化生物学家仅在最近才面临的新的困难。

[262]

　　把生态学、生态遗传学和遗传学的野外研究和理论研究综合起来,是一个困难的问题。一些生态学家注意到,生态学分为不同的两类,即功能型和进化型; 并且主张,在缺乏生态学理论的情况下,唯一可能的通用理论是自然选择 (Orians 1962)。一个一直存在的问题是,某些种群遗传学和进化理论的仲裁者们,忽视多学科性质的生态遗传学中的生态学内容。1960 年,曾一度出现使生态学更加遗传学化的努力,并为莱沃丁和贝克尔 (Lewontin and Baker 1970) 所称道; 但它并没有伴同着使遗传学更加生态学化。亚拉 (Ayala 1969) 评论说,遗传学上的重要论争由于生态复杂性而基本停滞,并且也忽视种群统计学的真实情况。小勒夫 (Leigh, Jr. 1970) 写道:

> 只要种群遗传学家拒绝让他们的种群在生态学语境中显现出来,只要他们拒绝关注一种遗传型比另一种遗传型更为多产的机制,他们将无法深入谈论适应性。毕竟,适应性总是与生物学有关的。

根据另一个评论者的看法,莱沃丁从他的著作《论进化型演变的遗传学基础》(*On the Genetic Basis of Evolutionary Change*) 中删去大量的生态遗传学研究,这 "有可能阻止其他人使用生态学方法的念头,而这些方法在检验自然选择时证明是最为

---

　　① 生物群 (biota),是指一个地理区域或一个时期的全部生物的集合; 从局域地理尺度和瞬时时间尺度,直至整个地球和整个时间的时空尺度。地球的生物群构成了生物圈 (引自 *Collins English Dictionary & Webster's College Dictionary*)。

　　② 这里将 genetic 译为 "基因的",是因为它包括遗传型 (genotype) 与生态型 (ecotype)。

7.4 群落理论 259

成功的"(Clarke 1974)。1970 年代, 种群遗传学家通过参与环境变异、空间模式和实际种群统计的研究, 的确抓住真正棘手的问题, 但是, 期望一个结合着生活史和群落现象的理论将会出现, 仍难以令人满意。不过 E. O. 威尔逊 (Wilson 1978) 仍乐观地认为, 遗传学和自然选择理论, "通过真正的还原, …… 已经改变了生态学"。然而, 种群遗传学的许多数学理论尚不能明显地适用于种群生态学。莱文 (Levin 1981) 评论说, "在最近几年中, 依据这一理论建立的数学模型, 已经越来越受到生态参数的损害"。奇怪的是, 通常由野外生态学家针对生态遗传学的理论模型提出的严厉批评, 却被洛尼基 (Lomnicki 1980) 说成 "是从理论模型得出的结论"。他告诫野外生态学家不要去寻找平均个体或同质性条件, 他评论说, "生态学理论并不是博物学知识的替身"。洛尼基由理论做出的告诫, 没有一项能使非理论生态学家感到惊讶; 他们长期以来非常熟悉变异和异质性, 并因重视博物学而普遍受到责难。那个纠缠着早期生态学家的适应性问题, 继续是进化生物学家的关心之所在 (Williams 1966; Dobzhansky 1968)。适应性概念将在生态学中继续存在; 例如, 在采用优化设计原理时, 它将作为一个理论框架 (Parkhurst and Loucks 1972)。新一代的进化生态学家再一次对自然选择表态, "生态学的目标, 是对作为自然选择结果而出现的自然模式提供解释" (Cody 1974)。不管怎样, 对适应性的解释, 将继续是生态学和进化生物学中一个有争议的话题 (Gould and Lewontin 1979; Lewin 1982)。

[263]

# 7.4 群 落 理 论

　　除了生态学与自然选择和适应性的联系外, 早期的 "自我意识" 生态学家与他们的后继者认识到一个普遍的最有意义的自然现象, 这就是 "群落" (community) 概念。德鲁德和克莱门茨称它为 "群系" (formation), 默比乌斯称为 "生物群落" (biocœnose), 以及大量的其他特定说法。19 世纪植物生态学中最有影响的著作是瓦明 (Warming 1895) 的《植物群落》(Plantesamfund)。它提出的问题是: "为什么这些物种能组合到一定的群落中, 并且, 为什么它们拥有自己的景相?" 谢尔福德 (Shelford 1913) 在写作动物生态学时, 把问题提得更为直截了当, "生态学就是关于群落的科学"。物种能否在群落中组合到一起, 使之在组成和结构上具有重复性特质? 这一问题尚未提出。早期的群落理论主要是由植物生态学家发展起来的, 其中著名的有克莱门茨和考勒斯, 并且由 C. E. 莫斯、A. G. 坦斯利和 W. S. 库珀进行阐述和修正。克莱门茨的 "动态生态学" 是以植物群系和他设想的向着顶极的前进式演替为基础的。克莱门茨的同代人和后继者公认, 它是植物生态学的首要理

[264]

260	第 7 章 生态学的理论研究

论。尽管坦斯利 (Tansley 1935) 是克莱门茨相当尖锐的批评者之一，但他写道，"克莱门茨博士给予我们一个植被理论，这一理论已成为进行最富有成果的现代研究的不可替代的基础"。罗伯特·惠特克 (Whittaker 1951, 1953) 有力批评克莱门茨的"顶极理论"。莱沃丁 (Lewontin 1969a) 评论克莱门茨的演替理论，认为"它完全是一种群落进化论"。按照惠特克 (Whittaker 1957) 的看法，克莱门茨的思想受着哲学、数学和物理学所示范的理想化演绎体系的影响。它代表着植被的群落单位理论的一个特例，这一理论曾经几乎普遍为生态学家接受 (Whittaker 1957, 1962)。

托比 (Tobey 1981) 认为，克莱门茨的同代人考勒斯对群落理论进行不同的处理。考勒斯 (Cowles 1901) 发展了他所称的生态学的"自然地理理论" (physiographic theory)。这一理论将植被与自然地理学联系起来，因为"控制植物社会变化的，主要是自然地理学法则"。考勒斯 (Cowles 1909) 评论生态学对生理学的有益影响；他说，生理学一度成为"纯粹的"实验室科学，热衷于设计一些"稀奇古怪"的植物实验。他谴责活力论 (vitalism) 是一种毫无出路的理论，因为它超越用实验进行验证的可能性。考勒斯强调，最好采用机械论作为切实可行的假说。考勒斯还敦促对演替理论进行严格检验。他评论说，"一个人的哲学观对其研究的重要性，很少会被高估"；他的理由是，哲学决定了对问题的选择，并给研究成果上色。他断定，"没有必要要求一个工作理论 (working theory) 一定正确。的确，如果它很不正确，经常会更好"。按考勒斯的哲学，"对一个工作理论的根本性检验，是看其能否激发最大量的有特色的研究"。考勒斯的论点听上去使人感到，它即使在逻辑实证主义的全盛时期，也是先进的；即使在波普尔哲学的时代，也充满了令人惊讶的现代感——在这一时期，一个理论是否富有成果，正如坦斯利所说，是看其能否应对以证伪作为检验它的价值的标准 (McMullin 1976)。

克莱门茨"群落是有机体"的动态理论，直到 1950 年代，仍广泛被许多植物生态学家接受，并且至少也得到动物生态学家默许。奥兰多·帕克 (Park 1941) 站在
[265]	动物生态学家立场上，在谈到植物生态学家对群落类型的描述和划分时，写道，"这一必要的工作大体已经完成"。克莱门茨的顶极概念的主要前提是：把群系看作是一个进化单位，它明显相似于优势物种的分布；并且群系有一个稳定的终极阶段，所有演替过程 (seres) 向其趋敛。在这一时期，稳定性或均衡，一般是指在有限变化的范围内物种种群所具有的抗性，它使得整个群系能保持其本质特征。斯鲁伯德金 (Slobodkin 1955) 把这一传统信念，表述得更为清晰。他把**均衡** (equilibrium) 定义为整个种群大小和相对数量在每个年龄段中保持不变。近年来，这些术语的多样的并且往往是毫不相干的含义，已进入生态学话语中。因此，很难说作者在使用这些术语时，指的是同样的东西 (Connell and Sousa 1983)。克莱门茨理论的前提受

到同时代生态学家的质疑, 如 A. G. 坦斯利、福雷斯特·希里夫 (Forrest Shreve)、W. S. 库珀、A. S. 瓦特, 以及人们最熟悉的 H. A. 格利森。所有人都怀疑克莱门茨的演替和顶极理论的正确性。库珀 (Cooper 1913) 和瓦特 (Watt 1924) 同意, 顶极是由代表着不同演替阶段的 "嵌合体" 地块组成; 在顶极阶段, 基础物种构成上的小尺度干扰会引起更替现象。尽管瓦特以其窗相 (gap phase) (Watt 1974) 概念引起过轰动, 但上述思想基本未受注意。

　　H. A. 格利森在长达 20 多年间发表了 3 篇论文, 系统形成群落的 "个体论观念" (individualistic concept), 后来上升为 "个体论假说" (individualistic hypothesis) (Gleason 1917, 1926, 1939; McIntosh 1975a, 1980a)。个体论概念是基于格利森的下述见解: 物种有着个体的生态特征; 它们由于变化莫测的传播和可获得的环境条件而随机地集聚于当地群落中。格利森的思想一直被忽视, 甚至被 "粉碎"。直到 1947 年, 它才在发表于同一期《生态学专论》(*Ecological Monographs*) 杂志的三篇独立文章中, 得到戏剧性的重新评价。梅森[1] (H. L. Mason)、斯坦利·凯恩[2] (Stanley Cain) 和弗兰克·埃格勒尔[3] (Frank Egler) 三人都赞成格利森的个体论概念。埃

　　[1] 赫伯特·路易斯·梅森 (Herbert Louis Mason, 1896—1994), 美国植物学家, 植物地理学家, 1922 年获斯坦福大学学士, 1923 年获加利福尼亚大学伯克利分校硕士, 1932 年获博士, 1933 年起在那里任教, 1941 年任植物学教授和植物标本馆主任, 直至退休。梅森有一段极有意义的经历。他曾在硕士后的一段时间, 在卡内基学会成为克莱门茨进行植物垂直移植研究的助手。这一经历肯定影响着梅森的学术志趣和思想, 只是没有使梅森成为克莱门茨的同道, 反而成为一个重要的批评者。梅森对植物进化和分布的原因更感兴趣。他认为, 主导因素是环境以及植物对它们的耐受性。他反对 "群丛""顶极" 等克莱门茨和植物社会学倡导的概念和有机体论解释。梅森成为生态领域一位特别有效的批评家。他挑起对克莱门茨的有机体论与格利森的个体论的重新评价, 从而对凯恩的《植物地理学基础》与惠特克的著作产生重大影响。
　　[2] 斯坦利·阿戴尔·凯恩 (Stanley Adair Cain, 1902—1995), 美国国家科学院院士, 植物地理学家, 生态学家, 自然保护者, 1958 年任美国生态学会主席。凯恩 1924 年获巴特勒大学学士, 1927 年获芝加哥大学硕士, 1930 年获植物学博士。他先后在数个大学任教, 1944 年出版名著《植物地理学基础》(*Foundations of Plant Geography*)。第二次世界大战后他热衷于自然资源保护, 1950—1960 年创立密歇根大学自然保护系, 并任教授和系主任, 后在美国内政部任职, 1970 年任密歇根大学环境质量研究所所长, 至 1972 年退休。1940 年他休年假期间曾经在阿尔卑斯山实验室与克莱门茨一起工作, 既有富有启发性的讨论, 也有概念上的相当大分歧。
　　[3] 弗兰克·埃格勒尔 (Frank Edwin Egler, 1911—1996), 美国植物生态学家, 植被管理者, 自然保护主义者, 批评家。他一直师从名师, 在芝加哥大学受考勒斯指导, 于 1932 年获植物学学士; 在明尼苏达大学受库珀指导, 于 1934 年获硕士; 在耶鲁大学受尼科尔斯 (George E. Nichols) 指导, 并以伊顿学者和大学研究员身份访问了阿尔及利亚、突尼斯、马耳他、埃及、印度、锡兰 (今斯里兰卡)、爪哇、中国和日本, 于 1936 年获博士。后在耶鲁大学、康涅狄格大学和卫斯理大学任教, 指导了美国自然历史博物馆 "森林大厅" 的建设。他的家族庄园艾顿森林 (Aton Forest) 成为进行植物和植被研究的著名实验站和博物馆。他对除草剂的植物生态影响的实验研究, 使他产生与克莱门茨不同的见解。他曾帮助卡森撰写《寂静的春天》。由于他对滥用除草剂直言不讳的批评, 导致受化学巨头杜邦资助的博物馆将他解职。他的大量犀利书评使他荣获美国生态学会 "杰出服务奖" (Distinguished Service Award)。

格勒尔写道, 他认为 "这些几乎被遗忘的论文, 在美国植被思想的整个发展中, 具有第一等的重要性" (引自 McIntosh 1967)。1950 年代, 日益定量化的数量植物生态学检验了 "群落单位" 理论, 普遍发现它是不成熟的, 并代之以连续分布理论或梯度理论 (continuum or gradient theory) (Whittaker 1951; Greig-Smith 1957; McIntosh 1958b, 1967; Curtis 1959)。然而, 并不能因此做出结论: 这些发现已埋葬有机体群落理论——它认为: 群落是由相互作用的物种紧密地组合在一起的单位; 在环境相似的地方, 有着确定的可以重复出现的生物组成和结构。

[266]

在 1950 年代和 1960 年代, 基本上在围绕植物群落的上述特性进行的令人印象深刻的论争的同时, 动物生态学家, 主要是鸟类学家, 把群落概念用作一个由物种集群组成的处于均衡状态的实体。这一思想很大程度上与麦克阿瑟的理论生态学的兴起有关 (Simberloff 1974; Cody and Diamond 1975; Connell 1980; Wiens 1983, 1984)。这一群落理论主要产生于三个方面, 即: 种群理论; 对自然种群模式的观察; 以及设想群落作为一种组织形式, 是物种间竞争并建立和强化生态位分离的结果。凯斯韦尔 (Caswell 1982b) 指出, "当代关于群落结构的思想是从早期种群理论家关于密度相关型种群调节的争论中诞生的"。正如尼科尔森 (Nicholson 1933) 很早断言的, "竞争" 调节着 "所有" 的物种种群。戴蒙德 (Diamond 1978) 宣称, 那种认为 "影响群落模式的是过程而不是竞争" 的思想, 是 "滥用了人们的信任"。种群和群落的均衡理论在理论生态学的革命时代曾风靡一时, 甚至被说成发展了 "库恩范式 (Kuhnian paradigm) 的鲜明特征" (Wiens 1983)。果真如此, 这是在 "范式混杂" ("a confusion of paradigms", Woodwell 1976) 时代或 "范式失败" ("paradigms lost", Woodwell 1978) 时代中森博洛夫 (Simberloff 1980) 所说的一种 "生态学中的范式演替" (succession of paradigms in ecology)。把以竞争–排斥形式的种群理论、群落理论 (特别是多样性和生态位结构)、进化理论和协同进化论组合到一起, 是一项极有意义的发展。引起争议的焦点是, 这一理论假定了均衡条件和同域进化 (sympatric evolution) (Connell 1980; Caswell 1982a, b; Wiens 1983, 1984)。康奈尔抨击这一理论迎合 "有竞争经历的魔鬼"。维斯 (Wiens 1983) 对这一群落理论提出 "反偶像崇拜" (iconoclastic view) 观点, 这使人联想起格利森早期对克莱门茨的顶极理论的攻击。非常醒目的是, 维斯抨击那些生态学中假说–演绎方法 (hypothetico–deductive approach) 的最直言不讳的拥护者, 认为他们缺乏科学的严肃性, 也未能严格地去检验假说, 由此证明 T. C. 钱伯伦近一个世纪前指出的 "处于统治地位的理论" 的问题。

[267]

最近, 康奈尔和苏萨 (Connell and Sousa 1983) 向那些支持均衡理论用于群落的拥护者提出一个通情达理的建议: "我们相信, 一个人在将这一理论用于自然种群或群落之前, 他首先应决定这些种群和群落是否稳定". 但这一倡议很少实行, 部分是由于定义稳定性的困难, 部分是由于寻找恰当的稳定性量度的困难。维斯 (Wiens 1983) 列举由鸟类群落研究提出的 6 个关键问题。第一个是质疑短期研究 的优点, 除非群落明显处于平衡状态。第二个是询问不同的观察者用不同的方法 进行的观察, 是否具有可比性; 维斯对此回答说, "或许没有"。维斯响应了要求理 论动物学家采用波普尔假说–演绎方法的呼吁, 建议形式论者 (formalist) 波普尔和 怀疑论者 (nihilist) 费拉本进行哲学上的调和 (参见 May 1981a), 只要这一调和是可 能的。维斯还提出一个植物生态学家长期争论不休的问题, "我们一直研究的鸟类 群落是真实的生物实体吗? 抑或是我们为容易研究而进行人为创造的产物?" 事实 上, 维斯因对鸟类群落知识的怀疑而辨识出许多问题; 在植物群落生态学家中, 亦 有似曾相识的反应。群落理论, 或是按照没有数学形式的克莱门茨有机体意义上 的整体论观点处理; 或是按照科迪 (Cody 1974, 1981) 意义上的整体论观点来处理, 寻找基于种群数学理论进行预测的模式; 或是以莱恩、洛夫和莱文斯 (Lane, Lauff, and Levins 1975) 阐述的多少有些独特的整体观来处理; 所有这些仍在困惑着生态 学家。在某些理论种群生态学家眼里, 还原论的希望之光, 最多不过是 "对真实世 界正确认识的细微一束" (Christiansen and Fenchel 1977)。最不济, 它也是经由有效 的经验性研究途径获得的。

# 7.5 生态学定律和原理[①]

科学理论普遍公认的功能, 是解释和预测所观察的事物。如果这一功能是由 简单而优美的方程来完成, 则更好。一个具有充分想象力和概括力的理论, 会包容 许多观察, 并因此而面临更大的证伪风险 (McMullin 1976)。生态学家也像科学家 一样, 希望发现宇宙的秩序。自然平衡与自然界经济的传统, 就是基于这样的秩序 预测的, 它们或是神授或是天然产生的。秩序明显表现为规则 (regularity) 或模式, 并且, 科学的经典传统普遍涉及对常数或定律的认证。一般来说, **定律** (law) 是指 可以观察的事物能够通过观察加以证实。哈尔 (Hall 1974) 认为, 科学哲学家所说 的理论是一组由演绎关联的定律的集合; 但他又补充说, 在生物学中, 理论和定律

[268]

---

① 英语科学术语的中文翻译, 似有不同领域的约定俗成。在自然科学领域, law 的中译, 用 于数理化时, 多译为 "定律"; 用于生物科学与地质学时, 多译为 "法则"。principle 的中译也有类 似的情况, 用于数理化, 多为 "原理"; 用于生物科学, 多为 "原则"。本节对 law 和 principle 的译 法, 基本顺从我国翻译界的学术习惯。

的性质与关系仍在争议之中。生态学也同样如此。生态学家的困难之一是要在复杂的自然生态系统的普遍杂乱无序中，即通常人们所称的 "噪声" 中，辨识结构或模式的简洁规律，用以解释、预测或数学化。早期生态学家有时抓住为数有限的观察，把它们描述为定律。规律、常数或定律在物理科学发展过程中是常见的，包括从天体的有规律运动，到阿伏伽德罗常数、化合价或元素周期表，但它们在生态学中一直很难辨认。一些理论生态学家在寻求生态学原理时，抓住热力学定律，这是毫不奇怪的。许多生态学家一直强调发展简洁的普遍原理 (simple generalization) 作为生态学理论基础的好处。一些人却忘却一句生物学家 ① 格言 "寻求简洁，并且不要轻信它" (Seek simplicity and distrust it) 的第二部分；或者他们在追寻生态学的线性模式时，却忽视一条古谚，"自然界中无直线" (There are no straight lines in nature)。

生态学中最早普遍使用的定律是 "最小量定律" (law of the minimum) 或称 "李比希法则" (Liebig's law)，它来自海克尔之前的农业化学家贾斯特斯·李比希 (Justus Liebig)。李比希法则认为，植物的生长或这一过程的速度，是受含量最低的因子——即最小量 (minimum)——的可获得性或速率限制的。这一 "法则" 经历了一些变化，其间有过一些新的名称，它至今仍收纳于一些教科书中。它可能特别适合于埃格勒尔 (Egler 1951) 所嘲笑的 "单因子" 生态学。生态学家早已认识到，某些环境因子比其他因子有更大的影响，因而他们试图致力于一些显著因子的研究，如水、温度或作用突出的营养物，特别是氮。后来的生态学家则抓住 pH、磷或能量，但是这样由单因子控制自然界的便利性是难以实现的。

谢尔福德 (Shelford 1913) 引进 "耐性定律" (law of toleration)。这一定律针对着李比希的最小量定律，补充了最大量 (maximum) 的限制。它认为，生物生存、生长和繁殖所需的因子的量值有一定范围，当处于其中间区域，即最优值 (optimum) 时，这一生物的生长和繁殖状况最好。许多早期和当代的生理生态学家都能用文献证明这一人们熟知的单峰分布曲线，它描述对环境因子的生理响应以及个体生长的响应。这使得高斯 (Gause 1932) 认为，一个种群的生长曲线在形式上可以由高斯曲线来描述。生态学家开始熟悉这种一般的响应关系，那些别具特色的、个体论的、有着彼此重叠分布的、并设想为高斯形态的物种种群曲线，代表着许多生物类群和栖息地。在 1950 年代，这些曲线的式样被视为生态学传统的群落单位理论必

[269]

---

① 它似乎并非生物学家格言。这里引用英国数学家和哲学家阿尔弗雷德·诺斯·怀特海 (Alfred North Whitehead) 的一段话，以资佐证："科学的目的是对复杂事物寻求最简单的解释。我们总是陷于这样的错误：认为事实是简单的，因为简单是我们追求的目标。每个自然哲学家的人生指导格言应当是'寻求简洁，并且不要轻信它'" (Whitehead, A. N. *The Concept of Nature*. The Tarner Lectures Delivered in Trinity College, 1919)。

须让位于群落梯度思想与连续体 ① (continuum) 思想的令人信服的证据 (McIntosh 1958b, 1967; Curtis 1959; Whittaker 1967)。这些曲线的式样, 是现已风靡生态学的排序和梯度分析方法的共同产物, 只是它们的效用有争议 (Whittaker 1973)。这些曲线构成了生态位理论的脊梁; 这一理论认定: 在物种生活模式、标准差 (即生态位宽度) 以及基于竞争导致 "有限相似性" 所要求的占空度 (重叠部分) 等假设下, 物种可以表示为基于 "响应梯度" 的正态曲线 (Christiansen and Fenchel 1977)。

　　19 世纪生物学家曾经寻找生物的地理分布模式。默尼厄姆 (C. Hart Merriam) 阐述一条 "基本定律" (Merriam 1894): 动物分布是由温度控制的; 向北的范围受积温总量的控制, 向南的范围由每年最热期间的平均温度控制。这个思想的衍生物是 "霍普金斯②定律" (Hopkins's law), 或称 "生物气象定律"。它与 18 世纪和 19 世纪的 "花期" (floral calendars) 相似, 认为北半球的生物事件随着春天而北移。霍普金斯定律说明, 一个生物事件, 在春天和早夏, 向北每纬度滞后 4 天, 向东每 5 经度滞后 4 天; 在春天和早夏, 每上升 400 英尺③则滞后 4 天 (Hopkins 1920)。这些常识构成了生态学中的物候学内容。IBP 的任务之一就试图对这些思想进行严格的检验, 然而从未真正执行过。在早期生态学家中, 一个广泛流传的假设是, 种群和群落分布主要受环境的物理因子控制。它们最易于单个地测量。利文斯顿 ④ 和希里夫 (Livingston and Shreve 1921) 写道, "简言之, 我们可以把 '植物群落的生存、限制和运动受物理条件控制'⑤, 当作一个植物地理学定律加以肯定"。早期的个体生态学研究, 只要有仪器设备, 大多都涉及环境变量的测量。对此, 一位批评者评论说, 当 pH 成为最受青睐并最易于测量的因子时, 没有一个生态学家不在他的背囊里配备了测量 pH 的工具。人们把因果关系归结为因子测量与生物或群落分布之间的一致性或后来所称的正规的相关性; 这样做的危害性, 开始时不受关注, 但以后当生态学家变得更富有经验时, 则受到责难。

　　其他生态学家认识到, 一种生物的分布是与其他生物的分布相关联的。早期

[270]

---

　　① 连续体 (continuum), 是指事物从一种状态以渐变方式过渡到另一种状态, 其间没有任何陡然变化。这里指群落间的过渡。

　　② 安德鲁·德尔马·霍普金斯 (Andrew Delmar Hopkins, 1857—1948), 美国昆虫学家。他是树皮甲虫专家, 特别专长对北美针叶林最具破坏性的大小蠹属 (Dendroctonus) 的研究。他的甲虫分类学专著堪称经典, 是北美大陆昆虫学的基石之一, 常被称为 "北美森林昆虫学之父"。他还提出生物气候学定律。

　　③ 1 英尺 = 30.48 cm。

　　④ 伯顿·爱德华·利文斯顿 (Burton Edward Livingston, 1875—1948), 美国植物生理学家。他毕业于密歇根大学 (1898), 获得芝加哥大学博士 (1902), 其间出版《植物中扩散和渗透压力的作用》(Role of Diffusion and Osmotic Pressure in Plants, 1903)。1913 年任约翰·霍普金斯大学植物生理学教授。

　　⑤ 这里的单引号是译者所加, 主要是为方便读者理解。

的海底 "采捞者" 和陆生植物生态学家们注意到不同的物种使毗邻地区表现出不同的特征。由此产生以著名鱼类学家 D. S. 乔丹 (D. S. Jordan) 的名字命名的 "乔丹定律" (Jordan's law); 这里不能将它与另一个同样以乔丹命名的有关鱼类椎骨数与温度关系的乔丹 "法则" (Jordan's "rule") 相混淆。考克斯 (Cox 1980) 把这个 "乔丹定律" 表述如下:

> 如同地带和动物区系, 群丛经常能够再划分。事实上, 这一划分逻辑上可以进行到这一程度, 从而使得只有一个物种占据着它自己的生态位。

早在 1913 年, 格林内尔 (Joseph Grinnell) 已对 "生态位" 做出清晰说明: 它是物种区分得以公式化的先决条件。它被赋予各种不同的名称, 如 "高斯定律" "洛特卡–沃尔泰拉原理" 或者更为文学语言式的 "竞争排斥原理"; 它们都是在 1920 年代和 1930 年代面世的 (Grinnell 1917; Hardin 1960; McIntosh 1970; Vandermeer 1972; Cox 1980)。这些 "定律" 或 "原理", 成为大部分的传统种群理论和现在群落理论的基础。哈钦森 (Hutchinson 1957a) 把谢尔福德的 "耐性定律" 简化为生物对环境变量响应的线性关系, 从而公式化地构建多维生态位理论[①]。随之而来的是竞争成为新的群落结构理论的基石。在范德弥尔 (Vandermeer 1972) 看来, 哈钦森对传统生态位概念的更新并表述为超维形式 (hypervolume), 产生了 "迄今生态学中提出的或许是唯一明确的自然界原理或定律"。范德弥尔把高斯原理或定律推崇为 "高斯公理", 这是对一种生态学现象的罕见措辞。后来一些理论生态学家, 把群落中的种间关系, 描述为竞争和自然选择的结果。科迪和戴蒙德 (Cody and Diamond 1975: 5) 写道:

> 正是这种经由竞争的自然选择, 对不同类型的物种如何配置时间和能量做出关键性的决定; 其结果使得物种沿着资源利用轴分离开来。

[271]    克莱门茨 (Clements 1905) 写道, 已经进行的工作尚不足以提出明确的 "定律", 但提出少数 "规则" 则是合适的。然而, 他的一些标题和副标题却认可 "定律"。1916 年, 他把演替说成是一个 "普适定律", 即 "所有裸地, 除水、温度、光或土壤条件极端不利的地方外, 都会产生新的群落" (Clements 1916: 33)。克莱门茨的 "规则" 或 "定律" 基本上是老一代生态学家的说法, 但是它们却饱含着大量的敏锐洞察力。在考勒斯 (Cowles 1911) 和戴塞雷 (Dansereau 1957) 那里, 演替定律激增, 但却很少能在当代生态学中幸存下来。朗克尔 (Raunkaier 1918) 提出 "频度分布定律" (law of distribution of frequency), 认为: 如果一个样本的频数以 5 个等百分比档次

---

① 参见 [191] 页。

分组, 所产生的分布将遵循着一条反 J 形曲线。这是因为频度从最低的频数档次 (0 ~ 20%) 起一直降低, 但在最高的频数档次 (80% ~ 100%) 则重新上升。这条主要通过人为制造的样本大小而获得的定律直到 1960 年代始终流行于教科书和研究论文中 (McIntosh 1962)。亚当斯 (Adams 1913) 的《动物生态学研究指南》一书, 很明显表现出对生态学现象中规律的确信。它的一些章节, 论述 "环境变化的定律", 以及关于代谢、生长、演进、生理条件以及行为的排列有序的 "定律"。但是, 所列举的这些定律中, 很少能被当代生态学文献采纳; 即便那条压力调节 (adjustment to strain) 的 "普适定律" (Bancroft 1911) 也是如此。洛特卡 (Lotka 1925) 的 "最大能定律" 的命运则多少好一点, 它在提出 30 年后, 又被 H. T. 奥德姆和平克顿 (H. T. Odum and Pinkerton 1955) 重新启用, 并且纳入演替的能量学概念中去 (E. P. Odum 1971)。沃尔泰拉提出三条定律 (Chapman 1931):

(1) 周期性循环定律: 两物种种群的干扰是周期性的, 它取决于与增长和减少有关的系数和初始条件。

(2) 平均数守恒定律: 种群保持稳定, 除非方程的参数发生变化。

(3) 平均数破坏定律: 如果企图破坏两物种的数量比例, 那么猎物物种会增加, 捕食者则减少。

沃尔泰拉 "定律" 适用于他的理论模型的物种, 但它能否很好地用于真正的生物, 在以后几十年一直处于激烈的争议之中。奥尔多·利奥波德, 在他的一个长期助手看来, 从不提及那个吸引着他的许多同时代人的数学生态学 (R. McCabe 1983, 个人通信); 他也阐述两条关于动物密度 (density) 与它们的散布 (dispersion) 和混杂 (interspersion) 的关系的定律[①] (Leopold 1933)。 [272]

尽管早期生态学定律的局限性明显地表现为它们不能长久地和有效地表示生态现象中的规律, 并且提出应留心一个定律的品质取决于生态观察, 但是新的定律仍然层出不穷。普雷斯顿 (Preston 1948) 提出, 物种的个体数是按照一个 "对数正态 (log-normal) 定律" 分布的; 它后来 (1962) 被称为 "规范" (canonical) 分布。康纳和麦考伊 (Connor and McCoy 1979) 发现, 这个对数正态定律与其他描述物种 – 面积关系的方法, 均有缺陷。日本生态学家创造了一个 "最终产量恒定 (constant final

---

①利奥波德的两条定律是在研究狩猎管理时提出的, 后来成为保护生物学的理论基础。一是 "散布定律" (law of dispersion), 认为 "在通常范围内, 较小半径、要求两个或两个以上生境类型的猎场, 其潜在 (动物) 密度正比于外围类型之和"。二是 "混杂定律" (law of interspersion), 认为 "(环境) 构成与混杂是决定猎场的潜在多度的主要因素", 并且认为 "一块土地上的最大种群, 不仅取决于它的环境类型或构成, 而且取决于这些类型的混杂——与动物游走有关"。利奥波德的两条定律是基于他早前提出的 "边缘效应" (edge effect)。然而, 这些定律的模糊性与简单化应用, 也引起生态学界的各种评论。

yield) 定律" 和一个 "产量倒数 (reciprocal yield) 定律"①, 把生物量与密度联系起来 (Harper 1977c)。哈珀也把 "共栖的物种数是由控制因子的数目决定" 引证为一条普遍定律, 这是 "一个物种一个位" 定律的翻版。舍纳尔 (Schoener 1972) 评论说, "物种数目随着面积的增大而有规律地增加" 是 "群落生态学中少数普遍定律之一", 也是 "它的少数极为珍贵的规律之一"。长期的博物学知识表明, 在一个地区进行的研究越多, 在其中发现的物种也越多。这样, 物种数随着观察面积或观察时间的增加而增大的思想, 也可以被视为一条定性的定律。不过, 要把这些普遍性概括转化为物理科学中熟知的定量化普遍定律, 肯定是很困难的。这使得生态学家中产生 "物理学钦慕" (physics envy)。生态学家一直坚持寻找 "生态群落的实在论模式" (realistic model) (Slobodkin 1961), 寻找 "能表示与真实群落相一致的模式的宏观变量" (Culver 1974), 以及寻找那些 "在群落水平上保持恒定并可以预测的变量的例证" (May 1976)。梅 (May 1974b) 期待着生态学完全成形② (perfect crystal)。按照罗伯特·麦克阿瑟著名的 "断杖" 模型③ ("broken stick" model), 很多生态学家都趋向于把相互竞争生物的结构大小比率以及物种的相对多度分布, 视为具有代表性的规律。所提出的这些普遍规律中, 没有一个能够安然作为生态学定律或常数存在。斯鲁伯德金建议, 食物链效率的最大值为 15%; 他以后根据经验和理论研究又推翻了这一设想 (Slobodkin 1972)。结果, 斯鲁伯德金警告说, 期望生态学的普适常数

[273]

"与大多数物理学理论无异" 是危险的。新的理论生态学的拥护者, 像那些老的生态学理论的阐述者一样, 对这种生态常数或定律的探求一直很不满意。理查德·莱文斯 (Levins 1968b) 写道, "正是现在才认识到生态系统具有的内禀复杂性"。这一点毫不令人惊讶, 因为早期生态学家早已痛苦地意识到他们试图定义、分析、解

---

　　① "最终产量恒定 (constant final yield) 定律" 是对广泛存在的植物种群在生长后期的密度与生物量 (产量) 之间关系的经验性概括。在初始阶段, 生物量与密度呈正比增长, 以后趋于平缓, 再后则保持恒定。"产量倒数 (reciprocal yield) 定律" 则表示植物个体大小的倒数与种群密度的关系。这两个定律的数学表达不断改进, 并且可以互推。其机制是种群死亡率与种群密度的关系, 也就是 "自疏" (self-thinning) 现象。它们是日本生态学家做出的重要贡献。1953—1956 年吉良 (T. Kira) 与他的同事篠崎 (K. Shinozaki) 在 "最终产量恒定" 上取得突破; "自疏" 现象由篠崎和吉良在 1956 年提出; 突出的贡献是 1963 年吉良的学生依田恭二 (K. Yoda) 提出 "自疏的 $-3/2$ 次幂定律" (the $-3/2$th power law of self-thinning)。
　　② "完全成形" (perfect crystal) 的提法是承接本书第 2 章的 "生态学的成形" (the crystallization of ecology)。那里是指生态学创立时期的学科名称出现与学科构成。梅认为, 那样的成形是不够的, 因而提出应当 "完全成形"。[283] 页引用梅对 "完全成形" 的看法, 即生态学模型化: "未来的生态学工程将有可能描绘出理论模型的整个谱系, 从非常抽象的模型到非常具体的模型"。
　　③ "断杖" 模型 ("broken stick" model)。它出现于麦克阿瑟 1957 年的一篇论文《论鸟类相对丰度》(On the relative abundance of bird species), 用以说明鸟类相对丰度分布像一节一节的折断直棒。每一节的长度正比于物种多度。它的意义在于其 "假说–验证" 方法学上的吸引力。虽然被认为过于简单化, 但是对于自然史中最深奥的谜团可以通过 "假说–演绎" 来求解, 仍然吸引着那一代年轻的种群生物学家, 并在很大程度上改变着生态学。

释和预测的那些现象的内禀复杂性。

一些生态学家倾向于把有限的观察外推为定律，而从不对**定律** (law) 的含义和使用范围做详细的推敲和说明。罗迈斯伯格 (Romesburg 1981) 认为，虽然未经检验，但埃林顿 (Errington) 的安全阈值 (threshold of security) 假说已变成一条定律。罗斯 (Roth 1981) 写道，G. E. 哈钦森关于两物种共存所必要的"暂定性"差率 (ratio of difference) 曾被认为是"一个生物常数"。她提出一个告诫性建议，"在断言一个生物学定律存在之前，一个人应当证明它的经验性基础具有令人满意的统计显著性"。至于必须具有什么样的统计显著水平才能赢得对生态学普遍性概括的信任，则是长期存在的问题 (Simberloff and Boecklen 1981)。很明显，理论生态学的主要困难之一，是缺少通常称为定律或常数的那些规则，并且很少关注统计上的显著性。这样，一些生态学家倾向于急不可耐地抓住热力学定律，并把它们应用于生态系统。尽管使用它们，但很难称得上是生态学定律。范·威伦和皮特尔卡 (Van Valen and Pitelka 1974) 直言不讳地指出，"与种群遗传学不同，生态学在其基本过程——种群的生长和调节——中，并没有已知的规律"。然而，生态学家却不明智地过于羡慕种群遗传学，它的规律是通过忽略许多生态学要素而获得的；然而这些要素，正如生态学家从生态学诞生之日就已指出的，对自然选择过程有着重大意义。皮罗 (Pielou 1975) 提出这样一个问题，"是否存在支配着多物种群落的组成和结构的定律?" 马奥拉纳 (Maiorana 1978) 毫不含糊地或许有点未经深思熟虑地指出，生态常数 "会为研究自然群落中竞争性相互作用的性质，提供一个坚实基础"。较为悲观的评论者在谈及生态学时说，"它的宏伟的理论概括一经发表，就会为其存在而窘困" (Patil and Rosenzweig 1979: 前言)。这一评论可以适用于近来的一些 "宏伟理论"，它们本来是完全不应当发表的。不过，理论家们是心胸开朗的一群，那些在确认常数、定律或规则方面的困难抑制不了他们。不过，如果说具有概括性的普遍定律是理论的必要基础的话，那么一个令人满意的通用的或统一的生态学理论将是难以实现的 (Oster 1981)。大久保明[①] (Okubo 1980) 怀着 "谨慎的乐观"，呼吁用更多的时间以达到 "建立定律和基本方程" 的目的。他以无可争辩的逻辑，提出这样一个命题: 如果一无所为，则将一无所获。对生态学家来说，问题

[274]

---

[①] 大久保明 (Akira Okubo, 1925—1996)，日本生态学家，曾经是日本气象局海洋化学处处长。1959 年去美国约翰·霍普金斯大学切萨皮克湾研究所，1963 年获博士，后在研究所工作。1975 年受聘美国纽约大学石溪分校海洋研究中心数学生态学教授。他精通应用数学、物理学、生物学，并对重要问题具有少见的洞察力。他的研究覆盖海洋物理学，海洋扩散，动物集聚以及物理-生物界面。其著作《扩散与生态问题: 数学模型》(*Diffusion and Ecological Problems: Mathematical Models*, 1980) 至今仍是经典。他获得日本海洋学会奖章。为纪念他，还设置了 "大久保明奖" (Akira Okubo Prize)，由 (国际) 数学生物学学会 (SMB) 与日本数学生物学学会 (JSMB) 联合管理。

在于是否应永怀希望。正如大久保明所说，"如果要定量地分析和预测生态系统动力学的话，数学处理是必不可少的" (Okubo 1980: 3)。

20 世纪早期的生态学家发现，那些追求普遍性的努力往往是失败的。考勒斯 (Cowles 1904) 把生态学说成是 "杂乱无章" 的，并且断言 "生态学家甚至在一般原则上都不能达到一致"。他的同代人甘伦 (Ganong 1904) 一开始就提出 5 个 "主要的生态学原理"，它们全部与适应性有关。生态学家开始寻找统一性原理，作为对早期生态学家如甘伦提出的批评的响应；这一批评说，生态学只拥有大量的事实，但缺乏能将这些事实组织起来的普遍规律。他们追随着曾为 18 世纪和 19 世纪的科学建构普遍性原理的先前科学巨人的脚步。埃尔顿 (Elton 1927) 思考动物群落并推测，"动物群落中物种总数的稳定性一定与某个重要原理有关"。埃尔顿的美国同行谢尔福德 (Shelford 1932) 对于群落、栖息地和术语的分类，提出基本原则。谢尔福德的 "第一条原则" 是，陆生群落必须包含 "一个地区所有的地表生物"。高斯 (Gause 1936) 同样关注群落，他在一篇题为《生物群落学原理》的一文中问到，"那里存在着由规则维系的、在组成和结构上不变的特征吗？" 他自己的回答是，"这一问题的解决可以很容易借助于解析方法实现"。这使人想起在《一个威尔士孩子的圣诞节》(*A Child's Christmas in Wales*) 一书中，狄兰·托马斯[①] (Dylan Thomas) 对 "容易解决" 说法的抱怨，"噢，它对达·芬奇是容易的"。阿利和帕克 (Allee and Park 1939) 为使生态学研究更有成效，把 "明确无疑的生态学原理" 列了一个总表。这一初步概述又在《动物生态学原理》(Allee et al. 1949) 一书中得到充实。与他们之前和以后的大多数生态学家不同，该书的作者们认为 "话语应当围绕原理安排[②]" 并进行阐述。他们撇开对 "定律" "概念" "原理" 进行评价，而是讨论应如何从事生态学的想法。在他们的用法中，原理 "只是采用归纳法对生态学资料进行的普遍性概括 (generalization)"。他们说，由此产生的原理构成从事演绎性思考和产生假说的基础。这是一个极好的建议，但在寻求更为抽象、更为概括、却也更为理想化的理论时，并非总是获得青睐。阿利等人编列了大约 25 条原理。E. P. 奥德姆 (Odum 1953) 的几种版本的生态学教科书《生态学基础》(*Fundamentals of Ecology*)，成为传统生态学原理的汇编。该书的第三版记录了 30 余条原理。尽管有着这样的汇编，或许由于原理难以确证，所以后来的生态学家并不认可它们，或是怀疑它们是否存在。马格莱夫 (Margalef 1963) 写道，"现在的生态学在统合和梳理原理方面，显得极为软弱无力"。曼 (Mann 1969) 评论说，至少水生生态学几乎没

[275]

---

　① 狄兰·托马斯 (Dylan Thomas)，威尔士诗人，也是这一自传体小说中的男主角小男孩。小说描述怀旧和纯真的圣诞节时光，是作者最受欢迎的作品之一。

　② 原文是 "a word is in order about principles"。

有产生通用性原理的迹象。其他生态学家也编列生态学原理的新表。K. E. F. 瓦特 (Watt 1971) 提供了 15 条原理; 到 1973 年, 则扩大到 38 条 (Watt 1973)。生态学原理不仅数目愈来愈多, 而且有些更特别冠以 "重大原理", 如哈钦森的生态位原理 (Mitchell and Williams 1979)。在生态学中, 一个人很少碰到诸如 "关于上限的假定" (Hutchinson 1978) 这样较为规范的说法。这一假定合理地认为, 事物不能不受限制地发展; 这一思想借自马尔萨斯和达尔文。但要说清确定这种限制的机制, 却有着漫长的路要走; 它差不多是整个生态学都要讨论的问题。很明显, 生态学家并非不要原理, 但是, 如果要求生态学家就 "原理是什么" 或是对某个具体原理寻求一致意见, 则非常困难。部分原因是语义学的。加勒特·哈丁 (Hardin 1960) 追寻那些以人名命名的原理的错综复杂关系; 像高斯定律或洛特卡–沃尔泰拉原理, 在使用时可以更描述性地称为竞争排斥原理。哈丁注意到, 这种竞争排斥原理已经隐含在达尔文理论中, 但却不恰当地归功于洛特卡、沃尔泰拉或高斯他们个人或他们三个人。这一竞争排斥原理至少萌发其他两个原理, 即竞争替代原理与共生原理, 它们中的每一个都产生了大量文献 (DeBach 1966)。瓦特 (Watt 1973) 也同样把这一原理变为两个原理 (McIntosh 1980a)。

　　原理可以先引入生态学, 以后再发生变异。霍尔丹 (Haldane 1956) 把 "马修–科马克原理[①]" (Matthew-Kermack principle) 称为一种 "交易" (trade-off), 即: "对一个因子的适应性增强将伴随着对另一个因子适应性减弱"。后来由于生态学家和编目者的需要, 这一原理被称为 "分配原理" "交易原理" "万能原理" (Jack-of-all-trades principle) 或 "资源配置原理"。一个生态学家的原理可能会是另一个生态学家的毒药。奥德姆 (Odum 1986) 列出了一条 "萌生性质 (emergent property) 原理", 并且主张把群体选择 (group selection) 作为生态系统进化的一种机制。但这种萌生性质和群体选择都遭到许多生态学家的反驳, 使它们成为论据不足的原理。对于创立原理的机制, 尚无统一看法。梅 (May 1973) 评论说, 系统方法 "看来不会有助于产生通用的生态学原理, 它也没有宣称这样做"。但是, 那些把系统方法视为一枚理论生态学钥匙、一种科学方法和一种管理基础的系统生态学家, 则反驳这样一种评价。看来很清楚, 原理以形形色色的面目出现。阿利等人 (Allee et al. 1949) 希望,

[276]

--------

　　[①] 威廉·迪勒·马修 (William Diller Matthew, 1871—1930), 加拿大研究哺乳动物化石的古生物学家, 皇家学会会员。他发现, 同一时期的一些原始马在牙齿方面有优势, 而其他的马则在腿骨架方面有优势, 但从来没有在这两个方面都有优势。肯尼斯·科马克 (Kenneth A. Kermack, 1919—2000), 他和妻子均为英国古生物学家, 以研究早期哺乳动物称著。他们发现, 化石昆虫种群中的某些性状也存在类似的代偿。1956 年霍尔丹 (参见 [260] 页脚注) 将马修和科马克的观点缀合在一起, 称为 "马修和科马克原理", 也称 "代偿原理" (compensation principle) 或 "交易原理" (trade-off principle)。

大量的原理会构成演绎思维的基础, 但它们并未在生态学中发展起来, 也没有取得较多的一致看法。列文多夫斯基 (Levandowsky 1977) 道出对生态学的悲观看法:

> (生态学) 不可能基于一般数学理论, 产生普适性的、定量的、可以与牛顿定律相比的原理。因此, 生物的物理学前景看来是暗淡的。

不过, 第二次世界大战后在复苏生态学数学方法的几个生态学学派那里, 并没有给悲观主义留下多少余地。

# 7.6　理论数学生态学

在 1960 年代和 1970 年代, 许多过誉之词都指向 "新" 生态学; 它以倡导对生态学的五花八门的理论处理为标志。一本描述世界生态学概况的编者写道:

> 这一新生态学, 由于它植根于构成生态系统的真实生物组分——植物、动物和微生物——之上, 所以已经达到高度复杂的抽象水平。这对 20 世纪早期和中期的现代生态学先辈们来说, 即使不是令人畏惧的, 肯定也是使人困惑的。(Kormondy and McCormick 1981: xxiv)

的确, 对于一些经历 "新" 生态学时代的生态学家来说, 它是令人困惑和令人畏惧的, 但同时简直会激怒其他人。某些 "新" 生态学家喜欢使用 "殖民化" (colonization) 一词作比喻。帕迪尔和罗森兹威格 (Patil and Rosenzweig 1979: 前言) 提出一份这种 "殖民" 活动的大事年表, 他们心中想到的是理论种群生态学家:

[277]

> 受激于成为这一知识前沿开拓者的机遇, 由 G. E. 哈钦森、他的学生和其他人带头, 生态学中的这一殖民活动至少存在于从 1955 年到 1965 年的 10 年里。

舒加特、克鲁帕泰克和伊曼纽尔说明 "殖民者" 的来源, 他们心中想到的是系统生态学家: "生态学已经被那些来自方法学极为丰富的学科的科学家们所殖民" (Shugart, Klopatek, and Emanuel 1981)。不论是对理论种群生态学家还是对系统生态学家, "殖民" 这一比喻在生态学上意味着是对一个相对来说荒凉地区的入侵, 是一种人才和技能的注入; 并且很清楚, 这种技能就是数学, 而那些 "方法学极为丰富的学科" 就是 "物理、化学和工程学"。帕迪尔和罗森兹威格把这一比喻扩大到包括生态位理论, 因为它也是由 "殖民者" 依靠大量积累的未曾使用过的生态学资料培育起来的。对某些新一代生态学家来说, 理论生态学和数学生态学属于同一领域。

对"新"的强调忽视了数学在生态学中更早的"殖民"史以及它对生态学的影响。狭义地说，理论生态学开始于勒夫 (Leigh 1968) 和梅 (May 1974a) 所确定的 1920 年代。尚不完全清楚的是，1960 年代的"新"的数学理论生态学，到底是真正的殖民者先驱，还是 1920 年代"理论生态学的黄金时代"的"质量低劣的复制品"。那些早期的殖民者也来自"方法学极为丰富的学科"。他们中，阿尔弗雷德·洛特卡 (Alfred Lotka) 熟悉物理学和物理化学，维托·沃尔泰拉 (Vito Volterra) 是一位数学家 (Scudo 1982，个人通信)。勒夫认为，洛特卡和沃尔泰拉都重视"生物群落"，尽管他们后来在种群理论方面的工作大多只限于考虑一个或两个物种。这些工作构成理论数学生态学的早期殖民活动的阵地。理论数学生态学开始于 1920 年代，因为它：① 是对渔业、皮毛贸易、害虫防治等经济问题感兴趣的结果；② 是对发展一种与物理学相仿的、大体能用于进化和生物学的抽象理论感兴趣的结果。例如，理论昆虫生态学，差不多起源于昆虫生态学家对害虫种群的兴趣 (Andrewartha and Birch 1973)。理论种群生态学涉及种群动力学。种群及其动力学的内在的定量性质，以及对鱼类、昆虫和一些陆生脊椎动物的种群研究，提供了为数庞大的经验性观察资料。在 1920 年代和 1930 年代，不少生物学家、生态学家和非生物学家探讨分析种群的数学途径。斯库多 (Scudo 1970)、斯库多和齐格勒 (Scudo and Ziegler 1978) 以及金斯兰 (Kingsland 1981, 1982, 1983, 1985)，对这一时期数学生态学的发展进行首次详尽的历史分析。一些生态学家——如查普曼 (Chapman 1931)——坚信，数学理论"将成为我们未来科学基础中非常坚固的部分"。生态学家，如著名的昆虫生态学家 A. J. 尼科尔森 (Nicholson 1933)，则把理论数学生态学作为种群研究的主要部分。其他人，如 W. R. 汤普森，尽管他是把数学方法用于宿主–寄生物 (host-parasite) 研究的开拓者，但却对数学在生物学中的优越性越来越表示怀疑 (Kingsland 1983)。不管怎样，虽然斯库多和齐格勒认为，这一黄金时期在 1940 年就已结束，但在 1930 年代和 1940 年代，数学理论和用来检验它的实验一直持续不断。确实，如果说这一黄金时期在 1940 年结束，那么它是以颇具夸张的"砰"的一声中结束，而不是在牢骚声中结束的①；不过这两种情况均未出现。哈斯克尔② (Haskell 1940) 呼吁对"环境""生物"和"栖息地"进行"数学体系化" (mathematical

[278]

---

① 也许暗指第二次世界大战爆发。

② 爱德华·弗勒利希·哈斯克尔 (Edward Fröhlich Haskell, 1906—1986)，美国协同学科学家 (synergic scientist)，整合论思想家 (integral thinker)。他致力于将人类所有知识统一于一门单一学科。1948 年，他自创"统一研究和教育理事会" (The Council for Unified Research and Education)；并成立"统一科学" (The Unified Science) 工作组。1972 年，出版著作《完整的圆圈：统一科学的道德力量》(*Full Circle: The Moral Force of Unified Science*)。

systematization)。他写道,生态学如要成为一门 "精确科学,…… 那么它的一切基本观念将必须以一种功能相当恒定且又能接受渐进性调节的方式,重新定义"。他为生态学理论极为低下的状况和缺乏预测能力而感到遗憾。尽管生态学很少有预测能力,但哈斯克尔至少在促使生态学家采用热力学第二定律、熵以及 $n$ 维几何特别是非欧几何上,是有先见之明的,因为所有这些内容在 1960 年代和 1970 年代都在生态学中一显身手。

　　然而,理论数学生态学的进步不是直线式的,它的成功也不是毫无问题的。托马斯 · 帕克 (Park 1946),这位在雷蒙德 · 珀尔实验室工作过的著名的实验种群生态学家,也是一个逻辑斯蒂方程的主要拥护者。对于种群的数学理论,他写道:

> 不管这一行动 (指逻辑斯蒂方程——译者) 有什么优长,现在可以公正地得出结论,它对于种群生态学,不像概率统计理论对种群遗传学那么有效。

　　G. E. 哈钦森和 E. S. 迪弗 (Hutchinson and Deevey 1949) 对数学理论持有比帕克更为肯定的看法。他们写道,"或许一般生态学中最重要的理论发展,始终是由沃尔泰拉、高斯和洛特卡创造的逻辑斯蒂方程对两物种种群的运用"。哈钦森 (Hutchinson 1947) 证明了修正经典逻辑斯蒂和竞争方程的作用。F. E. 史密斯 (Smith 1952) 回顾了决定论 (deterministic) 的种群理论及其实验性验证的效用,并且评论了支持逻辑斯蒂方程的实验遭到的普遍失败。他建议,数学理论的前途应建立在随机理论上;并且得出结论,"直至现在,几乎没有一个实验研究是真正具有决定性的。这一领域中的大部分思想应当视为假说,而不是理论"。斯鲁伯德金 (Slobodkin 1965) 写道,"那种简单的种群增长模型,虽然受到数学家喜爱,并且在想象中能够服从更为宏大的理论体系,但却是完全不能成立的"。奇怪的是,奥斯特 (Oster 1981) 竟宣称,"长期以来,生态学家相当严肃地看待这些方程,似乎其中隐藏着某种关于自然的伟大而又微妙的真理"。事实上,生态学家如帕克、史密斯和斯鲁伯德金,都对这些方程的价值提出质疑;一些人则怀疑数学理论用于生态学时的那些轻率假定。J. R. 克雷布斯和 J. H. 迈尔斯 (Krebs and Myers 1974) 写道,种群控制理论不适用于田鼠和旅鼠。并且,里士满等人 (Richmond et al. 1975) 指出,洛特卡-沃尔泰拉模型不适用于解释两种果蝇的动力学。斯鲁伯德金 (Slobodkin 1975) 对跨入生态学领域的数学家发出一系列的告诫,但是它们很少受到关注。与奥斯特的看法相反,列文多夫斯基 (Levandowsky 1977) 写道:

> 现在几乎没有生态学家会对这些容易使人犯错误的方程发生兴趣,但数学家仍在竭力把它们兜售给我们。这就像经典故事中的醉鬼,他在黑暗

[279]

中丢了表, 但却想在路灯下去找它, 因为那里有光亮。

金斯兰 (Kingsland 1982) 注意到逻辑斯蒂曲线在种群生态学中持久存在; 对此, 她认为, 这是由于心理的或历史的原因, 而不是它在种群研究中颇有疑问的适用性。金斯兰把逻辑斯蒂曲线的意义, 归功于雷蒙德·珀尔的果断行动; 正是他使这一曲线复活。但沃尔泰拉、高斯和许多后来生态学家赋予这一方法的后继者—— 两物种方程——的意义, 并未被大多数生态学家接受。一些生态学家提出, 数学模型曾经引起的生态学兴趣, 是基于心理学和社会学的关注, 而不是它在阐述生态学问题时的功效已经得到证明 (Simberloff 1983)。事实上在 1950 年代, 晚近的数学理论生态学的拥护者对这一方法的功效未被大多数生态学家认可而深感遗憾。

尽管斯库多和齐格勒认为数学生态学的黄金时代已在 1940 年结束, 并且许多生态学家对数学种群生态学的成功也表示怀疑, 但理论生态学仍风靡 1960 年代和 1970 年代。某些评论者把这一复苏归功于罗伯特·麦克阿瑟 (Cody and Diamond 1975; Fretwell 1975; Hutchinson 1978)。很清楚, G. E. 哈钦森经历了数学理论家在生态学领域从首次到最近的 "殖民活动" 之间几乎整个时期, 并且他一直站在海岸上欢迎新的殖民者。哈钦森对许多数学生态学家和非数学生态学家的生涯是有影响的; 那些人都对生态学的多个不同领域做出重大贡献 (Edmondson 1971; Kohn 1971)。无疑, 麦克阿瑟给予了理论生态学一个新的形象, 并恢复了人们对动物群落生态学的兴趣。J. R. 克雷布斯 (Krebs 1977) 写道, "由于麦克阿瑟的影响, 使得群落和生态系统的研究从萎靡不振的生态能量学中重新抬起头来, 成为生态学中一个充满智慧挑战的分支"。要评价麦克阿瑟对理论生态学的贡献, 显然太早。很明显, 他把许多人吸引到生态学中。他的工作形成一股小小的研究洪流; 对此, 他的颂扬者称之为生态学上的一场革命或一个新的范式。麦克阿瑟自早年以来对生态学中数个包含着重大问题的领域, 贡献了新的思想; 此外, 他以自己的工作做出示范, 竭力主张对生态学进行 "新" 的理论处理, 从而被人们一致认定为麦克阿瑟 "学派"。这一理论处理的核心是 "强有力的定量化理论" 与 "自然界广泛分布的模式的识别" 相结合, 从而 "产生一门有预测能力的生态科学" (Cody and Diamond 1975)。具体鉴定麦克阿瑟的工作用以反对在纪念他的文集中表露出的过于夸大的宣扬, 或许并不公正, 但是, 每当提到理论生态学的麦克阿瑟学派时, 那种多少有些布道般的调子, 在 1970 年代是很普遍的, 并延续至今; 只不过它多少已被生态学的现实所遏制。麦克阿瑟在生态学的多个方面贡献了新的思想以及体现这些思想的数学模型, 特别是关于物种多样性、物种相对多度、作为生态位理论组成部分的竞争和

[280]

物种集聚, 以及借用经典逻辑斯蒂思想的 $r$ 选择和 $K$ 选择理论[①]。他还和 E. O. 威尔逊一道创立了超越生态学的岛屿生物地理学理论, 并发展了物种与面积关系的思想, 这也在生态学中赢得反响。岛屿生物地理学理论被冠以各种名号: "一次革命" "科学中的科学" "科学中的仙境" (McIntosh 1980a)。但是, 要实现克里斯廷森和芬切尔 (Christiansen and Fenchel 1977: 128) 的下述期望, 尚需一段困难的时间:

[281]

> (岛屿生物地理学——译者) 除了是一个孤立的动物区系的预测性理论外, 它还通过把竞争性相互作用和动荡不定的均衡概念综合到一个通用的群落理论中, 从而对生物群落的性质建立新的见解。

麦克阿瑟的令人惋惜的中断的著作生涯[②], 开始于 1955 年的一项工作, 把食物网的关系数目作为群落稳定性的测度以及与此有关的数学证明。此后就是科迪和戴蒙德 (Cody and Diamond 1975) 所称的 "经典" 的断杖模型。这些由麦克阿瑟贡献给生态学理论的第一批论文, 后来以令人满意的波普尔格式经受检验和证伪。即使断杖模型受到贬损, 但也难以摧毁它 (McIntosh 1980a)。这或许印证了 H. C. 考勒斯的格言: 一个理论并不需要正确, 如果它是错的, 或许更好, 只要它能激发研究并硕果累累。

这时尚不完全清楚, 这个与麦克阿瑟学派有关的新生态学, 是否像它的拥护者所说, 是一个有预测能力的理论生态学的开端, 或像它的一个批评者所称, 是一个 "公共关系网" (Mitchell 1974)。数学理论一直困扰于缺乏可以依靠的规则; 即使是经典的能够产生与随机过程无异的动态轨迹的决定论数学模型, 也是如此 (May and Oster 1976)。L. B. 斯鲁伯德金 (Slobodkin 1965) 描述了关于捕食者-猎物相互作用的实验, 在这一实验中, 捕食者的存在会使猎物长刺。斯鲁伯德金评论说, "没有一种值得尊敬的数学理论能指望预测任何像这样的事情, 当然也不应当对它有这样的期望"。哈钦森 (Hutchinson 1957a) 关于生态位的集合论公式表述, 曾是恢复对动物群落和生态学理论的兴趣的主要动力。它的一个值得推崇的思想是, 每个物种在事物发展构架中有着自己的独特位置, 不仅是指物理学位置, 而且是栖息地条件和与其他生物关系的集合。哈钦森的公式化表述, 把动物理论家引进 $n$-维空间; 哈斯克尔 (Haskell 1940) 和莱沃丁 (Lewontin 1969a) 认为他们应当在那儿。动物生态学家和植物生态学家一道, 使用多变量分析和多维空间 (超体积) 概念, 并努力将它减少到可以理解并可用于管理的维度。生态位理论致力于在竞争物种、它们相应于可获得资源的分布以及物种得以演变和共存的途径之间, 建立定量化

---

[①] 在逻辑斯蒂方程中, $r$ 表示种群潜在增长率, 因此有利于增大内禀增长率的选择称为 $r$ 选择; $K$ 表示资源承载力约束, 因此有利于竞争能力增加的选择称为 $K$ 选择。

[②] 暗指麦克阿瑟于 1972 年 42 岁时去世。

关系。这是专注于物种间的生态和进化关系的生态学家孜孜以求的。其混杂的结果既被称为是 "有用" 的 (Pianka 1980), 又被说成是 "令人失望的" (Brown 1981)。那种试图利用定量的数学理论把多样性和稳定性联系起来的努力, 看来也是令人失望的 (Goodman 1975)。

[282]

　　新的理论生态学的一个标准, 是非常自觉地和非常正规地注重使用数学模型。然而, 梅 (May 1981a) 承认, "大量有用的理论采用的是语词模型 (verbal model) 形式", 并且在传统的生态学中, 充满了语词模型和图解模型 (graphic model)。克莱门茨 (Clements 1905) 关于演替的基本描述性模型, 尽管许多年后仍用语词说明, 但已变成一个 "助长" (facilitation) 模型, 即: 早期植物为后来入侵者的进入准备好场所 (McIntosh 1980b)。赫奇佩思 (Hedgpeth 1977) 把默比乌斯的生物群落说成是 "第一个海洋生态模型, …… 它被设想为一个受制于有限食物源的、能够自我维持的箱子"。早期的生态学著作充满着关于群落演替和营养结构的图解模型 (Clements 1905; Shelford 1913), 用以分别说明演替的时间序列和生物的营养序列。在 1920 年代, 许多这样的模型都和第一代数学模型同时存在, 只不过这种共存可能成为一种取代方式, 如同竞争排斥原理与生态位理论那样。然而, 这是 (模型——译者) 相对易于管理的时代, 其中包括: 演替模型, 林德曼的营养模型, 洛特卡和沃尔泰拉的单物种或双物种种群的数学模型, 以及高斯、查普曼、帕克和尼科尔森的实验种群或群落模型; 它们繁盛于 1960 年代和 1970 年代, 并形成舍纳尔 (Schoener 1972) 所说的 "模型拥塞般聚集" 的局面。卡德莱克 (Kadlec 1971) 提供了一份关于生态模型的选材非常广泛的文献目录。杰弗斯 (Jeffers 1972) 因把**数学模型**这个术语曲解为 "囊括了它绝不可能包含的各种活动" 而受到责难 (Pielou 1972)。生态模型本身成为一个与生物无关的研究对象 (May 1973; Smith 1975b)。

　　数学模型被视为是理论生态学的一个不可分割的部分, 并且 IBP 为生态建模者设置了岗位。模型是为着种群、种群集合即群落、个体过程以及整个生态系统而构造的。渔场模型是针对单物种种群而发展起来的, 因此最大持续产量概念及其模型成为捕鱼业的基础 (Graham 1935; Beverton and Holt 1957; Gulland 1977)。一些模型赢得巨大成功, 如关于森林生长的 JABOWA 模型 (Botkin, Janak, and Wallis 1972)。其他的模型, 像 IBP 关于草原的地生物集群模型 (ELM 模型), 受到广泛的讨论, 但从未进入高级模型之列。像理论生态学中的许多内容一样, 数学模型受到各种各样的考察。IBP 几个地生物集群的建模工作受到检视 (Patten 1975c), 并且舒加特 (Shugart 1976) 在每个模型中看到未来的希望。然而, 里格勒尔 (Rigler 1976) 评论说, 这些模型读起来 "像是一本推销尚未发明出来的产品的广告小册子"。瓦特 (Watt 1975) 是一位呼吁把数学用于生态学的早期倡导者; 他对此评论说, 在 40

[283]

年建模中, 绝大多数生态模型或是未能描述它们想要描述的现象, 或是存在着内在的数学问题, 或两者都有。奥尼尔 (O'Neill 1976) 则主张, 未来的生态系统研究, 无论如何应当 "把模拟注入研究方案的各个方面"。梅 (May 1974b) 虽然承认模型在生态学中成果相对寥寥, 但他也同样乐观地表示:

> 然而从长远看来, 一旦建立起 "完全成形" 的生态学, 未来的生态学工程将有可能描绘出理论模型的整个谱系, 从非常抽象的模型到非常具体的模型, 如同今天科学和工程学中那些较为常见的 (并且较为成熟) 的分支。

生态模型应用中一个广泛存在的问题, 是难以在种群和群落水平上实现 "完全透明" 的辨识 (identification)。生态模型应用的另一个问题是 "验证" (validation)。凯斯韦尔 (Caswell 1976) 是模型验证问题的批评者。他认为, 模型验证是一种过时的对科学进行的证实方法 (verificationist approach), 而不是波普尔倡导的证伪方法 (falsificationist approach)。谢费和勒夫 (Schaffer and Leigh 1976) 认为, 主要由动物生态学家发展起来的数学模型, 并不适合于植物。皮罗 (Pielou 1981) 评估生态模型, 并质疑大多数模型的效用。

第二次世界大战以来, 理论生态学的扩展产生了一大批理论。它们叠加在战前的生态学理论上, 但几乎不能与之整合。为了使这种发展更有条理, 也为了增加各种生态学家小团体之间的交往, 近来明显采取多项行动去整顿几种生态学方法。生态学研究所① (The Institute of Ecology, TIE) 力图沟通生态学家中最深的裂隙; 它召开以 "生态学理论和生态系统模型" 为题的研讨会 (Levin 1976)。莱文评论说, "在生态学上划分许多宗派是没有好处的" (Levin 1976); 他还指出, 讨论会参加者的多样性引起 "几乎不可克服的障碍"。尽管莱文寻求联合, 但讨论会却实际上表明理论种群生态学家和系统生态学家之间的分野, 以及两者之间交往的障碍。1980 年, 美国动物学家协会的生态学部, 组织了一个以 "理论生态学" 为题的专题讨论会。它组织了一批理论种群和群落生态学家, 同时也包括一名系统生态学家。这

[284]

---

① 生态学研究所 (TIE) 基本是美国 IBP 的产物。其名称历经数次变化。在其成立之前, 被称为 "国家生态学研究所" (National Institute of Ecology, 简称 NIE); 以后考虑到它可能成为一个国际角色, 在 1971 年 1 月成立时的注册名称是 "泛美生态学研究所" (Inter-American Institute of Ecology, 简称IAIE); 半年后再改为 "生态学研究所" (TIE)。早在 1965 年, 美国生态学会 (ESA) 开始讨论设立一个国家生态机构, 作为生态学家与国家环境决策者之间的接口。1967 年, ESA 的研究委员会撰写了一份 NIE 可行性报告。1969—1970 年在美国国家科学基金会的资助下, 进行筹建的实际操作。1971 年 TIE 成立。首任所长也是它的创始人之一, 著名生态学家海斯勒 (A.D. Hasler, 见 [126] 页脚注)。TIE 的 "盛世" 是 1970 年代中期, 然而最终在 1984 年 6 月 30 日关闭。美国办不好国家级生态学研究所, 其原因很值得深思。参见 [312] 页。

次会议文集的编者写道: 经验生态学家相信, 理论生态学是不能对付自然界真正的复杂性的; 而理论生态学家则认为, 对复杂性的强调妨碍了认识上的进展; 这样, 在他们之间存在着一条交往上的 "深沟" (Gordon 1981)。在同一年, 瑞典自然科学研究理事会的生态学研究委员会, 安排了一次题为 "种群和群落生态学的理论" 的会议 (Brinck 1980)。这次会议的中心议题是与环境的应用问题有关的理论生态学。这些会议出版物中的文章, 表现了当时理论生态学的研究范围。也许, 理论生态学家面临的主要问题是, 生态学需要发展成为一个统一的生态学 (MacFadyen 1975), 或是成为一个有预测能力的生态学 (Peters 1980)。生态学一直被说成是典型的不成熟, 这意味着存在一种它应该符合的成熟模式。由于做不到这一点, 生态学被指责为科学政体 (scientific polity) 中的二等公民。在最近的理论生态学的专题讨论会上, 一些作者认识到理论的等级; 这会使生态学家的事情进一步复杂化。奥斯特 (Oster 1981) 描述了通用理论 (general theory) 与专用理论 (special theory), 格兰特和普赖斯 (Grant and Price 1981) 辨识纯理论 (pure theory) 与操作性理论 (operational theory)。通用理论和纯理论似乎是 "为理论而理论" (for theory's sake) 的理论, 它们无需直接与实际数据或真实世界的状况打交道。专用理论或操作性理论, 则是针对具体问题或实验。这两方面都意味着, 生态学是命定地不成熟的, 因为通用理论可以不用涉及通常的生态学问题而去探求。梅 (May 1981a) 是一位主要的数学生态学理论的倡导者, 对于这一问题, 他得出一个与其早期著作相比颇为折中的理论生态学观点。他力戒对科学研究途径做过分简单化的表述, 不管它是出于 H–D 模型, 还是出于数学预测的理想。就模型而言, 梅建议将查尔斯·达尔文的更为无所不包的方式, 作为科学调查的模型。由于达尔文的科学调查模型已经给所称的 "达尔文产业" (Darwin industry) 提供素材, 并且拥有大批力图阐述这些素材的哲学家和历史学家, 所以这看来是对生态学家极好的建议。

[285]

对诸如生态学的通用理论或纯理论这类事物的展望, 看来是很渺茫的。仔细察看几种检验理论生态学的努力, 就会发现概念上和方法学上的鸿沟。例如, 康奈尔 (Connell 1980) 写道, 物种起源于协同进化 (coevolution) 看来是不可能的。帕顿 (Patten 1981) 则把协同进化说成是基于群体选择 (group selection) 概念的实事求是的认识; 并且他说, 由协同进化产生的整个系统的进化, 正在填补生态系统生态学和进化生态学之间的鸿沟。布朗 (Brown 1981) 对基于种群的生态学理论在群落生态学方面的贡献, 持悲观看法。他考察新的生态系统生态学与新的理论种群生态学之间的分野, 并追溯各方的传统起源。他认为, 理论种群生态学并未产生某些生态学家和生态学 "殖民者" 们曾经承诺的那种有预测能力的定量化理论。他特别提到种群生态学家未能遵循 G. E. 哈钦森对能量学的重视。布朗没有评论像 L. B.

斯鲁伯德金这样的种群生态学家; 斯鲁伯德金通过实验, 探讨物种之间的能量输运。布朗也没有提到在生态系统生态学文献中可以找到的范围广泛的能量研究文献。事实上, 他呼吁要开始做的, 是一件已经进行了几十年的东西。

或许, 在最近对生态学理论的评论中, 最有意义的方面, 是缺少 1960 年代的那种狂热。斯特恩斯 (Stearns 1980) 质疑生活史 "策略" 是否存在; 这与早期对这种策略充满信心的断言相反。哈珀 (Harper 1980) 评论 6 种生态学理论, 用以说明其中的争议; 并且提出, 经典的洛特卡 - 沃尔泰拉理论和它的衍生理论不适用于植物与许多群居动物。洛尼基 (Lomnicki 1980) 向生态学家提出由理论模型获得的建议; 不过, 这些模型告诉生态学家的是生态学家早已知道的东西。杰克逊 (Jackson 1981) 警告 "现在出现的自大狂"。沃纳和米特巴赫 (Werner and Mittelbach 1981) 强调理论和实验的相互影响, 格兰特和普赖斯 (Grant and Price 1981) 指出需要避免单个理论检验的弱点。布朗 (Brown 1981) 把竞争理论说成是 "一个令人失望的理论"; 他并且觉察到, 在群落生态学家中弥漫着的悲观情绪。他指出过去 20 年中的欢欣鼓舞, 但也注意到, 问题的答案已难住整整一代机敏的、有献身精神的并且雄心勃勃的生态学家。他以一个众所周知的说法总结他的分析:

[286]     或许, 没有立刻获得成功不足为怪。生态群落可能是生物构造中最复杂的。谁会认为能够轻而易举地找到这样的答案: 那里的物种为什么如此之多?

不久前, 佩因[①] (Paine 1981) 在他作为美国生态学会上一任主席的致辞中谈到 "**生态学中的真理**" (Truth in Ecology)。他提到生态学预测的不确定性问题; 并认为, 自然群落是永恒地变化着的, 准确的预测是不会实现的。他指出, 如果生态学没有依循物理科学的模型, 不要认为这是它的失败, 应当以较为欣喜的心情将生态学与气象学和经济学比较。尽管后两者的预测能力仍受质疑, 但它们已获得显著成功。考虑到花在气象学和经济学上的费用, 以及它们用于数据采集和分析的经费数量, 并与生态学比较, 就用不着对生态学的预测能力感到不快了。

生态学从开始之初, 就已认识自然系统的复杂性。经过近一个世纪自我意识

---

① 罗伯特·特里特·"鲍勃"·佩因三世 (Robert Treat "Bob" Paine III, 1933—2016), 美国生态学家, 美国生态学会主席 (1979—1980), 美国国家科学院院士。佩因于 1961 年获密歇根大学动物学博士。在华盛顿大学, 佩因和他的学生以及合作者在海洋生态学做出三项发现。(i) 关键种 (keystone species), 指群落中影响巨大与其存在状况不成比例的物种, 用以填补生态位理论的缺失; (ii) 营养级联 (trophic cascade), 一种 "自上而下" 地控制群落的机制, 与惯常的 "自下而上" 不同; (iii) 斑块动力学 (patch dynamics), 以动态非平衡的 "佩因-莱文模型" (Paine-Levin model) 预测潮间带生物斑块的年龄分布和大小结构。佩因特别重视野外实验, 而不只是观察, 他称此为 "查观生态学" (kick-it-and-see ecology)。

生态学的研究，它们看上去在很大程度上仍然复杂得令人胆战心惊和不可预测，并且也不易于进行还原论处理。生态学经常被贬为"不成熟的"或"幼稚的"，因为它一直未能接近某些哲学家认为作为一门科学应当具备的数学化、公理化或方法论等理想化思想。生态学一般不宜与物理科学比较，因为物理学有着更为正规的理论结构，这一结构建立在具有完善的常数、定律和规则的物质特性的基础上，这些物质特性在物理科学宣称的领域内允许构建"通用理论"或"纯理论"，并具有预测能力。生态学往往也不同于工程学，因为它不能对自然和半自然生态系统的管理提供充分精确的指导和预测。这些批评看来是没有根据的。工程师们能对机械装置的建造，甚至污水厂的运行，提出很好的指导；但是很明显，他们没有解决自然生态系统的问题。工程师对此有着主要影响，但却很少能进行预测和管理。

　　生态学的批评者据以断言生态学失败的那种哲学观点，尚未实际扩展到生物学 (Hull 1974; Mayr 1982; Niven 1982)。一些生态学家已经怀疑：是否存在一个如何从事科学的理想概念，它由普遍适用的定律或由整体数学模型表示，并适宜于用作判断生态学成熟性的尺度。可能这只是因为生态学至今尚未有它的伽利略或牛顿，能将更为难以对付的问题还原为一个通用性理论，从而解释和预测范围广泛的生态现象。或许这还因为，物理科学中经典性的连续成功是在有限的自然现象范围内取得的，它不能轻而易举地扩展到其他的自然现象，如地震、气象或生态系统。物理学家、数学家以及从他们中借来的生态学家，一直试图根据热力学、耗散系统、信息论或其他知识——它们在恰当的语境中会特别有效——重塑生态学。或许，生态学根本不是物理学或生物化学的一种不成熟的形式，生态学家将必须创造一种新的理论构架以适合生态现象的复杂性和异质性。生态学家已经提出这样的想法，既不自暴自弃也不对失败认可，而是一个需要生态科学的声明。斯鲁伯德金 (Slobodkin 1965) 拒绝与物理学进行类比，他写道，"那种简单的种群增长模型，虽然受到数学家喜爱，并且在想象中能够服从更为宏大的理论体系，但却是完全不能成立的"。斯鲁伯德金提出另外三条替代途径：① 相对粗浅的数学；② 新型的数学；③ 彻底地识别新变量的新见解。他说：

[287]

　　作为生物学家，我们所采用的科学质量的正规标准是与物理学家和数学家的标准不同的。…… 经验科学必须发展它们自己的质量标准，决不能回避必要的思考而托庇于牛顿或欧几里得。(Slobodkin 1965)

惠特克和莱文 (Whittaker and Levin 1977) 提出，生态学家追求通用性生态学理论的期望，可能会因缺乏一个总的计划以及生态学关系的多样性和复杂性，而受到挫折。哈钦森 (Hutchinson 1975)，这位公认的理论生态学源泉，试图矫正生态学中

的失调, 他说:

> 现在这一代生态学家中, 许多人都很有能力掌握生态学所需要的数学基础。现代的生物学教育, 如果不坚持这一方面的要求, 那么将会使我们作为生态学家感到失望。然而现在仍很少看到它有这方面要求的迹象。应当知道, 对过去和现在的生物进行既有广度又有相对深度的了解, 是一项基本要求, 但不是生态学教育的全部。

[288]  奥斯特 (Oster 1981) 写道, 生态学的理论家们应当 "更为谦逊" 地对待那种 "要像物理学家认识物理学那样来认识生态学" 的 "言过其实的期望"。奥斯特注意到一种力图摆脱 **"通用理论"** (general theory) 的 "诱惑" 而回归到与具体实验相联系的 **"专用理论"** (special theory) 的趋势。他将这一趋势归因于从事生态学研究的理论家们 "较为谦逊" 的声明: "如果你不过于教条, 那么理论实际上是能够促进这个过程的"。莱文 (Levin 1981) 对理论家的作用持有明显不同的观点。他写道, 对一个理论家来说, 理论是关于原理和方法的系统阐述; "指导他的" 正是 "这样一种对理论的认知而不是那种需要检验假说的思想"。按照莱文的观点, 理论发展与 "野外观察和实验紧密关联着", "但在目的和期望上则毫不相干"。证伪, 作为一个理论的标准, 是 "建立在理论的从属的派生定义 (subordinate and derivative definition) 上的"。对于实践的生态学家, 问题正如梅所说, "生态学理论表现为许多形式"。此外, 它并不总是能表述得清清楚楚。马格莱夫 (Margalef 1968) 的《生态学理论的展望》(*Perspectives in Ecological Theory*) 一书给人的 "感觉是, 内在的自信往往变得更为诗意, 而不是更为科学" (Slobodkin 1969)。E. O. 威尔逊 (Wilson 1969) 写道, 读了理查德·莱文 (Levins 1968a) 对生态位和适合度集 (fitness set) 的理论解释, 给 "人的感觉是, 他正从热衷于他的研究方式的太空来访者那里获得宇宙的奥秘"。理论家数量的爆炸般增长, 加之许许多多往往是含混不清或者相互矛盾的 "普遍性的或其他性质" 的理论, 已经使经验生态学家和理论生态学家不知所措。

最近, 生态学界已从对理论的过于放肆的宣扬, 开始出现良性的收敛。理论家们对于他们据以提出理论的那些现象, 采取一种更为现实主义的观点。在野外生态学家和实验生态学家中, 对抛到他们面前的最新式样的模型或数学, 表现出一种令人满意的怀疑主义。仍然有待实现的是 "理论生态学" 与 "系统理论" 的拥护者之间更好的理解, 如果不是同情性理解的话。至于怎样实现以及是否能实现, 已超出本章及其作者的范围。

# 第 8 章 生态学和环境问题

　　所有的生态学定义都一致认为,它必须研究生物与环境的相互关系。人 (*Homo sapiens*) 是意义最为重大的生物。格拉肯 (Glacken 1967) 评论说,从公元前 5 世纪到公元 18 世纪末的每一位思想家都谈论过地球环境以及人类与它的关系。这一现象直到 19 世纪和 20 世纪也没有停止。的确,对环境的关注,或者更广义地说,对自然的关注,已成为人类切身利益的核心 (Ekirch 1963; Nash 1967; Passmore 1974; Sheail 1976)。埃克奇 (Ekirch 1963: 1) 写道, "人与自然是历史的基本事实"。尽管关于自然的概念已有很长的历史,并有着许多不同的解释 (Hepburn 1967; Kormondy 1974, 1978; Hausman 1975),但是,埃克奇话中隐含的对立是西方大部分传统的环境思想的特征。**自然**普遍被视为除人类及其建造物之外的整个物质世界。**自然的** (natural) 也普遍是指没有人的介入而发生的现象。一些人,像克曼迪 (Kormondy),尽管对这种区分提出疑问,但仍然认为保留这一说法是有用的。帕斯摩尔 (Passmore) 力图避开**自然**一词而不得; 他认为这个词是 "模棱两可的",然而又是 "不可替代的"。按习惯的用法,自然就是 "人类" 的环境,并且已经明显地塑造着 "他的" 生物史和文化史。斯蒂尔格 (Stilgoe 1982) 把 "**景观**" (landscape) 一词与 "荒野" (wilderness) 对照,认为景观是由人创造的环境,而荒野则是危险的、令人恐怖的地方,并超出人类控制。这一看法正好与对荒野的罗曼蒂克的观点相反。虽然生态学家往往被刻画成只寻求研究处于原始条件下、"自然状态中"、未受人类影响玷污的自然 (Egler 1964; Welch 1972),但是他们从生态学最早时期开始,就抓住人类与环境关系以及人类对环境影响的问题。弗雷泽·达林① (Fraser Darling) 意识到生态学中一个长期存在的难题 (Darling 1967),他写道:

　　生态学,作为一门研究生物与其环境之间的关系,以及相同或不同群落

---

　　① 弗兰克·弗雷泽·达林 (Frank Fraser Darling, 1903—1979),英国生态学家,鸟类学家,自然保护主义者和作家,爱丁堡皇家学会会员,爵士。1938 年他提出 "弗雷泽·达林效应" (Fraser Darling effect),指在大群鸟类中发生的同时缩短繁殖季的现象,这种同步加速繁殖会使个体的后代更有生存机会。达林先在农场工作,后进入政府。他热爱研究。1930 年代初他在爱丁堡大学读博士。他是具有独创思维和巨大智慧的自然主义哲学家。他的三本自然保护著作分别描述马鹿、海鸥和灰海豹的社会和繁殖行为。

之间关系的科学, 是一个超出其初创者认识的更为宏大的思想。

[290]　　　　直至 1960 年代, 达林见解的真正意义, 才充分展现在生态学家面前; 那时其他职业者、广大公众甚至政治领导人, 开始意识到普遍所称的环境危机。**生态学**成为一个受人青睐的流行用语 (Nelkin 1976)。生态学以及它对生物 (包括人) 和环境的态度, 在 20 世纪对人与环境问题抱有各种各样见解的派别中, 是一个迟到者。帕斯摩尔 (Passmore 1974) 回顾东西方的文化传统; 在每一方, 不同的宗教信仰都有几种表述。关于人类和自然的关系, 东方宗教 (包括美洲印第安宗教) 的特征是 "天人合一" (a harmonious integration with nature)。一些现代生态学家和许多非生态学家, 将此视为更为理想和更为 "生态" 的观点。人们甚至把生态学家说成是 "禅师" (Zen master) (Barash 1973)。人们认为, 西方基督教对人与自然的关系有着非常不同的看法。奥尔多·利奥波德 (Leopold 1949: viii) 直截了当地写道, "基于我们亚伯拉罕的土地观念, 生物保护无法进行"。科学技术史学家林恩·怀特 (White 1967) 把对生态危机的责难指向基督教对自然的态度; 他因这篇文章获得美国生态学会的默瑟奖 (Mercer Award)。(基督教的——译者) 谬误在于《创世纪》思想的广泛运用; 它使人类有权统治地球和它的其他 "居民", 并有权为人类的利益而征服与利用它们。生态学家 W. P. 科坦[①] (Cottam 1947) 从过度放牧引起冲突中, 发现可以把《旧约》中的另一处语录, 作为对上帝旨意的另一种不同的解释。他引用《圣经》上《利未记》(*Leviticus*) (25: 23) 中的话说: "土地是我的, 因为你们是外人, 是和我住在一起的旅居者"。帕斯摩尔承认这种对《旧约》的不同解释, 但他仍同意怀特的看法:《旧约》的那种观点明显地把人类粗暴对待自然的傲慢和专制的行为说成是正当的, 这在西方文化中占有统治地位。

　　　　对人与自然的关系除了民俗、神话以及宗教和哲学解释外, 18 世纪和 19 世纪的无数作家和艺术家也有他们自己的说法。对野性自然 (nature wild) 和被驯化自然 (nature tamed) 的理想化, 即自然应当成为怎样, 一直是文学艺术的永久主题。关于过去的或重建的伊甸园的神话, 一直广泛流传 (Sanford 1961)。英国作家, 像威廉·华兹华斯[②] (William Wordsworth) 和其他湖畔诗人, 与深受美国人喜爱的威
[291]　廉·卡伦·布莱恩特[③] (William Cullen Bryant) 和沃尔特·惠特曼[④] (Walt Whitman)

---

　　① 沃尔特·佩斯·科坦 (Walter Pace Cottam, 1894—1988), 美国生态学家, 出身农牧家庭, 是 1918 年获杨百翰大学首批硕士的两人之一。1926 年在芝加哥大学获博士学位。随后回杨百翰大学工作至 1931 年, 再转犹他大学任教 31 年, 至 1962 年退休。他是犹他大学植物学系主任, 自然保护协会 (The Nature Conservancy) 的联合创始人。
　　② 英国最伟大的诗人之一, 是英国浪漫主义诗歌的奠基者。
　　③ 美国诗人, 编辑, 1794—1879。
　　④ 美国诗人, 1819—1892。

一道, 激发和执持着浪漫主义自然观。华兹华斯在其《转变》(*The Tables Turned*) 一诗中写道, "来到事物的灵光之中, 让自然成为你的教师"。布莱恩特在《死之沉思》(*Thanatopsis*) 中回应, "对着这样一个爱恋着自然、眷恋着她的明媚形象的人, 她讲着各种各样的语言"。惠特曼遵循着《圣经》的精神, 先于利奥波德 (Leopold 1949), 在《草叶集》(*Leaves of Grass*) 的《一个原子的历程》(*Odyssey of an Atom*) 一诗中写道, "我把自己交给泥土, 让我在热爱的草丛中生长; 如果你再次需要我, 请在你的脚下寻找我吧"。

19 世纪的风景画和有关它们的文学作品, 都与自然、美学和道德关联着。特纳① (J. M. W. Turner) 因其对自然的解释, 被视为绘画界的拜伦② (Byron) (Cheney 1946), 科尔③ (Thomas Cole) 和哈得逊河画派的其他成员一道, 用画笔描绘布莱恩特用语言描述的大自然的罗曼蒂克形象 (Sanford 1957)。

作家、美术家、传教士和政界人物, 都怀抱着 18 世纪和 19 世纪对自然的田园牧歌理想与 "农耕之梦" (agrarian dream), 哪怕这些与自然界的冷酷现实, 与已经出现的人类技术进步, 发生冲突 (Marsh 1864; Ekirch 1963; Worster 1977)。从对自然和环境的神学的、哲学的、美学的、浪漫主义的和先验论的评论, 到生态世界观, 这一转变正如本书所示, 不是简单的、线性的、甚至单向的。吉尔伯特·怀特 (White 1789) 的《塞尔伯恩的博物学和古迹》(*Natural History and Antiquities of Selborne*) 一书, 也许是对自然既虔诚而又无十分把握的科学观点的结晶; 它代表了大不列颠最好的博物学传统, 有时却被过去和现在的生态学批评者贬为 "观鸟" (birdwatching)。这些人忘记了, 有些事只能通过那种途径来认识。怀特的影响明显地表现于他的书在 1901 年以前已发行 90 版; 表现于在怀特死后近一百年美国自然作家约翰·巴勒斯 (John Burroughs) 去塞尔伯恩 "朝圣"; 表现于在巴勒斯去世后近一百年另一个美国博物学家兼作家艾温·威·蒂尔④ (Edwin Way Teale) 再去塞尔伯恩 "朝圣"。拉尔夫·瓦尔多·爱默生 (Ralph Waldo Emerson) 在他的题为 "博物学的用处" (*The Uses of Natural History*) 的讲演中说, 可以通过科学来接近自然, 并且它能给予人类一些教训 (Ekirch 1963)。亨利·戴维·梭罗 (Henry David Thoreau) 是作家中的一个典型。他既是大自然的观察者, 同时也是大自然的测量者和记录者。他向自然学习, 但又将诗歌与科学区分开。他属于最早谴责商业对自

---

① 英格兰画家, 1775—1851。
② 英格兰诗人, 1788—1824。
③ 美国画家, 1801—1848。
④ 艾温·威·蒂尔 (Edwin Way Teale, 1899—1980), 美国博物学家, 摄影师, 作家, 获得普利策奖。他的工作成果是记录 1930—1980 年北美环境状况的首要来源。他最为瞩目的工作是《美国山川风物四记》(*The American Seasons*。颜元叔, 南木, 唐锡如译, 译林出版社, 2019)。这是 4 本书, 记录了穿越北美、历经不同季节、长达 12.1 万 km 的汽车旅行。

然和人类社会恶劣影响的人。他著名的格言是 "简单, 再简单" (Simplify, simplify); 其隐含的社会景象明显表现为最近的呼吁, 让生态学成为更为简朴的生活方式的指导; 也表现于舒马赫 (E. F. Schumacher)《小就是美》① (*Small Is Beautiful*) 一书中 (Schumacher 1973)。

[292]　　许多科学家, 其中有著名的地质学家赫顿 (Hutton)、赖尔 (Lyell)、钱伯伦 (T. C. Chamberlain) 和沙勒尔 (N. S. Shaler), 以及地理学家 (职业的和非职业的) 洪堡 (Humboldt)、德坎多勒 (A. P. DeCandolle) 和马什 (G. P. Marsh), 他们都对环境与人的问题, 作过令人注目的评论。在 19 世纪, 对自然界看法的最有意义的转折点是美国人马什 (George Perkins Marsh) 的著作② (Marsh 1864; Thomas 1956; Lowenthal 1958; Ekirch 1963), 他是由外交官改行成为地理学家。马什的论点与那些认为自然如何影响人, 影响他们的庄稼、家畜和健康的通常看法尖锐对立。他强调, 人类活动对环境有着深远的、交互的并且一般是破坏性的影响。马什认识到, 改变自然生产力是必要的; 但他又说, 人类文明发展过程中产生的破坏性倾向, 已超出适当的程度。马什提出一个当代生物保护学家、环境学家和生态学家的基本命题: 人类依赖土壤、水、植物和动物。在利用它们支持人类生活的过程中, 人类可能会摧毁它们之间相互依赖的天然关系网。由此产生的教训是, 人类必须学会认识他们的环境, 必须保持它的生产能力, 并且如有必要, 必须进行恢复。马什的观点是关于人对地球影响的第一个真正的观念整合, 也是从对自然的浪漫主义或先验论观点向 19 与 20 世纪之交的自然保护运动和生态学的过渡。

---

①《小就是美》(*Small Is Beautiful*), 全名是《小就是美: 人们看重的经济学研究》(*Small Is Beautiful: A Study of Economics as if People Mattered*, 1973)。这是一本文集, 作者是德国经济学家恩斯特·弗里德里希·舒马赫 (Ernst Friedrich Schumacher, 1911—1977)。"小就是美" 来自舒马赫的老师利奥波德·科尔 (Leopold Kohr, 1909—1994, 德国经济学家、法学家、政治学家)。他用这一说法来支持 "小而恰当的技术" 能够赋予人们更大的能力, 而不是 "越大越好" (bigger is better)。在 1973 年能源危机和全球化兴起中, 该书因对西方经济学的批评受到广泛关注。1995 年《泰晤士报》文学增刊 (*The Times* Literary Supplement) 将它评为 "第二次世界大战后最有影响的 100 本书" 之一。1977 年舒马赫又出版《迷途指津》(*A Guide for the Perplexed*), 既是对唯物科学主义 (materialistic scientism) 的批评, 也是对知识本质和构成的探索。舒马赫是德国统计学家和经济学家, 主张 "人的尺度的、离散的、恰当的技术" (human-scale, decentralised and appropriate technologies)。他担任英国国家煤炭委员会首席经济顾问 (chief economic advisor to the British National Coal Board) 长达 20 年, 并于 1966 年创立了中间技术开发集团 (Intermediate Technology Development Group)。

②《人与自然》(*Man and Nature*, 1864)。

# 8.1 生态学和自然保护运动

19 世纪的最后三分之一, 随着美国内战, 产生了许多重要人物和机构, 他们强化着爱好自然的传统, 并为自然保护运动奠定基础。青年博物学家约翰·缪尔 (John Muir) 受到博物学家和保护主义者先驱拉帕姆① (Increase A. Lapham) 工作的激励, 发起拯救威斯康星州树木的活动, 并研读马什的《人与自然》(*Man and Nature*) 一书 (Marsh 1864)。1870 年代和 1880 年代, 美国的西部成为缪尔和其他许多人们心目中的 "麦加", 他们关心自然以及那片几乎未经开发的土地上可能蕴藏的无穷无尽的资源。鲍威尔 (John Wesley Powell) 丢开在他看来小小的伊利诺伊州, 以完成对美国西部的考察; 在这一过程中, 他发现了大峡谷 (Grand Canyon)。对土地和水资源的关注, 明显表现于 1870 年美国渔业协会成立, 1872 年美国鱼类委员会成立, 并且命名黄石 (Yellow-stone) 为第一个国家公园。1875 年美国林业协会成立。1886 年, 在普鲁士接受培训的林业专家费诺 (B. F. Fernow) 被任命为美国政府新成立的林业司的负责人。1876 年, 格林内尔 (G. B. Grinnell) 成立奥杜邦协会② (Audubon Society)。1885 年, 鸟类学家同盟 (Ornithologist's Union) 成立, 纽约州建立作为 "永久荒野" 的阿迪朗达克森林保护区 (Adirondack Forest Preserve), 同时美国政府在农业部建立 "经济鸟类和哺乳动物司", 它由默尼厄姆 (C. H. Merriam) 领导。它在 1940 年变成生物调查局, 后转入内政部中, 成为鱼类和野生生物管理局。这一切表明, 美国政府对开始觉察的环境问题的初步响应是持续的和多样化的。1892 年, 约翰·缪尔成立山岭俱乐部 (Sierra Club), 及时帮助挫败出于商业目的对约塞米蒂国家公园 (Yosemite National Park) 的第一次攻击。在同一期间, 已在几个州开展博物学调查; 地区博物学会也繁荣起来。在英国, 更是如此。

在英国, 广泛存在着由发展引发的侵犯乡村的问题 (Sheail 1976, 1981)。1860 年, 公用地、空地和步行道保护协会 (Commons, Open Spaces, and Footpaths Preservation

[293]

---

① 英克里斯·艾伦·拉帕姆 (Increase Allen Lapham, 1811—1875), 美国作家, 科学家, 博物学家。他一生主要与威斯康星州有关。1836 年底, 出版了有关密歇根西侧的《植物与贝类目录》(*Catalogue of Plants and Shells*); 这可能是关于大湖区西侧的第一本科学著作。1850 年他发现印第安人遗址豹形丘 (Panther Intaglio Effigy Mound)。他著作甚丰, 涉及威斯康星州地理、历史、人类学、动植物区系。他创建威斯康星博物学协会, 即后来的威斯康星科学、艺术和文学院 (Wisconsin Academy of Sciences, Arts, and Letters) 前身。

② 奥杜邦协会 (Audubon Society) 是世界上最老的保护组织。最初是保护鸟类, 现在则是保护整个环境。其使命是利用科学、教育和基层宣传, 促进保护。它的名字是为了纪念法裔美国鸟类学家、博物学家、画家约翰·詹姆斯·奥杜邦 (John James Audubon, 1785—1851)。奥杜邦广泛研究和记录美国鸟类, 发现了 25 个新种。他的套色版著作《美国鸟类》(*The Birds of America*), 是有史以来最好的鸟类学著作之一。

Society) 成立, 用以保护空地, 防止入侵。1866 年, 与渔业有关的 "保护者理事会" (Board of Conservators) 成立。1878 年, 议会通过了保护埃平森林① (Epping Forest) 的法案。由于公众抗议, 这一森林过去一直受到保护, 免遭采伐。1882 年,《古迹法》(*Ancient Manuments Act*) 得以通过, 以保护独特的史前遗址, 如埃夫伯里石圈② (Avebury) 和巨石阵③ (Stonehenge)。1883 年, 英国的 "检查公共广告误用协会" (Society for Checking the Abuses of Public Advertising) 成立, 远早于美国。1894 年, "国家保护历史纪念地和自然风景地信托基金" (National Trust for the Preservation of Places of Historic Interest and Natural Beauty) 成立, 以保护土地和建筑物; 接着, 这些地点被宣布为不可转让, 只能根据议会的法规来处置。1898 年, "关于河流污染的皇家委员会" (Royal Commission on Stream Pollution) 成立。在英国和美国, 1900 年以前公众对自然风景的关心, 明显表现为对公园和规划的兴趣。弗雷德里克·劳·奥姆斯特德④ (Frederick Law Olmsted) 在美国开创一个城市规划和公园发展的新时代。在英国, 帕特里克·盖蒂斯⑤ (Patrick Geddes) 遵循园林规划的长期传统, 把他的植物学知识用于城市规划 (Stalley 1972)。盖蒂斯不满足于把植物学局限于分类学标本, 而把它转变为 "最佳的生态状态" (Sears 1956)。坦斯利 (Tansley 1905) 注意到盖蒂斯对苏格兰高地生态学研究的影响; 西尔斯也认识到盖蒂斯对后来的地理学家如达德利·斯坦普 (Dudley Stamp)、规划师如刘易斯·芒福德 (Lewis Mumford) 和生态学家 C. C. 亚当斯的影响。

[294]

在历史学家亨利·斯提尔·康麦格 (Henry Steele Commager) 看来 (Commager 1950), 1890 年代是美国历史上众多事件的分水岭; 其间有一系列重要巧合。1893 年, 在威斯康星州麦迪逊植物学大会上, 选择 ecology (生态学) 一词为这一新兴学科命

---

① 埃平森林 (Epping Forest), 英格兰东部埃平镇附近, 界跨伦敦东北部与埃塞克斯郡的边界, 是一片古林地, 曾为皇家猎场。

② 埃夫伯里石圈 (Avebury) 是由新石器时代三个石圈构成的古迹, 位于英格兰西南部的威尔特郡埃夫伯里村附近。它是英国最著名的一个史前遗址。它与英国的巨石阵在 1986 年共同以 "巨石阵、埃夫伯里石圈及相关遗产地" (Stonehenge, Avebury and Associated Sites) 之名, 成为世界文化遗产。

③ 巨石阵 (Stonehenge) 地处威尔特郡, 位于英格兰新石器时代和青铜时代的遗迹集群 (包括数百个坟堆遗址) 的中央, 建于公元前 3000— 前 2000 年。

④ 弗雷德里克·劳·奥姆斯特德 (Frederick Law Olmsted, 1822—1903), 美国景观规划师, 记者, 社会评论家, 公共管理者。他与卡尔弗特·沃克斯 (Calvert Vaux) 合作, 共同设计了著名的纽约中央公园 (Central Park)、旧金山金门公园 (Golden Gate Park)、马萨诸塞州伍斯特市的榆树公园 (Elm Park) 等美国第一批市政园林, 被誉为美国景观建筑之父。

⑤ 帕特里克·盖蒂斯 (Patrick Geddes, 1854—1932), 爵士, 苏格兰生物学家、社会学家、地理学家、慈善家和城市规划师先驱, 爱丁堡皇家学会会员。他教出苏格兰和英国最早的植物生态学家, 如罗伯特·史密斯和威廉·史密斯。他以在城市规划和社会学领域的创新思维而闻名。他为建筑与规划领域引入 "区域" (region) 概念, 并创立 "城市组合群" (conurbation) 一词, 用以说明由于人口增长和经济发展而产生的数个城市、大型城镇联合而成的一个区域。

名; 在同一年的同一地点, 弗雷德里克·杰可逊·特纳[1] (Frederick Jackson Turner) 宣读了他的著名的有关终结美国边界的论文。自然保护运动的兴起及其在政治舞台上的影响, 明显表现为对环境和自然资源的普遍关注。大名鼎鼎的吉福德·平肖[2] (Gifford Pinchot, 和费诺一样, 他也在欧洲接受林学教育) 在 1898 年进入华盛顿舞台, 成为农业部林业司的负责人。意想不到的是, 西奥多·罗斯福 (Theodore Roosevelt), 这个狩猎迷、垂钓迷、户外活动迷和大自然爱好者, 在 1901 年当选为总统。这是一个极不寻常的时代, 自然爱好者兼作家约翰·巴勒斯, 具有多种科学兴趣的自然爱好者兼作家约翰·缪尔、受过科学训练的政治显贵平肖, 发明家托马斯·爱迪生, 工业巨头亨利·福特和 E. H. 哈里曼, 以及总统西奥多·罗斯福, 他们在一派祥和气氛中聚集在荒野, 并有时在同一营地。在这种场合, "**营地**" (camp) 一词只能作字面理解, 因为自然保护运动是多种多样的, 所以它的拥护者往往在形象上分属非常不同的阵营。埃克奇 (Ekirch 1963) 将 19 与 20 世纪之交的自然保护者分为两类: 一类是倡导对自然资源进行科学管理的人们; 一类是自然爱好者, 他们要使大自然尽可能不受糟蹋。这或许是过于表面的分野, 从而产生一种穿着网球鞋的小老太太阻止进步的性别歧视形象。L. M. 沃尔夫 (Wolfe 1947) 在为缪尔写的传记中, 详细叙述缪尔和平肖之间的一次冲突。有一次, 缪尔在一份报纸中读到, 平肖被引证说在森林保护区牧羊是无害的。事情发生时, 平肖刚好在同一旅馆出席会议。缪尔当着一群记者的面向平肖打了招呼, 然后问他报纸是否正确引述了他的话。在得到认可后, 缪尔指责平肖, 说他的这次谈话与他前一个夏天对缪尔本人的谈话相矛盾, 那时平肖说羊是非常有害的。缪尔愤怒地表示, "我再也不愿与你共事了"。沃尔夫看到了这些人之间的不和: 像平肖这样的人, 提倡的是商业功利性保护; 而像缪尔这样的人, 提倡的是美学功利性保护。当然, 缪尔是一个农民, 也是一个山地漫游者。关于如何恰当利用地球的争论, 从缪尔与平肖到后来的自然保护者、生态学家以及政治家, 一直持续进行。它还明显表现为人们对里根

[295]

---

① 弗雷德里克·杰克逊·特纳 (Frederick Jackson Turner, 1861—1932), 美国历史学家。他的许多博士生后来都成为美国史学界的著名人物。特纳倡导跨学科和定量方法, 经常将重点放在中西部地区。他以论文《美国历史上边疆的意义》(*The Significance of the Frontier in American History*) 而著称, 其思想后来被称为 "边境论文" 或 "特纳论文"。他认为移动的西部疆界塑造了从殖民地时代直到 1890 年美国民主制度和美国人性格。他的这一观点对美国史学界有重大影响。

② 吉福德·平肖 (Gifford Pinchot, 1865—1946), 美国林务人员和政治家。他在耶鲁大学学习林业, 1889 年毕业后访学欧洲, 深受法德的职业森林管理的影响。在林业方面, 他倡导对森林管理和开发进行改革, 强调 "职业化" 与 "科学方法", 强调通过有计划、有限制的利用与森林更新, 实现对林区的保护。这既区别于纯商业开发, 又区别于反对利用的纯保护者 (preserver)。平肖为此创造 "保护伦理" (conservation ethics) 一词。作为一个有重大贡献的名人, 美国有很多自然物和人工物以他命名。

政府的内政部部长詹姆斯·瓦特 (James Watt) 的狂热赞扬; 只不过, 里根总统并非西奥多·罗斯福。地质学家 N. S. 沙勒尔 (Shaler 1910: 1) 在《人和地球》(*Man and the Earth*) 一书中发出呼吁, 清楚表达 19 与 20 世纪之交许多自然保护者和生态学家的信念:

> 它们标志着蛮荒时代的结束, 因为这一代人开始感到, 他们在这个星球上有权获得的是一份仅供自己生活的资产, 他们无权挥霍属于他们子孙的遗产。

除了人类与地球关系中的伦理问题外, 还有如马什和沙勒尔说的, 在人类技术及其日益增长的破坏性趋势的影响下, 怎样与自然打交道的问题。卡尔·舒尔茨 (Carl Schurz), 这位海斯总统[①] (President Hayes) 时代的内政部部长, 在 1889 年对林业协会的讲演 (Commager 1967:89) 中, 表述得很清楚:

> 自然法则是到处一样的。无论谁违反法则, 谁就必须支付罚金。不论一个国家怎样辽阔和富饶, 也不论一个国家怎样强大并具有创造力和进取精神, 它都不能因违反这些法则而不受惩罚。

舒尔茨的话, 触及许多自然保护者、环境专家和生态学家与许多社会科学家 (主要是经济学家)、企业家和政界人士之间的关键性分歧。前者主张, 人类活动事实上是受自然制约的; 而后者认为, 人类有充分的创造力和进取精神, 因而无需接受生态和环境的约束。后者认为, 像利奥波德这样的自然保护者和生态学家的指责是毫无意义的; 利奥波德 (Leopold 1934) 曾经写道, "唯一现实的是对产生生命的内在趋势的明智尊重, 并适应它"。

　　生态学在 19 与 20 世纪之交刚一诞生, 就掉入当时有关自然资源保护的冲突漩涡中。它的问题是: 如何通过博物学见解与更为新颖的对种群和群落及其与环境关系的功能性研究的结合, 从而将生物个体的知识与它们在集群中运作方式的知识熔铸在一起。19 世纪出现的对环境的广泛兴趣, 是对自然的罗曼蒂克情调与美学上理想主义的混合体。持有这些想法的人们, 往往并不热悉乡村与边缘地区的艰苦生活, 不了解自然资源中的经济或开采利益的冲突——当时的资源调查很少考虑到美学。认为自然是人类社会的富饶且永无止息的财富聚宝盆的想法, 受到迎头痛击, 因为人们在 19 世纪最后 25 年中认识到, 边界已经消失, 渔场正在减少, 草原农业正受到杂草和干旱的困扰, 森林被过度采伐, 土壤日益贫瘠, 农场不得不遗弃。这一切摧毁了农耕之梦。那时, 城市化和工业化最为糟糕的后果尚未

[296]

---

　　[①]拉瑟福德·伯查德·海斯 (Rutherford Birchard Hayes, 1822—1893), 美国第 19 任总统 (1877—1881)。

出现, 只是城市衰退和对郊区的入侵已成为众所关心的问题, 而着手解决这些问题的科学知识却很有限。

许多早期的 "自我意识" 生态学家, 都清醒地意识到生态学在应用生态学意义上对人类和经济的利害关系。S. A. 福布斯 (Forbes 1896) 说, 生态学之于经济昆虫学家, 如同生理学之于医生。人类对自然的干预, 产生了疾病的反作用。因此, 问题是要利用自然过程把环境恢复到健康的状态, 但没有必要达到自然的原始状态。亚瑟 (Arthur 1895) 和斯派尔汀 (Spalding 1903) 一致认为, 农业和园艺是生态学在实践中的应用; 并且他们希望, 生态学能在这些学科的必修课程中占有永久的位置。内布拉斯加大学 C. E. 比希倡导的植物生态学传统, 是由于响应草原农业、野草控制、干旱问题和放牧压力等技术需求而开创的 (Tobey 1981)。F. E. 克莱门茨和 J. E. 韦弗在他们的漫长生涯中, 深深地介入放牧、土地利用、土壤流失和防护林带种植等实际事务。庞德 (Pound 1896) 注意到奥斯卡·德鲁德 (Oscar Drude) 对一本书的评论。德鲁德是内布拉斯加学派公认的思想源泉, 他的评论毫不意外地同时包括耕地上的作物与荒地上的野草。一篇对克莱门茨《生态学研究方法》(*Research Methods in Ecology*) 的没有署名的评论 ("A new book ⋯" 1905) 神秘地——如果不是讽刺的话——谈到, "它批判地分析每个从事实际工作的生态学家面临的问题 (理论生态学家看来没有这些困难)"。生态学家经常是从事实际事务的, 或者说, 从事实际事务的生物学家才能成为生态学家。H. L. 申兹[1] (Shantz 1911) 研究用自然植被作为表示土地用于谷物种植的价值指示。新西兰生态学家伦纳德·科凯里 (Cockayne 1918) 写道, "农业不多不少恰好是应用植物和动物生态学"。美国《生态学》(*Ecology*) 杂志的第一任编辑巴林顿·穆尔 (Moore 1920) 同意这一观点, 但他把饲养业除外。克莱门茨 (Clements 1920) 继续着申兹的植物指示物 (plant indicator) 研究。他和他的同事 J. E. 韦弗研究植物的根, 其中也包括庄稼的根 (Weaver, Jean, and Crist 1922)。尽管一些早期生态学家可能已对观测进行量测, 用以反对假想中的原始的自然平衡, 但大多数人都意识到生态学对于人类活动的价值。英国生态学家肯定不会对景观的原始状态抱有幻想; 那里已经布满竖立的石块、燧石场以及罗马时代、亚瑟时代、撒克逊时代和诺曼时代的遗迹。莫斯、兰金和坦斯利 (Moss, Rankin, and Tansley 1909) 承认, 英国几乎没有原始森林。克

[297]

---

① 霍默·勒罗伊·申兹 (Homer LeRoy Shantz, 1876—1958), 美国植物学家, 亚利桑那大学前校长。他在内布拉斯加大学获得植物学博士 (1905), 后在美国西部和非洲旅行, 并随时摄影记录, 尤其关注植被变化。在担任亚利桑那大学校长期间 (1928—1936), 他关注亚利桑那州和索诺兰沙漠 (Arizona and the Sonoran Desert), 和小约翰·哈里森 (John E. Harrison Jr.) 一道, 致力于创建萨瓜罗国家公园 (Saguaro National Park)。从 1936 年起, 他一直担任美国林务局野生动物管理司的负责人, 直到 1944 年退休。

莱门茨 (Clements 1912) 在对英伦诸岛的国际植物地理学科学考察团 (International Phytogeographical Excursion in the British Isles) 评论中, 把英国受到破坏的森林与北美原始森林做了对比。然而, 坦斯利 (Tansley 1913—1914) 在评论他两年后著名的北美国际植物地理学科学考察时, 提到密歇根州森林是整个美国东部仍然保存着的少数原始落叶林之一。直到 1913 年, 克莱门茨对原始森林的看法主要是根据他在落基山的经历, 因为密西西比河以东的美国大部分地区已经大体上被人类活动改变了, 并且西部也正迅速地改变着。

对许多人来说, 人类与自然之间关系的变化, 在 19 世纪后期变得很明显。20 世纪自然保护者和生态学家连篇累牍的宣传就是证明。沃兴顿 (Worthington 1983) 将 20 世纪命名为 "生态世纪" (Ecological Century)。生态学家和他们的组织与自然保护运动结成联盟。许多生态学家相信, 生态学在其自我意识学科意义上的真正作用, 就是对卡尔·舒尔茨所提的问题[①] 做出响应——需要学习自然法则。生态学有时被描绘成自然保护运动的科学臂膀。一位感觉敏锐的生态学家威廉·沃格特 (Vogt 1948: 274) 提出一个极妙的比拟, 它借自 T. H. 赫胥黎, 这是一位生态学诞生前的丰富的生物学智慧之源:

> 假设有一天, 我们当中每个人的生命和财富完全取决于他在象棋比赛中的胜负, 难道你不认为, 我们的首要责任应当是首先认识棋子的名称, 掌握象棋的着法, 并且对让子与吃子的全部手段具有敏锐的眼光吗?……然而, 一个非常浅显而又基本的真理是, 我们当中每个人的生命、财富和幸福, 确实取决于我们对竞赛规则的了解; 它远比象棋更为复杂。棋盘就是世界, 棋子就是世界上的各种现象, 竞赛规则就是我们称为自然法则的那类东西。我们是看不到另一边的对手的。我们知道, 他的走棋总是公正的、合理的和坚韧不拔的。但我们在吃了苦头后也知道, 他决不会忽视任何一个失误或疏漏。…… 一个棋下得不好的人将会被 "将死" ——既不轻率, 也无怜悯。

[298]

竞赛的比喻在生态学中是非常流行的。然而, 生态竞赛的得分, 也像进化论竞赛一样, 不是为了赢, 而是为了使竞赛持续下去。由于真正象棋比赛的棋子和走法都是固定的和已知的, 所以赫胥黎的象棋比喻在这方面并不准确。生态竞赛的 "棋子" 是不确定的, 难以清晰地区分。"棋子" 的走法大体上是知道的, 但也有着不确定的机遇成分。"棋盘" 仍然是地球, 或用现代说法, 是 "地球飞船" (Spaceship Earth)。许多传统的雏形生态学思想和早期生态学思想都假设: 棋子是固定不变

---

① 参见 [295] 页, 即违反自然法则必受惩罚。

的, 并能定义为一个单位; 竞赛规则也同样是固定不变的, 并能被学得; 甚至人类至少还能提出他们自己的竞赛规则, 乃至创造他们自己的棋子。这可见诸将 "法则" 共同应用于某些生态现象, 也见诸广泛相信群落是一个单位。这一思想近来已在群落中物种的 "**集群规则**" (assembly rule) 一词中复活了。可以将生态学恰当地视为一种了解生态竞赛的棋子和规则的工作, 不仅是因为自然参加这一竞赛, 而且人也参加这场在 (in) 自然界中进行的竞赛。当人类的影响成为至关重要时, 看上去像是我们与 (with) 自然的竞赛。

## 8.2　自然保护区和调查

在英国和美国, 对自然资源和植被的调查是与生态学的发展紧密相连的 (Lowe 1976; Sheail 1976, 1981; Boyd 1983; Worthington 1983)。这些调查的结论之一是认识到为了科学研究, 为了保护栖息地和物种, 为了——用一个非常有用的英国说法——它们的愉悦价值 (amenity value), 需要保留一些有自然意义的地方。在英国, 植被调查的组织者是坦斯利建议成立的英国植被调查和研究委员会 (Committee for the Survey and Study of British Vegetation); 它后来被重新命名为英国植被委员会 (British Vegetation Committee)。它的成员之一奥利弗① (F. W. Oliver) 受命领导成立于 1894 年的 "国家保护历史纪念地和自然风景地信托基金执行委员会" (the Executive Committee of the National Trust for the Preservation of Places of Historical Interest and Natural Beauty) (Smith 1908)。当时, 自然保护在欧洲大陆、英国和美国尚悬而未定, 而生态学家已深深地介入。康文茨② (Conwentz 1914) 评述各国和国际的保护自

[299]

---

① 弗朗西斯·沃尔·奥利弗 (Francis Wall Oliver, 1864—1951), 英国植物学家, 皇家学会会员。1890—1925 年任伦敦大学学院植物学奎因教授 (Quain Professor), 1925 年获林奈奖章 (Linnean Medal)。他通过化石种子研究现已灭绝的古植物生理结构, 通过沙丘、沙砾、沙嘴和盐沼组合研究海岸植被发育, 从而在古植物学和动态生态学这两个重要方向上做出重大贡献; 并在大米草的认识利用方面有着重大发现。他为 20 世纪初的英国培养了一批杰出的植物学家。

② 雨果·威廉·康文茨 (Hugo Wilhelm Conwentz, 1855—1922), 德国植物学家, 以对波罗的海琥珀的古植物学研究而闻名。他曾在弗罗茨瓦夫 (Wroclaw) 和哥廷根学习。1879 年, 他被任命为西普鲁士省博物馆 (West Preußischen Provinzial Museums) 馆长, 在任长达 30 年。1906 年, 他成为新成立的 "普鲁士国家自然遗迹保护地" (Staatliche Stelle für Naturdenkmalpflege in Preußen) 国家专员, 这是普鲁士自然遗产保护的管理机构。

然活动, 甚至要求对敌国森林也要保护。韦勃[1] (Webb 1913) 追溯早期在英国建立自然保护区的情况, 并且谈到 "自然保护区促进会" (Society for Promotion of Nature Reserves) 和 "皇家鸟类保护协会" (the Royal Society for Protection of Birds) 的创建。由于人类环境问题日益突出, 1917 年, 成立了 "地区调查发展委员会" (Committee for Development of Regional Survey), 调查与乡村、城镇和城市有关的地区。F. W. 奥利弗 (Oliver 1917) 在英国生态学会做的主席致辞中, 提到放牧的生态学研究对农村经济的重要性。史沫茨[2] (Jan Christiaan Smuts) 将军, 这位南非军人、政治领袖和整体论哲学家, 在 1920 年代和 1930 年代激发英国和其他欧洲国家的生物学家对非洲湖泊和保护区进行调查 (Worthington 1983)。在 1920 年代和 1930 年代, 由于城市扩张和农村衰退, 英国的城市、地区和国家等各级层次一直关注土地利用规划。国家公园的提议也得到考虑。1937 年, 向 "国家调查委员会" (National Survey Commission) 递交的一份计划, 要求对农村土壤和植被资源进行全国性调查。委员会推荐进行这一调查的有生态学家 C. S. 埃尔顿和 A. G. 坦斯利。但这一建议是有争议的, 后来也湮没于战时事务之中 (Sheail 1981)。戈德温 (Godwin 1977) 通过坦斯利的工作, 追溯英国生态学家在自然保护中持续不懈的作用。一个具有自然保护意义的令人振奋的标志是, 在第二次世界大战相当困难的日子里, 由于考虑到战后的需要, 至少成立了两个委员会 (Tansley 1945): 一个是半官方的团体, 它包括著名生态学家, 以便就自然保护问题向政府提供咨询; 另一个是英国生态学会的专业委员会, 它以坦斯利为主席。这个委员会一致同意, 除了当时由国家信托基金和其他私人机构掌管的自然区外, 希望再建立若干国家级自然保护区。1949 年, 当 "英国自然保护协会"[3] (British Nature Conservancy) 经皇家特许而成立时, 坦斯利成为它的第一任主席。在 1959 年, 已经有大约 84 个自然保护区, 面积 56 000 hm$^2$。到了 1976 年, 已增长为 153 个自然保护区, 面积 120 500 hm$^2$。这些保护区一直发挥着非常有效的研究和教育功能, 并促进对自然区的保护。

---

[1] 威尔弗雷德·马克·韦勃 (Wilfred Mark Webb, 1868—1952), 在伦敦大学国王学院接受教育。毕业后从事多种职业: 组织和参与学术团体活动, 如 "软体动物学会" (Malacological Society); 担任科学刊物编辑, 如《软体动物学报》(*Journal of Malacology*); 给政府和议会讲授生物科学; 参与多个公共服务机构; 推动自然保护运动。

[2] 简·克里斯蒂安·史沫茨 (Jan Christiaan Smuts, 1870—1950), 南非政治家, 陆军元帅, 整体论哲学家, 皇家学会会员。他的整体论思想起始于在剑桥大学基督学院研读法学的时候, 其后他创造了 "整体论" (holism) 一词, 并系统表述在《整体论与进化》(*Holism and Evolution*, 1927) 中。他将整体论在进化意义上定义为 "通过创造性进化, 形成整体大于部分之和的自然界趋势"。史沫茨的整体论哲学观既是他个人的生活哲学, 也反映世界政治、社会、科学的某种发展趋势。

[3] 英国自然保护协会是英国政府的一个机构, 成立于 1949 年, 由皇家特许成立。它建有小型科研工作站网络, 成为重要的基础和应用生态研究基地。英国自然保护协会于 1973 年被自然保护协会 (Nature Conservancy Council, 简称 NCC) 取代。

1917 年，新成立的美国生态学会的第一批活动包括成立 "为生态学研究而保护自然的委员会" (Committee on the Preservation of Natural Conditions for Ecological Study)，它以维克多·谢尔福德为主席。1920 年，国家研究理事会 (National Research Council) 的生物和农业学部执行委员会 (Executive Committee of the Division of Biology and Agriculture) 推举生态学会与它的委员会考虑自然区的保护区问题。该委员会准备了一份文件《博物学家对美国的指导》(*Naturalist's Guide to the Americas*) (Shelford 1925)。大约历时 26 年，这个委员会和它的继任者一直致力于为科学目的而选定和拯救自然区，支持 "奥克弗诺基协会"① (Okefenokee Society) 与 "拯救红杉团" (Save the Redwoods League) 的活动，并且呼吁保护国家公园。1946 年，由于一项有争议的决定要求生态学会不应直接支持这些活动，谢尔福德另行组织一个独立的生态学家团体，称为 "生态学家同盟" (Ecologists' Union) (Dexter 1978)。1950 年，"生态学家同盟" 改组并被更名为 "自然保护协会" (Nature Conservancy)，简称 NC。美国的 NC 与它的英国同名者不同，前者是一个私人组织。在经历早期发展遇到的困难后，它在确保自然区安全上已获得显著成功。其措施是：利用周转资金，并通过将保护责任通常转移给一些稳定的机构——如大学——来安排保护。在 "生态学家同盟" 改组之际，它发表了一份有关美国和加拿大自然保护区② (nature sanctuary) 的初步清单；按不同所有权，分类列出 691 个保护区。到了 1978 年，自然保护协会已完成 2144 个项目，它们包括 49 个州大约 1 500 000 英亩③面积。现在对自然保护协会的资助非常广泛。它在全国的会员超过 6 万人。在这一时代，各个州都知道要为科学研究建立 "自然区" (natural area)。威斯康星州在密尔沃基公共博物馆 (Milwaukee Public Museum) 的阿尔伯特·富勒 (Albert Fuller) 和威斯康星大学约翰·柯蒂斯 (John T. Curtis) 的领导下，并得到州政府官员的合作，树立了一个卓越的榜样 (Loucks 1968)。在 1930 年代，威斯康星大学遵照利奥波德的建议，

[300]

---

① 奥克弗诺基协会 (Okefenokee Society)，即奥克弗诺基保护协会 (Okefenokee Preservation Society)。它成立于 1918 年，目的是促进全国对沼泽的兴趣。在州和地方利益集团、许多保护组织和科学组织的支持下，联邦政府 1936 年将大部分沼泽地用于生物保护目的。"Okefenokee" 是美国原住民的用语，意为 "颤抖的土地"。地处佐治亚州与佛罗里达州交界的奥克弗诺基沼泽 (Okefenokee Swamp)，其主要部分已成为奥克弗诺基国家野生保护区 (Okefenokee National Wildlife Refuge)。

② 自然保护区 (nature sanctuary)，按照字面译应是 "自然避难所"。sanctuary 的原意是指 "圣地" (sacred place)，如 "shrine" (圣殿、圣祠、神宫、神龛等)，用作避难的地方。现在这个词已扩展用于指任何可以获得安全的地方。这样，既有人类避难所，如政治避难，又有动植物避难所，即自然避难所。对于用于自然的 sanctuary，本书统称为自然保护区或保护地。

③ 1 英亩 ≈ 4046.86 m²。

建立了它的树木园① (Arboretum), 用来为园艺采集服务, 同时成为代表自然群落的独特场所 (Sachse 1965)。作为树木园一部分的温格拉湖② (Lake Wingra), 在 1970 年代已成为 IBP 的一个主要的研究项目点。在那里重建的北美草原和森林, 服务于科学和教育。"杜克大学森林"③ (The Duke University Forest), 建立于 1930 年代, 它为在永久性地块上进行森林调查, 提供了一个受到保护的基地, 并在 1980 年代再次进行了调查 (Christensen and Peet 1980)。由政府、大学和私人基金会为各种目的而建立的自然区, 作为教学和研究地点, 已能很好地为生态学家服务, 并给所有有志于自然的人们提供了许多乐趣。或许, 地球上研究得最详尽的自然区, 是牛津郡的威萨姆森林④ (Wytham Woods, Oxfordshire)。在它 1940 年代早期建立时, 查尔斯·埃尔顿 (Elton 1966) 就在那里为他的《动物群落的模式》(*The Pattern of Animal Communities*) 一书搜集素材。

[301]

## 8.3　人类生态学

　　早期的自我意识生态学家已经认识到, 甚至坚持认为, 他们这门多少仍有些模糊的科学, 对于人类及其活动有着实际重要性。它在 19 世纪末和 20 世纪初的发展, 是与环境问题、自然资源保护、公园和保护区建立以及城市规划等方面广泛增长的兴趣同时并行的。生态学是在一个忧虑日增的时期发展的。其间, 并非所有的人都能与自然环境或人类主宰的环境和谐相处; 同时, 一些人也越来越怀疑, 由于人类的漫不经心, 加之一些人的贪婪, 会把事情弄糟。一流的生态学著作和杂志已经提出这些关键问题。克莱门茨 (Clements 1905: 16) 评述人类活动, 认为它们改变了地球并触发演替。他写道, 社会学 "是一种特殊动物物种的生态学, 因

---

　　① 树木园 (Arboretum)。狭义仅指树木的集合, 还可包括灌木。现在, 树木园通常是指植物园, 包括木本植物, 部分用于科学研究目的。威斯康星大学麦迪逊分校植物园于 1930 年代初建在农田和牧场上, 占地 5 km², 免费对公众开放。今天的树木园是一个经过恢复的生态系统集合, 不仅有最老的物种, 还有美国最广泛的物种。

　　② 温格拉湖 (Lake Wingra), 美国威斯康星州麦迪逊市的一个小湖, 是雅哈拉河 (Yahara River) 流域五个湖中最小的。它位于威斯康星大学麦迪逊分校树木园的西南部, 是一个重要的渔场。

　　③ 杜克大学森林 (The Duke University Forest), 即 "杜克森林" (Duke Forest), 是杜克大学用于研究、教学和休闲的森林。它位于西校园的西部, 建于 1931 年, 是美国最大的研究型森林之一。研究领域包括林学, 动物行为和生态系统科学, 全球环境和气候变化。杜克森林有世界最大的稀有和濒危的灵长类动物保护区, 主要是狐猴。森林有 48 km 步行道对公众开放, 用于步行、骑行、骑马。

　　④ 威萨姆森林 (Wytham Woods), 威萨姆是位于泰晤士河支流上的一个村庄, 距牛津市中心 4 英里。它是长期形成的混交林地, 有着庞大的獾 (badger) 种群以及对大山雀 (great tit) 的长期监测, 具有特殊的科学价值。它属于牛津大学, 用来进行动物学和气候变化研究。

而它与植物生态学有着同样紧密的联系"。谢尔福德 (Shelford 1913: 318) 在将荒野与被垦殖的或城市中的自然进行对比时,引证西奥多·罗斯福和伊丽莎白·布朗宁[①] (Elizabeth Barrett Browning) 的话。他谈到动物世界的伦理问题以及人类对动物的责任,并对原始群落和人工群落提出一种图解式的表述。谢尔福德列数与人类活动有关的不同类型的群落,并引证几项污染水体的研究。他也把生态学与人类社会联系起来;他认为,地理学家、社会学家和心理学家在研究人类社会时,错误地把动物构成与人类文化进行比较,而不是把动物行为与人类文化进行比较。亚当斯 (Adams 1913: 12) 注意到,对人类研究的发展,基本上一直与对动物的研究无关。但是他提出,这两种研究正向它们彼此优势趋合。他并且预言,动物生态学和人类生态学也将会趋合。他引用 T. H. 赫胥黎的话来说明他的论点。赫胥黎认为,生物学领域包括人:

> 如果你偶尔发现一位生物学家明显介入哲学或政治领域,或插手于人类
> 教育,你用不着对此惊讶。因为归根结底,那是他的领域的一部分,只不
> 过曾经被自愿地放弃。(引自 Adams 1913)

[302]

这样的评论,很难使赫胥黎得到当时的政治家,如首相格莱斯顿 (Gladstone) 或教育家、传教士和哲学家总体上的喜爱。他的后继者,试图重申对人类的研究,如,E. O. 威尔逊对社会学; K. E. F. 瓦特对经济学;科林沃克斯 (P. A. Colinvaux) 对历史学。但他们同样发现,他们在由别人说了算的那一生物学部分也完全不受欢迎。亚当斯 (Adams 1913: 33) 毫不犹豫地把人类纳入生态学:

> 在使人类与它的整个环境协调的过程中,由这个作为动物社会一员的最
> 高级动物引起的破坏,是一个问题。

埃尔顿 (Elton 1933) 同样把动物的社会生活与人类社区组织做了比较,并且认为,即使是人,也不能当作一个孤立的单元来处理。

英国生态学会在 1914 年它的第一届夏季会议上认为,生态学在最广泛意义上 "包括人类生态学";并要求它的成员在小学和大学中都采用这种观点,即 "把生态学的基本原理的应用范围扩展到人类事务"。美国生态学会在 1916 年成立时 (Handbook of the Ecological Society of America 1917),在它的创始成员中没有社会科学家,但是确实包括气候学家埃尔斯沃思·亨廷顿 (Ellsworth Huntington),他后来成为该学会第二任主席。学会在第一年有一个关于气候状况的常务委员会。它有

---

[①] 伊丽莎白·巴雷特·布朗宁 (Elizabeth Barrett Browning, 1806—1861),英国女诗人,维多利亚时代最著名的诗人之一,在英国和美国很受欢迎。

两名成员, 即亨廷顿和施耐德 (E. C. Schneider)①, 他们关注着人类和气候问题。这一委员会在 1920 年前解散了, 但是, 一批与亨廷顿有关的某些环境决定论思想, 仍然出现在学会的出版物上。1925 年, 霍克斯马克 (Hoxmark 1925) 曾经用一个国家在国际奥林匹克运动会上的得分数与其人口的比值, 作为气候对人类能量 (human energy) 影响的指数。这项研究只包含欧洲和北美国家, 挪威名列第一, 美国屈居第 11 位。这样一种认为 "人类活动主要由环境决定" 的简单化观点, 连同其他的单因子生态学一起, 都基本消失了, 但尚未有更为复杂的思想取代它。

生态学的早期阐释者们, 对生态学持有广阔的视野, 它包含着哲学、政治学和经济学的弦外之音。亚当斯 (Adams 1917) 不像帕森斯 (H. L. Parsons) 走得那么远去思考《马克思和恩格斯论生态学》(*Marx and Engels on Ecology*) (Parsons 1977)。然而, 亚当斯的确指出, 科学是一个帮助人类生活得更好的工具, 而 "不单纯是有闲阶级的玩具"。亚当斯欢呼生物学从实验室和博物馆的回归, 从而产生了一个 "新的博物学——生态学"。他提醒他的读者, "我们必须记住, 人类经济学是人类生态学的一个侧面"。只要我们想到**生态学** (ecology) 和**经济学** (economics) 都起源于意为 "house" (即住所——译者) 的同一个希腊词根 (eco), 就可以了解, 这一看法是充分合理的。生态学家最近倾向于借用——或许说恢复一个更合适的词—— "经济模型", 从而表明作为家庭 (household) 的一对孪生子——经济学和生态学——的趋拢。不过, 经济学和经济学家已经非常成功地说服政府, 相信他们的建议是可靠的, 他们的预测是由他们的理论合理地推断出来的。这与生态学家在这一方面的失败, 形成不可思议的对照。美国政府的总统经济顾问委员会 (Council of Economic Advisors) 是一个值得重视的力量。它的主席的谈话, 总是被媒体以极为一丝不苟的态度记录下来。相反, 环境质量委员会 (Council of Environmental Quality) 新近才进入总统的工作班子。它的主要人物一直不是生态学家, 而且最近差一点被赶出白宫工作人员的圈子。但是, 现在有极好的理由相信, 经济预测并不比生态预测更好 (McCloskey 1983)。

其他生态学家也拓宽着生态学领域。穆尔 (Moore 1920) 把地理学的内容视为人类生态学; 并指出, 历史学家倾向于把历史事件与环境对人的影响关联起来。福布斯 (Forbes 1922) 强调生态学的人类化, 亚当斯 (Adams 1935) 预见一般生态学思想在人类生态学中的应用。克莱门茨 (Clements 1935) 引用 "威尔斯" 先生 (可能是

[303]

---

① 这两句似有问题。第一, 严格地说, 亨廷顿是地理学家, 而不是气候学家。第二, 施耐德 (Edward C. Schneider) 是科罗拉多学院 (Colorado College) 生物学教授。创始成员中另有两位来自美国气象局 (U. S. Weather Bureau)。他们是: J. 沃伦·史密斯 (J. Warren Smith), 美国气象局农业气象处处长 (Chief of Division of Agricultural Meteorology); 奥利弗·L. 法西格 (Oliver L. Fassig), 美国气象局气象学教授, 约翰·霍普金斯大学气象学副教授。

H. O. Wells) 的话说, "经济学是生态学的一个分支"; 他还引用史沫茨将军的话:

> 生态学必须有它自己的道路。生态方法和生态世界观必须在人类政府中
> 拥有一席之地, 一如对人、其他动物和植物的研究那样。生态学是为人
> 类服务的。

泰勒 (Taylor 1936) 力图把生态学与其他学科联系起来; 他在界定生态学的广阔范围时, 引用了国家研究理事会主席、地理学家艾赛亚·鲍曼 (Isaiah Bowman) 和农业部长亨利·华莱士 (Henry Wallace) 的话。动物生态学和人类生态学的关系, 在致力于发展一种共同的生物学中得到加强; 其例证是雷蒙德·珀尔 (Pearl 1925) 的种群统计学研究中关于种群生长的 "定律", 既适用于果蝇, 也适用于人类。生态学家普遍看出, 他们的学科是其他不同的学科的合成体。一些人, 如 C. C. 亚当斯、维克多·谢尔福德和亚瑟·坦斯利, 都强调人类与其环境的关系。坦斯利 (Tansley 1939) 在他对英国生态学会做的第二次主席致辞中评论人类生态学; 他说, 人类群落 "只能在他们适当的环境场景下理智地加以研究"。他预言, "日益增长的相互依赖性" 会导致一个世界性生态系统的实现。虽然他满怀信心地认定, "生态学原理可以毫无疑问地应用于人类", 但他也注意到, 人类生态学家需要不同的方法。生态学家的这一看法, 得到哲学家 E. C. 林德曼 (Lindeman 1940) 的肯定。林德曼在一次人类生态学的专题讨论会上, 比生态学家走得更远。他把生态学视为 "物理学和生物学中止而社会科学开始" 的中间地带。林德曼的发言反映了过去与未来一些生态学家的看法。他写道: [304]

> 生态学家站在一个最为优越的位置上。他早已具备研究整体和部分的习
> 惯, 就此而言, 他是一个哲学家。

林德曼这样写时, 生态学家对整体论观念的强调到处可见, 现在仍广为流行, 但同时也受到一些生态学家和生态学批评者的指责, 因为这一观念模糊了对一门 "硬" 科学的理解和预测能力的要求。

生态学家在人类事务方面做的, 多于强调这门年轻的尚未获得广泛认可的学科的潜力。正如我们看到, 许多生态学家介入农业、放牧、林业以及野草和昆虫控制。在 20 世纪第二个 25 年, 生态学家辩论因人类无视生态观念而引起的后果; 这为生态学后来被西尔斯 (Sears 1964) 称为 "颠覆性学科" 埋下基础。历史学家 W.

P. 韦勃[①] (Webb 1931) 在他的著作《大平原》(*The Great Plains*) 中, 引证阐述了 19 世纪美国西部的问题和希望。另一位历史学家詹姆斯·马林[②] (James Malin) 把草原的生态发展和历史发展联系起来 (Malin 1961)。西尔斯 (Paul B. Sears) 或许是一位在生态学与人类事务的关系方面最为清醒的植物生态学家 (Sears 1935c)。他的著作《沙漠在行进》(*Deserts on the March*) 考查了由于对大平原的错误认识而引起的生态后果。西尔斯追随着他的杰出前辈 C. E. 比希的脚步, 对美国草原和草原农业进行科学和生态学的思考 (Overfield 1975, 1979)。他们都相信, 环境知识对促进人类社会是非常重要的, 只是比希自己有时对这个突然兴起的生态科学的长处存有怀疑。尽管如此, 正是比希和他的学生, 以及受他们影响的人们, 创造了牧场管理的应用性科学, 并导致生态技术在牧场管理中的应用 (Dyksterhuis 1958; Tobey 1981; White in press[③])。西尔斯在俄克拉荷马州经历了 1930 年代的干旱岁月, 他注意到由于纵容土地过度耕耘以及在清除了植被的边缘土地上过度放牧和垦殖而造成的后果。第一次世界大战前由比希和成立不久的美国农业部在草原建立起防风林带, 未能减缓 1930 年代巨大干旱的影响; 当时, 甚至连天然草原都遭受根本性改变。

一件多少有意义的事是, 在 20 世纪的头几十年中, 生态学家大量介入实际的土地利用事务。C. E. 比希在发展联邦草原人工林区 (foresting areas of the grasslands) 规划中, 起着突出的作用。他的学生 F. E. 克莱门茨与林务局和农业部保持着咨询关系。生态学家, 像霍默·申兹 (Homer Shantz)、福雷斯特·希里夫 (Forrest Shreve)、阿瑟·桑普森 (Arthur Sampson) 以及 H. C. 汉森 (H. C. Hanson), 都把他们的生态学本领用于草原、沙漠以及它们的资源开发问题。1930 年代, 富兰克林·罗斯福总统首创有关自然资源的重要立法; 这时, 比希早年的防风林带项目也大为扩展。然而, 生态学理论的形成, 以及有关林学家、牧场科学家、渔业管理者、农学家与猎场管理者等的职业化机构多少有些重叠的发展, 导致一种倾向, 使得他们置身于特殊利益集团, 从而促使生态学分裂并限制它在环境事务中的作用和影响。英帝国进入中东和非洲的历程, 使得英国生态学家也卷进那些地区的类似问题: 土地利用、陌

---

[①] 沃尔特·普雷斯科特·韦勃 (Walter Prescott Webb, 1888—1963), 美国历史学家, 以对美国西部开创性的研究而闻名。他高中毕业后即任教, 27 岁获得克萨斯大学文学学士, 后被鼓励在芝加哥大学读历史学博士。在此期间, 他完成了《大平原》(*The Great Plains*) 一书, 被誉为该地区历史解读的重大突破。1932 年他获得了博士学位。1939 年被社会科学研究委员会 (Social Science Research Council) 宣布为第一次世界大战以来对美国历史有杰出贡献的研究者。1939—1946 年, 他担任得克萨斯州历史协会主席, 1958 年任美国历史协会主席。为纪念他, 得克萨斯大学设立了 "沃尔特·普雷斯科特·韦勃历史与思想教席" (Walter Prescott Webb Chair of History and Ideas)。

[②] 詹姆斯·克劳德·马林 (James Claude Malin, 1893—1979), 美国历史学家, 堪萨斯大学历史学教授, 曾经担任堪萨斯历史学会会长。

[③] 此书出版于 1985 年。

[305]

生地区的农业以及它们的环境后果, 即它们中的沙漠化和土壤侵蚀 (Worthington 1983)。生态学家 W. P. 科坦 (Cottam 1947) 提出早已由西尔斯谈过的沙漠化问题。科坦关注过度牧羊的同样影响; 这一问题曾激怒过缪尔①。科坦责问, "犹他难道要与撒哈拉绑在一起吗?" 科坦的立场使他和摩门教会 (Mormon Church) 发生冲突, 教会派遣一个代表团去见犹他大学校长, 要求科坦辞职 (G. Cottam 1983, 个人通信)。科坦在批评犹他州广泛存在的过度放牧时, 除了引用《圣经》故事, 他还指出, 这样留给后代的 "社会弊病", 是 "由于自私自利开发而受损害的土地"。"社会弊病" 和 "野蛮开发" (Shaler 1910) 都与资源的挥霍浪费有关; 这是现在论述环境危机的许多著作都高度重视的罪行。

[306]

同在这一时代, 在普遍意识到环境危机以前, 生态学家由于考察大规模人类活动的环境后果而获得了 "卡桑德拉"② (Cassandra) 的绰号 (Schmidt 1948)。生态学家威廉·沃格特 (William Vogt) 在其著作中发出环境危机即将来临的早期警告 (Vogt 1948)。利奥波德 (Leopold 1949) 在其名著《沙乡年鉴》(A Sand County Almanac) 中就价值观偏置问题以散文诗方式发出呼吁。这在 1949 年已为人所知, 但主要在那些早已改变了观点的人们中间。直至 1960 年代后期环境危机已经普遍出现时, 利奥波德的呼吁才无处不晓。他把生态学和伦理学融合起来, 触及人类生态学的一个方面。他说:

> 土地是一个群落, 这是生态学的基本概念; 但土地应当得到爱护和尊重,
> 这是伦理学思想的延伸。(Leopold 1949: Ⅷ)

他的评论触及人类行为的另一个敏感领域 (Leopold 1949: Ⅶ); 他说: "我们这些少数派看到, 回报递减定律正在进行中"。早期的警告和呼吁显然未能得到重视。1960 年代和 1970 年代, 大批的文章和著作都涉及生态危机、生态灾变、社会与环境之间的冲突、**泰坦尼克效应**③ (Titanic effect), 以及位于饥荒、战争、瘟疫、死亡之后

---

① 见 [294] 页, 缪尔与平肖之争。

② 卡桑德拉 (Cassandra), 希腊神话中特洛伊国王普里亚姆(King Priam) 和王后赫克芭 (Queen Hecuba) 的女儿。她的故事的一个共同版本是: 阿波罗为勾引她, 给她预言力量; 但当她拒绝后, 他向她嘴里吐唾沫, 并诅咒没有人会相信她的预言。这样, 卡桑德拉在现代用法中可以有三种形象: 预言家, 不受信任, 史诗般悲剧人物。

③ 皇家邮轮泰坦尼克号 (RMS Titanic), 是一艘英国豪华客轮, 在它自南安普顿首航纽约时, 于 1912 年 4 月 15 日凌晨撞上冰山。在 2224 名乘客和船员中, 超过 1500 人死亡, 包括它的建造师托马斯·安德鲁斯 (Thomas Andrews, 1873—1912), 从而酿成现代史上和平时期商业航运中一次最致命的海上灾难。泰坦尼克效应一般比喻以下三种现象: (i) **意料之外**的或是完全安全系统发生的灾难, 其原因像冰山一样隐藏在水下未被觉察; (ii) **不可抗拒**的政治和经济衰退, 持续的脑功能退化; (iii) 由于对灾难的过度恐惧, 导致**不恰当应对**, 从而使一个小危险变为大灾难。

的 "第五名骑士"① (Fifth Horseman)——污染。蕾切尔·卡森 (Rachel Carson) 由于令人震惊地并正确地证明杀虫剂的危害 (Carson 1962), 从而既受到诋毁, 又受到颂扬。许许多多生态学家和其他以生态学名义发表意见的人们, 都表达对环境状况的关注。有人把这一切统称为 "世界末日综合征" (Doomsday syndrome); 他们抱怨, 对环境和人类的威胁被夸大了; 并争辩说, 人们忽视了科学技术在解决各种环境和生态危机上的潜力 (Maddox 1972)。事实上, 某些生态学家和其他许多人都认为, 这场危机是不受束缚的科学技术加上颇成问题的经济学的产物; 这种经济学, 不但没有提出有效的解决办法, 甚至往往否认人口膨胀、污染和环境退化等问题。不过, 马多克斯 (Maddox) 提出一个有价值的论点: 生态学太过于经常用作口号, 而[307] 不是用作拥有大量环境 (包括人类) 信息的学科的名称。

　　在 1920 年代和 1930 年代, 人类生态学至少在名称上是作为社会科学的同义词而采用的, 或是个人层面, 或是集体层面。J. F. V. 菲利普斯② (Phillips 1934—1935)、西尔斯 (Sears 1932, 1937) 和亚当斯 (Adams 1935) 希望, 生态学将会对人类的生活质量做出贡献; 然而, 这一愿望并未在 "人类生态学" 的浩瀚文献中得到很好的表达。谢泼德 (Shepard 1967) 提出, 生态学家或许会对 "社会学家拥抱生态学的勃勃生气" 感到满意, 但在阅读了有关文献后, 这种情绪将荡然无存。一些人把地理学视为人类生态学 (Barrows 1923)。霍利 (Hawley 1950) 把**人类生态学** 的使用归功于 1921 年的社会学家; 其实, 生态学家肯定在 1914 年就已熟悉**人类生态学**一词。人类生态学是由于把生态学扩展到人类社会而流行的。麦肯齐③ (McKenzie 1934) 出

---

① 第五名骑士 (Fifth Horseman), 象征并预言污染。这是《启示录》中四名骑士 (Four Horsemen of the Apocalypse) 故事的引申, 圣经《新约》的末卷《启示录》中讲述的四骑士故事是: 四名分别骑在白马、红马、黑马和淡灰色马上的骑士, 他们表征瘟疫、战争、饥荒和死亡。《启示录》的观点是四个骑士作为最后审判的预兆, 是世界终结设定的, 代表着来自上帝的惩罚 (*Book of Ezekiel*)。现在将污染列为第五名骑士, 意指其对人类危害的严重性。

② 约翰·弗雷德里克·维克斯·菲利普斯 (John Frederick Vicars Phillips, 1899—1987), 20 世纪南非植物学家和生态学先驱。生态学界熟知他是因其 "超级有机体论" 信仰而受到坦斯利批评。但实际上他是一位有创造力并有杰出贡献的生态学家。他是 "火生态学" (fire ecology) 理论的倡导者和实践者。他在南非接受教育, 后在爱丁堡大学获林学学位。回南非工作后, 撰写了一系列出色的具有相当深度的论文, 集纳于《植物学调查实录第11号》(*Botanical Survey Memoir No.11*)。因而被授予爱丁堡大学科学博士, 1929 年成为爱丁堡皇家学会会员。1969 年, 任南非科学促进会会长。

③ 罗德里克·邓肯·麦肯齐 (Roderick Duncan McKenzie, 1885—1940), 加拿大裔美国社会学家, 先后任华盛顿大学和密歇根大学社会学系主任。他在芝加哥大学师从罗伯特·E. 帕克 (Robert E. Park), 1921 年获博士学位。论文题目是《邻里关系: 俄亥俄州哥伦布市的当地生活研究》(*The Neighborhood: A Study of Local Life in the City of Columbus, Ohio*)。他曾受聘胡佛总统 (Herbert Hoover), 为总统社会趋势研究委员会 (President's Research Committee on Social Trends) 研究城市趋势, 其成果是《大都市社区的崛起》。

版了人类生态学的论文汇编; 贝斯[①] (Bews 1935) 出版了一本人类生态学著作。阿里汉 (Alihan 1938) 在她的著作《特种生态学》[②] (*Special Ecology*) 中, 采用克莱门茨的某些思想, 并且非常强调竞争——这与动物生态学家阿利 (Allee 1931) 强调动物间的合作形成对照。芝加哥大学的生态学家, 如阿利, 都受到当时社会学的很大影响。人类生态学从未明确地成为生态学或社会科学中的一门学科, 尽管它相当经常地出现在一些文章和著作的题目中。这些文章和著作除了着眼于人, 几乎没有共同之处。美国生态学会在 1940 年召开了一个人类生态学专题讨论会。西尔斯 (Sears 1954) 把人类生态学直截了当地描述为 "一个综合性问题" (a problem in synthesis)。奥菲尔斯 (Ophuls 1977) 至少揭开关于生态稳定状态 (ecological steady state) 的政治理论的序幕。所以情况大体如此。

1955 年, 美国生态学会成立了人类生态学委员会。它在 1956 年的第一份报告表明, 虽然它还不很清楚这一委员会应当如何组成, 但发展人类生态学的努力应当继续。该委员会组织了一个专题讨论会 "人类生态学进展" (Advances in Human Ecology) (Committee on Human Ecolosy 1957)。它探讨四个方面问题: ① 界定人类生态学; ② 犹太-基督教思想的破坏性影响; ③ 引入的行为和文化问题的新层次; ④ 控制人口密度的因素。这次专题讨论会使一些人感到有希望在生态学会中建立一个人类生态学分部; 但是, 由于权益和经费支持尚成问题, 故没有成立。1958 年, 该委员会仅提交了一份口头报告。1959 年和 1960 年, 该委员会被说成正在重组。事实上, 这个人类生态委员会正在死亡。6 年以后, 在新的领导下, 它又重新复苏 (Committee on Human Ecology 1967)。当时认为, 这个经过调整的委员会, 要包括人类学家、经济学家、政治学家和医生; 这是一种 "广义的生态学"。这样一个委员会再次成立, 但又再次短命。不过有关人类生态学的研究规划仍出现在美国生态学会的会议上。谢泼德 (Shepard 1967) 纳闷, "人类生态学到底发生了什么?"

[308]

这是一个有意思的问题。尽管生态学家常常认为, 生态学对人类事务会有很大贡献, 但在 1960 年代以前, 生态学很少得到专业之外的认可。它在社会科学中的几种使用, 大体是装门面的, 很少借鉴生态学家及其思想。地理学、社会学和其他学科, 都与人类、人类文化以及人类与环境的关系有关。它们有时采用生态学

---

① 约翰·威廉·贝斯 (John William Bews, 1884—1938), 苏格兰人, 毕业于爱丁堡大学, 南非早期最重要的植物学家之一。1909 年任南非纳塔尔大学学院 (Natal University College) 植物学和地质学教授, 后任校长。他主要研究纳塔尔地区植被, 对大草原的 "实地考察" 是其学术研究的重要组成部分。他的格言是 "环境、功能和生物体, 构成基本的生物学三和弦" (Environment, function and organism constitute the fundamental biological triad)。

② 此书源自阿里汉博士 1938 年哥伦比亚大学的博士论文。米拉·阿萨·阿里汉 (Milla Aïssa Alihan), 出生于俄罗斯, 在私人诊所从业的心理学家, 曾领导过一家工业心理学咨询公司。1987 年去世。

之名, 却很少触及其实质。一些过分简单化的环境决定论与一些认为科学对了解人类文化是无足轻重的信念, 它们所做出的令人遗憾的提议, 可能助长了这一无知。虽曾多次努力让生态学家与社会学家走到一起, 但这些努力并未能使他们整合起来, 也未能产生真正有意义的通向多学科研究的行动。

## 8.4　生态学和环境运动

生态学家长期以来关心环境, 关心人类与各种环境成分 (物理的和生物的) 的关系; 这些很明显表现在他们学会的各种活动中。尽管如此, 英国和美国的生态学会, 仍不愿介入对特定立场的公开鼓吹或院外游说。在美国生态学会章程中, 明文规定禁止游说。英国生态学会前主席彼得·格雷格–史密斯[1] (Peter Greig-Smith 1978) 说, 生态学会 "不能对实际事务持有法人见解; 如果这样做, 它在科学方面的信用将会遭到破坏"。生态学既要具有摆脱利害关系的客观的科学形象, 又要具有内在的价值承载, 并能对人类、动物、甚至树木给予伦理指导。这两者的冲突是难以调和的。把严格的科学关注与公共政策事务分开, 并不容易; 这正像原子能科学家曾经碰到的情况。生态学家和他们的学会经常担心, 政治和社会问题会超越[309]他们的能力, 或者会使他们作为公正的咨询者的信用受到影响。

第二次世界大战后, 英国和美国生态学会的各种记录、委员会报告和讨论中, 都充满了这些问题。并且, 生态学家个人也为环境问题花费大量时间。美国生态学会的应用生态学委员会, 指责美国的土地利用和管理政策。它经常引证以说明需要生态学分析; 并且指出, 现在缺乏让联邦政府和国会听取生态学思想的有效手段。该学会在第二次世界大战后建立了一个核辐射影响委员会 (Committee on Effects of Radionuclides); 当时美国原子能委员会正受到来自生态学家的压力, 要求研究放射性对环境和对人体的临床医学影响。那种未经研究、大规模并往往无效地使用杀虫剂, 是一个常受攻击的靶子。甚至为反对使用控制火蚁的灭蚁灵 (Mirex) 进行过专门投票。政府机构在缺乏科学咨询、甚至在面对科学告诫的情况下, 基于政治利益而做出有关自然资源的决策, 是一个普遍关心的问题。1950

---

① 彼得·格雷格–史密斯 (Peter Greig-Smith, 1922—2003), 英国植物生态学家, 定量生态学奠基人, 曾任英国生态学会主席 (1978—1979)。1952 年受聘于北威尔士大学学院 (现在的班戈大学), 并服务终身。1957 年他出版《定量植物生态学》(Quantitative Plant Ecology), 其严谨的定量生态学方法和思想, 对世界植被研究和植物生态学产生深远影响, 并成为几代青年生态学家的必读书。他在班戈的实验室吸引了世界各地热衷数学和统计方法的植物生物学家、学生和研究合作者。

年代, 在国家政治层面环境问题微不足道。这可见诸应用生态学委员会的一份报告 (Committee on Applied Ecology 1958); 报告表达对污染问题的关注。它引证艾森豪威尔总统在一次新闻发布会上的观点: 污染不属于一项名正言顺的联邦政府职能。艾森豪威尔说, "从它的特点看, 问题纯粹是地方性的, 因此我认为它属于地方政府"。该委员会的下一份报告 (Committee on Applied Ecology 1960) 以生态学眼光评述许多问题, 并且总结:

> 很明显, 完全可以将生态学知识应用于野生生物资源管理; 同样很明显,
> 只要按照强有力的公众要求来贯彻, 科学知识可以成为公共政策的基础。
> 这一情况再次表明, 利用一切可以利用的手段来传播自然界关系方面实
> 实在在的信息的极端重要性。

"生态学研究委员会" (The Ecological Study Committee) 声称, 它的目的是 "尽一切可能评论和阐明生态学在科学和社会中的功能和地位" (Miller 1965)。它注意到, 生态学基础研究和应用研究之间的不平衡; 并且强调, 需要对长期性研究提供资金。它特别呼吁, "生态学家无论是个人还是学会, 再也不能回避一些与公共利益有关的领域"。 [310]

英国生态学家同样持续关注运用生态学思想来维护和改善人类环境。1964 年, 曾建议英国生态学会介入城市工业生活产生的问题。1969 年, "英联邦人类生态学理事会" (Commonwealth Human Ecology Council) 成立, 它在这一方面代表着生态学会 (Worthington 1983)。几年后, 英国生态学会仍在思考和正式论辩它在人类生态学方面的作用 (Report of the Annual General Meeting 1973)。一本关于人类环境的新杂志《生态学家》(The Ecologist) 曾经发表一篇关于生态学的通俗文章, 题为《生存的蓝图》(Blueprint for Survival)。对这篇文章的优劣, 看法不一。有一天下午的会议是关于 "学会现在应当禁用黑板而提倡布告" (The Society should now abandon the blackboard in favor of the placard) 的动议的辩论。虽然题目有些滑稽可笑, 但这种关心却是真实的。英国和美国一样, 在 1960 年代后期和 1970 年代, 曾经出现关心人类环境的高潮。英国生态学会的委员会和专题讨论会, 提交有关被遗弃土地的报告 (Ranwell 1967) 和规划问题的报告 (Holdgate and Woodman 1975)。自然保护协会 (The Nature Conservancy) 考虑着野生生物保护 (Ratcliffe 1977), 以及对农业和自然的保护 (Moore 1977)。

1970 年代, 人类面临的各种各样的环境问题看来压倒一切。生态学, 从狭义上讲, 是一门科学学科; 从其广义上讲, 是一种规范的生活方式。它被置于舞台的中心, 形势是 "生态学——此时不干, 更待何时" (Ecology—Now or Never) (Neiring

1970)。一位非生态学家要求把生态学作为美国制度的基础 (Marx 1970),他表述了现已熟知的两难困境:

> 我们所面临的是一种极端的不平衡: 一方面, 社会的渴求 —— 即人类总需求 —— 的迅速增长; 另一方面, 是我们星球的有限承载力。

一本题为《生态学在联邦政府中的角色》(The Role of Ecology in the Federal Government) 的著作,提出生态学的新概念。它毫不含糊地认为,"生态学作为一门科学已经到了成年期" (Council on Environmental Quality and Federal Council for Science and Technology 1974)。生态学要加入 "公众利益" (Nelkin 1976) 和 "政治学" 要素 (Lowe 1977)。生态学甚至也与国家安全有关 (C. H. 1977)。

[311]    在这一时期,美国生态学会的成员敦促成立国家生态学研究所① (National Institute of Ecology)。它作为一个政府机构,其目的是加强生态科学在环境问题和社会问题上的应用 (Report of the Study Committee 1968)。现在时机已经成熟。1970年, 美国政府成立环境保护局 (EPA), "以管理和实施与生态系统和环境质量有关的调查、研究和分析" (Carpenter 1970)。这是一项大指令,问题在于生态学可信性或谁是生态学家。美国和英国的生态学会分别开列有资格从事咨询的生态学家名单。许多生态学家担心: 科学技术已失去控制,从而对环境造成有害的影响。但是希望在于, 科学还有一种相对来说未被颂扬的方面, 这就是, 它本质上会对环境、人类社会和其他生物做整体性处理,由此能够减缓那些觉察到的问题。美国生态学会的退休主席约翰·坎特伦 (Cantlon 1970) 强调,需要在科学、技术和人文之间架起 "生态学之桥"。他提议, "生态时代" (Age of Ecology) 的降临,要求在人类生活所依赖的 "城市工业、农业和野生系统" 之间 "有着更健康的配合"。这种配合需要通过 "建桥" 来沟通工程与规划,沟通社会科学与政治科学。一个至关重要的和困难的要求是把生态科学 (不只是生态学的言辞) 注入各级决策过程。卡彭特 (Carpenter 1970) 在一篇题为《生态信息的政治用途》(The Political Use of Ecological Information) 的文章中,恰如其分地阐明了这一需求,他说:

> 通过丝毫不打折扣的科学方法的认证过程, 生态信息必须尽快地纳入决策之中。应当力避悲观主义或神秘主义的话语。尽管许多科学家个人和研究团体会直接介入, 但是, 一些与政治过程有关的核心关系还是需要的。为了立法者和行政管理者的使用, 必须对科学数据和专家观点加以评价、鉴定、条理化、分析和解释。美国生态学会通过一个专门委员会研究建立国家生态学研究所的可行性。它现已得出结论,大量的基本

---

① 参见 [283] 页。

生态信息, 科学上早已知道, 但没有找到进入决策过程的路径。那个发展中的技术评价机制, 提供了一个极好的机会, 用以说明生态学作为一门有预测能力的科学对社会的价值。政府和这门学科应当一起努力, 以建立一种卓有成效的信息传输渠道。这或许正是那个建设中的国家生态学研究所的职能的一部分。 (Copyright ©1970 by the American Institute of Biological Sciences.) [312]

然而, 国家生态学研究所 (National Institute of Ecology) 从未作为一个联邦机构运行。

国家生态学研究所只是美国生态学会的单方面响应, 以便为解决突出的人类环境问题做出贡献。生态学家长期以来一直对这些问题非常敏感。经过几年的孕育, 它终于在 1971 年以 "泛美生态学研究所"① (Inter-American Institute of Ecology) 的名义组建起来 (Inger 1971; Deevey 1971)。一旦把它的成员扩大到美国以外, 它的寿命就比预期的国家生态学研究所还短。它的第一任所长是著名生态学家亚瑟 D. 海斯勒 (Arthur D. Hasler); 它的第一个重大活动是举行了一个关于全球生态问题的专题讨论会, 并且出版了一份题为《生存环境中的人类》(*Man in the Living Environment*) 的报告 (Report of the Workshop on Global Ecological Problems 1972)。这一报告打算向联合国人类环境会议提出生态学方面的展望。接下去, 它提交了一系列不同主题的报告, 其中著名的有《热带生态学专题讨论会报告》(*Report of a Workshop Concerning Tropical Ecology*) (Farnworth and Golley 1974)。这些报告和生态学研究所的其他出版物, 试图讨论卡彭特咨询建议中提到的那些困难问题。与研究所有关的生态学家和其他人, 都希望它会促进有关环境问题的准确且有科学根据的信息流动, 会在科学与人文之间架设一些坎特伦呼吁的桥梁, 会讨论涉及 "生态政治学" (The Politics of Ecology) 问题 (Lowe 1977)。尽管生态学研究所做出颇有希望的开端, 但是它并未赢得像 "自然保护协会" (The Nature Conservancy)——美国生态学会的早期产儿——那样的连续成功。由于内部组织和人员的松散而产生的管理和财务问题, 它未能实现对它的期望。这个试图把生态学与普遍公共政策综合到一起的努力, 如果不是说不成熟的, 那么看来也是超出生态学作为一门 "综合性科学" 的能力范围。早期生态学家如 C. C. 亚当斯和 A. G. 坦斯利曾经希望, 生态学将在人类事务中起显著作用。从那时起, 生态学家们一再重申这一期

---

① 1971 年美国生态学会曾设想将计划中的 "国家生态学研究所", 扩展为一个由美国、加拿大、中美洲国家的生态学研究机构的联合组织 (a federated organization), 其核心是国家实验室, 还包括由三方的大学、政府实验室和非营利组织构成的系统。于是, 美国 "国家生态学研究所" 由此改名为 "泛美" (Inter-American) 生态学研究所。

望。然而,它仍存在于生态学家个人和学术团体的坚持不懈的努力之中 (参见 Sears 1971)。

[313] "生态时代" 最显而易见的困难是, 环境在最广义上已成为每一个人的事务 (Dunnett 1982)。生态学的含义被曲解了。在一个大学书店的 "生态学" 书架上, 有 7 本关于太阳能住宅, 3 本关于土造住宅, 3 本关于各种家庭取暖形式, 3 本关于替代能源, 以及解释地下能源、激进农业 ① (radical agriculture)、自然和破坏方面的书各 1 本——然而就是没有 1 本科学生态学著作。生态学家面对的问题是要把握住生态学性质的分寸感, 使它既是一门科学, 又能对环境危机有所贡献。正如佩因 (Paine 1981) 所说, 生态学家不得不考虑, 在提供有科学依据的并证明适宜解决种种困扰人类的环境问题的知识方面, "生态学的真理性"。H. N. 索塞② (Southern 1970) 在对英国生态学会的主席致辞中评论: 一些人曾说, 生态学是太重要了, 以至不能只属于生态学家; 他反问道, 其他还有谁呢? 另外, 帕斯摩尔③ (Passmore 1974) 也说, 生态问题的解决不能放心地让科学家去干, "因为生态问题的解决, 需要一个道德和思想方法上的革命"。在一本有关生态学的文集 (Disch 1970) 中, "生态危机", 是与 "生态良心" "生态学与社会制度" 以及 "生态学思想方法" 等联系在一起。在传统意义上, 生态学家面临的困难问题是, 要把他们对人类环境和社会的生态学见解与来自其他职业的传统见解统一协调起来, 而那些其他职业通常是研究与生态问题无关的事物, 如道德、社会制度和思想方法 (Nelkin 1976)。即使是一些喜欢和赞同生态学思想的人, 往往也轻描淡写地谈论生态学家介入人类事务的价值和能力。L. K. 考德威尔 (Caldwell 1971) 评论说:

> 生态学潜在的颠覆能力, 甚至连生态学家自己也没有意识到, 因为这门
> 新生科学一直主要着眼于一般不包括人类的微观管理问题。

---

① 激进农业是 1970 年代旨在恢复人与耕地之间关系平衡的运动。激进农业强调, 仅有有机农业和环保主义是不够的, 必须从有利于生物圈的利益出发, 并以自己的独特方式为生物圈整体做出贡献。因此, 激进农业不仅将农业视为科学, 而且视为艺术。它不能建立在资本主义制度之上。它本质上是自由意志的, 强调社区与互助, 强调城市与乡村的融合, 社会与自然的融合。引自 Murray Bookchin. *Radical Agriculture*, 1972.

② 亨利·内维尔·索塞 (Henry Neville Southern, 1908—1986), 英国鸟类学家。1972年获得牛津大学哲学博士学位。曾任哺乳动物协会主席和英国生态学会主席。著有《英国哺乳动物手册》(*The Handbook of British Mammals*, 1964), 并编辑期刊《鸟类研究》(*Bird Study*, 1954—1960),《动物生态学报》(*Journal of Animal Ecology*, 1968—1975)。

③ 约翰·亚瑟·帕斯摩尔 (John Arthur Passmore, 1914—2004), 一个偏爱思想史的澳大利亚哲学家, 环境哲学与医学伦理领域的领军人物。他主张迫切需要改变我们对环境的态度, 人类不能继续无限制地开发生物圈; 但他又拒绝放弃西方科学理性主义传统, 并且不赞同深层生态学 (deep ecology) 的生态伦理观。他主张应根据自然对 "有感知生物" (sentient creatures)——包括人类——发展的贡献来评估自然。他的观点在国际环境伦理界被视为人类中心主义的标杆。

事实上, 1964 年西尔斯第一次将生态学明确称为一门颠覆性学科。诚然, 西尔斯是一位非同寻常的生态学家, 但也应公正地指出, 西尔斯既不是唯一的, 甚至不是第一个产生这一意识的生态学家。一般说来, 他只是讲得比其他生态学家更为有效。生态学家过去经常对以人类为核心的相对难以处理的宏观问题发表评论, 并且他们并不总是受到欢迎。在荒野和狼对人类的价值尚未广泛表现出来之前, 那些从荒野中象征性地发出的孤独呼喊以及关于荒野的形诸文字的呐喊中, 生态学家肯定是出类拔萃的。生态学家置身于继承着乔治·珀金斯·马什事业的人们中, 指出人类活动对地球及其持续生产能力的反面影响。生态学家置身于这样一些人们中, 他们关注人类所创造和主宰的地域——通常称为城市区域, 这些地域影响着其他生物, 而那些生物反过来又影响着人类。生态学家也醒目置身于那些人中, 他们关注人类活动引起的、有时被委婉称为 "副作用" (side effect) 的大尺度问题, 包括高坝、杀虫剂、核武器和工业污染物。在大多数场合, 恰恰是生态学家, 他们发展了概念以及数据采集和分析的基本方法, 从而可以检测种群和群落更为微妙的反应。

[314]

的确有一批人, 他们开始是生物学家和生态学家, 并可能研究的是相对易于处理的微观问题; 他们继承了早期生态学家的传统, 为识别、认识和解决 (这是希望做到的) 与人类有关的问题做出主要贡献。在著名的英国生态学家中, 弗雷泽·达林 (Fraser Darling) 把他的科学兴趣从红鹿 (red deer) 扩展到苏格兰高地的景观以及那里的人们和经济问题, 后来再扩展到主要是人类环境问题。E. B. 沃兴顿 (E. B. Worthington) 把他在湖沼学方面的兴趣, 扩展到国家和国际层面的土地利用问题和环境问题 (Worthington 1983); A. D. 布拉德肖 (A. D. Bradshaw) 从古代和中世纪矿山渣堆与现代围栏土地的植物遗传学微观问题出发, 利用他的遗传学和生态学知识, 对大面积废弃地进行恢复 (Bradshaw and Chadwick 1980)。

美国生态学家中, 加勒特·哈丁[①] (Garrett Hardin) 超越他在竞争排斥原理方面的生态学兴趣, 转而研究更为敏感、更为困难的人类问题, 即按照他的 "优先救治" (triage)、"公地悲剧" (tragedy of commons) 和 "救生艇伦理" (lifeboat ethics) 等

---

① 加勒特·詹姆斯·哈丁 (Garrett James Hardin, 1915—2003), 美国人类生态学家, 哲学家。他在 1968 年发表于《科学》(Science) 上的著名论文《公地悲剧》(The Tragedy of the Commons), 呼吁人们关注 "个人的无辜行为可能对环境造成的损害", 以此获得美国生态学会的默瑟奖 (杰出论文奖)。他还以人类生态学第一定律 (1993) 而闻名: "我们永远不能只做一件事。任何对自然的入侵都会产生大量影响, 其中许多是无法预测的"。哈丁于 1936 年获芝加哥大学动物学学士, 1941 年获斯坦福大学微生物学博士, 研究领域是微生物之间的共生关系。哈丁研究过种群生态学与竞争排斥原理, 但其职业生涯的焦点是从自然承载力有限角度研究人口过剩问题。所提观点也多有争议。他提出的 "公地悲剧" 遭到环境历史学者拉克姆 (Joachim Radkau) 等人和诺贝尔经济学奖获得者奥斯特罗姆 (Elinor Ostrom) 反对。

思想, 研究国际尺度上谁将生存, 谁将死亡。保罗·埃尔利希[1] (Paul Ehrlich) 继续他在蝴蝶进化和生态学方面的研究, 但已很少, 他的主要精力已转到有关人口增长和资源可获得性的宏观问题。密歇根大学独立支持几位生态学家从事人类问题研究。皮埃尔·戴塞雷[2] (Pierre Dansereau) 由植被研究转到加拿大的大尺度规划研究。斯坦利·凯恩 (Stanley Cain) 由植被研究转到政策研究, 特别是美国内政部的食肉动物政策研究。凯恩是唯一在联邦政府中升到副部长职位的生态学家。F. E. 史密斯[3] (F. E. Smith) 由对种群理论研究升级到生态系统层次, 并从密歇根大学转到哈佛大学, 从事景观和区域规划研究。约翰·沃尔夫[4] (John Wolfe)、乔治·伍德威尔[5] (George Woodwell)、E. P. 奥德姆 (E. P. Odum)、H. T. 奥德姆 (H. T.

[315]

---

[1] 保罗·拉尔夫·埃尔利希 (Paul Ralph Ehrlich, 1932— ), 美国种群生态学家, 斯坦福大学生物学系教授, 保护生物学中心主席, 美国国家科学院院士, 英国皇家学会外籍会员 (ForMemRS, 2012)。他与雷文 (Peter H. Raven) 是 "协同进化" 领域的奠基者。他长期从事蝴蝶自然种群的结构、动力学和遗传学研究, 后来进入自然保护领域和人口领域, 其名著是《人口炸弹》(*The Population Bomb*, 1968) 等。他获奖众多, 最著名的学术奖项有麦克阿瑟天才奖 (MacArthur Prize)、瑞典皇家科学院的克拉福德奖 (Crafoord Prize)、美国生态学会的杰出生态学家奖 (Eminent Ecologist Award)、美国生物科学学会的卓越科学家奖 (Distinguished Scientist Award) 以及其他国际或世界级环境奖。

[2] 皮埃尔·戴塞雷 (Pierre Dansereau, 1911—2011), 加拿大植物学家, 生态学家。他以森林动力学和植物生态学研究而闻名。他的名著《生物地理学: 一种生态视角》(*Biogeography: An Ecological Perspective*, 1957) 扩展了对地质学、地理学和气候学在环境中作用的科学理解。他最重要的贡献是通过将自然生态规律应用于人造的乡村和城市环境, 把人文科学和自然科学这两个 "孤独者" 结合起来。他的关于蒙特利尔北部米拉贝尔机场 (Mirabel Airport) 建设对环境影响的研究 (1970 年代早期), 堪称环境科学的一个里程碑。他获得加拿大政府和学术机构的众多奖项。

[3] 弗雷德里克·爱德华·史密斯 (Frederick Edward Smith, 1920—2012), 美国种群生态学家。1941 年获马萨诸塞大学物理学和生物学学士 (主修昆虫学), 1950 年获耶鲁大学博士, 同年进入密歇根大学。在 1960 年发表的论文《绿色世界》(*Green World*) 的著名三驾马车 HSS 中, 他是中间一位, 与海尔斯顿 (N. Hairston)、斯鲁伯德金 (L. B. Slobodkin) 相比是最低调的。1967 年他任自然资源学院野生动物和渔业系主任。其时, 他的研究兴趣转向生态系统, 并成为 "美国 IBP 规划" 的主管。他认为, 生态系统分析应处于生态研究的最前沿, 而不是简单地为种群相互作用提供背景。

[4] 约翰·尼古拉斯·沃尔夫 (John Nicholas Wolfe, 1909—1974), 生态学家, 俄亥俄州立大学植物学教授, 原子能委员会 (Atomic Energy Commission, AEC) 生物和医学部环境科学分部主任。他关注的是生态系统所有组分的相互关系, 而不是单个组分的功能。他指导埃尼威托克实验室 (Eniwetok Laboratory, 研究核试验对海洋生物的影响, 1983 年撤销) 的研究重点由监测改为对当地生态系统中放射性核素循环的系统评价。他推动使用放射性核素作为示踪剂对陆生和水生环境中的养分循环全面研究。他力主并主持对和平利用核爆项目 (在阿拉斯加以核爆建造港口) 的环境预评, 以一份 1250 页的报告, 使项目无限期推延。同时, 他还支持并资助富有想象力的项目。

[5] 乔治·伍德威尔 (George M. Woodwell, 1930— ), 美国生态学家。他于 1956 年获杜克大学硕士, 1958 年获博士, 后在缅因大学任教。1975 年他去伍兹霍尔海洋生物实验室, 创立生态系统哲学。1985 年他创立伍兹霍尔研究中心 (Woods Hole Research Center)。他对电离辐射对森林生态系统的影响进行了开创性的研究。他是最早记录滴滴涕对野生动物有害影响的科学家之一, 参与创立环境保护基金 (Environmental Defense Fund)。他 1997 年获海因茨环境奖 (Heinz Award in the Environment), 2001 年获沃尔沃环境奖 (Volvo Environment Prize)。

Odum)、斯坦利·奥尔巴赫[1] (Stanley Auerbach) 以及其他生态学家, 推进放射性对环境影响以及核战争可能的灾难性破坏的研究。C. S. 霍林[2] (C. S. Holling) 从他对昆虫种群的兴趣, 转到加拿大温哥华从事区域规划。K. E. F. 瓦特[3] (K. E. F. Watt) 同样也放下微观生态学问题而在加利福尼亚从事区域规划。没有哪个生态学家能够狂妄自诩, 他们足以对付生态学中与人类有关的各种问题。不过, 生态学家的确对与人类有关的 "生命的生态学真相" (ecological facts of life) (巴里·康芒纳[4]语), 贡献了基本思想和许多详尽的知识。所有这些构成了 T. H. 赫胥黎所说的 "竞赛规则"; 地球上生物均按这些规则进行生态竞争。在 1970 年代, 许多讨论的焦点是人类是否也按照相同的规则行动。

一项早期的区别是: 将生物学和生态学局限于研究由遗传结构控制的生物; 对人类的研究, 可能因为人类具有文化素质, 而由其他学科进行。在 1930 年代, **人类生态学**一词是用于考察人类体质与文化响应的各种途径, 很少与一般生态学结合, 也很少去有效发展一个统一的人类生态学领域。由于生态危机的影响以及 1960 年代环境运动的兴起, 人类生态学又再度兴盛, 并且再度出现在研究机构、专题讨

---

① 斯坦利·欧文·奥尔巴赫 (Stanley Irving Auerbach, 1921—2004), 美国生态学家、研究管理者和专业界领袖。他一生对美国生态学做出三大贡献: 创建了放射性生态学 (radioecology) 领域; 使得研究核能的橡树岭国家实验室 (ORNL) 同时也成为一个重要的生态学研究中心; 开创了生态学的系统模拟的新方向。1954 年末他被健康物理学 (health physics) 先驱埃德·斯特拉克尼斯 (Ed Struxness) 推荐, 成为 ORNL 的第一位全职生态学家, 研究对核废弃物的处置。1972 年他成为 ORNL 环境科学部 (Environmental Sciences Division) 主任。奥尔巴赫团队的研究方法学也在不断发展和创新。开始注重实验室研究; 1956 年后将重点转到现场研究; 以后又发展为对整个系统的计算机模拟。ORNL 在 1964 年前已成为美国从事生态系统研究的三大战略中心之一, 其后成为美国 IBP 的一个主力, 并同时成为系统生态学的发源地。奥尔巴赫于 1971—1972 年当选为美国生态学会主席, 1985 年获美国生态学会杰出服务引证奖 (Distinguished Service Citation)。

② 克劳福德·斯坦利·霍林 (Crawford Stanley Holling, 1930—2019), 加拿大生态学家, 加拿大皇家学会会员, 是生态经济学的思想奠基者之一。他在 1952 年获多伦多大学学士和硕士, 1957 年获不列颠哥伦比亚大学博士。霍林的整个生态学研究生涯是系统论、生态学、仿真建模和政策分析的结合。他的早期工作是种群和行为生态学, 他是最早提出非线性动力学重要性的学者之一。他的 "功能性响应" (functional response, 指猎物密度与猎物被吃速度之间的关系) 至今仍是现代种群生态学的一个关键概念。他的关于生态系统恢复力的论文, 对生态学与其他自然和社会科学有重大影响。他在生态管理方面提出的恢复力 (resilience)、适应性管理 (adaptive management)、适应性循环 (adaptive cycle) 和扰沌 (panarchy) 等概念, 常常被生态学、环境管理、生态经济学和全球变化等领域引证。他获得 1966 年美国生态学会默瑟奖和 1999 年杰出生态学家奖 (Eminent Ecologist Award); 2008 年获沃尔沃环境奖。

③ 肯尼斯·埃德蒙·弗格森·瓦特 (Kenneth Edmund Ferguson Watt, 1929—    ), 美国生态学家, 加利福尼亚大学戴维斯分校动物学系教授。研究方向是种群生态学、数学生态学, 系统生态学, 自然资源与环境保护。

④ 巴里·康芒纳 (Barry Commoner, 1917—2012), 美国细胞生物学家, 植物生理学教授,《理论生物学杂志》创刊编委 (1961)。他还是政治家, 是现代环境运动的奠基者之一。他作为公民党 (Citizens Party) 候选人参加 1980 年美国总统选举。

论会和著作的标题中 (Bresler 1966; Sargent 1974a, b; Dunlap 1980a)。萨金特 (Sargent 1974b) 发表一篇题为《人类生态学的性质和范围》(*The Nature and Scope of Human Ecology*) 的论文, 承认在准确辨识人类生态学方面所面临的长期困难。萨金特引证 K. E. 博尔丁[①](K. E. Boulding) 的话——这是一位发表大量环境事务论著的杰出经济学家——作为自己论文的结语:

> 将现在这个时代视作人类的一次机会是不无道理的, 或许是一次独特的不会再现的机会: 他能把自然资产变为足够多的知识, 使他即使不使用这些资产也能生活。

[316]　萨金特的文章立即引出生态学家 E. J. 克曼迪 (Kormondy 1974) 的一篇题为《自然的和人类的生态系统》(*Natural and Human Ecosystems*) 的论文。克曼迪总结说:

> 这里的目的只是强调这一点: 事实是人类生态系统就是自然生态系统; 人类也要受生态系统法则的支配; 此外, 他们能够并且也确实会使这些法则屈从于压力。

克曼迪跨越人类与自然的界限; 他承认, 人类和其他生物一样, 无权超越自然生态系统的法则。按博尔丁或许还有萨金特的观点, "人" 的知识可以缓解它对 "自然资产" 的依赖。实际上, 大多数生态学的责任, 不得不是处理人类对自然资产的利用和误用, 维持和提高人类生产力的能力, 以及他们毁灭自然资产的可能性等问题。可以肯定, 在系统地表述人类生态学并把它与普通生态学整合起来的过程中, 一直存在的问题是这两者之间的相互依赖性。人类无权凌驾于他的自然资产之上, 只能有效和永久地利用它们。

　　人类生态学中的许多内容, 是关于人群的个体生态学, 它们与其他生物的个体生态学并无本质区别。如果要研究环境对老鼠和人类在行为学、生理学或解剖学方面的物理和化学影响, 那么或许在采集数据上会有所不同, 但是在概念和方

---

① 肯尼斯·埃沃特·博尔丁 (Kenneth Ewart Boulding, 1910—1993), 英国经济学家、和平活动家, 系统论科学家, 跨学科哲学家。他的教科书《经济分析》(*Economic Analysis*, 1941), 在 1940—1960 年代风靡美国大学和英语世界。正是经济研究使他走进系统论。他认为, 人类的经济等行为是发生在一个更大的相互关联的系统中, 因而必须首先研究和发展对一般系统——即我们生活的整个社会——的科学理解, 包括所有的精神和物质方面; 没有这样一种正确的理解, 人类可能注定要灭绝。由此他成为一般系统理论的创始人之一。同时他还是经济学和社会科学中众多新知识方向的创始人。他倡导 "进化经济学" (evolutionary economics) 运动, 在《作为进化系统的经济发展》(*Economic Development as An Evolutionary System*, 1961, 1964) 中, 将经济发展与生物进化对比。他还倡导《地球作为一个宇宙飞船的经济》(*The Economics of the Coming Spaceship Earth*, 1966), 认为人类经济系统应当适应资源有限的生态系统。他也是最早讨论 "知识经济" 的一位学者 (*The Economics of Knowledge and the Knowledge of Economics*, 1966)。

法学上, 研究人类与研究其他动物则没有什么差别。研究人类和动物的种群统计学 (demography) 也是相似的, 它们甚至共同使用相同的模型和方法; 这意味着它们之间没有不可逾越的障碍。根据海克尔最早的定义, 环境包括这一环境中物理和生物成分。人类和许多动物一样, 并在更大程度上, 能够避开、减缓或增强环境的不利影响, 加强或削弱所希望的影响。然而, 正如芒福德① (Lewis Mumford) 早已指出的, 他们这样做是付出了代价的。根据确凿无疑的物理学原理和不那么确凿无疑的经济学、生态学和政治学原理, 至少在局部范围内, 低温可以提高, 高温可以降低。对人类的个体生态学影响, 常常部分地通过对动物的个体生态学的相似研究来实现。

不过, 其他生物对人类种群的影响, 很明显不能只由对人口的精细研究来决定, 而必须考虑其他生物的特质。人类的传染病学早已与动物生态学相联系; 并且, 对传病媒介动物的研究, 也已有效地将动物生态学与人类健康以及其中的生态学联系起来。物理压力对易感染性的影响, 环境状况在疾病发生和传播过程中的影响, 以及环境压力的改善对疾病防治的影响, 这些都已广泛得到证明。这样, 虽然人类生态学中的医学问题, 主要是由医生、解剖学家、微生物学家和其他一些一般不把自己视为生态学家的人们来进行, 但是他们一般与生态学家并无不一致。糟糕的是, 他们恰恰不承认他们与生态学的密切关系。这样, 有利于双方互动的机会丧失了。 [317]

至于群体生态学, 人类生态学与一般生态学之间的关系变得不那么清晰, 也变得更有争议。社会学家和人道主义者把人类种群设想为一个由个人角色 (生态位) 的多样性而构成的社群 (community)。生态学家则认为, 一个群落 (community) 是由不同物种组成的, 其中每一个物种都有它自己的角色定位 (生态位)。埃尔顿在扩展生态位思想时说, 生态学家必须学会思考物种的角色, 其意义如同说 "那里有牧师" (There goes the vicar) 所传递的一个人在人类社群中的角色。社会学家通常并不把人类种群简单地视为一个种 (one species), 纵令它可能在许多物种中具有最大生物量。当然, 也有一些引人注目且令人着迷的例外。例如, 萨拉姆 (Salamun 1952) 的《马铃薯的社会影响》(Social Influence of Potato) 一文中说, 人类的历史是通过它 (人类——译者) 与其他物种的关系以及它们 (马铃薯与人类——译者) 对环境的依赖来表现的。人类学家则通过考察古代人的垃圾, 研究早期人类文明中对植物和动物资源的利用。动物生态学家对此不可能感到陌生, 因为他们通过

① 刘易斯·芒福德 (Lewis Mumford, 1895—1990), 美国历史学家, 社会学家, 技术哲学家和文学评论家。他尤其以研究城市和城市建筑而闻名。他有着广阔的作家生涯。芒福德受到盖蒂斯 (见 [293] 页) 的影响, 并与盖蒂斯的助手、英国社会学家维克托·布兰福德 (Victor Branford) 密切合作。

山洞的地质沉积物, 研究林鼠 (*Neotoma*) 利用植物的史前记录; 或许在同一山洞中也有人类居住。体质人类学家一直在灵长类动物身上, 寻找人类举止和食物利用方面特征的证据。他们和动物学家一样关注环境影响, 并以基本相同的方式对解剖学结构的生态含义做出推论。萨金特 (Sargent 1974b) 提出人类社会的文化发展序列, 其中包括采集、渔猎、放牧、农业, 直至工业和城市化社会。人类文化发展的这些不同阶段中, 环境关系日益复杂, 从而使形成一个统一的生态学变得困难。

[318]　　　发展一门卓有成效的人类生态学的主要困难, 以及社会科学一直未能很好地纳入任何一种生态学构架的原因, 是因为 "社会科学基本忽视这样的事实: 人类社会为了生存, 必须依赖生物物理环境" (Dunlap 1980b)。尽管早期社会科学家努力构建人类生态学体系, 但邓莱普仍认为, 他们陷入 "西方的人类中心论思想" 之中; 这一思想把人类视为与自然无关, 从而导致现代社会科学中的 "非生态学" 传统和视野。邓莱普写道:

> 所有的社会科学都设想, 各种**人类**"机制" —— 社会制度、文化、技术, 等等——运作起来, 将会确保人类种群成功地适应它的生物物理环境。

邓莱普说, 只是最近几年, 社会科学家才接受生态学范式: "人 (*Homo sapiens*) 是受着调节所有物种生长和演进的同一自然法则支配的"。实际上, 这尚不是一种真正的承认, 因为主要问题不在自然法则, 而在那些尚未十分了解的生态学过程的运行机制是否能扩展到人类社会 (Dunlap 1980a; Catton and Dunlap 1980)。多少有趣的是, 尽管邓莱普的文章 (Dunlap 1980a, b) 刊登在一份社会科学杂志的生态学和社会科学专号上。7 篇文章中没有一篇是由生态学家撰写的, 仅有 1 篇文章引证了相当数量的生态学家的文献。我想, 为了不至于让生态学家指责社会科学家未能发展一门综合性的人类生态学, 他们应当仔细考虑另一位社会科学家的批评; 罗德曼[①] (Rodman 1980) 说:

> 生态学自己即使在生物学中, 也不是一门明确的稳妥的学科范式, 而是正在发展中的某种东西。这样, 那些努力根据 "生态学是什么" 而构造他们另一种不同范式的社会学家, …… 不得不面临着 "建立在流沙上" 的危险。

引人注目的是, 为了表明 "生态学是什么", 罗德曼给读者指定了由社会科学家写的

---

① 约翰·R. 罗德曼 (John R. Rodman, 1933—2003), 求学于哈佛大学, 1959 年获政治学博士。1965 年就职于皮策学院 (Pitzer College), 1971 年成为教授, 兼政治科学与环境问题研究。1984 年他开始创建皮策树木园, 2000 年改名为 "约翰·罗德曼树木园" (John R. Rodman Arboretum), 或许是他的《政治科学的范式变化: 一种生态视角》(*Paradigm change in political science: An ecological perspective*, 1980) 观念的一次实践。

两篇文献,其中的一篇粗略地研究 20 世纪,而着力于 18 和 19 世纪生态学之源的研究。妨碍生态学承担解决环境危机责任的障碍之一是,那些研究人类组织的人们过于分门别类,并且那些研究生态学的人们也过于分门别类。罗德曼在这一点上的告诫比他对根源的揭示,更具真理性。确定 "生态学是什么" 以及把它的概念和理论扩展到包括人类和他们所改造或所创造的环境,是生态学家的责任。生态学家面临的问题是需要与那些把人类看成超越生态学之外的社会科学家建立富有成效的关系。最近戴森–赫德森① (Dyson-Hudson 1983) 撰写的从社会科学家角度对一本沙漠化著作的评论,就是一个明证。干旱、沙漠化以及人类与这些现象的关系,早在 1890 年代就是生态学关注的问题之一,那时它刚作为自我意识学科出现。一些生态学家——如保罗·西尔斯 (Paul Sears) 和沃尔特·科坦 (Walter Cottam)——认为,沙漠化是土地管理实践的结果,并且就此不断提出警告。戴森–赫德森表达了这样的忧虑: 在以后对沙漠化日益加剧的思考中,"已没有社会科学家的位置,即使沙漠化,如生态学家所诊断和定义的,涉及超越生态学解释之外的人类因素"。如果人类因素超出生态学思考之外,那么,什么是人类生态学呢? 尚不清楚,生态学是否将扩展到包容社会科学,并发展成为一门 "泛生态科学" (metascience of ecology) (Odum 1986)。另一种解决办法,是应在生态学与几门社会科学之间建立起更为有效的学科间联系。

[319]

　　人们相信,生态学已为解决人类面临的困境,提供了美学、伦理、道德乃至思想方法上的见解,但它基本上未能使人相信它已充分提供科学上的见解。生态学真正的贡献在于,它尽力去认识生物在自然界中是怎样以种群、群落以及后来的生态系统这样的集群形态发挥作用的。生态学家有时研究远离人类影响的生物。埃尔顿是从斯匹次卑尔根群岛 (Spitsbergen) 的动物调查开始他的研究生涯的,W. S. 库珀也是在阿拉斯加冰湾 (Glacier Bay) 的冰碛上建立起他的调查和试验样地。其他人则研究陆地景观、河流、湖泊、森林、草原或海洋,它们明显受到过去和现在人类活动的影响。许多年轻的生态学家对荒野已不熟悉,或很少体验。由于意识到人类技术对环境影响的迅速增加,许多生态学家开始研究人类活动的后果,

---

① 拉达·戴森–赫德森 (Rada Dyson-Hudson, 1930—2016),出身科学世家,自幼结识大多数综合进化论先驱们,高中时以果蝇研究获得西屋科学天才奖。1954 年获牛津大学果蝇生态学和系统分类学博士。1953 年,她与内维尔·戴森–赫德森 (Neville Dyson-Hudson) 结婚,并转向其丈夫的 "人类学" 专业。两人不同专业知识的结合,在 1950 年代对乌干达卡里莫宗人进行高度复杂且极富竞争性的研究,从而确立了他们作为人类学家和东非牧区人口专家的声誉。1970 年代末,拉达又是肯尼亚图尔卡纳生态系统多学科野外研究的关键参与者。她与特伦斯·麦凯布 (Terrence McCabe) 出版了两卷关于人类学和生态学的研究著作 (1985),并在《干草原图尔卡纳牧人》(*Turkana Herders of the Dry Savana*, 1999 年) 一书中承担大部分章节的写作,在人类学领域做出重大创造性贡献。

并希望加以缓解。由于这些问题经常涉及环境的破坏或退化, 从而开始出现 "诉讼生态学" (forensic ecology) (Willard 1980)。一些生态学家花在听证会和法庭上的时间可能像花在野外那样多 (Loucks 1972; Wenner 1982; Carpenter 1983)。在这种情况下, "生态学面临的挑战是确保事实尽可能地准确, 以便能够做出重要的法律裁决" (Cantlon 1980)。环境诉讼的广泛发展, 会造成对生态学名下的形而上问题置之不顾, 这也使得在不完备的原则和理论基础上的作证, 变得困难 (Willard 1980)。

[320]

生态学家、他们的先辈和他们的同代人, 都欣赏由自然界获得的美学和价值观见解。他们从权利和经济利益角度, 为保护自然界的这些方面免遭破坏, 做出了很大贡献。尽管如此, 生态学家仍在认真考虑 "**应当做**" (ought-to) 和 "**怎样做**" (how-to) 的问题。他们下决心发明和发展恰当的技术、概念和理论, 以改善人类与已被人类基本改变了的自然的关系, 如同曾经将传统博物学扩展为 19 世纪的 "新" 生物学乃至第二次世界大战后更新的生物学。生态学家研究生物种群; 其中有些生物明显对人类有利, 有些则明显对人类不利。他们研究蜗镖鲈 (snail darter) 和马先蒿 (lousewort), 强调它们的价值和内在意义。他们以基本技巧和概念为核心, 研究北极荒野上的旅鼠和巴尔的摩港的老鼠。一个清晰的教训是, 种群不是一个 "孤岛", 从来不是, 人的种群尤其不是。

由于自然保护运动和新近环境运动的兴起, 环境以及人类与它的关系已成为一个社会和政治问题。这一问题被特别命名为 "生存政治学" (the politics of survival)。由于意识到这一问题, 现已产生对可靠的生态信息的需求, 同时也产生有关环境传播事务 (environmental rhetoric, sound and otherwise) 的市场。它也促使人们认识到, 在缺乏或面对可靠生态信息的情况下做出影响环境的决策问题。我们社会的决策者, 一般不是生态学家。在他们心目中, 科学生态学标准的分量, 经常不如经济、政治和其他标准那样重。在向政府提供生态学见解时, 生态学家不得不面对这样的问题: 政府和政策, 传统上是把环境问题分为若干部分, 使得政府机构能够处理它们。这样, 作为生态学的理想特征的整体论处理, 传统上对政府机构没有吸引力。要扭转政府机构中几十年来已制度化的办事传统, 是不容易的; 这种事, 在学术机构和科学团体, 也不容易解决。

[321]

对整体论处理, 即使在所有生态学家中, 也不像所希望的那样, 持同样明确的看法; 至少他们对 "整体论由什么构成" 的看法, 并不一致。在当代生态学中, 一个极为重要的基本事实是, 生态学一直企图发展一种以种群为基础的理论数学生态学, 并要发展成一门 "预测性" 科学, 但这一想法至今仍未获得成功。即使是精心展示的岛屿生物地理学理论以及它在自然区域规划中的效用, 也未获得生态学家的一致认可。这类理论处理, 尚不能证明能够成为应用生态学的基础。许多应用生态学家, 或是不知道它, 或是不重视它。系统生态学家普遍满怀信心地认为, 他们的方法易于投入实际应用, 或可成为生态工程的一个基础。但是尚不清楚, 这一优点是否出自以各种形式引入生态学的那些系统理论方面的概念。那些非常大尺度的复杂的生态系统模型, 尚未能对环境决策产生有效的指导。当生态学家被要求对环境影响做出说明时, 他们发现生态学中的那些 "丰富的理论成果" 是难以应用的 (Willard 1980; Suter 1981; Carpenter 1983)。其他人已主张, 得到充分经验数据支持的小型或中型尺度的过程模型, 将是环境诉讼中技术性生态数据应用的必要和有效手段 (Loucks 1972)。

不幸的是, 当生态学往往处于范式变更状态, 或者更准确地说, 处于范式混杂状态, 出现的对理论生态学见解的需求, 多是用于支持 "夸夸其谈生态学" (rhetorical ecology)。在最近的几十年中, 这一产生理论生态学的压力, 完全符合在哲学和方法论上彼此不同的理论生态学家的多重性质 (McIntosh 1980a)。在这群生态学家中, 即使他们都同意需要对生态学进行数学处理, 但热烈得有时是面红耳赤的论争, 一直发展着 (Lewin 1983)。

没有一个理论生态学派能给生态学提供所希望的预测能力, 但是, 这种失败不会妨碍生态学思想和经验的有效利用。著名的理论生态学家 J. 梅纳德–史密斯[①] (Maynard-Smith 1974: 6) 稍许带有贬义地说:

> 生态学仍然是一门科学分支。一般来说, 它最好依据富有经验的实践者
> 判断, 而不是理论家的预测。

梅纳德–史密斯渴望着当生态学具有 "成熟理论基础" 时 "令人兴奋的局面"; 当然, 这里指的是数学基础。这种期望是基于对科学的通常看法; 它可能是一个过于狭隘的理论构架, 以至容纳不了生态学。当然, 没有必要袖手等待那种理论上的千年盛世, 或是生态学与社会科学在人类生态学名义下的综合。现在, 生态学已有大批梅纳德–史密斯所说的 "富有经验的实践者"。在最近几年, 特别是通过有着相当优越的资助条件的大尺度生态系统研究项目, 这些实践者为进行有效的生态学咨询, 提供范围广泛的指南。哈巴德溪研究[②]就是一个恰当的例证。它说明为认识生态系统的营养流而进行长期数据采集的优越性和绝对必要性。几十年来, 生态学家一直像经济学家和医学家那样, 提供在经验上和理论上都成熟的建议。但是, 他们很少像经济学家那样赢得成功, 让人们聆听他们的建议、并使他们的建议能够影响环境事务的公共政策。生态学家肯定没有获得各种 "传播媒介" 给予气象

[322]

---

① 原文为 "J. Maynard Smith", 应为 "J. Maynard-Smith"。
② 参见 [204–208] 页。

学家的那种关注; 并且, 生态预测所需要的必不可少的长期基础数据, 也未能获得像采集气象数据那样的资助。只是在最近十年中, 经由生态学家建议, 在国家科学基金会资助下, 在美国建立了 "长期生态学研究" 网络 (Summary of a Workshop 1979)。联邦和州的政府机构确实也资助有着特定的使命导向、并与生态学应用有关的研究机构和组织。在某些情况下, 这些部门和研究机构中的个人对基础生态学研究做出引人注目的贡献; 并且, 这种体制也有效地帮助唤起公众对各种环境事务的意识。不过, 这一制度安排, 工作人员的传统专业训练, 以及在资助、政治和官僚作风方面的限制, 常常压制着那些想把最好的生态学知识用于环境问题的最好的愿望。

[323]　　　最近的环境警报呼吁生态学指导。它有时忘却的是这样一个事实: 生态学已经发展了大量的经验性信息和非常有用的概念, 即便它们还算不上预测性理论。对于日益增长的环境退化, 生态学应是早期预警系统的重要内容, 并就有效的应对和防范措施给予指导; 只是这一系统被广泛忽视, 这些措施也很少采用。然而, 用生物学的行话说, 生态学是 "预适应的" (preadapted); 许多过去对生态学一无所知的人, 现在也已明显感到对它的需要。生态学曾经依靠考察自然现象而成长起来; 而这些现象却基本被生物学、生理学和遗传学所忽视, 尽管它们更受吹捧并获得更高资助。生态学着重研究非人类的种群、多个种群组成的群落以及它们与其物理环境的相互作用, 并且大多还与人类种群有关。生态学有时被视为只是一种观点, 而完全不是一门科学。它现正遭遇的危险是, 要变回一种观点, 一种社会政治立场, 甚至一种对伦理学或哲学的指导, 而往往无视它的大量累积的科学见解。生态学家有时被指责为超脱于或不关心人类改变环境的详细现实情况; 但我相信这是误解的。相反, 我认为, 他们一直是明确地、公开地并且往往是不可避免地关注人类和其他生物的环境。暂且不谈生态学在建立理论或范式共识时的显而易见的困难, 它显然仍是 20 世纪科学的一个方面, 一直从事于评价 "野外" 生物实际状况这样的复杂问题——这既可以是真正的野外①, 也可以是一个衰退的城市中心。生态学是否能以一种有效的方式与不同的社会科学相关联, 仍待见分晓。索塞教授曾经发问, 生态学家是否能利用生态学概念和方法有效地应对生态学问题? 现在的回答仍然是, "此外还有谁呢?"

---

① 原文为 "literal field", 直译为 "字面上的野外", 这里转译为 "真正的野外"。

# 参 考 文 献

Adams, C. C. (1901). Base leveling and its faunal significance, with illustrations from Southeastern United States. *American Naturalist*, 35, 839-52.

– (1905). The postglacial dispersal of the North American biota. *Biological Bulletin*, 9, 53-71.

– (1908). The ecological succession of birds. *Auk*, 25, 109-53.

– (1913). *Guide to the Study of Animal Ecology*. New York: Macmillan.

– (1917). The new natural history-ecology. *American Museum Journal*, 7, 491-4.

– (1935). The relation of general ecology to human ecology. *Ecology*, 16, 316-35.

Ager, D. V. (1963). *Principles of Paleoecology*. New York: McGraw-Hill.

Alihan, M. A. (1938). *Social Ecology*. New York: Columbia University Press.

Allard, D. C., Jr. (1967). *Spencer Fullerton Baird and the U.S. Fish Commission: A Study in the History of American Science*. Ph. D. Dissertation, Washington University. Reprinted New York: Arno Press (1978).

Allee, W. C. (1927). Animal aggregations. *Quarterly Review of Biology*, 2, 367-98.

– (1931). *Animal Aggregations: A Study in General Sociology*. Chicago: University of Chicago Press.

– (1932). Animal Ecology. *Ecology*, 13, 405-7.

– (1934a). Concerning the organization of marine coastal communities. *Ecological Monographs*, 4, 541-54.

– (1934b). Some papers read at the Boston meeting of the American Association for the Advancement of Science. *Science* (suppl.), 79(2041), 5.

– (1939). An ecological audit. *Ecology*, 20, 418-21.

Allee, W. C., Emerson, A. E., Park, O., Park, T., and Schmidt, K. P. (1949). *Principles of Animal Ecology*. Philadelphia: Saunders.

Allee, W. C., and Park, T. (1939). Concerning ecological principles. *Science*, 89, 166-9.

Allen, G. E. (1979). Naturalists and experimentalists: The genotype and the phenotype. *Studies of the History of Biology*, 3, 179-210.

Allen, T. F. H. (1981). The noble art of philosophical ecology. *Ecology*, 62, 870-1.

Allen, T. F. H., and Starr, T. B. (1982). *Hierarchy: Perspectives for Ecological Complexity*. Chicago: University of Chicago Press.

Andrewartha, H. G. (1961). *Introduction to the Study of Animal Populations*. Chicago: University of Chicago Press.

Andrewartha, H. G., and Birch, L. C. (1954). *The Distribution and Abundance of Animals*. Chicago: University of Chicago Press.

– (1973). The history of insect ecology. In *History of Entomology*, ed. R. F. Smith, T. E. Mittler, and C. N. Smith, pp. 229-66. Palo Alto, Calif.: Annual Reviews.

Antonovics, J. (1976). The input from population genetics: "The new ecological genetics." *Systematic Botany*, 1, 233-45.

– (1980). The study of plant populations. *Science*, 208, 587-9.

Argen, G. I., Anderson, F., and Fagerstrom, T. (1980). Experiences of ecosystem research in the Swedish coniferous forest project. In *Structure and Function of Northern Coniferous Forests: An Ecosystem Study*, pp. 591-6. Stockholm: Ecological Bulletins, Swedish Natural Research Council.

Arnold, J., and Anderson, W. W. (1983). Density-regulated selection in a heterogeneous environment. *American Naturalist*, 121, 656-68.

Arrhenius, O. (1921). Species and area. *Journal of Ecology*, 9, 95-9.

Arthur, J. C. (1895). Development of vegetable physiology. *Science*, 44, 163-84.

Auerbach, S. I. (1965). Radionuclide cycling: Current uses and future needs. *Health Physics*, 11, 1355-61.

Auerbach, S. I., Burgess, R. L., and O'Neill, R. V. (1977). The biome programs: Evaluating an experiment. *Science*, 195, 902-4.

Ayala, F. J. (1969). Review of *Topics in Population Genetics. Science*, 163, 316.

– (1970). Invalidation of principle of competitive exclusion defended. *Nature*, 227, 89.

– (1974). The concept of biological progress. In *Studies in the Philosophy of Biology*, ed. F. J. Ayala and T. Dobzhansky, pp. 339-56. Berkeley: University of California Press.

Bailey, K. D. (1978). Review of *On Systems Analysis. Contemporary Sociology*, 7, 181-2.

Baker, F. C. (1916). *The Relation of Mollusks to Fish in Oneida Lake*. Technical Publication No. 4., New York State College of Forestry at Syracuse University.

– (1918). *The Productivity of Invertebrate Fish Food on the Bottom of Oneida Lake with Special Reference to Mollusks*. Technical Publication No. 9., New York State College of Forestry at Syracuse University.

Bakuzis, E. V. (1969). Forestry viewed in an ecosystem perspective. In *The Ecosystem Concept in Natural Resources Management*, ed. G. M. Van Dyne, pp. 189-258. New York: Academic Press.

Bancroft, W. D. (1911). A universal law. *Science*, 30, 159-79.

Barash, D. P. (1973). The ecologist as Zen master. *American Midland Naturalist*, 89, 214-17.

Barlow, N. (ed.) (1958). *The Autobiography of Charles Darwin*. New York: W. W. Norton.

Baron, W. (1966). Gedanken über der Ursprünglichen Sinn der Ausdrüche Botanik, Zoologie und Biologie. *Suddhoffs Archiv für Geschichte der Medizin und der Naturwissenshaften*, 1-10.

[326]    Barrows, H. (1923). Geography as human ecology. *Annals of the Association of American Geographers*, 13: 1-14.

Battelle Columbus Laboratories (1975). *Evaluation of Three of the Biome Studies Programs Funded Under the Foundation's International Biological Program (IBP)*. Final Report to the National Science Foundation. Columbus, Ohio: Battelle Columbus Laboratories.

Beebe, W. (1945). *The Book of Naturalists*. New York: Knopf.

Berg, K. (1951). The content of limnology demonstrated by F. A. Forel and August Thienemann on the shore of Lake Geneva. *International Association of Theoretical and Applied Limnology Proceedings*, 11, 41-57.

Berlinski, D. (1976). *On Systems Analysis: An Essay Concerning the Limitations of Some Mathematical Methods in the Social, Political, and Biological Sciences*. Cambridge, Mass.: MIT Press.

Bertalanffy, L. von (1951). General systems theory: A new Approach to Unity of Science, pp. 302-11. In *Problems of General Systems Theory*. Symposium of the American Philosophical Society, Toronto, December 29, 1950.

– (1968). *General Systems Theory: Foundations, Development, Applications*. New York: Braziller.

Bessey, C. E. (1902). The word ecology. *Science*, 15, 593.

Beverton, R. J. H., and Holt, S. J. (1957). *On the Dynamics of Exploited Fish Populations*. London: Ministry of Agriculture, Fisheries, and Food.

Bews, J. W. (1935). *Human Ecology*. Oxford: Oxford University Press.

Bigelow, H. B. (1931). *Oceanography: Its Scope, Problems, and Economic Importance*. Boston: Houghton-Mifflin.

Billings, W. D. (1957). Physiological ecology. *Annual Review of Plant Physiology*, 8, 375-92.

– (1974). Environment: Concept and reality. In *Vegetation and Environment*, ed. B. R. Strain and W. D. Billings, pp. 9-35. The Hague: Junk.

– (1980). *Physiological Ecology Plant. McGraw-Hill Encyclopedia of Environmental Science*. New York: McGraw-Hill.

Biological Sciences Curriculum Study (1963). *Green Version: High School Biology*. Chicago: Rand McNally.

Birch, L. C. (1960). The genetic factor in population ecology. *American Naturalist*, 94, 5-24.

Birge, E. A. (1898). Plankton studies on Lake Mendota, II: The crustacea of the plankton from July 1894 to December 1896. *Transactions of the Wisconsin Academy of Sciences, Arts, and Letters*, 11, 274-447.

Birge, E. A., and Juday, C. (1911). *The Inland Lakes of Wisconsin: The Dissolved Gases of the Water and Their Biological Significance*. Wisconsin Geological and Natural History Survey Bulletin No. 22.

– (1922). *The Inland Lakes of Wisconsin, the Plankton. 1. Its Quantity and Chemical Composition*. Wisconsin Geological and Natural History Survey Bulletin No. 64.

Blair, W. F. (1977a). *Big Biology*. Stroudsburg, Pa.: Dowden, Hutchinson and Ross.

– (1977b). The biome programs. *Science*, 195, 822.

Blair, W. F., Auerbach, S. I., Gates, D. M., Inger, R. I., and Ketchum, B. H. (1968). The importance of ecology and the study of ecosystems. *Hearings before the Committee on Interior and Insular Affairs*, U.S. Senate and the Committee on Science and Astronautics, U.S. House of Representatives, 19th Congress, 2nd Session, July 17, 1968, pp. 154-8, No. 8. [327]

Bodenheimer, F. S. (1957). The concept of biotic organization in synecology. I. Ecological and philosophical approach. In *Studies in Biology and Its History*, ed. F. S. Bodenheimer, pp. 75-90. Jerusalem: Biological Studies Publishers.

– (1958). *Animal Ecology Today*. The Hague: Junk.

Boerker, R. H. (1916). A historical study of forest ecology: Its development in the fields of botany and forestry. *Forestry Quarterly*, 14, 380-432.

Boffey, P. M. (1976). International Biological Program: Was it worth the cost and effort? *Science*, 193, 866-8.

Bolsche, W. (1909). *Haeckel: His Life and Work*. London: Watts.

Bormann, F. H., and Likens, G. E. (1969). The watershed-ecosystem concept and studies of nutrient cycles. In *The Ecosystem Concept in Natural Resource Management*, ed. G. M. Van Dyne, pp. 49-76. New York: Academic Press.

– (1979a). Catastrophic disturbance and the steady state in northern hardwood forests. *American Scientist*, 67, 660-9.

– (1979b). *Pattern and Process in a Forested Ecosystem*. New York: Springer-Verlag.

Botkin, D. B., Janak, J. F., and Wallis, J. R. (1972). Some ecological consequences of a computer model of forest growth. *Journal of Ecology*, 60, 849-72.

Boyd, J. M. (1983). Nature conservation. *Proceedings of the Royal Society of Edinburgh B*, 84, 295-336.

Bradshaw, A. D. (1952). Populations of *Agrostis tenuis* resistant to lead and zinc poisoning. *Nature*, 169, 1098.

– (1972). Some of the evolutionary consequences of being a plant. In *Evolutionary Biology*, ed. T. Dobzhansky, M. K. Hecht, and W. C. Steere, pp. 25-47. New York: Appleton-Century-Crofts.

Bradshaw, A. D., and Chadwick, M. J. (1980). *The Restoration of Land.* Berkeley: University of California Press.

Bray, J. R. (1958). Notes toward an ecological theory. *Ecology*, 39, 770-6.

Bray, J. R., and Curtis, J. T. (1957). An ordination of the upland forest communities of southern Wisconsin. *Ecological Monographs*, 27, 325-49.

Bresler, J. B. (ed.). (1966). *Human Ecology: Collected Readings. Reading*, Mass.: Addison-Wesley.

Brewer, R. (1960). *A Brief History of Ecology. Part I- Pre-Nineteenth Century to 1919.* Occasional Papers of the C. C. Adams Center For Ecological Studies, No. 1.

Briggs, W. (1980-81). *Annual Report of the Director, Department of Plant Biology.* Washington, D.C.: Carnegie Institution of Washington Yearbook 80.

Brinck, P. (1980). Theories in population and community ecology: Preface. *Oikos*, 35, 129-30.

Brinkhurst, R. O. (1974). *The Benthos of Lakes.* New York: St. Martin's Press.

Broad, W. J. (1979). Paul Feyerabend: Science and the anarchist. *Science*, 206, 534-7.

Brookhaven Symposia in Biology (1969). *Diversity and Stability in Ecological Systems.* No. 22. Upton, N.Y.: Brookhaven National Laboratory.

Brown, J. H. (1981). Two decades of homage to Santa Rosalia: Toward a general theory of diversity. *American Zoologist*, 21, 877-88.

Browne, J. (1980). Darwin's botanical arithmetic and the "principle of divergence," 1854-1858. *Journal of the History of Biology*, 13, 53-89.

– (1983). *The Secular Ark: Studies in the History of Biogeography.* New Haven: Yale University Press.

Burdon-Sanderson, J. S. (1893). Inaugural address. *Nature*, 48, 464-72.

Burgess, R. L. (1977). The Ecological Society of America: Historical data and some preliminary analysis. In *History of American Ecology*, ed. F. N. Egerton, pp. 1-24. New York: Arno Press.

– (1981a). United States. In *Handbook of Contemporary Developments in World Ecology*, ed. E. J. Kormondy and J. F. McCormick, pp. 67-101. Westport, Conn.: Greenwood Press.

– (1981b). Sources of bibliographical information on American ecologists. *Bulletin of the Ecological Society of America*, 62, 236-55.

– (1981c). The ecology photograph, IV International Congress of Plant Sciences. *Bulletin of the Ecological Society of America*, 62(3), 203-7.

– (1983). Some commentary on distinguished ecologists. *Bulletin of the Ecological Society of America*, 64(1), 19-21.

Burk, C. J. (1973). The Kaibab deer incident: A long-persisting myth. *BioScience*, 23, 113-14.

Burns, F. J. A. (1901). A sectional bird census. *Wilson Bulletin*, 8 , 84-103.

C. H. (1977). Ecology and national security. *Science*, 198, 712.

Cain, S. A. (1938). The species-area curve. *American Midland Naturalist*, 19, 573-81.

– (1939). The climax and its complexities. *American Midland Naturalist*, 21, 146-81.

Cairns, J., Jr. (1979). Academic blocks to assessing environmental impacts of water supply alternatives. In *Thames/Potomac Seminars*, ed. A. M. Blackburn, Proceedings of the Washington Seminar, Interstate Commission on the Potomac River Basin, pp. 77-79.

– (ed.) (1980). *The Recovery Process in Damaged Ecosystems.* Ann Arbor, Mich.: Ann Arbor Science.

Caldwell, L. K. (1971). New legal arena. *Science*, 171, 665-66.

Calow, P., and Townsend, C. R. (1981). Energetics, Ecology, and Evolution. In *Physiological Ecology*, ed. P. Calow, and C. R. Townsend, pp. 3-19. Oxford: Blackwell Scientific.

Cannon, S. F. (1978). *Science in Culture: The Early Victorian Period.* New York: Dawson and Science History.

Cantlon, J. E. (1970). Ecological bridges. *Bulletin of the Ecological Society of America*, 51(4), 5-10.

[328]

– (1980). The institutional challenges for ecology. In *Oak Ridge National Laboratory Environmental Sciences Laboratory Dedication, February 26-27, 1979*. No. 5666, pp. 31-42. Oak Ridge, Tenn.: Oak Ridge National Laboratory 5666.

Carpenter, J. R. (1939). The biome. *American Midland Naturalist*, 21, 75-91.

Carpenter, R. A. (1970). The political use of ecological information. *BioScience*, 20(24), 1285 (15 December).

– (1976). The scientific basis of NEPA: Is it adequate? *Environmental Law Report*, 6, 50014-19.

– (1983). Ecology in court, and other disappointments of environmental science and environmental law. *Natural Resources Lawyer*, 15, 573-97.

Carpenter, S. R. (1981). Submersed vegetation: An internal factor in lake ecosystem succession. *American Naturalist*, 118, 372-83.

Carson, R. (1962). *Silent Spring*. Boston: Houghton Mifflin.

Caswell, H. (1976). The validation problem. In *Systems Analysis and Simulation in Ecology, Vol. IV*, ed. B. C. Patten, pp. 313-25. New York: Academic Press.

– (1982a). Deacon blues: Life history theory and the equilibrium status of populations and communities. Presented at a symposium, Community Ecology: Conceptual Issues and the Evidence, Tallahassee, Fla., March 1981. (Pers. commun.)

– (1982b). Life history theory and the equilibrium status of populations. *American Naturalist*, 120, 317-39.

Caswell, H., Koenig, H. E., Resh, J. A., and Ross, Q. E. (1972). An introduction to systems analysis for ecologists. In *Systems Analysis and Simulation in Ecology, Vol. 3*, ed. B. E. Patten, pp. 3-78. New York: Academic Press.

Cattell, J. M. (1906). A statistical study of American men of science. *Science*, 24, 658-65.

Catton, W. P., Jr., and Dunlap, R. E. (1980). New ecological paradigm for post-exuberant sociology. *American Behavioral Scientist*, 24, 15-47.

Caughley, G. (1970). Eruption of ungulate populations, with emphasis on Himalayan thar in New Zealand. *Ecology*, 51, 53-72.

Chamberlain, T. C. (1890). The method of multiple working hypotheses. Reprinted in *Science*, 148, 754-9 (1965).

Chandler, D. C. (1963). Michigan. In *Limnology in North America*, ed. D. G. Frey, pp. 95-116. Madison: University of Wisconsin Press.

Chapman, R. N. (1931). *Animal Ecology*. New York: McGraw-Hill.

Cheney, S. (1946). *A World History of Art*. New York: Viking Press.

Christensen, N. L., and Peet, R. K. (1980). Succession: a vegetation process. *Vegetatio*, 43, 131-40.

Christiansen, F. B., and Fenchel, T. M. (1977). *Theories of Populations in Biological Communities*. Berlin: Springer-Verlag.

Cittadino, E. (1980). Ecology and the professionalization of botany in America, 1890-1905. *Studies in the History of Biology*, 4, 171-98.

– (1981). *Plant Adaptation and Natural Selection after Darwin: Ecological Plant Physiology in the German Empire, 1880-1900*. Ph. D. Dissertation, University of Wisconsin.

Clapham, A. R., Lucas, C. E., and Pirie, N. V. (1976). A review of the United Kingdom contribution to the International Biological Programme. *Philosophical Transactions of the Royal Society of London B*, 274, 277-555.

Clarke, B. (1974). Causes of genetic variation. *Science*, 186, 524-5.

Clarke, G. (1954). *Elements of Ecology*. New York: Wiley.

Clarke, R. (1974). *Ellen Swallow: The Woman Who Founded Ecology*. Chicago: Follett.

[329]

[330]

Clausen, J. J., Keck, D. C., and Hiesey, W. M. (1940). *Experimental Studies on the Nature of Species. I. Effect of Varied Environments on Western North American Plants.* Publication No. 520. Washington, D. C.: Carnegie Institution of Washington.

Clements, F. E. (1904). *The Development and Structure of Vegetation. Botanical Survey of Nebraska 7. Studies in the Vegetation of the State.* Lincoln, Nebr.

– (1905). *Research Methods in Ecology.* Lincoln: University Publishing Company. Reprinted New York: Arno Press (1977).

– (1909). Darwin's influence upon plant geography and ecology. *American Naturalist*, 43, 143-51.

– (1912). Phytogeographical excursion in the British Isles. VIII. Some impressions and reflections. *New Phytologist*, 11, 177-9.

– (1916). *Plant Succession: An Analysis of the Development of Vegetation.* Publication No. 242. Washington, D.C.: Carnegie Institution of Washington.

– (1920). *Plant Indicators: The Relation of Plant Communities to Process and Practice.* Publication No. 290. Washington, D.C.: Carnegie Institution of Washington.

– (1924). *Methods and Principles of Paleo-ecology.* Yearbook 32. Washington, D. C.: Carnegie Institution of Washington.

– (1935). Experimental ecology in the public service. *Ecology*, 16, 342-63.

– (1936). Nature and structure of the climax. *Journal of Ecology*, 24, 252-84.

Clements, F. E., and Shelford, V. E. (1939). *Bio-Ecology.* New York: Wiley.

Clements, F. E., Weaver, J. E., and Hanson, H. C. (1929). *Plant Competition: An Analysis of Community Functions.* Publication No. 398. Washington, D. C.: Carnegie Institution of Washington. Reprinted New York: Arno Press (1977).

Cockayne, L. (1918). The importance of plant ecology with regard to agriculture. *New Zealand Journal of Science and Technology*, 1, 70-4.

Cody, M. L. (1974). *Competition and the Structure of Bird Communities.* Princeton, N.J.: Princeton University Press.

– (1981). Citation classic. *Current Contents*, 12(23), 14.

Cody, M. L., and Diamond, J. M. (eds.) (1975). *Ecology and the Evolution of Communities.* Cambridge, Mass.: Belknap Press of Harvard University.

Cole, L. C. (1949). The measurement of interspecific association. *Ecology*, 30, 411-24.

– (1954). The population consequences of life history phenomena. *Quarterly Review of Biology*, 29, 103-37.

[331] – (1957). Sketches of general and comparative demography. *Cold Spring Harbor Symposium in Quantitative Biology*, 22, 1-15.

Coleman, W. (1977). *Biology of the Nineteenth Century.* Cambridge: Cambridge University Press.

– (1979). Bergmann's rule: Animal heat as a biological phenomenon. *Studies in History of Biology*, 3, 67-88.

Coleman, W. H. (1848). On the geographical distribution of British plants. *Phytologist*, 3, 217-21.

Colinvaux, P. A. (1982). Towards a theory of history: Fitness, niche, and clutch size of *Homo sapiens*. *Journal of Ecology*, 70, 393-412.

Colinvaux, P. A., and Barnett, B. D. (1979). Lindeman and the ecological efficiency of wolves. *American Naturalist*, 114, 707-18.

Colwell, T. B., Jr. (1970). Some implications of the ecological revolution for the reconstruction of value. In *Human Values and Natural Science*, ed. E. Lazio and J. B. Wilbur, pp. 245-58. New York: Gordon and Breach, Science Publishing Company.

Commager, H. S. (1950). *The American Mind.* New Haven: Yale University Press.

– (ed.) (1967). *Living Ideas in America.* New York: Harper & Row.

Committee on Applied Ecology. (1958). Report. *Bulletin of the Ecological Society of America*, 39, 18-25.

– (1960). Report. *Bulletin of the Ecological Society of America*, 41, 25-9.

Committee on Human Ecology. (1957). Report. *Bulletin of the Ecological Society of America*, 38, 27-9.

– (1967). Report. *Bulletin of the Ecological Society of America*, 48, 103.

Committee on Nomenclature. (1947). *Report to Ecological Society of America, 32nd Annual Meeting.* Chicago. Revised and Resubmitted at the Cornell University Meeting, September 1952.

Conard, H. S. (1951). *The Background of Plant Ecology*. Ames: Iowa State College Press.

Connell, J. H. (1978). Diversity in tropical rain forests and coral reefs. *Science*, 199, 1302-10.

– (1980). Diversity and the coevolution of competitors; or, the ghost of competition past. *Oikos*, 35, 131-8.

Connell, J. H., and Slatyer, R. O. (1977). Mechanisms of succession in natural communities and their role in community stability and organization. *American Naturalist*, 111, 1119-44.

Connell, J. H., and Sousa, W. P. (1983). On the evidence needed to judge ecological stability or persistence. *American Naturalist*, 121, 789-824.

Connor, E. F., and McCoy, E. D. (1979). The statistics and biology of the species-area relationship. *American Naturalist*, 113, 791-833.

Conwentz, H. (1914). On national and international protection of nature. *Journal of Ecology*, 2, 109-22.

Cook, R. E. (1977). Raymond Lindeman and the trophic-dynamic concept in ecology. *Science*, 198, 22-6.

– (1979). Ecology since colonial times. *Science*, 203, 429.

Cook, S. G. (1980). *Cowles Bog, Indiana and Henry Chandler Cowles (1869-1939): A Study in Historical Geography and the History of Ecology*. Indiana Dunes National Lake Shore, National Park Services, U.S. Dept. Interior. [332]

Cooper, W. S. (1913). The climax forest of Isle Royale, Lake Superior and its development. *Botanical Gazette*, 55, 1-44, 115-40, 189-235.

– (1923). The recent ecological history of Glacier Bay, Alaska: II. The present vegetation cycle. *Ecology*, 4, 223-46.

Cottam, G., and Curtis, J. T. (1949). A method for making rapid surveys of woodlands by means of pairs of randomly selected trees. *Ecology*, 30, 101-4.

Cottam, W. P. (1947). Is Utah Sahara bound? In *Our Renewable Wild Lands-A Challenge*, ed. W. P. Cottam, pp. 1-52. Salt Lake City: University of Utah Press.

Coulter S. (1893). The phanerogamic flora of Indiana. *Proceedings of the Indiana Academy of Sciences*, 3, 193-9.

Council on Environmental Quality and Federal Council for Science and Technology (1974). *The Role of Ecology in the Federal Government*. Report of the Committee on Ecological Research. Washington, D.C.

Cowles, H. C. (1898). The phytogeography of Nebraska. *Botanical Gazette*, 25, 370-1.

– (1899a). The ecological relations of the vegetation of the sand dunes of Lake Michigan. *Botanical Gazette*, 27, 95-117, 167-202, 281-308, 361-91.

– (1899b). A new treatise on ecology. *Botanical Gazette*, 27, 214-16.

– (1901). The physiographic ecology of Chicago and vicinity: A study of the origin, development, and classification of plant societies. *Botanical Gazette*, 31, 73-108, 145-82.

– (1904). The work of the year 1903 in ecology. *Science*, 19, 879-85.

– (1908). An ecological aspect of the conception of species. *American Naturalist*, 42, 265-71.

– (1909). Present problems in plant ecology. I. The trend of ecological philosophy. *American Naturalist*, 43, 356-68.

– (1911). The causes of vegetative cycles. *Botanical Gazette*, 51, 161-83.

– (1915). A proposed ecological society. *Science*, 42, 496.

Cox, D. L. (1979). *Charles Elton and the Emergence of Modern Ecology*. Ph. D. Dissertation, Washington University.

– (1980). A note on the queer history of "niche." *Bulletin of the Ecological Society of America*, 64, 201-2.

Cragg, J. B. (1966). Preface. *Advances in Ecological Research*, 3, vii.

Craig, R. B. (1976). Review of *Evolutionary Ecology*. *Ecology*, 57, 212.

Crane, D. (1972). *Invisible Colleges: Diffusion of Knowledge in Scientific Communities*. Chicago: University of Chicago Press.

Cravens, H. (1978). *The Triumph of Evolution*. Philadelphia: University of Pennsylvania Press.

Culver, D. C. (1975). The relationship between theory and experiment in community ecology. In *Ecosystems Analysis and Prediction*, ed. S. A. Levin, pp. 103-10. Proceedings SIAM-SIMS Conference on Ecosystems, Alta, Utah, July 1-5, 1974, SIAM Institute of Mathematics and Society.

[333]    Curl, H., Jr. (1968). IBP delays. *Science*, 175, 1065.

Curtis, J. T. (1959). *The Vegetation of Wisconsin*. Madison: University of Wisconsin Press.

Curtis, J. T., and Juday, C. (1937). Photosynthesis of algae in Wisconsin lakes. III. Observations of 1935. *International Review of Hydrobiology*, 35, 122-33.

Curtis, J. T., and McIntosh, R. P. (1950). The interrelations of certain analytic and synthetic phytosociological characters. *Ecology*, 31, 434-55.

– (1951). An upland forest continuum in the prairie-forest border region of Wisconsin. *Ecology*, 32, 476-96.

Dale, M. P. (1970). Systems analysis and ecology. *Ecology*, 51, 2-16.

Damkaer, D. M., and Mrozek-Dahl, T. (1980). The Plankton-expedition and the copepod studies of Friedrich and Maria Dahl. In *Oceanography: The Past*, ed. M. Sears and D. Merriman, pp. 462-73. New York: Springer-Verlag.

Dansereau, P. (1957). *Biogeography: An Ecological Perspective*. New York: Ronald Press.

Darling, F. F. (1955). *West Highland Survey: An Essay in Human Ecology*. Oxford: Oxford University Press.

– (1967). A wider environment of ecology and conservation. *Daedalus*, 96, 1003-19.

Darwin, C. R. (1859). *The Origin of Species by Means of Natural Selection; or, the Preservation of Favored Races in the Struggle for Life*. London: John Murray.

Daubenmire, R. (1966). Vegetation: Identification of typal communities. *Science*, 151, 291-8.

Davenport, C. B. (1903). The Animal Ecology of the Cold Spring Sand Spit, with remarks on the theory of adaptation. Decennial Publications of the University of Chicago, *The Biological Sciences*, 10, 155-76.

Davis, M. B. (1969). Palynology and environmental history during the Quaternary period. *American Scientist*, 57, 317-32.

Dayton, P. K. (1979). Ecology: A science and a religion. In *Ecological Processes in Coastal and Marine Ecosystems*, ed. R. J. Livingstone, pp. 3-18. New York: Plenum Press.

– (1980). Citation classic. *Current Contents*, 11(32), 18.

Deacon, M. B. (1971). *Scientists and the Sea, 1650-1900: A Study of Marine Science*. New York: Academic Press.

– (ed.) (1978). *Oceanography: Concepts and History*. Stroudsburg, Pa.: Dowden, Hutchinson and Ross.

Deam, J. R. (1966). *Down to the Sea: A Century of Oceanography*. Glasgow: Brown, Son, and Ferguson.

Dean, B. (1893). Report on the European methods of oyster-culture. *Bulletin U. S. Fish Commission*, 11, 357-406.

DeBach, P. (1966). The competitive displacement and coexistence principles. *Annual Review of Entomology*, 11, 183-212.

Deevey, E. S., Jr. (1942). Reexamination of Thoreau's Walden. *Quarterly Review of Biology*, 17, 1-11.

– (1947). Life tables for natural populations of animals. *Quarterly Review of Biology*, 22, 283-314.　　[334]

– (1964). General and historical ecology. *BioScience*, 14, 33-5.

– (1970). In defense of mud. *Bulletin of Ecological Society of America*, 51(1), 5-8.

– (1971). Inter-American Institute of Ecology-Twenty questions. *Bulletin of the Ecological Society of America*, 52(1), 5-10.

Dexter, R. W. (1978). History of the Ecologist's Union-spin off from the ESA and prototype of the Nature Conservancy. *Bulletin of the Ecological Society of America*, 59, 146-7.

Diamond, J. M. (1978). Niche shifts and the rediscovery of competition: Why did field biologists so long overlook the widespread evidence for interspecific competition that had already impressed Darwin? *American Scientist*, 66, 322-31.

Dice; L. R. (1947). Effectiveness of selection by owls of deer mice (*Peromyscus maniculatus*) which contrast in colour with their background. *Contributions of the Laboratory of Vertebrate Biology of the University of Michigan*, 34, 1-20.

– (1952). *Natural Communities*. Ann Arbor: University of Michigan Press.

– (1955). What is ecology? *Scientific Monthly*, 80(6). 346-55.

Dimbleby, G. W. (1952). Soil regeneration on the north-east Yorkshire moors. *Journal of Ecology*, 40, 331-41.

Disch, R. (ed.) (1970). *The Ecological Conscience: Values for Survival*. Englewood Cliffs, N.J.: Prentice-Hall.

Dobben, van, W. H., and Lowe-McConnell, R. H. (eds.) (1975). *Unifying Concepts in Ecology*. The Hague: Junk.

Dobzhansky, T. (1968). Adaptedness and fitness. In *Population Biology and Evolution*, ed. R. C. Lewontin, pp. 109-21. Syracuse, N.Y.: Syracuse University Press.

Dogan, M., and Rokkan, S. (1969). Introduction. In *Social Ecology*, ed. M. Dogan and S. Rokkan, pp. 1-15. Cambridge, Mass.: MIT Press.

Doncaster, I. (1961). *In the Footsteps of the Naturalists*. London: Phoenix House.

Douglass, A. E. (1928). *Climatic Cycles and Tree Growth: A Study of the Annual Rings of Trees in Relation to Climate and Solar Activity*. Publication No. 289, Vol. 2. Washington, D.C.: Carnegie Institution of Washington.

Downhower, J., and Mayer, R. (1977). Biome programs. *Science*, 195, 823.

Drude, O. (1890). *Handbuch der Pflanzengeographie*. Stuttgart: Verlag von J. Engelhorn.

– (1896). *Deutschlands Planzengeographie*. Stuttgart: Verlag von J. Engelhorn.

– (1906). The position of ecology in modern science. In *Congress of Arts and Sciences, Universal Exposition, St. Louis, 1904*, Vol. V, *Biology, Anthropology, Psychology, Sociology*, ed. H. J. Rogers, pp. 179-90. Boston: Houghton Mifflin.

Duff, A. G., and Lowe, P. D. (1981). Great Britain. In *Handbook of Contemporary Developments in World Ecology*, ed. E. J. Kormondy and J. F. McCormick, pp. 141-56. Westport, Conn.: Greenwood Press.　　[335]

Dunlap, R. E. (ed.) (1980a). Ecology and the social sciences: An emerging paradigm. *American Behavioral Scientist*, 24. 5-151.

– (1980b). Paradigmatic change in social sciences. *American Behavioral Scientist*, 24, 5-14.

Dunnett, G. M. (1982). Ecology and everyman. *Journal of Animal Ecology*, 51. 1-14.

Du Rietz, G. E. (1930). Classification and nomenclature of vegetation. *Svensk Botanisk Tidskrift*, 24, 489-503.

– (1957). Linnaeus as a phytogeographer. *Vegetatio*, 7, 161-8.

Dyksterhuis, E. J. (1958). Ecological principles in range evaluation. *Botanical Review*, 24. 253-72.

Dyson-Hudson, R. (1983). Desertification as a social problem. *Science*, 221, 1365-6.

Eastern Deciduous Forest Biome (1972). *U. S. IBP Analysis of Ecosystems Newsletter*, No. 9, Oak Ridge, Tenn.: Oak Ridge National Laboratory.

Ebeling, A. W. (1982). The workings of ecosystems science. *Science*, 218. 1110-11.

Ecological Society of America. (1916). *Science*, 43, 382-3.

Ecological Society of America. (1917). Abstracts of papers at a meeting New York City, Dec. 27-29, 1916. *Journal of Ecology*, 5, 119-28.

Ecologist's Union and the Ecological Society of America. (1950-1). Nature sanctuaries in the United States and Canada. *Living Wilderness*, 35. 1-45.

Ecology of closely allied species (symposium). (1944). *Journal of Animal Ecology*, 13. 176-7.

Edmondson, Y. H. (1971). Some components of the Hutchinson legend. *Limnology and Oceanography*, 16, 157-72.

Edson, M. M., Foin, T. C.. and Knapp, C. M. (1981). "Emergent properties" and ecological research. *American Naturalist*. 118, 593-6.

Egerton, F. N. (1962). The scientific contributions of Francois Alphonse Forel. the founder of limnology. *Schweizerische Zeitschrift für Hydrologie*, 24, 181-99.

– (1967). *Observations and Studies of Animal Populations before 1860: A Survey Concluding with Darwin's Origin of Species.* Ph. D. Dissertation, University of Wisconsin.

– (1968a). Leeuwenhoek as a founder of animal demography. *Journal of the History of Biology*, 1, 1-22.

– (1968b). Studies of animal populations from Lamarck to Darwin. *Journal of the History of Biology*, 1, 225-59.

– (1968c). Ancient sources for animal demography. *Isis*, 59. 175-89.

– (1973). Changing concepts in the balance of nature. *Quarterly Review of Biology*, 48, 322-50.

– (1976). Ecological studies and observations before 1900. In *Issues and Ideas in America*, ed. B. J. Taylor and T. J. White, pp. 311-51. Norman: University of Oklahoma Press.

[336] – (ed.) (1977a). *History of American Ecology.* New York: Arno Press.

– (1977b). A bibliographical guide to the history of general ecology and population ecology. *History of Science*, 15, 189-215.

– (1979a). Hewett C. Watson: Great Britains first phytogeographer. *Huntia*, 3, 87-102.

– (1979b). Review of *Nature's Economy. Isis*, 70, 167-8.

– (1983). History of ecology: Achievements and opportunities, Part 1. *Journal of the History of Biology*, 16, 259-310.

Egler, F. E. (1951). A commentary on American plant ecology based on the textbooks of 1947-1949. *Ecology*, 32, 673-95.

– (1952-1954).Vegetation science concepts. I. Initial floristics composition, a factor in old-field vegetation development. *Vegetatio*, 4, 412-7.

– (1964). Pesticides in our ecosystem. *American Scientist*, 52(1), 110-36.

– (1982). Environmentalism of the 1970's: Legislation and litigation. *Ecology*, 63, 1990-1.

Ehrlich, P. R., and Birch, L. C. (1967). The "balance of nature" and "population control." *American Naturalist*, 101, 97-124.

Eigenmann, C. H. (1895). Turkey Lake as a unit of environment and the variation of its inhabitants. *Proceedings of the Indiana Academy of Sciences*, 5, 204-96.

Ekirch, A. E., Jr. (1963). *Man and Nature in America.* New York: Columbia University Press.

Elster, H. J. (1974). History of limnology. *Mitteilungen Internationale Vereinigung Limnologie*, 20, 7-30.

Elton, C. (1927). *Animal Ecology.* London: Sidgwick and Jackson.

– (1930). *Animal Ecology and Evolution.* New York: Oxford University Press.

– (1933). *The Ecology of Animals*. London: Methuen.

– (1940). Scholasticism in ecology. *Journal of Animal Ecology*, 9, 151-2.

– (1942). *Voles, Mice, and Lemmings: Problems in Population Dynamics*. Oxford: Clarendon Press.

– (1966). *The Pattern of Animal Communities*. London: Methuen.

Elton, C. S., and Miller, R. S. (1954). The ecological survey of animal communities: With a practical system of classifying habitats by structural characters. *Journal of Ecology*, 42, 460-96.

Engel, J. R. (1983). *Sacred Sands: The Struggle for Community in the Indiana Dunes*. Middletown, Conn.: Wesleyan University Press.

Engelberg, J., and Boyarsky, L. L. (1979). The noncybernetic nature of ecosystems. *American Naturalist*, 114, 317-24.

Engelmann, M. D. (1966). Energetics, terrestrial field studies, and animal productivity. *Advances in Ecological Research*, 3, 73-115.

Evans, F. C. (1956). Ecosystem as the basic unit in ecology. *Science*, 123, 1127-8.

Evans, G. C. (1976). A sack of uncut diamonds: The study of ecosystems and the future of resources of mankind. *Journal of Ecology*, 64, 1-39.

Faegri, K. (1954). Some reflections on the trophic system in limnology. *Nytt Magasin für Botanik*, 3, 43-9.

Farber, P. L. (1982). The transformation of natural history in the nineteenth century. *Journal of the History of Biology*, 15, 145-52.

Farnworth, F. G., and Golley, F. B. (eds.) (1974). *Fragile Ecosystems: Evaluation of Research and Applications in the Neotropics*. New York: Springer-Verlag.

Fernow, B. E. (1903). Applied ecology. *Science*, 17, 605-7.

Flader, S. L. (1974). *Thinking Like a Mountain*. Columbia: University of Missouri Press.

Foin, T. C., and Jain, S. K. (1977). Ecosystems analysis and population biology: Lessons for the development of community ecology. *BioScience*, 27, 532-8.

Forbes, E. (1844). On the light thrown on geology by submarine researches. *New Philosophical Journal* (Edinburgh), 36, 318-27.

Forbes, E., and Godwin-Austen, R. (1859). *The Natural History of the European Seas*. London: Van Voorst.

Forbes, S. A. (1880a). On some interactions of organisms. *Bulletin Illinois State Laboratory of Natural History*, 1, 3-17.

– (1880b). The food of fishes. *Bulletin Illinois State Laboratory of Natural History*, 1, 18-65.

– (1883a). The first food of the common whitefish. *Bulletin Illinois State Laboratory of Natural History*, 1, 95-109.

– (1883b). The food relations of the Carabidae and Coccindellidae. *Bulletin Illinois State Laboratory of Natural History*, 1, 33-64.

– (1887). The lake as a microcosm. *Bulletin Science Association of Peoria, Illinois*, 1887, 77-87.

– (1888). On the food relations of freshwater fishes. *Bulletin Illinois State Laboratory of Natural History*, 2, 475-538.

– (1896). *Nineteenth Report of the State Entomologist on the Noxious and Beneficial Insects of the State of Illinois*, Vol. 32. Springfield: Illinois Department Agriculture Transactions.

– (1907a). On the local distribution of certain Illinois fishes: An essay in statistical ecology. *Bulletin Illinois State Laboratory of Natural History*, 7, 273-303.

– (1907b). An ornithological cross-section of Illinois in autumn. *Bulletin Illinois State Laboratory of Natural History*, 7, 305-35.

– (1907c). History of the former state natural history societies of Illinois. *Science*, 26, 892-8.

– (1909). Aspects of progress in economic entomology. *Journal of Economic Entomology*, 2, 25-35.

[337]

– (1922). The humanizing of ecology. *Ecology*, 3, 89-92.

Ford, E. B. (1931). *Mendelism and Evolution*. London: Methuen.

– (1964). *Ecological Genetics*. London: Methuen.

– (1980). Some recollections pertaining to the evolutionary synthesis. In *The Evolutionary Synthesis*, ed. E. Mayr and W. B. Provine, pp. 334-42. Cambridge, Mass.: Harvard University Press.

Forel, F. A. (1871). Rapport à la Société vaudoise des Sciences Naturelles sur l'étude scientifique du Lac Léman. *Bulletin Société Vaudoise Sciences Naturelles*, 11.

[338]   – (1892). *Lac Léman: Monographie Limnologique*. Lausanne: Rouge.

Fretwell, S. D. (1975). The impact of Robert MacArthur on ecology. *Annual Review of Ecology and Systematics*, 6, 1-13.

Frey, D. G. (ed.) (1963a). *Limnology in North America*. Madison: University of Wisconsin Press.

– (1963b). Wisconsin: The Birge-Juday era. In *Limnology in North America*, ed. D. J. Frey, pp. 3-54. Madison: University of Wisconsin Press.

Friederichs, K. (1927). Grundsätzliches über die Lebenseinheiten höherer Ordnung und den ökologischen Einheitsfaktor. *Die Naturwissenschaften*, 15, 153-7, 182-6.

– (1958). A definition of ecology and some thoughts about basic concepts. *Ecology*, 39, 154-9.

Fritts, H. C. (1966). Growth rings of trees: Their correlation with climate. *Science*, 154, 973-9.

Fry, F. E. J. (1947). Effects of the environment on animal activity. *University of Toronto Studies Biological Series 55: Publications of the Ontario Fisheries Research Laboratory*, 68, 1-62.

Fuchs, G. (1967). Das konzept der ökologie in der Amerikanischen Geographie: Am Beispiel der Wissenschaftstheorie zwischen 1900 und 1930. *Erdkunde*, 21, 81-93.

Fuller, G. D. (1928). Origin and development of plant sociology. *Botanical Gazette*, 85, 229-32.

Gaardner, T., and Gran, H. H. (1927). Investigations of the production of plankton in the Olso Fjord. *Rapport et Proces-Verbaux des Reunions Conseil International Exploration de la Mer*, 42, 1-48.

Gallucci, V. F. (1973). On the principles of thermodynamics in ecology. *Annual Review of Ecology and Systematics*, 4, 329-57.

Ganong, W. F. (1902). The word ecology. *Science*, 15, 593-4; 792-3.

– (1903). The vegetation of the Bay of Fundy salt and diked marshes: An ecological study. *Botanical Gazette*, 36, 161-86, 280-302, 349-76, 429-555.

– (1904). The cardinal principles of ecology. *Science*, 19, 493-8.

Gates, D. M. (1968). Toward understanding ecosystems. *Advances in Ecological Research*, 5, 1-36.

Gause, G. F. (1932). Ecology of populations. *Quarterly Review of Biology*, 7, 27-46.

– (1934). *The Struggle for Existence*. Baltimore: Williams & Wilkins.

– (1936). The principles of biocœnology. *Quarterly Review of Biology*, 11, 320-36.

– (1970). Criticism of invalidation of the principle of competitive exclusion. *Nature*, 227, 89.

Gendron, V. (1961). *The Dragon Tree*. New York: Longmans, Green.

Ghiselin J. (1981). Applied ecology. In *Handbook of Contemporary Developments in World Ecology*, ed. E. J. Kormondy and J. F. McCormick, pp. 651-64. Westport, Conn.: Greenwood Press.

Ghiselin, M. T. (1969). *The Triumph of the Darwinian Method*. Berkeley: University of California Press.

[339]   – (1974). *The Economy of Nature and the Evolution of Sex*. Berkeley: University of California Press.

– (1980). The failure of morphology to assimilate Darwinism. In *The Evolutionary Synthesis*, ed. E. Mayr and W. B. Provine, pp. 180-92. Cambridge, Mass.: Harvard University Press.

Gibson, J. H. (1977). The biome programs. *Science*, 195, 822-3.

Gimingham, C. H., Spence, D. H. N., and Watson, A. (1983). Ecology. *Proceedings of the Royal Society of Edinburgh B*, 84, 85-183.

Glacken, C. J. (1967). *Traces on the Rhodian Shore*. Berkeley: University California Press.

Gleason, H. A. (1910). The vegetation of the inland sand deposits of Illinois. *Bulletin Illinois State Laboratory of Natural History*, 9, 21-174.

– (1917). The structure and development of the plant association. *Bulletin of the Torrey Botanical Club*, 43, 463-81.

– (1920). Some applications of the quadrat method. *Bulletin of the Torrey Botanical Club*, 47, 21-33.

– (1922). On the relation of species and area. *Ecology*, 3, 158-62.

– (1925). Species and area. *Ecology*, 6, 66-74.

– (1926). The individualistic concept of the plant association. *Bulletin of the Torrey Botanical Club*, 53, 1-20.

– (1936). Twenty-five years of ecology, 1910-1935. *Memoirs of the Brooklyn Botanical Garden*, 4, 41-9.

– (1939). The individualistic concept of the plant association. *American Midland Naturalist*, 21, 92-110.

– (1953). Autobiographical letter. *Bulletin of the Ecological Society of America*, 34, 40-2.

Godwin, H. (1931). Studies in the ecology of Wicken Fen. I. The groundwater level of the fen. *Journal of Ecology*, 19, 449-73.

– (1934). Pollen analysis: An outline of the problems and potentialities of the method. I. Technique and interpretation. *New Phytologist*, 33, 278-305. II. General applications of pollen analysis. *New Phytologist*, 33, 325-58.

– (1977). Sir Arthur Tansley: The man and the subject. *Journal of Ecology*, 65, 1-26.

Goldman, C. R. (ed.) (1966). *Primary Productivity in Aquatic Environments*. Berkeley: University of California Press.

Golley, F. B. (1960). Energy dynamics of a food chain of an old-field community. *Ecological Monographs*, 30, 187-206.

– (1984). Historical origins of the ecosystem concept in ecology. In *Ecosystem Concept in Ecology*, ed. E. Moran, pp. 33-49. Washington, D.C.: American Association Advancement of Science Publications.

Goodall, D. W. (1952). Quantitative aspects of plant distribution. *Biological Reviews*, 27, 194-245.

– (1954). Objective methods for the classification of vegetation. III. An essay in the use of factor analysis. *Australian Journal of Botany*, 2, 304-24.

– (1972). Building and testing ecosystem models. In *Mathematical models in ecology*, ed. J. N. R. Jeffers, pp. 173-94. Oxford: Blackwell Scientific.

Goodland, R. J. (1975). The tropical origin of ecology: Eugen Warming's jubilee. *Oikos*, 26, 240-5.  [340]

Goodman, D. (1975). The theory of diversity-stability relationships in ecology. *Quarterly Review of Biology*, 50, 237-66.

Gordon, M. S. (1981). Introduction to the symposium Theoretical ecology: To what extent has it added to our understanding of the natural world? *American Zoologist*, 21, 793.

Gorham, E. (1955). Titus Smith, a pioneer of plant ecology in North America. *Ecology*, 36, 116-23.

Gorham, E., Vitousek, P. M., and Reiners, W. A. (1979). The regulation of chemical budgets over the course of terrestrial ecosystem succession. *Annual Review of Ecology and Systematics*, 10, 53-84.

Gould, S. J., and Lewontin, R. C. (1979). The Spandrels of San Marcos and the Panglossian paradigm: A critique of the adaptationist programme. *Proceedings of the Royal Society of London B, Biological Sciences*, 205, 581-98.

Graham, G. M. (1935). Modern theory of exploiting a fishery and application to North Sea trawling. *Journal du Conseil Permanent International pour l'Exploration de la Mer*, 10, 264-74.

Grant, P. R., and Price, T. D. (1981). Population variation in continuously varying traits as an ecological genetics problem. *American Zoologist*, 21, 795-811.

Greene, E. L. (1909). *Landmarks of Botanical History*. Smithsonian Miscellaneous Collections, Vol. 54.

Greene, J. C. (1959). *The Death of Adam: Evolution and Its Impact on Western Thought.* Ames: Iowa State University Press.

Greig-Smith, P. (1957). *Quantitative Plant Ecology.* London: Butterworths Scientific.

– (1978). Presidential viewpoint. *Bulletin of the British Ecological Society*, IX(1), 2-3.

Grinnell, J. (1908). The biota of the San Bernardino Mountains. *University of California Publications in Zoology*, 5, 1-170.

– (1917). Field tests of theories concerning distributional control. *American Naturalist*, 51, 115-28.

Grisebach, A. R. H. (1872). *Die Vegetation der Erde.* 2 Vols. Leipzig: Engelman.

Gross, P. R. (1982). The interface of modern scientific research and parasitology. In *The Current Status and Future of Parasitology*, ed. K. S. Warren and E. F. Purcell, pp. 256-68. New York: The Josiah Macy, Jr. Foundation.

Gulland, J. A. (1977). *Fish Population Dynamics.* London: Wiley.

Gutierrez, L. T., and Fey, W. R. (1980). *Ecosystem Succession: A General Hypothesis and a Test Model of a Grassland.* Cambridge, Mass.: MIT Press.

Haeckel, E. (1866). *Generelle Morphologie der Organismen: Allgemeine Grundzüge der organischen Formen-wissenschaft, mechanisch begründet durch die von Charles Darwin reformirte Descendenz-Theorie.* 2 vols. Berlin: Reimer.

– (1891). Plankton Studien. *Jena Zeitschrift für Naturwissenschaft*, 25, 232-336. (Trans. G. W. Field in *Report of United States Commissioner of Fish and Fisheries*, 1889-1891, pp. 565-641.)

Haefner, J. W. (1978). Ecological theories, laws, and explanations. *Ecology*, 59, 864-5.

Haila, Y., and Järvinen, O. (1982). The role of theoretical concepts in understanding the ecological theatre: A case study in island biogeography. In *Conceptual Issues in Ecology*, ed. E. Saarinen, pp. 261-78. Dordrecht: Reidel.

Hairston, N. G. (1981). Citation classic. *Current Contents*, 12(20), 20.

Hairston, N. G., Smith, F. E., and Slobodkin, L. B. (1960). Community structure, population control, and competition. *American Naturalist*, 94, 421-5.

Haldane, J. B. S. (1956). The relation between density regulation and natural selection. *Proceedings of the Royal Society of London Series B*, 145, 306-8.

Halfon, E. (ed.) (1979). *Theoretical Systems Ecology.* New York: Academic Press.

Handbook of the Ecological Society of America. (1917). *Bulletin of the Ecological Society of America*, 1, 1-56.

Hanski, I. (1982). Dynamics of regional distribution: The core and satellite species hypothesis. *Oikos*, 38, 210-21.

Haraway, D. J. (1976). *Crystals, Fabricus, and Fields. Metaphors of Organicism in Twentieth Century Biology.* New Haven: Yale University Press.

Hardesty, D. L. (1980). The ecological perspective in anthropology. *American Behavioral Scientist*, 24, 107-24.

Hardin, G. (1960). The competitive exclusion principle. *Science*, 131, 1292-7.

Hardy, A. (1965). *The Open Sea: Its Natural History.* Boston: Houghton Mifflin.

– (1968). Charles Eltons influence in ecology. *Journal of Animal Ecology*, 37, 3-8.

Harper, J. L. (1967). A Darwinian approach to plant ecology. *Journal of Ecology*, 55, 247-70.

– (1977a). Review of Theoretical Ecology. *Journal of Ecology*, 65, 1009-12.

– (1977b). The contributions of terrestrial plant studies to the development of the theory of ecology. In *Changing Scenes in the Life Sciences, 1776-1976*, ed. C. E. Goulden, pp. 139-157. Special Publication 12. Philadelphia: Academy of Natural Sciences.

– (1977c). *Population Biology of Plants.* New York: Academic Press.

[341]

– (1980). Plant demography and ecological theory. *Oikos*, 35, 244-53.

– (1982). After description. In *The Plant Community as a Working Mechanism*, ed. E. I. Newman, pp. 11-26. Special Publications Series of the British Ecological Society, No. 1. Oxford: Blackwell Scientific.

Harper, J. L., and White, J. (1974). The demography of plants. *Annual Review of Ecology and Systematics*, 5, 419-63.

Harrisson, T. H., and Hollom, P. A. D. (1932). The great crested grebe enquiry, 1931. *British Birds*, 26, 62-92, 102-31, 142-55, 174-95.　[342]

Haskell, E. F. (1940). Mathematical systematization of "environment," "organism," and "habitat." *Ecology*, 21, 1-16.

Hasler, A. D., Brynildson, O. M., and Helm, W. T. (1951). Improving conditions for fish in brown water bog lakes by alkalization. *Journal of Wildlife Management*, 15, 347-52.

Hausman, D. B. (1975). What is natural? *Perspectives in Biology and Medicine*, 19, 92-100.

Hawley, A. (1950). *Human Ecology: A Theory of Community Structure*. New York: Ronald Press.

Hedgpeth, J. W. (1957a). Concepts of marine ecology. *Geological Society of America Memoir*, 67, 29-52.

– (ed.) (1957b). *Treatise on Marine Ecology and Paleoecology*, Vol. 1, *Ecology*. Geological Society of America Memoir 67.

– (1969). A fit home for earth's noblest inhabitant. *Science*, 164, 666-8.

– (1977). Models and muddles: Some philosophical observations. *Helgolander Wissenschaft Meeresunters*, 30, 92-104.

Hensen, V. (1884). Über die Bestimmung der Planktons oder das im Meeretreibenden Materials an Pflanzen und Thieren. *Berichte der Kommission zur Wissenschaftlichen Untersuchungen der Deutschen Meeresforsuchung Kiel*, 5, 1-107.

Hepburn, R. W. (1967). Philosophical ideas of nature. In *The Encyclopedia of Philosophy*. Vol. 5, ed. P. Edwards, pp. 454-8. New York: Macmillan, Free Press.

Herrick, F. H. (1911). *Natural History of the American Lobster*. U. S. Bureau of Fisheries Document 747. Reprinted New York: Arno Press (1977).

Heslop-Harrison, J. (1964). Forty years of genecology. *Advances in Ecological Research*, 2, 159-247.

Holdgate, M. W., and Woodman, M. J. (1975). Ecology and planning: Report of a workshop. *Bulletin of the British Ecological Society*, VI(4), 5-14.

Hollingshead, A. B. (1940). Human ecology and human society. *Ecological Monographs*, 10, 354-66.

Hopkins, A. D. (1920). The bioclimatic law. *Journal of the Washington Academy of Science*, 10, 34-40.

Horn, D. J., Stairs, G. R., and Mitchell, R. D. (eds.) (1979). *Analysis of Ecological Systems*. Columbus: Ohio State University Press.

Howard, L. O. (1932). Biographical memoir of Stephen Alfred Forbes, 1844-1930. *National Academy of Sciences of the United States of America. Biographical Memoirs*, 15, 1-25.

Howard, L. O., and Fiske, W. F. (1911). *The Importation into the United States of the Parasites of the Gipsy Moth and the Brown-tail Moth*. U. S. Department of Agriculture, Bureau of Entomology, Bulletin No. 91. Reprinted New York: Arno Press (1977).

Howell, W. H. (1906). Problems of physiology of the present time. In *Biology, Anthropology, Psychology, Sociology*, Vol. V, *Congress of Arts and Sciences, Universal Exposition*, ed. H. S. Rogers, pp. 416-34.　[343]
New York: Houghton Mifflin.

Hoxmark, G. (1925). The International Olympic Games as an index to the influence of climate on human energy. *Ecology*, 6, 199-202.

Hubbell, S. P. (1971). Of sowbugs and systems: The ecological bioenergetics of a terrestrial isopod. In *Systems Analysis and Simulation in Ecology*. Vol. I, ed. B. C. Patten, pp. 269-324. New York: Academic Press.

Hull, D. L. (1974). *Philosophy of Biological Science*. Englewood Cliffs. N. J.: Prentice-Hall.

Humboldt, A. von, and A. Bonpland. (1807). *Essai sur la Geographie des Plantes*. Paris: Librarie Lebrault Schoell.

Hutchinson, G. E. (1940). Review of Bio-Ecology. *Ecology*, 21, 267-8.

– (1947). A note on the theory of competition between two social species. *Ecology*, 28, 319-21.

– (1953). The concept of pattern in ecology. *Proceedings of the Philadelphia Academy of Natural Science*, 105, 1-12.

– (1957a). Concluding remarks. *Cold Spring Harbor Symposium on Quantitative Biology*, 22, 415-27.

– (1957b). *A Treatise on Limnology*. Vol. I. New York: Wiley.

– (1959). Homage to Santa Rosalia; or, why are there so many kinds of animals. *American Naturalist*, 93, 145-59.

– (1963). The prospect before us. In *Limnology in North America*, ed. D. G. Frey, pp. 683-90. Madison: University of Wisconsin Press.

– (1964). The lacustrine microcosm reconsidered. *American Scientist*, 52, 334-41.

– (1965). *The Ecological Theatre and the Evolutionary Play*. New Haven: Yale University Press.

– (1969). Eutrophication, Past and Present. In *Eutrophication: Causes, Consequences, Correctives*, pp. 17-26. Washington, D.C.: National Academy of Sciences.

– (1975). Variations on a theme by Robert MacArthur. In *Ecology and Evolution of Communities*, ed. M. L. Cody and J. M. Diamond, pp. 492-521. Cambridge, Mass.: Belknap Press of Harvard University.

– (1978). *An Introduction to Population Ecology*. New Haven: Yale University Press.

Hutchinson, G. E., and Bowen, N. T.[①] (1947). A direct demonstration of the phosphorus cycle in a small lake. *Proceedings of the National Academy*, 33, 148-53.

Hutchinson, G. E., and Deevey, E. S., Jr. (1949). Ecological studies on populations. *Survey of Biological Progress*, 1, 325-59.

Hutchinson, G. E., and Wollack, A. (1940). Studies on Connecticut lake sediments: Chemical analysis of a core from Linsley Pond. North Branford. *American Journal of Science*, 238, 493-517.

Hynes, H. B. N. (1970). *The Ecology of Running Waters*. Toronto: University of Toronto Press.

Imbrie, J., and Newell, N. D. (1964). Introduction: The viewpoint of paleoecology. In *Approaches to Paleoecology*, ed. J. Imbrie and N. D. Newell, pp. 1-7. New York: Wiley.

Inger, R. F. (1971). Inter-American Institute of Ecology: Operational plan. *Bulletin of the Ecological Society of America*, 52(1), 2-4.

Innis, G. S. (ed.) (1975a). *New Directions in the Analysis of Ecosystems*. Simulation Council Proceedings Series Vol. 5. La Jolla, Calif.: Society for Computer Simulation.

– (1975b). The use of a systems approach in biological research. In *Study of Agricultural Systems*, ed. G. E. Dalton, pp. 369-91. London: Applied Science Publishers.

– (1976). Reductionist vs. whole system approaches to ecosystem studies. In *Ecological Theory and Ecosystem Models*, ed. S. A. Levin, pp. 31-6. Indianapolis: Institute of Ecology.

Innis, G. S., and O'Neill, R. V. (eds.) (1979). *Systems Analysis of Ecosystems*, Fairland, Md.: International Cooperative Publishing House.

Jackson, J. B. C. (1981). Interspecific competition and species' distribution: The ghosts of theories and data past. *American Zoologist*, 21, 889-901.

Jaksic, F. M. (1981). Recognition of morphological adaptations in animals: The hypothetico-deductive method. *BioScience*, 31, 667-9.

[344]

---

① 应为 Bowen, V. T. 参见 [58] 页脚注 "哈钦森", 其中提到他的学生沃恩·博文 (Vaughan Bowen)。

Jameson, D. A. (1970). Basic concepts in mathematical modelling of grassland ecosystems. In *Modelling and Systems Analysis in Range Science*, ed. D. A. Jameson, pp. 1-15. Science Series No. 5. Fort Collins, Colo.: Range Science Department.

Janzen, D. H. (1977). The impact of tropical studies on ecology. In *Changing Scenes in the Natural Sciences, 1779-1976*, ed. C. E. Golden, pp. 159-87. Special Publication 12. Philadelphia: Academy of Natural Sciences.

Jeffers, J. N. R. (1972). *Mathematical Models in Ecology*. Oxford: Blackwell Scientific.

– (1978). *An Introduction to Systems Analysis with Ecological Applications*. London: Edward Arnold.

Jenny, H. (1941). *Factors of Soils Formation*. New York: McGraw-Hill.

Johnson, H. A. (1970). Information theory in biology after 18 years. *Science*, 168, 1545-50.

Johnson, L. (1981). The thermodynamic origin of ecosystems. *Canadian Journal of Fisheries and Aquatic Science*, 38, 571-90.

Johnstone, J. (1908). *Conditions of Life in the Sea: A Short Account of Quantitative Marine Biological Research*. Cambridge: Cambridge University Press. Reprinted New York: Arno Press (1977).

Jones, N. S. (1950). Marine bottom communities. *Biological Reviews*, 25, 283-313.

Jordan, C. F. (1981). Do ecosystems exist? *American Naturalist*, 18, 284-7.

Jordan, D. S. (1905). The origin of species through isolation. *Science*, 22, 545-62.

Jordan, D. S., and Kellogg, V. L. (1901). *A First Book of Zoology*. New York: Appleton.

Just, T. (ed.) (1939). Plant and animal communities. *American Midland Naturalist*, 21, 1-255.

Kadlec, J. (ed.) (1971). *A Partial Annotated Bibliography of Mathematical Models in Ecology*. Ann Arbor: [345] Analysis of Ecosystems, IBP, School of Natural Resources, Ann Arbor, University of Michigan.

Kendeigh, S. C. (1954). History and evaluation of various concepts of plant and animal communities in North America. *Ecology*, 35, 152-71.

– (1961). *Animal Ecology*. Englewood Cliffs, N.J.: Prentice-Hall.

Kennedy, C. R. (1976). *Ecological Aspects of Parasitology*. Amsterdam: North Holland.

Kerner von Marilaun, A. (1863). *Das Planzenleben der Donaulander*. Innsbruck: Wagner. Trans. H. S. Conard as *The Background of Plant Ecology*. Ames: Iowa State College Press (1950).

Kerr, S. R. (1980). Niche theory in fisheries ecology. *Transactions of the American Fisheries Society*, 109, 254-7.

Kettlewell, H. B. D. (1955). Selection experiments on industrial melanism in the Lepidoptera. *Heredity*, 9, 323-42.

Kiester, A. R. (1982). Natural kinds, natural history, and ecology. In *Conceptual Issues in Ecology*, ed. E. Saarinen, pp. 345-56. Dordrecht: D. Reidel.

King, J. E. (1981). Late quarternary vegetational history of Illinois. *Ecological Monographs*, 51, 43-62.

Kingsland, S. E. (1981). *Modelling Nature: Theoretical and Experimental Approaches to Population Ecology 1920-1950*. Ph.D. Thesis, University of Toronto.

– (1982). The refractory model: The logistic curve and the history of population ecology. *Quarterly Review of Biology*, 57, 29-52.

– (1983). *Theory and Practice in the Early Years of Population Ecology*. Symposium, Schools of Ecology in Historical Perspective, American Association for the Advancement of Science, July 31, 1983.

– (1985). *Modeling Nature*. Chicago: University of Chicago Press.

Kitching, R. L. (1983). *Systems Ecology: An Introduction to Ecological Modelling*. St. Lucia: University of Queensland Press.

Kittredge, J. (1948). *Forest Influences*. New York: McGraw-Hill.

Klaauw, C. J. Van der (1936). Oekologische Studien und Kritiken zur Geschichte der Definitionen der Oekologie besonders auf Grund der Systeme der zoologischen Disziplinen. *Sudhoffs Archiv für*

*Geschichte der Medizin und der Naturwissenschaften,* 29, 136-77.

Knight, R. L., and Swaney, D. R. (1981). In defense of ecosystems. *American Naturalist,* 117, 991-2.

Kofoid, C. (1897). On some important sources of error in the plankton method. *Science,* 6, 829-32.

– (1903). The plankton of the Illinois River, 1894-1899. *Bulletin of the Illinois State Laboratory of Natural History,* 6, 95-635. Reprinted New York: Arno Press (1977).

Kohn, A. J. (1971). Phylogeny and biogeography of Hutchinsoniana: G. E. Hutchinson's influence through his doctoral students. *Limnology & Oceanography,* 16, 173-6.

Kolata, G. B. (1974). Theoretical ecology: Beginnings of a predictive science. *Science,* 183, 400-1.

[346]    Kolkwitz, R., and Marsson, M. (1908). Okologie des pflanzlichen Saprobien. *Berichte der Botanische Gesellschaft,* 26, 505-519.

Kormondy, E. J. (1969). *Concepts of Ecology.* Englewood Cliffs, N.J.: Prentice-Hall.

– (1974). Natural and human ecosystems. In *Human Ecology,* ed. F. Sargent II, pp. 27-43. Amsterdam: North Holland.

– (1978). Ecology/economy of nature-synonyms? *Ecology,* 59, 1292-4.

Kormondy, E. J., and McCormick, J. F. (1981). Introduction. In *Handbook of Contemporary Developments in World Ecology,* ed. E. J. Kormondy and J. F. McCormick, pp. xxii-xxvii. Westport, Conn.: Greenwood Press.

Kozlovsky, D. G. (1968). A critical evaluation of the trophic level concept. *Ecology,* 49, 48-60.

Krebs, C. J. (1979). Small mammal ecology. *Science,* 203, 350-1.

Krebs, C. J., and Myers, J. H. (1974). Population cycles in small mammals. *Advances in Ecological Research,* 8, 267-399.

Krebs, J. R. (1977). Communities: Ecology and evolution. *BioScience,* 27, 50.

Kuhn, T. (1970). *The Structure of Scientific Revolutions,* 2nd ed. Chicago: University of Chicago Press.

Lack, D. (1954). *The Natural Regulation of Animal Numbers.* Oxford: Clarendon Press.

– (1966). *Population Studies of Birds.* Oxford: Clarendon Press.

– (1973). My life as an amateur ornithologist. *Ibis,* 115, 421-34.

Ladd, H. S. (1959). Ecology, paleontology, and stratigraphy. *Science,* 129, 69-78.

Lane, P. A., Lauff, G. H., and Levins, R. (1975). The feasibility of using a holistic approach in ecosystem analysis. In *Ecosystem Analysis and Prediction,* ed. S. A. Levin, pp. 111-28. Proceedings SIAM-SIMS Conference on Ecosystems, Alta, Utah, July 1-5, 1974, SIAM Institute for Mathematics and Society.

Lankester, E. R. (1889). Zoology. *Encyclopaedia Britannica,* 9th ed., 24, 799-820.

Lauff, G. H. (1963). A history of the American Society of Limnology and Oceanography. In *Limnology in North America,* ed. D. G. Frey, pp. 667-82. Madison: University of Wisconsin Press.

Lauff, G. H., and Reichle, D. (1979). Experimental ecological reserves. *Bulletin of the Ecological Society of America,* 60, 4-11.

Lazio, E. (ed.) (1972). *The Relevance of General Systems Theory.* New York: Brazillier.

– (1980). Some reflections on systems theorys critics. *Nature and System,* 2, 49-53.

Le Cren, E. D. (1976). The productivity of freshwater communities. *Philosophical Transactions of the Royal Society London B,* 274, 359-74.

– (1979). The first fifty years of the freshwater biological station. *Annual Report of the Freshwater Biological Association,* 47, 27-42.

Leigh, E. G., Jr. (1968). The ecological role of Volterra's equations. In *Some Mathematical Problems in Biology,* pp. 1-14. Providence, R.I.: American Mathematical Society.

[347]    – (1970). Review of Population Genetics and Evolution. *American Scientist,* 58, 110-1.

Lemaine, G., MacLeod, R., Mulkay, M., and Weingart, P. (eds.) (1977). *Perspective on the Emergence of Scientific Disciplines.* Chicago: Aldine.

Leopold, A. S. (1933). *Game Management.* New York: Scribner's.

– (1934). Review of *Notes on Game Management,* chiefly in Bavaria and Baden. *Journal of Forestry, 32,* 775-6.

– (1949). *Sand County Almanac.* New York: Oxford University Press.

Levandowsky, M. (1977). A white queen speculation. *Quarterly Review of Biology, 52,* 383-6.

Levene, H. (1953). Genetic equilibrium when more than one ecological niche is available. *American Naturalist, 87,* 331-3.

Levin, B. R. (1979). Rapprochements in population biology. *Science, 205,* 1254-5.

Levin, S. A. (ed.) (1975). *Ecosystem Analysis and Prediction.* Proceedings SIAM-SIMS Conference on Ecosystems, Alta, Utah, July 1-5, 1974, SIAM Institute for Mathematics and Society.

– (ed.) (1976). *Ecological Theory and Ecosystem Models.* Indianapolis: Institute of Ecology.

– (1981). The role of theoretical ecology in the description and understanding of populations in heterogeneous environments. *American Zoologist, 21,* 865-75.

Levins, R. (1968a). *Evolution in Changing Environments.* Princeton, N. J.: Princeton University Press.

– (1968b). Ecological engineering: Theory and technology. *Quarterly Review of Biology, 43,* 301-5.

Levins, R., and Lewontin, R. (1980). Dialectics and reductionism in ecology. *Synthese, 43,* 47-78.

Lewin, R. (1982). Adaptation can be a problem for evolutionists. *Science, 216,* 1212-3.

– (1983). Santa Rosalia was a goat. *Science, 221,* 636-9.

Lewis, R. W. (1982). Theories, structure, teaching, and learning. *BioScience, 32,* 734-7.

Lewontin, R. C. (1968). Introduction. In *Population Biology and Evolution,* ed. R. C. Lewontin, pp. 1-4. Syracuse, N.Y.: Syracuse University Press.

– (1969a). The meaning of stability. In *Diversity and Stability in Ecological Systems,* pp. 13-24. Upton, N.Y.: Brookhaven National Laboratory.

– (1969b). The bases of conflict in biological explanation. *Journal of the History of Biology, 2,* 35-45.

– (1983). The corpse in the elevator. *New York Review of Books, 29* (Jan. 20), 34-7.

Lewontin, R. C., and Baker, W. K. (1970). Editor's report. *American Naturalist, 104,* 499-500.

Libby, W. F. (1952). *Radiocarbon Dating.* Chicago: University of Chicago Press.

Lidicker, W. C. (1978). History of holism and reductionism. *Pymatuning Symposia on Ecology, No. 5. Small Mammal Populations,* pp. 12-139. Pymatuning, Pa.: Pymatuning Laboratory of Ecology.

Liebetrau, S. F. (1973). *Trailblazers in Ecology: The American Ecological Consciousness, 1850-1864.* [348] Ph. D. Thesis, University of Michigan.

Likens, G. E.,Bormann, F. H., Pierce, R. S., Eaton,J. S., and Johnson, N. M. (1977). *Biogeochemistry of a Forested Ecosystem.* New York: Springer-Verlag.

Lilienfeld, R. (1978). *The Rise of Systems Theory: An Ideological Analysis.* New York: Wiley.

Limoges, C. (1971). *Economie de la Nature et Idéologie Juridique chez Linné.* Proceedings XIII International Congress History of Science, Moscow, 1971, Vol. 9, 25-30. Moscow: Nauka.

Lindeman, E. C. (1940). Ecology: An instrument for the integration of science and philosophy. *Ecological Monographs, 10,* 367-72.

Lindeman, R. L. (1942). The trophic-dynamic aspect of ecology. *Ecology, 23,* 399-418.

Livingston, B. E. (1909). Present problems of physiological plant ecology. *American Naturalist, 43,* 369-78.

Livingston, B. E., and Shreve, F. (1921). *The Distribution of Vegetation in the United States as Related to Climatic Conditions.* Publication No. 284. Washington, D.C.: Carnegie Institution of Washington.

Lloyd, B. (1925). The technique of research on marine plankton. *Journal of Ecology, 13,* 277-88.

Lomnicki, A. (1980). Regulation of population density due to individual differences and patchy environment. *Oikos, 35,* 185-93.

Lotka, A. J. (1925). *Elements of Physical Biology.* Baltimore: Williams & Wilkins.

Loucks, O. (1968). Scientific areas in Wisconsin: Fifteen years in review. *Bioscience*, 18, 396-8.

– (1972). Systems methods in environmental court actions. In *Systems Analysis and Simulation in Ecology*, Vol. II, ed. B. E. Patten, pp. 419-75. New York: Academic Press.

– (in press). The United States IBP. A perspective after 13 years. In *Ecosystem Theory and Application*, ed. G. A. Knox and N. Polunin. Sussex, U. K.: Wiley.

Lovejoy, A. O. (1936). *The Great Chain of Being*. Cambridge, Mass.: Harvard University Press.

Lowe, P. D. (1976). Amateurs and professionals: The institutional emergence of British plant ecology. *Journal of the Society of Bibliography of Natural History*, 7, 517-35.

– (1977). The politics of ecology. *Bulletin of the British Ecological Society*, VIII(3), 3-10.

Lowenthal, D. (1958). *George Perkins Marsh: Versatile Vermonter*. New York: Columbia University Press.

Lussenhop, J. (1974). Victor Hensen and the development of sampling methods in ecology. *Journal of the History of Biology*, 7, 319-37.

Luten, D. B. (1980). Ecological optimism in the social sciences. *American Behavioral Scientist*, 24, 125-51.

Lutz, F. E. (1909). The effect of environment upon animals. *American Naturalist*, 43, 248-51.

Lyon, J., and Sloan, P. R. (eds.) (1981). *From Natural History to the History of Nature: Readings from Buffon and His Critics*. Notre Dame: University of Notre Dame Press.

Macan, T. T. (1963). *Freshwater Ecology*. New York: Wiley.

– (1970). *Biological Studies of English Lakes*. Amsterdam: Elsevier.

MacArthur, R. H. (1955). Fluctuations of animal populations and a measure of community stability. *Ecology*, 36, 533-6.

– (1962). Growth and regulation of animal populations. *Ecology*, 43, 579.

– (1965). Ecological consequences of natural selection. In *Theoretical and Mathematical Biology*, ed. T. Waterman and H. Morowitz, pp. 388-97. New York: Blaisdell.

– (1972). *Geographical Ecology*. New York: Harper and Row.

MacArthur, R. H., and Wilson, E. O. (1967). *The Theory of Island Biogeography*. Princeton: Princeton University Press.

MacFadyen, A. (1957). *Animal Ecology*. London: Sir Isaac Pitman.

– (1964). Energy flow in ecosystems and its exploitation by grazing. In *Grazing in Terrestrial and Marine Environments*, ed. D. J. Crisp, pp. 3-20. Oxford: Blackwell Scientific.

– (1975). Some thoughts on the behaviour of ecologists. *Journal of Animal Ecology*, 44, 351-63.

– (1978). The ecologist's role in the international scientific community. *Oikos*, 31, 1-2.

MacGinitie, G. E. (1939). Littoral marine communities. *American Midland Naturalist*, 21, 28-55.

Macklin, M., and Macklin, R. (1969). Theoretical biology: A statement and a defense. *Synthese*, 20, 261-76.

MacMahon, J. A. (1980). Ecosystems over time: Succession and other types of change. In *Forests: Fresh Perspectives from Ecosystem Analysis*, ed. R. H. Waring, pp. 27-58. Corvallis: Oregon State University Press.

MacMillan, C. (1892). *Metaspermae of the Minnesota Valley*. Reports of the Geological and Natural History Survey of Minnesota. Botanical Series, I.

– (1897). Observations on the distribution of plants along the the shore at lake of the woods. *Minnesota Botanical Studies*, 1, 949-1023.

Maddox, J. (1972). *The Doomsday Syndrome*. New York: McGraw-Hill.

Madison Botanical Congress (1894). *Proceedings*. Madison, Wisc., August 23-4, 1893.

Maelzer, D. A. (1965). Environment, semantics, and system theory in ecology. *Journal of Theoretical Biology*, 8, 395-402.

[349]

Maiorana, V. C. (1978). An explanation of ecological and developmental constants. *Nature*, 273, 375-7.

Maitland, P. S. (1983). Freshwater Science. *Proceedings of the Royal Society of Edinburgh B*, 84, 171-210.

Major, J. (1951). A functional, factorial approach to plant ecology. *Ecology*, 32, 392-412.

– (1969). Historical development of the ecosystem concept. In *The Ecosystem Concept in Natural Resource Management*, ed. G. M. Van Dyne, pp. 9-22. New York: Academic Press.  [350]

Malin, J. C. (1961). *The Grassland of North America: Prolegomena to Its History, with Addenda and Postscript*. Lawrence, Kans.

Malthus, T. R. (1798). *An Essay on the Principle of Population*. London: Johnson.

Manier, E. (1978). *The Young Darwin and His Cultural Circle*. Dordrecht: D. Reidel.

Mann, K. H. (1969). The dynamics of aquatic ecosystems. *Advances in Ecological Research*, 6, 1-83.

– (1982). *Ecology of Coastal Waters: A Systems Approach*. Berkeley: University of California Press.

Margalef, R. (1958). Information theory in ecology. *General Systems*, 3, 36-71.

– (1963). On certain unifying principles in ecology. *American Naturalist*, 97, 357-74.

– (1968). *Perspectives in Ecological Theory*. Chicago: University of Chicago Press.

Marks, P. L., and Bormann, F. H. (1972). Revegetation following forest cutting: Mechanisms for return to steady-state nutrient cycling. *Science*, 176, 914-5.

Marsh, G. P. (1864). *Man and Nature; or, Physical Geography as Modified by Human Action*. New York: Scribner's.

Martin, G. W. (1922). Food resources of the sea. *Scientific Monthly*, 15, 455-67.

Martin, P. S. (1963). *The Last 10,000 Years: A Fossil Pollen Record of the American Southwest*. Tucson: University of Arizona Press.

Marx, L: (1970). American institutions and ecological ideals. *Science*, 170, 945-52.

Mason, H. L., and Langenheim, J. H. (1957). Language analysis and the concept environment. *Ecology*, 38, 325-40.

May, J., and May, R. M. (1976). The ecology of the ecological literature. *Nature*, 259, 446-7.

May, R. M. (1973). *Stability and Complexity in Model Ecosystems*. Princeton: Princeton University Press.

– (1974a). Ecological simulations. *Science*, 184, 682-3.

– (1974b). Scaling in ecology. *Science*, 184, 1131.

– (ed.) (1976). *Theoretical Ecology: Principles and Applications*. Philadelphia: Saunders.

– (1977). Mathematical models and ecology: Past and future. In *Changing Scenes in Natural Sciences, 1776-1976*, ed. C. E. Goulden, pp. 189-202. Special Publication 12. Philadelphia: Academy of Natural Sciences.

– (1981a). The role of theory in ecology. *American Zoologist*, 21, 903-10.

– (1981b). Patterns in multispecies communities. In *Theoretical Ecology*, 2nd ed., ed. R. M. May, pp. 197-227. Sunderland, Mass.: Sinauer Associates.

May, R., and Oster, G. F. (1976). Bifractions and dynamic complexity in simple ecological models. *American Naturalist*, 110, 573-99.

Maycock, P. F. (1967) Jozef Paczoski: Founder of the science of phytosociology. *Ecology*, 48, 1031-4.  [351]

Maynard-Smith, J, (1974). *Models in Ecology*. Cambridge:Cambridge University Press.

Mayr, E. (1982). *The Growth of Biological Thought*. Cambridge, Mass.: Belknap Press of Harvard University.

McAtee, W. L. (1907). Census of four square feet. *Science*, 26, 447-9.

McCloskey, D. N. (1983). The rhetoric of economics. *Journal of Economic Literature*, 21, 481-517.

McCormick, J. F. (1978). Letter to the editor. *Bulletin of the Ecological Society of America*, 59, 162-3.

McIntosh, R. P. (1958a). Fogdrip: An anticipation of ecology. *Ecology*, 39, 159.

– (1958b). Plant communities. *Science*, 128, 115-120.

– (1960). Natural order and communities. *Biologist*, 42, 55-62.

– (1962). Raunkiaer's "law" of frequency. *Ecology*, 43, 533-5.

– (1963). Ecosystems, evolution, and relational patterns of living organisms. *American Scientist*, 51, 246-67.

– (1967). The continuum concept of vegetation. *Botanical Review*, 33, 130-87.

– (1970). Community, competition, and adaptation. *Quarterly Review of Biology*, 45, 259-80.

– (1974a). Commentary-An object lesson for the new ecology. *Ecology*, 55, 1179.

– (1974b). Plant ecology, 1947-1972. *Annals of the Missouri Botanical Garden*, 61, 132-65.

– (1975a). H. A. Gleason, "individualistic ecologist," 1882-1975: His contributions to ecological theory. *Bulletin of the Torrey Botanical Club*, 102, 253-73.

– (1975b). "Ecology": A clarification. *Science*, 188, 1158.

– (1976). Ecology since 1900. In *Issues and Ideas in America*, ed. B. J. Taylor and T. J. White, pp. 353-72. Norman: University of Oklahoma Press.

– (ed.) (1978). *Phytosociology*. Stroudsburg; Dowden, Hutchinson and Ross.

– (1980a). The background and some current problems of theoretical ecology. *Synthese*, 43, 195-255.

– (1980b). The relationship between succession and the recovery process in ecosystems. In *The Recovery Process in Damaged Ecosystems*, ed. J. Cairns, Jr., pp. 11-62. Ann Arbor, Mich.: Ann Arbor Publishers.

– (1981). Succession and ecological theory. In *Forest Succession: Concepts and Applications*, ed. D. C. West, H. H. Shugart, and D. B. Botkin, pp. 11-23. New York: Springer-Verlag.

– (1983a). Pioneer support for ecology. *BioScience*, 33, 107-12.

– (1983b). Excerpts from the work of L. G. Ramensky. *Bulletin of the Ecological Society of America*, 64, 7-12.

– (1983c). Edward Lee Greene: The man. In *Landmarks in the History of Botany*, ed. F. N. Egerton, pp. 18-53. Stanford, Calif.: Stanford University Press.

McKenzie, R. D. (ed.) (1934). *Readings in Human Ecology*. Ann Arbor: Wahr.

[352] McMillan, C. (1959). The role of ecotypic variation in the distribution of the central grassland of North America. *Ecological Monographs*, 29, 285-308.

McMullin, E. (1976). The fertility of theory and the unit for appraisal in science. In *Essays in Memory of Imre Lakatos*, ed. R. S. Cohen et al., pp. 681-718. Dordrecht: D. Reidel.

McNaughton, S. J., and Coughenour, M. B. (1981). The cybernetic nature of ecosystems. *American Naturalist*, 117, 985-92.

Merriam, C. H. (1894). Laws of temperature control of the geographic distribution of terrestrial plants and animals. *National Geographic Magazine*, 6, 229-38.

Mesarovic, M. D. (1968). Systems theory and biology–View of a theoretician. In *Systems Theory and Biology*, ed. M. D. Mesarovic, pp. 59-87. New York: Springer-Verlag.

Michael, E. L. (1921). Marine ecology and the coefficient of association: A plea in behalf of quantitative biology. *Journal of Ecology*, 8, 54-9.

Miller, R. S. (ed.) (1965). Summary report of the ecology study committee with recommendations for the future of ecology and the Ecological Society of America. *Bulletin of the Ecological Society of America*, 46, 61-82.

– (1973). Letter to the editor. *BioScience*, 23, 458.

Mills, E. L. (1969). The community concept in marine zoology with comments on continua and instability in some marine communities: A review. *Journal of the Fisheries Research Board of Canada*, 26, 1415-28.

Mills, H. B. (1958). From 1858 to 1958. *Illinois Natural History Survey Bulletin*, 27, 85-103.

– (1964). Stephen Alfred Forbes. *Systematic Zoology*, 13, 208-14.

Milne, A. (1957). Theories of natural control of insect populations. *Cold Spring Harbor Symposia on Quantitative Biology*, 22, 253-71.

Mitchell, R. (1974). Scaling in ecology. *Science*, 184, 1131.

Mitchell, R., Mayer, R. A., and Downhower, J. (1976). An evaluation of three biome programs. *Science*, 192, 859-65.

Mitchell, R. D., and Williams, M. P. (1979). Darwinian analysis: The new natural history. In *Analysis of Ecological Systems*, ed. D. J. Horn, G. R. Stairs, and R. D. Mitchell, pp. 23-50. Columbus: Ohio State University Press.

Möbius, K. (1877). *Die Auster und die Austernwirtschaft*. Berlin: Verlag von Wiegandt, Hempel and Pary. Trans. by H. J. Rice, pp. 683-751, in *Report of the Commissioner for 1880*, Part VIII, U.S. Commission of Fish and Fisheries.

Moore, B. (1920). The scope of ecology. *Ecology*, 1, 3-5.

– (1938). The beginnings of ecology. *Ecology*, 19, 502.

Moore, N. W. (1977). Agriculture and nature conservation. *Bulletin of the British Ecological Society*, VIII(2), 2-4.

Morales, R. (1975). A philosophical approach to mathematical approaches to ecology. In *Ecosystem Analysis and Prediction*, ed. S. A. Levin, pp. 334-7. Proceedings SIAM-SIMS Conference on Ecosystems, Alta, Utah, July 1-5, 1974, SIAM Institute for Mathematics and Society.

Morowitz, H. (1965). The historical background. In *Theoretical and Mathematical Biology*, ed. T. Waterman and H. Morowitz, pp. 2-35. New York: Blaisdell.  [353]

Mortimer, C. H. (1941-2). The exchange of dissolved substances between mud and water in lakes. *Journal of Ecology*, 29, 280-329.

– (1956). E. A. Birge, an explorer of lakes. In *E. A. Birge: A Memoir*, ed. G. C. Sellery, pp. 163-211. Madison: University of Wisconsin Press.

Morton, A. C. (1981). *History of Botanical Science*. New York: Academic Press.

Moss, C. E. (1910). The fundamental units of vegetation. Historical development of the concepts of the plant association and the plant formation. *New Phytologist*, 9, 18-22, 26-41, 44-53.

– (1913). Evolutionary aspects of ecology. *Journal of Ecology*, 1, 292-3.

Moss, C. E., Rankin, W. M., and Tansley, A. G. (1909). The woodlands of England. *New Phytologist*, 9, 113-49.

Mueller-Dombois, D., and Ellenberg, H. (1974). *Aims and Methods of Vegetation Ecology*. New York: Wiley.

Mulholland, R. J. (1975). Stability and analysis of the response of ecosystems to perturbations. In *Ecosystem Analysis and Prediction*, ed. S. A. Levin, pp. 166-81. Proceedings SIAM-SIMS Conference on Ecosystems, Alta, Utah, July 1-5, 1974, SIAM Institute for Mathematics and Society.

Muller, C. H. (1982). Citation classic. *Current Contents*, 13(45), 20.

Murie, A. (1944). The wolves of Mount McKinley. *Fauna of the National Parks of the United States*, 5, 1-238.

Murray, J., and Pullar, L. (1910). *Bathymetrical Survey of the Scottish Fresh-Water Lochs*. Edinburgh: Challenger Office. Reprinted New York: Arno Press (1977).

Nash, R. (1967). *Wilderness and the American Mind*. New Haven: Yale University Press.

National Academy of Sciences (1969). *Eutrophication: Causes, Consequences, Correctives*. Washington, D.C.: National Academy of Sciences.

– (1974). *U. S. Participation in the International Biological Program*. Report No. 6, U.S. National Committee for the International Biological Program. Washington, D. C.: National Academy of Sciences.

– (1975). *An Evaluation of the International Biological Program.* Contract C3 10. Washington, D.C.: National Science Foundation.

Naumann, E. (1919). Nagra synpunkter angående limnoplanktons ökologi med särskild hänsyn till fyto-plankton. *Svensk Botanisk Tiddskrift*, 13, 129-63.

Needham, J. G. (1941). Fragments of the history of hydrobiology. In *A Symposium on Hydrobiology*, pp. 3-11. Madison: University of Wisconsin Press.

Needham, J. G., and Lloyd, J. T. (1916). *The Life of Inland Waters.* Ithaca, N.Y.: The Comstock Publishing Company.

Neel, R. B., and Olson, J. S. (1962). *Use of Analog Computers for Simulating the Movements of Isotopes in Ecological Systems.* No. 3172. Oak Ridge, Tenn.: Oak Ridge National Laboratory.

[354]     Nelkin, D. (1976). Ecologists and the public interest. *Hastings Center Report*, 6, 38-44.

Nelson, G. (1978). From Candolle to Croizat: Comments on the history of biogeography. *Journal of the History of Biology*, 11, 269-305.

Neuhold, J. M. (1975). Introduction to modeling in the biomes. In *Systems Analysis and Simulation in Ecology*, ed. B. C. Patten, pp. 7-12. New York: Academic Press.

New book on ecology. (1905). *Science*, 21, 963.

Nice, M. M. (1937). *Studies in the Life History of the Song Sparrow.* New York: Dover.

Nicholson, A. J. (1933). The balance of animal populations. *Journal of Animal Ecology*, 2, 132-78.

Nicholson, A. J., and Bailey, V. A. (1935). The balance of animal populations. *Proceedings of the Zoological Society of London*, Part 3. 551-98.

Nicolson, M. (1982a). Was there a Linnean ecology?–A comment on some recent literature. (Pers. commun.)

– (1982b). Divergent classifications–A case study from the history of ecology. (Pers. commun.)

– (1983). J. T. Curtis enters ecology. (Pers. commun.)

Niering, W. A. (1970). Ecology–Now or never. *Bulletin of the Ecological Society of America*, 51(1), 2-3.

Niven, B. S. (1982). Formalization of the basic concepts of ecology. *Erkenntnis*, 17, 307-20.

Odum, E. P. (1953). *Fundamentals of Ecology*, 1st ed. Philadelphia: Saunders. (2nd ed., 1959; 3rd ed. 1971.)

– (1964). The new ecology. *BioScience*, 14, 14-16.

– (1968). Energy flow in ecosystems: A historical review. *American Zoologist*, 8, 11-18.

– (1969). The strategy of ecosystem development. *Science*, 164, 262-70.

– (1971). *Fundamentals of Ecology*, 3rd ed., Philadelphia: Saunders.

– (1972). Ecosystems theory in relation to man. In *Ecosystems: Structure and Function*, ed. J. Wiens, pp. 11-24. Corvallis: Oregon State University Press.

– (1977). The emergence of ecology as a new integrative discipline. *Science*, 195, 1289-93.

– (in press)[1]. Introductory review: Perspectives of ecosystem theory. In *Ecosystem Theory and Application*, ed. N. Polunin. Chichester, Wiley.

Odum, H. T. (1957). Trophic structure and productivity of Silver Springs, Florida. *Ecological Monographs*, 27, 55-112.

– (1971). *Environment, power, and society.* New York: Wiley-Interscience.

– (1983). *Systems Ecology: An Introduction.* New York: Wiley.

Odum, H. T., and Odum, E. P. (1955). Trophic structure and productivity of a windward coral reef community on Eniwetok Atoll. *Ecological Monographs*, 25, 291-320.

Odum, H. T., and Pinkerton, R. C. (1955). Times speed regulator, the optimum efficiency for maximum output in physical and biological systems. *American Scientist*, 43, 331-43.

---

① 发表于 1986 年。

Ohta. K. (1981). A historical note on three pioneer works in population biology. *Journal of Humanities and Natural Sciences* (Tokyo). 59, 65-71.    [355]

Okubo, A. (1980). *Diffusion and Ecology Problems: Mathematical Models.* Berlin: Springer-Verlag.

Oldroyd, D. R. (1980). *Darwinian Impacts.* Atlantic Highlands, N.J.: Humanities Press.

Oliver, F. W. (1917). President's address. *Journal of Ecology*, 5, 56–60.

Olson, J. S. (1958). Rates of succession and soil changes on southern Lake Michigan sand dunes. *Botanical Gazette*, 119, 125-70.

– (1964). Advances in radiation ecology. *Nuclear Safety*, 6, 78-81.

– (1966). Progress in radiation ecology: Radionuclide movement in major environments. *Nuclear Safety*, 8, 53-7.

– (1983). "Present at the Creation": The Development of Systems Ecology in the 1960's and its Impact on Ecology Today. (Pers. commun.)

O'Neill, R. V. (1976). Paradigms of ecosystems analysis. In *Ecological Theory and Ecosystems Models*, ed. S. A. Levin, pp. 16-19. Indianapolis: Institute of Ecology.

O'Neill, R. V., and Giddings, J. M. (1979). Population interactions and ecosystem function, phytoplankton competition, and community production. In *Systems Analysis of Ecosystems*, ed. G. S. Innis and R. V. O'Neill, pp. 103-23. Fairland, Md.: International Cooperative Publishing House.

O'Neill, R. V., Hett, J. M., and Sollins, N. F. (eds.) (1970). *A Preliminary Bibliography of Mathematical Modeling in Ecology.* ORNL-IBP-70-3. Oak Ridge, Tenn.: Oak Ridge National Laboratory.

O'Neill, R. V., and Reichle, D. E. (1979). Dimensions of ecosystem theory. In *Forests: Fresh Perspectives from Ecosystem Analysis*, Proceedings of the 40th Annual Biology Colloquium, ed. R. H. Waring, pp. 11-26. Covallis: Oregon State University Press.

Oosting, H. J. (1948). *The Study of Plant Communities.* San Francisco: Freeman.

Ophuls, W. (1977). *Ecology and the Politics of Scarcity: Prologue to a Political Theory of the Steady State.* San Francisco: Freeman.

Orians, G. H. (1962). Natural selection and ecological theory. *American Naturalist*, 96, 257-64.

– (1980). Micro and macro in ecological theory. *BioScience*, 30, 79.

Osmond, C. B., Bjorkman, D., and Anderson, D. J. (1980). *Physiological Process in Plant Ecology: Towards a Synthesis with Atriplex.* Berlin: Springer-Verlag.

Oster, G. (1981). Predicting populations. *American Zoologist*, 21, 831-44.

Otto, R. A. (1979). Poor Richard's population biology. *BioScience*, 29, 242-3.

Overfield, R. A. (1975). Charles E. Bessey: The impact of the "new botany" on American agriculture. *Technology and Culture*, 16, 162-81.

– (1979). Trees for the Great Plains: Charles E. Bessey and forestry. *Journal of Forest History*, 77, 18-31.

Paine, R. T. (1981). Truth in ecology. *Bulletin of the Ecological Society of America*, 62, 256-8.

Pammel, L. H. (1893). *Flower Ecology.* Carroll, Iowa: Hungerford.

Park, O. (1941). Concerning community symmetry. *Ecology*, 22, 164-7.    [356]

Park, T. (1939). Ecology looks homeward. *Quarterly Review of Biology*, 14, 332-6.

– (1945). Ecological aspects of population biology. *Scientific Monthly*, 60, 311-3.

– (1946). Some observations on the history and scope of population ecology. *Ecological Monographs*, 16, 313-20.

– (1962). Beetles, competition, and populations. *Science*, 138, 1369-75.

Parkhurst, D. F., and Loucks, O. L. (1972). Optimal leaf size in relation to environment. *Journal of Ecology*, 60, 505-38.

Parsons, H. L. (ed.) (1977). *Marx and Engels on Ecology.* Contribution in Philosophy No. 8. Westport, Conn.: Greenwood Press.

Parsons, T. R. (1980). The development of biological studies in the ocean environment. In *Oceanography: The Past*, ed. M. Sears and D. Merriam, pp. 540-50. New York: Springer-Verlag.

Passmore, I. (1974). *Man's Responsibility for Nature: Problems and Western Traditions*. New York: Scribner's.

Patil, G. P., and Rosenzweig, M. L. (eds.) (1979). *Contemporary Quantitative Ecology and Related Econometrics*. Fairland, Md.: International Cooperative Publishing House.

Patrick, R. (1977). The changing scene in aquatic ecology. In *Changing Scenes in Natural Science*, ed. C. E. Goulden, pp. 205-22. Special Publication 12. Philadelphia: Academy of Natural Sciences.

Patten, B. C. (1959). An introduction to the cybernetics of the ecosystem: The trophic dynamic aspect. *Ecology*, 40, 221-31.

– (1966). Systems ecology: A course sequence in mathematical ecology. *Bio-Science*, 16, 593-8.

– (ed.) (1971). *Systems Analysis and Simulation in Ecology*, Vol. 1. New York: Academic Press.

– (ed.) (1972). *Systems Analysis and Simulation in Ecology*, Vol. 2. New York: Academic Press.

– (ed.) (1975a). *Systems Analysis and Simulation in Ecology*, Vol. 3. New York: Academic Press.

– (1975b). Ecosystem linearization: An evolutionary design problem. *American Naturalist*, 109, 529-39.

– (1975c). Ecosystem as a coevolutionary unit: A theme for teaching systems ecology. In *New Directions in the Analysis of Ecological Systems*, ed. G. S. Innis, pp. 1-8. Simulation Council Proceedings, Vol. 5. No. 1. La Jolla, Calif.: Society for Computer Simulation.

– (1976). Afterthoughts on the Cornell TIE workshop. In *Ecosystem Theory and Ecosystem Models*, ed. S. A. Levin, pp. 63-6. Indianapolis: Institute of Ecology.

– (1981). Environs: The superniches of ecosystems. *American Zoologist*, 21, 845-52.

Pearl, R. (1914). The service and importance of statistics to biology. *Quarterly Publication of the American Statistics Association*, 1914, 40-88.

– (1925). *The Biology of Population Growth*. New York: Knopf.

[357]   – (1927). The growth of populations. *Quarterly Review of Biology*, 2, 532-48.

Pearl, R., and Reed, L. J. (1920). On the rate of growth of the population of the United States since 1970 and its mathematical representation. *Proceedings of the National Academy of Sciences*, 6, 275-88.

Pearsall, W. H. (1917). The aquatic and marsh vegetation of Esthwaite Water, Part I. *Journal of Ecology*, 5, 180-202.

– (1921). The development of vegetation in the English lakes considered in relation to the general evolution of glacial lakes and rock basins. *Proceedings of the Royal Society B.*, 92, 259-84.

– (1932). Phytoplankton in the English lakes. II. The composition of the phytoplankton in relation to dissolved substances. *Journal of Ecology*, 20, 241-62.

– (1964). The development of ecology in Britain. *Journal of Ecology* (suppl.), 52, 1-12.

Peters, R. H. (1976). Tautology in evolution and ecology. *American Naturalist*, 110, 1-12.

– (1980). From natural history to ecology. *Perspectives in Biology and Medicine*, 23, 191-203.

Petersen, C. G. J. (1913). *Valuation of the Sea. II. The Animal Communities of the Sea Bottom and Their Importance for Marine Zoogeography*. Reports of the Danish Biological Station No. 21, 1-44.

– (1918). *The Sea Bottom and Its Production of Fish Food*. Reports of the Danish Biological Station No. 25, pp. 1-62.

Petersen, C. G. J., and Jensen, P. B. (1911). *Valuation of the Sea. I. Animal Life of the Sea Bottom, Its Food and Quantity*. Report of the Danish Biological Station to Board of Agriculture No. 10, 1-76.

Peterson, C. H. (1975). Stability of species and of community for the benthos of two lagoons. *Ecology*, 56, 958-65.

Phillips, J. F. V. (1934-1935). Succession, development, the climax, and the complex organism, Parts I-III. *Journal of Ecology*, 22, 554-71; 23, 210-43, 488-508.

Phillipson, J. (1966). *Ecological Energetics*. London: Edward Arnold.

Pianka, E. (1980). Guild structure in desert lizards. *Oikos*, 35, 194-201.

Pielou, E. C. (1969). *An Introduction to Mathematical Ecology*. New York: Wiley.

– (1972). On kinds of models. *Science*, 177, 981-2.

– (1975). *Ecological Diversity*. New York: Wiley.

– (1981). The usefulness of ecological models: A stocktaking. *Quarterly Review of Biology*, 56, 17-31.

Ponyatovskaya, V. M. (1961). On two trends in phytocoenology. *Vegetatio*, 10, 373-85.

Pound, R. (1896). The plant-geography of Germany. *American Naturalist*, 30, 465-8.

Pound, R., and Clements, F. E. (1897). Review of "Observations on the Distributions of Plants along the Shore at Lake of the Woods." *American Naturalist*, 31, 980-4.

– (1898a). A method of determining the abundance of secondary species. *Minnesota Botanical Studies*, 2, 19-24.

– (1898b). *The Phytogeography of Nebraska*, 1st ed. Lincoln, Nebr. (2nd ed., 1900.) Reprinted New York: Arno Press (1977).                   [358]

Preston, F. W. (1948). The commonness and rarity of species. *Ecology*, 29, 254-83.

– (1962). The canonical distribution of commonness and rarity, Parts I and II. *Ecology*, 43, 185-215, 410-32.

Quinn, J. A. (1978). Plant ecotypes: Ecological or evolutionary unit. *Bulletin of the Torrey Botanical Club*, 105, 58-64.

Ramaley, R. (1940). The growth of a science. *University of Colorado Studies, General Series A*, 26, 3-14.

Ramensky, L. G. (1924). Basic regularities of vegetation covers and their study. (In Russian.) *Věstnik Opytnogo děla Stredne-Chernoz. Ob., Voronezh*, 37-73.

Ranwell, D. S. (ed.) (1967). Sub-committee report on landscape improvement advice and research. *Journal of Ecology*, 55, 1P-8P.

Ratcliffe, D. A. (1977). The conservation of important wildlife areas in Great-Britain. *Bulletin of the British Ecological Society*, VIII(1), 5-11.

Raunkaier, C. (1904). Biological types with reference to the adaptation of plants to survive the unfavorable season. *Botanisk Tidsskrift*, 26. (Trans. in C. Raunkaier 1934.)

– (1908). The statistics of life-forms as a basis for biological plant geography. *Botanisk Tidsskrift*, 29. (Trans. in C. Raunkaier 1934.)

– (1910). Investigations and statistics of plant formations. *Botanisk Tidsskrift*, 30. (Trans. in C. Raunkaier 1934.)

– (1918). *Statistical Researches on Plant Formations*. Kgl. Danske Videnskabernes Selskab. Biologiske Meddelelser 1.3. (Trans. in C. Raunkaier 1934.)

– (1934). *The Life Forms of Plants and Statistical Plant Geography*. Oxford: Clarendon Press.

Redfield, A. C. (1945). The Marine Biological Laboratory. *Ecology*, 26, 208.

– (1958). The inadequacy of experiment in marine biology. In *Perspectives in Marine Biology*, ed. A. A. Buzzati-Traverso, pp. 17-26. Berkeley: University of California Press.

Reed, H. S. (1905). A brief history of ecological work in botany. *Plant World*, 8, 163-70, 198-208.

Reeve, M. R. (1979). The problem of patchiness. *Science*, 204, 943.

Regier, H. A., and Rapport, D. J. (1978). Ecological paradigms, once again. *Bulletin of the Ecological Society*, 59, 2-6.

Rehbock, P. F. (1979). The early dredgers: Naturalizing in British seas, 1830-1850. *Journal of the History of Biology*, 12, 293-368.

– (1983). *The Philosophical Naturalists: Themes in Early Nineteenth Century British Biology*. Madison: University of Wisconsin Press.

Reichle, D. E., and Auerbach, S. I. (1972). Analysis of Ecosystems. In *Challenging Biological Problems: Directions toward Their Solution*, ed. J. A. Behnke, pp. 260-80. New York: Academic Press.

Reid, G. K., and Wood, R. D. (1976). *Ecology of Inland Waters and Estuaries*. New York: Van Nostrand.

[359] Report of Committee on Nature Conservation and Nature Reserves (1944). Nature conservation and nature reserves. *Journal of Ecology*, 32, 45-82.

Report for the National Science Foundation (1977). *Experimental Ecological Reserves: A Proposed National Network*. Indianapolis: Institute of Ecology.

Report of the Study Committee (1968). A National Institute of Ecology: Synopsis of the plans of the Ecological Society of America: History and status. *Bulletin of the Ecological Society of America*, 49, 48-54.

Report of the Workshop on Global Ecological Problems (1972). *Man in the Living Environment*. Indianapolis: Institute of Ecology.

Rice, A. L., and Wilson, J. B. (1980). The British Dredging Committee. In *Oceanography: The Past*, ed. M. Sears and D. Merriam, pp. 373-83. New York: Springer-Verlag.

Richards, O. W. (1926). Studies on the ecology of English heaths. III. Animal communities of the felling and burn succession at Oxshott Heath, Surrey. *Journal of Ecology*, 14, 244-81.

Richards, P. W. (1952). *The Tropical Rainforest*. Cambridge: Cambridge University Press.

Richardson, J. L. (1980). The organismic community: Resilience of an embattled ecological concept. *BioScience*, 30, 465-471.

Richman, S. (1958). The transformation of energy by *Daphnia pulex*. *Ecological Monographs*, 28, 273-91.

Richmond, R. C., Gilpin, M. E., Salsa, S. P., and Ayala, F. J. (1975). A search for emergent competitive phenomena: The dynamics of multispecies *Drosophila* systems. *Ecology*, 56, 709-14.

Ricker, W. E. (1954). Stock and recruitment. *Journal of the Fisheries Research Board of Canada*, 11, 559-623.

– (1977). The historical development. In *Fish Population Dynamics*, ed. J. A. Gulland, pp. 1-26. London: Wiley.

Rider, R. E. (1981). Two mathematicians. *Science*, 217, 1496.

Rigler, F. H. (1975a). Lakes 2: Chemical limnology, nutrient kinetics, and the new topology. *Verhandlungen Internationale Vereins Limnologie*, 19, 197-210.

– (1975b). The concept of energy flow and nutrient flow between trophic levels. In *Unifying Concepts in Ecology*, ed. W. H. van Dobben and R. H. Lowe-McConnell, pp. 15-26. The Hague: Junk.

– (1976). Review of Systems Analysis and Simulation in Ecology, Vol. 3. *Limnology and Oceanography*, 21, 481-3.

– (1982). The relation between fisheries management and limnology. *Transactions of the American Fisheries Society*, 111. 121-32.

Ripley, S. D. (1968). *Testimony on The International Biological Programs*. Report of the Subcommittee on Science Research and Development of the Committee on Science Astronautics, U.S. House of Representatives, 90th Congress, 2nd Session, March 11, 1968.

Robertson, C. (1906). Ecological adaptation and ecological selection. *Science*, 23, 307-10.

Rodhe, W. (1975). The SIL foundation and our fundament. *Verhandlungen Internationale Vereinigung Limnologie*, 19, 16-25.

[360] – (1979). The life of lakes. *Archiv für Hydrobiologie Beihefte Ergebenknisse Limnologie*, 13, 5-9.

Rodman, J. (1980). Paradigm change in political science: An ecological perspective. *American Behavioral Scientist*, 24, 49-78.

Roe, K. F., and Frederick, R. G. (1981). *Dictionary of Theoretical Concepts in Biology*. Metuchen, N.J.: Scarecrow Press.

Romesburg, H. C. (1981). Wildlife science: Gaining reliable knowledge. *Journal of Wildlife Management*, 45, 293-313.

Rosen, R. (1972). Review of trends in general systems theory. *Science*, 177, 508-9.

Rosenzweig, M. L. (1976). Review of small mammals. *Science*, 192, 778-9.

Ross, R. (1911). Some quantitative studies in epidemiology. *Nature*, 87, 466-7.

Roth, V. L. (1981). Constancy in the size ratios of sympatric species. *American Naturalist*, 118, 394-404.

Roughgarden, J. (1983). Competition and theory in community ecology. *American Naturalist*, 122, 583-601.

Rowe, J. S. (1961). The level-of-integration concept and ecology. *Ecology*, 42, 420-7.

Rubel, E. (1927). Ecology, plant geography, and geobotany: Their history and aim. *Botanical Gazette*, 84, 428-39.

Ruse, M. (1973). *The Philosophy of Biology*. London: Hutchinson.

Rutter, A. J. (1972). Summary and assessment: An ecologist's point of view. In *Mathematical Models in Ecology*, ed. J. N. R. Jeffers, pp. 375-80. Oxford: Blackwell Scientific.

Saarinen, E. (1982). *Conceptual Issues in Biology*. Dordrecht: D. Reidel.

Sachs, J. (1874). *Lehrbuch der Botanik, nach dem gegenwortigen Stand der Wissenschaft, Leipzig*, 4th ed. Trans. A. W. Bennet and W. T. Thiselton Dyer, as *Textbook of Botany: Morphological and Physiological*. Oxford: Clarendon Press (1875).

Sachse, N. D. (1965). *A Thousand Ages*. Madison: University of Wisconsin Arboretum.

Salamun, R. N. (1952). The social influence of the potato. *Scientific American*, 187(6), 50-6.

Sale, P. F. (1977). Maintenance of high diversity in coral reef fish communities. *American Naturalist*, 11, 337-59.

Salisbury, E. J. (1942). *The Reproductive Capacity of Plants*. London: Bell.

– (1964). The origin and early years of the British Ecological Society. *Journal of Ecology* (suppl.), 52, 13-18.

Salt, G. W. (1979). A comment on the use of the term emergent properties. *American Naturalist*, 113, 145-8.

Sanders, H. L. (1960). Benthic studies in Buzzards Bay. III. The structure of the soft bottom community. *Limnology and Oceanography*, 5, 138-53.

– (1968). Marine benthic diversity: A comparative study. *American Naturalist*, 102, 243-82.

Sanders, H. L., and Hessler, R. R. (1969). Ecology of the deep sea benthos. *Science*, 163, 1419-24.

Sanford, C. L. (1957). The concept of the sublime in the works of Thomas Cole and William Cullen Bryant. *American Literature*, 28, 434-48.

– (1961). *The Quest for Paradise*. Urbana: University of Illinois Press. [361]

Sargent, F., II (ed.) (1974a). *Human Ecology*. Amsterdam: North Holland.

– (1974b). Nature and scope of human ecology. In *Human Ecology*, ed. F. Sargent II, pp. 1-25. Amsterdam: North Holland.

Sarukhán, J., and Harper, J. L. (1973). Studies on plant demography, *Ranunculus repens* L., *R. Bulbosus* L., and *R. Acris* L. 1. Population flux and survivorship. *Journal of Ecology*, 61, 675-716.

Schaffer, W. M., and Leigh, E. G. (1976). The prospective role of mathematical theory in plant ecology. *Systematic Botany*, 1, 209-32.

Schimper, A. F. W. (1898). *Pflanzen-Geographie auf physiologischer Grundlage*. Jena: Fischer. Translated (1903) as *Plant Ecology upon a Physiological Basis*. Oxford: Clarendon Press.

Schlee, S. (1973). *The Edge of an Unfamiliar World: A History of Oceanography*. London: Robert Hale.

Schmidt, K. P. (1948). Cassandra in Latin America. *Ecology*, 29, 221.

Schoener, T. W. (1972). Mathematical ecology and its place among the sciences. *Science*, 178, 389-91.

– (1982). The controversy over interspecific competition. *American Scientist*, 70, 586-95.

Schouw, J. F. (1822). *Grundræk til en almindelig Plantegeographie.* Copenhagen: Gyldendalske. German Trans. *Grundzüge einer allgemeinen Pflanzengeographie.* Berlin: Reimer (1823).

Schröter, C., and Kirchner, O. (1896). Die Vegetation des Bodensees. *Schriften: Vereins für Geschichte des Bodensees und seiner Umgebung*, 25, 1-119.

Schröter, C., and Kirchner, O. (1902). Die Vegetation des Bodensees. *Schriften: Vereins für Geschichte des Bodensees und seiner Umgebung*, 31, 1-86.

Schumacher, E. F. (1973). *Small Is Beautiful.* New York: Harper & Row.

Schurz, C. (1889). Address to Forestry Association. In *Living Ideas in America*, ed. H. S. Commager, pp. 88-91. New York: Harper & Row.

Sclater, P. L. (1858). On the general geographical distribution of the members of the class *Aves. Journal of the Proceedings of the Linnaean Society of London (Zoology)*, 2, 130-45.

Scudo, F. M. (1971). Vito Volterra and theoretical ecology. *Theoretical Population Ecology*, 2, 1-23.

– (1982). The roots of theoretical ecology. IV. Theoretical ecology in the 1930s and in the 1960s–Two different philosophies. (Pers. commun.)

Scudo, F., and Ziegler, J. R. (1978). *The Golden Age of Theoretical Ecology, 1923-1940.* New York: Springer-Verlag.

Sears, M., and Merriam, D. (eds.) (1980). *Oceanography: The Past.* New York: Springer-Verlag.

Sears, P. B. (1932). *Life and Environment.* New York: Bureau of Publications, Teachers College, Columbia University.

– (1935a). Types of North American pollen profiles. *Ecology*, 16, 488-99.

– (1935b). Glacial and postglacial vegetation. *Botanical Review*, 1, 37-51.

– (1935c). *Deserts on the March.* Norman: University of Oklahoma Press.

– (1937). *This Is Our World.* Norman: University of Oklahoma Press.

– (1954). Human ecology: A problem in synthesis. *Science*, 120, 959-63.

– (1956). Some notes on the ecology of ecologists. *Scientific Monthly*, 83, 22-7.

– (1964). Ecology–A subversive subject. *BioScience*, 14, 11-13.

– (1971). Toward design for the future. *Bulletin of the Ecological Society of America*, 52(3), 5-7.

Second decennial of the Botanical Seminar of the University of Nebraska. (1906). *Science*, 24, 629-631.

Seddon, G. (1974). Xerophytes, xeromorphs, and sclerophylls: The history of some concepts in ecology. *Linnaean Society of London Biological Journal*, 6, 65-87.

Sellery, G. G. (1956). E. A. Birge, a memoir. In *An Explorer of Lakes*, ed. C. H. Mortimer, pp. 165-211. Madison: University of Wisconsin Press.

Semper, K. (1881). *Animal Life as Affected by the Natural Conditions of Existence.* New York: Appleton.

Shaler, N. S. (1910). *Man and the Earth.* New York: Duffield.

Shantz, H. L. (1911). *Natural Vegetation as an Indicator of the Capabilities of Land for Crop Production in the Great Plains Area.* Bureau of Plant Industry Bulletin No. 201.

Shaw, C. H. (1909). Present problems in plant ecology. III. Vegetation and altitude. *American Naturalist*, 43, 420-31.

Sheail, J. (1976). *Nature in Trust: A History of Nature Conservation in Britain.* Glasgow: Blackie.

– (1981). *Rural Conservation in Inter-War Britain.* Oxford: Clarendon Press.

Shelford, V. E. (1911). Physiological animal geography. *Journal of Morphology*, 22, 551-618.

– (1913). *Animal Communities in Temperate America as Illustrated in the Chicago Region.* No. 5. Chicago: Bulletin of the Geographical Society of Chicago. Reprinted New York: Arno Press (1977).

– (1915). Principles and problems of ecology as illustrated by animals. *Journal of Ecology*, 3, 1-23.

[362]

– (ed.) (1917). Handbook of the Ecological Society of America. *Bulletin of the Ecological Society of America*, 1(3), 1-57.

– (ed.) (1926). *Naturalist's Guide to the Americas.* Baltimore: Williams & Wilkins.

– (1929). *Laboratory and Field Ecology.* Baltimore: Williams & Wilkins.

– (1932). Basic principles of the classification of communities and habitats and the use of terms. *Ecology*, 13, 105-20.

Shepard, P. (1967). Whatever happened to human ecology? *BioScience*, 17, 891-4.

Shimwell, D. W. (1971). *The Description and Classification of Vegetation.* Seattle: University of Washington Press.

Shreve, F. (1914). *A Montane Rain-forest: A Contribution to the Physiological Plant Geography of Jamaica.* Publication No. 199. Washington, D. C.: Carnegie Institution of Washington.

Shugart, H. H. (1976). Review of B. C. Patten (ed.), *Systems Analysis and Simulation in Ecology.* *Quarterly Review of Biology*, 51, 456-7.

Shugart, H. H., Klopatek, J. M., and Emanuel, W. R. (1981). Ecosystems analysis and land use planning. In *Handbook of Contemporary Developments in World Ecology*, ed. E. J. Kormondy and J. F. McCormick, pp. 665-99. Westport, Conn.: Greenwood Press.  [363]

Shugart, H. H. and O'Neill, R. V. (eds.) (1979). *Systems Ecology.* Stroudsburg, Pa.: Dowden, Hutchinson & Ross.

Simberloff, D. S. (1974). Equilibrium theory of island biogeography and ecology. *Annual Review of Ecology and Systematics*, 5, 161-82.

– (1980). A succession of paradigms in ecology: Essentialism to materialism and probabalism. *Synthese*, 43, 3-39.

– (1983). Competition theory, hypothesis testing, and other community ecological buzzwords. *American Naturalist*, 122, 626-35.

Simberloff, D. S., and Boecklen, W. (1981). Santa Rosalia reconsidered: Size ratios and competition. *Evolution*, 35, 1206-28.

Simon, M. A. (1971). *The Matter of Life: Philosophical Problems of Biology.* New Haven: Yale University Press.

Sjors, H. (1955). Remarks on ecosystems. *Svensk Botanisk Tidsskrift*, 49, 155-69.

Slobodkin, L. B. (1955). Conditions for population equilibrium. *Ecology*, 36, 530-3.

– (1959). Energetics in *Daphnia pulex* populations. *Ecology*, 40, 232-43.

– (1961). Preliminary ideas for a predictive theory of ecology. *American Naturalist*, 95, 147-53.

– (1962). *Growth and Regulation of Animal Populations.* New York: Holt, Rinehart and Winston.

– (1965). On the present incompleteness of mathematical ecology. *American Scientist*, 53, 347-57.

– (1968). Aspects of the future of ecology. *BioScience*, 18, 16-23.

– (1969). Pathfinding in ecology. *Science*, 164, 817.

– (1972). On the inconstancy of ecological efficiency and the form of ecological theories. *Transactions of the Connecticut Academy of Arts and Sciences*, 44, 293-305.

– (1975). Comments from a biologist to a mathematician. In *Ecosystem Analysis and Prediction*, ed. S. A. Levin, pp. 318-29. Proceedings SIAMSIMS Conference on Ecosystems, Alta, Utah, July 1-5. 1974. SIAM Institute for Mathematics and Society.

Smit, P. (1967). Ernst Haeckel and his Generelle Morphologie: An evaluation. *Janus*, 54. 236-52.

Smith, F. E. (1952). Experimental methods in population dynamics. *Ecology*, 33, 441-50.

– (1967). *First Annual Report of the Analysis of Ecosystems.* An Integrated Research Program of the U.S. IBP. Nov. 11, 1967.

– (1968). The International Biological Progam and the science of ecology. *Proceedings of the National Academy of Sciences*, 60, 5-11.

– (1969). *Termination of the Central Program, Analysis of Ecosystems.* Analysis of Ecosystems Programs. U.S. IBP.

– (1975a). Ecosystems and evolution. *Bulletin of the Ecological Society of America*, 56(4), 2-6.

[364]  – (1975b). Comments revised; or, What I wish I had said. In *New Directions in the Analysis of Ecological Systems*, ed. J. S. Innis, pp. 231-34. Simulation Councils Proceedings Series, Vol. 5, No. 2. La Jolla, Calif.: Society for Computer Simulation.

– (1976). Ecology: Progress and self-criticism. *Science*, 192, 546.

– (1978). Episodes in ecology. *Science*, 200, 526-7.

Smith, H. S. (1939). Insect populations in relation to biological control. *Ecological Monographs*, 9, 311-20.

Smith, R. (1899). On the study of plant associations. *Natural Science*, 14, 109-20.

Smith, R. L. (1980). *Ecology and Field Biology*, 3rd ed. New York: Harper & Row.

Smith, S. H. (1968). Species succession and fishery exploitation in the Great Lakes. *Journal of the Fisheries Research Board of Canada*, 25, 667-93.

Smith, W. G. (1908). The British Vegetation Committee. *New Phytologist*, 8, 203-6.

Southern, H. N. (1970). Ecology at the crossroads. *Journal of Ecology*, 58, 1-11.

Southwood, T. R. E. (1966). *Ecological Methods, with Particular Reference to the Study of Insect Populations*. London: Methuen.

Spalding, V. M. (1903). The rise and progress of ecology. *Science*, 17, 201-10.

Sprugel, D. G. (1980). A "pedagogical genealogy" of American plant ecologists. *Bulletin of the Ecological Society of America*, 61, 197-200.

Spurr, S. H. (1952). Origin of the concept of forest succession. *Ecology*, 33, 426-7.

– (1964). *Forest Ecology*. New York: Ronald Press.

Stalley, M. (ed.) (1972). *Patrick Geddes, Spokesman for Man and the Environment*. New Brunswick, N.J.: Rutgers University Press.

Stanley J. (1932). A mathematical theory of the growth of populations of the flour beetle *Tribolium confusum*, Duv. *Canadian Journal of Research*, 6, 632-71.

Stauffer, R. C. (1957). Haeckel, Darwin, and ecology. *Quarterly Review of Biology*, 32, 138-44.

– (1960). Ecology in the long manuscript version of Darwin's *Origin of Species* and Linnaeus' *Oeconomy of Nature*. *Proceedings of the American Philosophical Society*, 104, 235-41.

Stearns, F., and Montag, T. (1974). *The Urban Ecosystem: A Holistic Approach*. Stroudsburg, Pa.: Dowden, Hutchinson and Ross.

Stearns, S. C. (1980). A new view of life-history evolution. *Oikos*, 35, 266-81.

Stebbins, G. L. (1980). Botany and the synthetic theory of evolution. In *The Evolutionary Synthesis*, ed. E. Mayr and W. B. Provine, pp. 139-52. Cambridge, Mass.: Harvard University Press.

Steere, J. B. (1894). On the distribution of genera and species of nonmigratory land-birds in the Phillipines. *Ibis*, 1894, 411-20.

Stephen, A. C. (1933). Studies on the Scottish marine fauna: The natural faunistic divisions of the North Sea illustrated by the quantitative distribution of the molluscs. *Transactions of the Royal Society of Edinburgh*, 57, 391.

[365]  Stephenson, W. (1973). The validity of the community concept in marine biology. *Proceedings of the Royal Society of Queensland*, 84, 73-86.

Stephenson, W., Williams, W. T., and Cook, S. D. (1972). Computer analysis of Petersen's original data on bottom communities. *Ecological Monographs*, 42, 387-415.

Stieber, M. (1980). Delectus Huntiana 2. (Photograph and comments on botanical seminar, 1896.) *Bulletin of the Hunt Institute of Botanical Documentation*, 2(2), 3-5.

Stilgoe, J. R. (1982). *Common landscapes in America, 1580 to 1845*. New Haven, Conn.: Yale University Press.

Stoddard, H. L. (1932). *The Bobwhite Quail: Its Habits, Preservation, and Increase*. New York: Scribner's.

Stout, B. B. (ed.) (1981). *Forests in the Here and Now*. Missoula: Montana Forest and Conservation Experiment Station, School of Forestry, University of Montana.

Strong, D. R., Jr., Simberhoff, D., Abele, L. G., and Thistle, A. B. (eds.) (1984), *Ecological Communities: Conceptual Issues and the Evidence*. Princeton, N.J.: Princeton University Press.

Subcommittee on Science Research and Development (1968). *The International Biological Program: Its Meaning and Needs*. Committee on Science and Astronautics, U.S. House of Representatives. 90th Congress, 2nd Session, Serial N. Washington, D. C.: U.S. Government Printing Office. Suess, H. E. (1973). Natural radiocarbon. *Endeavour*, 32, 34-8.

Sukachev, V. N. (1945). Biogeocœnology and phytocœnology. *Doklady Akademica Nauk USSR*, 47, 447-9.

Summary of a Workshop (1979). *Long-term Ecological Research*. Indianapolis: Institute of Ecology.

Sussman, H. J. (1977). Review of on systems analysis. *Human Ecology*, 5, 383-5.

Suter, G. E., II (1981). Ecosystem theory and NEPA assessment. *Bulletin of the Ecological Society of America*, 62, 186-92.

Tansley, A. G. (1904a). The problems of ecology. *New Phytologist*, 3, 191-204.

– (1904b). Formation of a committee for the survey and study of British vegetation. *New Phytologist*, 4, 23-6.

– (1905). The vegetation of the Scottish Highlands. *New Phytologist*, 5, 98-100.

– (ed.) (1911). *Types of British Vegetation*. Cambridge: Cambridge University Press.

– (1913-14). International phytogeographic excursion (I. P. E.) in America, 1913. *New Phytologist*, 12, 322-6; 13, 268-75, 325-33.

– (1914a). Presidential address. *Journal of Ecology*, 2, 194-202.

– (1914b). The British Ecological Society. Summer Meeting, July 1914. *Journal of Ecology*, 2, 202-4.

– (1920). The classification of vegetation and the concept of development. *Journal of Ecology*, 8, 118-48.

– (1923). *Practical Plant Ecology*. New York: Dodd, Mead.

– (1929). *Succession: The Concept and Its Values*. Proceedings of the International Congress of Plant Sciences, 1, 677-86.

– (1935). The use and abuse of vegetational concepts and terms. *Ecology*, 16, 284-307.

– (1939). British ecology during the past quarter century: The plant community and the ecosystem. *Journal of Ecology*, 27, 513-30.

– (1945). *Our Heritage of Wild Nature: A Plea for Organized Nature Conservation*. Cambridge: Cambridge University Press.

– (1947). The early history of modern plant ecology in Britain. *Journal of Ecology*, 35, 130-7.

Taylor, F. J. R. (1980). Phytoplankton ecology before 1900: Supplementary notes to the "Depths of the Ocean." In *Oceanography: The Past*, ed. M. Sears and D. Merriman, pp. 509-21. New York: Springer-Verlag.

Taylor, L. R., and Elliott, J. M. (1981). The first fifty years of the Journal of Animal Ecology. *Journal of Animal Ecology*, 50, 951-71.

Taylor, N. (1912). Some modern trends in ecology. *Torreya*, 12, 110-17.

– (1938). The beginning of ecology. *Ecology*, 19, 352.

Taylor, W. P. (1927). Ecology or bioecology. *Ecology*, 8, 280-1.

[366]

– (1935). Significance of the biotic community in ecological studies. *Quarterly Review of Biology*, 10, 291-307.

– (1936). What is ecology and what good is it? *Ecology*, 17, 333-46.

Teal, J. M. (1957). Community metabolism in a temperate cold spring. *Ecological Monographs*, 27, 283-302.

Thienemann, A. (1918). Lebengemeinschaft und Lebensraum. *Naturwissenschaft Wocheschrift*, N. F., 17, 282-90, 297-303.

– (1925). Die Binnengewässer Mitteleuropas: Eine limnologischer Einfürung. *Die Binnengewässer*, 1, 1-225.

Thomas, W. L., Jr. (1956). Introduction. In *Man's Role in Changing the Face of the Earth*, ed. W. L. Thomas, Jr., pp. xii-xxviii. Chicago: University of Chicago Press.

Thorson, G. (1957). Bottom communities (sublittoral or shallow shelf). *Geological Society of America Memoir*, 67, 461-534.

Tinkle. D. W. (1979). Long term field studies. *BioScience*, 29. 717.

Tobey, R. (1976). Theoretical science and technology in American ecology. *Technology and Culture*, 17, 718-28.

– (1981). *Saving the Prairies: The Life Cycle of the Founding School of American Plant Ecology, 1895-1955*. Berkeley: University of California Press.

"Tongue-in-cheek" representation of the biome effort. (1972). *Eastern Deciduous Forest Biome, U.S. IBP Analysis of Ecosystems IBP Newsletter*, 9, 6.

Tonn, W. M., and Magnuson, J. J. (1982). Pattern in the species composition and richness of fish assemblages in Northern Wisconsin Lakes. *Ecology*, 63. 1149-66.

Tracy, C. R., and Turner, J. S. (1982). What is physiological ecology? *Bulletin of the Ecological Society of America*, 63, 340-7.

Trass, H. (1976). *Vegetation Science: History and Contemporary Trends of Development*. Leningrad: Nauka Press.

Traverse, A. (1974). Paleopalynology. *Annals of the Missouri Botanical Garden*, 61, 203-36.

Turesson, G. (1922). The genotypical response of the plant species to the habitat. *Hereditas*, 3, 211-350.

Tutin, T. G. (1941). The hydrosere and current concepts of the climax. *Journal of Ecology*, 29, 268-79.

Udvardy, M. D. F. (1969). *Dynamic Zoogeography*. New York: Van Nostrand Reinhold.

*U. S. Participation in the International Biological Program*. (1974). Report No. 6 of the U.S. National Committee for the International Biological Program. Washington, D.C.: National Academy of Sciences.

Uvarov, B. P. (1931). Insects and climate. *Transactions of the Entomological Society of London*, 79, 1-249.

Van der Maarel, E, (1975). The Braun-Blanquet approach in perspective. *Vegetatio*, 30, 213-9.

Vandermeer, J. H. (1972). Niche theory. *Annual Review of Ecology and Systematics*, 3, 107-32.

Van Dyne, G. M. (1966). *Ecosystems, Systems Ecology, and Systems Ecologists*. ORNL-3957. Oak Ridge, Tenn.

– (ed.). (1969). *The Ecosystem Concept in Natural Resource Management*. New York: Academic Press.

– (1972). Organization and management of an integrated ecological research program. In *Mathematical Models in Ecology*, ed. J. N. R. Jeffers, pp. 111-72. Oxford: Blackwell Scientific.

– (1980). Systems ecology: The state of the art. In *Oak Ridge National Laboratory Environmental Sciences Laboratory Dedication, February 26-27, 1979*, No. 5666, pp. 81-103. Oak Ridge, Tenn.: Oak Ridge National Laboratory.

Van Valen, L., and Pitelka, F. (1974). Commentary: Intellectual censorship in ecology. *Ecology*, 55, 925-6.

[367]

Vernadsky, W. I. (1944). Problems of biogeochemistry II. The fundamental matter-energy difference between the living and inert bodies of the biosphere. *Transactions of the Connecticut Academy of Arts and Sciences*, 35, 483-517.

Verrill, A. E. (1873). Report upon the invertebrate animals of Vineyard Sound and adjacent waters. *Report of the U.S. Commission of Fish and Fisheries, 1871-1872*, 295-778.

Vitousek, P. M., and Reiners, W. A. (1975). Ecosystem succession and nutrient retention: A hypothesis. *BioScience*, 25, 376-81.

Vogt, W. (1948). *Road to Survival*. New York: William Sloane Associates.

Voorhees, D. W. (ed.) (1983). *Concise Dictionary of American Science*. New York: Scribner's.

Vorzimmer, P. (1965). Darwin's ecology and its influence on his theory. *Isis*, 56, 148-55.

Vuillemeer, B. S. (1971). Pleistocene changes in the fauna and flora of South America. *Science*, 173, 771-80.

Walker, D. (1970). Direction and rate in some British post-glacial hydroseres. In *Studies in the Vegetational History of the British Isles*, ed. D. Walker and R. G. West, pp. 117-39. Cambridge: Cambridge University Press. [368]

Waller, A. E. (1947). Daniel Drake as a pioneer in modern ecology. *Ohio State Archeological and Historical Quarterly*, Oct. 1947, 362-73.

Ward, H. B. (1899a). *The freshwater biological stations of the world*. Report of the Smithsonian Institution of Washington, 1897-98, 499.

– (1899b). Freshwater investigations during the last five years. *Transactions American Microscopical Society*, 20, 261-336.

Warming E. (1895). *Plantesamfund: Grundträk af den Ökologiska Plantegeografi*. Copenhagen: Philipsen. German trans. E. Knoblauch, as *Lehrbuch der Okologischen: Pflanzengeographie: Ein Einfürung in die Kenntniss der Pflanzenvereine*. Berlin: Borntraeger (1896). English version (modified), as *Oecology of Plants: An Introduction to the Study of Plant Communities*. Oxford: Clarendon Press (1909).

Waterman, T. H., and Morowitz, H. J. (eds.) (1965). *Theoretical and Mathematical Biology*. New York: Blaisdell.

Watson, H. C. (1847). *Cybele Britannica; or, British Plants and Their Geographical Relations*. London: Longman.

Watt, A. S. (1924). On the ecology of British beechwoods with special reference to their regeneration. II. The development and structure of beech communities on the Sussex Downs. *Journal of Ecology*, 12, 145-204.

– (1947). Pattern and process in the plant community. *Journal of Ecology*, 35, 1-22.

– (1964). The community and the individual. *Journal of Ecology*, (suppl.), 52, 203-11.

Watt, K. E. F. (1962). Use of mathematics in population ecology. *Annual Review of Entomology*, 7, 243-60.

– (ed.) (1966). *Systems Analysis in Ecology*. New York: Academic Press.

– (1968). *Ecology and Resource Management*. New York: McGraw-Hill.

– (1971). Dynamics of populations: A synthesis. In *Dynamics of Populations*, ed. P.J. den Boer and G. R. Gradwell, pp. 568-80. Wageningen: Centre for Agricultural Publication and Documentation.

– (1973). *Principles of Environmental Science*. New York: McGraw-Hill.

– (1975). Critique and comparison of biome ecosystem modeling. In *Systems Analysis and Simulation in Ecology*, Vol. III, ed. B. C. Patten, pp. 139-52. New York: Academic Press.

Weadock, V., and Dansereau, P. (1960). The SIGMA papers. *Sarracenia*, 3, 1-47.

Weaver, J. E. (1924). Plant production as a measurement of environment. *Journal of Ecology*, 12, 205-37.

Weaver, J. E., and Clements, F. E. (1938). *Plant Ecology*. New York: McGraw-Hill.

Weaver, J. E., Jean, F. G., and Crist, J. W. (1922). *Development and Activities of the Roots of Crop Plants: A Study in Crop Ecology*. Publication No. 316. Washington, D.C.: Carnegie Institution of Washington.

Webb, W. M. (1913). The nature reserve movement in Britain. *Journal of Ecology*, 1, 46.

Webb, W. P. (1931). *The Great Plains*. New York: Ginn.

[369]    Welch, B. L. (1972). Ecologists. *Science*, 177, 115.

Welch, P. S. (1935). *Limnology*. New York: McGraw-Hill.

Wenner, L. B. (1982). *The Environmental Decade in Court*. Bloomington: Indiana University Press.

Werner, E. E. (1977). Review of R. H. Whittaker and S. A. Levin (eds.), *Niche: Theory and Application*. *Transactions of the American Fisheries Society*, 106, 649-50.

– (1980). Niche theory in fisheries ecology. *Transactions of the American Fisheries Society*, 109, 257-60.

Werner, E. E., and Mittelbach, G. G. (1981). Optimal foraging: Field tests of diet choice and habitat switching. *American Zoologist*, 21. 813-29.

West, D. C., Shugart, H. H., and Botkin, D. B. (1981). *Forest Succession: Concepts and Applications*. New York: Springer-Verlag.

West, R. G. (1964). Inter-relations of ecology and quaternary paleobotany. *Journal of Ecology*, (suppl.), 52, 47-57.

Westhoff, V. (1970). Vegetation study as a branch of biological science. In *Vegetatiekunde als synthetische Wetinschap*, ed. H. J. Venema, I. H. Doing, and I. S. Zonneveld, pp. 11-58. Wageningen, The Netherlands: H. Veenman.

Wheeler, W. M. (1902). "Natural history": "œcology" or "ethology"? *Science*, 15, 971-6.

– (1926). A new word for an old thing. *Quarterly Review of Biology*, 1, 439-43.

Whicker, F. W., and Schultz, V. (1982). *Radioecology: Nuclear Energy and the Environment*, Vol. 1. Boca Raton, Fla.: CRC Press.

White, G. (1789). *The Natural History and Antiquities of Selborne in the County of Southampton*. Reprinted London: Macmillan (1900).

White, J. (1982). A history of Irish vegetation studies. *Journal of Life Sciences, Royal Dublin Society*, 3, 15-42.

– (in press). The census of plants in vegetation. In *The Population Structure of Vegetation*, ed. J. White. The Hague: Junk.

White, L., Jr. (1967). The historical roots of our ecological crisis. *Science*, 155, 1203-6.

Whitford, P. B., and Whitford, K. (1951). Thoreau: Pioneer ecologist and conservationist. *Scientific Monthly*, 73, 291-6.

Whittaker, R. H. (1951). A criticism of the plant association and climatic climax concepts. *Northwest Science*, 25, 17-31.

– (1953). A consideration of climax theory: The climax as a population and pattern. *Ecological Monographs*, 23, 41-78.

– (1957). Recent evolution of ecological concepts in relation to the eastern forests of North America. *American Journal of Botany*, 44, 197-206.

– (1962). Classification of natural communities. *Botanical Review*, 28, 1-239.

– (1967). Gradient analysis of vegetation. *Biological Reviews*, 42, 207-64.

– (ed.) (1973). *Ordination and Classification of Communities*. The Hague: Junk.

Whittaker, R. H., and Levin, S. A. (1977). The role of mosaic phenomena in natural communities. *Theoretical Population Biology*, 12, 117-39.

[370]    Whittaker, R. H., and Woodwell, G. M. (1972). Evolution of natural communities. In *Ecosystem Structure and Function*, ed. J. A. Wiens, pp. 137-59, Corvallis: Oregon State University Press.

Wiegert, R. C. (1975). Mathematical representation of ecological interaction. In *Ecosystem Analysis and Prediction*, ed. S. A. Levin, pp. 43-55. Proceedings SIAM-SIMS Conference on Ecosystems, Alta, Utah, July 1-5, 1974, SIAM Institute for Mathematics and Society.

– (1976). Developing theory at the ecosystem level. In *Ecological Theory and Ecosystems Models*, ed. S. A. Levin, pp. 29-30. Indianapolis: Institute of Ecology.

Wiens, J. A. (1977). On competition and variable environments. *American Scientist*, 65, 590-7.

– (1983). Avian community ecology: An iconoclastic view. In *Perspectives in Ornithology*, ed. A. H. Brush and G. A. Clark, Jr., pp. 355-403. Cambridge: Cambridge University Press.

– (1984). On understanding a non-equilibrium world: Myth and reality in community patterns and processes. In *Ecological Communities: Conceptual Issues and the Evidence*, ed. D. R. Strong, D. Simberloff, L. G. Abele, and A. B. Thistle, pp. 439-58. Princeton, N.J.: Princeton University Press.

Willard, D. E. (1980). Ecologists, environmental litigation, and forensic ecology. *Bulletin of the Ecological Society of America*, 61, 14-18.

Williams, G. C. (1966). *Adaptation and Natural Selection*. Princeton, N.J.: Princeton University Press.

Willson, M. F. (1981). Ecology and science. *Bulletin of the Ecological Society of America*, 62, 4-12.

Wilson, E. O. (1969). The new population biology. *Science*, 163, 1184-5.

– (1978). Introduction: What is sociobiology? In *Sociobiology and Human Nature*, ed. M. S. Gregory, A. Silius, and D. Sutch, pp. 1-12. San Francisco: Jossey-Bass.

Wolfe, J. (1969). Radioecology: Retrospection and future. In *Symposium on Radioecology*, ed. D. J. Nelson and F. C. Evans, pp. xi-xii. Rept. CONF-670503. Washington, D.C.: U.S. Atomic Energy Commission.

Wolfe, L. M. (1947). *Son of the Wilderness: The Life of John Muir*. New York: Knopf.

Woodmansee, R. G. (1978). Additions and losses of nitrogen in grassland ecosystems. *BioScience*, 28, 448-53.

Woodwell, G. M. (1976). A confusion of paradigms (musings of a presidentelect). *Bulletin of the Ecological Society of America*, 57(4), 8-10.

– (1978). Paradigms lost. *Bulletin of the Ecological Society of America*, 59, 136-40.

– (1980). Bravo plus 25 years. In *Oak Ridge National Laboratory Environmental Sciences Laboratory Dedication, February 26-27, 1979*, No. 5666, pp. 61-64. Oak Ridge, Tenn.: Oak Ridge National Laboratory.

– (1981). A postscript for the old boys of the subversive science. *BioScience*, 31, 518-22.

Woodwell, G. M., and Botkin, D. B. (1970). Metabolism of terrestrial ecosystems by gas exchange techniques. In *Analysis of Temperate Forest Ecosystems*, ed. D. E. Reichle, pp. 73-85. Berlin: Springer-Verlag.

Woodwell, G. M., and Whittaker, R. H. (1968). Effects of chronic gamma irradiation on plant communities. *Quarterly Review of Biology*, 43, 42-55.

Worster, D. (1977). *Nature's Economy: The Roots of Ecology*. San Francisco: Sierra Club Books.

Worthington, E. B. (ed.) (1975). *The Evolution of IBP*. Cambridge: Cambridge University Press.

– (1983). *The Ecological Century: A Personal Appraisal*. Oxford: Clarendon Press.

Young, O. R. (1956). A survey of general systems theory. *General Systems*, 1, 61-80.

[371]

# 附录一 主要人名英汉对照索引

注: 页码为本书页边方括号中的页码, 即英文原著页码。

# C

# H

# M

---

① 原著为 "Rozenzweig", 有错。

# Z

# 附录二　生态学术语英汉对照索引

注: 页码为本书页边方括号中的页码, 即英文原著页码。

---

① "能自我维持的", 默比乌斯定义。
② 早期的另一种表达, 来自法语。

| British Vegetation Committee | 英国植被委员会 | 45, 66, 298 |
| Bureau of Animal Populations | 动物种群局 (英国) | 162, 167 |

# C

| Carnegie Institution of Washington | 华盛顿卡内基学会 | 30, 49, 83, 100, 147, 259 |
| cause | 因果关系 | 14, 78, 86, 194 |
| census | 种群调查, 种群统计 | 94, 109, 114, 153–9 |
| Challenger expedition | 挑战者号探险 | 51, 53, 55, 57, 121 |
| Chicago, University of | 芝加哥大学 | 36, 41, 87, 307 |
| Christianity | 基督教, 基督教精神, 基督教教义 | 11–2, 290 |
| Clementsian | 克莱门茨主义者 | 82–3, 204, 228, 232, 255 |
| climax | 顶极 | 79–85, 101, 187, 194, 264 |
| clisere | 气候影响下的演替序列 | 101 |
| coaction | 相互作用 (生态学), 协同作用 (昆虫学) | 80 |
| coevolution | 协同进化 | 104, 285 |
| colonization | 殖民化, 拓殖 (生态学), 定居 (植物学), 建群 (动物) | 79, 207, 214, 277, 280 |
| community | 群落 | 71–6, 76–85, 104–5, 107–45, 263–7 |
| abstract | 抽象 (群落) | 138 |
| aquatic | 水生 (群落) | 116–9 |
| bottom | 底栖 (群落) | 111–2 |
| boundary | (群落) 边界 | 116 |
| classification | (群落) 分类 | 144 |
| closed | 封闭 (群落) | 72, 81 |
| concrete | 具象 (群落) | 138, 144 |
| open | 开放 (群落) | 72, 81 |
| ordination | 排序 | 144 |
| quantitative | 定量的, 数量的 | 133–7, 137–45 |
| statistical | 统计性的 | 132 |
| terrestrial | 陆生 (群落) | 129–38 |

# D

# E

# F

# G

# H

# I

# J

# K

# L

| | | |
|---|---|---|
| limnology | 湖沼学 | 30, 57–61, 93–8, 119–27, 156 |
| coined | (湖沼学) 命名 | 57 |
| *Limnology and Oceanography* | 《湖沼学和海洋学学报》 | 67 |
| Linnaean | 林奈的, 林奈式, 林奈学派的 | 16 |
| logistic | 逻辑斯谛 (方程, 曲线) | 172–7, 185, 190 |
| Long-Term Ecological Research | 长期生态学研究 | 208, 240, 322 |
| Lotka-Volterra equations | 洛特卡–沃尔泰拉方程 | 175–6 |

## M

| | | |
|---|---|---|
| macroscopic variables | 宏观变量 | 204, 254, 272 |
| Madison Botanical Congress | 麦迪逊植物学大会 | 29, 39 |
| Marine Biological Laboratory (Woods Hole) | 海洋生物学实验室 (位于伍兹霍尔) | 55 |
| marine ecology | 海洋生态学 | 49–57, 93–5, 155–7 |
| community | 群落, 海洋群落生态学 | 110–20 |
| dredging | (海洋) 采捞 | 50–1 |
| Matamek Conference | 麦泰曼克会议 (加拿大) | 168 |
| mathematics | 数学 | 114, 133, 163, 165, 176–8, 183, 189, 191, 212–3, 222, 229–31, 233–4, 242–5, 274, 276–88 |
| mature, *see* stability | 成熟, 见稳定性 | |
| mean area | 平均面积 | 139, 156, 165 |
| mean distance | 平均距离 | 139 |
| mechanism | 机制 | 13 |
| merological | 分部的, 分部性的 | 75, 224, 253 |
| Michigan, University of | 密歇根大学 | 314 |
| microcosm | 微宇宙 | 58–9, 95, 120–1, 195, 204 |
| minimal area | 最小面积 | 138 |

# O

# P

# S

# Z

# 初 译 记

## 生态学的理论发展模式

　　我对自己喜爱的学科有一种 "历史癖"，故而利用在国外从事研究的机会，集纳和浏览了一些关于生态学概念和理论发展的文献资料。麦金托什教授的《生态学背景——概念与理论》(*The Background of Ecology: Concept and Theory*) 亦列其中。回国后，在与生态学同行，特别是与青年生态学家的交往中，既感受到一种从事生态学概念和理论创造的蓬勃热情，也意识到如果这些理论创造能站在生态学前人的肩上，也就是说，如果能从生态学概念和理论发展的历史长河中汲取营养，情况将会更好，至少用麦金托什的说法—— "将会避免概念上的重复或混淆不清"。麦金托什的这一著作，论题全面、选材精当、持论公允而鲜明，显然是值得推荐一读的。

　　麦金托什教授的这本著作，为我们提供了一幅关于生态学概念和理论发展的全景式历史长卷。从横的方面说，它几乎涉及生态学的一切分支：植物生态学、动物生态学、湖沼学、海洋生态学、人类生态学、个体生态学、种群生态学、群落生态学、生态系统生态学、生理生态学、遗传生态学、进化生态学、古生态学、数学生态学、系统生态学、生态学的哲学思考，等等。从纵的方面说，它差不多囊括了生态学从 19 世纪后期诞生到 20 世纪 80 年代的整个发展历程，其中包括：主要概念和理论的创造，主要人物和学派，主要学术论争，以及主要生态学事件和活动。生态学经常被批评为 "不是一门成熟的科学，因为它缺乏恰当的理论"。生态学家也往往为此而浩叹。然而在本书中，我们看到的却是概念和理论的百花齐放，异彩纷呈。当然，批评和浩叹无疑有着它们真理性的一面，即现有的生态学概念和理论，都不具有物理科学那样的理论模式，它们尚不足以构成一个严谨的、有预测力的逻辑体系，它们中的大多数一直处于时盛时衰、时剧时缓的争议之中。在本书中，麦金托什把概念和理论置于对立学术思想的激烈论争之中，置于不同生态学分支的对照比较之中，置于不同生态学概念和理论的历史联系之中，进行考察和阐释。这样的处理方式，既易于深化读者对概念和理论的理解，又能揭示生态学理论创造的艰辛。在生态学声誉显赫的今天，人们或许并未意识到它在理论上这种艰难而蹒跚的跋涉。

生态学应当具备怎样的理论发展模式？从麦金托什的著作中，人们或许可以领悟出以下教益：

(1) 生态学是介于自然科学和社会科学之间的"中间地带"

生态学既具有生理学、遗传学等的自然科学因素，又具有像种群作用、群落作用或生态系统作用等的生物有机体性质的行为学成分。行为学也是以人类活动为研究对象的社会科学的一个基本特征。因此，生态学显然处于自然科学和社会科学之间的"中间地带"。如果人们承认自然科学和社会科学具有不同的理论模式，承认物理科学的理论模式并不完全适用于社会科学，那么，要求生态学以物理科学为标准来发展自己的理论，则是不合理的，亦是不会成功的。如果把生态学的理论状况与社会科学中的政治理论、经济理论等进行比较，生态学将不会感到在物理科学面前的那种"羞愧"。生态学应当发展自己的"中间地带"理论形式，应当找到它的自然科学成分与社会科学成分之间的结合点和过渡桥梁。可以而且应当期望，一种由生态学发展起来的成功的"中间地带"理论模式，不仅会造福于生态学本身，而且会造福于当今和未来的自然科学和社会科学。

(2) 生态学概念的"互补"性质

生态学现象的基本特征是它的异质性 (heterogeneity)，而概念则是对不同层次的同质性 (homogeneity) 特征的表述。生态学理论的基本任务，是从本质上异质性的现象中，概括出其某一侧面的相对同质性的特征，并将它抽象为概念。这样，由于这些概念只表达了异质性现象的某种局部表征，所以仅具有相对的正确性；并且，由于这些概念反映的是生态学现象的不同的侧面，所以它们很可能是不同的、矛盾的，甚至是对立的。这种概念上的不同、差异、矛盾或对立 (如植物生态学中对植被分布、结构和演替的认识等)，恰恰可能说明它们相互间的互补性质；而一种对异质性现象的较为完整的认识，恰恰在于对概念的互补性质的总体把握。这或许也是 19 世纪美国地质学家钱伯伦 (T. Chamberlain) 提出"多工作假说" (Multiple Working Hypothesis) 思想并且这一思想在 1970 年代又重新获得提倡的原因。人们不必为基于实际观察和实验的概念中存在的差异、矛盾或对立而忧虑、而遗憾。正确的做法或许应当是：

- 创造更多的认识生态学异质性现象的途径。有人说，生态学是一个四周开窗的房间，从不同的窗口可以看到不同的世界，那么，我们要做的，就是开辟

更多的合适的窗口, 以识辨生态学异质性现象的不同侧面;

- 比较、分析和认识那些反映异质性现象不同侧面的生态学概念的互补性质, 并对之进行恰当的理论合成 (synthesization) 或整合 (integration)。

这大体是生态学理论发展的一条途径。

(3) 生态学基本观念发展的 "轮回现象"

考察生态学概念和理论的发展过程, 一种有趣的现象是, 一个时期内的主流观念和非主流观念, 都可在生态学发展历史中找到它们的影子; 而且, 其主流和非主流位置, 在历史上是不断彼此置换的。这种 "轮回" 现象的最著名的例证, 莫过于整体论概念与还原论概念 (the holistic concept vs. the reductionalistic concept): 18 世纪博物学的万物相互联系的自然观—— 19 世纪欧洲大陆的生物区系研究—— 20 世纪初美国克莱门茨 (F. Clements) 的 "动态生态学" (dynamic ecology) 和 "超级有机体论" (superorganism) 的植被演替观——与他同时代的俄国拉曼斯基 (L. Ramensky) 和美国格利森 (H. Gleason) 关于植被发生的 "个体论概念" (the individualistic concept) 以及 1950 年代惠特克 (R. Whittaker) 等人的植被的 "梯度" 概念 (the gradient concept) 和 "连续体" 概念 (the continuum concept)—— 1960 年代以后奥德姆兄弟 (E. P. Odum & H. T. Odum) 的 "生态系统" 观—— 1970 年代后期英国哈珀 (J. Harper) 重倡新 "个体论", 等等。这一串主流概念链, 鲜明地表现了作为生态学基本观念的整体论和还原论在生态学理论发展中的轮回和交替。一般来说, 当主流观念不能对新出现的事实进行理论概括时, 或当它的理论演绎已被新的事实证伪时, 它与非主流观念的位置更替开始发生, "轮回" 开始出现。类似的生态学基本观念还包括数量上的 "平衡" 与 "非平衡" 概念, 结构上的 "稳定" 与 "扰动" 或 "振荡" 概念, 分布上的 "规律性" 与 "随机性" 概念, 等等。这些基本观念, 随着所考察的生态学现象的不同尺度 (宏观、中观、微观), 随着认识生态学现象的不同阶段 (从观察、理解, 到分析、解决), 而起着不同的作用。它们是生态学理论大厦的一对对支撑点。轮回现象的历史经验表明, 生态学理论工作者的任务并不在于否定某一种观点, 而在于准确地把握每种观念的适用范围, 自觉地协调不同观念之间的关系, 并且在发展中对一种观念的旧的界说进行扬弃, 从而推动生态学理论的前进。

(4) 生态学理论的可操作性

生态学家无不自觉或不自觉地采用麦克阿瑟 (R. MacArther) 推崇的 "H–D 方法" (the Hyphothesis–Deduction Method, 即假说–演绎方法), 用以构造各自的理论体系, 即在归纳的基础上提出假说, 再通过演绎, 对生态学现象做出新解释或预测。从达尔文的进化论, 到以后的克莱门茨的 "超级有机体" 论、麦克阿瑟的 "岛屿生物地理学" 理论、奥德姆的 "生态系统" 理论, 等等, 概莫能外。一种生态学理论无疑体现着一种生态逻辑。然而, 并不是每一种逻辑都能成为理论的。当一种逻辑仅停留于思辨 (speculation) 而缺乏与生态学现象的实际联系时, 这种逻辑只会是一种 "信仰" (belief), 而很难称得上 "科学"。生态学理论和其他一切经验科学的理论一样, 它的最基本的品格和最起码的条件在于: 它必须是可操作的 (operational)。在科学哲学的意义上, 理论的 "可操作性", 不仅意味着它应当具有自身内在的逻辑, 而且意味着它应当具有实际地说明生态学现象、具体地指导生态实践的力量。正是这后一特点, 可以使理论发现它自身的实用价值, 同时又提供了对理论加以证实和证伪、并使之在肯定和否定的扬弃中更新自身的舞台。任何一种有生命力的生态学思想或概念, 都应当力求用操作性语言或方式 (如实例研究、观察、实验, 等等) 加以阐述, 力求使其可操作性模糊的地方逐渐明晰化, 从而取得进入生态学理论剧院的入场券。也正因如此, 生态学家总是把 "可操作性" 强调为生态学理论的起始条件。他们在衡量一个概念的理论价值时, 总是首先考察它的可操作性, 并据此把那些不具备可操作性, 即空洞的、不切实际的概念或逻辑贬为 "信仰"或 "说教", 并撇在一旁。

(5) 基于野外观察和实验的证实与证伪是生态学理论发展的主要手段

生态学现象的异质性, 使各种生态学概念和理论长期以来处于时断时续的论争之中。特别是那些备受推崇、独领风骚于一时的理论, 往往亦是论争最激烈的理论。生态学的理论论争, 实质上是一个对理论加以证实和证伪的过程。一个有影响力的生态学理论的生命期, 大体包括以下几个阶段: 理论的提出 —— 证实过程 (往往伴同着自我辩护或某些轰动的支持性宣传) —— 证伪过程 (往往伴同着轰动效应的消失) —— 原有理论的扬弃。这一过程的最近例证, 是风行于 1960 年代后期到 1980 年代的 "系统生态学" (systems ecology) 及其操作性平台 "美国国际生物学规划" (International Biological Programme–USA)。证实和证伪, 是推动生态学理论前行的一对轮子。当然, 一切有意义、有说服力的证实和证伪, 都必须在理论的可操作性基础上进行, 都必须基于野外观察和实验。在生态学上, 野外观察比实验具有更为真实的意义, 这是因为生态学是研究自然条件下的生物现象, 而实验表现的是人工设置的条件下对自然生态现象的摹写。另外, 生态学家历来赋予 "证伪" 比 "证实" 更高的品格。和其他经验科学一样, 生态学常常受着 "占据统治地位的理论" (the ruling theory) 的困扰。这些理论, 尽管它一度非常成功, 但总会有某种与日俱来的惰性。"证实", 不会导致这种惰性的消失, 相反 —— 特别是那些虚假的 "证实" —— 会进一步加强上述惰性。只有 "证伪", 才具有使旧理论革新的力量。这种对旧理论的 "证伪", 往往也伴同着对新理论的 "证实"。正因为如此, 在生态学的理论创造中, 总是提倡论争, 提倡对理论的证伪, 提倡把证伪置于其操作性即置于野外观察和实验的基础之上。也正因如此,在生态学的理论论争中,总是提倡保护非主流甚至反主流概念,总是提倡一种概念或理论的倡导者和支持者应当从反对者的批评中汲取营养。

(6) 现代生态学的新的理论课题

生态学 (ecology, E. Haeckel 1866) 自诞生至今已近 130 年。它的理论发展也经历着不同的阶段。大体可以认为,在 20 世纪 60 年代以前,生态学理论是以自然条件下的生物现象为研究对象的。它的任务在于准确地描述各种现象,分析它们的成因,并预测它们的变化。自 60 年代以来,日趋严峻的资源环境问题,使人类前所未有地意识到他们对地球生物圈所承担的责任。今天,地球的一切——从无生命现象到有生命现象——无不或深或浅、或大或小地打上人类活动影响的印记;人类正面临着一个 "如何管理地球" 的历史使命。资源环境问题对生态学乃至对生态学理论发展的影响将是革命性的:它不仅把生态学推举到一个前所未有的崇高地位,使之成为一门管理地球生物圈的科学,而且还为生态学打开了新的视野、新的活动天地,以及新的学科间关系。如果说麦金托什教授的这本著作有什么缺憾,那就是他对当代资源环境问题对生态学的革命性影响论述不足。我认为,这种革命性影响表现为:

- 严重受到人类影响的自然生态现象将成为生态学理论研究的重要乃至主要对象;
- 人与地球生物圈的和谐关系将得到更为科学和完善的表述;
- 生态学的理论使命将不仅是描述、分析和预测,更主要在于管理,在于使被破坏的生态系统恢复和重建;
- 生态学将以天–地–生为支点发展自己新的理论构架,从而成为全球环境变化研究中的核心学科。

上述研究方向,在那些自 20 世纪 70 年代后期开始出现的新的生态学分支 (城市生态学、自然保护生态学、恢复生态学、气候变化生态学, 等等) 中,已现端倪。人们应当有信心期待生态学新的突破,期待这些突破能够较快地实现,而且,最好包括中国。

1991 年 10 月于中国环境科学研究院

# 再 译 记

## 百年生态学 "整体论 – 还原论" 论争的发展

校完本书译稿, 我思索起在时隔 30 年后再版本书的意义。重阅当年 (1991 年) 写的 "译后记", 想起当时唯有的遗憾: 由于没有足够的文献资料, 未能对原著中有关 "整体论" "还原论" "萌生性质" 等概念论争的极具文采的批评性文字, 进行实质性评论。这一论争委实太重要。本篇 "再译记" 是要弥补上次的缺憾。

科学史表明, 有成就的研究者最终大都会走向哲学思辨: 或是从哲学中寻求学科发展的深层启示, 或是从哲学高度提炼和透视研究成果的哲学含义。生态学领域也是如此。美国早期著名生态学家考勒斯 (H. C. Cowles) 说过, "一个人的哲学观对于他的研究的重要性, 极少被高估"。最能体现哲学观对生态学影响的当属 "整体论–还原论" 论争 (the holism–reductionism debate, 以下简称为 "H–R 论争")。这一哲学意味浓郁的观念之辨, 贯穿于整个 20 世纪生态学史。并且可以预测, 随着生态学成为全球环境保护运动和可持续发展的科学基础, H–R 论争不仅不会削弱, 而且会表现出新的形式。然而, 在中国生态学界, 很少见到对 H–R 论争的评论和讨论。但是, 如要在生态科学领域取得关键的基础性突破, 正确的哲学观是必不可少的。

生态学 H–R 论争主要发生在美国, 以致有人形容为是一场圣战 (holy war)[①]。本文首先说明这一论争的语境, 以后逐次评述 20 世纪的三次论争, 即: ① 发生于 20 世纪上半叶植被领域的克莱门茨的 "超级有机体论" (superorganism, F. E. Clements 1905) 与格利森的 "个体论" 概念 (individualism, H. A. Gleason 1926) 论争; ② 发生于 1960—1970 年代关于美国 "国际生物学规划" (IBP–US) 项目及其后围绕 "生态系统" 概念的 "整体论" "还原论" "萌生性质" 的认知论争; ③ 1980 年代以后景观生态学领域的 H–R 论争。本书包含前两次论争; 麦金托什作为亲历者, 其立场鲜

---

① Endsley, K. A. 2015. Holism versus reductionism: The holy war in ecology. http://karthur.org/2015/holism-vs-reductionism-ecology.html.

明的评论具有相当的代表性和权威性。只是本书结于 1985 年，本文补充了其后继发展，并增加第三次论争，以完整反映百年生态学史上 H–R 论争的发展全貌。本文最后总结这些论争的启发性意义。

由于篇幅所限，本文仅简要评述 H–R 论争的史实方面，理论问题另篇讨论。再，凡是本书已引文献，这里不再另注。

### 1. 生态学 H–R 论争的语境特点

H–R 论争的语境主要是由生态学概念特点与美国生态学研究特点联合形成。

(1) 生态学的隐喻 (metaphor) 式概念

"个体" (individual)、"种群" (population)、"群落" (community)、"生态位" (ecological niche)、"微宇宙" (microcosm)，即是明证。隐喻是指对一个事物 A 的认识需借用另一个已知的、具有相似特征的事物 B 来说明。这种以 "已知" (B) 去表达 "未知" (A) 的认知方式，无论在学术圈还是学术圈与公众的沟通，它都有着不可或缺的重要性，以致亚里士多德在《诗学》中说，"迄今最伟大的事物是成为一个隐喻大师 …… 因为一个好的隐喻意味着对不同中相同的直觉感知"。当然隐喻式概念亦有先天缺失，这是因为 A 与 B 并非真正相同，从而使隐喻式概念存在模糊性，如果处理不当会产生歧见与误导。然而，换一角度看，这一模糊性，有时会有一定的弹性，使它能够与时俱进地更新概念内涵。因此，一位哲学家曾严厉批评隐喻式概念，"无疑，隐喻是危险的，特别是用于哲学"；但同时又不得不承认，"禁止使用隐喻将是对我们探索能力的一种任性的、有害的限制"[①]。

(2) 美国生态学研究的独特性

美国拥有远比欧洲更为丰富和多样的自然生态资源，同时又能最便捷地承接欧洲丰富的知识资源和先进的学术传统。第二次世界大战改变了欧美之间的输运方式，由科学知识变为科学头脑。这使得美国理所当然地成为生态学的新现象、新观念、新思想、新方法的重要发源地，成为学术论争的重要平台。应当说，当代美国生态学界的学术动态在相当程度上反映着以美欧为主体的国际生态学界的认知状况。

### 2. "超级有机体论" 对 "个体论"

"超级有机体论" 与 "个体论" 论争主要发生在 1910—1950 年代。它们都是以隐喻式概念 (尤其是 "超级有机体论") 反映关于植被的两种根本不同的演替观。

生态学的整体观似乎是与生俱来的。20 世纪前期生态学界，主流是以 "有机体" 为隐喻的整体论。克莱门茨的 "超级有机体论" 不仅在植物生态学界，而且在

---

① Black, M. 1954. Metaphor. *Proceedings of the Aristotelian Society*, 55: 273–294.

动物生态学界和湖沼学界, 拥有同道。此外, 当时对克莱门茨的批评多为纠偏式或补罅式的, 如考勒斯的动态观 (演替是由 "一个变量趋向另一个变量, 而不是一个常量", 1901), 库珀的 "嵌合体" (mosaic, 1913) 模式, 瓦特的 "窗相" (gap-phase, 1924)。坦斯利 (1935) 对克莱门茨的南非同道菲利普斯 (J. Philips) 的批评最为尖锐——类似于宗教或哲学教条的说教, 但仍提出 "准有机体" (quasi-organism) 的 "生态系统" 概念。这一时期的整体论明显区别于其前身 "活力论" 这一历史包袱。

真正挑战 "超级有机体" 概念的是格利森的 "个体论" 概念。然而, 这一思想由于钱伯伦批评的 "统治理论" 的缘故, 很长时间受到压抑。直到克莱门茨去世 (1945年) 后的 1947 年, 梅森 (H. L. Mason), 凯恩 (S. Cain) 和埃格勒尔 (F. Egler) 重新评价格利森工作的价值, 并推崇为 "在美国植被思想的整个发展中, 具有第一等重要性"。接着就是惠特克 (R. Whittaker 1951, 1953) 为首建立植被 "连续体" (continuum) 与 "梯度分析" (gradient analysis) 思想。约翰·柯蒂斯 (John Curtis) 和他的博士生R. 麦金托什也厕身这一理论的创建。学术形势由此反转。1950—1980 年代的美国植被生态学, 已经基本由格利森 "个体论" 及其那一时代版本——惠特克的 "连续体" 与 "梯度分析" 理论——所主宰。

然而, 1980 年代中期以后, 格利森 "个体论" 的一些重要观点, 如 "群落中物种集聚是随机的", "物种迁移是由非生物因素决定的", "群落没有边界, 不是一个单位或实体" 等, 开始受到质疑[1]。在 20 世纪 90 年代和 21 世纪初, 这些质疑已升级为明确的批评。其中的突出者如卡拉韦 (R. Callaway), 认为[2]: 植被中植物之间的直接正向相互作用 (direct positive interaction) 以及植物与消费者和互利者之间的间接正向相互作用 (indirect positive interaction), 使植物群落 "可能成为 '真实的实体'" (may be "real entity"); 它们不再是 "彼此无关的组合" (independent assemblage), 而是 "可能比现在想的更加相互依赖" (may be more interdependent than currently thought)。情况使得坚定的个体论者麦金托什在 2002 年发文为格利森的不足与失误缓颊并辩解[3], 从而被视为是 "替格利森的道歉文章"[4]。与此同时, 克莱门茨的一些关键思想 (如物种间相互作用) 重获肯定。他的 "顶极" (climax) 概念, 被认为具有 "方法和形而上学" (method and metaphysics) 意义; 并且经过重新诠释, 在理

---

[1] 参见尼克尔森和麦金托什集纳的对个体论的多种质疑。Nicolson, M. and McIntosh R. P. 2002. H. A. Gleason and the individualistic hypothesis revisited. *Bulletin of the Ecological Society of America*, 83 (2): 133–142.

[2] Callaway R. M. 1997. Positive interactions in plant communities and the individualistic-continuum concept. *Oecologia*, 112: 143–149.

[3] 同脚注 ① 文献。

[4] Lortie, C. J., Brooker, R. W., Choler, P., et al. 2004. Rethinking plant community theory. *OIKOS*, 107(2): 433–438.

论植被科学和植被管理中得到使用①。这样，"超级有机体论" 与 "个体论" 以否定之否定的方式，完成对各自的扬弃。这有助于促进形成新的植被研究范式和新的植被理论②，乃至一个统一的植被动力学理论③。

### 3. "生态系统" 概念与美国 IBP

美国生态学界第二次 H–R 论争主要围绕 "生态系统" 概念。

1964—1974 年，美国参加 "国际生物学规划"(IBP–US)。对于这一 "大科学" (Big Science) 思想的产物，美国人称之为 "大生物学" (Big Biology)。它需要研究的问题是：群落生产力，保护，生物资源管理，人类适应性。其本质是生态学的。生态学那时尚无 "大科学" 经历。IBP 虽令生态学界大多感到陌生，但却深深吸引和振奋当时一小群一直孜孜于生态系统概念的以奥德姆兄弟为代表的学者们。IBP 不仅正对他们的学术口味，而且为他们提供了前所未有的机会和广阔舞台。

美国 IBP 很快形成生态系统生态学家与原子能委员会下属的系统分析专家的结合，并带动包括生态学、数学、物理学、工程学、计算机科学的跨学科队伍的形成。IBP 项目的核心是生产力研究，它被设置在 "地生物集群" (biome) 尺度。"生态系统" 概念成为这一研究的理论和方法学指南；基于系统分析的大型计算机模拟 (modeling) 成为主要的研究工具。并且，"整体论" 成为这一研究的旗帜，"萌生性质" 成为一种研究境界。公正地说，美国 IBP 是完全切题的。与其他国家 (如欧洲国家) 相比，是最有抱负的。美国 IBP 不仅产生大量的鸿篇巨制的研究报告，同时还催生 "系统生态学" (systems ecology) 分支。E. P. 奥德姆的 "生态系统演进战略" (1969) 则提出研究生态演替问题的另一种思路。

然而，美国 IBP 的成果对生态学界的挑战也最大。尽管美国 IBP 执行委员会主席布莱尔的中期报告 (1968) 与同年的规划协调委员会主席史密斯的文章，都肯定性地说明美国 IBP 的进展与贡献。但当项目于 1974 年结束时，批评之声蜂起。

---

① Meeker, D. O. Jr., and Merkel D. L. 1984. Climax theories and a recommendation for vegetation classification: A viewpoint. *Journal of Range Management*, 37(5): 427–430.

② Eddy, van der M. 2005. Chapter 1. Vegetation ecology—An overview. In book: *Vegetation Ecology* (Edition 1), ed. by Eddy van der Maarel, pp. 1–51. Blackwell Publishing.

③ Anand M. 1997. *Towards a Unifying Theory of Vegetation Dynamics*. PhD Desertation, The University of Western Ontario, London.

其中最有代表性、并最有分量的是美国国家科学院的评估报告 (1975)。它认为[①]：重要的地生物集群项目由欠缺资质的二流人员主持；虽然采集大量数据，但未能建立因果关系链，也未建立数据中心；基于"生态系统"概念对地生物集群行为进行的系统模拟，从观念到技术选择均受到质疑，以致被认为是"已经死亡或接近死亡"。其后，美国生态学界又在理论层面围绕"生态系统"概念展开关于"整体论""还原论""萌生性质"的范围广泛且有时相当尖锐的论争。本书第 6 章，麦金托什十分传神地再现了当时的学术论争情境。

尽管有上述批评和争议，但历史证明，包括美国在内的 IBP 无论在理论上还是实践上基本是成功的。"生态系统"概念已突出地屹立于生态学领域，以致在英国生态学会为庆祝成立 75 周年进行的生态学重要性概念评选中名列第一；专事系统分析与模拟的"系统生态学"(systems ecology) 已成为研究生态系统结构、功能和行为，并进行分析、预测和管理的重要生态学分支；一度引发激烈争议的"草原地生物集群"项目 (The Prairie Biome) 被承认是 IBP 中最成功的项目之一[②]。

难能可贵的是，美国科学基金会始终支持生态系统分析；并且在 1977 年开始建立"长期生态学研究"(Long-Term Ecological Research, LTER) 专项，作为 IBP 的继续。这一行动获得国际科学界的支持，由此扩展为"长期生态研究网络"(Long Term Ecological Research Network)。这样，IBP 给世界留下两份重要物质遗产：一是"长期生态研究网络"；二是"人与生物圈"规划 (MAB) 中的"生物圈保护区"(biosphere reserve)。它们均立足于生态系统概念，均秉持整体论观点。

同时也留下一些理论争议，如：系统分析是整体论的还是还原论的？H. T. 奥德姆的能流分析是整体论的还是哈钦森的"总合性的"(holological)，或是"隐蔽还原论"(crypto-reductionism)、"还原论的整体论"(reductionist holism)？萌生性质是否是"集合性质"(collective property)？这些论题极具本体论、认识论和方法论意义，将另行探讨。

### 4. 景观生态学与生物多样性

由德国地理学家卡尔·特里尔 (Carl Troll) 于 1939 年创造的"景观生态学"在 1980 年代再现时，已经具有前所未有的新的深刻含义。理论上，景观生态学除可

---

① 转引自 Aronova, E. Baker, K. S., And Oreskes, N. 2010. Big science and big data in biology: From the International Geophysical Year through the International Biological Program to the Long Term Ecological Research (LTER) Network, 1957–Present. *Historical Studies in the Natural Sciences*, 40(2): 183–224.
② Coleman, D. C., Swift, D. M., Mitchell, J. E. 2004. From the frontier to the biosphere: A brief history of the USIBP Grasslands Biome program and its impacts on scientific research in North America. *Rangelands*, 26(4): 8–15.

包括群落的 "生物" 变量, 生态系统的 "能量" 和 "物质" 等物理变量, 还增加了 "空间" 或 "几何" 变量, 即 "景观" 变量。这样, 它可以接纳群落与生态系统的研究内容, 并超越它们。

景观生态学引入一系列与景观相关的变量。其中, 有些是以往生态学中较少出现的, 如:"斑块" (patch)、"廊道"(corridor)、"结点"(intersection)、"镶嵌" 或 "嵌合体" (mosaic)。有些是过去虽已存在但在景观生态学中有着新的定义, 如:"基系" (matrix) 指 "背景生态学系统" (background ecological system), "空间格局" (pattern)。有些虽然含义未变但研究地位大不一样, 如:"尺度" (scale) 已成为景观生态学的重要基础变量;"干扰" (disturbance) 与 "破碎化" (fragmentation) 已成为斑块动态学的驱动力与运行方式;"异质性" (heterogeneity) 已成为生态景观的基本空间特征。此外, 作为景观生态学基本单位的斑块则是一个 "生态学系统" (ecological system), 用以区别 "生态系统" (ecosystem)。其他术语还有: 边缘 (edge) 与边界 (boundary), 生态交错带 (ecotone), 生态梯界 (ecocline), 生态元 (ecotope), 等等。这些术语使得景观生态学迥然区别于从个体到生态系统的组织层次概念。如果说生态系统概念将系统分析引进生态学, 那么或许可以期待景观概念能将拓扑学引进生态学。

其实生态学早前已经出现与景观有关的研究。其中著名者有: 麦克阿瑟和威尔逊的《岛屿生物地理学》(*Island Biogeography*, 1960); 莱文斯的 "空系种群" 概念 (metapopulation, 1969); 戴蒙德针对自然保护区设计而提出的 "一个大的或几个小的" 假说 (single large or several small, 简称 SLOSS, 1975)。它们可视为景观生态学前身。现在的景观生态学已将研究主题由 "物种分布与丰度" 推进到 "生物多样性"。进入 21 世纪, 生物多样性地位日趋提升, 以致生态学界有这样的看法: 如果再进行生态学重要概念评选, 它很可能是第一[①]。正是生物多样性, 展现景观生态学的整体论的特殊价值。

生态系统理论与景观生态学都秉持整体论, 都主张等级层次, 都认可 "萌生性质", 但是它们的 "整体性" 认知是有区别的。对于生物多样性, 景观生态学范式的见解有别于生态系统范式, 详见表 1。

表 1 表明, 生态系统范式与景观生态学范式对于 "生物多样性" 概念的认知差异是全面和突出的。景观生态学的见解更接近当代生态学界对自然界 "真实" (reality) 的认识。生态系统范式自 E. P. 奥德姆 "生态系统演进战略" 发表以来已多有评论。景观生态学范式对 "生物多样性" 提出新的认知, 其启发意义无疑是令人振奋的。当然它仍是一种假说, 仍需接受自然生态现象的检验。

---

[①] Wiegleb, G. 2011. A few theses regarding the inner structure of ecology. In *Ecology Revisited: Reflecting on Concepts, Advancing Science*. A. Schwarz and K. Jax (eds.). Springer, 106.

**表 1　生态系统范式与景观生态学范式对生物多样性概念的认知***

| 项目 | 生态系统范式 | 景观生态学范式 |
|---|---|---|
| 定义 | 全球物种、基因和生态系统的集合 | 在不同整合层次，在基因、物种和生态组织尺度上的集团性和等级性相互作用 |
| 生物多样性等级 | 基因，物种，生态系统 | 生态学层次: 基因, 物种, 生态系统<br>空间层次: 局域 (local), 地区 (regional), 全球 (global)<br>跨领域层次: 气候, 基因, 物种, 文化 |
| 状态 | 时空同质性 | 时空异质性 |
| 研究单位 | 物种, 种群, 群落, 生态系统 | 生态学单位 (ecological units), 生态学系统 (ecological systems) |
| 动态机制 | 生态系统组分在外部和内部约束下相互作用，导致生态系统稳定性 | 斑块动态学 (patch dynamics):<br>干扰 (disturbance) 是驱动力;<br>破碎化 (fragmentation) 与镶嵌 (mosaic) 是过程和方式;<br>格局 (pattern) 是结果 |
| 物种生存方式 | 竞争 (捕食者–猎物, 排斥), 共生 (互利, 单利), 适应性 | 协同存在 (coexisting species);<br>协同适应 (co-adaptation, co-adapted species);<br>协同选择 (co-selection);<br>协同进化 (co-evolutionary, coevolution) |
| 最终状态 | 生态系统平衡;<br>顶极生态系统 (climatic ecosystem) | 景观平衡;<br>镶嵌景观的 "空系顶极" (metaclimax) 的相对稳定与绝对进化 |
| 萌生性质 | 稳定性、生产力、可持续性 | 这些属性只能通过考虑不同整合层次间的相互作用来理解 |
| 理解 "稳定性" | 生物多样性, 结构和功能复杂性, 生态系统稳定性 | 协同适应 (co-adaptability) |
| 理解 "可持续性" | 生态保护 | 协同进化 (co-evolution) |

* 表中信息引自 Patrick Blandin. 2011. Chapter 17 Ecology and biodiversity at the beginning of the twenty-first century: Towards a new paradigm? In *Ecology Revisited: Reflecting on Concepts, Advancing Science*. A. Schwarz and K. Jax (eds). p205–214. Springer. 其中，"景观生态学范式" 栏下的信息是属于 di Castri F, Younès T. 1996. Introduction: Biodiversity, the emergence of a new scientific field—its perspectives and constraints. In: di Castri F, Younès T (eds). Biodiversity, Science and Development. Towards A New Partnership. CAB International and IUBS, Paris. p1–11.

以景观概念处理生物多样性问题，未见 H–R 论争。但争议仍然在传统论题上存在。库什曼等人认为[1]，对于解释林区树木的组成和结构，斑块植被图不如个体

① Cushman, S. A., Evans, J. S., McGarigal, K., et al. 2010. Toward Gleasonian Landscape Ecology: From Communities to Species, From Patches to Pixels. Res. Pap. RMRS-RP-84. Fort Collins, CO: U.S. Department of Agriculture, Forest Service, Rocky Mountain Research Station. p12.

论的单个物种模型,因而建议将前者转变为 "基于连续空间的定量物种和环境响应" 的景观生态范式。其实,景观生态学一开始就接纳个体论。1989 年特纳提出预测景观结构变化的三种模型①,第一个就是 "基于个体的模型" (individual-based model);后两个分别是 "转移概率模型" (transition probability model) 与 "过程模型" (process model)。可见,个体论和还原论应当在景观生态学中有用武之地。

### 5. 整体论–还原论论争的前瞻

生态学百年发展史上三次 H–R 论争,可以给我们以下启示。

(1) H–R 论争中的整体论

三次 H–R 论争见证了生态学整体论在科学化之路上的发展和深化。

第一次 H–R 论争,克莱门茨的 "超级有机体论" 虽然力求摆脱非科学的 "活力论",但仍然 "思辨" (speculation) 多于物证,也就是说,并非充分科学。

第二次 H–R 论争,奥德姆兄弟倡导的整体论是基于生态系统的能流分析。它拓展了生态学的科学基础,增添了新的知识内容,从而使整体论重新树立在生态学中的位置。这是意义重大的进展。不过,它在理论上仍存在缺失,广受批评和质疑。

第三次 H–R 论争,与其说是 "论争",不如说是整体论努力树立景观生态学中无可置疑的主导地位,并且还原论 (个体论) 也努力寻找自己的新的用武之地。

此外,生态学的整体论方向还包括: 麦克阿瑟和威尔逊的 "岛屿生物地理学理论",以及其后循此方向发展、以莱文斯 "空系种群" 为发端的 "空系" 概念族 ("空系群落" "空系生态系统",乃至 "空系演替")②。

以上进程说明,生态学整体论的发展,是由自发到自觉,由思辨到科学,由初始的蹒跚学步、并被质疑存在的必要性到日益成熟壮大。

上述进程还说明,随着生态学研究对象愈宏观,愈大尺度,组分愈多样,关系愈复杂和非线性,整体论则愈发必要和重要。

如前指出,整体论依然存在亟待解决的理论问题,其核心就是 "萌生性质"。

(2) H–R 论争中的还原论

还原论在生态学中的出现虽然晚于整体论,但它很快获得远比整体论坚强的地位和突出而丰硕的成果。原因有二: 第一,还原论在物理科学中已经发展得相当成熟,并取得前所未有的巨大成就,从而成为科学哲学的主流;第二,由于 1950 年

---

① Turner, M. G. 1989. Landscapee ecology: The effect of pattern on process. *Annual Review of Ecology and Systematics*, 20: 171–197.

② 参见 McIntosh, R. P. 1995. Metaecology. *The Bulletin of the Ecological Society of America*, 76(3): 155–158.

代初分子生物学的兴起, 将还原论在生物学中的地位提升到空前高度, 并主宰生物科学的哲学思维。

还原论以两条途径介入生态学, 实现对生态学研究范式的改造。途径一是在同一组织层次, 还原论表现为对研究对象的组分与结构的简化, 使之能够简洁表达所要研究的生态行为和功能。这主要见诸个体生态学和种群生态学。途径二是高低层次之间。还原论表现为将所要研究层次 (即高阶层次) 的生态行为和功能还原为其组分层次 (即低阶层次) 的行为与功能。这可见诸植被生态学。

应当说, 还原论在生态学领域取得极其辉煌的成功。它在个体生态学、种群生态学、群落生态学领域, 发现了众多原理, 如: 个体的最小因子限制; 种群的密度调节, 竞争 – 排斥, 寄生与互利共生, 生态位; 植被的 "个体论" "连续体" 和 "梯度分析" 理论; 等等。应当承认, 还原论的这些成果远超同一时期的整体论。

然而, 还原论在生态学中仍存在三点缺失。其一与途径一有关。简化图景与真实图景有一定差距。它能够满足解释, 但要实际解决问题, 有时会显得不足。其二与途径二有关。层级间的萌生性质已经获得愈来愈多的承认。分子生物学和系统生物学为接纳和研究萌生性质, 开始提出 "新还原论"(neo-reductionism) 或 "后还原论"(post-reductionism)。但生态学中尚未见这一觉悟。其三是以方法论决定本体论, 认为 "加型分析法"(additional-analysis method) 是还原论的, 只要使用这一方法就是还原论研究。这样会导致对采用 "加型分析法" 的整体论处理的误判, 如所谓 "还原论的整体论"(reductionist holism) 或 "隐蔽的还原论"(crypto-reductionist)。

(3) 整体论与还原论的关系

百年 H–R 论争的发展三阶段, 是一个由整体论发端、到还原论压倒整体论、到两论对峙、到对整体论立场获得确认的发展过程。这表明:

第一, 整体论与还原论并非势不两立。坚持对立, 只能导致 "对知识增长的抑制作用"[1]。

第二, 整体论与还原论两者是互补的。这一点既有生物学界的证据与呼吁[2], 也获得哲学界支持, 认为: 还原论和整体论是认识现实的两种方式, 就像硬币的两面[3]。植被理论的发展, 个体论在景观生态学中的尝试, 均为证明。

第三, 或许最为重要的, 是认为整体论与还原论应当相互合作, 并相互依存。

[1] Looijen, R. 1998. *Holism and Reductionism in Biology and Ecology: The Mutual Dependence of Higher and Lower Level Research Programmes*. Groningen: Kluwer Academic Publishers. 参见 8.3.3 The inhibitory effect of the holism-reductionism dispute.

[2] Fang, F. C., and Casadevall, A. 2011. Reductionistic and holistic science. *Infection and Immunity*, 79(4): 1401–1404.

[3] Raman, V. V. 2005. Reductionism and holism: Two sides of the perception of reality. *Theology and Science*, 3: 250-253.

鲁伊恩 (R. Looijen) 是这样解释他的观点的: 整体论在研究对象的所在层次发现和发展宏观规律和萌生性质, 以此指导还原论; 而还原论则赋予这些规律和性质以解释①。换一种更为通俗的说法: 整体论发现 "功能", 还原论提供解释功能的 "机制"。鲁伊恩认为, "岛屿生物地理学" 理论就是整体论和还原论结合的样例②。

由此看来, 未来的真正合格的生态学研究者, 应当整体论与还原论兼备, 并应熟悉如何恰当地使用它们。这样, 百年生态学的 H–R 论争, 将会转型为对它们分工与合作的探讨。

2019 年 10 月于百子湾

---

① 引文同上页脚注 ①, 见 Summary. 原文是: Holistic programmes play an important role in science as guide programmes for reductionistic programmes by discovering or developing macro-laws or-theories about (emergent) phenomena at the level of wholes, which they themselves, however, cannot explain.

② 引文同上页脚注 ①, 见 12.3.2 Co-operating research programmes.

# 《生态学名著译丛》已出版图书